가이아의 정원

가이아의 정원

ⓒ 들녘 2014

초판 1쇄	2014년 12월 18일	
초판 11쇄	2024년 5월 28일	

지은이	토비 헤멘웨이			
옮긴이	이해성·이은주			

출판책임	박성규		펴낸이	이정원
편집주간	선우미정		펴낸곳	도서출판 들녘
기획이사	이지윤		등록일자	1987년 12월 12일
편집	이동하·이수연·김혜민		등록번호	10-156
디자인	하민우·고유단		주소	경기도 파주시 회동길 198
마케팅	전병우		전화	031-955-7374 (대표)
경영지원	김은주·나수정			031-955-7381 (편집)
제작관리	구법모		팩스	031-955-7393
물류관리	엄철용		이메일	dulnyouk@dulnyouk.co.kr

ISBN   979-11-5925-639-4 (14520)
            978-89-7527-160-1 (세트)

값은 뒤표지에 있습니다. 잘못된 책은 구입하신 곳에서 바꿔드립니다.

가이아의 정원

토비 헤멘웨이 지음
이해성·이은주 옮김

들녘

gaia's
garden

킬을 위해.
그리고 나의 부모님 티와 재키,
누이인 레슬리에 대한 소중한 기억을 이 책에 담았습니다.

− 토비 헤멘웨이

일러두기

1. 본문의 주는 특별한 언급이 없는 한 모두 옮긴이 주다.

2. 우리말 식물명은 원서에 표기된 학명을 근거로 국가 식물명 목록(www.nature.go.kr)의 정명을 참고하되, 실생활에서 널리 쓰이는 다른 이름이 있는 경우에는 그것을 우선으로 했다. 책에 언급된 식물이 정확히 어떤 종인지 알고 싶다면 우리말 이름과 함께 영문명과 학명을 참고하고, 식물명을 정한 기준에 대해서는 18쪽의 각주를 참조하라.

『가이아의 정원: 앞마당에서 뒷산까지, 퍼머컬처 생태디자인』은 아마도 영미권 서적으로
는 최초로 국내에 출간되는 퍼머컬처 입문서일 것이다. 퍼머컬처(Permaculture)를 간략하게
정의하자면 '지속가능한 농업에 기초한 생태문화'라고 할 수 있는데, 생태윤리에 입각해
사회의 인프라를 디자인하는 방법론을 가리키는 말로 사용되고 있다. 퍼머컬처는 오래전
에 후쿠오카 마사노부가 자연농법을 통해 던졌던 철학적 논의를 체계적인 이론으로 정리
한 것이라고도 할 수 있다.

　이 책은 퍼머컬처 디자인을 가정 단위(여기에서는 4분의 1ac 이하, 즉 부지가 약 300평 이하인
전형적인 미국 교외 주택)에 적용하는 방법과 생태정원을 가꾸는 데 도움이 되는 몇 가지 농
법을 소개하고 있다. 상대적으로 부지가 좁고 주택과 농지가 서로 떨어져 있는 경우가 많
은 우리나라에 이 책의 사례를 그대로 옮기는 것은 무리이므로, 이 책을 매뉴얼로 받아들
이기보다는 구체적 사례를 통해 퍼머컬처와 생태디자인 개념의 이해를 돕는 책으로 받아
들였으면 한다. 한국적 혹은 지역적인 퍼머컬처 모델을 세우기 위해서는 국내외를 가리지
않고 다양한 정보를 집하는 것이 일단 중요하고, 그를 통해 국내의 농업과 조경에 대한 객
관적이고 세계적인 시각을 확보하는 것이 바람직하다.

　나는 독자들이 이 책을 통해 농업과 조경에 대한 통념을 깨고, 우리가 추구해야 할 지
속가능한 삶과 사회의 구체적인 모습은 어떠할지, 환경과 에너지 위기의 시대에 각자가 할
수 있는 최선의 선택은 무엇인지를 생각해보았으면 한다. 그러므로 텃밭을 가꿀 만한 땅
을 이미 가지고 있는 분들이 이 책을 활용할 방법은 각자의 지혜에 맡기도록 하고, 왜 퍼

머컬처인지, 퍼머컬처는 우리나라에 어떤 의미가 있는지를 우선 이야기하고 싶다.

　나는 자급농을 하는 가정에서 성장하면서 자연스레 시골 풍경의 변화를 지켜보게 되었다. 내가 아직 어렸을 때만 해도 주변의 농촌마을에는 전통적인 조경의 유산으로 짐작되는 아름다운 장소가 많이 있었다. 그러나 지금은 개발을 거듭하여 옛 모습을 거의 찾아볼 수가 없게 되었다. 가까운 마을에 있는 도랑 하나를 예로 들 수 있겠다. 이 도랑은 십여 년 전까지만 해도 아름드리나무들이 그늘을 드리운 운치 있는 곳이었다. 그런데 몇 년 전 단 한 그루만 남기고 나무를 싹 베어버리더니 도랑을 복개하고 울퉁불퉁한 석재와 시뻘건 관상용 꽃으로 동산을 꾸민 다음, 노랗게 칠을 한 정자 한 채를 떡 하니 세워놓았다. 한꺼번에는 아니고 이삼 년 정도의 시차를 두고 벌어진 일이었지만, 결과적으로 생긴 풍경은 원래의 모습과는 비교할 수 없이 삭막해졌다. 도랑도 과거에는 수변식물과 울퉁불퉁한 가장자리가 있어서 마을의 하수를 자연스럽게 정화하는 기능을 했는데, U자관으로 덮은 뒤에는 더럽고 썩은 물이 흐르고 이전과는 달리 모기가 들끓는 곳이 되고 말았다. 또 복개한 뒤에는 폭우가 쏟아지면 나뭇가지나 모래 등으로 물길이 막혀서 물이 마을로 넘치는 결과를 빚었다. 이런 일은 주민들이 생태와 조경에 대한 교양을 가지고 본래 있었던 생태하천의 가치만 제대로 알고 있었다면 일어나지 않았을 것이다. 솔직히 말해, 시골의 조경개발은 이용 가치나 고상한 미학에 근거한 것이 아니라, 지정된 예산을 쓰기 위해 만들어진 일거리일 뿐이다. 이런 일은 마을 단위뿐만 아니라 지자체 단위, 국가 단위에서도 무수하게 일어나는데, 슬프게도 요즘에는 '생태○○ 조성'이라는 명목으로 벌어지기도 한다.

　한편으로 도시의 조경을 위해 야산에 장비로 길을 내서 큰 소나무를 파 가고, 원예시장에 내다 팔기 위해 산에서 희귀한 식물을 캐 가며, 건강에 좋다는 이유로 야생의 온갖 먹거리를 싹쓸이해 간다. 이제는 우리 마을 산에서도 예전에는 흔히 볼 수 있었던 야생 난초를 찾아보기가 어렵게 되었으며, 야생 도라지와 더덕은 씨가 말랐다. 도시인의 자연 사랑과 야생지의 훼손은 밀접한 관계가 있다는 생각까지 드는데, 이런 일을 막기 위해서라도 생태정원은 꼭 필요하다. 도시든 시골이든 간에 환경을 파괴시키기만 하는 일회성 조경사업을 벌이는 대신에, 이미 있는 것을 살리면서 사람과 생태계에 실제적인 도움이 되는 아름답고 생산적인 정원을 바로 그 자리에 꾸미고, 거기서 지속적으로 사람들이 일하고 농산물을 수확하며 생태교육을 하는 장기간의 사업을 펼치면 얼마나 좋겠는가. 아름다운 풍광과 건강한 먹거리에 대한 수요를 동시에 충족시키자는 것이다. 그리고 우리는 생태정원을 생각할 때 단순한 자연애호의 입장에서 접근해서는 안 된다. 자연물을 가져다 놓았다고 해서 '생태'가 아니며, 생태정원이나 생태조경은 그것을 이루는 동식물, 사람, 땅 사이의 긴밀한 연결과 순환이 전제된 것이다. 시각적인 효과를 우선으로 하는 서양의 관행적 조경 방식을 되풀이하면서 '생태정원'이라고 부르는 일은 없어야겠다.

우리나라의 농업에 퍼머컬처를 적용하는 문제는 여태까지의 '생태귀농' 운동과 맥락을 같이할 수도 있지만, '농촌으로 확대된 도시농업'이 보편적 해답이 될 수 있을 듯하다. 드넓은 국토를 가진 미국 같은 나라와는 달리 사실 우리 농촌은 도시의 교외나 마찬가지다. 우리나라 어디를 가도 대도시로부터 자동차로 한 시간 이상 떨어진 곳은 드물며, 개발되지 않은 야생지는 산꼭대기나 국립공원 외에는 존재하지 않는다. 국토 전체가 도시 아니면 교외인 셈이다. '귀촌'같이 몸은 농촌에 거주하지만 영농을 통해 수입을 얻지 않는 사람들이 점점 늘어나는 추세이고, 귀농인뿐 아니라 기존의 농민들도 농업 이외의 수단으로 돈벌이를 하는 경우가 많다. 이런 상황이기에, 도시와 농촌을 억지로 구분하고 농촌에 거주하는 일부 농민이 도시인을 먹여 살려야 한다는 생각에는 매우 비합리적인 면이 있다. 창조적으로 생각을 바꾸어보자. 유통 구조를 바꾸면 농민은 공장식 축사나 대규모 영농을 하지 않아도 충분히 먹고살 수 있으며, 도시인은 건강한 도시농업을 통해 상당한 양의 식량을 자급자족할 수 있다. 앞으로는 농업을 농촌이라는 도시의 식민지에 거주하는 7% 농민의 몫이 아니라, 대한민국이라는 도시국가에 거주하는 국민 70%의 기본적인 생업이나 부업, 또는 취미로 생각해보면 어떨까.

요즘의 친환경, 유기농산물의 유행은 퍼머컬처의 관점에서 보면 반기기만 할 일은 아니다. 무농약 재배가 농약 재배보다야 사람의 건강에는 이롭겠지만, 유기농 농산물조차도 시송을 따져보면 화석연료를 엄청나게 많이 소비하고 있다. 에너지 위기 시대에 지속가능하지 않은 유기농업이 무슨 소용이 있을까. 우리나라고 외국이고 간에 에너지 위기는 똑같이 닥치게 마련이다. 그렇게 되면 자유무역도 그 힘을 상실할 테니 우리나라는 산업 영농에서 외국과 불가능한 경쟁을 할 생각을 그치고, 조금 더 먼 미래를 보는 것이 좋겠다. 고령화된 우리 농업이 새로운 세대로 전환되고, 지금 세계가 당면한 생태 문제와 에너지 문제도 함께 해결하기 위해서는 영농과 산업농이라는 개념에서 탈피해야 한다.

생태적 도덕성은 유기농 먹거리나 공정무역 상품을 구매하는 것을 넘어 스스로 먹거리와 필요한 에너지를 생산하고, 내가 점유한 공간을 최대한 생산적으로 이용하는 데 달려 있다. 친환경과 유기농이 다르듯이 유기농과 생태농도 다르기 때문이다. 시골에서 자급농으로 살다 보면 자기 먹을 것만 키우는 게 대체 사회에 무슨 도움이 되느냐는 말을 들을 때가 종종 있다. 참으로 속 시원하게도, 이 책의 저자인 토비 헤멘웨이는 도시 거주자의 소비를 위한 대규모 영농이야말로 자연환경을 파괴하는 것이라고 이야기한다. 물론 우리나라의 영농은 이와 비교할 수 없이 작은 규모지만, 우리의 식량 대부분은 바로 외국의 대규모 농장에서 오는 것이 현실이다. 그러니 내 먹거리를 내 손으로 키우는 것은 전 지구적 차원에서 의미 있는 일임에 틀림없다. 그리고 에너지를 자급하며 다른 생명체에게도 서식지를 제공하는 지속가능한 생태농은 소농일 수밖에 없다. 석유라는 이름의 노예를 이용하는 대규모 영농에 비해, 생태농은 한 사람이 관리할 수 있는 면적이 극히 작다. 하지만 소농과 자급농, 도시농업은 영농이 파괴하는 미래 세대의 삶의 터전과 지구 생태계를 지키며, 건강한 먹거리 생산, 쓰레기 재활용, 예술문화 활동, 교육의 역할을 동시에 수행한다. 더구나 대규모 영농처럼 풍작이냐 흉작이냐에 따라 오르락내리락하는 농산물 가격에 영향을 받지도 않으며, 덤으로 우리 사회의 일자리 문제도 해결할 수 있다. 생태농은 대규모 영농이 하지 못하는 쪽에서 삶의 질을 다각도로 향상시킨다. 그런 의미에서 퍼머컬처는 매우 경제적이라 할 수 있다.

퍼머컬처는 단순한 트렌드가 아니라 인간 사회가 언젠가는 귀착해야 할 운명이다. 한반도는 다양한 경작 모델이 가능한 지리적 조건을 갖추고 있으며, 서양과는 달리 순환적인 옛 농업의 흔적이 완전히 사라지지 않고 남아 있다. 사실 놀랍게도 퍼머컬처의 원조(?)는 한국이다. '영속적 농업(permanent agriculture)'이라는 말은 20세기 초에 나온 동아시아 농법에 관한 책인 『4천 년의 농부(Farmers of Forty Centuries: Organic Farming in China, Korea, and Japan)』[1]에서 처음 쓰인 말이다. 우리만 모르고 있을 뿐, 한국인은 오래전부터 세계가 인정한 퍼머컬처인이었던 셈이다.

생태적이고 지속가능한 농법과 문화로의 전환은 문명의 발전에 역행해서 옛사람들이

---

1 프랭클린 허람 킹 지음, 곽민영 옮김, 들녘, 2006.

살던 방식 그대로 돌아가는 것이 아니냐는 의문이 생길 수도 있다. 옛사람들이 현대인에 비해 자급률이 높고 순환하는 살림살이를 했다는 것은 사실이다. 그러나 역사는 에덴에서 현대로 단번에 뛰어넘은 것이 아니며, 우리의 문명은 옛사람들의 행동과 욕망의 결과다. 인간 사회가 발전하는 길은 실수를 보고 배우며 더 큰 이상을 꿈꾸는 것이다. 옛사람들은 기술을 발전시켜서 자연과 타인을 지배하길 욕망했지만, 현대인은 기술을 통해 자연이나 타인과 소통하길 욕망한다. 화석연료에 기반을 둔 산업사회는 생태사회의 태동을 위한 지식과 기술을 급속하게 발전시킴으로써 그 짧은 역할을 다한 것이 아닐까.

석유시대의 황혼에 접어든 우리는 미래 세대의 운명을 담보하는 원자력이 아니라 재생할 수 있는 자연에너지에 기초한 건전하고 지속가능한 소규모 기술을 발달시켜야 한다. 그리고 거대산업과 분업화를 통해 소위 국민총생산을 높일 것이 아니라, 효율적인 적정기술을 통해 낭비를 최소화하고 개인과 지역이 자급자족하는 정도와 삶의 질을 높임으로써 건전하고 안정된 경제생활을 영위해야 할 것이다.

사실 인류는 생태사회를 이룩하는 데 필요한 지식과 기술, 자원을 이미 가지고 있다. 다만 개인이 필요한 수단에 손쉽게 접근할 수 없을 뿐이다. 퍼머컬처라는 말을 처음 쓴 빌 몰리슨은 그의 책[2]에서 말하고 있다. 끊임없는 낭비를 통해 이윤을 추구하는 기업과 그들의 권력을 수호하고 사회를 통제하려는 국가 시스템은 개인이 자주성을 가지게 되는 생태사회를 바라지 않는다고. 그렇기 때문에 우리는 기업이나 국가가 퍼머컬처를 먼저 실천할 것이라는 기대는 할 수 없다. 퍼머컬처는 우리 각자의 실험과 실천으로 시작되어야 한다.

퍼머컬처가 무엇인지, 왜 해야 하는지는 충분히 전달되었을 것 같으니, 이 책의 범위를 벗어난 장광설은 이만하겠다. 이 책에서 소개하고 있는 생태정원은 생태사회를 꿈꾸는 개인이 비교적 쉽게 실천할 수 있는 수단 중 하나다. 관상식물이나 잔디밭 대신 생태정원을 가꿈으로써 우리는 환경을 파괴하는 영농 생산물을 덜 사 먹을 수 있으며, 건강을 증진시키고, 아름다운 풍광을 감상하고, 다른 생물들과 교감할 수 있다. 만약 자녀가 있다면 가정의 생태정원을 통해 사물의 시종과 실제적인 살림살이를 가르치고, 감각을 고양시키고, 육체를 단련시킬 수 있다. 또 기후변화에 알맞게 식생활을 바꿔볼 수도 있다.

2 Mollison, Bill, *Permaculture: A Designer's Manual*. Tagari, 1988.

개인적으로 이 책을 읽으면서 영감을 받았던 부분은 조경과 농사를 하나로 다루고 있다는 점이었다. 우리나라에서는 시각적으로 아름다우면서도 동시에 생태적이고 농업생산성이 높은 경관을 찾아보기 어려운데, 이 책은 그런 경관이 가능하고, 가정에서 개인의 노력으로 그런 경관을 만들 수 있다고 이야기한다. 이런 관점은 사실 퍼머컬처라기보다는 서양의 '가든(garden)' 개념에 내재되어 있던 것이라고 할 수 있다. '가든'은 흔히 '정원'으로 번역되지만 사실 전통적인 동양의 정원보다 훨씬 넓은 개념으로, 식물이 재배되는 경관을 두루 아우르는 말이다. 그리고 '가드닝(gardening)'은 식물을 보살피는 행위를 뜻하는 단어로, '정원 가꾸기'보다는 '농사'에 더 가깝다. 번역을 할 때 사실 이 점을 좀 고민했는데, '정원'은 '텃밭'으로, '정원사'는 '텃밭지기' 또는 '농부'로 생각하고 읽어도 무리가 없다. 또 문맥에 따라 그렇게 번역한 대목도 있다.

어쨌든 먹을 것만 나오면 그만인 보통의 우리네 텃밭과는 달리 가든에는 실용성뿐 아니라 아름다움이라는 요소를 고려해서 식물을 심는다. 생태정원은 그것을 넘어 다양한 기능을 하는 식물, 주택, 생활폐수 시스템, 외부에서 들어오는 자연 에너지 등을 생태적 관계를 고려하여 배치한다. 생태정원까지는 아니라도 '텃밭정원'이라고 부를 수 있을 만큼 아름다운 텃밭을 가꾸는 분이 내 주변에도 계신데, 그 텃밭에 갈 때면 항상 느꼈던 부러움과 신비한 풍요로움을 나는 이 책에서 느낄 수 있었다.

이 책에서 말하는 퍼머컬처 가드닝은 자연농법과 같다. 그런데 자연농법은 장소에 따라 다를 수밖에 없기 때문에 일반화된 농법 교과서가 있을 수가 없다. 그러나 이 책은 생태적으로 농사를 짓거나 정원을 디자인할 때 염두에 두어야 할 중요한 키포인트를 지적함으로써 각자가 살고 있는 환경에 알맞은 자연농법을 스스로 창안하도록 도와준다. 또한 자연농법을 접한 경험이 없는 사람도 이해할 수 있도록 기본적인 생태학 지식을 담고 있다. 식물 리스트에는 북아메리카 원산의 식물이 많지만, 국내 원예시장에서 구할 수 있는 종이 더 많다. 같은 종을 구할 수 없다면 같은 속의 비슷한 식물을 이용해도 될 것이다. 또한 이 책에서 소개된 개념을 적용해서 우리나라 특유의 작물이나 주변에 자생하고 있는 토착식물을 이용할 수도 있으며, 그쪽이 훨씬 바람직하다. 이 책에서는 아쉽게도 다루지 않았지만, 논농사나 인분의 재활용과 같은 우리나라 전통의 퍼머컬처도 함께 적용하면 좋겠다.

생태정원은 과거에 우리네 할머니들이 집 곁에서 가꾸던 조그만 텃밭과 다르지 않다.

그런 뜰에는 감나무나 대추나무, 자두나무, 보리수나무 같은 유실수가 있었으며, 그 아래에 우리 토종의 허브와 산나물, 들나물이 자라고, 조금 햇볕이 잘 드는 곳에는 부인들에게 약이 되는 꽃과 함께 상추나 김칫거리 같은 푸성귀도 자라고 있었다. 이런 텃밭이야말로 우리의 할머니들이 내면의 영성을 돌보았던 자신만의 공간이 아니었을까 하는 생각도 해본다. 생태정원을 가꾸는 일은 사라져가는 할머니들의 텃밭 문화를 복원하고 계승하는 의미도 있을 것이다.

『가이아의 정원』을 읽고 여러 가지 각도에서 다양한 생각을 해보는 것은 매우 즐거운 일이다. 실제로 실행할 여유가 없더라도, 상상은 자유 아닌가. 지금 살고 있는 땅의 모습과 이미 존재하고 있는 요소들에 맞추어 여러 가지 디자인을 해보고, 여유가 생기면 하나씩 실행해보면 될 일이다. 도시인이든 시골인이든 누구나 이 책을 통해 농사에 관한 통념을 깨고, 자연과 함께 농사짓는 신농(神農)이 되어보자. 우리 집의 마당과 텃밭, 아파트의 화단과 놀이터, 도시공원이 자연과 함께 일하는 신비한 텃밭, '가이아의 정원'이 되는 모습을 상상해보자. 아, 당장 문을 열고 밖으로 달려 나가고 싶다.

이해성

머리말

『가이아의 정원』 제2판 출간에 부쳐

『가이아의 정원』 초판이 인쇄 중일 때 첼시 그린(Chelsea Green) 출판사의 직원들과 내 대리인, 그리고 나는 '퍼머컬처'라는 단어가 책 표지에 나와야 하는지 말아야 하는지에 대해 열띤 토론을 벌였다. 2000년 당시에는 퍼머컬처라는 말을 들어본 사람이 거의 없었기 때문에 우리는 모두 그 단어를 쓰는 데 의혹을 가지고 있었다. 그 단어를 써서 잠재적인 독자를 끌어들일 수 있을까? 오히려 혼란만 주는 건 아닐까? 그러나 그 사이 몇 년이 흐르는 동안 '퍼머컬처'라는 말이 완전히 잘 알려지지는 않았지만 매스컴에 등장하기도 했고, 대학교 수십 군데에서도 퍼머컬처를 가르치게 되었으며, 수천 명의 실천가들로 이루어진 풀뿌리 네트워크도 자라나게 되었다. 그래서 2판에서는 마음 편하게 퍼머컬처의 본질로 약간이나마 깊이 있게 들어갈 수가 있었다. 만약 당신이 퍼머컬처가 뭔지 아직 모른다면, 1장에서 그에 대해 설명할 것이다.

퍼머컬처에는 많은 학문 분야가 포함되지만 대부분의 사람들은 텃밭 가꾸기나 식물을 좋아하다가 퍼머컬처를 접하게 된다. 그렇기 때문에 증보판을 만들 때는, 퍼머컬처적인 시각을 보다 뚜렷하게 드러내되, 지속가능성의 모든 측면을 훑어보는 안내서가 되기보다는 텃밭에 초점을 둔 책으로 남기기로 했다.

초판이 나온 후 몇 년 동안 일어난 두 번째 변화에 대해서는 약간의 설명이 필요하다. 『가이아의 정원』을 처음 썼을 때 우리 부부는 부지가 4만m^2(약 1만 2천 평)에 달하는, 거의 산림지대라고 할 수 있는 곳에서 살고 있었다. 그곳은 오리건 주 오클랜드(Oakland) 외곽 지역인 더글러스 카운티에 있는 인구 850명의 시골 마을이었다. 이곳에서 나는 이 책에서 설명한 개념과 방법을 배웠는데 책에서도 오클랜드에 있었던 우리 집을 자주 언급하고 있다. 그러나 인생은 끊임없는 변화의 연속이다. 그리고 이 책의 성공을 비롯한 주변의 갖가지 상황은 우리가 사람들에게 더 가까이 다가갈 필요가 있음을 뜻하고 있었다. 그래서 우리는 차를 북쪽 방향으로 3시간 정도 달리면 닿는 오리건 주 포틀랜드로 이사했고, 지금은 부지가 좁은 도시 주택에서 살고 있다. 이 때문에 어쩔 수 없이 책에도 두 가지 변화가 일어났다. 오리건 남부에 있었던 우리 집은 이제 과거 시제로 언급되며, 도시에서 퍼머컬처 가드닝을 하는 방법에 대한 장이 새로 추가되었다. 이 책은 북아메리카에서 볼 수 있는 4분의 1ac(약 300평) 이하의 전형적인 마당에 초점을 맞추어왔다. 그러나 도시 생활과 도시경관은 작은 공간에서 생태적으로 농사짓기라는 측면에서 특별한 도전거리와 기회를 던져준다. 북아메리카 대륙 인구의 4분의 3이 도시 지역에 거주하기 때문에, 나는 생태적 발자국(Ecological Footprint)[3]을 줄이고 자립도를 더욱 높이는 동시에 점점 더 위협받고 있는 야생동물의 서식지를 개선하는 도구를 우리 모두에게, 심지어 집에 마당이 없는 사람들에게도 제공하고 싶었다.

이 책은 내가 그전까지 보았던 정원과는 전혀 다르게 느껴지는 어떤 한 정원을 찾아갔을 때 시작되었다.

오래된 숲 속을 거닐 때나 산호초 사이에서 스노클링을 할 때, 나는 살아 있다는 느낌을 받곤 했다. 서로 맞물린 여러 조각이 생생하고 역동적인 전체로 한데 연결되는 느낌이라고 하면 되겠다. 오래된 숲이나 산호초는 태생적으로 풍요로움을 발산하는 장소다. 슬프게도 나는 사람이 만든 경관에서는 이런 느낌을 한 번도 받아본 적이 없었다. 우리의 경관과 비교해보았을 때, 자연의 경관은 너무도 풍요로워 보인다. 자연경관은 갖가지 활동으로 끓어 넘치고, 생명과 더불어 콧노래를 부른다. 자연은 거침없으면서도 우아하게 숲이나 조원을 자유분방한 풍요로움으로 뒤덮는데, 어째서 우리 인간은 꽃 몇 송이를 기르기 위해 고군분투하는가? 어째서 우리의 정원은 나머지 생명에게 제공하는 것이 이다지도 적은가? 우리의 마당은 너무나 평면적으로 보인다. 마당은 몇 가지 채소나 꽃을 제공하는 재미없는 장소일 뿐이다. 그나마 채소나 꽃을 가꾸기라도 했을 때 그렇다는 이야기다. 그

---

3 인간의 경제활동에 소요되는 모든 자원을 생산적인 토지소비면적으로 환산한 지수

러나 자연은 한 번에 천 가지 일을 할 수 있다. 곤충과 새를 먹이고, 물을 거두어서 저장하고 정화한다. 토양을 회복시키고 비옥하게 한다. 공기를 맑게 하고 향기로 물들인다. 그것 말고도 자연이 하는 일은 아주 많다.

그런 생각을 하다가 나는 어떤 정원에 가게 되었다. 그 정원에서는 자연의 생생한 활력이 느껴졌으며, 과일과 먹을 수 있는 푸성귀가 가득했다. 얼마 지나지 않아 나는 그곳과 비슷한 다른 정원도 몇 군데 알게 되었다. 이런 장소는 점점 그 수가 늘어가는 일단의 선구자들이 퍼머컬처와 생태디자인에서 비롯된 새로운 기술과 토착민과 유기농업에서 빌려온 오래된 기술을 사용하여 창조해낸, 자연과 같이 느껴지면서도 사람에게 풍부한 주거지를 제공하는 경관이었다. 이 정원은 자연에서 배운 방법과 개념을 가지고 디자인한 진짜 뒷마당 생태계로, 자연의 숲처럼 살아 숨 쉬고 있었다. 나는 어떻게 하면 이런 곳을 만들 수 있는지 알고 싶었다. 그리고 다른 사람들이 이런 곳을 더 많이 만들 수 있도록 돕고 싶었다. 『가이아의 정원』이 그 결과물이다.

이런 방식의 정원은 사람뿐 아니라 자연의 다른 구성원에게도 똑같이 이로운, 새로운 종류의 경관을 제시하고 있다. 식용식물조경(edible landscape)과 야생동물정원(wildlife garden)[4]을 합친 것으로 생각할 수도 있겠지만, 사실 그 이상이다. 서로 끊어진 조각을 모아놓은 것이 아니라 진짜 뒷마당 생태계. 이런 정원은 자연의 생태계와 같이 탄력성 있고 다양하며, 생산적이고 아름답다. 이곳은 단순히 꽃으로 가득한 명소가 아니다. 줄지어 늘어선 작물의 행렬도 아니다. 야생동물정원에서 흔히 볼 수 있는 가시덤불도 아니다. 이런 장소에서는 의식적인 디자인과 자연의 법칙에 대한 존중과 이해가 서로 융합되어 있다. 그 결과로 엄청나게 풍요로운, 살아 있는 경관이 탄생한 것이다. 여기서는 모든 요소가 협력해서 먹거리와 꽃, 약초, 허브, 공예자재를 생산하고 인간 거주자들에게 수익을 제공한다. 이와 동시에, 도움이 되는 곤충과 새를 비롯한 야생동물도 다양한 서식지를 제공받는다. 이곳에서는 자연이 대부분의 일을 담당하는데도, 지구의 다른 거주자들과 마찬가지로 사람 또한 환영받는다.

---

4 wildlife는 넓은 의미에서 야생의 식물이나 미생물 등을 모두 포함하는 의미로도 쓰이지만, wildlife garden은 야생동물에 중점을 두어 야생동물과 생물다양성 보전 차원에서 그에 알맞은 서식지를 제공하는 정원으로 보고 야생동물정원으로 옮겼다.

『가이아의 정원』은 친환경적인 경관에 관한 책이지 생태 광신자의 선언문이 아니다. 이 책은 정원을 가꾸는 기술과 지식이 들어 있는 원예 서적이다. 하지만 이 책의 행간에는 '보다 적게 소비하고 보다 많이 자급하자'는 생태주의적 탄원이 실려 있다. 이 책을 집어 드는 분이라면 아마도 지난 몇 세기 동안 인간이 일으킨 환경파괴에 대해 잘 알고 있을 것이다. 그러니 지겨운 통계학으로 독자를 괴롭히고 싶진 않다. 우리가 좀 더 잘해야 된다는 말만 하고 넘어가자. 이 책은 앞으로 나아갈 수 있는 한 가지 방향을 제시하려는 시도다. 우리의 가정 경관(home landscape)은 엄청난 양의 자원을 소비한다. 어떤 산업화된 농장보다도 에이커(ac)당 훨씬 더 많은 물과 비료, 살충제를 소비한다는 이야기다. 우리의 필요를 충족시키느라, 우리는 알게 모르게 야생의 땅이 공장식 농장과 산업 임야로 전환되도록 박차를 가하고 있다. 하지만 우리의 마당, 도시 공원, 도로변, 심지어 주차장과 회사의 조경 공간은 풍요롭고 생산적이면서도 매혹적인 경관으로 바뀔 수 있다. 지금처럼 잔디로 가득한 텅 빈 장소 대신, 자연을 도우면서 동시에 우리에게 많은 생산물을 제공하는 곳으로 말이다. 이 책은 어떻게 이 일을 할 수 있을지를 지속가능한 조경 운동의 선구자들이 고안해낸 여러 기술과 사례를 통해 보여줄 것이다.

『가이아의 정원』은 퍼머컬처 생태 조경에 관한 입문서이지, 텃밭 가꾸기 입문서가 아니다. 아마도 이 책을 읽는 독자들 대부분은 텃밭이나 정원을 가꾸어본 경험이 있을 것이라 추측해본다. 그렇지만 새로운 기술과 개념에 대해서는 새내기 농부들도 만족할 만큼 충분히 설명하려고 노력했다. 여기서 거론하고 있는 주제 중 많은 것들이 그 자체로 책 한 권을 쓸 수 있을 만큼 방대하기 때문에 몇 가지 매혹적인 화제를 깊이 파고드는 것은 아쉽게도 자제할 수밖에 없었다. 어떤 독자들은 이 점에 실망할 수도 있겠다. 그래서 그런 부분을 좀 더 알아볼 수 있도록 주석이 달린 참고문헌과 도움 되는 정보 란을 책 뒷부분에 포함시켰나.

라틴어 학명이 나타나면 당황할 수 있는 텃밭농부들을 위해 본문에서는 식물을 대부분 일반명으로 썼다. 그러나 친숙하지 않거나 애매한 식물 몇 가지에는 학명을 덧붙였다. 표와 목록에 있는 식물명은 일반명을 기준으로 해서 알파벳 순으로 나열했는데 학명도 함께 실었다. 각각의 식물종을 정확하게 구별하는 방법은 아무래도 그것밖에 없기 때문이다.[5]

자연에는 선택할 수 있는 종이 수십만 가지 있기 때문에 이 책의 표에 나오는 식물만 유용하다고는 절대로 말할 수 없다. 하지만 내가 고른 식물의 목록이 독자들에겐 넓은 팔레트가 되었으면 한다. 아메리카 대륙은 지리적으로 매우 다양하다. 그래서 나는 여러 지역과 기후를 바탕으로 한 사례를 제공하려 노력했다. 이제는 미시시피 강 동쪽보다 서쪽에 사람이 더 많이 살고 있기 때문에 연안 기후를 많이 반영하려고도 했다.

이 책에 나온 개념은 대부분 내 것이 아니다. 이 책에 제시된 많은 기술은 수천 년에 걸쳐 토착민들이 행해온 것이거나 온갖 종류의 농부들이 시험해본 것이다. 또한 그 개념과 기술은 기존에 나온 생태디자인과 퍼머컬처 서적에 이미 집적되어 있기도 하다. 이 책에서는 이런 퍼머컬처 개념을 생태학자들이 자연의 작용에 대해서 이해하게 된 내용과 엮어보려고 시도했다. 여기에 나오는 기술과 개념 중 몇 가지는 어쩌면 나에게 저작권이 있다고 주장할 수도 있는데, 그것들을 제시할 때 사용한 방법에 한해서만 그렇다. 그리고 당연한 이야기지만, 책에 오류가 있다면 전적으로 내 탓이다.

수많은 분들이 사심 없이 나에게 시간을 내어주고 협력과 노력, 지지를 해주었다. 먼저 나에게 영감을 주고, 여러 가지 제안을 해주었으며, 퍼머컬처 개념을 발전시킨 빌 몰리슨(Bill Mollison)과 데이비드 홈그렌(David Holmgren)에게 가장 큰 감사를 전한다. 관대한 마음으로 자신의 정원을 둘러보게 해준 얼 반하트(Earle Barnhart), 더글러스 블록(Douglas Bullock), 조 블록(Joe Bullock), 샘 블록(Sam Bullock), 케빈 버크하트(Kevin Burkhart), 더그 클레이튼(Doug Clayton), 조엘 글랜즈버그(Joel Glanzberg), 벤 해거드(Ben Haggard), 마빈 헤게(Marvin Hegge), 많이 보고 싶은 사이먼 헨더슨(Simon Henderson), 앨런 케이플러(Alan Kapuler), 브래드 랭커스터(Brad Lancaster), 페니 리빙스턴(Penny Livingston), 아트 루드윅(Art Ludwig), 비키 마빅(Vicki Marvick), 앤 넬슨(Anne Nelson), 제롬 오센토스키(Jerome Osentowski), 존 패터슨(John

---

5 한국어판에는 한국어 일반명을 기준으로 가나다순으로 배열하고, 영명과 학명을 함께 실었다. 우리말 이름은, 학명이 병기되어 있는 경우는 국가 식물명 목록(www.nature.go.kr)의 정명을 참고하되, 원예시장이나 인터넷에서 보다 널리 쓰이고 있는 다른 이름이 있는 경우에는 그것을 우선으로 했다. 국가 식물명 목록에도 없고, 국내 원예시장에도 유통되는 예를 찾아볼 수 없는 경우에는 영명과 학명을 참고하여 옮겼다. 영명은 어떤 한 속의 각종 식물을 가리키는 경우가 많다. 그런데 저자가 학명을 병기할 때 어떤 때는 속명만 쓰고, 어떤 때는 대표적인 식물종의 학명을 쓰기도 하고, 또 다른 곳에서는 다른 종의 학명을 쓰는 등 통일이 되어 있지 않아 문맥과 책에 언급된 상황을 고려하여 특정 종의 정명, 속명, 보통명 중 알맞은 것으로 옮겼다. 정확한 식물종을 알고 싶을 경우에는 학명을 참고하면 된다.

Patterson), 바바라 로즈(Barbara Rose), 줄리아 러셀(Julia Russell), 제임스 스타크(James Stark), 록산 스웬첼(Roxanne Swentzell), 톰 워드(Tom Ward), 메리 제마크(Mary Zemach)에게 감사한다(이름은 영문 알파벳순). 나를 지지해주고 유익한 아이디어를 제공해준 피터 베인(Peter Bane), 빌 버튼(Bill Burton), 브록 돌먼(Brock Dolman), 이안토 에반스(Ianto Evans), 헤더 플로어스(Heather Flores), 주드 홉스(Jude Hobbs), 데이브 재키(Dave Jacke), 키스 존슨(Keith Johnson), 마크 레이크먼(Mark Lakeman), 마이클 락먼(Michael Lockman), 스콧 피트먼(Scott Pittman), 빌 랄리(Bill Roley), 래리 산토요(Larry Santoyo)와 캐서린 산토요(Kathryn Santoyo), 마이클 스미스(Michael Smith), 존 발렌주엘라(John Valenzuela), 릭 밸리(Rick Valley)에게도 감사한다. 책이란 게 내가 걱정하는 것만큼 쓰기 어려운 게 아니라고 격려해준 스튜어트 코원(Stuart Cowan)에게 특별한 감사를 드리고 싶다. 나의 대리인인 나타샤 컨(Natasha Kern)의 인내심과 아이디어, 고집, 확고부동한 자신감, 지원에도 큰 빚을 졌다. 편집자인 레이첼 코헨(Rachael Cohen)과 벤 왓슨(Ben Watson)에게도 고마움을 전한다. 두 사람은 글을 매끄럽게 다듬어주고 문법적인 군더더기를 정돈해주었으며, 미로와도 같은 출판 과정을 잘 통과하도록 인도해주었다. 첼시그린 출판사의 직원들과 협력한 것은 매우 즐거운 일이었다. 그리고 내가 두 번이나 이 책 속에 빠져 실종되어 있는 동안 크고 작은 아량을 수없이 베풀어준 아내이자 소울메이트인 킬(Kiel)에게 감사한다.

토비 헤멘웨이

차례

1부 생태계로서의 정원

1장 생태정원이란? 24
- 퍼머컬처란 무엇인가? 27

2장 정원사의 생태학 57
표2-1 미성숙한 생태계와 성숙한 생태계의 차이점 69
- 식물군집은 정말로 존재할까? 78

3장 생태정원 디자인 84
- 열쇠구멍 모양 두둑 만들기와 식물 심기 90
표3-1 무엇을 관찰할 것인가—디자이너가 점검해야 할 항목 110
표3-2 배나무의 연결 관계 116
- 배나무의 연결 관계 및 가지 117
표3-3 각 지구의 기능과 내용 121
- 생태정원 디자인하기: 요약 135

2부 생태정원을 이루는 요소

4장 흙 살리기 140
표4-1 일반적인 피복재와 퇴비 재료의 탄소 대 질소 비율 155
- 목질 쓰레기를 이용해서 토양을 조성하는 법 163
- 폭탄이 떨어져도 끄떡없는 최강의 시트 피복 168
- 시트 피복에 식물 심기 173
표4-2 피복작물 177

5장 물을 확보하고, 보존하고, 이용하는 법 184
표5-1 물을 절약하는 다섯 가지 방법과 그 혜택 189
- 스웨일 만드는 법 192
표5-2 지중해성 기후에 적합한 유용한 식물 197
- 집수 시스템 계획하기 204
- 생활폐수를 이용할 때 숙지할 점 211
- 뒷마당 습지 만들기 219
표5-3 생활폐수를 정화하는 습지에 적합한 식물 221

6장 다양한 용도로 쓸 수 있는 식물 224
표6-1 구체적인 기능 중합의 예 232
표6-2 역동적 영양소 축적식물 246
표6-3 질소고정식물 250

■ 잡초를 비롯한 야생의 먹을거리   261

표6-4 흔히 찾아볼 수 있는 식용 잡초의 예   264

표6-5 보모 식물   273

7장 벌과 새, 그 밖의 유익한 동물 불러오기   278

■ 익충에는 어떤 종류가 있을까   287

표7-1 익충을 끌어들이는 식물   291

표7-2 새에게 유용한 식물   300

표7-3 가금류의 먹이가 되는 식물   309

3부 생태정원 만들기

8장 정원을 위한 식물군집 만들기   316

■ 이안토 에반스의 복합경작   323

■ 좀 더 발전된 자자르코트의 복합경작   326

■ 세 자매 길드 만들기   333

9장 정원 길드 디자인   346

■ 자연의 식물군집을 길드 디자인의 지침으로 이용하는 법   354

표9-1 백참나무/개암나무 공동체   357

표9-2 길드를 이루는 식물의 기능   365

10장 먹거리숲 가꾸기   373

■ 숲 정원의 짧은 역사   380

■ 제롬의 길드와 길드 식물   384

표10-1 숲 정원에 알맞은 식물들   387

11장 도시에서 퍼머컬처 정원 가꾸기   405

12장 폭발하는 생태정원   452

■ 생태적인 타협 없이는 아무것도 할 수 없다   471

부록

유용한 식물 목록   480

대교목, 15m 이상 | 소교목·관목층, 1~15m | 초본층 | 유용한 덩굴식물

용어 해설   491

참고문헌   494

도움 되는 정보   499

1부

생태계로서의 정원

1

생태정원이란?

지속가능한 조경을 하려는 운동이 더욱 열기를 띠고 있다. 자원만 대량으로 소비할 뿐 다른 동식물은 전혀 살 수 없는 잔디밭을 파 엎고, 토착식물정원(native-plant gardens)이나 야생동물을 불러 모으는 수풀, 햇빛이 어른거리는 숲을 조성하는 정원사가 점점 늘어나는 추세다. 좀 더 생태적으로 건강하고 자연친화적인 마당을 만들려는 이런 움직임은 참으로 고무적인 현상이다.

그러나 모든 사람들이 여기에 동참하는 것은 아니다. 어떤 정원사들은 자연스러운 방식으로 정원 가꾸기를 망설이고 있다. 어떻게 해야 할지 알 수 없기 때문이다. 예를 들어, 채소를 줄지어 심은 저 텃밭을 보다 야생적인 스타일로 바꾸려면 어떻게 해야 할까? 저 크고 달콤한 토마토는 어떻게 해야 할까? 관상용 식물은? 지속가능한 정원을 만든다면 절화(折花)용 꽃을 애지중지 가꾸던 저 화단을 갈아엎어야 하는 것일까? 자연스러워 보이는 경관을 조성할 공간을 마련하려면 할머니가 물려주신 장미나무를 뽑아야 할까?

야생동물과 토착종을 보존하려는 목표는 훌륭하다. 그런데 그런 자연스러운 경관 속에서 '사람'은 대체 어떤 역할을 할 수 있을까. 자기 집 앞마당에서 낯선 기분을 느끼고 싶어 하는 사람은 없다. 마당에서 소외당하고 싶지 않지만 자연 또한 사랑하는 정원사들은 어쩔 수 없이 정원을 여러 구획으로 조각내고야 만다. 여기는 정돈된 채소밭, 저기는 화단, 한쪽 구석엔 야생동물을 위한 코너나 자연스러운 경관, 이런 식으로 말이다. 그런데 이렇게 나눈 구획에는 각기 다른 약점이 있다. 채소밭은 토착 곤충과 새를 비롯한 야생동물의 서식지가 되지 못한다. 이파리를 우적우적 뜯어 먹는 벌레와 새 들은 오히려 달갑지 않은 손님일 뿐이다. 활짝 핀 꽃은 사람을 기분 좋게 하지만 꽃밭에서 먹을 것이 나오지는 않는다. '야생동물정원'은 어수선해 보이기 일쑤며 야생동물에게 좋은 일을 한다는 기분을 느끼게 해준다면 모를까, 사람에게 주는 것은 거의 없다.

이 책은 이렇게 따로따로 고립되어 있는 불완전한 조각들을 활발하게 번성하는 뒷마당 생태계로 통합하여 사람과 야생동물 모두를 이롭게 하는 방법을 안내한다. 이런 정원은 자연이 건강한 식물군집을 만들 때와 같은 원리로 디자인되어 있기 때문에, 갖가지 재배방법과 그 밖의 요소들이 상호작용을 하며 서로를 보살핀다.

생태정원(ecological garden) 안에는 야생동물정원과 식용식물조경, 관행적인 꽃밭과 채소밭의 가장 좋은 특성이 혼합되어 있지만, 생태정원이 단순히 서로 다른 정원 양식들을 합쳐놓기만 한 것은 아니다. 생태정원은 정원을 이루는 여러 부품들의 합(合) 이상이다. 이런 정원은 마치 제각기 특유한 성격과 본질을 지닌 하나의 생물 같다. 생태정원은 퍼머컬처와 생태디자인이라는 상대적으로 새로운 개념에 기초하고 있지만, 여기서 이용하는 기술은 토착민과 복원생태학자, 유기농업가, 최첨단 조경설계사들의 오랜 시험을 거쳐 완벽에 가깝게 다듬어진 것이다. 생태정원은 환경을 거의 훼손하지 않으며, 한번 만들어놓고 나면 유지하는 데 별 노력이 들지 않는다. 또한 생산성이 높을 뿐 아니라 미적으로 세련되기까지 하다. 『가이아의 정원』을 통해 독자들은 뒷마당 생태계에 대해 이해하고, 제시되어 있는 방법을 이용하여 사람과 자연 모두에게 혜택을 주는 정원을 디자인해서 실제로 만들 수 있다.

생태정원에는 여러 가지 용도로 쓸 수 있는 아름다운 식물들이 자란다. 과일과 채소, 약초, 허브가 자라고 색색의 꽃이 피어서 시선을 끈다. 토양을 형성하는 피복재를 생산하고, 해충으로부터 스스로를 보호하며, 야생동물의 서식지가 되기도 한다. 우리는 선택할 수 있는 수천 종의 식물 중에서 이런 일을 한꺼번에 해내는 식물을 여럿 찾을 수 있다. 한 식물이 다양한 기능을 한다는 점이야말로 생태학적 원리에 근거한 정원의 특징이다. 그것이 바로 자연이 일하는 방식이다. 우리는 사람이 먹을 수도 있으면서 곤충을 비롯한 야생동물 또한 부양하는 식물, 딱딱한 땅을 부드럽게 부수어주는 허브, 먹을 수 있는 피복작물(被覆作物, cover crop), 토양에 양분을 보태는 나무를 선택해서 심으면 된다.

이런 식으로 조경을 하면, 식용식물과 약용식물, 종자, 묘목, 말린 꽃을 판매해서 소득을 창출할 수도 있다. 또한 목재와 대나무 장대 같은 건축자재나 바구니 만드는 버들가지와 식물성 염료 같은 공예 재료도 생산할 수 있다. 그리고 생태 원리에 따라 디자인한 정원에서는 새나 다른 동물들도 정원사와 똑같이 환영받는다. 정원을 바람직하게 디자인하면 물을 자주 주지 않아도 되고, 비료를 많이 주지 않아도 토양이 저절로 회복된다. 이 정원은 자연의 법칙에 따라 디자인된, 자연과 같은 풍요로움과 탄력성을 자랑하는 살아 있는 생태계다.

미국 캘리포니아 주 산타바바라에 있는 정원. 어스플로우 설계사무소(Earthflow Design Works)의 퍼머컬처 디자이너인 래리 산토요의 목표는 더 큰 유역의 경관을 이 도시정원에 엮어 넣는 것이었다. 산기슭에 자리한 이 정원은 등고선을 따라 만든 계단식 밭과 오솔길로 이루어져 있어서 땅 위로 흐르는 빗물을 잘 받아 모을 수 있다. 건조기후에서는 이런 지표수가 매우 귀중하다. 현지에서 수확한 대나무로 지은 정자는 키위 덩굴과 등나무가 감고 올라가는 기둥이 되어줄 뿐만 아니라, 휴식을 취하기에 좋은 장소이기도 하다. 감나무와 감귤나무 아래에는 내건성(耐乾性) 한련, 멕시코 프림로즈[1], 백리향(타임)[2], 금잔화(calendula) 같은 지피식물(地被植物, groundcover)[3]이 땅을 뒤덮고 있다.

1 앵초과의 야생화. 연한 노란색의 꽃이 핀다. Mexican Primrose, *Oenothera speciosa*

2 꿀풀과에 속하는 낙엽관목으로 키는 15㎝ 정도다. 향기가 백리까지 퍼진다고 하여 백리향이라는 이름이 붙었다.

3 지표를 낮게 덮는 식물을 통틀어 이르는 말

퍼머컬처란 무엇인가?

이 책에는 **퍼머컬처**와 **생태디자인**이라는 표현이 자주 나오는데, 이 두 가지 분야는 이 책의 기초가 되는 개념들과 밀접한 관련이 있다. 퍼머컬처라는 말이 생소한 독자들을 위해서 설명을 좀 하려고 한다.

퍼머컬처는 일련의 원칙과 실행 방법을 이용해 지속가능한 인간 거주지를 디자인한다. 퍼머컬처 (permaculture)란 '영속적인 문화(permanent culture)'와 '영속적인 농업(permanent agriculture)'의 축약어로, 두 명의 호주인이 제창한 개념이다. 그중 한 명인 빌 몰리슨은 혁신적이고 비범한 인물로, 한때는 삼림 감독관이었으며, 교사, 덫사냥꾼, 박물학자이기도 했다. 그는 이 분야에 있어서 백과사전적인 경전이나 다름없는 치밀한 책 『퍼머컬처: 디자이너의 매뉴얼(Permaculture: A Designer's Manual)』의 저자다. 또 다른 한 사람은 빌의 수많은 제자들 중 첫 번째 제자인 데이비드 홈그렌으로, 퍼머컬처의 시야를 눈부시게 확장시켰다.

몰리슨은 1959년에 호주 태즈메이니아 우림지대에서 유대동물들이 풀을 뜯어 먹는 모습을 관찰하다가 퍼머컬처에 대한 발상을 처음으로 떠올렸다고 한다. 이곳의 생태계가 생기 있고 풍요로우며 상호 밀접하게 연결된 데 감탄해 영감을 받은 몰리슨은 일기에 "나는 이곳의 생태계처럼 기능하는 시스템을 우리가 만들 수 있을 것이라고 믿는다"라고 적었다. 1970년대에 몰리슨과 홈그렌은 자연과 토착문화에서 관찰한 것을 토대로, 그 시스템을 그토록 풍요롭고 지속가능하게 만든 원리를 규명하기 시작했다. 두 사람은 이런 원리를 생태적으로 건강하고 생산적인 경관을 디자인하는 데 적용하기를 바랐다. 그들은 지구상에서 30억 년 이상 생명체가 번성해왔고 토착민들이 수천 년 동안 환경과 비교적 조화롭게 살아온 것을 보면, 생명체와 토착문화는 지속가능성의 비결을 어느 정도 파악한 게 틀림없다고 판단했다. 두 사람은 함께 데이비드의 학부 논문을 고치고 보강해서, 획기적인 책 『퍼머컬처 1(Permaculture One)』을 내놓았다.

당시 퍼머컬처는 자연을 모델로 삼으면서 인간 또한 포함된 경관을 디자인하려는 수단으로 시작했다. 일단 퍼머컬처의 정의를 설명하고 나면, 이 책은 경관디자인이라는 측면에 초점을 맞추어 이야기할 것이다. 그러나 몰리슨과 홈그렌, 그리고 그들의 뒤를 이은 사람들은 재빨리 깨달았다. 설령 우리가 자연을 모방한 농장이나 정원, 경관을 창조하는 법을 배운다고 할지라도, 사회 자체가 지속불가능하기 때문에 아무리 지속가능한 방법으로 토지를 이용해보았자 지구상에 인류가 존속할 수 있는 기간이 짧아지고 삶의 질이 점점 저하되는 현상을 막지는 못할 것임을. 그러나 퍼머컬처의 여러 원칙은 자연의 지혜를 바탕으로 하기 때문에, 그 시발점인 농업을 훨씬 넘어선 엄청난 범위에 적용될 수 있다. 퍼머컬처는 건물과 에너지 시스템, 하수처리 시스템, 마을 디자인뿐 아니라, 학교 커리큘럼, 사업, 공동체, 의사결정 과정과 같은 무형의 구조를 디자인하는 데도 사용되고 있다.

퍼머컬처는 어떻게 이런 일을 할까? 퍼머컬처 실천가들은 유기체나 건물, 그리고 우리가 '보이지 않는 구조'라고 부르는 무형의 것을 가지고 디자인을 하지만, 대상 자체보다는 그것들 사이의 관계를 주의 깊게 디자인하는 데 초점을 맞춘다. 바로 그 상호 연결 관계가 건강하고 지속가능한 전체를 만들어내는 것이다. 이 관계들은 서로 떨어진 요소를 모아서, 잘 기능하는 시스템으로 바꾼다. 그 시스템은 뒷마당이 될 수도 있고, 공동체가 될 수도 있고, 생태계가 될 수도 있다.

이야기가 다소 이론적으로 들린다면, 퍼머컬처에 대한 좀 더 실제적인 정의가 여기 있다. 유기농법, 재활용, 자연건축, 재생 가능한 에너지, 합의에 의한 의사결정 과정, 사회정의 구현과 같은 실천이 지속가능성을 성취하기 위한 도구라면, 퍼머컬처는 그런 도구를 언제 어떻게 사용할지 결정하고 조직하는 일을 도와주는 도구상자다. 퍼머컬처는 학문의 한 분야가 아니라 서로 다른 학문 분야와 전략, 기술을 연계하는 디자인 접근 방식이다. 또한 자연과 마찬가지로 손에 닿는 모든 것의 최대 장점을 혼합하여 이용한다. 이런 식의 접근법이 익숙하지 않은 사람들은 퍼머컬처를 단순히 여러 가지 기술을 모아놓은 것이라고 생각한다. '허브나선'이나 '열쇠구멍 모양 두둑'(이 책의 뒷부분에서 소개될 것이다)처럼 퍼머컬처의 원리를 아름답게 보여준다는 이유로 자주 쓰이는 특별한 방법도 있지만, 퍼머컬처에서만 쓰이는 기술은 거의 없다. 퍼머컬처인(permaculturist)들은 광범위한 분야의 학문으로부터 기술을 빌려온다. 퍼머컬처 원리를 얼마나 잘 적용할 수 있는가에 따라서 기술을 선택하고 적용하는 것이다. 어떤 특정한 방법이 '퍼머컬처에서 하는 식'이라서 선택하는 게 아니란 이야기다.

우리의 문화는 관계보다는 사물에 집중하기 때문에, '소재' 대신에 연관성을 강조하는 퍼머컬처를 이해하기가 어려울 수도 있다. 퍼머컬처에 갓 입문한 어떤 사람들은 "퍼머컬처에는 유기농법(또는 태양에너지, 또는 자연건축)이 포함된다"고 말하는 바람에 다양한 분야에서 지속가능한 실천을 추구하는 사람들을 곤란하게 만들기도 했다. 하지만 퍼머컬처는 그런 분야들을 흡수하거나 퍼머컬처의 일부분으로(즉, 더 작은 것으로) 폄하하기보다, 이런 중요한 아이디어들을 어디에 어떻게 적용해야 할지를 보여준다. 퍼머컬처는 '연결하는 과학'인 셈이다.

퍼머컬처의 목표는 생태적으로 건강하고, 경제적으로 풍요로운 인간 공동체를 디자인하는 것이다.

퍼머컬처는 지구 돌보기, 사람 돌보기, 그리고 이러한 돌보기를 통해 만들어지는 잉여의 재투자라는 윤리규범을 지침으로 삼고 있다. 이러한 윤리로부터 비롯된 디자인 지침과 원칙은 장소에 따라 다양한 형태로 표현된다. 아래의 목록은 내가 염두에 두는 퍼머컬처의 원칙인데, 몰리슨과 홈그렌, 그리고 그들과 책을 함께 쓴 사람들의 저작을 참고해 수집한 것이다.

▶ 퍼머컬처의 원칙

A. 생태디자인의 핵심 원칙

1. 관찰한다. 시간만 낭비하면서 사려 없이 행동하지 말고 장기적으로 세심하게 관찰한다. 사계절에 걸쳐 하나의 장소와 그 장소를 구성하고 있는 요소를 관찰한다. 특정한 장소, 고객, 문화를 고려하여 디자인한다.

2. 연결한다. 요소들 간의 상대적인 위치를 이용한다. 즉, 모든 디자인 요소가 유용하고 시간이 절약되는 방식으로 연결되도록 배치한다. 요소가 몇 개 있느냐가 아니라, 요소들 간의 연결이 얼마나 이루어졌는가 하는 것이 건강하고 다양한 생태계를 만들어낸다.

3. 에너지와 물질을 붙잡아 저장한다. 유용한 흐름을 확인하고, 모으고, 유지한다. 모든 순환은 산출의 기회다. 경사, 하중, 온도 등의 변화는 모두 에너지를 생산할 수 있다. 자원을 재투자하면 더 많은 자원을 획득할 수 있는 능력이 생긴다.

4. 각각의 요소는 복합적인 기능을 수행한다. 디자인의 요소를 선택하고 배치할 때, 각 요소가 가능한 한 많은 기능을 수행하게끔 신경을 쓴다. 다양한 구성 요소를 유익하게 연결하면 전체가 안정직으로 형성된다. 공간과 시간이라는 관점 둘 다에 유의하여 여러 요소를 적층한다.

5. 각각의 기능은 복수의 요소에 의해 유지된다. 중요한 기능은 다중적인 방법을 통해 수행하여 상승효과가 일어나게 한다. 다중화는 몇 가지 요소가 실패하더라도 전체가 안전하게 유지되도록 한다.

6. 최소한의 변화로 최대한의 효과를 꾀한다. 작업하고 있는 시스템을 충분히 파악하여 그것의 '지렛점(leverage point)'을 찾은 다음, 바로 그 지점에 개입한다. 최소한의 작업으로 가장 큰 변화를 이룩할 수 있도록.

7. 소규모의 집약적인 시스템을 이용한다. 필요한 일을 할 수 있는 가장 작은 시스템으로, 가장 가까운 곳에서부터 시작한다. 성공하면, 그 위에 또 쌓아나간다. '뭉텅이'로 넓혀나가는 것이다. 효과적인 작은 시스템이나 배치 방식을 발전시키고, 변화를 주면서 반복한다.

8. 가장자리를 효과적으로 활용한다. 두 환경이 서로 만나는 부분인 가장자리는 시스템에서 가장 다채로운 장소다. 가장자리를 적절하게 증감시킨다.

9. 천이와 협력한다. 살아 있는 시스템은 대개 미성숙한 생태계에서 성숙한 상태로 진전한다. 이런 추세에 대적하지 않고 그것을 받아들여서 디자인을 거기에 맞추면, 일과 에너지를 절약할 수 있다. 성숙한 생태계는 미숙한 상태보다 더 다양하고 생산적이다.

10. 재생 가능한 생물자원을 이용한다. 재생 가능한 자원은 대부분 생물이거나 그 생산물이다. 재생 가능한 자원은 번식을 하고 시간이 지날수록 크기가 늘어난다. 또 에너지를 저장하고, 수확량을 늘리고, 다른 요소들과 상호작용을 한다. 재생 불가능한 자원보다 이런 자원을 선택하도록 하자.

B. 행동양식의 원칙

11. 문제를 해결책으로 전환한다. 제약이 되는 요인이 오히려 창의적인 디자인을 불러일으킬 수 있다. 대부분의 문제는 자체적으로 해결의 실마리를 지니고 있을 뿐만 아니라, 다른 문제를 해결하는 데 영감을 주기도 한다. "우리는 주체 못할 정도로 많은 기회에 직면해 있다"는 말처럼.[4]

12. 소득을 올린다. 투입한 노력에서 즉각적인 수익과 장기적인 보상을 모두 얻을 수 있도록 디자인한다. '배고프면 일할 수 없다'는 말도 있지 않은가. 긍정적인 피드백 고리를 만들어서 시스템을 구축하고 투자에 대한 보답을 받자.

13. 풍요로움에 있어서 가장 큰 제약은 창조력이다. 물리적 한계에 도달하기 전에 디자이너의 상상력과 기술의 한계가 생산성과 다양성을 제한하는 경우가 많다.

14. 실수는 배울 수 있는 기회다. 당신이 겪은 시행착오를 검토하라. 실수는 일을 더 잘하려고 노력하고 있다는 징표이기도 하다. 시행착오를 통해 교훈을 얻는다면 실수로 인한 불이익은 사라진다.

4 월트 켈리(Walt Kelly)가 그린 유명한 풍자만화인 〈포고(Pogo)〉 중에서

그러면 이런 원칙을 어떻게 적용할 것인가? 이 책에서는 위의 원칙을 실행에 옮긴 예를 많이 찾아볼 수 있다. 퍼머컬처 디자이너이자 지도자인 래리 산토요는 이 원칙들을 '지속가능성의 지표'라고 부른다. 정원이든, 집이든, 혹은 비영리 단체든, 이 원칙을 적용한 디자인은 그렇지 않은 디자인보다 더 효율적이고, 효과적이며, 생태적으로 균형을 이루게 된다. 결정을 내릴 때 위의 원칙을 지침으로 사용하자. 정원을 만들 때 가능한 한 많은 장소에 이 원칙을 적용하자. 또 이 원칙을 따르지 않은 상황이 있다면 각별히 주의를 기울이자. 노동력의 대부분은 그런 지점에서 고갈되며, 환경 훼손도 대부분 거기서 일어난다.

이 원칙들은 또한 서로 놀라울 정도로 깊이 연결되어 있다. 이를테면 복합적인 기능을 추구하는 디자인은 '생물자원을 이용한다'나 '최소한의 변화로 최대한의 효과를 꾀한다'는 원칙 역시 따르고 있는 경우가 많다. 이와 같은 상승효과가 일어나고 있다면, 올바른 방향으로 나아가고 있는 것이다.

말하자면 퍼머컬처는 원예의 영역을 훨씬 넘어서는 일이다. 그러나 퍼머컬처는 자연계의 지혜에 근거한 것이기 때문에, 식물과 원예를 좋아해서 퍼머컬처를 처음 접하게 되는 사람들이 많다. 이 책에서는 퍼머컬처의 범위를 '가정 조경'으로 제한하려고 애썼다.

자연과 '함께' 일하는 정원

웹스터 사전은 생태학을 '생물의 상호 연관성과 그 환경에 대해 성찰하는 학문'이라 정의한다. 내가 이런 정원을 **생태**정원'이라 부르는 이유는 이 정원이 사람이라는 생물을 환경과 연결시키고, 자체의 여러 부분이 서로 연결되어 있으며, 건강한 생태계를 보전하는 역할을 하기 때문이다.

또한 생태정원에는 여러 정원 양식이 녹아들어 있기 때문에 정원사가 식용작물, 꽃, 허브, 공예작물 중에서 좋아하는 품목을 기호에 따라 강조할 수 있는 여지가 충분하다. 어떤 생태정원 가꾸기 방법은 식용식물조경에 뿌리를 두고 있는데, 식용식물조경은 식용식물을 채소밭이라는 감옥에서 해방시켜 관상용 식물이 살고 있는 고상한 앞마당 사회에

창조적으로 어우러지게 만들었다. 생태조경은 또한 인간 이외의 존재에게 서식지를 제공한다는 점에서 야생동물정원과 같다. 그리고 생태정원에서 토착식물군이 눈에 띄게 잘 산다는 점은 토착식물정원과 공통된 점이기도 하다.

하지만 생태조경이 서로 다른 양식의 정원을 단순히 모아놓기만 한 것은 아니다. 생태조경은 자연의 원리를 따르고 있다. 그러나 정원 중에는 겉모습만 자연의 풍경을 닮은 것도 있다. 적절치 못한 토양에서 식물을 살리기 위해 산더미 같은 비료를 넣고, 느리게만 자라는 토종식물 사이에서 신 나게 미처 날뛰는 억센 잡초를 진압하기 위해 제초제를 동이로 쏟아 붓는 토착식물정원도 있다. 그건 자연스럽다고 말하기 어렵다. 생태정원은 그 모습도, 작동하는 방식도 자연과 꼭 같다. 이 정원은 식물과 흙 속의 생명체들, 이로운 곤충과 동물들, '그리고' 정원사를 강한 관계로 묶어서 자연스럽고 탄력 있는 그물을 짠다. 각각의 생물은 다른 여러 생물에게 묶여 있다. 자연을 강하게 하는 것은 바로 이 상호 연결성이다. 그물이나 거미줄을 떠올려보자. 실 한 오라기쯤 잘려도 그물은 여전히 제 기능을 유지한다. 왜냐하면 다른 연결 부위가 그물을 지탱해주기 때문이다.

자연의 어떤 것도 한 가지 일만 하지는 않는다. 서로 연결된 요소 하나하나는 각기 여러 가지 다른 역할을 수행한다. 이런 다목적성은 생태적으로 디자인된 정원을 다른 정원과 차별하는 또 하나의 특질이다. 보통의 정원을 이루는 요소들은 대부분 한 가지 목적만을 가지고 있다. 나무는 그늘이 필요해서 심고, 관목은 열매를 따 먹으려고 심고, 트렐리스(trellis)[5]는 제멋대로 뻗어나가는 포도덩굴을 억제하려 세웠다. 그러나 정원의 요소들이 각기 할 수 있는 모든 역할을 수행하도록 디자인하면, 대부분의 일을 자연에 맡길 수 있을 뿐 아니라 문제와 맞닥뜨리는 일도 줄어든다. 정원은 보다 무성하고 풍요로운 장소가 될 것이다. 녹음수(shade tree)를 예로 들어 생각해보자. 녹음수는 사람이나 야생동물에게 견과류 같은 먹거리를 제공할 수 있다. 어쩌면 곤충을 끌어들여서 다른 과일나무에 수분이 더 잘되게 도와줄 수도 있다. 게다가 나무의 이파리는 빗물을 모으고 대기의 먼지를 제거하며, 낙엽이 되어서는 토양을 기름지게 해준다. 나무는 이미 열다섯 가지쯤 되는 일을 하고 있다. 우리는 나무의 이런 '산물'을 그것이 필요한 정원의 다른 요소들과 연결시키

5 덩굴식물이 타고 올라갈 수 있게 만든 격자 구조의 덩굴시렁

기만 하면 된다. 그러면 사람의 힘은 훨씬 덜 들고 땅은 더 건강해진다.

집의 남쪽 면에 있는 데크(deck)에 포도덩굴 정자를 세우면 햇빛이 너무 강하게 들 때에 그늘이 드리워진다. 포도덩굴은 그늘을 드리워 데크와 건물을 시원하게 해주고, 그 아래에서 서성거리는 운 좋은 이들에게 과일을 떨어뜨려준다. 이렇듯 모든 요소들은 이미 준비된 채 기다리고 있다. 우리는 자연의 경이로운 상호 연결을 모델로 삼아 그 요소들을 서로 연결시키기만 하면 된다.

상호 연결에는 두 가지 측면이 있다. 자연을 이루는 요소들은 각기 여러 역할을 하는데, 또 한편으로 그 하나하나의 역할에도 많은 수행자가 있다. 예를 들어 자연 속의 여러 해충은 굶주린 포식자 군대에 쫓긴다. 어떤 포식자 벌레나 그 종 전체가 해충을 잡는 데 실패하면, 다른 벌레들이 그 일을 대신한다. 이런 다중성은 실패의 위험을 줄인다. 같은 관점에서 앞의 녹음수 한 그루를 다시 살펴보자. 한 개체만 심지 말고 여러 종류의 식물을 무리 지어 심자. 그러면 그 개체가 느리게 자라거나 이파리가 무성해지지 않을 때 다른 식물이 그 자리를 메울 것이다. 여러 종류의 식물을 함께 심으면 그늘이 드리우는 시간이 좀 더 길어질 수도 있다. 상승효과가 보이지 않는가? 이런 맥락에 따라 포도덩굴 정자에 클레마티스[6]를 심어 색깔을 더하고, 재스민으로는 향기를 더하고, 덩굴을 일찍 뻗치는 완두콩을 심어서 수확 기간을 늘리고 수확량을 증대할 수 있다.

상호 연결이 정원을 보다 자연스럽게 만들고 노동 또한 절감시키는 예가 또 있다. 우리가 오리건 남부의 시골에 살았을 때는, 무방비의 식물을 마구 뜯어 먹는 사슴이 큰 골칫거리였다. 사슴은 남서쪽에서 마당으로 들어오는 통로를 밟아 다져놓았다. 그래서 나는 남서쪽에 굽이진 산울타리를 만들어 사슴이 다른 맛좋은 식물을 비껴 지나가게 했다. 산울타리는 본래 거기서 자라고 있던 오션스프레이, 들장미, 맨자니타[7] 같은 토착 과목 둘레에 조성했다. 거기에다 나는 산울타리가 될 만한 다른 종들을 골라 심어 몇 가지 일을 하게 했다. 앵도나무, 만주 살구(manchurian apricot), 까치밥나무[8] 등의 식물을 심어서 야생

---

6 흰색, 분홍색, 자주색의 큰 꽃이 피는 덩굴식물

7 분홍색이나 흰색의 항아리처럼 생긴 꽃이 줄기 끝에 모여 달린다.

8 열매가 얼얼한 맛이 나며, 즙이 많아 잼이나 젤리를 만드는 데 이용한다.

동물의 먹이가 되도록 했고, 가시가 많은 야생자두, 오세이지 오렌지[9], 구즈베리[10]를 심어서 사슴이 접근하지 못하도록 했다. 그리고 산울타리의 안쪽, 그러니까 집 쪽으로 난 가지에는 재배종 과일나무를 접목시켰다. 산울타리의 집을 면한 쪽에 있는 야생 벚나무 가지에는 달콤한 체리가 달리고, 관목형 살구나무와 야생 자두나무에는 얼마 안 있어 여러 종류의 감미로운 아시아종 자두의 싹이 텄다. 음식이 열리는 이 산울타리(때론 '먹거리울타리'라고 불렸다)는 사슴과 나 모두에게 먹거리를 제공해주었다.

나는 이 산울타리를 자연의 다른 순환들과도 연결시켰다. 산울타리는 집에서 상당히 떨어져 있어서 나는 곧 퇴비와 물 호스를 나르는 데 질리게 되었다. 그래서 나는 클로버[11]와 관목 두 그루, 그러니까 시베리아골담초[12]와 서양보리수[13]를 산울타리에 심어서 토양에 질소를 공급하도록 했다. 치커리와 서양톱풀, 무처럼 뿌리가 땅속으로 깊이 파고드는 종을 사이사이에 심어 하층토양으로부터 양분을 끌어올리고, 이파리가 질 때 그 양분을 땅의 표면에 축적하도록 했다. 이런 과정을 통해 흙은 자연스럽게 비옥해졌다. 수분을 보존하려고, 아티초크(artichoke)[14]와 가까운 식물인, 잎이 두꺼운 카르둔과 컴프리[15] 같은 식물도 심었다. 정기적으로 이 식물들의 잎을 베어서 땅 위에 내버려두는 방식으로 피복재 층을 만들어서 토양이 습기를 머금게 했다. 90일간 계속되는 남부 오리건 주의 건기에는 이 산울타리에도 물을 조금 대주어야 했지만, 피복재 식물들 덕택에 많은 양의 물을 절약할 수 있었다.

산울타리가 다 자라자 사슴은 우리에게 별문제가 되지 않았다. 동물들은 산울타리를 따라가며 먹이를 뜯어 먹다가 울타리 끝부분에 도달할 때쯤에는 거의 마당의 가장자리에 이르게 되어, 집 쪽으로 발길을 돌릴 생각을 거의 하지 않게 되었다. 그러나 모든 것은 변하게 마련인데, 이 경우도 역시 그랬다. 새로운 이웃이 우리 집 자갈길 바로 위쪽에 이사를

---

9 뽕나무과에 속하는 가시가 달린 교목. 황록색의 큰 열매가 달리는데 사람이 먹지는 못한다.

10 나무에 가시가 있으며 추위에도 잘 견딜 수 있다. 열매는 맛이 시큼하여 익혀서 먹거나 젤리, 통조림, 파이, 술 등을 만들어 먹는다.

11 클로버의 종류는 매우 다양하다. 이 책에서는 그중 Dutch or white clover(Trifolium repens)만 '토끼풀'로 옮겼다.

12 장미목 콩과(科)의 낙엽 활엽 관목으로, 5월에 노란색 꽃이 핀다.

13 키가 2~6m인 관목으로 가시가 많고 추위에 매우 강하다. 열매는 먹을 수 있지만 흔히 식용하지는 않는다.

14 국화과 식물. 엉겅퀴 꽃같이 생긴 꽃봉오리의 속대를 식용한다.

15 지칫과의 약용식물. 상처를 치료하거나 양털을 처리하는 원료로 쓰인다.

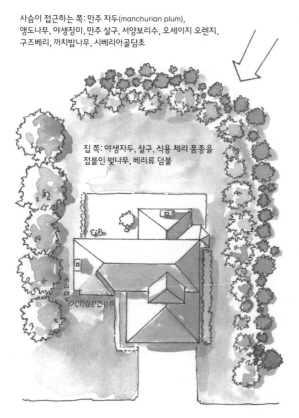

사슴이 접근하는 쪽: 만주 자두(manchurian plum),
앵도나무, 야생장미, 만주 살구, 서양보리수, 오세이지 오렌지,
구즈베리, 까치밥나무, 시베리아골담초

집 쪽: 야생자두, 살구, 식용 체리 품종을
접붙인 벚나무, 베리류 덤불

사슴의 진행 방향을 돌리는 먹거리울타리. 바깥쪽에는 야생동물을
위한 식물이, 집을 향한 쪽에는 사람이 이용하는 품종이 자란다.

오자 상황이 바뀌었다. 사슴이 귀엽다고 생각한 도시에서 온 이웃은, 썩어가는 사과를 상자에 담아 사슴더러 먹으라고 밖에 내놓기 시작했다. 사과 상자는 사슴들의 접근 패턴을 완전히 바꾸었다. 사슴의 무리가 점점 늘어나더니, 산울타리가 있는 숲을 통과하기보다는 오히려 우리 집 위쪽의 길을 통하여 과일 상자 주위로 떼를 지어 몰려들기 시작했다. 이웃집에 있는 노다지를 향해 길을 따라 오가다가, 산울타리를 치지 않은 쪽을 통해 우리 집 마당에 들어와 돌아다니는 사슴이 많아졌다. 사슴이 워낙 걷잡을 수 없이 뜯어 먹는 바람에, 다른 산울타리를 가꾸는 것이 불가능할 정도였다. 어쩔 수 없이 나는 정원의 위쪽에 담을 세웠다. 그러나 먹거리 산울타리는 여전히 내리막 경사지를 보호하며 우리에게 과일을 제공해주었다.

자연의 등은 아주 넓어서, 정원사는 조금만 창의력을 가지고 관점을 달리하기만 해도 많은 양의 노동을 이 든든한 파트너에게 맡길 수 있다. 자연은 정원사와 한 편이 될 수 있다. 우리는 여전히 자연을 적(敵) 혹은 정복하고 통제해야 할 무언가로 보는 전대의 자취를 따르고 있다. '곤충'이라는 말을 정원사에게 하면 거의 누구나 식물을 갉아 먹고 즙액을 빨아 먹는 해충을 연상할 것이다. 이파리를 누더기로 만들고 과일을 망쳐버리는 해충 말이다. 하지만 곤충의 90% 이상은 우리에게 이롭거나 아무 해도 끼치지 않는다. 다양하고 균형 잡힌 곤충들이 앙상블을 이루면, 꽃을 잘 수분시켜서 과일이 많이 달리고, 독약을 쓰지 않고도 포식충을 통해 해충의 창궐을 빠르게 통제한다. 우리의 정원에는 곤충이 필요하다. 곤충이 없으면 우리의 팔다리는 몸살을 일으킬 것이다. 꽃들을 일일이 손으로 수분시키고 낙엽이 퇴비가 될 때까지 손으로 갈아야 한다고 상상해보자.

이 이야기는 다른 생명계에 사는 존재들에게도 똑같이 적용된다. 벌레, 새, 포유류, 미생물은 모든 정원에 꼭 필요한 동반자다. 지혜로운 디자인을 통해 그들과 협력하면 노동을 최소화하고 경관의 아름다움, 건강, 생산력을 최대로 끌어올릴 수 있다. 가축 역시 정원을 가꾸는 데 도움이 될 수 있는데, 그에 대해서는 이후에 한 장을 할애하여 설명하려 한다.

정원을 가꾸려면 왜 그렇게 일을 많이 해야 할까?

생태정원의 목표 한 가지는 관행적인 조경디자인과 농업이 파괴한 자연의 순환을 복원하는 것이다. 숲이나 들판은 완벽한 모습을 하고 있으며 아무런 보살핌을 받지 않아도 질병으로부터 자유로운데, 어째서 정원을 가꾸는 데는 끈질긴 노동이 필요한지 이상하게 생각한 적이 있는가? 정원에서는 잡초가 불쑥불쑥 솟아나고 식물은 모두 이상한 점과 사각거리는 벌레들로 뒤덮여 있다. 이런 일은 대부분의 정원이 자연의 법칙을 무시하고 있기 때문에 일어난다.

기존의 정원이 자연경관과 어떻게 다른지 살펴보자. 자연은 절대로 한 가지 일만을 하지 않는다. 또 자연은 벌거벗은 땅, 한 가지 유형의 식물만 모여 있는 넓은 지역, 똑같은 키와 뿌리 깊이를 가진 식생을 싫어한다. 자연은 쟁기질도 하지 않는다. 야생에서 흙이 파헤쳐지는 경우는 나무가 쓰러져 뿌리가 뒤집어지면서 땅을 헤쳐놓을 때가 거의 유일하다. 그런데 우리의 정원은 이 모든 부자연스러운 방법들의 전시장이다. 광범위하게 사용되는 제초제와 화학비료는 말할 필요도 없다.

이런 부자연스러운 농사 기술은 각기 특정한 목적을 염두에 두고 개발되었다. 이를테면 경운은 잡초를 죽이고 미생물에게 공기를 불어넣어 신진대사를 촉진시키려는 목적을 가지고 있다. 경운을 통해 과도하게 신진대사가 촉진된 미생물은 영양분의 홍수를 일으키고, 작물은 빠르게 성장한다. 이것은 단기간이긴 하지만 재배자에게 엄청난 이익을 가져다준다. 그러나 우리는 이제 안다. 멀리 두고 보았을 때 경운은 생산력을 고갈시킨다. 활성화된 미생물은 양분을 모두 태워버리고 죽는다. 또 경운은 질병을 더 많이 일으키며, 토양의 구조를 파괴해 땅을 딱딱하게 만든다. 토양은 결국 심각한 침식을 일으키게 된다.

막 갈아엎은 땅이든, 쾌적한 간격을 두고 심어놓은 식물 사이의 빈 땅이든 간에, 전형적인 정원에서 볼 수 있는 벌거벗은 토양은 잡초 씨앗이 살기에 완벽한 장소가 된다. 잡초는 선구식물일 뿐이다. 수백만 년에 걸쳐, 잡초는 뒤집히고 벌거벗은 땅을 재빨리 뒤덮도록 진화했다. 정원의 헐벗은 땅에서도 잡초는 그 임무를 가차 없이 수행할 것이다. 게다가 헐벗은 땅은 비에 씻겨 나가게 된다. 우리는 그 자리에 남은 벗겨지고 부서진 땅을 부풀리기 위해 경운을 더 많이 하고, 잃어버린 양분을 대체할 비료를 넣어야 한다.

같은 종류의 식물만 모아 심으면 씨를 뿌리고 거두기에는 편리하지만 해충과 질병에게는 '마음껏 먹어라'는 신호가 될 뿐이다. 해로운 벌레들은 절대로 사라지지 않는 이 풍요로운 음식 세상에서 배를 채울 것이다. 이 그루에서 저 그루로, 아무 방해도 받지 않고 뛰어다니며 대재앙 수준으로 번식할 것이다.

앞서 이야기한 관행적인 기술은 각기 특정한 한 가지 문제를 해결하기 위한 것이다. 단선적인 접근 방법이 모두 그렇듯이, 그런 기술은 마찬가지로 한 가지 목적만을 가진 다른 방법들과 협력하지 못할 때가 많다. 큰 그림을 보지 못하는 것이다. 전형적인 정원에서, 그 큰 그림은 그다지 행복한 모습이 못 된다. 지긋지긋한 일거리 천지에 토착종이나 희귀종은 전혀 찾아볼 수 없고, 식물들은 엄청난 보살핌을 받으면서도 고군분투하고 있다. 사람은 엄청난 자원을 소비하는 독한 화학물질에 의존하고 있다. 그리고 사람이 계속해서 힘들게 개입하지 않는 한 정원의 전반적인 건강과 생산력, 아름다움은 아래로 떨어지게 마련이다. 사실 우리는 이 모든 것을 정원 가꾸기의 일부로 받아들이고 있다.

하지만 정원을 가꾸는 데는 다른 방법이 있다. 관행적인 조경은 자연의 그물을 찢어놓았다. 중요한 날실 몇 가닥이 그물에서 빠져 있다. 이 끊어진 고리들을 회복시키고 자연과 협력하면 우리는 짐을 덜 수 있다. 그러면 환경에도 이롭다는 것은 말할 필요도 없다. 어째서 땅을 갈고 산더미 같은 퇴비를 쏟아 부어야 하는가. 땅벌레를 비롯한 토양생물, 흙을 비옥하게 하는 여러 식물이 아주 적은 힘을 들이고도 최고의 흙을 만들어줄 텐데 말이다. 그것이 바로 자연의 방법이다. 우리는 수확할 때 잃어버리는 아주 적은 양의 양분만 보충해주면 된다. 식물은 대부분 물과 공기 중의 탄소로 이루어져 있다. 식물이 흙에서 취하는 아주 적은 양의 미네랄은 적절한 기술을 쓰면 쉽게 되돌려놓을 수 있다.

'자연에게 맡기자'는 원칙은 해충에도 적용된다. 균형 잡힌 환경에서는 질병이나 곤충으로 인한 피해가 손댈 수 없는 상황까지 가는 일이 드물다. 이 책에서 만드는 법을 알려주는 정원에서는 여러 식물종이 다양하게 자라고 있으며, 곤충과 균류, 박테리아, 침입성 식물이 자연의 그물을 이루고 있어서 서로를 견제하고 균형을 맞추기 때문이다. 어떤 종 하나가 지나치게 번성하면 포식자는 쉽게 그것을 얻을 수 있다. 쉽게 얻을 수 있다는 점은 포식자에게 거부할 수 없는 유혹이 된다. 지나치게 번성한 종은 결국 맛좋은 음식이 되어 통제할 수 있는 수준으로 그 수가 적어지게 된다. 그게 바로 자연이 일하는 방식이다. 생태정원을 가꿀 때는 이런 점을 잘 이용하면 된다.

균형 잡힌 정원을 만들기 위해서는 자연이 움직이는 방식을 잘 이해해야 한다. 그래서 이 책에서는 정원사들에게 도움이 되도록 한 장을 생태학에 할애하고, 자연의 원리가 나타난 예를 다른 장에서도 많이 소개했다. 채소를 키우든 꽃을 가꾸든 야생식물을 키우든 간에 자연의 방법을 이용하면 일과 문제가 줄어든다. 그리고 정원은 자연에서 볼 수 있는 활력 넘치는 경관에 훨씬 더 가까워진다. 야생의 존재와 사람 모두를 반갑게 맞이하는 이 뒷마당 생태계에서 나오는 음식과 그 밖의 생산물 덕분에 우리는 좀 더 자족할 수 있다. 그 아름다움에 감탄하고 영감을 받는 것은 물론이다.

자연정원을 넘어서

이제까지 읽은 내용 중에는 들어본 이야기도 있을 것이다. 자연의 식생을 모방한 토착식물정원과 조경이 등장한 지 거의 20년이 되었다. 이런 스타일의 정원은 일반적으로 자연정원(natural garden)이라고 불리는데, 자연정원을 조성할 때는 토착식물군집을 재창조하려고 할 때가 많다. 뒤뜰에 야생식물을 골라 심어서 초원, 숲, 습지 같은 야생의 서식지를 만드는 것이다. 그러니 자연과 함께 농사를 짓는다는 생각은 어떤 독자에게는 전혀 새롭지 않을 수도 있다.

생태정원 역시 야생지대를 관찰하거나 거기서 살아보고 알게 된 원리를 이용하지만, 그 결과는 자연정원과 다르다. 자연정원은 거의 토착식물로만 이루어져 있으며, 서식지를 만들고 보존하려는 의도를 가지고 있다. 자연정원에서 재배하는 종의 일부는 멸종 위기에 처해 있을 수도 있다. 비록 주변에서 흔히 볼 수 있는 토착식물이라 해도 말이다. 켄 드루즈(Ken Druse)가 『자연 서식지 정원(The Natural Habitat Garden)』에서 말했듯이, 자연정원은 종종 "지구의 미래를 위해 꼭 필요한" 것으로 묘사된다. 그러나 자연정원은 사람에게 제공하는 것이 거의 없고, 훼손된 환경을 복원하는 데도 미미한 영향만을 미칠 뿐이다. 그 이유는 이렇다.

미국에서 사람이 거주하고 있는 개발된 땅은 도시, 교외, 시골 읍내, 도로, 건물, 마당 등을 다 합해 보았자 전 국토의 6%에 불과하다. 마당과 도시공원을 토착식물로 모두 채운다 하더라도 토착종과 그 서식지가 사라져가는 현상을 막기에는 턱없이 부족하다.

어쨌든 도시와 교외의 개발된 땅을 토착식물만 심은 정원으로 꽉 채운다 할지라도 그것이 야생의 상태가 될 수는 없다. 땅은 거리로 인해 작은 조각으로 나뉘어 있고, 주택과 큰 길로 포장되어 있고, 하천은 복개되어 지하에서 흐르고, 고양이와 개라는 포식자로 가득 찬 그곳은 인간과 그 동류들에게 점령되어 더 큰 생태계로부터 분리되어 있다. 그리고 그 상태는 그대로 지속될 것이다. 교외에 토착식물을 심으면 어떤 종을 조금 구할 수 있을지도 모른다는 사실을 부정하지는 않는다. 하지만 많은 토착생물, 특히 동물은 현대인에게 점유된 땅과 양립할 수 없다. 토착생물이 살아남기 위해서는 오염되지 않은 넓은 땅이 필요하다. 교외의 마당에 토착종을 심는 것 가지고는 토착생물을 구할 수 없다.

또한 진짜 환경 훼손은 도시와 교외 그 자체가 일으키는 것이 아니다. 환경 훼손은 도시의 필요를 채우면서 일어난다. 6%의 개발된 국토에 사는 우리는 만족을 모르는 식욕을 갖고 있어서, 미국 땅의 40~70%(이 추정치는 '이용'이라는 말을 어떻게 정의하느냐에 따라 달라진다)를 그 식욕을 채우는 데 이용하고 있다. 단일 작물을 키우는 농장, 산업비림(産業備林)[16], 가축방목지와 사육장, 저수지, 노천광과 절개식 광산, 군사지대, 그 밖에 현대 문명

---

16 펄프제조업, 탄광업 또는 원목을 원자재로 이용하거나 가공하는 기업이 필요한 원자재를 자급할 목적으로 소유하거나 사용할 수 있는 산림

으로 차려입은 모든 장소는 거대한 땅덩어리를 차지하고 있다. 그리고 그중 어디도 토착종의 서식지나 건강한 서식지가 아니다. 집에서 직접 기르지 않은 식재료로 밥을 해 먹거나, 목재 하치장에 가거나, 약국, 옷가게, 그 밖의 상점에 감으로써 우리는 한때 토착생물의 거주지였던 곳을 생태학적 사막으로 전환시킨다. 약 230m^2(약 70평) 넓이의 전형적인 미국식 주택을 목재로 짓게 되면, 대략 약 1.2ha(약 3,600평)의 숲을 싹 베어내어 벌거벗은 불모지로 만들어야 한다. 그러므로 작은 교외 부지에 칼미아(mountain laurel)[17] 몇 그루를 심는 것보다는 아담한 주택에서 사는 편이 토착종에게 훨씬 더 도움이 된다고 하겠다.

토착종을 우리의 마당에 갖춰놓아야 한다는 점은 분명하다. 그러나 우리가 자원 사용량을 줄이지 않는 한, 토종식물 정원을 만든다고 해서 야생의 땅이 약탈당하는 일이 줄어들지는 않는다. 토착식물정원이 잔디밭보다는 환경에 부담이 훨씬 덜 가지만, 그 정원의 주인이 보이지 않는 다른 곳에서 막대한 규모의 서식지를 없애고 있다는 사실을 바꾸지는 못한다. 그러나 생태정원은 그 사실을 바꿀 수 있다.

마당에서 음식, 목재, 약초, 그 밖의 여러 가지를 생산하면 우리 고장 바깥에서 인간을 위해 토착생물을 없애고 땅을 개발할 필요가 적어진다. 단 하나의 종만 남기고 제초제로 모든 것을 제거해버린 공장식 농장과 산업비림이 교외의 뒤뜰보다 생물학적으로 훨씬 더 빈곤한 상태에 있다. 그러나 농장과 수목원은 진정 야생으로 돌아갈 수 있는 땅이다. 도시와 교외는 이미 자연의 고리를 벗어났다. 우리는 도시와 교외를 가능한 한 사람에게 유용하게 만들고, 다양한 기능을 더하려고 노력해야 한다. 단순한 오피스 파크나 잠자는 곳 이상으로 말이다. 도시는 믿을 수 없을 정도로 생산적일 수 있다. 예를 들어 스위스에서는 70%의 목재가 지역사회의 조림지에서 생산된다. 도시는 인간이 가지고 있는 여러 가지 필요를 채우기 위한 물질을 공급할 수 있으며, 경작지와 수목원의 일부를 자연으로 돌아가게 할 수 있다.

도시의 모든 뒷마당에 작물을 줄맞추어 심자는 말이 아니다. 생태적으로 정원을 가꾸고, 사람에게 필요한 식량과 자재를 생산하고, 다른 종에게 서식지를 제공하는 다기능적인 조경을 함으로써, 우리는 도시를 진정 꽃피울 수 있다. 그러나 인간이 전혀 이용할 수 없는 토착식물만으로 가득한 뜰이 있다는 것은 토착식물이라곤 찾아볼 수 없는 농장과 공장식 임야

---

17 산월계수 또는 숟가락 나무라고도 부르는 철쭉과의 상록 관목으로 미국 동부가 원산지다.

가 보이지 않는 다른 곳에 존재함을 의미한다. 그런 농장과 공장식 임야야말로 환경파괴를 불러온다. 토착식물을 애호하는 교외생활자의 욕구를 충족시키기 위해서 말이다. 유기농 농장조차도 대개 단일 경작을 하는 것이 사실이다. 반면에 외래종을 (물론 토종도) 조심스럽게 선택해서 심은 마당은 인간이라는 점유종이 일으키는 생태적 타격을 훨씬 감소시킬 수 있다. 우리가 마당의 생산물로 자급하면 공장식 농장과 산림을 지금보다 줄일 수 있다. 그러면 어딘가의 어떤 농부가 냇물에 너무 가까운 곳에서 경작을 하게 되는 일이 없어질 테니, 교외 부지에 심으면 절대로 잘 자랄 수 없는 강기슭의 종 여럿을 구할 수 있을 것이다.

토착종 대 외래종

먼저, 용어 정리부터 하자. **침입성**(invasive)이란 용어는 감정적으로 부정적인 의미를 함축하고 있다. 이 용어는 어떤 종 자체가 스스로 침입할 수 있다는 것을 뜻한다. 그런데 '침입 가능성'이란 어떤 한 종에 달려 있는 문제가 아니다. 어떤 생물이 새로운 경관에 침입하는 일은 그 생물과 환경 사이의 상호작용에 달려 있다. 여기서 말하는 환경은 생물과 무생물 둘 다로 이루어져 있다. 어떤 종이 새로운 서식지에 떨어지면 그곳에서는 번성할 수도 있지만, 또 다른 곳에서는 철저히 실패할 수도 있다. 그러니 어떤 한 가지 종을 '침입성'이라고 부르는 것은 그다지 과학적이지 않다. 그래서 나는 데이비드 재키가 그의 저서 『먹거리 숲 정원(Edible Forest Gardens)』에서 쓴 **기회주의적**(opportunistic)이라는 용어를 대신 사용할 것이다. 어떤 종이 본래의 성향대로 자라기 위해서는 특별한 조건을 필요로 한다는 의미를 '기회주의적'이리는 표현이 좀 더 정확하게 전달하기 때문이다. 다루기 힘든 여러 가지 외래종이라도 원산지에서는 손쉽게 길들일 수 있다. 심지어 **토착종**과 **외래종**이라는 단어도 내가 계속 사용하고는 있지만 명확한 구분이 어렵다. 생각해보자. 외래종이란 말은 당신이나 최초의 식물학자가 여기에 들여오기 전에는 없었던 종을 뜻하는가? 아니면 콜럼버스가 아메리카 대륙을 발견하기 전에는 없었던 것인가? 최초의 인간이 있기 전에? 그게 아니면 다른 무엇인가? 종은 끊임없이 움직이고 있다. 그러므로 우리가 이런 단어를 사용하는 이유를 다시금 생각해볼 필요가 있다.

토착식물로 정원을 가꾸는 것은 단순한 유행을 넘어서 중요한 이슈가 되었다. 자연정원을 지지하는 사람들은 토종이 아닌 식물을 심어보라고 권하면 펄쩍 뛸 것이다. 정부, 농업 관련 산업, 자연보호단체는 '외래'종을 근절하기 위해 수백만 달러를 쏟아 붓고 있다. 공원관리공단은 전국적으로 산책로와 유원지를 비롯한 공공장소에 오직 토착식물만 심도록 하는 방침을 세웠다. 오로지 토착식물만 심자는 주장도 일리는 있다. 물론 우리도 토착식물과 그 서식지를 보존하고 싶다. 그러나 외래종을 뿌리 뽑고 토착종을 심는 데 소비한 에너지의 대부분은 방향이 잘못된 부질없는 것이었다. 아주 많은 복구 프로젝트가 실패함으로써 증명된 사실이다. 재정 지원이나 인력 풀이 고갈되자, 토종이 아닌 식물들이 슬며시 회생했던 것이다. 토지를 이용하는 방법에 근본적인 변화가 없다면, 외래식물을 근절하자는 캠페인은 무용지물에 가까울 수밖에 없다. 생태학적 지식이 조금만 있어도 왜 그런지 알 수 있다. 대부분의 기회주의적인 식물을 보자. 뉴잉글랜드 주의 숲 주변은 배풍등(European bittersweet)과 인동덩굴(Japanese honeysuckle)로 가득하다. 남부 지방의 길가와 숲 가장자리는 온통 칡이 뒤덮고 있다. 해안 지방과 중서부 지역의 수로는 털부처꽃(purple loosestrife)[18]이 휩쓸고 있으며, 서부 지역에는 좁은잎보리장이 우후죽순처럼 생겨나 작은 숲을 이루고 있다. 대부분의 경우에 이런 식물은 어지럽혀진 땅과 교란된 생태계에 침입하고 있다. 즉, 이런 식물은 방목, 벌목, 댐, 도로 건설, 환경오염을 비롯한 여러 가지 인간 활동에 의해서 파괴되고 척박해진 장소에 들어온다. 교란된 정도가 덜한 생태계일수록 기회주의적인 종에 더 잘 저항한다. 기회주의적 식물이 도로의 절개면이나 벌목지 같은 생태계의 진입 지점에 자리 잡으면, 교란된 정도가 덜한 생태계에도 그런 식물이 들어올 수 있지만 말이다.

토착식물정원을 전문으로 다루는 어떤 이는 '우리가 계속 개입하지 않으면 외래종이 토종을 대체하는 현상'을 설명하면서, 이것을 '칡 현상(kudzu phenomenon)'이라고 부른다. 그러나 우리의 개입이 바로 문제다. 자연이 외래종과 토착종을 뒤섞어 빠르게 회복하는 덤불을 만들면, 우리는 자연이 실수를 하고 있다고 여기고, 교란된 서식지가 안정화되도록 가

---

18 쌍떡잎식물인 여러해살이풀로 천굴채(千屈菜)라고도 한다. 냇가, 초원 등의 습지에서 많이 자란다.

만히 놔두지 않고 계속 교란시킨다. 우리는 마음대로 농약을 살포하고 배풍등과 인동덩굴을 뽑아버릴 수 있지만, 아마 금방 원상태로 돌아올 것이다. 이들은 햇볕이 잘 드는 가장자리를 좋아하는 종이다. 그런데 우리는 숲을 수없이 많은 작은 조각으로 나누었기 때문에, 숲의 내부보다 가장자리의 면적이 더 많아지게 되었다. 이 외래종들에게 완벽한 서식지를 만들어준 셈이다. 칡과 부처꽃을 비롯한 그 밖의 외래종도 마찬가지다. 털부처꽃은 동부 지역에서는 19세기에 조성된 운하를 따라서 습지로 퍼져나갔으며, 서부 지역에서는 관개수로를 통해 소택지와 연못으로 급속히 번져갔다. 인간이 외래종이 번성하기에 완벽한 조건을 만들고 있는 것이다. 나는 어떤 토착식물이 한 지역에서 멸종되면 이런저런 기회주의적 종의 탓으로 돌리는 경우를 흔히 보아왔다. 이해할 만하다. 좋아하는 무언가를 잃고 나면 속죄양을 찾게 마련이듯, 새로 유입된 종들이 도마 위에 오르는 것이다. 그러나 실제로 어디에 책임이 있는지 알아보면, 그 장소가 먼저 개발이나 벌목, 그 밖에 인간의 이용으로 심하게 훼손되었다는 사실이 거의 매번 드러난다. 기회주의적 종들은 일차적 피해가 이루어진 후에 그에 대한 직접적인 반응으로 들어온 경우가 많다.

기회주의적 식물은 교란된 장소를 갈망하고, 가장자리를 좋아한다. 개발로 인해 엄청나게 많이 생기는 것이 바로 이 두 가지다. 우리가 가장자리를 만들고 생태계를 교란시키는 일을 그만두지 않는 한, 기회주의적 식물을 근절하려는 노력은 극히 작은 면적을 제외하고는 허사가 될 것이다. 장기적으로 기회주의적 종을 제거할 수 있는 가능성은 토양이 훼손되지 않도록 하고, 숲을 원상태로 복구하고, 새로 나타난 종을 다른 종이 드리우는 그늘 아래 두는 데 있다. 다른 말로 하면, 생태적으로 보다 성숙한 경관을 만들 필요가 있다는 것이다. 기회주의적 식물은 서양담쟁이덩굴(English ivy)과 같은 소수의 예외 말고는, 거의 다 햇빛과 파헤쳐진 땅, 때로는 척박한 토양을 필요로 하는 선구식물이다. 예를 들면, 칡과 양골담초(Scot's broom)[19]와 좁은잎보리상은 질소고정식물로, 토양을 비옥하게 만드는 역할을 한다. 때문에 이런 식물은 지력이 고갈된 경작지나 지나치게 풀을 뜯어 먹은 방목지에서 번성한다. 이것은 자연이 손에 닿는 식물을 이용해 토양을 비옥하게 회복시키는

19 콩과에 속하는 갈잎 떨기나무로, 금작화라고도 부른다. 주로 저지대의 볕이 잘 들고 건조한 모래땅에서 서식하며, 나비 모양의 노란색 꽃이 나무 가득 핀다.

방법이다.

　기회주의적 식물이 매우 번성하는 이유가 여기에 있다. 땅을 개간하거나 숲을 작게 조
각내면, 열린 '니치(niche)'[20]가 많이 만들어진다. 햇볕이 내리쪼이는 벌거벗은 땅은 빛과 양
분을 흡수하는 초록 식물로 덮이길 갈망한다. 자연은 그 하사품을 차지할 바이오매스(생
물량)[21]를 재빠르게 그리고 가능한 한 많이 불러낼 것이다. 자연은 빈터에 키 작은 '잡초'를
뿌리고, 더 나아가서 키 큰 관목을 싹틔운다. 관목 덤불은 땅속에 뿌리를 깊이 내리고 더
많은 빛을 흡수하려 삼면으로 뻗어나간다. 그것이 바로 숲의 경계에 뚫고 들어갈 수 없는
관목과 덩굴, 키 작은 나무들이 얽혀 있는 이유다. 그래야 거두어들일 빛이 풍부하기 때문
이다. 하지만 숲 가장자리의 안쪽은 햇빛도 덜 들고 생태 교란도 거의 일어나지 않기 때문
에 대개 공간이 트여 있다.

　인간이 빈터를 만들면 자연이 뛰어들어 무섭게 일하기 시작한다. 본래의 부식토와 균
류층을 회복시키고, 에너지를 거두어들이고, 끊어진 순환과 연결 고리를 재구축한다. 빠
르게 자라는 선구식물 덤불은 작은 공간에 많은 양의 바이오매스를 우겨넣은 것인데, 이
일을 하기에 매우 효과적이다. 퍼머컬처의 공동창시자인 데이비드 홈그렌은 이 무성하게
자라는 토착종과 외래종의 조합을 '재조합 생태환경(recombinant ecology)'이라고 부른다. 그
는 이 조합이 손 닿는 범위에 있는 식물을 끌어 모아 훼손된 땅을 치유하려는 자연의 효
과적인 전략이라고 믿는다. 이러한 새로운 생태환경의 가치와 치유력이 최근에 연구를 통
해 밝혀지고 있다. 관개를 얼마나 많이 해야 하든 간에 목초지는 영원히 목초지로 남아
있어야 하고, 숲 가장자리의 아래층은 모두 깔끔하게 탁 트여 있어야 한다는 그릇된 믿음
으로 덤불을 싹 없애버린다면, 우리는 자연의 회복 과정을 뒤로 돌릴 따름이다. 자연은 가
차 없이 돌아와 일하기 시작하며, 그 자리를 선구식물로 다시 채울 것이다. 그리고 자연은
질소고정식물이나 토질을 안정화시키는 식물이 대륙 이동을 통해 유입되었는지, 불도저가
짓밟고 지나가서 유입되었는지 상관하지 않는다. 그 식물이 빠른 속도로 생태계를 봉합하

20　한 생태계 안에서 특정한 생물이 수행하는 역할 또는 기능. 정식 생태학 용어로는 '생태적 지위(地位)'라고 번역되지만, 이 책에
　　이 단어가 너무 많이 나오는 데다 학문적 용어는 '틈새'라는 본래의 의미를 적절하게 전하지 못하는 것 같기도 하여, 이 책에서는
　　'니치'라 썼다.

21　특정한 장소 안에 존재하는 동식물과 미생물 등 유기체의 총량. 생물에너지원을 가리키는 말로도 쓰인다.

여 제대로 기능하게 만들 수 있다면 말이다.

교외에 나가면 잔디나 들판에 인접해 있는 삼림지대의 가장자리가 말끔하게 벌목된 경우를 흔히 볼 수 있는데, 이런 곳이야말로 햇빛을 좋아하는 외래종이 살기에 완벽한 서식지다. 키 작은 나무와 관목을 심어서 숲의 경계를 부드럽게 하고, 가장자리를 뚫고 들어오는 햇빛을 흡수하도록 하면, 기회주의적 종이 들어올 니치는 사라질 것이다. 고도로 관리하는 마당을 제외하면, 단순히 외래종을 제거하는 것은 별로 도움이 되지 못한다. 외래종은 자신을 기다리고 있는 완벽한 서식지로 곧 돌아올 것이기 때문이다. 제초제 생산업체가 토착식물을 위한 캠페인에 투자하는 것은 바로 그 때문이다. 제초제를 재구매할 고객을 알아보는 것이다. 자연은 공간이 비어 있는 것을 질색한다. 빈터를 만들면, 자연은 무엇이든 손에 닿는 것을 가지고 뛰어든다. 기회주의적 종을 근절하려면, 서식지 자체가 그러한 종에 덜 우호적인, 보다 성숙한 경관으로 변화해야 한다. 기회주의적 종들을 받쳐주는 조건 자체가 제거되어야 하는 것이다.

이런 접근법은 '너도 살고 나도 살자'는 식이 아니며, 끝없이 잡초를 뽑는 일보다 더 효과적이다. 선구종 잡초로 뒤덮인 경관이 자연의 방식일 수는 있다. 하지만 마당의 가장자리가 얽히고설킨 덤불로 덮이길 바라는 사람은 거의 없다. 우리는 마당에 기회주의적 종들이 들어오지 못하게 할 수 있다. 특히 마당의 공간이 작고, 여러 계절에 걸쳐 끈기 있게 계속할 용의가 있는 경우라면 말이다. 그러나 우리가 '풀 뽑고, 약 치고, 욕하는' 다람쥐 쳇바퀴에 올라타 있는 상태라면 성공하기는 어렵다. 우리 주변의 보다 성숙한 숲 가장자리를 보고 배우는 것이 더 쉽고 생산적인 전략이다. 다시 말해, 자연을 관찰함으로써 우리는 오래된 숲의 양지바른 가장자리에 어떤 종들이 자연히 자리 잡는지를 배울 수 있다. 이런 장소들을 눈여겨보자. 그러면 아마도 층층나무, 벚나무, 꽃사과, 오리나무, 단풍나무 몇 종류를 볼 수 있을 것이다. 지역에 따라 종류는 다르지만, 가장자리를 좋아하는 나무와 관목은 마당이나 삼림지대의 경계를 생태적으로 보다 성숙한 단계로 진척시킬 때 쓰기에 좋은 후보가 된다. 원치 않는 종이 공간을 채우기 전에, 덤불로 우거진 가장자리에 그런 식물을 심자. 자연과 맞서 싸울 수는 없다. 최후의 일격을 가하는 쪽은 언제나 자연이다. 그러나 때로 여러분은 자연이 가는 방향으로 먼저 갈 수 있다.

19세기 과학자 토머스 헨리 헉슬리(Thomas Henry Huxley)[22]는 자연을 멋진 체스 상대에 비유했다. "우리는 그가 언제나 공평하고, 정당하며, 끈기 있게 경기에 임한다는 사실을 안다. 그러나 우리는 쓴맛을 보고서야 그가 실수를 눈감아주지 않으며 무지를 조금도 용납하지 않는다는 점 또한 알게 된다." 인간에게는 부족한 인내력을 자연은 갖고 있다. 계절이 몇 번 지나가는 동안, 우리가 배풍등이나 칡을 약간 뽑아낼 수는 있다. 그러나 자연은 해마다 계속해서 씨를 뿌린다. 우리가 싸움에 지쳐 나가떨어질 때까지. 자연은 멀리 볼 줄 안다.

'토착종 대 외래종' 논란은 오로지 시간에 대한 우리의 제한적인 관점 때문에 일어난 것이다. 바람, 동물, 해류, 대륙 이동은 항상 여러 종을 새로운 환경에 퍼뜨렸다. 만 년 동안 수십 억 마리의 새들이 먹은 씨앗을 뱃속에 간직한 채로, 또 씨앗이 붙어 있는 진흙을 발에 묻힌 채로 수백 혹은 수천 마일을 여행했다는 것을 기억해보자. 수천 가지 종으로부터 나온 수십 억 개의 씨앗들은 어디든지 새가 멈추는 곳에서 싹을 틔울 준비가 되어 있다. 생명이 시작된 이래 계속해서 지구는 무리 지어 몰려다니는 종들의 이동으로 넘실대고 있다. 지구는 동일한 종이 얽히고설킨 하나의 거대한 잡초밭이 아니다. 이것은 손상되지 않은 생태계는 매우 침입하기 어렵다는 사실을 뒷받침하는 설득력 있는 증거다.

제트기 시대의 기동력은, 불안하고 때로 경제적 손실을 일으키는 방식으로 종의 이동을 가속화하고 있다. 그러나 기회주의적 종은 호황과 불황을 한 차례 겪고 난 후에, 결국 주위 환경과 균형 상태를 이루게 된다. 그 과정은 십 년이 걸릴 수도, 한 세기가 걸릴 수도 있다. 배풍등이나 수레국화(star thistle)와 씨름하고 있는 집주인에게는 그 기간이 영원처럼 느껴질 수도 있다. 하지만 새로운 종은 언젠가 지역 생태계 속에 '엮이게' 된다. 천적이 생기고, 반갑지 않은 환경을 만남으로써 견제도 당하게 된다.

'토종'은 단지 관점의 문제다. 이 종은 이 산기슭의 토착종인가? 아니면 이 생태군집? 이 대륙? 아니 어쩌면 지구 토착종? 나는 미국인들이 자신들도 이주민의 자손이면서 '침입 외래종'이 토착종을 대체한다며 욕하는 것은 아이러니라고 생각한다. 그리고 기회주의적 종은 때로 중요한 역할을 하곤 한다. 자연은 스스로 구할 수 있는 가장 좋은 도구를 이용하여 우리가 미처 인식하지 못하는 문제를 해결한다. 예를 들어, 열성적으로 외래종

22 1825~1895년. 영국의 생물학자로 다윈의 진화론 보급에 주력했다.

근절에 앞장서는 사람들이 전형적인 타도 대상으로 삼는 털부처꽃을 보자. 부처꽃은 오염된 물에 잘 견디고 정화 능력이 탁월하다는 사실이 밝혀졌다. 부처꽃은 다른 여러 기회주의적 종들과 마찬가지로, 문제(오염된 물)가 있다며 우리에게 외치고 있다. 그리고 부처꽃은 그 문제를 가장 잘 해결할 수 있는 자연의 대리인 중 하나다. 부처꽃은 오염 물질을 깨끗이 닦아냄으로써 문제를 해결한다. 또한 비교적 깨끗하다고 할 정도로 오염 수준이 떨어지고 나면, 부처꽃이 죽어서 수가 줄어든다는 것이 연구를 통해 드러났다. 또 다른 연구자들이 밝혀낸 바에 따르면, 예상과 달리 조그만 부처꽃밭은 토착식물로 이루어진 주변 지역과 같은 수준으로 토착종 꽃가루매개자와 새를 부양한다고 한다. 이런 사실을 보면, 어떤 종을 악마 취급하는 논리가 과연 타당한지 더 깊이 살펴볼 필요가 있다.

물론 어떤 지역에서 이미 기회주의적이라고 알려져 있는 종을 일부러 도입하는 것은 어리석은 짓이다. 퍼머컬처인들은 안전한 순서대로 식물을 선택한다. 어떤 역할을 할 식물이 필요할 때, 될 수 있으면 토착식물을 심는다. 만약 그 니치에 적합한 토착종이 없다면 시험을 거친 외래종을 쓴다. 새로운 외래종은 상당히 많은 연구를 거친 후에야 소규모로 도입하는 것을 고려해본다. 그런데 솔직히 말하자면 나는 그렇게 해본 적도 없거니와, 그렇게 했다는 사람을 개인적으로 알지도 못하며, 그렇게 하라고 권하고 싶지도 않다. 여러 서식지에서 재배를 시도해본 종이 수천 가지나 되는데, 그 많은 것들 중의 하나도 소용이 없다면 당신이 염두에 둔 일을 굳이 시행할 필요는 없을 것이다.

나는 토착식물을 사랑하며, 적절한 곳이라면 어디에서든 토종식물을 기른다. 그러나 빨리 퍼지면서 토양을 조성하는 선구식물을 나쁜 것으로 낙인찍는 행위에서부터, 그런 식물들이 빨리 퍼지는 상황을 조장하는 것까지, 그 이슈 전체가 자연의 방법을 이해하지 못하는 데서 기인한다. 생태적으로 생각하면, 그 문제는 오해에서 비롯되었다는 것이 드러나서 문제 자체가 사라지거나, 기회수의적 종의 생활주기(life cycle)에 해결책이 이미 들어 있음을 알아차리게 된다. 식물은 조건이 맞을 때만 번성한다. 그렇다면 그 조건을 바꾸자. 가장자리를 없애고, 흙을 파헤치지 말고, 나무로 그늘을 드리우고, 오염된 부분을 깨끗하게 하자. 그러면 기회주의적 식물이 문제를 일으키는 일은 거의 확실하게 사라질 것이다.

토종에 대한 지나친 열정은 식물과 적대적이고 편향된 관계를 맺게 할 수 있다. 나는 그런 감정이 불편하다. '토종은 좋고 다른 건 나쁘다'는 사고방식을 가지면 아무 외래식물만 보아도 혈압이 끓어오를 수 있을 테니까. 분노는 정원에 가지고 가기에 좋은 감정이 아니다. 사실 우리 모두는 필요를 채우기 위해서 토종이 아닌 식물에 전적으로 의존하고 있다. 우리의 식단을 보자. 오늘 아침 식사 재료는 어디에서 왔을까? 많은 미국인들이 자기가 살고 있는 주의 토착식물을 한 가지라도 규칙적으로 소비한다면 그건 놀랄 일이다. 북아메리카가 원산지인 보편적인 식용작물이라고 해봐야 해바라기, 홉, 호박, 그리고 몇 가지 견과류와 베리 종류뿐이다. 우리가 먹는 것은 거의 모두 다른 대륙에서 건너온 것이다. 외래종을 모두 없애버린다면, 우리들 대부분은 꽤나 굶주릴 것이다. 내가 사는 고장에서 나는 근채류, 장과(漿果)류, 견과류, 엽채류를 요리하는 법을 배울 때까지.

이런 이유로 나는 현명하게 토착종과 외래종의 비율을 균형 맞추어 심어야 한다고 주장하는 것이다. 우리가 살고 있는 도시를 본래의 야생 상태로 되돌리는 것은 불가능하겠지만, 정원은 지구의 환경이 제공하는 기능과 서비스를 복구하는 데 중요한 역할을 할 수 있다. 이 책은 지구의 건강에 악영향을 미치는 인간의 압력을 내가 가꾼 마당이 줄일 수 있다는 점을 주요 전제로 두고 있다. 퍼머컬처와 생태디자인 기술을 통해 우리는 필요의 상당 부분을 채울 수 있다. 쉽고, 지혜롭고, 아름다운 방식으로 말이다. 우리는 자연과 매우 유사하게 작동하는 경관을 만들 수 있다. 그것을 조금만 손보면 토착 서식지를 보존하면서 인간을 위한 생산력 또한 증대시킬 수 있다. 그리고 그렇게 함으로써 공장식 농장과 산업비림의 일부를 야생으로 되돌아가게 할 수 있다.

우리는 환경과 비교적 조화롭게 사는 사람들의 문화나 생태학과 농업 분야의 과학적 연구 결과를 통해, 야생동물에게 서식지를 제공하면서 사람에게도 이로운 정원을 만들 수 있을 만큼 충분한 지식을 축적했다. 그런 정원은 농장처럼 보이지 않는다. 토착의 식생과 똑같은 느낌을 주지만, 인간 거주자들의 필요와 이익에 맞춰 손볼 수가 있다. 당신이 좋아하는 자연 풍경을 마음에 그려보자. 그곳의 나무에서 과일을 따고, 잎을 따서 아삭아삭한 샐러드를 만들고, 풍성한 꽃으로 꽃다발을 만들고, 대나무밭에서 텃밭에 쓸 지지대를 해오는 광경을 상상해보자. 이런 정원은 사람에게 알맞게 맞추어져 있으면서도 여전히 생태계처럼 작용한다. 영양분을 재활용하고, 물과 공기를 정화시키며, 토착 동식물과 귀화 동식물 모두가 살 수 있는 서식지가 된다.

자연정원과 생태정원은 둘 다 **식물군집(plant community)**의 역할을 강조한다. 식물군집이란 저절로 한 자리에 나 있으면서 전체적으로 연결되어 있는 것처럼 보이는 교목, 관목, 풀들의 집단을 일컫는다. 그러면 자연정원과 생태정원은 무엇이 다를까. 자연정원은 토착식물군집을 모방하는 반면에, 이 책에서 다루는 정원에서는 토착식물, 식용작물, 약초, 요리용 허브, 곤충과 새를 유인하는 식물, 그 밖의 식물들이 모여 서로 상승효과를 일으킨다. 이런 '합성' 식물군집을 퍼머컬처에서는 길드(guild)라고 부르는데, 길드는 상호작용하는 건강한 네트워크를 형성하여, 정원사의 일을 줄여주고 사람과 야생동물에게 풍성한 선물을 가져다준다. 또 자연의 순환을 회복시킴으로써 환경을 돕기도 한다.

토착민들 중 특히 열대지방에 사는 사람들은 수천 년 동안 길드를 이용해 지속가능한 조경을 해왔다. 최근에 와서야 우리는 그들이 무엇을 어떻게 하고 있었는지를 알게 되었다. 인류학자들은 한동안 열대지방의 주거를 둘러싸고 있는 무성하고 풍요로운 텃밭을 야생의 정글로 오인했다. 그곳에 사는 사람들이 주변의 숲을 너무도 완벽하게 모방해놓았기 때문이다. 우리는 마치 자연처럼 작용하지만 사람이 그 속에서 하나의 역할을 하는 장소를 만들 수 있다는 걸 이 텃밭지기들로부터 배웠다.

유용하고 매력적인 식물들로 군집을 만드는 기술과 과학은 온대기후에서는 활발한 연구가 이루어지고 있는 새로운 분야다. 이 책을 쓰기 위해 사전 조사를 할 때 만났던 많은 정원사들은 이 기술을 개척하고 있었다. 이 책의 끝부분에는 생기가 넘치는 '먹거리숲(food forest)'과 사람과 야생동물 모두를 위한 아름다운 거주지를 만드는 길드를 디자인하고 이용하는 방법을 설명하고 있다. 이 책을 읽고 급성장하고 있는 이 분야에 참여하는 사람이 늘어나기를 바라는 바다.

지속가능한 방식으로 사막에 꽃을 피우다

독자들이 생태정원에 대한 감을 잡는 데 도움이 되도록, 내가 보았던 것 중 가장 좋은 예를 하나 들어보겠다. 뉴멕시코 주 산타페 북부의 고지대 사막에, 조각가 록산 스웬첼은 오아시스를 만들었다. 그녀는 그곳을 '꽃피는 나무 퍼머컬처 연구소(Flowering Tree Permaculture

Institute)'라고 부른다.

꽃피는 나무 퍼머컬처 연구소에 도착하여 차 밖으로 발을 내딛자 35℃ 안팎의 열기가 나를 강타했다. 이글거리는 태양빛이 근처의 헐벗고 침식된 산비탈에 반사되고 있었다. 그러나 내 앞에는 마치 초록의 벽이 서 있는 것 같았다. 초목으로 무성한 이 풍경은 적어도 1~2km 떨어진 곳에서도 눈에 띄었으며, 사막의 누런 모래와 대조되어 평안한 느낌을 주었다.

아치를 이룬 나무 사이를 통과해 마당으로 들어서자 기온이 뚝 떨어졌다. 이곳의 공기는 내가 바깥에서 마셨던 먼지투성이에 건조하기 짝이 없던 공기와 달리, 신선하고 시원하고 촉촉했다. 호두나무와 피니언소나무, 뉴멕시코아까시나무(New Mexico black locust)의 임관(林冠, canopy)[23] 아래서 보호받으며, 석류, 승도복숭아, 대추, 아몬드가 무성한 하부층을 이루고 있었다. 먹을 수 있는 시계풀이 바위벽에서 떼 지어 자라고 있었으며, 입구의 트렐리스 위로는 포도넝쿨이 아치를 이루고 있었다. 두 개의 연못은 흙벽돌집 지붕에서 받은 빗물로 반짝였다. 관목 아래와 오솔길을 따라, 토종과 외래종을 막론하고 가지각색의 꽃들이 활짝 피어 윙크하고 있었다.

록산은 건강해 보이는 여성으로, 산타클라라의 선조들로부터 물려받은 높고 단단한 광대뼈를 지니고 있었다. 그녀는 다소 어리둥절해하는 내 모습에 빙그레 미소를 지으며 인사했다. 척박한 바깥과 달리 초목이 울창하게 잘 자란 광경을 방문객들이 넋을 잃고 쳐다보는 모습을 전에도 보아왔기 때문이었다. "이곳의 면적이 약 500㎡(약 150평) 정도인데, 대략 500종의 식물이 있어요. 우리는 여기를 자급자족하는 장소로 만들려고 했습니다. 우리가 돌보는 한 우리를 돌봐주는 그런 장소로 말이지요. 그래서 우리는 이 기후에서 생존할 수 있는 것은 무엇이든지 기를 수 있는 대로 다 기르고 있어요." 록산이 말했다.

록산은 1986년에 고향인 산타클라라의 헐벗고 좁은 땅으로 이사 왔다. "이곳엔 나무 한 그루, 풀 한 포기, 동물 한 마리도 없었고, 달랑 흙먼지와 수많은 개미떼밖에 없었죠." 록산과 어린 두 자녀는 어도비 벽돌로 패시브 솔라 하우스[24]를 짓고 초목을 심기 시작했

---

23 많은 수관(樹冠, crown)이 서로 붙어 있거나 겹쳐져 있을 때 그 전체를 말하는데, 학자에 따라서는 숲 지붕이라고도 한다.

24 패시브 하우스는 수동적(passive)인 집이라는 뜻으로 능동적(active)으로 에너지를 끌어쓰는 액티브 하우스에 대응하는 개념이다. 액티브 하우스가 외부에너지를 적극적으로 활용하는 반면 패시브하우스는 집안의 열의 유출을 억제하여 에너지 사용량을 최소화한다. 또한 필요한 에너지는 태양광이나 지열 등을 이용하여 자체적으로 생산하는 것을 지향한다.

다. 그러나 이곳의 기후는 너무나 혹독했다. 지나치게 방목을 한 언덕으로부터 메마른 바람이 휘몰아쳐서 묘목을 태워버렸기 때문에 겨울에 얼어 죽지 않은 것들도 말라 죽고 말았다.

이 무렵에 지역 퍼머컬처 디자이너인 조엘 글랜즈버그가 록산의 삶에 들어왔다. 그는 록산이 사막에 적용할 수 있는 원예기술을 찾아내는 일을 도와주었다. 그들은 바위와 목재를 들여와서 묘목에 드는 햇빛을 가려주었으며, 스웨일(swale)²⁵이라는 얕은 도랑을 여러 개 파서 귀중한 빗물을 모으고, 안락하고 촉촉한 미기후(微氣候, microclimate)²⁶를 만들어냈다. 필요한 그늘을 만들고 유기물을 생산하기 위해, 조엘과 록산은 가뭄에 잘 견디는 유용한 식물이라면 토종과 외래종을 가리지 않고 발견하는 대로 다 심었다. 상대적으로 물이 더 필요한 식물은 'acequia'²⁷, 즉 관개수로 가까이에 심고, 수로에는 주민들의 동의를 받아 일주일에 한 번씩 물을 댔다. 든든한 수원이 없었다면 사막의 열기 속에서 그런 정원을 만들기는 불가능했을 것이다.

두 사람은 거름과 피복재를 운반해 와서 가뭄에도 습기를 머금는 기름진 땅을 만들었다. 튼튼한 성질의 어린 교목과 관목이 일단 자리를 잡자, 그 그늘 아래에는 좀 더 연약한 식물을 배치했다. 정원의 북쪽 경계를 따라서는 작은 과일나무와 베리류를 섞어 심어서 먹거리 산울타리를 만들었다. 산울타리는 근처의 협곡에서 매섭게 몰아치는 바람을 차단할 뿐만 아니라 먹을거리도 제공했다. 이런 기술은 모두 토양을 비옥하게 하고, 그늘을 드리우고, 사막의 극심한 일교차를 누그러뜨리고, 물을 비축하기 위한 방책이었다. 이러한 노력이 모두 모여서 정원을 가꾸기에 적합한 온화하고 협조적인 장소가 만들어진 것이다. 불모지였던 경관은 서서히 여러 층으로 이루어진 젊은 먹거리숲으로 변모해갔다.

록산이 나에게 말했다. "정원을 처음 만들기 시작할 땐 참 힘들었어요. 하지만 일단 어린 묘복이 자리를 잡고 나니까, 세상에, 그 다음엔 일사천리였어요." 내가 방문했을 때 정원은 8년 차였고, 전에는 아무것도 없었던 곳에 나무들이 이층집 높이만큼이나 자라나

25 5장 참조
26 주변 지역과는 특히 다른, 특정한 좁은 지역의 기후
27 관개용 수로라는 뜻의 에스파냐어

1989

위 디자이너 조엘 글랜즈버그가 불모지인 사막의 부지에 서 있다. 뉴멕시코의 꽃피는 나무 퍼머컬처 연구소. 1989년.
아래 4년 후, 조엘이 같은 장소에 서 있다. 지혜로운 퍼머컬처 디자인이 그의 주위에 초목이 무성한 오아시스를 만들어냈다.

있었다. 축복받은 시원한 그늘이 어떤 곳은 빽빽하게, 어떤 곳은 얼룩얼룩하게 드리워져 이글거리는 햇빛을 가려주고 있었다. 맹렬한 태양의 열기는 땅을 태우는 대신, 나뭇잎으로 이루어진 두터운 임관에 흡수되어 무성한 푸른 잎, 피복재, 먹거리가 되었고, 뿌리는 땅속 깊이 파고들어가 흙을 부드럽게 했다. 사이사이의 밝은 틈에서는 꽃과 식용식물 들이 햇볕을 차지하려 다투고 있었다. 그늘진 곳에서조차 여러 층으로 하부 식생을 이룬 관목과 작은 나무들은 뜰을 오솔길이 수놓인 작은 공간으로 나누고 있었다.

새들이 이 가지에서 저 가지로 춤추듯 날아다니다가 관목숲 속으로 사라지는 모습이 언뜻언뜻 보였다. 사방에서 끊임없이 바스락거리는 소리와 지저귀는 소리가 들려오는 것으로 보아, 수십 마리의 새들이 나뭇잎 속에 숨어 있다는 것을 알 수 있었다. 금속성의 광택이 나는 이로운 벌들이 주위에 핀 꽃들 속으로 뛰어들었으며, 각양각색의 나비들이 꽃과 나뭇잎 사이를 팔랑거리며 날아다녔다. 록산은 전지가위를 가지고 다니며 통로를 따라 열심히 자라고 있는 뽕나무, 자두나무, 아까시나무, 그 밖의 교목과 관목에서 너무 웃자란 가지를 이따금 쳐냈다. 나뭇가지는 칠면조의 먹이로 주거나 피복재로 썼다.

록산이 진홍색의 나팔 모양 꽃이 피어 있는 펜스테몬(*Penstemon barbatus*)을 가리키며 말했다. 그 식물은 깊은 그늘에 묻혀 힘들어하고 있는 것 같았다. "여기선 상황이 너무 빨리 바뀌어요. 이 장소는 2년 전만 해도 완전히 땡볕이었죠. 그런데 이제는 완전히 그늘이 져서 흙이 너무 축축해지니까 썩어버리고 있는 것 같군요. 여기 이 복숭아 좀 보세요. 복숭아 따려면 바쁘겠는걸요."

그들의 기술과 디자인 전략은 풍경을 완전히 바꾸어놓았다. 이 책은 바로 이런 기술과 전략에 대해 자세히 설명할 것이다. 록산과 그녀를 도운 사람들은 황폐화된 사막의 작은 땅에 다시 생기를 불어넣었다. 두텁고 기름진 토양층을 만들었으며, 예전엔 척박했던 이곳에 엄청나게 다양한 생물이 서식하게 만들었다. 고원사막지대인 곳인데 지금은 물과 그늘이 지나치다 싶을 정도로 풍부했다. 미처 거두기도 전에 나무에서 먹을거리가 떨어지고 있었으며, 수년 동안 볼 수 없었던 새들이 뜰에서 집을 짓고 있었다.

모든 사람이 록산처럼 어렵고 도전을 요하는 상황이나 황폐한 장소에서 시작하는 것은 아니다. 하지만 일반적인 마당과 록산 같은 정원사들이 만들어낸 정원에는 대단한 차이가 있다. 보통의 마당은 생태적 사막인 동시에 농업에 있어서도 사막이다. 주범은 짧게 깎은 잔다다. 잔디는 어떠한 서식지도 제공해주지 못하고, 깔고 앉을 수 있다는 점 말고는 사람에게도 아무 도움이 못 된다. 그러면서도 같은 면적의 농지와 비교해 훨씬 더 많은 양의 물과 화학약품을 빨아들인다. 대부분의 경관이 그렇듯이, 한 가지 기능만 지닌 식물만 심는 것도 문제다. 고도로 육종된 꽃에는 꿀과 꽃가루가 없는데, 이런 꽃이 새와 곤충의 먹이가 되는 다양한 종류의 꽃을 대체하고 있다. 관상식물은 단지 기분 좋은 눈요기에 지나지 않는다. 똑같이 매력적이면서도 사람과 야생동물이 이용할 수 있는 종을 대신 심으면 안 될까.

일반적인 원예기술 역시 별 도움이 안 된다. 더 자연스럽고 보호 기능이 뛰어난 지피식물 대신에, 깔끔한 나무껍질로 땅을 덮는 일은 작은 동물과 곤충 들의 보금자리를 앗아간다. 대부분의 잔디밭은 자연적인 지력이 고갈되었고 곤충을 사냥하는 포식자도 없어서 화학약품을 과도하게 사용하게 된다. 화학약품은 물을 오염시키고, 야생동물을 죽이고, 많은 질병을 야기한다. 앞에서도 언급했지만, 비생산적인 가정조경은 우리가 소비하는 자원이 보이지 않는 다른 곳에서 일으키는 엄청난 환경 훼손을 감출 뿐 아니라 거기에 일조하고 있다.

생태정원은 하나의 해결책을 제시한다. 우리의 마당은 자연과 깊이 연결될 수 있으며, 단순한 야생동물정원이나 토착식물정원 이상이 될 수 있다. 마당은 우리를 자연의 풍요로움으로 이끌 수 있다. 그렇게 하는 기술과 전략을 실행해온 꾀 많고 상상력 풍부한 선구자들이 있다. 이들은 새로운 지형을 설계해왔으며 그 과정에서 알게 된 것을 사람들에게 알려주었다. 『가이아의 정원』을 쓰기 위한 사전 조사를 할 때, 나는 그런 사람들을 많이 만나서 이야기를 나누었으며, 그들이 만든 생기 넘치며 자연의 생산력이 가득한 경관에 가보기도 했다. 이 선구자들은 지식을 내게도 나누어주었다. 그 지식을 담고자 최선을 다해 노력한 결과가 바로 이 책이다.

이 책의 구성

『가이아의 정원』은 3부로 나뉘어 있다. 1부의 나머지 부분에서는 생태계로서의 정원이라는 개념을 계속 소개하고 있다. 2장에서는 정원사들이 마당을 좀 더 자연처럼 작동하도록 만드는 데 적용할 수 있는 생태학 개념을 간단히 설명하고 있다. 겁내지는 말자. 이것은 교과서가 아니고 정원 가꾸기 매뉴얼이다. 그러니 기술적인 세부사항은 다루지 않는다. 생태학 원리가 드러난 실제적인 예를 제시할 따름이다. 3장에서는 생태정원을 만드는 데 이용하는 디자인 과정과 기술에 대해 서술한다. 퍼머컬처에 정통한 사람이라면 이 개념에 대체로 익숙하겠지만, 전통적인 원예를 해온 사람에게는 새롭게 느껴질 수도 있다.

책의 2부에서는 이론에서 실제로 옮겨가서 생태정원의 요소들을 살펴본다. 4장은 흙, 5장은 물, 6장은 식물, 7장은 동물을 탐구하는데, 대부분의 원예 서적과는 다른 관점으로 접근한다. 흙, 물, 식물, 동물을 우리 마음대로 조종할 수 있는 정물로 바라보는 대신에 진화를 계속하는 동적인 존재로 다룬다. 각각의 특질을 이해해야만 함께 일하는 데 성공할 수 있는 존재, 정원의 다른 부분과 복잡하게 연결된 존재로 말이다.

3부는 이 정원의 요소들을 어떻게 조합해서 뒷마당 생태계를 만들 것인가를 제시한다. 8장은 간단한 섞어짓기로 시작해서 더 확장해나가 복합경작(polyculture)을 하는 방법, 그리고 인간이 디자인한 식물군집, 또는 길드를 만드는 법을 보여준다. 9장에서는 정원 길드를 디자인하는 몇 가지 방법을 제공한다. 8장과 9장을 근거로 10장에서는 식물과 길드가 어떻게 조합되어 다층의 먹거리숲 또는 숲 정원을 이루는지를 설명한다. 11장은 도시 거주자들이 직면할 특별한 도전에 대비하는 전략과 기술을 제시하고 있다. 마지막 장(12장)에서는 어떻게 정원이 스스로 생명을 지속하여, 요소들의 합을 훨씬 뛰어넘는 자급자족하는 미니 생태계로 성숙해가는지를 보여준다. 또 이 과정을 더 빠르게 촉진할 수 있는 몇 가지 기술과 팁을 소개한다.

책의 본문에서는 생태정원의 바탕이 되는 개념을 설명하고, 그 개념을 적용한 예를 제시하고 있다. 특정한 원예기술은 글상자에 넣어서 찾기 쉽게 했다. 또한 그 개념과 관련된 식물의 목록(곤충을 유인하는 종, 가뭄에 잘 견디는 식물 등)을 본문에 삽입했다. 마지막으로 부록에는 유용한 다기능 식물과 그 식물의 특성이 열거된 기다란 표가 있다.

이 책에 있는 많은 기술과 아이디어를 따로따로 쓸 수도 있다. 관행적인 정원의 생산성을 높이고, 지구와도 친해지는 방법으로 말이다. 이 책의 아이디어 중 지금 있는 땅에 맞추기 쉬운 방법들만 골라서 쓰는 접근 방식은 전혀 잘못된 것이 아니다. 하지만 이 기술들은 서로 상승작용을 일으키기 때문에 더 많이 실행할수록 서로 더 협력해서 풍요롭게 연결된 완전한 경관을 이루게 된다. 독립된 부분이 모인 집합 이상으로 말이다. 이 탄력 있고 다이내믹한 뒷마당 생태계는 자연의 생태계와 똑같이 작용하면서 사람과 야생동물에게 동시에 혜택을 가져다주고, 줄어들고 있는 지구의 자원에 대한 우리의 필요를 줄여준다.

2

정원사의 생태학

뭔가가 블록 형제의 먹을거리를 훔쳐가고 있었다.

조와 더글러스, 샘 블록은 1980년대 초에 워싱턴 주의 산후안 제도(San Juan Islands)[28]로 이주하여 먹거리숲을 만드는 작업을 시작했다. 그들은 소유지의 토양을 개선하고, 과일나무와 견과류 나무를 비롯한 수백 종의 식물을 잘 계획하여 심었다. 잡목이 우거지고 검은딸기가 얼기설기 얽혀 있던 땅의 생물다양성을 높이고, 무성하고 풍요로운 곳으로 만들기 위해서였다. 10년이 지나자 호두나무와 대숲이 통로에 그늘을 드리울 정도로 자랐다. 무성한 가지마다 자두, 복숭아, 체리, 사과가 주렁주렁 달렸고, 그 아래의 땅에는 각종 꽃과 베리류, 푸성귀, 토양을 조성하는 식물이 빽빽이 펼쳐져 있었다. 블록 형제가 만든 스스로 회복하는 생태계는 가족과 방문객들을 먹여 살리고, 블록 형제의 조경 사업에 필요한 묘목을 생산했으며, 현지의 야생동물에게 보금자리를 제공했다.

블록 형제가 소유한 땅의 한쪽 면은 습지에 접해 있었는데, 그 습지는 버려진 농지였던 땅을 수년 전에 옛 모습으로 복구한 것이었다. 습지의 가장자리에는 부들이 촘촘하게 자라고 있었다. 부들의 어린 싹은 아주 맛있는 야생의 먹을거리다. 몇 년 동안 블록 형제는 봄과 여름이 되면 부들 새싹을 뜯어 와서 찌거나 볶아서 식단에 첨가했다. 그런데 어느 해에 보니 갑자기 새싹이 모두 사라지고, 다 자라서 억세어진 부들 줄기만 남아 있는 것이 아닌가. 형제들은 천연 식품의 보고가 사라진 이유가 궁금했다.

---

28 미국 워싱턴 주 북서부와 캐나다의 밴쿠버 섬 사이에 위치한 군도. 네 개의 섬으로 이루어져 있으며, 여름 휴양지로 유명하다.

습지를 자세히 관찰하자 어떤 동물이 연한 새싹을 수면에서 싹둑 갈아 먹었다는 것이 드러났다. 그 도둑은 정말 철저해서 블록 형제와 가족이 먹을 것은 하나도 남기지 않았다.

범인의 정체는 금방 드러났다. "습지가 발달해서 생산되는 것이 많아지자, 사향쥐의 숫자가 엄청나게 늘어났지요." 더글러스 블록이 나에게 말했다. 이전에 형제들은 고대 아즈텍인의 아이디어를 빌려와서 습지 안으로 이어지는 밭을 만들었다. 짚과 나뭇가지를 쌓아서 늪가에서 뻗어 나온 손가락 모양으로 반도를 만들고, 늪 바닥에서 건져 올린 흙으로 덮어서 저절로 관수가 되는 밭이었다. **치남파**(chinampa)라고 불리는 이 밭에 그들은 식용식물과 야생동물을 위한 식물을 심었다. 새롭게 조성된 습지 덕분에 벌써 신이 나 있던 그 지역의 동물들은 치남파라는 더 좋은 서식지가 생기자 거의 폭발적으로 번식했다. 오리, 물총새, 왜가리를 비롯한 물새들이 매우 많아졌고, 사향쥐의 수도 늘어났다. "갑자기 습지가 붐비는 항구처럼 보였어요. 사향쥐가 누비고 다닌 자국이 온 사방에 나 있었거든요." 더글러스가 말했다. 사향쥐들의 함대는 습지의 가장자리를 따라 비옥한 흙 속으로 굴을 파고 들어가서 부들 새싹을 야금야금 뜯어 먹었다. 부지런한 설치류만큼 민첩하지 못한 사람은 도저히 상대가 안 되었다.

블록 형제는 야생 먹거리가 사라져서 유감스러웠지만, 범인을 몰살시키고 싶지는 않았다. "우리가 끌어들인 야생동물을 죽이고 싶지 않았던 것이 하나의 이유였죠." 더글러스가 설명했다. "또 다른 이유도 있었습니다. 몇 주 동안 사향쥐를 총으로 쏠 수는 있겠지만, 그래 봤자 금방 다시 늘어날 테니까요. 그 서식지가 워낙 좋았거든요."

부들이 없는 계절이 한두 번 지나갔다. 그러다 갑자기 맛있는 새싹이 다시 돋아나기 시작하고, 무척이나 붐볐던 '항구'가 좀 조용해졌다. 사향쥐의 숫자가 줄어들었던 것이다. 무슨 일이 일어났던 걸까?

"수달이 찾아왔답니다." 더글러스가 말했다. "사향쥐라는 엄청 좋은 먹잇감이 새로 나타났으니까요. 전에는 여기서 수달을 본 적이 한 번도 없었어요. 게다가 수달만 나타난 게 아니었지요. 대머리 독수리, 매, 올빼미 같은 다른 포식동물도 나타났어요. 개들이 사향쥐를 싹 치워줬답니다." 빠르게 번식하는 사향쥐를 잡으려고 헛되이 노력하는 대신에, 블록 형제는 뒤로 물러나 그 일을 자연에 맡겼다. 블록 형제는 단지 풍성하고 다양한 서식지를 제공해서 포식동물이 포함되어 있는 튼튼한 먹이그물이 생성되어 게걸스러운 사향쥐떼와 같은 불균형을 바로잡도록 했을 뿐이다.

세 가지 생태 원리

블록 형제는 사람과 야생동물 모두가 풍성한 수확의 기쁨을 누리며 조화롭게 살아가는 생태정원을 가꾸는 훌륭한 사례를 보여주었다. 블록 형제의 땅에서 일어난 일은 정원사들이 이용할 수 있는 몇 가지 생태학 원리를 명확하게 보여준다. 부들-사향쥐-수달로 이어지는 과정은 니치, 천이, 생물다양성이라는 세 가지 중요한 연관 개념을 살펴보는 데 적당한 출발점이다. 이 장에서는 그 세 가지 개념에 대해 먼저 설명하고 나서, 지속가능한 정원을 만드는 데 도움이 되는 다른 생태학 지식도 소개하려고 한다. 이어지는 몇 쪽에 나오는 개념은 생태정원의 토대가 되는 것이다. 이 책의 나머지 부분에 제시된 실례와 기술은 이러한 자연의 원리에 근거하고 있다.

니치를 찾으라

블록 형제가 이사 오기 수십 년 전만 해도 그들의 소유지에서 가장 낮은 지대는 습지였다. 부지런한 농부들은 둑을 쌓고 배수로를 만들어 '쓸모없는' 습지를 말린 뒤, 여러 해 동안 거기에서 농작물을 키웠다. 생태 지향적인 블록 형제는, 습지가 깨끗한 물과 야생동물의 서식지를 만드는 데 꼭 필요하며, 그 어떤 농장보다 많은 동식물이 사는 곳이기 때문에 지구에서 가장 생산적인 생태계의 하나라는 사실을 잘 알고 있었다. 그들은 습지를 복원하기로 결정하고 둑과 배수시설을 제거했다. 그러자 낮은 땅에 물이 모여들었고 습지가 곧 회복되었다.

습지가 제 모습을 찾아가는 동안, 블록 형제는 고물 픽업트럭으로 피복재와 똥거름을 수없이 실어 날랐다. 또 늪 바닥에서 기름진 흙을 퍼 올려 늪가에 쌓는 방식으로 유기물과 영양분을 더해 토질을 개량했다. 땅은 겨우 몇 년 만에 굉장히 비옥해져서 그 노력을 몇 배로 되돌려주었다. 블록 형제는 전보다 더 다양한 식물을 기를 수 있었다. 뿐만 아니라 기회주의적인 야생종들도 개선된 서식지에서 보금자리를 찾을 수 있었다. 물과 비옥한 토양의 조합은 거부할 수 없는 매력을 지니고 있었다.

이곳에 가장 먼저 세든 것 중 하나가 부들이었다. 물새가 부들 씨앗을 회생한 늪으로 가져왔을 수도 있고, 습지가 되살아나기를 고대하면서 부들 씨앗이 몇 년 동안 땅속에서 잠자고 있었을 수도 있다. 어쨌든 부들은 성숙한 서식지를 활용하여 부지런히 햇빛과 물, 진흙을 빠르게 자라는 새싹으로 바꾸어냈다.

부드러운 풀이 있는 곳에는 그것을 소비하는 누군가가 있게 마련이다. 토끼, 들쥐, 호저 (porcupine)[29], 너구리 등이 와서 채소밭을 습격하면, 정원사들은 곧바로 이 교훈을 얻게 된다. 이것을 끔찍하고도 필연적인 결과인 '꿈의 구장' 효과[30]로 생각할 수도 있겠다. 키우기만 하면 반드시 와서 먹어치우니 말이다. 그러나 생태학자의 입장에서 보면, 이것은 니치 (생태적 지위)나 각각의 생물이 맡은 역할을 보여주는 예일 뿐이다. 블록 형제는 서식지를 만들어서 생명체들이 그곳을 활용할 수 있는 기회를 열어주었다. 그러자 마치 연극에서 새로운 배역에 대한 오디션을 보듯이, 그 일에 적합한 생물이 새로운 니치를 차지하기 위해 나타났다. 니치는 직종으로, 서식지는 그 일을 수행하기 위한 직장으로 생각해보자.

서식지가 다양해질수록 니치가 더 많이 나타난다. 서식지를 제공해서 연쇄적인 니치 발생의 방아쇠를 당기는 경우가 흔히 있다. 이것이 바로 우리가 생태정원에서 하려고 하는 일이다. 블록 형제가 관리하던 곳은 니치가 연쇄적으로 생겨난 좋은 예다. 비옥한 서식지는 부들에게 니치를 제공했고, 사향쥐는 이 새로운 먹이 공급원에 환호했다. 사향쥐는 물가에서 자라는 연한 식물을 잘 먹는 동물이다. 사향쥐는 기회주의적 특성 때문에 흥하기도 했지만 망하기도 했다. 사향쥐는 부들로 신 나게 배를 채웠지만, 설치류가 휘젓고 다니는 번잡한 항구는 포식자의 눈길을 끌기에 충분했다. 아직 야생 상태로 남아 있던 산후안 제도 어딘가에 수달이 숨어서 살고 있었던 것이다. 자연의 '정보망'은 빠르고 효과적이다. 수달이 맛있는 먹잇감의 냄새를 맡고 여기로 옮겨 오는 데는 겨우 한두 계절밖에 걸리지 않았다. 부들이 적은 수로 시작해서 번성하더니 다 뜯어 먹히고 흔적만 남았던 것과 마찬가지로, 사향쥐도 적은 수가 나타나서 쑥쑥 불어났다가, 이제는 부들과 수달의 생활주기에 맞물려 돌아가고 있었다.

---

29 몸과 꼬리의 윗면이 뻣뻣한 가시털로 덮여 있는 야행성동물로 산미치광이라고도 부른다.

30 영화 〈꿈의 구장(Field of Dreams)〉(1989)에서 비롯된 표현인 듯하다. 극중 주인공은 꿈에서 옥수수밭에 야구장을 만들면 '그'가 온다는 계시를 받고 야구장을 만드는데, 주인공이 야구장을 만들고 있다는 소문을 듣고 전설적인 옛 야구 선수들이 야구장을 찾아온다.

워싱턴 주 오트카스 섬(Orcas Island)에 있는 블록 형제의 농장. 사과나무가 먹을거리와 서식지를 제공하는 식물로 둘러싸여 있다. 이 식물들은 함께 협력해서 자연과 사람 모두에게 혜택을 가져다준다.

블록 형제의 땅은 결국 안정적인 상태에 도달했다. 그러나 가끔 어떤 종이 잠시 우위를 점했다가 물러설 때마다 안정성은 흔들린다. 이전에는 부들이나 사향쥐나 포식자 중 어느 것도 살 수 없었던 곳에서 지금은 셋 모두가 번성하고 있다. 블록 형제가 서식지를 마련하고 토양에 영양분을 공급해주었기 때문이다. 처음 시작은 형제들이 했지만, 나머지는 모두 자연이 했다. 블록 형제와 친구들은 황폐한 농지 대신에 다양한 생물이 살고 있는 푸르른 습지를 감탄하며 바라볼 수 있게 되었다. 습지에서는 부들, 사초(莎草)[31], 버드나무, 야생화가 바스락거리고, 블루베리를 비롯한 각종 과일이 익어갔다. 물새와 개구리의 노랫소리로 가득한 습지에서는 수달과 독수리의 모습도 얼핏 볼 수 있었다.

천이를 따라서 정원을 가꾸자

가시덤불이 우거진 들판이었던 블록 형제의 땅은 10년도 채 안 되어 젊고 푸르른 먹거리 숲으로 도약했다. 한때 헤치고 들어갈 수조차 없을 정도로 검은딸기가 얽혀 있었던 늪지대 위쪽에는 이제 자두와 체리가 주렁주렁 달린 가지들이 타오르는 듯한 한련꽃 위에 얼룩덜룩 그림자를 드리우고 있었다. 견과류 나무들이 작은 대숲을 보호해주고, 채소를 심은 두둑이 나무들 사이로 굽이져 들어가고 있었다. 블록 형제는 자연을 거스르지 않고 그와 협력함으로써 빠르게 풍요로운 경관을 구축했다. 그들이 이용한 많은 기술 중 몇 가지를 이 책에서 소개하려 하는데, 일단 작업의 지침이 되었던 중요한 전략 하나를 먼저 살펴보도록 하자. 그것은 바로 천이를 빠르게 하는 것이다.

헐벗은 땅, 이를테면 버려진 농장 같은 곳에서 식물들이 처음 서식하기 시작할 때, 천이가 시작된다. 어떤 유형의 풀과 꽃은 가장 먼저 도래해서 빠르게 군락을 형성하는 경향이 있어서 **선구식물**(pioneer plant)이라고 불린다. 이런 식물은 헐벗었거나 훼손된 토양에 침입해서 식물이 없는 곳을 초록으로 채우는 데 적응했다. 선구식물은 식물의 진공상태를 채워 생명의 순환이 다시 시작되게 한다. 빠르게 군락을 형성하는 이런 식물 무리는 대개 잡초

31 습한 지역에 분포하는 벼처럼 생긴 외떡잎식물

라고 불린다. 바랭이(crabgrass)[32], 민들레, 애기수영[33], 비름, 질경이, 치커리, 씀바귀 같은 풀이 바로 여기에 속한다. 버려진 밭과 새로 생긴 흙은 선구식물이 잘 자라는 환경이다. 선구식물은 거기서 할 일이 있다. 헐벗은 땅이 비에 침식되는 것을 막고, 영양분을 땅속 깊은 곳에서 표면으로 운반하여 쓸 수 있도록 하는 것이다. 빨리 자라지만 수명이 짧은 선구식물들은 훼손된 땅을 보호하고 비옥하게 회복시킨다.

가만히 놔두면, 키 작은 초창기 일년생(한해살이)식물은 불과 몇 계절 만에 땅을 꽉 채웠다가 다년생(여러해살이)이 주를 이루는 키가 더 큰 식물군에 의해 서서히 사라진다. 미국 북부의 경우, 이런 식물로는 과꽃, 분홍바늘꽃(fireweed)[34], 미역취, 대극을 비롯한 여러 가지가 있다. 키 큰 잡초들은 무성한 잎과 줄기에서 쭉쭉 뻗어나간 가지, 다양한 질감을 가지고 있어서 니치를 더 많이 만들어낸다. 그리하여 곤충과 새들이 찾아와 보금자리를 만들고 새끼를 기르며 먹고살게 된다. 영양분과 햇빛이 모여서 질긴 줄기와 두터운 이파리, 딱딱한 씨앗으로 바뀌어 곤충과 다른 동물의 먹이가 됨에 따라, **바이오매스(biomass)**라고 하는 생물량이 증가한다. 이런 식으로 생명은 맨땅 위에 확고한 주춧돌을 마련한다. 전에는 생명체가 존재하기 위해 필요한 요소들이 얇은 표토층에만 국한되어 있었는데, 이제는 이런 영양소들이 훨씬 더 두터워진 식생층에서 출렁이고 있으며 동물들까지 돌아다니고 있다. 새로운 영토로 들어가는 길에 생명이 스스로 발판을 놓고 있는 것이다.

맨땅에서 키가 작은 한해살이풀을 거쳐 키가 큰 여러해살이풀로 진행하는 과정을 **천이**(遷移, succession)라고 한다. 천이가 계속되도록 놔두면, 5~10년 후에 잡초밭은 다년생 관목으로 뒤덮인다. 비가 충분히 내리고 땅이 비옥하다면, 2~30년 후에는 그 관목도 젊은 숲에 자리를 내어준다. 어디든지 비만 충분히 내리면, 경관은 천이에 의해 거침없이 숲으로 변화해간다.

천이는 서스를 수 없는 과정이지만, 늘 순조롭게 진행되지만은 않는다. 어떤 단계에 있더라도 천이는 불, 바람, 번개, 경작 등에 방해를 받아 이전 단계로 되돌아갈 수 있다. 대

---

32 볏과에 속하는 300여 종의 식물로 생장이 무척 빠르다.

33 여뀌과의 여러해살이풀로 소산모라고도 한다.

34 다년생 야생화로 숲이나 잡목림에 불이 난 뒤 가장 먼저 나타나는 식물 중의 하나다.

부분의 경관은 다양한 규모의 여러 가지 천이 단계가 모자이크된 것이다. 후기 천이 단계의 성숙한 식물군집이라도 다른 천이 단계에서 나타나는 종들이 경계지대에 잠복해 있다. 산불이라는 대재앙에서 나무 한 그루가 쓰러진 단순한 경우에 이르기까지, 어떤 방식으로든 훼손이 일어나면 선구 초본식물이나 중간 천이 관목이 슬그머니 다시 들어온다. 그 결과 경관은 갖가지 나이와 단계에 있는 여러 조각땅으로 이루어진 패치워크가 된다.

이것은 정원 가꾸기와 어떤 관련이 있을까? 종래의 정원은 미성숙한 생태계를 모방한 것이다. 그런 정원에는 대체로 초기 천이 단계의 식물이 압도적으로 많다. 일년생 채소를 비롯한 대부분의 풀과 꽃은 선구식물이다. 잔디밭이나 잘 정돈된 정원을 좋아한다는 이유로, 우리는 마당을 생태적 성장의 초기 단계에 머무르게 하려고 애쓰고 있는 것이다. 채소밭이나 깔끔하게 손질된 관목 아래의 훼손된 맨땅은 잡초들을 향해 유혹의 노래를 부른다. 잡초는 열심히 맨땅을 덮고, 밑에 있는 미네랄 토층과 바위로부터 영양분을 끌어 올려 관목지(灌木地)나 숲처럼 더 성숙한 생태계를 위한 무대를 준비한다. 물이 원활하게 공급되고 있는 순수한 잔디밭은 자연의 계획에 따라 어린 나무와 관목에게 기습당하거나, 빨리 자라는 한해살이 잡초를 들여서라도 다양성을 갖추고 싶어 난리다.

천이를 잘 파악하면 정원에서 발생하는 문제를 해결하는 데 도움이 된다. 대부분의 잡초는 선구종으로, 훼손된 장소, 양지, 부실한 토양에서 잘 자란다. 나는 무경운 농법만으로도 잡초 문제를 엄청나게 줄일 수 있었다. 훼손된 땅과 햇빛에 의존하는 씨앗들이 경운과 빛에 의해 성장을 시작하는 대신 땅속에서 썩어버렸기 때문이다. 그와 비슷한 원리로, 피복층도 잡초 씨가 싹트지 않게 막아준다.

토양유기물을 형성하는 것도 잡초를 방지하는 또 다른 방법이다. 한번은 이런 일도 있었다. 밭두둑 두 개를 밀짚으로 피복했는데, 운 나쁘게도 살아 있는 나팔꽃 조각이 밀짚에 들어 있었다. 나는 그 사실을 모르고 있다가 친숙하지만 원치 않는 초록빛 덩굴손이 이 유독한 밀짚 혼합물에서 돋아나오고 나서야 깨달았다. 두세 계절에 걸쳐 지긋지긋할 정도로 뽑아냈는데도 나팔꽃은 뿌리가 워낙 그물처럼 얽혀 있어서 끄떡도 하지 않았다. 심지어 무거운 나무 부스러기로 두텁게 피복을 했는데도 나팔꽃은 햇빛 속으로 활기차게 솟아올랐다. 두텁게 피복을 해도, 나팔꽃이 다른 식물들의 숨통을 조이는 속도를 조금 지연시켰을 뿐, 결코 막을 수는 없었다. 나는 거의 제초제를 쓰기 일보 직전까지 갔다. 이런 경우는 여태까지 없었다. 그런데 어느 해가 되자 나팔꽃의 세력이 약해지더니 드문드문 사라지는 것이 아닌가. 그리고 2년이 더 지나자 내가 거의 뽑지도 않았는데 나팔꽃이 완전히 사라졌다. 몇 년 동안 계속해서 두껍게 피복을 했더니 밭두둑의 흙이 붉은 점토에서 부드럽고 검은 롬(loam)[35]으로 바뀌었던 것이다. 나팔꽃을 비롯한 몇몇 골치 아픈 잡초들은 새로 생긴 점토나 거름기가 부족한 모래를 좋아하고, 질 좋은 토양에서는 시들해진다는 사실을 그 후 몇몇 자료를 통해 알게 되었다. 천이는 식물과 마찬가지로 토양에도 적용된다. 토양의 발전 단계는 때로 어떤 종이 그곳에 뿌리 내릴 수 있는지에 영향을 끼친다.

마당은 역동적인 시스템이지, 변치 않는 정물(靜物)이 아니다. 경관을 움직이지 않는 물체들의 정적인 집합체가 아니라 역동적인 생태계로 보면, 근본적으로 건강한 형태와 방향으로 성장하는 정원을 만들 수 있으며, 마당을 유지하는 데 필요한 노동의 많은 부분을 자연의 몫으로 돌릴 수 있게 된다.

이런 관점에서 보면 다음과 같은 의문이 떠오른다. 마당에는 보통 어떤 생태계가 있을까? 그 답은 어째서 마당 일이 그토록 지루하고 끝이 없는지를 우리에게 알려준다. 꽃으로 둘러싸인 잔디밭은 생태적으로 대초원과 사촌 격이다. 교외에서 주로 볼 수 있는 또 다른 식물 배치 상태는 나무와 관목이 띄엄띄엄 있는 전형적인 잔디밭인데, 이것은 사바나를 모방하고 있다(우리가 이런 경관을 만들면서 고대의 꿈을 실행에 옮기고 있다는 사실에 나는 감탄하게 된다. 이것은 초기 인류가 아프리카의 평원에서 보았던 광경을 모방한 것이다).

대초원과 사바나는 특정한 환경조건에서만 번성한다. 대초원이나 사바나가 유지되려면, 강수량이 적고, 초식동물이 많고, 불이 자주 나야 한다. 하지만 교외에 거주하는 사람들이 자기 집 마당을 바싹 말려버리고, 마당에 들소 떼를 데려오고, 들불을 일으키는 일은 거의 없다. 그러니 잔디밭의 환경은 사바나나 대초원에 적당하지 않다. 그러면 이 불행한 생태계의 파편에서는 무슨 일이 일어날까? 계속 불도 나지 않고, 비료도 잘 주고, 쉭쉭 소리 나는 스프링클러 아래에서 촉촉이 젖어 있게 되면, 생태계는 관목지나 숲으로 성숙하라는 재촉을 받는다. 이것은 생태적 천이 현상으로, 어디에서나 가차 없이 이루어진다.

잔디밭의 잡초나 꽃밭에 난 어린 단풍나무는 천이의 힘을 보여주는 증거다. 생태학적으

---

35 모래, 실트, 점토가 적당히 섞인 비옥한 흙

로 볼 때, 교외에 있는 일반적인 마당은 성장하고 싶어 할 뿐이다. 이 점을 이해하면 자연의 막강한 힘과 싸우는 대신 동맹을 맺을 수 있다.

잔디밭처럼 미숙한 생태계는 생태 시계의 바늘을 거꾸로 돌리느라 시간과 에너지, 여러 가지 물질을 쏟아 붓도록 만든다. 우리는 땅을 대초원 단계로 유지하기 위해 풀을 베고 김을 매야 한다. 그렇지만 자연뿐만 아니라 사람도 물을 대고 비료를 줌으로써 그 시계가 다시 째깍거리며 돌아가게 만든다. 어린 나무들이 싹을 틔우고, 자연의 엄청난 생산력은 우리가 감당하지 못할 수준이 된다. 우리는 스프링클러와 비료라는 가속페달을 밟으면서, 동시에 경운기와 전정톱이라는 브레이크도 밟고 있다. 정부가 이런 정신분열증에 걸려 있으면 어떤 시스템도 잘 돌아갈 수가 없다.

전형적인 잔디밭, 채소밭과 꽃밭은 단일 경작이라는 또 다른 생태적 실책 때문에도 상당한 고통을 받고 있다. 앞 장에서 살펴보았듯이, 자연은 다기능성(multifunctionality)과 다중화(redundancy)를 기반으로 작동하는데, 왕포아풀(Kentucky bluegrass)[36]이 쫙 깔려 있는 잔디밭에서는 그중 어떤 것도 찾아볼 수가 없다.

뒷마당의 생물다양성

천이가 일어나도록 유도한다고 하더라도, 모든 뒷마당에 블록 형제들이 사는 곳처럼 사향쥐와 수달이 모이는 건 아니다. 하지만 정원사라면 누구나 그곳에 작용하는 것과 똑같은 자연의 순환에서 혜택을 받을 수 있다. 다양한 서식지를 만들면 해충 문제를 줄일 수 있다. 예를 들어, 밭두둑에 몽땅 브로콜리나 장미만 심으면, 해충이 자석처럼 이끌려올 것이다. 해충은 사람이 친절하게 차려준 풍성한 먹이를 행복하게 뜯어 먹을 것이다. 사향쥐가 부들에 한 것과 똑같이 말이다. 보통 정원에 이런 일이 생기면 농약이나 살충비눗액이 출동한다. 내키지 않는 일거리가 늘어나는 셈이다. 하지만 이런 해충을 잡아먹는 포식자가 좋아할 만한 서식지를 만들어놓으면 자연이 벌레를 통제하게 할 수 있다. 야생의 산후안 제도에 아직 많이 살고 있던 수달이 블록 형제를 구하러 왔던 것처럼, 유익한 곤충들이

36 전 세계에서 가장 광범위하게 쓰이는 잔디 중의 하나

산울타리나 자연적 요소(naturescape) 속에 숨어 있다가, 진딧물과 알풍뎅이(Japanese Beetle)를 덮칠 것이다. 그렇게 하는 열쇠는 경관에 생물다양성을 제공하는 것이다. 생물다양성이란 존재하는 유기체의 다양성을 말한다. 생물다양성은 품종, 종(種), 속(屬), 과(科), 점점 올라 가서 5계(界)[37]에 이르는 생물분류상의 모든 단계뿐 아니라 서식지와 생태계까지 포함하는 여러 관점에서 고려된다. 이 책에서 생물다양성이 있다고 할 때는, 익충과 새처럼 우리에 게 필요한 동물들을 끌어들이고 부양해줄 유용한 식물들로 이루어진 야생적이면서도 잘 디자인된 팔레트를 가지고 있다는 뜻이다.

정원의 생물다양성은 두 가지 형태로 도입된다. 하나는 정원사가 다양한 꽃과 관목, 교 목을 심어서 다층의 서식지를 만들 때 빚어지는 다양성이다. 두 번째는 아직 파괴되지 않 은 근처의 야생지에 살고 있는 생물의 다양성으로, 우호적인 서식지로 뻗어나갈 만반의 준비를 갖추고 있는 새와 벌레, 외래식물, 토착식물로 구성되어 있다. 이 두 다양성은 서로 를 보완해준다.

웬만한 소도시에는 충분한 빈터나 방치된 구석, 공원, 꽃을 심어놓은 조각땅이 있어서 조그만 야생동물들이 얼마든지 무리를 이루고 활기차게 살아갈 수 있다. 지극히 황폐한 경관만 아니라면 이런 야생 동식물들이 좋은 서식지를 찾아오는 데 아무 지장이 없다. 만 약 내가 생태적 사막(일반적인 슈퍼마켓에 생산물을 납품하는 살충제투성이의 초대형 농장 같은) 에 살고 있다면, 곤충을 비롯한 야생동물이 근처에 살고 있어서 내가 마련해놓은 꽃을 찾 아올 거라고 기대할 수가 없다. 이것이 서식지가 중요한 이유다. 꽃으로 꾸민 구석진 곳은 모두 유익한 야생동물의 근거지인 셈이다.

익충을 유인한다는 개념은 새로운 것이 아니다. 하지만 생태정원은 이 개념을 몇 단계 더 끌고 나아간다. 생태정원에서는 거의 모든 것이 두 가지 이상의 기능을 갖고 있다. 이 개념을 몇 쪽에 걸쳐 자세히 소개할 텐데, 일단 여기에서는 간단하게 몇 가지 예만 들 어보겠다. 도움이 되는 곤충을 끌어들이려면 베르가모트(bee balm)를 심는 것이 좋다. 베르 가모트는 맛있는 차도 우릴 수 있고, 주위에 박하 향기를 가득 퍼트리며, 분홍색과 빨간

---

37 생물 분류의 최대 단위. 1969년 휘태커(Robert Whitaker)에 의해 제안된 분류 체계로, 원핵생물계, 원생동물계, 균류계, 식물계, 동물계로 분류된다.

색 꽃을 피워서 보기에도 예쁘다. 산울타리를 조성할 때는 열매를 야생동물 먹이나 잼으로 쓸 수 있는 관상식물인 개살구나 앵도나무 같은 관목을 섞어 심을 수 있다. 또 곤충과 새가 좋아하는 꽃과 열매가 달리면서, 토양을 개선하고 질소를 고정하는 미생물을 뿌리에 지니고 있는 뜰보리수(*Elaeagnus multiflora*)를 집어넣을 수도 있다. 굳이 예를 더 들지 않더라도 요점은 명확해졌으리라 본다. 다기능 식물을 비롯한 여러 요소로 정원을 채우면 야생동물에게는 많은 니치로 이루어진 치밀한 그물이 제공되고, 사람에게는 먹을거리와 꽃, 약초 같은 것이 풍부하게 생산되는 아름다운 장소가 만들어진다. 다양성이 생기면 폭포수 같은 혜택이 쏟아지는 것이다.

잘 정돈되어 있긴 하지만 다양성은 별로 없는 마당을 우리가 좋아하는 것은 문화적인 이유 때문이다. 생태주의 작가들이 공격하고 있는 티 없이 깔끔한 잔디밭은 영국의 온화하고 습도가 균일한 기후에서 발전했다. 이런 잔디밭이 암시하는 바는 우리의 정신에 깊이 박혀 있다. 산업혁명 이전 시대의 잔디밭은, 땅 주인이 어떤 땅에 식용작물을 심지 않고 순전히 관상용으로만 써도 될 만큼 부유하다는 것을 모두에게 보여주는 과시용이었다. 짧게 깎은 잔디 역시 부유함의 징표였다. 그것은 잔디를 짧고 고르게 뜯어 먹을 만큼 양떼가 많다는 뜻이었다. 잔디밭은 신분을 드러내는 척도라는 인식이 수세기에 걸쳐 내려온 것이다. 이런 역사적인 영향을 의식적으로 깨닫게 되면 그로부터 자유로워질 수 있으며, 전체 경관을 잔디로 뒤덮어버리려는 반사적인 충동에서 벗어날 수가 있다.

잔디밭을 흠잡을 데 없이 깔끔하게 가꾸고 채소와 꽃을 군대처럼 줄 세우는 데 몰두하는 것은 자연의 성향에 반하는 일이다. 그렇게 하려면 우리도 끊임없이 일을 해야만 한다. 갓 드러난 맨땅을 너무도 좋아하는 치커리와 씀바귀에 분노하면서 호미를 휘두르고 제초제를 뿌릴 필요는 없다. 그 대신 우리가 원하는 식물이 잘 자라는 조건을 만들고, 자연이 그 일을 하도록 유도하면 된다. 다음에 하려는 이야기가 바로 이것이다.

I 생태계로서의 정원

성숙한 정원

자연경관은 성숙하려고 하는 거스를 수 없는 성향을 지니고 있다. 그렇다면 천이라는 화물열차에 올라타서 자연의 추진력을 이용하는 것이 좋지 않을까? 블록 형제는 바로 그렇게 했고, 우리도 그렇게 할 수 있다. 여기저기서 조금씩 도움되는 조건을 만들어주면 실제로 천이의 속도를 높일 수 있다. 자연을 이용하면 그러지 않을 때보다 훨씬 더 빨리 정원이 성숙한다. 생태정원은 자연이 이미 정해놓은 궤도를 따라가기 때문에 무성하고 생산적인 경관으로 매우 빠르게 발달한다.

표2-1은 미성숙한 경관과 성숙한 경관에 어떤 차이가 있는지 보여준다. 이것을 이해하면 우리의 마당에도 성숙한 생태계를 만들 수 있다. 여기서 성숙한 경관이란, 임관이 닫혀 있고 아래에는 식물이 거의 없는 태고의 음침한 숲을 말하는 것이 아니다. 내가 말하는 성숙한 경관은 선구식물 단계와 어린 관목 단계를 지나 청년기에서 중년기에 이르는 숲을 뜻한다. 밀림이 아니라, 틈이 있어서 햇볕이 잘 드는 삼림지대를 떠올려보자. 성숙한 경관에는 교목과 관목, 작은 식물이 골고루 섞여 있다. 그에 비해 미성숙한 경관에는 풀과 일년생식물이 많고, 관목은 이따금씩 섞여 있다. 이런 조합은 마당에서 볼 수 있는 전형적인 모습이다.

표2-1 미성숙한 생태계와 성숙한 생태계의 차이점

속성	미성숙한 생태계	성숙한 생태계
총 바이오매스 생산성	낮음	높음
유기물의 총량	낮음	높음
미네랄 영양소 공급원	무생물(바위, 빗물)	생물(식물, 동물, 부엽토)
미네랄 순환	열려 있음(다량 유입)	닫혀 있음(재순환)
영양분 손실	높음	낮음
분해자와 유기쇄설물(有機瑣屑物, detritus)의 역할	중요하지 않음	중요함
미기후	거의 없음, 혹독함, 무생물에 의해 형성됨	많음, 온화함, 식물에 의해 형성됨
우세한 식물	일년생	다년생
해가 바뀌어도 지속되는 바이오매스의 비율	낮음	높음
종의 수	대개 적음	많음
패턴(식물로 이루어진 다양한 층, 영양분의 순환 등)의 다양성	낮음	높음
먹이사슬	짧고 단순함, 직선형	복잡함, 거미줄 모양

속성	미성숙한 생태계	성숙한 생태계
특화된 기능, 니치	거의 없음, 폭넓음	많음, 폭이 좁음
공생 관계	거의 없음	많음
유기체의 평균 크기	작음	큼
생활주기	짧고 단순함	길고 복잡함
번식 전략	많은 수의 씨나 유생, 지원을 잘 받지 못함	적은 수의 씨나 유생, 지원을 잘 받음
안정성(훼손이나 기회주의적 식물에 대한 저항성)	낮음	높음
전체적인 복잡성과 조직화 정도	낮음	높음

출처: W. H. Drury and I. C. T. Nisbet, "Succession(천이)." *Journal of the Arnold Arboretum* 54 (1973):336.

표2-1을 보면 몇 가지 중요한 경향이 드러난다. 경관이 성숙해지면 유기물이 점점 많아진다. 이것은 식물이나 동물, 비옥한 흙의 형태를 띤다. 증가한 유기물은 대기로부터 이산화탄소를 끌어들이기 때문에 잠재적으로 온실효과를 줄인다. 외부에서 영양분이 유입되는 양과 유출되는 양이 적어질수록 경관 속의 순환과 패턴은 더욱 복잡해진다. 매년 씨를 뿌려야 하는 전형적인 일년생 채소밭이나 꽃밭 같은 젊은 생태계를 성숙한 삼림지대와 비교해보면서 이 진화 과정을 한번 그려보도록 하자.

일년생식물로 가꾼 정원에서는, 일 년 중 여러 달 동안 맨땅이 드러나 있다. 기후가 혹독하고 변화폭이 넓어서 여름에는 태양이 땅을 태우고, 겨울에는 땅이 얼었다 녹았다를 반복해 노출된 흙을 들쑤신다. 키가 작은 식물은 땅을 잘 보호하지 못하기 때문에, 돌풍이 땅을 후려치고 비가 토양을 마구 두드리면 영양분이 씻겨나가게 된다. 매년 채소를 수확하거나 가을에 밭 정리를 하느라 앙상한 줄기를 뽑을 때는 거름기가 더 많이 쓸려나간다. 이렇듯 영양소의 순환은 닫힌 고리 속에서 반복되는 게 아니라 일직선으로 열려 있어서, 영양소가 정원으로 들어왔다가 나가버린다. 침출과 침식작용뿐만 아니라 식물을 전부 제거해서 잃어버린 것들을 만회하려면, 땅을 비옥하게 만드는 요소를 외부에서 투입해야 한다는 이야기다. 열심히 퇴비를 넣고 피복을 해주는 정원사가 없다면, 이처럼 혹독하고 변덕스러운 조건과 낮은 유기물 수준을 견뎌낼 수 있는 토양생물은 거의 없다.

여기서 식물다양성은 철저하게 통제되어 있다. 사실, 진정한 다양성은 잡초나 해충, 해로운 새나 설치류로 여겨지기 때문에 환영받지 못한다. 이런 환경에서 자발적인 자연의 솜

씨는 기쁜 일이나 개선된 것이라기보다는 골칫거리로 여겨지곤 한다.

이런 정원은 여러 면에서 단순하다. 식물들은 단일한 층 안에 존재하며, 키도 $30cm \sim 1m$ 에 불과하다. 식물군은 질서 있게 줄 세워져 있거나, 매우 기초적인 패턴으로 무리 지어져 있다. 먹이사슬은? 단 두 개의 연결 고리밖에 없다. 식물이 인간에게 먹히든가, 실망스럽게도 벌레나 새들에게 먹히든가. 정원사가 상생식물이나 곤충을 유인하는 꽃을 심어둘 만큼 현명한 경우가 아니라면, 공생이나 동반 관계는 있을 수 없다. 일년생식물로 가꾸는 정원은 가을마다 식물의 뿌리를 뽑아버리게 되고 다양성도 부족한 데다, 잡초와 해충, 질병에 매우 민감하기 때문에, 불안정하고 쉽게 피해를 입는다.

정원사들이 그토록 즐거워하는 장소를 두고 이런 암울한 그림을 그리면서 나는 우울해졌다. 성숙한 삼림지대를 살펴보는 일로 우울한 기분을 떨치기 전에, 나는 이런 정원들이 조금이라도 작동을 하고, 또 그렇게나 즐거움을 불러일으키는 것은 사람들이 쏟아 부은 노동 덕분이라는 점을 언급하고 싶다. 일년생식물로 가꾸는 정원은 인간의 노력을 필요로 한다. 보통 자연이 무료로 공급해주는 노력을 전부 사람이 대신하고, 끊어진 순환 과정도 사람이 연결해야 하기 때문이다. 그리고 우리는 정원에 들이는 창조적인 노력과 치료 작업을 때로는 즐기곤 한다. 그러나 만약 우리가 그 일을 자연과 분담하고 30억 년에 걸친 진화 과정에서 얻은 자연의 지혜를 우리의 정원에 적용한다면, 일년생 정원이 제공하는 막대한 생산물을 모두 누릴 수 있을 뿐 아니라 훨씬 더 많은 것을 얻을 수 있다.

잘 발달된 숲을 관찰해서, 우리의 마당을 가꾸기 위해 어떤 교훈을 얻어낼 수 있는지 알아보자. 먼저, 숲의 토양은 썩은 낙엽층으로 덮여 있으며, 여러 층을 이룬 식물이 일 년 내내 그늘을 드리운다. 식생이 비, 햇볕, 바람의 힘을 누그러뜨려서 온화한 미기후를 만들어주기 때문에, 씨앗이 빨리 싹트고 생명체가 안락하게 자리 잡는다. 오래된 뿌리도 계속 남아 있고 낙엽이 끊임없이 쌓여서, 벌레를 비롯한 토양의 여러 생물에게 완벽한 보금자리를 제공한다. 풍부하게 존재하는 토양생물은 영양분이 씻겨나가기 전에 붙잡아서 식물들에게 돌려준다. 이 영양분은 상존하는 나무줄기, 다년생 관목과 초본, 이끼, 균류, 피복재, 부식토, 토양 유기체에 장기간이나 단기간 저장된다. 숲은 엄청난 양의 유기물과 미네랄을 비축하고 있다. 이 모든 바이오매스는 은행 계좌와 같은 역할을 한다. 가뭄이나 해충의 침입 같은 힘든 시기에 대비한 보험으로, 숲의 귀중품을 맡아두기도 하고 재순환시키기도 하는 것이다.

대부분의 숲은 여러 계절을 지나 수십 년에 걸쳐 지속된다. 해마다 교체되는 바이오매스의 비율은 아주 낮다. 즉, 얼마 되지 않는 동식물만 죽는 것이다. 해가 바뀌어도 우람한 나무의 몸은 계속 유지된다는 것을 생각해보자. 단지 나뭇잎과 뿌리 약간만 죽을 뿐이다. 숲은 일년생식물로 이루어진 정원과는 달리 계속해서 지속되는 것이 원칙이다. 이렇듯 자연을 이루는 대부분의 요소들은 해가 바뀌어도 존속한다.

매년 죽는 것들은 거의 손실 없이 생태계 안에서 재순환된다. 나무줄기와 사슴 뼈부터 곤충 날개와 박테리아 세포에 이르기까지, 생명체의 산물은 거의 모두 재순환이 가능하다. 자연은 똑같은 물질을 여러 번 되풀이해서 조립했다가 부수고, 분해했다가 재생시킨다. 그러면서도 쓰레기나 유독성 폐기물을 흔적으로 남기지 않는다. 자연에 낭비란 없다. 모든 것이 다른 것의 먹이가 되며, 삶과 죽음을 통해 다른 많은 종들과 연결되어 있다.

숲에는 수백 종의 식물, 수천 종의 동물과 미생물이 있다. 삼림지대의 생물다양성은 어마어마해서 셀 수 없이 많은 관계가 형성되고 있다. 상호 의존적인 그물망으로 엮여 있는 생물체들은 숲에서 얻을 수 있는 먹이와 서식지를 모두 이용하기 때문에, 침입자에게 열려 있는 니치는 거의 없다. 자원이 이렇게 효율적으로 이용된다면 어떤 한 종이 균형을 깨기란 쉬운 일이 아니다. 이미 잘 자리 잡고 있는 생물들이 다 먹어버렸는데, 새로운 해충이 먹을 것이 뭐가 남아 있겠는가? 그리고 숲 속에 있는 여러 종들은 함께 진화해왔기 때문에, 각기 천적을 물리치기 위한 방어기제를 가지고 있다. 튼튼한 왁스 코팅, 불쾌한 맛이 나는 화학물질 같은 것 말이다. 침입자들은 나무가 쓰러져서 맨땅이 드러난 곳처럼 새로 생긴 빈터에서만 기회를 잡을 수 있다. 하지만 이 경우에도 새로운 종이 아무도 차지하지 않은 좁은 니치를 찾아내서 생명의 그물 안에 안착하지 않는 한, 숲은 재빨리 닫혀서 침입자를 억제할 것이다.

숲에서는 또 다양한 패턴과 순환을 찾아볼 수 있다. 식생은 열린 하늘에서 땅에 이르기까지 여러 층에 존재한다. 키 큰 교목으로 이루어진 임관, 낮은 교목, 관목, 키 큰 초본, 바닥에 깔린 로제트(rosette)[38] 식물과 땅을 기는 식물, 위아래 전역에 걸쳐 자라는 덩굴이 각각의 층을 이루고 있다. 이 다양한 서식지에는 곤충과 새를 비롯한 여러 생물을 위한 니치가 수백 개는 존재한다. 먹이그물 또한 복잡하다. 식물, 초식동물, 육식동물, 최상위 포

---

38 민들레처럼 지면에 붙어서 뿌리에서 발생한 잎을 장미 모양으로 펼치고 월동하는 식물을 말한다.

I 생태계로서의 정원

애리조니 주 플래그스태프(Flagstaff)에 있는 조시 로빈슨의 뒷마당. 조시는 지상낙원 조경사(Eden on Earth Landscaping)에서 일한다. 이 마당에는 일년생식물과 다년생식물이 고루 갖춰져 있어서 한 달에 몇 시간만 작업해도 어마어마하게 많은 먹을거리를 수확할 수 있다. 또 필요한 많은 양의 물을 자체적으로 모으기 때문에 상수도에 거의 의존하지 않아도 된다. 사진/ Josh Robinson

식자, 분해자가 동시에 여러 파트너와 함께 다채롭게 춤을 춘다. 종과 종 사이의 관계는 균질하게 얽혀 있다. 나무는 영양분을 토양에서 뿌리로 가져오는 특정한 곰팡이나 세균과 공생 관계를 맺고 있다. 식물이 땅속으로부터 미네랄을 끌어올리면 다른 생물들이 이용한다. 새와 포유동물은 씨앗을 새로운 지역으로 운반하며, 이동하는 중에 배출하는 분뇨는 양분을 재분배한다. 만약 이 그물망에서 실 한 오라기가 끊어지더라도, 가까이에 있는 수천 가닥의 다른 실이 숲이라는 직물의 짜임새를 계속 유지해준다.

숲은 변하지 않는 고정된 장소가 아니다. 역동적이고 탄력 있으면서도 안정되어 있다. 일반적인 정원에 비하여 숲은 해충, 질병, 침입성 식물, 기후의 격변에 거의 영향을 받지 않는다. 숲은 서로 단절되어 있는 동식물의 모음집이 아니라, 일체가 된 자연의 태피스트리다.

일년생식물로 가꾼 정원과 성숙한 숲에 어떤 차이가 있는지를 염두에 두고, 젊은 생태계가 아니라 성숙한 생태계를 닮도록 정원을 조성하는 방법을 생각해보자. 그 모든 일을 우리가 직접 할 필요는 없다. 블록 형제가 이룩한 경관과 같은 토대만 마련하면, 자연이 수많은 관계를 만들어내고 틈을 메울 것이다.

생태정원이 갖추어야 하는 자연경관의 특성 중 가장 중요한 것은 다음과 같다.

- 영양분과 유기물이 풍부한 깊은 토양
- 깊은 땅속과 공기와 빗물로부터 비옥함을 끌어내는 식물들
- 여러 층을 이루고 있어서 다른 생물을 위한 다양한 니치가 만들어지는 식생
- 다년생식물 중심
- 식물, 곤충, 새, 미생물, 포유동물과 사람을 비롯한 모든 거주자 사이의 상호 유익한 관계
- 점점 더 폐쇄되어 가는 순환체계. 시간이 흐를수록 정원은 외부로부터 공급을 받을 필요가 없어진다. 정원은 비료, 피복재, 씨앗, 새로운 식물의 대부분을 스스로 생산하게 된다. 수확을 제외하면 침출이나 침식작용을 통해 잃어버리는 것이 거의 없다. 모든 것은 재순환된다.

이 장의 나머지 부분에서는 생태학이 통찰한 이런 사실을 정원에 적용하는 방법을 간단

하게 이야기하도록 하겠다. 더욱 자세한 내용은 이 책의 나머지 부분에서 설명할 것이다.

자연이 정원사에게 알려주는 비법

대부분의 정원과 자연경관에는 생물다양성의 수준이 다르다는 점 말고도 큰 차이가 하나 있다. 돌보지 않고 내버려두면 정원은 엉망이 되겠지만 자연은 그렇지 않다는 것이다. 휴가를 떠났다가 돌아와서 정원에 가보았더니, 좋아하는 식물은 다 먹혀버리고 잡초만 무성한 데다 예상치 못한 무더위로 정원 전체가 시들시들해져 있었던 경험을 누구나 해보았을 것이다. 정원사가 없으면 정원은 죽거나 야생 상태로 되돌아간다. 그러나 자연 상태의 숲은 건강하고 활기차다. 자연에서 얻은 몇 가지 교훈을 가지고, 우리는 본질적으로 좀 더 비옥하고, 건강하며, 물 공급이 잘되는 정원을 디자인할 수 있다. 이 정원은 자연 생태계의 역동성과 안정성, 회복력과 풍요로움을 갖추게 될 것이다. 이 단락에서는 그런 정원을 디자인하는 방법을 간략하게 살펴보고, 상세한 내용은 책의 나머지 부분에서 다루도록 하겠다.

흙 만들기

자연의 지혜를 어떻게 정원에 적용할 수 있을까? 먼저, 어떤 정원이든지 흙에서부터 시작하자. 자연이 흙을 만드는 방법에는 하향식과 상향식이 있다. '하향식'은 낙엽이 위에서부터 끊임없이 비처럼 떨어져서 폭신폭신한 흙으로 분해되는 것이다. 자연은 땅을 로터리로 갈지 않는다. 그러므로 우리도 그럴 필요가 없다. 성숙한 토양을 빨리 만들려면 유기물로 두껍게 피복을 해주기만 하면 된다. 피복재는 그 자리에서 바로 퇴비가 되어, 유기물이 넘쳐나고 토양생물이 우글거리며 건강한 식물을 기를 준비가 된 성숙한 토양이 만들어진다. 4장에서는 피복으로 토질을 개량하는 세부 기술을 소개하고 있다.

'상향식'의 흙 만들기도 식물에 의해 이루어진다. 자연의 다산성은 비료 부대에서 나오는 것이 아니라, 초목과 토양생물에서 나온다. 땅속 깊은 곳에서 영양분을 끌어내어 다른 식물들이 이용할 수 있도록 지표면으로 빨아올리는 일에 뛰어난 식물이 많다. 이런 품종에 대해서는 6장에서 이야기할 것이고, 부록에는 이름이 실려 있다. 채소밭에서는 수확을 할 때마다 계속 영양분이 제거되는데, 이렇게 소실된 양분은 피복재나 퇴비, 비료를 약간 넣어서 대체해주어야 한다. 그러나 정원에 영양분을 축적하는 식물을 심어두면 비료를 별로 뿌리지 않아도 된다.

하향식 기술과 상향식 기술을 함께 적용하면 당신이 이제까지 본 것 중 가장 좋은 흙이 빠르게 만들어질 것이다.

다년생식물 대 일년생식물

다음으로, 생태정원은 일년생식물보다는 다년생식물에 역점을 두어서 성숙한 생태계를 모방한다. 관상정원과 야생동물정원을 가꿀 때는 수천 가지의 다년생 꽃과 관목, 교목을 이용할 수 있기 때문에 이런 일이 쉽다. 그렇지만 채소밭을 다년생식물로 가꾸는 일은 언뜻 한계가 있어 보인다. 토마토와 고추를 금지한다는 말이 아니다. 나도 이 식물들을 여전히 많이 기르고 있다. 그러나 일년생식물 중에는 다년생식물로 대체할 수 있는 것이 많이 있다. 다년생 채소도 아주 많다. 이 책의 6장에는 굿킹헨리[39], 다년생 케일과 콜라드[40], 프렌치 소렐[41] 등의 많은 다년생 채소가 나와 있다. 양파, 근채류, 허브도 다년생이 있으며, 아스파라거스, 아티초크, 대황(大黃)[42] 같은 채소도 당연히 다년생이다. 그리고 베리류, 과일, 견과류 같은 확실한 다년생 먹거리 식물도 잊지 말자.

다년생식물의 이점은 무수히 많다. 다년생식물을 심으면 별도로 씨앗을 심거나 밭을 갈 필요가 없기 때문에, 경운으로 인해 잡초가 생길 가능성도 없어진다. 이것은 목록에 있는 세 가지 성가신 일을 대폭 줄여준다. 다년생식물은 일년생식물에 비해 물과 비료가 적

---

39 명아주과의 다년초로, 샐러드나 스프 등에 쓰인다.

40 케일에 비해 잎이 더 넓고 주름도 없는 품종

41 수영의 일종. 잎은 시금치를 닮았으며 독특한 신맛이 있다.

42 잎자루를 소스로 만들거나 파이에 넣거나 설탕 절임을 한다.

게 든다. 다년생식물의 뿌리는 일년생의 뿌리가 닿을 수 없는 곳까지 내려가 습기와 영양소에 도달하기 때문이다. 또 다년생식물은 사시사철 존재하기 때문에, 야생동물과 유익한 곤충들에게 든든한 서식지를 제공한다.

다층 구조

생태정원은 아래의 초본층에서 관목과 소교목을 거쳐 대교목에 이르는 여러 층으로 구성되어 있다. 각각의 층에는 관상식물, 먹거리를 비롯해 여러 용도로 쓰이는 품종, 토양을 형성하고 건강한 생태계를 유지하는 식물군이 포함되어 있다. 여러 층은 한데 모여 다양한 서식지와 산물, 볼거리를 제공한다. 화창한 지방에서는 대교목을 빽빽하게 배치하여 그늘을 만들고, 반대로 서늘하고 흐린 지역에서는 교목을 너르게 배치하여 충분한 빛과 온기가 들어오도록 한다. 10장에서는 이런 숲과 같은 정원을 만드는 방법을 설명하고 있다.

식물군집

생태정원의 식물들은 자연에서와 마찬가지로, 고립된 개체로 있는 것이 아니라 군집을 형성한다. 생태학자와 토착민들은 많은 동식물이 뚜렷하게 무리를 짓는다는 것을 오래전에 깨달았다. 어떤 종은 항상 같은 동반자와 함께 등장하는 것처럼 보인다. 건조한 미국의 서부 지역에서는 피니언소나무와 향나무가 함께 나타나는데, 감벨참나무(Gambel's oak)와 마운틴마호가니[43]도 같이 있을 때가 많다. 동부 지역에서 흔히 볼 수 있는 식물군집은 참나무/히코리[44] 숲으로, 단풍잎가막살나무(maple leaf viburnum)[45]와 층층나무가 하층부를 채우고 있을 때가 많다. 식물군집은 수백 가지가 있는데, 군집마다 교목과 관목, 꽃의 구성이 다르다. 군집에는 특정한 동물이 포함되어 있을 때도 있다. 참나무/히코리 숲에는 특히 큰

43 북아메리카 서부에 분포하는 장미과의 작은 관목
44 가래나무과에 속하는 약 10종의 낙엽교목. 견과를 맺는다.
45 1~2m 높이로 성장하는 활엽낙엽관목으로, 잎은 단풍잎 모양이며, 흰색 꽃이 피고, 검붉은 열매를 맺는다.

어치(blue jay), 풍금조(tanager), 밀화부리(grosbeak)가 산다. 환경에 따라 유리한 식물군집도 다르다.

생태정원을 만들 때 우리는 자연이라는 책에서 한 쪽을 훔쳐 와서 그대로 식물들을 군집으로 무리 짓기도 한다. 어떤 정원사는 자신이 살고 있는 지역에 나타나는 자연적인 식물군집을 재현하기도 하지만, 인간이 잘 이용하는 식물이나 특정한 기능을 가진 식물로 토착종을 대체해서 식물 모둠을 손보는 정원사도 있다. 복합적인 기능을 하는 식물군집을 디자인하는 것은 원예학의 최신 분야로서, 아직은 걸음마 단계다. 현명한 정원 디자이너들은 아름답고 생산적이며 노동력을 절감하는 식물의 무리를 조합해왔다. 정원에 식물군집이 단 하나만 있어도 시선을 끄는 꽃과 우거진 잎, 먹을거리와 허브를 정원사에게 제공해줄 뿐 아니라, 다양한 기능을 가진 식물을 통해 해충을 물리치고, 피복재를 생산하고, 영양분을 축적하고, 유익한 곤충을 끌어들이며, 야생동물의 은신처를 마련해줄 수 있다. 이 책의 많은 부분, 특히 8, 9, 10장에서는 서로를 보살피면서 정원사와 야생동물 모두를 부양하는 조화로운 식물의 무리를 만드는 방법을 설명하고 있다.

식물군집은 정말로 존재할까?

생태학자들은 식물군집이 실재하는지 아니면 이것이 단지 편의상 사용하는 개념에 불과한지에 대해 수십 년 동안 논의를 계속해왔다. 식물군집은 단지 동일한 기후와 토양, 그 밖의 여러 가지 환경조건을 좋아하는 종들이 무작위로 조합된 것에 불과하다고 말하는 생태학자들도 있다. 그런가 하면 부분적으로는 구성원들 사이의 상호작용과 상호 이익 때문에 군집이 형성되고, 그것이 온전한 유기체처럼 작용한다고 믿는 생태학자들도 있다. 어떤 쪽이 옳은지 판단을 내리기는 아직 이르다. 무작위로 무리 짓는다는 주장을 뒷받침하는 근거도 있다. 하나의 주어진 군집 안에서 두 개의 표본을 정해 식물 조사를 해보면, 포함된 식물의 종과 수가 항상 다르다는 것이 드러난다. 두 군집이 서로 비슷한 경우는 없다. 또한 어떤 군집이 걸쳐 있는 영역을 가로질러보면(예를 들어 기후가 더 추운 쪽으로), 구성이 변화하는 모습을 볼 수 있다. 환경이 변화함에 따라 한두 가지 종이 낙오되고 새로운 종이 들어와서 군집의 구성이 점차 달라진다. 만약 군집이 유기체처럼 단단하게 엮여 있는 시스템이라면 뚜렷한 경계선이 있어야 할 것이다. 따라서 군집의 구성이 서서히 바뀌는 것이 아니라, 마치 한 나라에서 다른 나라로 여행을 가는 것처럼 갑작스럽게 바뀔 거라고 생각하는 것이 당연할 수도 있다.

다른 한편으로 종들의 군집은 명확한 구조를 갖고 있다. 만약 그중 어떤 구성원이 결여되면 군집 전체가 고통을 받게 된다. 예를 들면, 미송(美松)[46] 숲에 특정한 균류(일종의 송로버섯)가 없으면 그것이 있는 숲만큼 건강하지 못하다. 나무의 뿌리 사이에 사는 송로는 미송에게 영양분을 공급할 뿐만 아니라 질병으로부터 보호하는 역할도 하기 때문이다. 대규모 조림지에서는 송로가 사라지는 경우가 많은데, 송로가 없으면 미송 숲은 질병에 취약해질 뿐만 아니라 다른 많은 종을 부양할 수 없게 된다. 이런 종 중 하나가 그 균류를 먹고 사는 설치류인 대륙밭쥐(red-backed vole)다. 대륙밭쥐는 점박이 올빼미가 좋아하는 먹이인데, 대륙밭쥐가 부족해지면 점박이 올빼미의 개체수도 점점 줄어들게 된다. 이러한 결핍의 영향은 수많은 종에게로 퍼져나가서, 군집 전체가 줄어들게 된다. 이처럼 군집들은 복잡한 망상조직으로 연결되어 있다. 게다가 생태학자들이 밝힌 바에 따르면, 환경적인 변화가 없을 때조차도(기온과 영양 수준이 광범위한 지역에 걸쳐 변함이 없을 때에도) 유기체들은 여전히 장소마다 다른 형태로 무리를 지으며, 그런 무리는 고도로 조직화되어 있다고 한다.

나는 군집이 주변의 환경만이 아니라 그 자체의 상호작용에 의해서도 형성된다고 믿는다. 내가 보아온 생태정원들은 이를 증명하고 있는 듯하다. 앞으로 살펴보겠지만, 여러 관계 속에서 연결되어 있는 식물의 무리, 즉 군집은 정원을 매우 건강하게 만든다.

---

46 소나무과에 속하는 상록 침엽교목. 키가 75*m*까지 자라고 줄기의 지름이 2~4*m*에 이르기 때문에, 북아메리카에서 가장 좋은 목재 중 하나로 여겨진다.

기능 중합

니치와 천이, 생물다양성에 대한 논의에 이어서, 생태정원에는 또 다른 중요한 원칙이 있다. 그 원칙이란, 생태정원의 모든 부분은 두 가지 이상의 역할을 한다는 점이다. 퍼머컬처 디자이너들이 이를 표현하는 특별한 용어가 있는데, 바로 '기능 중합(stacking functions)'이다. 자연에는 딱 한 가지 기능만 갖고 있는 것은 없다. 자연은 이런 면에서 대단히 효율적이다. 예를 들면, 관목은 단순히 그늘만 드리우지 않는다. 관목은 겨울에 굶주린 새들에게 열매를 주고, 거처를 마련해주며, 나뭇잎으로 토양을 덮어주고, 배고픈 사슴과 호저에게 새순을 마련해주고, 바람을 막아주고, 뿌리로 토양을 붙잡아주고, 빗물을 모아서 운반하는 등 여러 가지 일을 한다.

자연은 언제나 여러 기능을 중합한다. 앞에서 이야기한 관목뿐 아니라 모든 생명체는 물질과 에너지가 막대하게 투자된 것이기 때문이다. 자연은 물질과 에너지에 매우 인색하다. 자연은 한 건을 가지고 본전을 뽑는 데 능숙하다. 그러므로 자연은 그 관목에서 모든 에너지를 짜내어 다른 여러 순환과 연결시켜서 수익을 극대화한다. 관목의 열매가 여무는 데는 에너지가 든다. 새가 와서 열매를 먹을 때, 관목은 그 노력을 관목의 씨를 퍼트리는 대가로 교환하는 것이다. 대신에 새의 내장을 통과하더라도 새로운 땅에서 무사히 싹틀 수 있도록 씨앗을 단단하게 만든다. 그리고 관목의 잎은 태양에너지를 모으면서 추가적인 노력을 전혀 하지 않고 빗물을 줄기로 운반하여 뿌리로 내려 보낸다. 이렇게 해서 관목이 수집할 수 있는 것들의 영역은 더욱 넓어진다. 자연은 식물이 복합적인 기능을 수행하도록 함으로써, 투자한 에너지를 매우 효율적으로 이용한다.

그에 반해서 인간이 디자인한 것들은 대부분 낭비가 무척 심하다. 우리가 만든 물건은 그 원천에서부터 쓰레기 매립지로 곧장 직행하는 것 같다. 반면에 자연은 그 흐름을 지그재그 코스로 구부리고 또 구부려서, 굽이마다 이득을 얻고 남은 것은 재순환하게 한다. 이와 같은 원칙을 염두에 두고 정원을 디자인하면 낭비도 훨씬 덜하고 문제도 줄어들며, 정원이 훨씬 더 생산적이고 풍요로워진다. 기능 중합은 생태정원의 핵심 원칙이자 지켜야 할 가장 중요한 항목 중 하나다.

기능을 중합하여 경관을 디자인한 예를 하나 들어보자. 오클랜드의 우리 집 옆에는 빗물을 저장하는 5,000갤런(약 1만 9천ℓ)짜리 물탱크가 있었다. 대부분은 땅속에 묻혀 있었지만 가로세로 약 $3m \times 3.5m$ 크기의 뚜껑은 지상으로 돌출되어 있었는데, 회색 콘크리트 슬래브가 부엌 옆에 드러나 있으니 참으로 보기 흉했다. 나는 콘크리트를 숨기려고 삼나무로 데크를 만들어 그 위를 덮었는데, 타는 듯한 여름 햇볕이 내리쬐면 데크가 너무 뜨거워져서 그 위에서는 쉴 수도 없었다. 그래서 데크 위에 정자를 세우고 두 그루의 씨 없는 포도나무를 정자 위로 유인했다. 탱크 옆에는 트렐리스를 세우고 재스민이 휘감고 올라가게 해서 데크 위에 향기가 퍼지게 했다. 물탱크는 빨리 자라는 포도덩굴 덕분에 그늘지고 시원한 장소가 되었다. 아내와 나는 그곳의 초록빛 지붕 아래에 작은 테이블을 놓고 점심을 먹으며 시간을 보냈다. 집 안에서 기르는 화초들도 햇빛이 아롱거리는 데크의 한쪽 구석에서 여름휴가를 보냈다. 늦여름에는 점심을 먹고 난 뒤에 머리 위에 달린 달콤한 포도를 따서 간단하게 디저트로 먹곤 했다.

포도나무 잎은 집에도 그늘을 드리워서 여름에 부엌을 시원하게 해주었다. 그리고 가을에 나뭇잎이 떨어지자 데크와 부엌 창에도 햇볕이 충분히 들었다. 떨어진 나뭇잎은 퇴비더미로 가거나 곧장 밭두둑으로 가서 피복재가 되었다. 겨울에 포도나무 가지를 치면 친구들에게 줄 꺾꽂이용 가지가 많이 생겼다. 물탱크에서 넘치는 물은 포도를 비롯한 근처의 다른 식물에 공급되었다.

나는 물탱크와 포도나무와 데크를 올바르게 배치하고 결합하여 각각의 유용성을 증대시켰을 뿐만 아니라 따로 두면 얻을 수 없는 이득까지 얻었다. 거의 모든 요소들이 각기 여러 가지 역할을 수행했다.

정원사들은 이미 기능을 중합하는 일에 능숙하다. 단순한 퇴비더미에도 다양한 기능이 있다. 퇴비더미는 쓰레기를 재활용하고, 비옥한 부식토를 만들고, 토양생물을 증가시킬 뿐만 아니라 퇴비를 뒤집고 뿌리는 동작을 하는 정원사에게 운동을 시켜주기도 한다. 쥐똥나무 한 종으로 이루어진 산울타리일지라도 방풍림, 사생활 보호막, 새들의 서식지라는 역할을 겸할 수 있다. 기능 중합의 이점을 인식하고, 이를 염두에 두고 정원을 디자인하면 우리는 뒷마당에서 놀라운 상승효과를 얻을 수 있다.

기능을 중합한다는 개념은 상호 보완적인 두 가지 원칙으로 이루어져 있다. 첫 번째는 디자인의 요소, 즉 식물이나 구조물은 각기 두 가지 이상의 역할을 반드시 해야 한다는 것이다. 앞서 이야기한 포도나무 정자는 그 원칙이 잘 적용된 본보기라고 할 수 있다. 포도덩굴은 테크에 그늘을 드리우고 겨울에는 햇볕이 잘 들어오게 했다. 또 집을 시원하게 해주고 먹을거리와 피복재, 꺾꽂이용 나뭇가지를 제공했다. 흉물스러운 물탱크를 아름답게 꾸며준 것은 물론이다.

두 번째 원칙은 첫 번째 원칙을 보완한다. 하나의 설계 안에서 행해지는 일들, 즉 각각의 시스템이나 과정은 반드시 두 가지 이상의 요소에 의해 수행되거나 지원을 받아야 한다. 다시 말해 언제든지 가동할 수 있는 예비 장치가 있어야 한다. 그런데 정원사들은 이미 이 원칙을 자기도 모르게 따르고 있다. 한 가지 채소가 망할 경우에 대비해서 여러 가지 다양한 채소를 심기도 하며, 긴 계절 동안 끊이지 않고 생산을 하기 위해 여러 다른 과일이나 꽃을 심기도 한다. 그리고 정원사라면 누구나 스프링클러, 세류관개(細流灌漑, drip irrigation)[47] 장치, 특수한 호스 노즐, 물뿌리개 등을 고루 갖추고 있는데, 이것들은 모두 식물에게 물을 공급하려는 단 한 가지 목적을 위한 물품이다. 이처럼 복합적으로 중첩된 시스템을 이용하면 전체적인 작업을 할 때 어떤 한 개의 장치만 이용하는 것보다 훨씬 더 효과적이다.

이런 식의 중복에는 장점이 많다. 자연의 방식을 슬쩍 살펴보기만 해도 그 혜택을 어느 정도 알 수 있다. 혜택 중 하나는 재해로부터 보호받는다는 점이다. 유기체와 생태계를 이루는 중요한 기능은 대개 예비 장치를 갖고 있으며, 여러 겹으로 두터운 층을 이루고 있을 때가 많다. 우리 몸의 균형감각을 한번 살펴보자. 우리는 몸의 평형상태를 유지하기 위해 세 가지 독립된 방법을 사용한다. 첫째, 눈은 우리가 어느 위치에 있는지 알려준다. 둘째, 귀 속에는 액체가 가득한 공간이 있는데, 거기엔 방향에 민감한 털이 즐비하다. 그 털의 위치가 어느 쪽이 위쪽인지를 뇌에 알려준다. 셋째, 근육과 힘줄에는 사지의 움직임과 자세에 대한 자료를 보내는 수용체가 있다. 이렇게 우리의 몸은 '삼세번' 전략에 에너지와 몇 가지 기관을 투입하고 있다. 넘어지지 않도록 하는 일에 큰 투자를 하고 있는 것이다. 정말 그럴 만한 가치가 있는 일이다. 가령 우리가 오로지 눈에만 의존한다면, 험한 산길을 걷다가 반짝이는 햇빛에 눈이 부셔서 절벽에서 떨어질 수도 있기 때문이다. 어떤 유기체

---

47 물을 흩뿌릴 경우에 증발로 유실되는 물이 많으므로, 물을 절약하기 위해 가느다란 파이프를 이용해서 뿌리에 필요한 만큼의 물만 정확히 공급하는 방법

I 생태계로서의 정원

나 시스템이든지 예비 장치가 있으면 더 오래 살아남는다. 예를 들어 토양을 잘 피복해놓으면, 우리가 휴가 간 사이에 관수시스템에 문제가 발생해도 식물들이 물이 없는 상태를 잘 견뎌낼 것이다.

중복은 생산력도 증대시킨다. 인간의 신체 중에서 다른 예를 들자면, 식사를 통해 몸속으로 들어온 음식물이 소화기관을 차례로 통과하면서 모든 영양소가 걸러지는 과정을 생각해보자. 소장은 음식물에 적재된 영양소 중 약간을 추출하고, 대장은 더 많은 양을 흡수한다. 내장에 있는 박테리아는 더 많은 영양소를 유용한 형태로 전환시킨다. 다층적 접근을 통해 음식물에서 자양분을 가능한 한 모두 끌어내는 것이다. 마찬가지로, 물을 절약하는 기술, 서리 방지, 질병 예방, 바람 피하기, 토양 조성을 위한 전략이 여러 층으로 중첩되어 있는 정원은 이런 복수의 기술로부터 누적된 이득을 얻게 된다.

이렇게 중복을 통해 얻을 수 있는 이득을 생태정원사와 퍼머컬처인 들은 놓치지 않는다. 그들은 이 원칙을 '각각의 기능은 복합적인 요소에 의해 이루어져야 한다'는 지침으로 정리하고 있다.

각각의 요소는 복합적인 기능을 수행하고, 각각의 기능은 복합적인 요소에 의해 이루어진다는 기능 중합의 두 가지 측면은 정원에 다양한 수준으로 적용될 수 있으며, 이를 통해 경관과 자연의 힘을 단결시킬 수 있다. 다음 장에서는 그에 대한 여러 가지 예를 제시하고 있다.

이 장의 내용은 정원사를 위한 생태학이므로, 굳이 모든 생태학 개념을 다루려고 하지는 않았다. 니치, 천이, 생물다양성, 기능 중합 등 위에서 다룬 것들은 사람의 필요를 충족시키는 자연스러운 경관을 만들기 위해 정원사들이 이해해야 할 가장 중요한 개념이라고 생각한다. 생태학은 생물 사이의 관계를 연구한다. 이질적인 대상들의 집합을 살아 숨 쉬는 역동적인 경관으로 변형시키는 것은 바로 그 관계다. 이제 이 사실을 염두에 두면서 바로 그러한 경관을 만들기 위한 디자인 방법을 살펴보도록 하자.

3

생태정원 디자인

원예서적과 잡지에는 디자인에 대한 아이디어가 가득하다. 그런 책들은 식물을 색깔에 따라 무리 짓거나 갖가지 형태와 우거진 잎의 패턴을 어울리게 배치하여 사람의 눈을 즐겁게 하는 방법을 알려준다. 식물을 무리 지어서 굉장히 멋진 경관으로 시선을 끄는 방법을 가르쳐주기도 한다. 작은 마당을 커 보이게 하거나, 보기 흉하게 펼쳐져 있는 땅을 은밀하고 아늑한 공간으로 만드는 비결을 공개하기도 한다. 이런 종류의 정원디자인 기술은 당신의 마당을 매우 예뻐 보이게 해줄 매력적인 식물을 고르는 데 도움이 된다.

하지만 이 장에서 다룰 내용은 그런 것이 아니다.

나는 정원디자인의 미학에 대해 비판하려는 것이 아니다. 흉한 경관은 영혼을 괴롭게 하는 반면에, 아름다운 경관은 눈길을 머물게 하고 긴장을 풀어주며 마음을 치유해준다. 그렇지만 오로지 예쁘게만 보이도록 디자인된 정원은 경관이 제공할 수 있는 것의 표면만 스칠 뿐이다. 겉모습을 예쁘게 꾸미는 방법보다 더 깊이 있는 원리에 따라 디자인된 장소도 예쁘게 디자인된 정원 못지않게 아름다울 수 있다. 뿐만 아니라 그런 장소는 야생동물의 보금자리도 되고, 사람과 동물에게 먹을거리를 주며, 공기와 물을 정화하고, 탄소를 저장하고, 지구의 자산이 될 수 있다.

고산초원이나 열대우림 또는 시냇가의 작은 동굴을 디자인한 사람은 아무도 없지만, 이런 야생의 경관은 절대로 흉해 보이지 않는다. 그것이 따르고 있는 거대한 자연의 질서가 아름다움을 보장해주기 때문이다. 앞 장에서 우리는 자연의 질서에 대해 간단하게 살펴보았다. 이제 우리는 이러한 원리와 자연의 패턴을 정원디자인에 이용할 수 있다.

자연경관에는 경관을 통과하는 에너지(태양, 바람, 열)와 물질(물과 영양분)을 모으는 패턴이 형성된다. 자연경관이 던지는 살아 있는 그물은 이러한 자원을 모아서 무수히 많은 순환 과정으로 보낸다. 이러한 순환은 자원을 더 많은 생명으로 변형시킨다. 자연경관에 들어오는 거의 모든 것은 붙잡혀서 쓰이게 되며, 활기찬 생물다양성 속에 흡수되어 다시 태어난다. 달콤한 뿌리 분비물 같은 부산물에서부터 분뇨나 탈피한 곤충의 껍질 같은 '쓰레기'에 이르기까지, 자연경관에서 생산된 모든 것은 다시 순환되고 삼켜져서, 살아 있는 새로운 조직으로 통합된다. 그리고 그 과정에서 경관은 작업을 가장 잘하는 패턴을 찾아서 개선하는 법을 '익히게 된다'. 포착된 조각들은 모두 네트워크의 형성과 개선을 돕는데, 그렇게 해서 만들어진 네트워크는 경관 안으로 들어오는 것을 전보다 더 잘 포착하게 된다.

수십 억 년에 걸쳐 진화가 이루어진 자연에는 미진한 부분이 거의 남아 있지 않다. 한 생물의 쓰레기는 다른 생물의 먹이다. 거의 모든 니치가 확고하게 점유되어 있으며, 모든 서식지는 서로 연결된 종으로 가득 차 있다. 조금이라도 자원으로 쓸 수 있는 것은 무엇이든 사용되며, 한 종이 그것을 사용할 수 없는 경우에는 다른 종이 사용할 것이다.

우리가 생태정원에서 재창조하려는 것은 이러한 상호 연결성으로, 한 종의 '산출물(output)'이 다른 종에게 '투입(input)'되도록 하는 것이다. 유감스럽게도 우리는 정원이 자연경관처럼 엄청난 '망상조직(webiness)'으로 진화할 때까지 수십 억 년을 기다릴 수는 없다. 하지만 우리는 창조적 정신이라는 또 다른 도구를 가지고 있다. 우리는 경관의 각 부분을 의식적으로 평가하고, 퍼머컬처 원리를 이용해서 서로 연결되도록 디자인할 수 있다. 관찰은 좋은 디자인으로 가는 열쇠다.

우리는 자연이 디자인 문제를 해결할 때 사용하는 패턴과 순환을 관찰해서, 이러한 형태를 고정되어 있는 단순한 겉모양으로서가 아니라, 노동과 자원, 에너지를 절약하는 적극적인 해결책으로 우리의 정원에 옮겨놓을 수 있다. 그러면 우리의 정원은 자연이 그렇듯 서로 연결될 수 있다. 쓰레기나 오염 물질을 생산하지 않고, 과도한 노동을 요구하지 않으며, 서식지가 풍부하고, 풍요로운 결실을 거둘 수 있는 곳이 된다.

이 장에서는 자연과 똑같은 수단을 이용한 디자인에 대해 소개할 것이다. 우리는 먼저 자연이 어려운 디자인 문제를 패턴과 형태를 이용하여 푸는 모습을 살펴볼 것이다. 그 다음에는 이런 패턴을 이해하고 사용해서 가정 경관을 더욱 기능적이고 환경 친화적이고 아름답게 만드는 방법을 알아보자. 퍼머컬처인들이 말하는 패턴화가 무엇인지 익히고 나면, 자연의 느낌과 역동성을 재창조하는 정원을 디자인하는 단계를 밟아나갈 수 있다.

정원 안에 있는 자연의 패턴

자연을 바라보며 시간을 보내본 사람이라면 누구나 나선형, 물결 모양, 나뭇가지 모양, 원형 등의 특정한 패턴이, 규모의 차이만 있을 뿐 어디에나 있다는 것을 알아차리게 된다. 나뭇가지 모양 패턴은 비행기 창밖으로 보이는 개울과 강이 만나는 곳, 머리 위에 있는 나무의 우아한 아치, 저 아래에 있는 나무의 뿌리, 아주 작은 이끼의 덩굴손에서 모두 나타난다. 나선형은 수천 광년에 걸친 은하계와 데이지 꽃에서 똑같이 나타난다. 물결 모양 패턴은 충돌하는 기상 전선에서 볼 수 있고, 거대한 바다 너울과 해변의 모래에 새겨진 섬세한 물결 자국에서도 볼 수 있다. 이 모든 경우에 물질과 에너지는 일어나야 하는 일을 지원하기 알맞은 효율적인 형태를 띠고 있다. 나뭇가지 패턴은 에너지와 물질을 모으고 분배하기에 이상적이다. 이 때문에 나무는 햇빛을 모으고 물과 영양분을 분산시키는 데 나뭇가지 패턴을 이용하는 것이다. 파도와 잔물결은 두 가지 흐르는 물질이 서로 최소한의 교란만 일으키면서 지나갈 수 있게 한다. 이런 패턴은 디자인의 난제를 해결하는 자연의 방법이다. 자연은 패턴을 통해 물질과 에너지를 놀라울 정도로 간단하고 효율적으로 모으고 거두어들이고 분산시킨다. 이것이 바로 우리가 생태경관에서 하려고 하는 일이다. 그러니 이 패턴 중 몇 가지를 살펴보고 배우는 것은 매우 바람직한 일이라 하겠다.

    인간도 패턴을 사용하긴 한다. 하지만 자연의 관능적인 곡선과 복잡한 차원분열도형(프랙털, fractal)[48]이 인간의 작품에서 나타날 때는 주로 기능이 아니라 미학을 위해서다. 자로 그은 듯이 반듯한 직선, 바둑판형 도로, 유리와 콘크리트로 이루어진 격자무늬, 가공된 목재 덕분에 가능해진 평행사변형은 이제 우리에게 친숙해진 패턴이다. 이런 패턴이 작업을 하기에

---

48 산의 기복, 해안선 등 아무리 세분해도 똑같은 구조가 나타나는 도형

적합할 때도 있지만 자연경관에는 그런 패턴이 드물다. 자연의 형태에는 직선이 거의 없는데, 거기에는 그럴 만한 이유가 충분히 있다.

적당한 형태와 패턴을 선택해서 조경에 적용하면 아름다움을 창조할 수 있을 뿐만 아니라, 공간을 절약하고, 할 일을 줄이고, 야생동물의 서식지를 강화하고, 식물과 곤충을 비롯한 동물들과 정원사가 더욱 균형을 이루게 도울 수 있다.

먼저 형태와 패턴이 공간과 노동을 절약하는 간단한 예를 하나 들어보고, 자연의 패턴에서 배워온 훨씬 더 풍부하고 정교한 아이디어들을 살펴보자.

열쇠구멍 모양 두둑

정원에서 어느 정도의 면적을 식물에 접근하기 위한 통로가 아니라 실제로 식물을 재배하는 데 이용할 수 있는지는 정원의 모양에 따라 결정된다. 나는 정원에 있는 통로를 필요악으로 본다. 흙을 만드느라 기껏 열심히 일해놓고는 푹신푹신해진 흙의 많은 부분을 내 발로 단단하게 밟아 다져버린다니 참 신경질 나는 일이다. 푸성귀나 채소, 향기로운 꽃으로 다채롭게 복합경작을 하는 데 쓸 수도 있었을 땅을 통로로 만들어버린다면 모조리 쓸모없어지는 셈이다. 다행스럽게도, 밭 모양을 바꾸면 통로로 희생되는 면적을 최소화할 수 있다.

약 3m

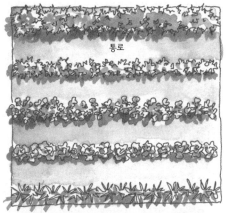

한 줄씩 띄어 심으면 통로로 3~4㎡의 면적이 필요하다.

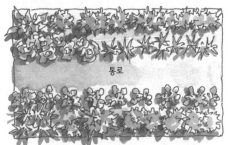

평이랑을 만들면 약 1㎡의 통로가 필요하다.

열쇠구멍 모양 두둑에서는 통로로 겨우 0.5~0.6㎡만 필요하다.

이 그림에서 보다시피 패턴을 이용해서 밭두렁의 모양을 바꾸면 통로로 없어지는 면적을 줄일 수 있다. 두둑의 면적을 모두 합해 4~5㎡를 실제 재배하는 용도로 사용하고 있다.

가장 기본적인 형태의 밭은 식물을 일렬로 나란히 심고 줄마다 통로를 낸 구조다. 이런 모양의 밭에서는 통로가 흙이 있는 땅의 거의 반을 차지한다. 평이랑을 만들고 식물 서너 줄마다 좁은 통로를 배치해서 정원사가 두둑 중앙에 겨우 손이 닿을 정도로 하면, 전체 밭 면적의 30% 정도만 통로로 희생되도록 개선할 수 있다. 이 경우에는 기하학적 구조를 간단하게 바꾸기만 했는데도 통로 면적을 거의 반이나 줄일 수 있었다. 그러나 우리는 여기에 그치지 않고 더 개선할 수도 있으며, 나아가 정원에 머무는 동안 눈이 즐거워지는 디자인을 만들 수도 있다.

직사각형 모양의 두둑을 둥글게, 더 정확히 말해서 말발굽 모양으로 구부리면 훨씬 더 많은 통로가 사라진다. 간단한 지형학적 원리로 통로는 아주 작은 열쇠구멍 모양으로 줄어들게 된다. 이렇게 공간을 절약하는 방식의 밭 모양을 **열쇠구멍 모양 두둑**(keyhole bed, 열쇠고리 모양 밭)이라고 부른다.

구체적으로 살펴보자. $1m{\times}4m$ 크기의 전형적인 밭두둑을 U자 모양으로 구부리고 중앙에 통로로 쓰이는 작은 공간을 두도록 하자. 두둑 한쪽에 $40cm$ 폭의 통로가 있었다고 치면, 통로 면적이 대략 $1.6m^2$에서 약 $0.6m^2$로 감축된다. 통로에 내준 면적이 전체 땅의 4분의 1 이하가 되는 것이다. 나는 이것을 회의주의자들에게 입증한답시고 골치 아픈 수학으로 독자를 고문하지는 않겠다. 출판업에 종사하는 사람이라면 누구나 알고 있듯이, 본문에 방정식이 연속해서 등장하면 그나마 있던 독자의 반이 달아날 테니 말이다.

열쇠구멍 모양 두둑은 수학적일 뿐만 아니라 미학적이기도 하다. 곡선을 정원에 도입하면 자로 잰 것처럼 반듯한 이랑에서 느껴지는 '콩밭' 같은 인상이 사라진다. 사과가 떨어질 때와 같은 중력에 의한 현상을 제외하면, 자연은 결코 두 지점 사이의 최단거리인 직선을 취하지 않는다. 그 대신 자연은 우아하면서도 효율적으로 이리저리 넘실거리는 구불구불한 모습을 취한다. 사실 똑바른 직선에 매혹되는 것은 인간이다. 하지만 우리도 정원에서는 어느 정도 자연의 방식대로 할 필요가 있다. 일직선으로 뻗은 고속도로가 졸음을 유발하는 것처럼 정원도 직선으로만 이루어져 있으면 지루하고 단조로워 보인다. 그러나 정원을 곡선과 원으로 디자인하면 놀랍고도 기발한 모양이 만들어질 뿐만 아니라 더 효율적이기까지 하다.

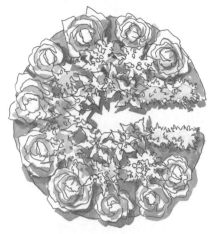

양배추와 토마토를 심고 통로 쪽에는 잔디와 허브를 심은
직경 약 2.5~3m의 열쇠구멍 모양 두둑

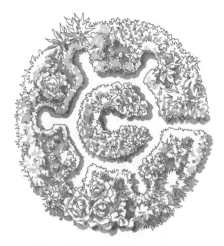

만다라 정원. 열쇠구멍 모양 두둑이 들어 있는 원형 패턴은
아름다울 뿐만 아니라 공간도 절약한다.

중심 통로로부터 여러 개의 열쇠구멍 모양 두둑이 퍼져나
가는 형태의 정원은 곡선을 띠고 있어서 보기에도 좋고, 두
둑 면적이 넓고 접근하기도 쉽다.

　　열쇠구멍 모양 두둑에는 또 다른 장점
도 있다. 중앙 통로를 남쪽으로 향하게 하
고 토마토나 해바라기처럼 키 큰 식물을
뒤쪽이나 북쪽 구석에 배치하면, 두둑은
햇볕을 담는 U자 모양의 그릇이 되어 따뜻
한 온기가 더 오래 머물게 할 수 있다. 두
둑 안쪽의 훈훈한 미기후는 추위에 약하
거나 더운 날씨를 좋아하는 종에게 좋은
장소다. 열쇠구멍 모양 두둑에는 물을 주기
도 쉽다. 중앙에 미니 스프링클러 한 개만
설치하면 물을 원형 패턴으로 뿌려서 두
둑 전체를 흠뻑 적실 수 있다.

열쇠구멍 모양 두둑 만들기와 식물 심기

열쇠구멍 모양 두둑을 만들려면 먼저 직경 약 2.5~3m 정도의 둥근 땅에 중앙으로 향하는 통로가 원의 한쪽을 관통하도록 하라. 열쇠구멍 모양 두둑은 비옥한 표토(表土)를 말발굽 모양으로 파서 만들 수도 있지만, 나는 '시트 피복(sheet mulching, 자세한 것은 4장 참조)'이라는 기술을 이용하는 쪽을 더 좋아한다. 나뭇잎과 그 밖에 퇴비가 될 수 있는 유기물, 신문지, 흙을 라자냐[49]처럼 층층이 쌓아올려서 만드는 것이다. 열쇠구멍 모양 두둑에서 식물을 심을 수 있는 장소는 폭이 약 90~150㎝ 정도로, 흙을 쳐올려 만든 일반적인 평이랑과 같다. 두둑 안으로 들어가는 접근 통로는 폭이 약 30㎝ 정도로 좁아도 되지만, 통로 중앙의 원은 그 안에서 돌아설 수 있을 정도로 충분히 공간을 확보하는 것이 좋다. 그렇게 하면 통로 중앙의 직경은 대략 약 45~60㎝ 정도가 될 것이다.

열쇠구멍 모양 두둑에 식물을 심을 때는 지구 시스템을 적용하면 좋다(뒤에 나오는 표3-3과 지구 개념을 설명하기 위해 첨부한 그림을 참조하라). 가장 자주 수확하는 식물을 가장 중앙에 가깝게 배치한다. 매일 따서 먹는 허브나 푸성귀, 채소를 중앙 통로에 접하게 배치해야 한다는 뜻이다. 이것들 뒤에 피망, 완두콩과 강낭콩, 가지 등 며칠마다 한 번씩 수확하는 식물을 배치한다. 이 정도 거리는 팔을 힘들게 뻗지 않아도 손이 잘 닿는다. 두둑의 뒤쪽에는 재배 기간이 긴 농작물과 일 년에 딱 한 번 수확하는 작물을 둔다. 여기에는 감자와 당근을 비롯한 근채류와 함께 내가 '붉은 여왕 채소'라고 부르는 콜리플라워, 양상추, 양배추가 있다. 붉은 여왕 채소라는 별명은 수확할 때 '머리를 자르기' 때문에 붙인 것이다.[50] 두둑의 폭이 약 90㎝가 넘을 때는 뒷줄의 식물에 손이 잘 닿지 않을 수도 있다. 이중파기 방법(double-dig method)[51]을 열성적으로 따르는 정원사라면 내 말에 충격을 받겠지만, 뒷줄의 식물을 수확할 때는 두둑을 밟고 올라가서(헉!) 따도록 한다. 하지만 한 철에 한 번 발로 밟는다고 해서 토양의 공극성(空隙性, porosity)[52]과

---

49 이탈리아 파스타의 일종으로 여러 가지 재료를 켜켜이 쌓아서 오븐에 구워 먹는 요리

50 『이상한 나라의 앨리스』의 속편 『거울나라의 앨리스』에 등장하는 붉은 여왕은 큰 머리가 놀림감이 되어 성격이 비뚤어진 탓에, 잘못한 사람은 무조건 목을 베어버린다.

51 424쪽의 설명 참조

52 단위 부피의 흙 속에 들어 있는 틈의 비율

구조가 완전히 망가지지는 않는다. 가볍고 폭신폭신한 토양 위에 올라선다는 발상이 너무 꺼림칙하게 느껴진다면 판자를 깔고 올라서서 토양이 다져지는 정도를 약화시킬 수 있다.

열쇠구멍 모양 두둑에는 창조적인 가능성이 매우 풍부하다. 둥근 두둑 전체를 토마토에 할애하고, 안쪽 가장자리에는 바질(basil)[53]이나 골파[54] 같은 몇 가지 요리용 허브를 곁들여 심을 수도 있다. 원형의 기하학 구조를 이용하여 일조량의 균형을 맞출 수도 있다. 한여름의 땡볕에 시들기 쉬운 작물은 좀 더 키가 크고 햇볕을 좋아하는 식물의 동쪽에 배치한다. 그러면 뙤약볕이 내리쬐는 오후에는 더위에 약한 식물에 그늘이 드리워진다. 덩굴식물을 유인하기 위해 두둑에 빙 둘러 울타리를 설치해도 된다. 소금기를 머금은 강한 바닷바람이나 평원의 건조한 바람이 정원을 뒤흔들 때는 뚱딴지나 다부진 품종의 해바라기처럼 키가 크고 튼튼한 작물을 두둑의 바깥쪽에 심어서 바람막이로 삼으면 괜찮다. 열쇠구멍 모양 두둑에는 꽃을 심어도 좋다. 형형색색의 꽃들이 만발한 원 안에 전지가위를 들고 서서 꽃병을 어떻게 채울지 궁리해보자.

열쇠구멍 모양 두둑은 둥글지만 마당은 보통 사각형이다. 그래서 열쇠구멍 모양의 바깥쪽 모서리에 삼각형의 자투리 공간이 남게 되는데, 공간 낭비가 아닐까? 전혀 그렇지 않다. 모든 정원에는 곤충을 유인하는 꽃이나 클로버 같은 다년생 질소고정식물이 필요한데, 그런 식물을 이곳에 심으면 된다. 그리고 결코 완벽하다고 할 수 없는 이웃의 땅으로부터 날아오는 잡초 씨앗을 차단해주는 방어막이 모서리에 있어도 좋다. 누에콩[55]이나 컴프리처럼 피복재를 생산하는 튼튼한 식물로 가장자리를 채울 수도 있다. 어쩌면 이곳은 작은 과일나무를 심기에 완벽한 장소일 수도 있다. 아니면 그냥 구석을 채우기 위해 두둑을 확장해도 된다. 열쇠구멍 모양 두둑이 둥글지 않고 사각형이면 안 된다는 규칙은 없다. 열쇠구멍 두둑을 규정하는 것은 중앙 통로다.

열쇠구멍이 여러 개 있는 두둑에 식물을 심으면 가능성은 더 커진다. 열쇠구멍을 중앙통로를 따라서 왼쪽과 오른쪽으로 내면 된다.

열쇠구멍 모양 두둑 여럿이 옆으로 난 물결 모양 통로로 집 주위를 둘러싸면 매력적인 1지구(Zone1)

---

53 토마토소스 스파게티에 주로 첨가되며, 고기·생선·샐러드·소스 등의 맛을 내는 데 쓰인다.
54 백합과에 속하는 내한성 다년초. 키가 15 25cm로 자라고, 붉은 보라색 꽃이 핀다. 잎을 잘라 달걀 요리·스프·샐러드 등에 쓴다.
55 콩과에 속하는 여러해살이풀. 콩깍지가 누워 있는 누에 모양으로, 열매는 크고 납작하다.

정원이 만들어진다.

　　열쇠구멍 디자인을 좀 더 변형하여 만든 것이 만다라(mandala) 정원이다. 이 정원에는 네 개 내지 여덟 개의 열쇠구멍 모양 두둑이 둥글게 배열되어 있고, 그 중앙에 두둑이 하나 더 있다. 그리고 한쪽 옆에 만다라로 들어가는 통로가 있다. 만다라 정원은 아름다움과 효율성을 겸비하고 있어서 마법과 같은 효과를 창출해낸다. 작은 면적에서 공간을 더 많이 활용할 수 있게 하는 디자인은 많지 않다. 신비주의적인 경향이 있는 사람이라면 만다라 정원이 작은 땅조각에 영적인 의미를 부여한다고 말할 것이다.

허브나선

정원에 모양과 패턴을 어떻게 적용할지에 대해 좀 더 깊이 살펴보자. 문 바로 밖에서 시작하라는 퍼머컬처의 원칙에 따라, 집 뒷문에서 시작되는 통로를 따라 허브정원을 만들어보자. 좋다. 일단 오레가노[56]를 심고, 그 옆에는 백리향 두 종류 정도를 배치하고, 그 다음엔 골파를 심자. 나는 골파를 좋아하니까, 다섯 포기 심겠다. 그리고 이것들을 지나서 파슬리와 박하를 조금 심도록 하자. 좋아하는 허브와 향신료 십여 가지를 더 심고, 세 가지 종류의 세이지(sage)[57]로 마무리를 하자. 약 스물다섯 가지의 식물이 뒷마당으로 뻗어나가는 통로를 따라 배치되어 있다. 그런데 세이지는 상당히 먼 거리에 있다. 몹시 습하고 추운 날에 허브를 뜯어오려면 먼저 부츠를 신고 재킷을 걸쳐야 할 것이다. 이렇게 되면 약간의 죄책감은 들겠지만 말린 세이지를 찬장에서 꺼내어 쓰고, 골파는 요리에서 생략하게 될 가능성이 높다. 게다가 저 작은 허브정원에서도 허브에 손이 쉽게 닿게 하려면 통로의 길이가 약 9m는 되어야 한다. 통로가 2~3cm씩 늘어날 때마다 재배 공간은 그만큼씩 줄어든다.

　　다른 패턴을 이용하여 허브정원을 디자인하면 어떨까? 직선이나 구불구불한 선 대신,

56　꽃박하라고도 부르며, 톡 쏘는 박하 같은 향기가 난다. 병충해와 추위에 잘 견디고, 항산화 기능이 매우 높은 허브다.

57　꿀풀과에 속하는 향기로운 다년생초로 샐비어라고도 부른다. 가금과 돼지고기로 만드는 소시지의 향미료로 많이 쓰인다. 키가 60cm 정도로 자라고, 변종이 많다.

어떻게든 공간을 덜 차지할 수 있는 형태로 통로를 둘둘 말아보자. 간단하게 일반적인 형태의 두둑 위에 허브를 심을 수도 있다. 그러면 문밖에는 단조로운 사각형의 텃밭이 생길 것이다. 이렇게 하면 공간이 절약된다. 뒤쪽에 심은 허브에는 팔을 쭉 뻗어야 손이 닿겠지만 말이다. 여기에 머물지 말고 좀 더 창의성을 발휘해보자. 이제 형태와 패턴에 대한 약간의 지식이 빛을 발할 때다.

여기가 바로 **허브나선**(herb spiral)을 만들기에 완벽한 장소다. 허브나선은 약 6~9m 길이의 통로를 약 1.5m 폭의 나선으로 감아올려서 층층이 식물을 심은 것이다. 분명히 말하지만, 이것은 평평한 나선이 아니라 입체적인 원뿔 형태다. 만드는 과정은 다음과 같다.

허브나선을 만들려면 먼저 질 좋은 흙을 높이 약 90cm, 직경 약 1.5m의 언덕 모양으로 쌓는다. 그다음 축구공만 한 것부터 주먹만 한 것까지 다양한 크기의 돌을 써서 이 흙더미를 나선형으로 만든다. 바닥에서부터 꼭대기를 향해 안쪽으로 감기는 나선형으로 돌을 쌓는데, 바닥에는 큰 돌을 쓰고 위쪽에는 작은 돌을 쓴다. 돌로 만든 나선형의 단과 단 사이는 약 30cm 정도로 띄운다.

이제 나선을 따라 올라가면서 허브를 심을 차례다. 허브나선은 약 9m 길이의 줄을 작은 공간 안에 감아 놓은 형태다. 허브나선을 이용하면 모든 허브를 문 바로 밖에서 키울 수 있다. 통로도 나선 주위를 걸어다닐 수 있을 정도의 넓이면 된다. 게다가 흙을 높이 쌓아올렸기 때문에 굳이 힘들게 허리를 구부리지 않아도 가운데 있는 허브에 손이 쉽게 닿는다.

나선형과 언덕 모양을 결합하여 삼차원의 소용돌이로 만들면 공간과 수고가 절약될 뿐 아니라 더 많은 일도 할 수 있다. 허브나선은 언덕 모양이기 때문에 사방이 경사면으로 되어 있다. 양지바른 남향의 경사면은 북쪽 면보다 더 따뜻할 것이다. 아침 햇살이 드는 동쪽 경사면은 서쪽 경사면보다 하루 중에 먼저 마를 것이고, 바닥에 있는 흙은 꼭대기에 있는 흙보다 더 오랫동안 습기를 머금을 것이다. 이렇게 다양한 미기후를 가진 허브 정원이 만들어졌으니 각기 적합한 환경에 맞춰서 허브를 배치할 수 있다. 오레가노와 로즈메리, 백리향처럼 덥고 건조한 기후에서 잘 자라는 식물은 꼭대기 근처 양지바른 남쪽 면이 적당하다. 좀 더 시원하고 습한 기후를 좋아하는 파슬리와 골파는 북쪽 면에 배치하는 것이 좋다. 고수는 너무 뜨거운 햇볕을 받으면 웃자라므로, 오후의 뙤약볕으로부터 보호하기 위해 동쪽 면에 배치하는 것이 좋겠다. 다른 허브들도 각기 최적의 장소를 찾아서 심는다.

다음은 허브나선을 만들 때 참고할 몇 가지 팁이다.

- 다음의 그림에 열거된 식물은 단지 몇 가지 예일 뿐이다. 사람에 따라 필요한 허브를 고르면 된다. 모든 사람에게 에키네시아(echinacea)[58]가 필요한 것은 아니니 말이다. 그리고 허브만 기르라는 법도 없다. 상추 같은 푸성귀나 딸기, 꽃, 자주 쓰는 여러 가지 작은 식물을 마음대로 포함시켜도 된다.
- 표토를 아끼려면 언덕의 기초에 바윗돌이나 콘크리트 조각, 하층토 무더기를 깔고, 그 위에 표토를 쌓는다.
- 관개용 플라스틱 관(6~12mm짜리)을 언덕 내부에 설치하고 꼭대기로 빼내어 미니 스프링클러를 연결하면 허브나선에 물을 주기가 쉽다.
- 갓 만든 허브나선의 흙은 푸석푸석하기 때문에 가라앉기 쉽다. 흙을 쌓아올린 후에 물을 흠뻑(흙이 씻겨나가지 않을 정도로) 주어서, 흙을 다지지는 않되 적당히 가라앉도록 한다. 이렇게 한 뒤에, 필요하면 흙을 좀 더 쌓아올린다.
- 허브나선의 바닥 부분에 작은 대야를 묻거나 아주 조그만 연못(직경 30~90cm)을 파는 것도 고려해보자. 물냉이[59]나 마름[60] 같은 수생 식용식물을 여기서 키울 수 있다.

멋있는 돌을 이용해서 만들면 허브나선은 어떤 정원에서도 눈길을 사로잡는 중심물이 될 수 있다.

---

58 천인국 속의 식물. 항생작용이 강해 면역계통의 강화, 각종 염증의 치료 및 예방, 감기, 기관지, 목 부위의 염증에 효과적이다.
59 십자화과에 속하는 다년생식물로, 잎은 톡 쏘는 맛이 나고 비타민C가 풍부하다.
60 열매가 견과처럼 검고 딱딱하며 양끝이 뾰족하다. 밤과 같은 맛이 난다.

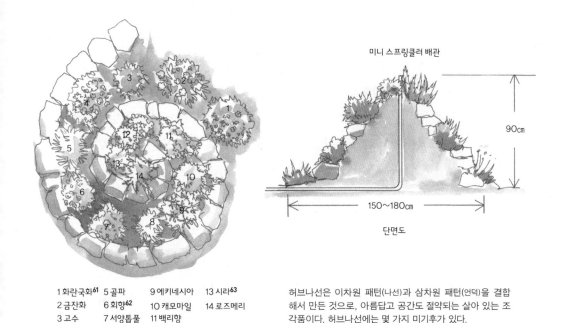

1 화란국화[61]	5 골파	9 에키네시아	13 시라[63]
2 금잔화	6 회향[62]	10 캐모마일	14 로즈메리
3 고수	7 서양톱풀	11 백리향	
4 파슬리	8 세이지	12 오레가노	

허브나선은 이차원 패턴(나선)과 삼차원 패턴(언덕)을 결합해서 만든 것으로, 아름답고 공간도 절약되는 살아 있는 조각품이다. 허브나선에는 몇 가지 미기후가 있다.

정원에 이용할 수 있는 자연의 패턴

허브나선에서 얻을 수 있는 혜택이 이토록 많은 이유를 살펴보자. 이 디자인은 직선을 나선으로 감은 다음에, 이 이차원 패턴을 삼차원 패턴인 흙무더기로 만든 것이다. 이렇게 조합하면 이른바 **상승효과**를 풍부하게 얻을 수 있다. 새로운 협력 작업을 통해서, 서로가 없다면 있을 수 없는 예상 밖의 이득이 생겨나는 것이다. 이 두 패턴은 또한 햇볕, 그늘, 일조시간 등의 환경과 상호작용할 뿐 아니라 사람과도 상호작용하여 노동력과 공간을 절약하고, 정원을 자주 이용하도록 유도하며, 멋져 보이기까지 한다. 단조로운 이랑에 비해 훨씬 다양한 측면에서 상호작용을 하는 것이다. 자연의 패턴을 지혜롭게 이용해서 정원을 디자인하면 덤으로 기분 좋은 일이 많이 생긴다.

61 해열 효과가 있는 국화과 식물
62 산형과에 속하는 다년생 또는 이년생 식물. 향기가 강해서 음식의 향미를 돋우거나 비린내를 없애고 맛을 돋우는 역할을 한다.
63 산형과에 속하는 일년생 또는 이년생 식물. 특히 피클의 맛을 내는 데 사용된다.

자연은 이런 패턴으로 가득하다. 나선과 그와 유사한 나사선(코르크 병마개나 허브나선처럼 삼차원으로 펼쳐진 나선)은 특히 많이 나타난다. 달팽이 집, 해바라기 씨앗, 숫양의 뿔, 허리케인, 은하수는 모두 나선형을 이루고 있다. 줄기로부터 뻗어 나오는 잎이나 가지도 나사선을 이루고 있는 경우가 많은데, 나사선 패턴은 위에 있는 잎이 아래의 잎에 드리우는 그늘의 양을 최소화한다. 나선형은 성장이나 팽창의 결과로 생성되는 경우가 많다.

정원사가 알아두면 유용한 자연의 패턴 몇 가지를 더 살펴보자.

자연에서 발견되는 나선 패턴 중 몇 가지

나뭇가지. 나뭇가지 패턴은 자연에서 영양분과 에너지와 물을 모으거나 분산시키는 데 이용된다. 나뭇가지는 햇빛을 더 잘 흡수하기 위해 넓은 면적으로 잎을 펼치고, 갈라진 뿌리는 영양분과 수분을 모은다.

나뭇가지를 관찰한 바를 정원디자인에도 적용할 수 있다. 캘리포니아 어스플로우 설계사무소의 디자이너이자 교육자인 래리 산토요는 경관을 디자인할 때 늘 패턴을 이용한다. 그는 나뭇잎을 관찰하고 영감을 얻어 새로운 정원 통로를 디자인하게 되었다. 내가 방문했던 날, 그는 수업에서 학생들에게 나뭇잎을 나누어주었다. "나뭇가지처럼 갈라져 있는 잎맥을 살펴보세요." 그가 말했다. "잎맥은 최소한의 공간을 이용해서 광합성을 하는 녹색 세포로부터 식물의 나머지 부분으로 수액을 실어 보냅니다." 나뭇잎의 중앙에 있는 주맥이 가장 두껍고 거기서 갈라져 나온 측맥은 주맥의 반 정도다. 그 측맥으로부터는 각각의 세포군에 영양분과 수액을 나르는 가느다란 세맥이 뻗어나와 있다. 잎맥 자체는 빛을 많이 모으지 못하기 때문에, 식물은 잎맥에 최소한의 면적만을 할애하고 있다. "정원 통로를 이렇게 디자인하면 어떨까요? 왜 아무도 이런 생각을 못 했을까요?" 래리가 물었다. "달구지나 손수레가 다닐 수 있도록 중앙에 큰 통로를 만들고, 그 통로에서부터 폭이 더 좁은 통로들이 뻗어나가게 만들어서 두둑 사이로 걸어 다닐 수 있도록 하는 겁니다. 그러면 많은 면적을 절약할 수 있고, 자연스럽게 흐르는 패턴이 생기지요." 래리의 관찰이 참으로 독창적이고 유용해서 나는 깊은 인상을 받았다. 그는 이 패턴을 이용하여 성공적인 정원을 여럿 디자인했고, 그 디자인을 따라한 사람도 많다.

나뭇가지 패턴은 넓은 면적 안에서 모든 지점에 최단 거리로 다다를 수 있는 효율적인 방법이다. 그리고 나뭇가지 한 개가 손상을 입더라도 고치기가 쉽고, 그 손실이 전체 시스템이나 유기체에 미치는 영향도 미미하다. 자연에서 물질이나 에너지를 모으거나 분산시켜야 할 곳이라면 어디에서든지 나뭇가지 패턴을 발견할 수가 있다. 하천 시스템의 지류나 야생당근 같은 산형화(繖形花)의 화서(花序, 꽃차례), 혈관, 번개가 지그재그로 갈라지는 모양, 세류관개 시스템의 세부 배관 등은 모두 나뭇가지 형태를 띠고 있다. 나뭇가지 패턴은 자연과 정원에서 흔히 볼 수 있다.

그물. 망 혹은 그물 패턴은 자연에서 거미줄, 새 둥지, 벌집, 마른 진흙의 균열 등에서 발견된다. 그물은 확장과 수축, 분배가 일어날 때에 나타나는 패턴이다. 두둑에

가끔 이용하는 좁은 통로

걸어 다니는 이차 통로

넓은 중앙 통로 (손수레가 지나다닐 수 있을 정도로 넓다)

나뭇가지처럼 갈라지는 정원 통로. 나뭇잎을 본떠서 만들었다. 잎맥의 패턴은 빛을 모으는 귀중한 표면을 희생하지 않으면서 나뭇잎의 세포들로 영양분을 운반하기 때문에 공간을 절약하는 방법이 된다. 똑같은 패턴을 정원의 통로에 이용하면 발로 밟고 다녀서 잃게 되는 재배 면적을 최소화할 수 있다.

씨를 뿌릴 때, 모든 씨앗 사이에 동일한 간격을 두기 위해 삼각형 패턴으로 씨를 놓을 때가 있는데, 이것이 바로 그물 패턴이다. 이 패턴을 이용하면 동일한 공간에 가장 많은 씨를 뿌릴 수 있다.

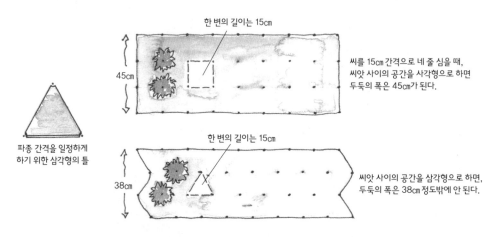

한 변의 길이는 15cm

씨를 15cm 간격으로 네 줄 심을 때, 씨앗 사이의 공간을 사각형으로 하면 두둑의 폭은 45cm가 된다.

45cm

파종 간격을 일정하게 하기 위한 삼각형의 틀

한 변의 길이는 15cm

씨앗 사이의 공간을 삼각형으로 하면, 두둑의 폭은 38cm 정도밖에 안 된다.

38cm

삼각형의 그물 패턴을 이용하면 일반적인 사각형 패턴을 이용할 때보다 같은 면적에 더 많은 씨를 심을 수 있다.

건조지역에서 과수를 재배하는 사람들은 나무를 그물 패턴으로 심어서 빗물을 모은다. 과일나무를 약간 움푹한 장소에 심고, 그 움푹한 장소들을 얕은 도랑으로 연결해 네트워크로 만드는 것이다. 넓은 면적에 내리는 빗물은 이 지혜로운 시스템을 통해서 도랑 네트워크로 모아져 나무의 밑동으로 운반된다.

자연은 그물 패턴을 이용해서 토양을 조성하고 열악한 환경을 개선한다. 정원에도 그러한 자연의 방법을 도입할 수 있다. 나는 변형되기 쉬운 모래언덕이 식물로 이루어진 그물 패턴을 통해 안정되는 과정을 본 적이 있다. 언덕 위에 부는 거센 바람이 풀씨나 다른 씨앗을 넓은 땅에 무작위로 퍼뜨린다. 식물은 자라면서 그늘지고 바람이 덜한 지점을 주위에 조그맣게 만들어냈다. 스스로 만들어낸 온화한 미기후에 성장이 촉발된 식물은 기는 줄기(runner)를 내보내어 그 옆의 새로운 땅으로 퍼져나갔다. 얼마 안 있어 식물로 이루어진 그물 패턴이 넓은 면적의 경관을 평정했다. 이때는 식물 사이에 아직 맨땅이 드러나 있었지만, 시간이 지남에 따라 흩어져 있던 식물이 늘어나면서 한데 뭉쳐졌다. 그러자 마침

건조지역에서는 나무를 약간 움푹한 장소에 심는데, 이것을 그물접시(net-and-pan)라고 한다. 이 분지들은 얕은 도랑으로 연결되어 네트워크를 이룬다. 도랑 네트워크는 넓은 면적에 걸쳐 내리는 빗물과 땅 위에 흐르는 빗물을 모아서 나무 밑동으로 운반한다. 피복재도 분지에 모여서 토양을 형성한다.

내 지역 전체가 '길이 들고' 온화해져서 여러 생물을 반기는 아늑한 서식지로 변화했다.

이 그물 패턴을 마당에서도 이용할 수 있다. 토양이 척박하고 식물이 거의 없을 때 문제를 해결하는 고전적인 방법은 노동력과 돈을 쏟아 부어서 상층토를 보충하고, 식물을 한꺼번에 심어서 땅을 덮어버리는 것이다. 하지만 보통 이런 방법은 일만 실컷 하고 많은 식물이 죽게 되는 결과를 낳는다. 뉴햄프셔 주에서 퍼머컬처를 실천하는 더그 클레이튼은 이런 실수를 하지 않겠다고 다짐하면서 그물 패턴을 마당에 적용했다. 먼저 작은 과일나무 여러 그루를 미래에 과수원이 될 부지에 격자무늬 형태로 심었다. 그는 묘목 둘레마다 똥거름을 넣고 대팻밥으로 피복을 한 뒤, 피복작물과 다년생식물을 심었다. 그러자 피복이 된 동그라미들 사이에 네트워크가 만들어졌다. 나무들은 각기 건강한 토양과 온화한 미기후를 갖춘 작은 구역을 형성했다. 동그라미 사이에는 처음에 잔디가 있었다. 더그는 잔디가 해마다 줄어들 것을 알았기 때문에 특별히 신경을 쓰지 않았다. "저는 잔디를 깎고 그 부스러기를 긁어서 나무 밑동 둘레에 모아두기만 했지요. 양분을 거기에 집중시키려고요." 더그가 말했다. 그는 이런 과정을 통해 진균에 의해 생기는 질병도 억제된다고 믿고 있었다. "풀을 베어서 긁어모아 놓고, 가을이 되면 그 위에 고리 모양으로 거름을 얹고 주기적으로 대팻밥을 덮어주었습니다. 그것이 사과의 검은별무늬병(apple scab)[64] 포자가 퍼지는 것을 방해하는 것 같습니다. 저는 이 병을 방지하기 위해 어떤 농약도 뿌린 적이 없지만, 심각한 검은별무늬병에 걸린 적이 없습니다. 균이 그냥 소멸하기 때문이지요.”

이후 몇 년에 걸쳐 더그는 식물을 더 많이 심고 피복도 열심히 해서 이 동그라미들을 키워나갔다. 그러자 마침내 생명이 가득한 비옥한 동그라미들이 서로 맞닿기 시작하면서 과수원을 기름진 땅과 무성한 식생으로 엮기 시작했다. 그물 패턴을 이런 식으로 정원이나 과수원에 적용하면 넓은 면적에 걸쳐 땅을 비옥하게 하고 식물의 다양성을 늘릴 수 있다. 그물 패턴의 본질은 사물을 서로 연결시키고 저절로 완전해지는 데 있기 때문에, 일단 마당에 적용해놓기만 하면 적당한 노동과 비용으로도 제 갈 길을 알아서 가게 된다.

나선형 패턴, 나뭇가지 패턴, 그물 패턴 이외에도 자연에는 정원에 적용할 수 있는 여러 가지 패턴이 존재한다. 여기에는 원형 패턴, 물결 패턴, 엽(葉, lobe) 패턴, 프랙털뿐만 아니라, 카르만 와열(Karman vortex street)[65], 에크만 나선(Ekman spiral)[66], 오버베크 제트(Overbeck jet)[67]처럼 이국적인 이름을 지닌 액체와 기체의 복잡한 소용돌이 패턴도 있다. 자연과 디자인에서 어떤 패턴이 나타나는지를 더 알고 싶다면 참고문헌의 도서를 보라.

가장자리에 사는 것들

허브를 심은 줄을 감아서 나선형으로 만들거나 직사각형 밭두둑을 구부려서 열쇠구멍 모양 두둑을 만들면 필요한 통로의 면적이 줄어든다. 이러한 패턴들은 두둑의 표면적에 대

---

64 이 병에 걸리면 잎에 직경 2~3mm의 녹황색 반점이 나타나고 갈색의 가루가 덮인 형태가 되는데 이 가루가 병원균의 분생포자이며, 분산하여 새로운 병반을 만든다. 과실에서는 1~2mm의 흑색 반점이 나타나 과실의 비대와 함께 표면에 균열이 생기고 기형과가 된다.

65 카르만 맴돌이열(列)이라고도 하며, 하나의 흐름이 그 경로를 방해하는 물체를 만나게 되면, 오른쪽은 반시계방향으로, 왼쪽은 시계방향으로 번갈아 회전하며 규칙적인 배열을 유지하면서 흘러가는 열을 말한다. 바람에 깃발이 펄럭이는 것은 바로 깃대가 카르만 궤적을 만들고 있기 때문이다.

66 바다 위에 일정한 속도로 바람이 계속 불면 해면에서부터 약 100m 깊이까지의 해수에 풍성류(風成流)가 생기는데, 이 흐름의 각 깊이에서 유속(流速)의 벡터 끝을 연결하여 만들어지는 나선을 말한다. 북반구에서 해양의 가장 위층은 바람 방향보다 약간 오른쪽으로 흐르고, 그 아래층의 물은 마찰력에 의해 바로 위층의 물에 대해 약간 오른쪽으로 꺾인 각도로 흐르게 된다. 이것은 지구가 자전하기 때문으로, 남반구에는 북반구와 반대로 흐름이 왼쪽으로 변화한다.

67 배아와 태반, 버섯의 단면 등에서 볼 수 있는 패턴

한 가장자리의 비율을 줄임으로써 통로 면적을 줄인다. '가장자리'는 생태학의 핵심 개념이기 때문에 생태학자들이 '가장자리 효과(edge effect)'에 대해 그렇게 많은 이야기를 하는 것이다. 가장자리는 매혹적이고 역동적인 장소다. 그러니 가장자리와 그 효과를 정원에 적용할 수 있는 방법을 간략하게나마 살펴보았으면 한다.

가장자리는 무슨 일인가가 일어나는 장소다. 숲이 대초원과 만나는 곳이나 강이 바다로 흘러들어가는 곳처럼 두 생태계가 접하는 경계는 모두 생물다양성이 끓어오르는 가마솥과 같다. 각각의 환경에서 잘 자라는 종뿐만 아니라, 두 환경이 이행하는 지점에 사는 새로운 종도 존재한다. 그래서 경계 부분은 양쪽에 있는 지역보다 더 풍요롭다. 낚시꾼이라면 누구나 이 사실을 알고 있다. 낚시꾼은 미끼를 호수 한가운데에 던지지 않고 호숫가를 향해서 던진다. 물고기들은 얕은 곳에서 번성하는 생물을 먹기 위해 호숫가로 모이기 때문이다.

마당에서도 가장자리가 영향력을 발휘하는 것을 볼 수 있다. 새들은 대개 어디로 모일까? 잔디밭 한가운데가 아니라 교목이나 관목으로 이루어진 수풀의 가장자리에 모인다. 그리고 빽빽한 덤불 속 깊숙한 곳이 아니라 가장자리에 있는 잔가지 위에 모인다. 그러므로 마당의 생물다양성을 늘리고 싶다면 가장자리의 면적을 늘려야 한다. 이것은 우선 다양한 높이의 식물을 심어야 한다는 뜻이다. 잔디밭에서 교목으로의 이행은 점진적이어야 한다. 점점 더 큰 다년생식물과 관목을 심어서 이행을 매끄럽게 하고, 서식지와 다양성을 증가시키도록 한다. 이 밖에도 '가장자리'를 조정해서 원하는 효과를 얻을 수 있는 방법이 많이 있다.

가장자리에 관한 퍼머컬처의 원칙은(1장 참조) 가장자리를 극대화하는 것이 아니라 **최적화**하는 것임에 유의하자. 사실 이 원칙은 가장자리를 최소화하는 역할을 할 때도 있다. 허브나선과 열쇠구멍 모양 두둑의 경우에서처럼 말이다. 이 경우에 가장자리는 쓸모없는 공간과 더 많은 일을 뜻한다. 가장자리를 늘릴지 줄일지는 그 양쪽에 무엇이 있는지에 따라 다르고, 가장지리를 통해 얻고자 하는 것이 무엇인지에 따라 다르다. 가장자리는 공간을 규정하고, 공간의 경계와 공간을 가로질러 흐르는 것을 볼 수 있게 해주며, 그 흐름과 협력할 수 있게 해준다. 가장자리는 이행과 변화가 일어나는 장소다. 물질과 에너지가 속도를 바꾸거나 멈추고, 다른 어떤 것으로 변하기도 하는 곳이다. 전형적인 마당에서 찾아볼 수 있는 몇 가지 가장자리와 그를 이용할 수 있는 방법에 대해 살펴보자.

- **집/마당의 가장자리.** 집의 외벽은 다양한 미기후를 만들어낸다. 남쪽 벽은 가장 따뜻하고 양지바르다. 그래서 더운 것을 좋아하고 추위에 약한 식물을 기르기에 적당하며, USDA 내한성 지대 지도[68]에서 한두 단계 남쪽에 속하는 식물을 기르는 것도 가능하다. 서쪽 벽은 아침에는 시원하겠지만 오후에 해가 들면 굉장히 뜨겁고, 북쪽 벽은 가장 춥고 어둡다. 우리는 그에 맞게 식물을 심을 장소나 작업 공간, 놀이 공간의 배치를 조정할 수 있다. 또한 이런 가장자리에 식물을 심어서 집을 더 따뜻하거나 시원하게 유지할 수도 있다.
- **포장도로/흙의 가장자리.** 포장된 지표면은 물을 모은다. 물이 많이 필요한 식물을 보도나 차도를 따라 심으면 땅 위로 흐르는 빗물을 거두어서 쓸 수 있다. 포장도로는 날이 맑을 때 열기를 비축하기 때문에 도로에 인접한 흙은 더 따뜻하다.
- **울타리/마당의 가장자리.** 울타리와 벽은 필터 역할을 한다. 사람의 통행이나 시선과 같은 흐름을 차단하고, 공기의 흐름이나 새가 날아와 앉는 것과 같은 흐름이 들어오는 것을 허용하거나 만들어내기도 한다. 갖가지 부스러기와 눈이 울타리 옆에 쌓여서 피복재와 수분이 모이기도 한다. 울타리는 또 트렐리스로 이용할 수도 있다. 지그재그 형태로 울타리를 치면 트렐리스나 울타리에 의지해 자라는 식물을 심을 수 있는 가장자리가 더 늘어난다. 뿐만 아니라 울타리가 바람에 더 잘 견디고, 지그재그가 움푹하게 꺾이는 부분에는 아늑한 공간이 생긴다.
- **식물/토양의 가장자리.** 주어진 공간에 들어갈 수 있는 식물의 수를 늘리려면 직선보다는 구불구불한 형태로 배치하는 것이 좋다. 두둑의 가장자리에 있는 식물이 가운데 있는 것보다 생산량이 높을 때가 많다. 그러므로 두둑에 가장자리를 늘리는 패턴을 적용하면 생산이 증대된다. 키 큰 식물과 키 작은 식물의 열을 번갈아 심어도 같은 효과를 볼 수 있다.
- **식물/공기의 가장자리.** 열쇠구멍 모양 두둑을 남쪽을 향하도록 배치해서 햇빛을 모으는 그릇으로 이용하는 방법을 앞에서 언급했다. 밭두둑의 가장자리나 관목

---

68 식물의 내한성에 따라 재배 가능한 지역을 식별할 수 있도록 미국 전역의 최저 온도 편차를 나타낸 지도. 미국 농무부(USDA)에서 발표하고 있다. 부록 참조.

I 생태계로서의 정원

과 교목의 줄을 물결 모양으로 만들면 좋다. 물결 모양에서 볼록 나온 부분은 바람이 더 많이 불어서 시원하고, 움푹 파인 부분은 따뜻하다.

- **물/흙의 가장자리.** 정원 연못의 모양은 가장자리에 심을 수 있는 식물의 수에 영향을 미친다. 완벽하게 둥근 연못은 가장자리가 적어서 다양한 식물을 심지 못하는 반면에, 곶과 만이 있는 연못이나 별 모양의 연못은 수많은 습지식물과 물을 좋아하는 동물을 부양할 수 있다. 또한 연못 안으로 손가락처럼 길쭉하게 뻗어 땅이 솟은 부분은 상대적으로 건조하다. 이 가운데 부분에서는 육지식물이 잘 자라며, 질척한 가장자리 부분에는 습지에서 자라는 종을 심을 수 있다. 연못의 깊이에 변화를 주면(이것은 가장자리를 늘리는 또 다른 방법이다) 더 많은 종류의 물고기와 수생식물이 살 수 있는 공간이 생긴다. 따뜻하고 얕은 곳에서는 개구리와 올챙이가 햇볕을 쬘 수 있고, 깊은 곳에서는 황금빛 비단잉어가 반짝이며 헤엄칠 수 있다.

일반적으로 직선과 매끄러운 모양은 가장자리를 축소하는 반면에, 볼록 나온 모양, V자로 파인 모양, 언덕 모양, 주름 모양, 톱니 모양은 가장자리를 늘린다. 식물과 토양, 구조물, 연못의 높이와 깊이를 다양하게 해서 가장자리 효과를 삼차원으로 확장하는 것을 잊지 말자. 간단하게 말해, 가장자리의 중요성은 생태정원에서 연결의 역할을 다시 한 번 강조하는 것이다. 가장자리는 정적인 장소가 아니다. 오히려 살아 있는 경관 속에 있는 역동적인 부분들 사이의 관계가 빚어낸 결과다.

빌 몰리슨과 긴밀히 작업해온 호주 디자이너 제프 로튼(Geoff Lawton)은 마당의 가장자리를 파악하면 디자인의 나머지 부분은 쉽게 제자리를 찾는다고 말한다. 경관에 어떤 가장자리가 있으며 어디에 있는지, 또 그 가장자리를 관통해서 흐르는 것은 무엇인지, 가장자리가 막고 있는 흐름은 무엇인지, 어떤 중요한 가장자리가 빠져 있는지를 주의 깊게 살펴보자. 그러면 우리의 경관이 어떤 패턴을 지니고 있는지, 우리가 어떤 패턴을 이용하고 있는지를 돌아볼 수 있다. 이제 자연을 지침으로 삼아 경관을 디자인하는 과정을 좀 더 깊이 살펴보자.

가장자리 효과를 이용하는 한 가지 방법. 물결 모양 가장자리에는 직선 형태의 가장자리보다 더 많은 식물을 심을 수 있으며, 식물이 햇빛과 익충을 접할 수 있는 면적 또한 넓어진다.

연못의 가장자리를 늘리면 얻을 수 있는 이점. 두 연못의 용량과 표면적은 비슷하지만, 물결 모양 연못의 가장자리가 훨씬 더 길다. 그래서 물결 모양 연못의 주변에는 훨씬 더 많은 식물을 심을 수 있으며, 수심이 얕은 곳의 면적이 넓어서 물고기와 수생식물에게 더 많은 서식지가 제공된다.

생태디자인의 과정

생태디자인은 자연에는 홀로 존재하거나 분리되어 있는 것이 전혀 없다는 사실을 전제로 하고 있다. 모든 정원은 우리가 원하든 원치 않든 이런 연결성을 반영한다. 예를 들어 브로콜리나 장미를 긴 줄로 심으면 재빨리 진딧물이 새로운 먹이를 발견하고 달라붙을 것이다. 우리가 심은 새로운 식물은 순식간에 자연의 다른 부분과 이어진다. 우리가 바라지 않더라도 말이다. 우리가 심는 것은 무엇이든지 곧바로 자연의 순환과 연결되어, 영양소와 물을 흡수하고, 산소를 비롯한 여러 분자를 공기와 토양으로 배출하며, 햇빛을 푸른 잎으로 바꾸고, 곤충과 새, 미생물을 비롯한 각종 생물에게 먹이와 서식지를 제공한다.

모든 것은 서로 연결되어 있다는 환경보호론자들의 주장은 맞는 말이다. 디자인의 요소들(식물이나 통로, 온실 같은 구조물)은 모두 다른 많은 요소와 관계를 맺고 있다. 디자인을 이루는 부품이 서로 어떻게 연결되어 있는지는 그 부품이 무엇인지만큼이나 중요하다. 생태적으로 디자인한 정원은 이러한 역동적인 상호 연결성을 받아들이는 데 그치지 않고 적극적으로 이용한다. 예를 들어, 중요하게 여기는 식물이 진딧물을 잘 끌어들이는 종류라면, 훌륭한 디자이너는 진딧물이 붙는 것을 방해하는 조건을 만들 것이다. 장미나 브로콜리를 한 곳에 모아서 심는 대신, 다른 식재 패턴을 이용하는 것도 한 방법이다. 식물을 다른 종들 사이에 분산시켜서 진딧물이 발견하기 어렵게 만드는 것이다. 토양에 있는 질소의 양을 조절하는 것도 도움이 된다. 진딧물은 즙이 많고 질소로 비만해진 식물을 노리기 때문이다. 그리고 무당벌레나 기생벌 같은 진딧물 포식자를 위한 서식지를 조성하는 것도 좋은 방법인데, 이 대책은 해충 피해를 전반적으로 감소시킨다. 이렇듯 최선의 방안은 본래의 문제만 해결하는 데 그치지 않고 훨씬 더 많은 혜택을 가져온다.

장미덤불을 예로 들어보자. 장미덤불은 다른 많은 종과 연결되어 있다. 여기에는 물론 장미에 아주 잘 붙는 진딧물도 포함되어 있다. 진딧물은 무당벌레를 끌어들이고, 새들은 무당벌레를 걸신들린 듯이 먹어치운다. 새들은 다시 미생물의 먹이가 되는 똥을 남기고, 그것은 장미에게 거름이 된다. 이처럼 경관 속에 있는 모든 것은 다른 요소들과 활발하게 상호작용을 하며 차례로 영향을 받는다. 그러므로 단순히 자연스럽게 보이기만 하는 것이 아니라 정말로 자연 생태계처럼 작용하는 경관을 조성하려면, 디자인의 요소에 대해서 생각할 때 겉모습 이상의 것을 파악해야 한다. 각각의 디자인 요소가 다른 부분들과 어떤 관계를 맺고 있는지 충분히 파악해야만 그 요소들을 우아하고 효율적이며 생산적이고 아름다운 방식으로 연결할 수 있다.

자연경관이 얼마나 자립적인지 떠올려보자. 생태계는 자급자족한다. 숲에 비료를 트럭으로 갖다 붓는 사람은 없고, 숲의 쓰레기를 쓰레기처리장으로 운반하는 사람도 없다. 숲은 그 모든 것을 내부에서 처리한다. 숲은 스스로 양분을 생산해내고 온갖 찌꺼기와 부스러기를 재활용한다. 다르게 말해, 숲에서는 투입과 산출의 균형이 이루어지기 때문에 쓰레기가 남지 않는다. 그리고 그 작업에 드는 에너지는 햇빛이 공급한다. 우리는 바로 이런 점을 모방하려고 애쓰는 중이다.

생태정원을 디자인하는 과정을 요약하면 다음과 같다.

- **관찰.** 이 단계에서는 다음과 같은 문제를 살펴본다. 어떤 일을 해야 하는가? 디자인할 장소와 고객이 가지고 있는 조건과 제약은 무엇인가?
- **전망.** 디자인을 통해서 무엇을 하고자 하는가? 우리가 원하는 것은 무엇인가? 그 장소에 필요한 것은 무엇인가? 어떤 느낌이 들도록 할 것인가?
- **계획.** 우리의 아이디어를 실현하기 위해 필요한 것은 무엇인가? 각 부분들을 어떻게 조합해야 할까?
- **발전.** 최종 디자인의 모습은 어떨까? 어떻게 그렇게 되도록 할 것인가?
- **마지막 단계, 실행.** 정원을 어떻게 조성할 것인가?

우리는 보통 무엇을 어디에 둘 것인지를 결정하는 과정이 디자인이라고 생각한다. '블루베리는 여기에 심고 통로는 저기에 둘 거야' 하고 말이다. 그러나 '무엇을 어디에 두는' 것을 결정하는 계획 단계는 디자인 과정 5단계 중 하나에 불과하다는 것에 주의하자. 성공적인 디자인을 위해서는 나머지 단계도 똑같이 중요하다. 이 일은 방에 페인트칠을 할 때와 비슷하다. 페인트를 적신 붓을 휘두르는 것이 우리가 '페인트칠'이라고 생각하는 부분이지만, 그것은 방 색깔을 다르게 만드는 작업의 반도 되지 않는다. 페인트를 칠하려면 방을 비우고, 벽을 깨끗이 닦고, 못 구멍을 채워서 사포로 문지르고, 장식에는 페인트가 묻지 않도록 테이프를 붙여놓아야 한다. 그리고 페인트를 칠한 후에는 다시 가구를 방에 들여놓아야 한다. 만약 그 단계들 중 어떤 것이라도 생략한다면 결국 바보 같은 페인트칠이 되든지, 미친 잭슨 폴록[69]의 작품처럼 될 것이다. 디자인은 그런 것이다. 물론 대부분의 단계가 벽을 닦는 것보다야 재미있지만 말이다. 그러므로 명심하자. 각각의 요소가 어디로 가야 하는지를 결정하는 것은 훌륭한 디자인을 하는 일에 포함된 작은 부분일 뿐이다. 조급하게 굴거나 다른 단계를 쉽게 넘기지 말아야 한다.

디자인 과정을 검토하기 전에 한 가지만 더 짚고 넘어가자. 모든 조경디자인에는 각자

---

69 Jackson Pollock(1912~1956), 미국의 추상화가

나름의 필요를 지닌 두 '고객'이 있다. 두 고객이란 거기에 살고 있는 사람들과 땅 그 자체다. 사막에 광대한 초록색 잔디밭을 조성하는 것처럼, 장소에 적합하지 않은 디자인을 무리하게 적용하려고 하면 힘겨운 싸움을 할 수밖에 없다. 부적당한 디자인이 제대로 기능하려면 막대한 양의 노동, 에너지, 자원, 돈을 쏟아 부어야만 한다. 그런 류의 대량 투입은 생태디자인에 반하는 것이다. 자연은 그런 식으로 일하지 않는다. 그리고 정원사가 잠시 방심하기라도 하면, 자연은 그 디자인이 얼마나 부적당한지를 증명할 것이다. 자연은 기록적인 가뭄, 결빙과 해빙의 순환, 습기를 좋아하는 균류 등, 부적당한 디자인과 양립할 수 없는 여러 가지 흔한 현상으로 무장하고 있기 때문에 생태학적으로 무지한 정원사보다 훨씬 오래 버틸 것이며, 비현실적인 디자인은 결국 견뎌내지 못할 것이다.

우리는 자연과 맞서지 않고 자연에 편승하여 그 무한한 에너지와 협력하는 장소를 만들려고 애쓰고 있다. 그런 장소를 만들려면 땅도 사람과 마찬가지로 나름대로의 요건과 성향을 갖고 있다는 사실을 인식해야 한다.

그러면 생태디자인의 과정을 단계별로 상세하게 알아보자.

관찰

관찰 단계는 그 장소에 무엇이 있으며 프로젝트에 이용할 수 있는 자원은 무엇인지에 대한 정보를 모으는 과정이다.

어떤 장소에 대해 알아가는 과정을 시작할 때 좋은 방법은 지도를 그리는 것이다. 지도는 예쁘지 않아도 좋다. 그러나 지도에는 건물과 도로, 통로, 기존에 있던 나무를 비롯한 주요 식물, 경사지와 주요 지형, 배수시설과 수로, 토양의 유형과 상태(진흙인지 모래인지, 질퍽거리는지 말라 있는지 등), 축처과 기리가 나나나 있어야 한다. 웬만한 조경디자인 서적에는 간단한 지도를 만드는 데 필요한 세부사항이 거의 다 나와 있다. 그중 몇 권이 부록의 참고문헌에 기재되어 있다. 조경디자인이나 지도 제작 소프트웨어를 이용할 수도 있는데, 다양한 가격과 기능의 제품이 나와 있다.

지도 만들기에는 단순한 종이 한 장 이상의 의미가 있다. 나는 지도를 준비할 때마다 매번 평소에 전혀 인식하지 못하고 있었던 세밀한 사항을 알아차리게 된다. 지도 제작은 특정한 장소와 긴밀하게 접촉하게 해준다. 그 장소를 걸어 다니며 스케치를 하거나 보고 느낀 것을 기록하다 보면 경사, 경치, 거리, 시원한 곳, 따뜻한 곳, 햇볕이 반짝이는 곳, 그늘, 그 모든 것이 선명하게 드러난다. 그렇게 알게 된 사항은 내 마음속에 차곡차곡 쌓여서 활용되기를 기다린다. 나의 감각은 온전하고 충만하게 그 장소를 종이 한 장에 담아낸다. 종이에 나타난 것은 내 안에 있는 이미지와 연결되어 있다.

관찰은 어떤 장소에 있는 대상을 단순히 포착하는 것에만 한정되지 않는다. 최고의 관찰은 그 장소에 몰입하는 것이다. 거기에 어떤 생물이 사는가? 새를 비롯한 동물들이 언제 오고 가는가? 동물들은 그곳에서 무엇을 먹고 무엇을 이용하는가? 식물과 동물, 인간 거주자 사이에는 어떤 상호작용이 일어나고 있는가? 첫 번째 단계는 이렇게 관찰한 내용을 목록으로 작성하는 것이다. 군이 전문적인 현장 박물학자나 지리학자처럼 할 필요는 없다. 이 장의 내용을 지침으로 삼아서 당신의 눈에 무엇이 보이는지를 목록으로 만들기만 하면 된다. 관찰한 내용에 관해서는 나중에 다른 책을 더 찾아보거나, 현지 조사를 좀 더 해서 살을 붙일 수도 있다.

관찰 과정을 분석 과정과 분리하기는 쉽지 않다. 우리는 관찰과 분석을 거의 자동적으로 결합시키기 때문이다. '이 식물의 잎이 누렇게 변하고 있구나' 하고 관찰하자마자 '질소가 더 필요하기 때문이야' 하고 분석해버리는 것이다. 그러나 관찰 초기 단계에는 바로 분석에 들어가지 않고 호기심 많은 어린 아이 같은 자세를 유지하는 것이 중요하다. 바로 분석을 해버리면 생각이 그쪽으로만 흐르게 되어 선택의 여지가 줄어들기 때문이다. 단순한 관찰에서부터 '질소 결핍'이라는 결론으로 곧장 나아가버리면 '이 식물은 비료가 필요하군'이라는 한 가지 해결책밖에 생각해내지 못한다. 그러나 '이 식물의 잎이 누렇게 변하고 있구나' 하는 단순한 관찰을 끈기 있게 붙잡고 있으면 다른 여러 가지 선택을 할 수 있는 여지가 생긴다. 이후의 관찰을 통해 여러 가지 다른 정보를 얻고 나면 이런 의문을 떠올릴 수도 있다. 이 병약한 식물을 계속 그대로 둘 것인가? 이 식물을 보살펴줄 동반식물을 심는 것이 좋을까? 이 식물은 여기에서 키우기에 적합한 종인가? 이런 조건에서는 어떤 식물이 더 잘 살 수 있을까? 토질 개량은 어느 정도까지 하고 싶은가? 여기서 우리의 목적은 이 문제에 대한 해결책을 찾는 것이 아니라, 단순히 우리가 가지고 있는 것이 무엇인지를 아는 것이다.

이렇게 관찰한 것을 기록하라. 관찰 내용을 기록하는 가장 흔한 방법은 목록을 작성하는 것이지만 모든 사람들의 성향이 똑같지는 않다. 비디오를 찍거나, 설명하는 내용을 녹음하거나, 스케치를 해서 주석을 다는 편을 더 좋아하는 사람도 있을 것이다. 그저 자신에게 맞는 방법을 선택하면 된다. 표3-1에는 무엇을 관찰할 것인지에 대한 내용이 제시되어 있다.

처음 관찰을 하고 나면, 지역 전문가에게 문의하거나 서적이나 인터넷 조사를 통해 직접적으로는 관찰할 수 없는 특성을 더 자세히 알아보도록 하자.

관찰 단계의 또 다른 국면은 프로젝트를 위해 보유하고 있는 자원을 파악하는 것이다. 그 장소에 어떤 물건과 식물과 도구가 있는가? 경관을 디자인하고 조성하고 유지하는 데 얼마나 많은 시간과 비용과 에너지가 드는가? 적절한 기술과 지식을 갖고 있는가? 가족, 친구, 이웃, 또는 지역사회에서 조달할 수 있는 자원은 무엇인가? 디자인을 제한하는 요소와 자원에 대해 현실적으로 파악하지 않고서는 성공적인 디자인을 할 수 없다. 그리고 이렇게 자원을 평가하면 없는 것이 무엇인지, 사거나 빌리거나 다른 곳에서 가져와야 하는 것은 무엇인지를 파악할 수 있다.

관찰 단계에서 주의해야 할 점이 한 가지 있다. 인간은 계획 세우기를 워낙 좋아해서 참을 줄을 모른다는 사실이다. 마당을 거닐 때 생각을 하지 않고 관찰만 하기란 지극히 어렵다. '통로를 만들기에 아주 좋은 장소군… 그리고 그 통로를 따라 꽃밭을 만들 수도 있겠어' 같은 생각이 저절로 떠오른다. 하지만 그런 생각을 하지 말자! 마치 명상을 하는 것처럼, 어떤 계획도 세우지 않고 단순히 관찰만 하겠다고 마음을 먹자. 관찰 내용을 서술할 때는 '여기에 통로를 내면 되겠군'이란 표현 대신에, '이 부분에는 접근하기가 어렵군' 같은 표현을 쓰자. 배치에 대한 판단을 너무 일찍 내려버리면 남는 가능성이 크게 줄어든다. 이것은 아무리 강조해도 지나치지 않다. 어디에 무엇을 할지 계획을 세우는 것은 나중의 일이다.

표3-1 무엇을 관찰할 것인가—디자이너가 점검해야 할 항목(체크리스트)

□ 땅의 역사: 이웃이 알고 있는 사실, 도서관과 공공 기록, 역사학회, 지도, 사진, 뒷마당에서의 고고학 조사(구덩이를 파서 검사하기)

□ 입주자 협회와 정부의 활동: 협약, 지역권[70], 정원 쓰레기 처리, 재활용, 제초제 살포, 제한 급수, 도시계획, 건축 규제

□ 인근에 식재된 식물 중 현재 또는 다 자란 후에 당신의 땅에 영향을 미칠지도 모르는 것들

□ 디자인에 영향을 미칠 수 있는 이웃의 활동: 소음, 아이들, 애완동물, 방문, 학교, 산업 등

□ 인근에 있는 자원: 유기물을 조달할 수 있는 곳, 토양, 건축자재를 구할 수 있는 제재소 같은 곳, 공장, 식품 제조업체, 상점, 쓰레기 매립지, 재활용업체, 탁아소, 이웃집

□ 공공시설: 전기, 전화, 하수도, 가스 배관

□ 음지와 양지, 계절에 따른 일조량의 변화

□ 계절에 따른 풍향과 풍속의 변화

□ 평균 기온, 최고 기온, 최저 기온, 첫 서리 날짜와 마지막 서리 날짜

□ 강수량, 우기, 눈, 우박

□ 계절에 따른 일출 지점과 일몰 지점의 변화

□ 지형, 경사, 방향

□ 돌출한 암석, 바위, 자갈

□ 미기후: 시원한 장소, 뜨거운 장소, 습한 장소, 건조한 장소, 비바람이 들이치지 않는 장소, 노출된 장소

□ 토양: 배수, 중점토(重粘土)인지 경토(輕土)인지, 모래인지 찰흙인지, 비옥한지 척박한지, 안정적인지 가라앉고 있는지, 다져지지는 않았는지 여부

□ 물: 범람 지역, 배수 패턴, 개울, 도랑, 우천 시 물의 흐름

□ 전망: 좋은 곳, 나쁜 곳, 좋아질 가능성이 있는 곳

□ 현장과 인근에 있는 집, 차고, 울타리, 벽과 같은 구조물의 위치와 그것이 주위에 미치는 영향: 그늘, 땅 위를 흐르는 빗물, 바람막이 등

□ 식물: 현재 있는 종, 기회주의적 식물, 해로운 식물, 희귀종, 식물의 건강 상태

□ 동물: 애완동물, 토종과 외래종, 해충, '무서운' 동물(뱀, 거미)

□ 교통량과 혼잡한 정도, 대형 차량이나 소형 차량, 보행자 통행량, 자전거

□ 접근성: 자재 운반의 편의성, 수도꼭지의 위치, 계단, 물, 주차장, 창고 등

전망―미래의 모습 그려보기

이제 그 장소에 무엇이 있는지 알고 있으므로, 그 장소가 어떻게 되었으면 좋을지, 어떻게

---

70 통행권과 같이 남의 토지를 특정 목적으로 이용할 수 있는 권리

보이고 어떤 느낌이 들지, 거기에서 무슨 일이 일어날 수 있을지를 상상해볼 수 있다. 이 단계에서는 아이디어를 기록하기 위한 수첩이나 녹음기를 가지고 있으면 도움이 된다. 목록이 여러 개 있어도 좋고 장황하게 길어도 상관없다. 이 시점에서는 판단을 하거나 현실적인 고찰을 하지 않고, 단지 브레인스토밍[71]만 하도록 한다. 목록에 있는 항목들을 검토해서 선별하는 작업은 나중에 할 것이다.

디자이너 중에는 전망부터 하는 사람도 있는데 그것도 괜찮다. 사실 관찰 단계와 전망 단계는 서로 영향을 미친다. 이용 가능한 자원, 특히 시간과 비용은 전망에 영향을 미친다. 또한 전망이 성숙해짐에 따라 관찰의 초점 또한 달라질 수 있다. 관찰과 전망을 왔다 갔다 하며 동시에 하는 사람들도 있고, 하나를 하고 나서 다른 것을 하고 그런 다음에 처음 것으로 돌아가서 재평가하는 사람들도 있다. 각 단계가 끝나면 이전 단계를 간략하게 돌아보고 새롭게 알게 된 사실에 비추어 수정이 필요한 것은 없는지 알아보는 것이 현명하다.

전망 단계는 자유로운 브레인스토밍으로 시작한다. 금전적으로 약간 제약을 받기는 하지만 결국 여기서 우리는 상상을 하고 있을 뿐이니 그 점에 대해서는 그다지 신경 쓸 필요가 없다. 실제로 우리가 받는 제약은 생태적이고 윤리적인 것뿐이다. 그것은 공간의 변화로 인한 새로운 경관이 지구와 지구에 사는 존재들에게 더 나빠지지 않고 좋아져야 한다는 뜻일 뿐이다. 유감스럽게도 전통적인 조경디자인은 지구를 더 척박한 장소로 만들어버리는 경우가 많다. 그런 경관은 자연경관과 달리 비료와 살충제, 물이 대량으로 투입되고, 화석연료로 구동되는 기계에 의존하고 있다. 그런 곳에는 야생동물의 서식지도 전혀 없으며 땅주인에게도 접이식 의자를 펼쳐놓는 장소 말고는 거의 아무것도 제공해주지 못한다. 그러니 웬만해서는 그것보다야 나을 것이다.

생태적이라고 할 수 있는 정원이 되려면 새로운 경관은 다음과 같은 점을 갖추어야 한다.

- 외부에서 투입되는 것이 적어야 한다. 경관이 성숙해진 이후에는 특히 더 그렇다.
- 생물다양성을 증가시켜야 한다.

---

71 일종의 자유연상법. 비판은 미뤄두고, 제약 없이 자유롭게 아이디어를 연상해본다. 비현실적이고 엉뚱한 발상일지라도 새로운 아이디어의 출발점이 될 수 있다.

- 야생동식물의 서식지를 파괴하지 말고 창출해야 한다.
- 공기와 물과 토양의 질을 향상시켜야 한다.
- 결과적으로 그곳에 거주하는 사람들이 할 일이 늘어나지 않고 줄어들어야 한다.

이 책에 이어지는 장에서는 이런 조건을 손쉽게 해결할 수 있는 기술을 상세히 알려줄 것이다. 정원을 디자인하는 동안에도 위의 원칙을 반드시 명심해야 한다.

이러한 몇 가지 제약을 염두에 두고 앞으로의 모습을 그려보자. 전망 과정에서 짚고 넘어가야 할 질문은 다음과 같다.

- 당신을 포함한 인간 거주자들은 그 경관으로부터 무엇을 원하며 무엇을 필요로 하는가? 경관은 무엇을 제공할 수 있는가? 경관이 제공하는 것으로는 먹을거리, 허브, 야생동물 서식지, 꽃, 사생활, 영감, 평온, 소득, 놀이 공간이 있다. 이 중 어떤 것을 얻을 수 있을지 조사해보고 조금 자세히 알아보되, 이것은 꿈꾸는 단계일 뿐이라는 사실을 기억하자.
- 그 경관과 지역에는 무엇이 필요한가? 남용으로 인해 이전에 발생한 문제를 좋은 디자인으로 해결할 수 있겠는가? 토양을 복구할 필요가 있는가? 나무가 죽어가고 있거나, 식물이 힘들어하고 있는가? 물이나 야생동물 서식지가 더 많이 있으면 좋겠는가? 보살필 수 있을 만한 희귀 토종식물이 자라고 있는 곳인가? 당신의 디자인이 손상된 경관을 재생시키고 보완하여 위기에 처한 종들이 생존할 기회를 제공할 수 있겠는가?
- 새로운 경관은 어떤 느낌이 들까? 숲 같을까, 에덴동산 같을까, 초원이나 보호구역 같은 느낌이 들까?
- 당신은 거기에서 무엇을 할 것인가?
- 어떤 종류의 먹을거리를 얻고 싶은가? 허브, 약초, 땔감, 목재나 그 밖의 생산물은 어떤가? 이 중 그 땅에서 지속적으로 장기간 얻을 수 있는 것은 무엇인가?
- 교육, 보호구역, 시범단지, 자립생활, 상업 원예와 같은 하나의 전반적인 주제나 기능을 그 장소에 부여하고자 하는가?

상상의 날개를 마음껏 펼쳐서 가능성 있는 것들을 목록으로 작성한다. 당신이 경관에 두기를 원하는 아이템을 기록할 때는 고정된 명칭을 붙이지 말고 그것의 역할을 묘사하는 것이 좋다. '울타리'라고 적지 말고 '차폐물'이라고 부르면, 훨씬 더 많은 가능성이 생긴다. 차폐물은 산울타리가 될 수도 있고, 돌담이 될 수도 있고, 둔덕이나 심지어 해자(垓字)가 될 수도 있기 때문이다. '퇴비더미'가 아니라 '유기물 재활용'이라고 생각하라. 어떤 차이가 있는지 알겠는가? 디자인의 요소를 목록으로 작성할 때 고정된 명사를 쓰지 않고 기능에 따라 작성하면 선택의 폭이 더 넓어진다.

다음 단계는 메모의 순서를 체계화하는 것이다. 먼저 우선순위를 매기도록 하자. 가장 긴급하게 다루어야 할 문제나 요구사항은 무엇인가? 에너지를 잡아먹는 잔디밭을 제거하는 것인가, 앞쪽 보도에 흐르는 빗물의 방향을 돌리는 것인가, 먹을거리를 재배하는 것인가? 때로는 사적인 문제가 우선순위가 될 수도 있다. '먼저 조용히 앉아 있을 자리가 필요해. 그래야 내가 원하는 돌담을 쌓을 기력이 생길 테니까' 하는 경우처럼 말이다. 또한 전망에서 별로 중요하지 않은 측면은 무엇인지도 확인해본다. 어쩌면 이것은 더 중요한 것과 상충될지도 모르고, 생략해도 괜찮은 것일 수도 있다. 우선순위를 몇 개의 범주로 나누는 것이 도움이 될 수 있다. 사적인 것, 미적인 것, 해결해야 할 문제, 환경적인 것/생태적인 것 등으로 분류하는 것이다. 그러고 나서 어떤 범주와 항목이 가장 중요한 것으로 드러나는지 살펴본다.

전망 과정의 마지막 단계는 목표와 주제를 우선순위에 비추어 재평가함으로써 재조정해야 할 목표가 있는지 확인하는 것이다. 아마 어린 아이와 강아지를 위한 놀이 공간이 처음에 생각했던 것보다 더 시급하다는 것을 깨닫고 전반적인 디자인을 수정하게 될 수도 있다.

당신은 이제 조경디자인을 하고자 하는 장소와 당신이 바라는 것에 대해 상당히 많은 양의 정보를 수집했다. 비록 관찰과 전망 단계가 디자인 과정에서 가장 흥미진진한 부분처럼 보이지는 않을지라도, 이것을 철저하게 시행하면 이어지는 단계를 훨씬 수월하게 진행할 수 있다.

계획

생태정원 디자인에서 이 단계는 상당히 어려운 부분이지만 도움이 되는 도구도 많이 있다. '관찰'과 '전망'이라는 서류 작업의 다음인 '계획'은 대부분의 사람들이 가장 흥미로워하는 단계다. 이것은 생태디자인에서 무엇을 어디에 두어야 할지 결정하는 과정으로, 일반적으로 사람들이 '디자인'이라고 여기는 부분이다. 나는 이 단계를 개념적 디자인과 배치라는 두 부문으로 나누었다.

개념적 디자인. 이것은 디자인의 '큰 그림'에 해당하는 부분이다. 우리는 목표와 현재 보유하고 있는 이용 가능한 자원이 무엇인지 알고 있다. 이제 우리의 전망에 생명을 불어넣고 디자인의 모든 요소들을 뒷받침하며 일관성 있는 전체로 조직해줄 패턴, 아이디어, 뼈대를 찾아야 한다. 퍼머컬처 개념의 공동 주창자인 데이비드 홈그렌은 패턴에서 시작해서 세부적인 것으로 디자인해나갈 것을 제안한다. 이 훌륭한 조언은 여러 단계에 적용된다. 최우선 단계로 먼저, 디자인이 목표로 하고 있는 것들을 대부분 해결해줄 중요한 물리적 패턴이 있는지 살펴보라(이 패턴은 둘 이상일 수 있지만, 많으면 안 된다). 나뭇가지 모양, 그물 모양, 나선형을 비롯한 여러 가지 패턴 중 경관에 두드러지게 나타나면서 이루고자 하는 바를 가장 잘 해결해줄 것 같은 패턴이 있는가? 이 패턴은 경관을 하나로 묶어주는 통합적인 아이디어가 될 수 있다. 이 패턴은 여러 가지 크기로 나타날 테지만, 크기와는 상관없이 언제나 특정한 흐름이나 미관, 활동을 개선해줄 것이다. 그런데 단지 나선형을 좋아한다는 이유만으로 그것을 경관에 도입해서는 안 된다는 점을 명심하자. 경관에 도입할 패턴은 땅과의 대화를 통해 발견해야 하며 디자인의 목표에 걸맞아야 한다. 이 패턴은 대처해야 할 일거리를 만들어내기보다는 디자인상의 문제를 자연스럽게 해결해주는 것이어야 한다.

이런 패턴을 발견하기 위해서는 목록과 평가 내용을 검토하고, 장소를 돌아다니면서 이미 거기에 존재하고 있는 흐름과 패턴을 찾아보면 도움이 된다. 목표와 꿈을 열거해놓은 긴 목록을 두세 개의 핵심적인 문장으로 축약해보는 것도 도움이 될 수 있다.

다음 단계에서, 패턴은 디자인이 해결해야 할 특정한 과제나 기능에 필요한 시스템이나 전략을 뜻할 수 있다. 집수, 유기물 재활용, 보행자 통행 관리가 디자인에 필요한가? 그렇다면 이제 디자인의 주요 목표와 기능을 어떻게 달성할지 선택할 때다. 디자인의 목표와 기능을 목록으로 작성하라. 거기에 들어갈 항목으로는 관수, 보행자의 통행과 정원용 수레의 통행, 각종 먹을거리, 꽃, 서식지, 영양분의 생산, 퇴비 만들기, 저장, 그늘, 사회활동과 가족활동, 애완동물을 위한 구역, 조명, 사생활, 명상, 작업 공간, 앉을 자리 등이 있다. 이 과제를 해결하기 위해 선택한 방법은 어떤 요소들이 필요하며 그것들을 어떻게 조직해야 할지를 결정하기도 한다. 수도꼭지에서 나와서 복잡한 세류관개 시스템을 거치는 물과 연못에 모인 뒤 스웨일을 따라 과수원으로 들어가는 빗물은 구성 요소가 서로 다르며, 다른 패턴으로 배치되어야 한다. 우선 디자인에 필요한 과제, 기능, 시스템의 목록을 작성하기만 하라. 이 기능들이 각기 어떤 요소로 구성되어 있는지 밝히는 것은 다음 단계에서 하도록 한다.

디자인에 포함된 기능, 과제, 생산물, 전략을 목록으로 작성하고 나면 다음 단계로 순조롭게 넘어갈 수 있다. 이제 우리는 더 큰 시스템을 형성하고 우리의 전망을 계속해서 실현시켜줄 디자인의 요소(개별적인 부분, 재료, 식물종, 기타 항목)를 확인할 수 있다. 그러면 이 디자인 요소들을 어떤 기준으로 선택해서 조합하면 될까? 원칙은 여기에서도 같다. 우리는 정적인 대상들을 한데 모으는 것이 아니라 서식하는 생물들 사이에 풍부한 상호작용이 일어나는 역동적이고 살아 있는 경관을 만들려고 하는 중이다. 에덴동산에서는 어떤 종류의 과일을 키우는 게 좋을까? 어떤 종이 우리가 원하는 야생동물을 끌어들일 수 있을까? 종과 구조물의 목록을 상세하게 작성하라. 이 책의 뒷부분과 부록에는 이 단계에 적용할 수 있는 내용이 많이 있다.

이런 목록에는 개별적인 요소가 아주 많다. 다음 순서는 가장 중요한 대목으로, 살아 있는 경관을 만들기 위해 개별적인 디자인 요소들을 어떻게 연결할 수 있을지 살펴보는 것이다.

배치. 이 단계에 오면 우리는 마침내 무엇을 어디에 둘지 결정하는 작업을 시작할 수 있다. 그러려면 디자인의 각 부분이 어떻게 작용하고, 경관의 다른 부분들과의 관계는 어떠하며, 우리 인간 거주자들과의 관계는 어떤지 생각해볼 필요가 있다.

예를 들어 어떤 나무의 습성과 관계에 대해 알고자 한다면, 다음과 같은 질문을 던져볼 수 있다. 이 나무가 잘 자라기 위해서는 무엇이 필요한가? 나무에 해를 끼치는 것은 무엇이며, 그래서 피해야 하는 것은 무엇인가? 이 나무는 경관에 있는 다른 요소들에 무엇을 제공하는가? 이 나무는 다른 요소들로부터 무엇을 취할 수 있는가? 이 나무는 무엇을 만들어내는가? 이 나무는 무엇을 파괴하는가? 그런 다음 전망과 계획 목록에서 이런 필요를 충족시키는 다른 항목을 찾고, 필요한 경우에는 새로운 요소를 추가한다. 만약 A라는 식물이 질소를 많이 필요로 한다면, 질소를 생산하는 종을 찾아서 그 옆에 심는다. 디자인의 여러 요소를 현명하게 결합하면 정원사가 할 일도 줄어들고, 정원에 들락거리는 외바퀴손수레의 짐도 줄어들 것이다. 필요한 것이 디자인의 다른 구성 요소에 의해 충족되지 않으면 그것은 정원사가 해야 할 일이 된다. 그리고 이용되지 않는 생산물은 오염 물질이 된다. 여기서 하려는 것은 현명한 연결 관계를 디자인하여 그런 일이 최대한 일어나지 않도록 하는 것이다.

이렇게 요소들을 연결시키는 과정은 흔히 '필요사항과 산출물 분석'이라고 부르는데, 표3-2는 배나무를 분석한 예를 보여준다. 이 표에는 배나무의 생산물, 활동(이를테면 그늘을 드리우는 것 같은), 고유의 특성(키, 색깔 등), 필요 사항과 기타 항목이 열거되어 있다. 우리는 이 목록을 이용해서 배나무를 디자인에 포함되어 있는 다른 식물이나 구조물에 연결시켜볼 수 있다. 목록 안의 항목을 최대한 많이 제공하고 이용하는 방향으로 말이다.

표3-2 배나무의 연결 관계

생산물과 활동		필요한 것	고유의 특성
나뭇잎	이산화탄소	물	색깔
나무	토양 안정화	영양분	모양
씨	집진(集塵)	이산화탄소	크기
산소	뿌리로 흙을 부드럽게 만듦	산소	토양의 필요요건
물	영양분 이동	햇빛	기후의 필요요건
그늘	야생동물 서식지	흙	맛
열매	바람 감소	꽃가루	향
꽃가루	정수	꽃가루매개자	
나무껍질	피복재와 토양 형성	포식자와 질병으로 부터의 보호	
수액	물 운반	가지치기	

시간만 충분하다면 디자인의 모든 요소에 대하여 이와 같은 목록을 작성할 수도 있다. 그러나 실제로는 시간이 결코 충분하지 않기 때문에 중요하고 대표적인 요소에 대한 목록만 작성해도 된다. 예를 들면 중요한 식물종, '인공적 요소(온실, 통로, 울타리 같은 것들)', 연못이나 산울타리 등의 항목이다. 목록을 만들지 않는 항목에 대해서는 그저 '연결하는' 관점을 가지고 생각해보려고 노력한다. 디자인의 요소들이 역동적이고 상호작용하는 존재로서 서로 연결되어 있다는 것을 항상 염두에 두면 된다.

이 목록들이 있으면 생산물과 필요 사항과 활동을 디자인의 다른 잠정적인 요소들과 연결해볼 수 있다. 다음의 글상자에서는 배나무 목록에 있는 항목 중 문제를 일으키거나 창조적인 영감을 불러일으킬 수 있는 것들을 살펴본다.

배나무의 연결 관계 몇 가지

▶ **생산물**

- **열매.** 열매는 전부 먹거나 저장할 것이다. 만약 그렇게 하지 못할 경우에는 낙과를 먹어치울 동물을 키우거나 남는 것을 이웃이나 자선단체에 기증하도록 한다.

- **꽃가루.** 우리 나무는 다른 배나무를 수분시키거나, 다른 꽃가루 공급원과 함께 벌에게 먹이를 제공할 수 있다. 벌을 칠 생각은 없는가?

- **그늘.** 배나무 아래에 음지에서도 잘 자라는 식물을 키우거나, 그늘이 있으면 좋을 만한 곳에 배나무를 심을 수도 있다. 배나무의 그늘은 **계절성**이기 때문에 여름에는 건물을 시원하게 해주고, 나뭇잎이 떨어지는 겨울에는 필요한 햇빛을 통과시킬 수 있다. 햇빛을 좋아하는 식물을 근처에 심을 때는 다 자란 배나무의 키(고유의 특성)를 고려할 필요가 있다.

- **사생활.** 나뭇잎이 달려 있는 동안에는 일정한 공간을 가려줄 것이다.

- **바람막이.** 나뭇잎이 달려 있을 때는 바람을 많이 막아준다. 나뭇잎이 지고 난 후에는 바람을 그보다 적게 막아준다.

- **피복재와 토양 형성.** 나뭇잎과 뿌리는 토양을 형성하고 부드럽게 하는 데 도움이 된다. 그러나 썩어가는 나뭇잎을 빨리 분해할 수 있는 건강한 토양생명체가 없으면 진균성 질병(붉은 곰팡이병과 같은 것)을 유발할 수도 있다. 만약 나뭇잎을 긁어모아두고 싶다면, 통로와 퇴비더미의 위치를 어디로 정할지 계획을 세워야 한다.

▶ **필요 사항**

이제 나무에게 필요한 것들을 검토해보자. 필요 사항은 생산물보다 해결하기가 더 어려울 수도 있다.

- **물.** 강수량이 적당한가? 피복을 하거나 나무 아래에 식물을 빽빽하게 심어서 그늘을 드리우고 토양의 습기를 유지하는 물 보존 기술을 이용할 수 있는가? 이런 목적으로 심은 식물이 아래의 다른 필요 사항도 충족시킬 수 있는가?

- **영양분.** 많은 식물은 깊은 하층토에서 영양소를 잎으로 끌어올린다. 잎은 떨어지면서 상층토에 영

양소를 공급한다. 배나무 아래에 이런 영양소 축적식물(6장과 부록 참조)을 심어도 좋다. 이런 식물로 그 자리에 피복을 해서 토양을 형성하고 영양분을 공급하면 된다. 또 정원이 스스로 거름을 생산해낼 때까지 필요한 양을 공급해줄 수 있는 거름의 원천이 근처에 있는가?

- **꽃가루.** 그 배나무는 자가수분을 하는가, 아니면 다른 품종의 수분수가 필요한가? 두 그루의 배나무에 모두 열매가 달리길 바라는가, 아니면 한 그루는 관상용으로 하고 싶은가? 혹시 근처에 다른 배나무가 있는가?

- **꽃가루매개자.** 배나무 근처에 꽃가루매개자를 끌어들이는 식물과 익충의 서식지가 있어야 한다. 이 식물 중에 먹을거리나 피복재, 식물 영양분을 함께 제공할 수 있는 것들이 있는가?

- **포식자와 질병으로부터의 보호.** 사슴을 막기 위한 울타리가 필요한가? 산울타리나 가시가 많은 식물을 이용해서 사슴을 막을 수는 없는가? 해충을 물리쳐줄 곤충을 어떻게 끌어들일 것인가?

- **가지치기.** 과수원 사다리를 쓰지 않고도 가지치기를 하거나 수확을 할 수 있도록 왜성종 배나무를 선택할 것인가? 자른 가지들은 목질 퇴비더미(4장의 무덤농법 참조)에 쓸 수 있을까? 아니면 나무가 마음대로 자라도록 내버려둘 것인가?

이 연결 기술을 이용하여 정원디자인에서 독창적인 상호 연결 관계를 성사시킨 사람들이 많다. 콜로라도주에 사는 제롬 오센토스키는 닭장을 온실에 붙여서 지었다. 이 구조는 닭의 체온으로 식물을 따뜻하게 하고, 닭이 호흡할 때 나오는 이산화탄소로 식물 성장을 촉진시키며, 배설물을 거름으로 쓴다. 그는 또한 땅을 긁는 닭의 습성을 이용하여 잡초를 뽑고 밭을 갈기도 한다. 닭은 벌레도 잡아먹는다.

온실이나 과일나무 옆의 양지바른 곳에 연못을 파는 꾀를 낸 정원사들도 있다. 연못에서 반사된 햇빛은 열매가 익고 나무를 따뜻하게 하는 데 도움이 된다. 이처럼 훌륭한 연결 관계를 엮을 수 있는 가능성은 아주 많다. 우리는 그것들을 상상하고 디자인하기만 하면 된다.

지금까지의 이야기를 요약해보자. 필요 사항과 산출물을 분석했을 때, 식물이나 구조물을 비롯한 디자인 요소에 필요한 사항은 디자인의 다른 요소에 의해 충족되어야 한다. 그리고 그 요소가 제공하는 산출물은 다른 요소들을 육성해야 한다. 필요 사항과 산출물 분석을 통해 얻게 되는 이점은, 생산물을 이용하거나 필요 사항을 충족시키는 고유한 관계가 확실하게 드러나기 때문에 사람이 따로 관계를 디자인할 필요가 없다는 것이다. 예를 들어 이웃에 배나무가 있다는 것을 알면 당신의 집에는 딱 한 그루만 심어도 된다. 왜냐하면 대부분의 경우에 근처에 있는 배나무가 당신의 배나무를 수분시킬 것이기 때문이다.(그리고 만약 이웃이 자기 집 배를 나누어준다면, 굳이 배나무를 심을 필요조차 없을 것이다. 사회 관계도 역시 중요하다!) 필요 사항과 산출물 분석을 마치고 나면 거기에서 누락된 중요한 관계들을 디자인해야 한다. 만약 연못은 있지만 물을 공급받을 곳이 없다면 빗물을 받아야 할지도 모른다. 이 분석 기술은 디자인의 어느 부분에 허점이 있는지를 알려준다.

이러한 연결 관계를 계획하다 보면 생각이 꼬리에 꼬리를 물고 이어지곤 한다. 먼저 우리가 원하는 디자인 요소를 선택하고, 그 요소가 필요로 하는 것과 제공할 수 있는 것이 무엇인지 살펴본다. 그 다음에는 그러한 요건에 맞는 두 번째 요소를 찾고(디자이너의 목록에 이미 들어 있는 요소라면 이상적이다), 그런 다음에 두 번째 요소에 연결되어 있는 것이 무엇인지 살펴보는 식으로 계속 이어지는 것이다. 이 과정은 조밀한 연결망을 형성하기 위한 것이지만, 무턱대고 진행했다가는 피드백 고리들이 혼란스럽게 뒤엉켜서 막다른 지경에 이르게 될 수도 있다.

다행히 퍼머컬처는 연결 관계를 디자인하는 과정을 체계화하는 데 도움이 되는 또 다른 시스템을 제공한다. 디자인의 과정을 파악하기 쉽고 관리가 용이한 작은 덩어리로 나누는 이 시스템을 '지구-구역[72] 설정법(zone-and-sector method)'이라고 부른다. 이것은 무엇을 어디에 배치하면 정원의 모든 부분이 가장 효율적으로 협력하고 또 우리를 위해서도 좋을지 결정하는 데 도움이 된다(표3-3 참조).

지구-구역 설정법은 문 앞에서 시작하여 0지구에서 5지구로 넓혀나간다. 집은 0지구로 간주한다. 가장 자주 이용하거나 많이 돌보아야 하는 식물과 경관 요소를 집에서 가장 가까운 곳에 배치한다. 신선한 허브를 매 끼 먹고 싶다고 치자. 그러면 허브를 어디다 심어야 할까? 퍼머컬처의 공동주창자인 빌 몰리슨은 이렇게 말한다. "아침에 일어나면 땅이 이슬로 젖어 있습니다. 모직 가운을 입고 털이 복슬복슬한 슬리퍼를 신으십시오. 그런 다음 밖으로 나가서 오믈렛에 넣을 골파와 허브 몇 가지를 뜯어 오십시오. 집 안으로 다시 들어왔을 때 슬리퍼가 젖어 있다면 허브를 너무 멀리 심은 것입니다."

72 zone은 환형(環形) 지대, sector는 선형(扇形)지대라는 뜻을 가지고 있다.

이 시스템에서 허브는 소위 1지구에 심어야 한다. 집으로부터 대략 $6m$에서 $12m$ 사이를 아우르는 1지구에는 가장 자주 이용하는 것들을 배치한다. 1지구에는 보통 철저하게 잡초를 제거하고 피복을 하여 샐러드거리와 허브를 심은 두둑, 파티오(patio)[73]나 조그만 잔디밭, 그늘진 정자, 방울토마토 한두 그루, 왜성과수 한 그루, 가장 예쁜 식물과 가장 섬세한 식물을 배치한다. 계속해서 관찰해야 하거나 자주 오가야 하거나 정밀한 기술(나무를 울타리유인하거나, 등나무를 트렐리스에 올리는 것 같은)이 필요한 디자인 요소를 1지구에 둔다.

매우 일리가 있다. 채소밭이 집에서 $15~30m$씩 떨어진 곳에 있다면 얼마나 자주 밭을 들여다보겠는가? 잡초로 뒤덮이지 않으면 다행이다. 자주 다니는 길목이나 부엌 창문 아래에 채소밭이 있으면 지나가거나 설거지를 하다가 잡초나 수확 시기를 놓친 채소가 금방 눈에 띌 것이다. 텃밭이 먼 곳에 있으면 거기까지 가는 데 힘이 들기 때문에 밭을 방치하기가 쉽다.

각 지구의 모양은 집을 중심으로 한 깔끔한 동심원이 아니다. 지구의 경계선은 들쭉날쭉하다. 구역의 모양은 지형, 토양, 일조량, 집에서의 접근성, 자생하는 식생, 집주인의 필요에 따라 형성되기 때문이다.

사용 빈도나 돌보아야 하는 필요에 따라 순서를 정해 지구를 나누면 토지에 있는 구성요소들과 에너지의 흐름을 올바른 관계로 편성하는 데 도움이 된다. 지구는 꽃, 채소, 나무 같은 정적인 범주가 아니라 활발한 관계에 근거하여 구분한다. 디자인의 각 부분과 우리가 어떻게 상호작용하는지를 고려해서 지구를 나누는 것이다. 샐러드용 푸성귀나 절화, 파티오처럼 매일 이용하는 항목은 출입문 바로 앞에 두도록 한다. 점심에 오이를 즐겨 먹는다면 그에 맞춰 심도록 한다. 이 새로운 원리를 따르면 멀리 떨어진 채소밭으로 내쫓았던 오이가 집 옆의 데크에 올릴 수 있는 훌륭한 식물이 되며 수확도 간편해진다. 마찬가지로 향기로운 장미나무를 자주 여는 창문 아래에 두면 집 안에 향기가 그윽하게 스며든다.

여기서 무슨 일이 일어나고 있는지 보자. 집의 경계가 희미해지고 있다. 건물이 끝나는 곳은 어디이며 정원이 시작되는 곳은 어디인가? 경관을 모양이나 크기가 아니라 용도에 따라 조성하면 예전에 쓰였던 범주를 적용하기가 애매해진다. 울타리유인을 한 왜성 배나

---

73 스페인과 남아메리카의 건축에서 위쪽이 트인 건물 내 안뜰. 현대의 교외주택에서 볼 수 있는 파티오는 주택에 인접하거나, 또는 주택에 부분적으로 둘러싸인 작은 옥외공간이다. 바닥은 보통 포장되어 있고 몇 가지 방법으로 그늘을 마련한다.

I 생태계로서의 정원

표3-3 각 지구의 기능과 내용

	기능	구조물	작물	적절한 농법	수원	동물
1지구: 가장 집중적으로 이용하고 돌보는 곳. 자립 지구	집의 미기후 조절, 매일 먹는 식재료와 꽃 생산, 사교 공간, 식물 번식	온실, 트렐리스, 정자, 마루, 파티오, 새 목욕통, 창고, 육묘장, 작업장, 지렁이 상자	샐러드용 푸성귀, 허브, 꽃, 왜성종 과수, 키 작은 관목, 잔디, 미기후에 적합한 나무	철저한 제초와 피복, 조밀하게 적층시키기, 제곱피트 텃밭과 생물집약농법[74] 울타리유인, 번식	빗물통, 작은 연못, 생활폐수, 집 안의 수도꼭지	토끼, 기니피그, 작은 가금류, 지렁이
2지구: 약간 집중적으로 재배하는 곳. 가정 생산 지구	가정에서 소비할 먹거리 생산, 시장에 내다 팔 약간의 작물, 식물 번식, 새와 곤충의 서식지	온실, 헛간, 연장 창고, 공구 창고, 목재 창고	주요 작물과 통조림용 작물, 다기능 식물, 작은 과일나무와 작은 견과류 나무, 화재 억제 식물, 자생 식물	매주 제초하고 돌보기, 한 지점에 집중적으로 피복하기, 피복작물, 계절에 따른 전정	우물, 연못, 큰 물탱크, 생활폐수, 관개시설, 스웨일	토끼, 물고기, 가금류
3지구: 집중도가 낮은 곳, 대규모 재배법. 농장 지구	판매용 작물, 땔감과 목재, 목초지	사료 창고, 쉼터	환금작물, 커다란 과일나무와 커다란 견과류 나무, 가축 먹이, 방풍림, 접목용 묘목, 자생 식물	피복작물, 저목림작업[75](低木林作業) 가벼운 전정, 이동 가능한 울타리	큰 연못, 스웨일, 토양이 머금고 있는 물	염소, 돼지, 소, 말, 양, 기타 대동물, 놓아기르는 가금류
4지구: 최소한의 관리만 하는 곳. 사료 생산 지구	사냥, 채집, 방목	구유	땔감, 목재, 목초, 자생식물	방목과 선택적 삼림 관리	연못, 스웨일, 개울	방목하는 동물
5지구: 전혀 관리하지 않는 곳. 야생 지구	영감, 야생식물채집, 명상	없음	자생식물, 버섯	관리하지 않음, 가끔 산야초 채취	호수, 개울	원래부터 있던 동물

무를 과수원이라 해야 할까, 산울타리라 해야 할까? 지지대가 썩은 후에는 그 자체가 울타리가 되지 않을까?

자신의 삶에 맞추어 지구를 설정하는 것이 좋은 디자인이다. 미식가라면 프랑스식 샐러드를 만드는 채소와 허브를 키우는 텃밭이 현관 바로 앞에 있어야 하고, 어린 당근도 가까운 곳에 두고 싶을 것이다. "퇴근하고 우리 집에 놀러와" 하고 즐겨 말하는 사람이라면 파티오와 아늑한 정자가 우선일 것이다.

텃밭을 집 가까이에 두자. 날마다 조금씩 뜯어 먹는 채소는 특히 가까이 심자. 혹시 채소밭은 보기 흉하다고 생각하는가? 그렇다면 식물을 줄지어 심지 말자. 마당의 윤곽을 따라

---

74 11장 참조
75 어린 나무가 빨리 자라도록 윗부분을 잘라주는 작업

밭두둑을 구부리거나 원하는 모양으로 만들자. 마당을 다양한 기능을 가진 경관으로 생각하자. 마당은 먹거리와 아름다움을 제공하고, 익충의 서식지가 되며, 필요한 거름을 스스로 생산하기도 한다. 1지구에 우리는 다년생식물, 일년생식물, 샐러드용 허브, 관목, 곤충과 새를 유인하는 꽃, 토양을 비옥하게 하는 영양소 축적식물을 멋지게 조합해서 심을 수 있다.

나는 지구를 나누는 방법이 얼마나 효과적인지 입증할 수 있다. 오클랜드에 있는 우리 집 텃밭은 몇 년 동안 집에서 약 45m 떨어진 곳에 있었는데, 텃밭의 위치를 그곳으로 결정한 이전의 집주인은 2~3m 높이의 사슴 방지용 울타리를 그 주위에 세워놓았다. 사슴이 끊임없이 말썽을 부렸기 때문에, 울타리 바깥에서 농사를 짓는 것은 아무 소용이 없는 짓이었다. 그래서 우리는 사슴이 먹는 식물은 울타리가 쳐진 텃밭에 심고, 사슴이 먹지 않는 식물은 집 가까이에 배치했다. 잔디밭의 가장자리에는 작은 화단을 두 개 배치하고 매우 튼튼해 보이는 '임시' 사슴 방지 울타리를 쳤다. 하지만 이 화원을 유지하는 것은 끊임없는 전쟁이었다. 사방을 둘러싸고 있는 풀이 비옥하고 물을 잘 준 토양을 향해 계속해서 뻗어 들어왔기 때문이다.

우리는 집을 높은 울타리로 둘러칠 생각은 하지 않았다. 그런 '강제수용소' 분위기는 마음에도 들지 않을 뿐더러 우리 땅의 탁 트인 경관과도 어울리지 않았기 때문이다. 하지만 멀리 있는 텃밭에는 자주 가게 되지 않았다. 나는 오후 늦게 장화를 신고, 마치 출근하는 것처럼 아내 킬에게 작별인사를 하고 텃밭으로 터덜터덜 걸어가곤 했다. 그리고 일을 끝마칠 때까지는 외부와 소통이 단절된 상태로 꼼짝없이 갇혀 있었다. 그래서인지 그건 정말 일처럼 느껴졌다. 텃밭은 내가 땀을 흘리고, 잡초를 뽑고, 가지를 치고, 땅을 파는 곳일 뿐이었다.

마침내 우리는 전략을 바꿔서 눈에 거슬리지 않는 울타리로 집의 반을 둘러쌌다. 이 울타리는 2~3m짜리가 아니어서 사슴이 마음만 먹으면 뛰어넘을 수가 있었다. 그래서 우리는 사슴이 뜯어 먹을 수 있는 먹이를 다른 곳에 충분히 마련해서 이쪽을 넘볼 필요가 없도록 했다. 새로 세운 울타리 안쪽에는 두텁게 시트 피복을 해서 유용한 식물과 관상식물을 골고루 밀식했다.

그러자 정말 놀랍도록 달라졌다! 마당에서 커피 한 잔을 마시며 담소를 나누다가 몸을 구부려 조그만 잡초 몇 포기를 잡아 뽑는 것쯤은 일도 아니었다. 매일 볼 때마다 뽑아주

약 300평(약 1,000㎡) 교외 부지에 적당한 지구 배치. 샐러드거리, 허브, 왜성과수, 파티오, 잔디밭, 그 밖에 자주 이용하는 품목이 1지구에 있다. 줄지어 심는 작물, 베리류, 유용한 관목, 연못, 닭장, 먹거리숲은 2지구다. 3지구에는 좀 더 큰 과일나무와 견과류가 있고, 4지구에서는 사냥과 채집을 하고 땔감을 모은다. 마당의 왼쪽 구석은 야생으로 남겨두어 5지구로 삼는다. 왼쪽의 작은 그림은 이상화된 지구의 형태로, 집을 중심으로 해서 가장 자주 이용하는 지구부터 가장 덜 이용하는 지구까지 동심원을 그리고 있다.

기 때문에 잡초가 크게 자랄 틈도 없었다. 이제 더 이상 사방에서 풀이 잠식해 들어오지도 못했다. 샌드위치에 넣을 푸성귀나 아침에 먹을 딸기는 피곤하게 터벅터벅 걸어갔다 오지 않아도 내 서재 문 앞에 있는 샐러드거리 밭에서 바로 딸 수 있게 되었다. 나는 글을 쓰다가 창밖으로 벌과 나비가 서양톱풀과 샐비어, 쥐오줌풀[76] 사이를 누비고 다니는 모습

76 여러해살이 야생화로 뿌리에서 지린내 같은 냄새가 난다. 진정 및 항불안 효과가 있다.

을 보느라 정신이 팔리기도 했다. 맨땅이 조금 보이면 피복재를 한 줌 집어서 던져주면 되고, 시들어가는 묘목이 보이면 호스로 물을 뿌려주면 간단하게 해결되었다. 그리고 무엇보다 좋은 것은 우리가 이 정원에서 그냥 일만 하는 것이 아니라 여기에 살고 있다는 사실이었다. 두 가지 상황을 모두 겪고 보니, 지구 개념을 이용하는 것이야말로 정원을 가꿀 때에 꼭 해야 하는 일이라는 걸 알 수 있었다.

1지구를 지나면 2지구가 있다. 이곳에는 과일나무, 계단식 두둑, 커다란 관목, 베리 덤불, 연못, 다양한 식물로 이루어진 산울타리가 자리 잡고 있다. 여기에는 또한 대량 생산을 위한 채소밭을 배치할 수도 있다. 감자, 줄지어 심은 통조림용 토마토, 지지대를 타고 올라가는 덩굴강낭콩(pole bean) 같은 것이 해당된다. 내가 보았던 어떤 마당에서는 2지구에 관목, 가끔씩 뜯어 먹는 다년생 채소와 일년생 채소, 꽃, 과일나무 몇 그루, 토마토가 가득한 비닐하우스로 훌륭하게 섞어짓기를 실행하고 있었다. 이것들은 매일 들여다보지 않아도 되는 요소들이다. 그래서 2지구는 그다지 집중적으로 관리하지 않아도 된다. 계속 두텁게 피복을 할 필요 없이 부분 피복만 해도 되고, 물뿌리개를 들고 식물을 일일이 찾아다니며 물을 줄 필요 없이 자동이나 대규모 관개시설을 이용해도 된다. 마당이 좁은 경우에는 2지구가 현관에서 겨우 4~5m 떨어진 곳에서 시작되어 이웃집 울타리 근처에서 끝날 수도 있다. 그러나 땅이 널따란 경우에는 집에서 15~30m까지로 늘어나기도 한다.

토끼나 벌, 닭과 같은 작은 동물은 1지구와 2지구의 경계지대에서 키우는 것이 가장 좋다. 퇴비도 그곳에서 썩혀야 한다. 생태디자인은 요소들이 서로 올바른 관계를 맺도록 배치하는 것이다. 생각을 신중하게 해서 시간을 절약하는 방식으로 배치하도록 하자. 도시에서 닭을 몇 마리 키울 때는 채소밭으로 가는 길목에 닭장을 두는 것이 좋다. 잡초를 뽑으러 가는 길에 부엌에서 나온 음식물 찌꺼기를 닭에게 던져주고, 뽑은 잡초는 돌아오는 길에 닭에게 먹이로 주면서 달걀을 꺼내오면 된다. 뭐하러 따로따로 세 번씩이나 왔다 갔다 한단 말인가?

3지구에는 가지치기를 자주 하지 않는 커다란 과일나무와 견과 나무, 곡류와 같은 밭작물, 내다 팔기 위한 작물을 재배하는 밭이 있다. 여기 있는 나무 중 일부는 땔감이나 목재, 동물의 먹이로 쓰이기도 한다. 나는 어떤 교외 부지의 3지구에 호두나무와 밤나무, 대나무를 심어놓은 것을 본 적이 있다. 이런 식물은 신경 쓸 필요가 거의 없고 일 년에 한

두 번만 수확을 하면 된다.

4지구는 보통 땅이 상당히 넓은 경우에 설정하게 된다. 이곳에는 방목하는 가축이나 땔감과 목재로 쓰이는 나무가 자리 잡게 된다. 자생하는 식용식물이나 허브, 목공자재를 채취하는 곳이기도 하다. 여기는 거의 관리를 하지 않는 반(半)야생의 지역으로, 사냥이나 채집에 이용된다.

모든 토지에는 5지구가 필요하다. 이 지구는 야생의 땅이다. 이곳이 야생동물이 사는 덤불과 바스락거리는 자작나무 몇 그루가 있는 도시의 한 모퉁이든, 변두리에 있는 미개간된 자연보호구역이든, 5지구에서 우리는 방문자일 뿐이지 관리자가 아니다. 다른 네 지구는 우리가 디자인하는 곳이지만, 5지구만큼은 자연으로부터 배우기 위해 들어가는 곳이다. 우리는 그곳에서 관찰하고, 놀고, 명상하되, 그 땅을 있는 그대로 두어야 한다. 5지구는 생태정원의 사용 설명서이자, 자연과 더불어 조화로운 삶을 영위하기 위한 설명서인 셈이다.

식물이나 동물, 구조물과 같은 디자인 요소를 어느 지구에 배치할지를 결정하는 것은 우리가 그것을 얼마나 자주 이용하는지, 또 얼마나 자주 돌보아야 하는지에 달려 있다. 정원의 여러 지구를 관리하는 대강의 방법은 다음과 같다. 현관에서 시작하여 집에서 가까운 곳부터 디자인하고 개발한 다음, 점차 바깥쪽으로 작업해나가는 것이다. 그런 식으로 하면 땅조각들이 뒤죽박죽으로 흩어져 있어서 잊어버리기 쉬운 상태가 되지 않고, 쭉 이어져 있어서 제대로 관리할 수가 있다.

지구는 디자인의 각 부분들이 서로 유익한 관계를 맺고, 사람과도 유익한 관계를 가지도록 배치하는 것을 도와준다. 지구 개념은 그 장소에 있는 것과 어떻게 협력해야 할지를 알려준다. 그런데 디자인의 요소들은 이차적인 요인과도 적절한 관계를 맺어야 한다. 이차저 요인이린 바람, 태양, 물과 같이 외부에서 오는 힘을 말한다. 여기서도 퍼머컬처는 이 힘들과 협력하는 편리한 방편을 제공하는데, 각각의 힘을 특정 구역으로 분류하는 것이다. 예를 한번 들어보자. 땅 위에 부는 바람은 대개 특정한 방향으로부터 불어온다(방향은 계절에 따라 바뀌는 경우가 많다). 내가 살고 있는 오리건 주에서는 비를 머금은 겨울바람이 남서쪽에서 거세게 불어온다. 그래서 남서쪽이 나의 겨울바람 구역이다. 여름에는 시원한 산들바람이 캐나다 쪽에서 불어 내려오기 때문에 여름바람 구역은 북쪽에 있다. 이런 관찰 내용을 이용하려면, 바람 구역을 고려하면서 디자인의 여러 가지 요소들을 이리저리 움직여보고 가장 잘 작동하는 배치 방법을 찾아야 한다. 이를테면 방풍림이나 건물을 이용하여 겨울바람의 영향을 완화시키거나 풍력발전기로 바람을 거둬들일 수도 있다. 반면에 여름의 산들바람은 방해받지 않고 집을 향해 흐르게 놔둠으로써 반갑게 맞아들인다. 여러 가지 구역의 정확한 위치를 찾아내면, 디자인의 부분 부분이 외부에서 들어오는 에너지와 적절한 관계로 배치되고, 에너지를 효과적으로 이용할 수 있다.

여기에 제시된 몇 가지 구역을 살펴보자.

태양. 태양 구역은 계절에 따라 달라진다. 북아메리카의 경우, 여름에는 태양이 멀리 북동쪽에서 뜨고 북서쪽으로 지기 때문에 태양 구역이 매우 넓다. 지도에 그려보면 거의 270°나 된다. 겨울의 태양 구역은 훨씬 좁다. 겨울에는 태양이 남쪽에서 떠서 남쪽으로 지기 때문이다(아래 그림 참조).

풍경. 이웃의 다 허물어져가는 차고처럼 보기 흉한 광경은 일명 '나쁜 전망 구역'에 해당되는데, 이런 풍경은 식물이나 구조물을 이용하여 가리는 것이 좋다. 그러나 바다와 같이 아주 멋진 풍경은 보전하거나 강조하는 것이 좋다.

화재. 오리건 주에 살았을 때 화재 구역은 우리집을 꼭짓점으로 해서 남쪽으로 퍼지는 모양이었다. 우리 집은 남향의 언덕 꼭대기에 있어서, 혹시라도 불이 나면 순식간에 불길이 언덕을 타고 올라올 염려가 있었다. 뿐만 아니라 잔디 깎는 기계와 체인톱, 불장난을 좋아하는 아이들, 불을 일으키기 쉬운 장비를 가진 이웃들도 남쪽에 살고 있었다. 화재 구역은 디자인을 할 때 반드시 고려해야 한다. 도시 지역에서 디자인을 할 때도 마찬가지다. 화재 구역은 탁 트인 상태로 두거나, 내화성이 강한 종을 심거나, 스프링클러로 무장하는 것이 좋다.

야생동물. 모든 정원은 야생동물 구역으로부터 침투당하게 된다. 그것은 먹이를 찾아 돌아다니는 사슴이나 숨어 있는 너구리일 수도 있고, 이웃의 체리나무로부터 우리 집 체리

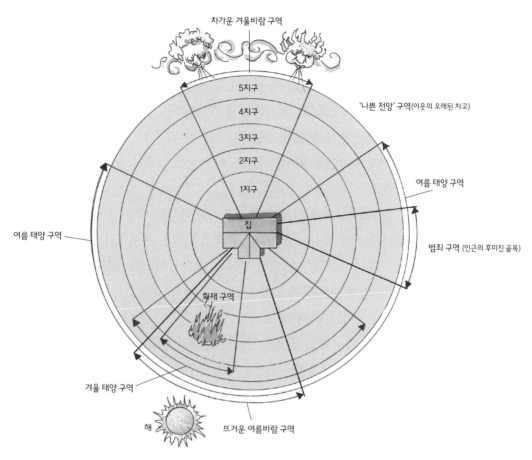

약 300평(약 1,000㎡)의 교외 부지에 적용되는 구역 지도. 겨울과 여름의 태양, 뜨거운 바람과 차가운 바람, 전망, 화재, 범죄 구역이 표시되어 있다. 이것들은 그 장소를 향해 흐르거나 지나가는 에너지를 나타낸 것이다. 훌륭한 디자인은 이런 에너지를 지혜롭게 이용한다.

나무로 날아드는 여새(cedar waxwing) 떼일 수도 있다. 야생동물은 식물을 심거나 구조물을 세워서 비껴가게 하거나 유인힐 수 있다.

또 다른 구역으로는 홍수와 지표수(地表水), 안개, 공해(소음, 냄새, 송전선), 보행자(이를테면 초등학생 무리), 범죄(정원에 인접하는 후미진 골목) 구역이 있다.

디자인 요소는 세 가지 방식으로 구역과 상호작용을 한다. 디자인 요소는 (1) 구역을 통해 들어오는 힘을 방풍림이나 녹음수 같은 것으로 막거나 가릴 수 있다. (2) 풍력발전기나 온실의 경우처럼, 에너지를 전달하거나 모아서 이용할 수 있다. (3) 가능한 한 많은 에너지를 이용하거나 좋은 경치를 볼 수 있도록 식생이나 울타리를 비롯한 장애물을 제거해서 구역을 개방할 수 있다. 태양이나 바람과 같은 구역 에너지는 무료로 이용할 수 있는 에너지다. 이런 에너지를 또 다른 영양소의 원천으로 생각하자. 공짜 거름이나 물처럼 말이다. 식물이나 건물, 통로, 트렐리스를 적절한 곳에 두기만 해도 구역의 에너지를 이용해서 영양을 공급하거나 개선할 수가 있다. 온실이나 방풍림이나 연못이 여기에 있지 않고 저기에 있기만 해도 전체 디자인에 유익한 작용을 할 것이다. 그동안 당신은 해먹에 누워 빈둥거리고 있으면 된다.

이제 요약해보자. 1~5지구는 디자인의 각 부분을 얼마나 자주 이용하는지, 또는 얼마나 주의를 기울여야 하는지에 따라서 조직한다. 그리고 구역은 바깥에서 들어오는 힘을 관리할 수 있도록 각 부분의 위치를 설정하는 일을 도와준다. 지구와 구역을 함께 이용하면, 디자인에 있는 여러 연결 관계를 가장 효율적으로 이용할 수가 있다. 예를 들어 온실을 지을 예정이라고 하자. 온실은 규칙적으로 들르기 편하게 집 가까이(1지구나 2지구)에 지을 수도 있고, 급수전과 농기구 창고 근처에 지을 수도 있다. 연못에서 반사되는 빛을 받을 수 있도록 연못의 북쪽에 온실을 배치하거나, 태양 구역에 두거나, 한기를 피하기 위해서 겨울바람 구역 바깥에 지을 수도 있다. 안전을 생각해 화재 구역에서 멀리 떨어진 곳에 지어도 좋고(철과 유리로 되어 있고 스프링클러 시스템을 갖춘 온실 자체가 방화벽이 될 수도 있지만), 이웃의 형편없는 차고를 가리기 위해서 '나쁜 전망 구역'에 지을 수도 있다. 현명하게 배치하는 방법은 아주 많다. 예를 들어 향기로운 상록수인 협죽도(夾竹桃, oleander)[77]를 1지구나 2지구의 통로 근처에 심어서 그 향기로 지나가는 사람들의 기분을 좋게 해줄 수 있는데, 이 식물은 태양 구역이나 겨울바람 구역에 배치할 수도 있고, 불길을 약화시키는 특성을 갖고 있으므로 화재 구역에 심을 수도 있다.

일단 디자인에 넣고 싶은 식물과 구조물을 정했다면, '지구-구역 설정법'을 통해 그것들을 조직할 수 있다. 기본 지도에 투사지나 투명한 플라스틱 시트를 포개어놓고 그 위에 아이디어를 스케치하면 디자인의 요소들이 각 지구와 구역에서 서로 현명하게 연결되도록 배치할 수 있다.

---

77 관상용 상록관목으로, 장미색이나 흰색의 꽃이 피고 잎은 두꺼운 창 모양이다.

나는 디자인 과정에서 막히는 느낌이 들면 창조의 한계를 깨기 위해 '무작위 조립'이라고 부르는 기술을 사용한다. 무작위 조립을 할 때면 디자인 요소들을 다음과 같이 세로로 쭉 열거한다.

과일나무
산울타리
트렐리스
온실
연못
퇴비더미

주요 요소들이 모두 열거될 때까지 계속해서 적어나간다. 그런 다음에 이 목록을 복사해서 세 개 만들어놓고(컴퓨터로 '복사하기'와 '붙이기'를 하면 간단하게 끝난다), '연결하는 단어'들로 이루어진 두 번째 목록을 준비한다. 아래의 목록은 내가 생각할 수 있는 연결하는 단어들을 모두 적은 것이다.

~주위에	~너머에
~안에	~에 매달려 있는
~을 향하여	~에 붙어 있는
~사이에	~위에
~옆에	~을 가로지르는
~안으로	~아래에
~전에	~대신에
~으로 진화하는	~근처에
~에서 멀리 떨어져서	~에 흩어져 있는
~후에	~북쪽에 (또는 남쪽에, 동쪽에, 서쪽에)
~와	

이 목록은 복사해서 두 개로 만든다. 모든 목록에 있는 단어는 각기 한 줄로 배열되어 있어야 한다. 그 다음 다섯 개의 목록(요소 목록 세 개, 연결하는 단어 목록 두 개)을 서로 번갈아 붙여 넣는다. 디자인 요소와 연결하는 단어가 교대로 나타나게끔 하는 것이다. 이제 목록을 위아래로 움직여가며 가로로 읽어나간다. 그러면서 배열된 단어들 중에서 유용하거나 영감을 주는 것이 있는지 확인해본다.

연못 **위에** 온실 **너머에** 포도나무
산울타리 **뒤에** 공구 창고 **근처에** 퇴비더미

이 방법은 디자인 요소 사이의 관계에 대해서 생각하게 해준다. 물론 단어가 다음과 같이 완전히 터무니없게 배열될 때도 있다.

사우나 **사이에** 닭에 **매달려 있는** 연못

하지만 창의력을 일깨우는 조합이 생기는 경우도 있어서 새로운 방향으로 생각하도록 우리를 밀어붙인다. 때로는 우스꽝스러운 조합을 두고 그것이 실제로 존재한다면 어떻게 될까 생각해보다가 디자인 문제에 대한 새로운 해결책에 도달할 수도 있다. 이런 시스템은 쉽게 단정해버리는 습관을 멈추고 획기적인 아이디어를 낼 수 있게 도와준다.

이제까지 이야기한 방법들을 요약해보자. 필요 사항과 산출물 분석을 하면 디자인 요소들이 올바른 관계를 맺도록 배열할 수 있다. 지구를 설정하는 것도 마찬가지 역할을 한다. 게다가 지구 개념은 갖가지 요소를 사용자인 인간과 가장 좋은 관계를 맺도록 배치하는 데 정말로 도움이 된다. 구역 분석을 하면 바깥에서 들어오는 에너지를 가장 잘 이용할 수 있도록 디자인의 요소를 배치할 수 있다. 그리고 무작위 조립법은 창조의 한계를 부수도록 도와주며, 전혀 생각하지 못했던 조합과 관계를 만들어 보여준다.

발전

이전 단계에서는 어떤 시스템과 요소를 디자인에 넣을 것인지, 그리고 그것들을 대강 어디에 배치할 것인지를 결정했다. 이제는 이렇게 대강 생각한 아이디어를 다듬을 시간이다. 이 단계에서는 바로 앞의 단락에서 제시한 방법을 이용해서 결정한 위치를 가지고 구체적인 작업을 할 것이다. 여러 가지 종류의 밭, 나무, 벽, 울타리, 파티오, 마루, 그 밖의 디자인 요소들을 스케치한다. 처음부터 자세하게 들어가지는 말고, 주요 구성 요소들의 상대적인 위치가 보이도록 동그라미와 윤곽선을 대충 그린다[이런 그림을 '버블 다이어그램(bubble diagram)'이라고 부른다]. 그러면서 구성 요소들 간의 관계를 재정비한다. 다음으로는 접근 통로가 필요한 요소로 가는 길(통로든 도로든)을 그려넣는다. 통로의 숫자는 최소한으로 하자. 통로가 차지하는 공간이 가장 효율적이면서도 최소한이게 될 때까지 구성 요소들을 재배치해야 할 수도 있다. 이때 구성 요소 사이의 관계는 유지하려고 노력해야 한다. 이 단계가 다소 까다롭기는 하지만 이것을 신경 써서 하면 결국에는 노동력도 절감되고 배치된 모습도 더 조화로워질 것이다. 큰 그림을 잊지 않으려면 '전망' 단계의 아이디어를 다시 돌아보는 것이 도움이 된다. 항상 이전 단계의 관찰 결과와 목표를 돌아보도록 하자.

대강의 스케치로 구성을 다듬고 나면, 기술이나 시간적 여유가 있는 사람의 경우에는 정식 도안을 그리거나 좀 더 격식을 갖춘 계획을 짜고 싶을 수도 있다. 문서가 전문적인 수준이 되느냐 아니냐는 디자이너나 정원사에게 달려 있다. 간단한 스케치라고 하더라도 거리와 규모 등, 디자인을 시행하기에 충분한 정보가 포함되어 있기만 하면 충분하다. 디자인의 내용을 상세하게 기록하는 것은 매우 중요하다. 기억에 의존하려는 생각은 아예 하지도 말라. 값비싼 식물을 심으려고 하는데 어디에 배치하기로 한 것인지 기억하지 못하면 낭패다. 지도와 수첩이 없으면 그런 일이 꼭 생기고 만다.

이제 색채 배합을 비롯한 여러 가지 미학적 끈짐에 초점을 두고 작업하기에 좋은 시간이다. 여기서 설명하는 디자인 과정이 생태적인 가치를 우선시한다고 해도, 일단 식물과 구조물을 비롯한 각종 디자인 요소들이 올바른 관계로 배치되기만 한다면, 잎의 느낌과 색깔이 서로 잘 어울리는 식물 품종을 선택할 수 있다. 웬만한 도서관에는 디자인 미학을 다룬 원예서적이 많이 갖춰져 있을 것이다. 이 분야에서 내가 좋아하는 저자로는 거트루드 지킬(Gertrude Jekyll), 페넬로페 홉하우스(Penelope Hobhouse), 로즈메리 비어리(Rosemary

Verey), 켄 드루즈, 존 브룩스(John Brookes)가 있다.

　이제 정원을 조성하는 스케줄을 짤 시간이다. 무엇을 가장 먼저 해야 할까? 이것은 상호작용하는 몇 가지 요인으로 결정된다. 몇 가지 요인이란 다음과 같다.

- **개인적 요인.** 먹을거리 생산, 파티오, 그늘, 꽃밭 중에서 가장 시급하다고 생각하는 것은 무엇인가? 아니면 다른 어떤 계획이 더 중요한가? 그 작업을 직접 할 수 있는 시간은 얼마나 되는가?

- **환경적 요인.** 토질 개량, 침식 방지, 서식지 등의 요소 중 어떤 것이 그 땅에 가장 필요한가?

- **기술적 요인.** 디자인을 실행하기 위해 흙을 옮긴다든가, 콘크리트 공사나 석조 작업을 해야 한다든가, 다른 인공적 요소를 설치하는 작업이 필요한가? 이러한 일은 디자인의 다른 부분이 훼손되는 것을 막고, 불도저를 여러 차례 불러오느라 발생하는 비용과 손해를 줄이기 위해 가장 먼저 시행하는 것이 좋다. '나무 심기 가장 좋은 때는 십 년 전'이라는 옛말도 있듯이, 교목과 관목도 작업 초반에 심어야 한다.

- **계절적 요인.** 계절에 맞추어 시행해야 할 작업은 어떤 것이 있는가? 장마철에 흙을 옮기면 토양의 구조가 파괴될 것이다. 한여름 무더위에 식물을 옮겨 심으면 타 죽기가 쉽다.

- **재정적 요인.** 전체 디자인을 실행하기에 충분한 돈이 있는가? 만약 그렇지 않다면 단계적으로 시행해야 하는데, 어떤 측면을 먼저 하는 것이 사리에 맞을까?

I 생태계로서의 정원

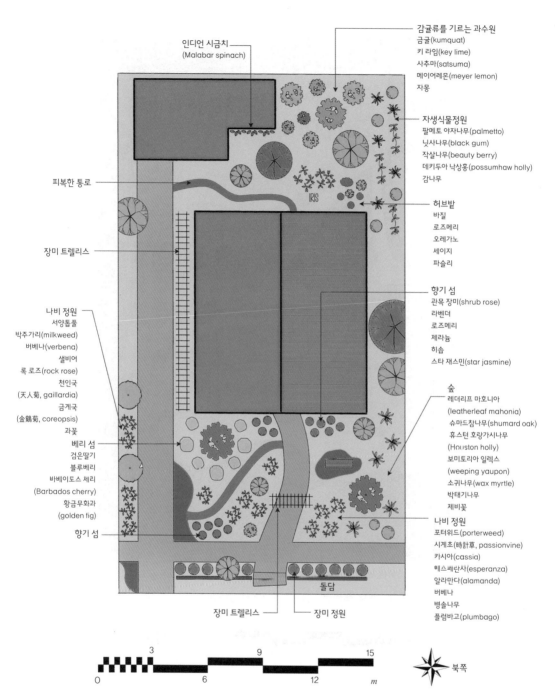

인디언 시금치
(Malabar spinach)

감귤류를 기르는 과수원
금귤(kumquat)
키 라임(key lime)
사추마(satsuma)
메이어레몬(meyer lemon)
자몽

자생식물정원
팔메토 야자나무(palmetto)
닛사나무(black gum)
작살나무(beauty berry)
데키두아 낙상홍(possumhaw holly)
감나무

피복한 통로

IRIS

허브밭
바질
로즈메리
오레가노
세이지
파슬리

장미 트렐리스

향기 섬
관목 장미(shrub rose)
라벤더
로즈메리
제라늄
히솝
스타 재스민(star jasmine)

나비 정원
서양톱풀
박주가리(milkweed)
버베나(verbena)
샐비어
록 로즈(rock rose)
천인국
(天人菊, gaillardia)
금계국
(金鷄菊, coreopsis)
과꽃

숲
레더리프 마호니아
(leatherleaf mahonia)
슈마드참나무(shumard oak)
휴스턴 호랑가시나무
(Houston holly)
보미토리아 일렉스
(weeping yaupon)
소귀나무(wax myrtle)
박태기나무
제비꽃

베리 섬
검은딸기
블루베리
바베이도스 체리
(Barbados cherry)
황금무화과
(golden fig)

향기 섬

나비 정원
포터위드(porterweed)
시계초(時計草, passionvine)
카시아(cassia)
에스페란사(esperanza)
알라만다(alamanda)
버베나
병솔나무
플럼바고(plumbago)

돌담

장미 트렐리스   장미 정원

3   9   15

0   6   12   m

북쪽

퍼머컬처 디자인 사(Permaculture Design, LLC)의 케빈 토펙(Kevin Topek)이 계획한 휴스턴 도심 부지의 정원 설계도. 디자인의
목적은 꽃 피는 식물이 길에 너무 많이 보인다는 주민협회의 불만을 진정시키는 한편, 그런 식물들이 제공하는 생물다양성과 서
식지, 아름다움을 유지하는 것이었다. 그림 재구성/ Krista Lipe

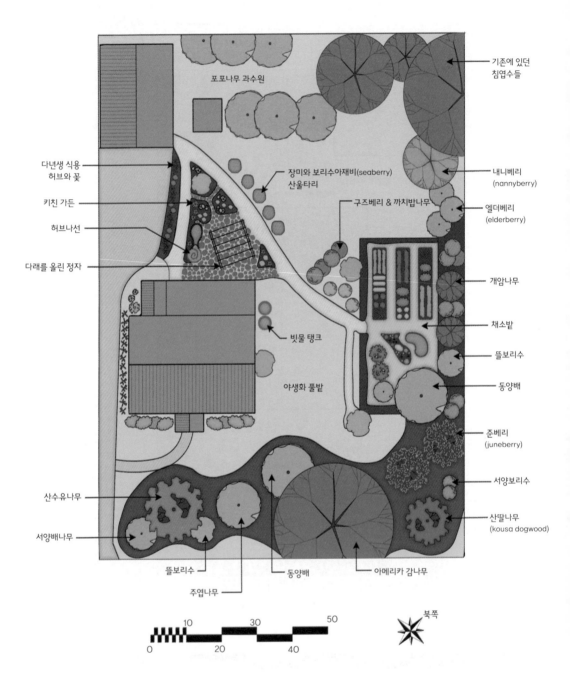

포포나무 과수원

기존에 있던
침엽수들

다년생 식용
허브와 꽃

장미와 보리수아재비(seaberry)
산울타리

내니베리
(nannyberry)

키친 가든

구즈베리 & 까치밥나무

엘더베리
(elderberry)

허브나선

다래를 올린 정자

개암나무

빗물 탱크

채소밭

뜰보리수

야생화 풀밭

동양배

준베리
(juneberry)

산수유나무

서양보리수

서양배나무

산딸나무
(kousa dogwood)

뜰보리수

동양배

아메리카 감나무

주엽나무

북쪽

10   30   50
0   20   40

애플시드 퍼머컬처(Appleseed Permaculture)의 에단 롤랜드(Ethan Roland)가 디자인한 먹거리숲. 매사추세츠 서부에 있는 한 가
정집을 둘러싸고 있다. 사교 공간, 샐러드거리를 키우는 텃밭, 일년생 채소가 1지구와 2지구를 채우고 있다. 숲 정원 조성에 쓰
이는 상대적으로 큰 관목과 교목은 마당의 바깥쪽 지구를 채우고 있다. 그림 재구성/ Krista Lipe

생태정원 디자인하기: 요약

디자인 과정을 '한눈에' 살펴볼 수 있도록, 앞서 제시한 각각의 단계에 대한 내용을 여기에 다시 요약해보겠다. 이번에는 생태디자인과 퍼머컬처라는 관점에서 새롭게 살펴보자.

1. **관찰** 디자인할 장소를 걸어 다니며 지도를 만든다. 거기에 무엇이 있는지, 그것이 주변 환경과 어떻게 상호작용하는지를 기록한다. 그저 관찰만 하고 분석은 하지 않는다. 목록을 만든다. 계속해서 관찰한 것, 각 종의 습성, 토양의 종류 등을 조사한다.

2. **전망** 생태적인 지침을 명심한다. 그 장소는 우리에게 무엇을 제공해줄 수 있는가? 그 장소가 필요로 하는 것은 무엇인가? 우리의 한계와 자원은 무엇인가? 디자인을 통해 어떤 일을 해야 하는가? 우리와 그 장소에 가장 중요한 것은 무엇인가?

3. **계획**

   a. 개념적 디자인. 패턴에서 시작하여 세부 사항으로 디자인해나간다. 디자인을 구성하는 아이디어와 목표는 무엇인가? 그 목표를 성취하기 위해서는 어떤 시스템과 전략과 기능이 필요한가? 문제가 되는 지점과 수정해야 할 결함뿐 아니라, 개인적, 미적, 환경적, 생태적 이슈도 검토한다.

   b. 도식적 디자인. 전망한 내용과 어울리는 디자인 요소(식물, 구조물, 기능 등)의 목록을 작성한다. 요소마다 그것의 생산물, 활동, 필요 사항, 고유의 특성을 열거한 목록을 작성한다. 모든 요소에 대한 목록을 작성하면 좋겠지만, 현실적으로 가능한 요소만 해도 된다. 다음으로는 한 가지 디자인 요소의 필요 사항이 다른 요소에 의해 충족되고, 그것은 또 다른 요소의 필요를 충족시키도록, 가능한 한 많은 항목을 서로 연결한다. 시구를 설정해서 디자인의 각 부분이 얼마나 자주 이용되고 또 얼마나 거기에 주의를 기울여야 하는지에 따라서 조직한다. 그리고 구역을 이용해서 바람과 태양을 비롯해 외부에서 들어오는 여러 가지 힘을 관리한다. '지구─구역 설정법'은 디자인 요소 사이의 관계를 최적화한다. 무작위 조립법을 이용해서 브레인스토밍을 하고 창조의 한계를 부순다.

4. **발전** 디자인 요소들의 위치를 스케치한다. 식물의 종과 품종을 조사한다. 디자인에서 통로와 관계를 최적화한다. 색깔과 형태를 염두에 두고 작업한다. 그런 다음 디자인을 실행하기에 충분한

도면과 문서를 만든다.

5. **실행** 디자인을 실행에 옮기고, 종이에 디자인한 것이 실제를 만났을 때 나타나는 놀라운 일에 융통성 있게 대처한다.

　실행 단계에서도, 잊지 말고 지구를 나누는 지혜를 적용하자. 가능하면 현관 앞에서 시작해서 바깥쪽으로 작업해나가도록 한다.

실행

생태조경디자인의 이번 단계는 새로운 경관을 조성하는 다른 작업과 비슷하다. 세부적인 사항은 웬만한 가정조경 관련 서적에서 찾아볼 수 있다. 리타 뷰캐넌(Rita Buchanan)의 『테일러의 조경 마스터 가이드(Taylor's Master Guide to Landscaping)』나 로저 홈즈(Roger Holmes)의 『가정 조경(Home Landscaping)』 시리즈도 그런 책이다. 실행을 할 때는 다음의 순서에 따라서 한다.

- 큰 규모로 흙을 옮겨야 하는 작업부터 먼저 한다. 필요하다면 윤곽에 맞게 대강 땅을 고른다. 스웨일, 연못, 배수로를 판다. 송전선을 가설하고 관개용 배관과 배선을 지하에 설치한다. 그런 다음 도랑을 다시 메운다.
- 광범위하게 적용해야 하는 토질개량제와 퇴비를 뿌린다. 집중적으로 관리할 1지구의 밭을 만들고 피복하는 것은 나중에 해도 된다.
- **인공적 요소**를 완성하라. 인공적 요소란 나무, 돌, 콘크리트, 벽, 창고, 통로, 울타리와 같은 건축 요소를 가리키는 설계 용어다.
- 땅 고르기 작업을 한 장소를 갈퀴와 삽을 이용해서 마지막으로 정돈한다.
- 피복을 한다(자세한 내용은 4장 참조).
- 교목과 관목 같은 큰 식물을 심는다.

- 지피식물, 비목질식물, 잔디, 피복작물을 심는다.
- 피복재를 손보고 관개 시스템이 있다면 세부 조정을 한다.
- 식물에 계속 물을 주고, 신경을 많이 써야 하는 식물이 잘 자리 잡을 수 있도록 주의 깊게 관찰하고 보살핀다.

12장의 '어디서부터 시작해야 할까?'(471쪽)에서는 실행 단계의 일부를 세부적으로 다룰 것이다. 그러나 디자인에 관련된 사람, 식물, 동물, 경관은 끊임없이 변화하며, 놀라운 일로 가득하다는 것을 기억하자. 실제로 흙에 삽을 갖다 대보면 디자인과 그것을 실행하는 방법이 예기치 않은 방향으로 바뀔 수도 있다. 너무 융통성 없게 하지 말고, 언제든지 앞의 단계로 돌아가서 디자인의 일부를 재정비하고 변화하는 환경에 맞추도록 하자.

생태조경디자인의 과정에 더 깊이 몰입하고 싶은 독자들에게는 데이브 재키와 에릭 퇸스마이어(Eric Toensmeier)의 책 『먹거리숲 정원』 2권의 3장과 4장이 상당한 도움이 될 것이다. 데이브와 에릭은 먹거리와 서식지를 생산하는 가정 경관을 조성하는 디자인 과정의 전부를 150쪽에 걸쳐 다루었다. 여기서 내가 다룬 내용과 유사하지만 훨씬 더 상세하다.

정원에서 우리는 단순히 모양과 색깔을 다루는 것이 아니라 살아 있는 생물을 다룬다. 이 생물들은 자라고, 씨앗을 맺고, 증식하고, 때가 되면 죽는다. 식물, 곤충, 새, 그 밖의 모든 것이 촘촘하게 엮여서 서로의 삶 속에 들어가 있다. 그들은 먹을거리, 그늘, 꽃가루, 씨, 부엽토, 횃대, 굴, 둥지를 만들고 공유하면서 다양하고 가치 있는 선물을 주고받는다. 우리는 부드럽고 조심스러운 눈길로 경이롭게 얽혀 있는 세상을 들여다보고, 그 속에 있는 관계의 일부를 파악하여 조경에 적용할 수 있다. 자연이야말로 지속가능한 세계로 우리를 이끄는 안내서다. 그것을 읽고 보존하는 것은 우리에게 달려 있다.

이 장에서는 정원디자인을 생태학적 관점에서 바라보고자 했다. 내용의 전부를 디자인을 다루는 데 할애하는 책이 여러 권 있고, 그 수는 선반 하나를 다 채울 정도다. 그러니 겨우 한 장을 할애해서는 이런 광범위한 주제를 피상적으로밖에 다룰 수 없다. 이 책의 나머지 부분에서 좀 더 깊게 파고든다고 해도 마찬가지다. 디자인은 우리가 관찰하는 것과 우리가 바라는 것을 조합할 수 있게 해준다. 기술과 예산과 물질의 한도 내에서 우리의 꿈을 구체화하는 방법이기도 하다. 생태디자인은 사람과 살아 있는 경관이 서로 조화를 이루는 방법을 제시한다. 우리가 사는 장소에는 이러한 조화가 결여된 경우가 많다. 정원을 자연의 다른 부분과 연결시키면 크나큰 아름다움과 풍요를 누릴 수 있으며, 이러한 풍족함을 다른 종들과 공유하고, 사라질 위기에 있는 생명의 온전함과 다양성을 회복시킬 수 있다.

정원 생태학과 생태디자인에 대해 개략적으로나마 알아보았으니, 이제는 정원을 이루는 각각의 부분에 대해 살펴보도록 하자.

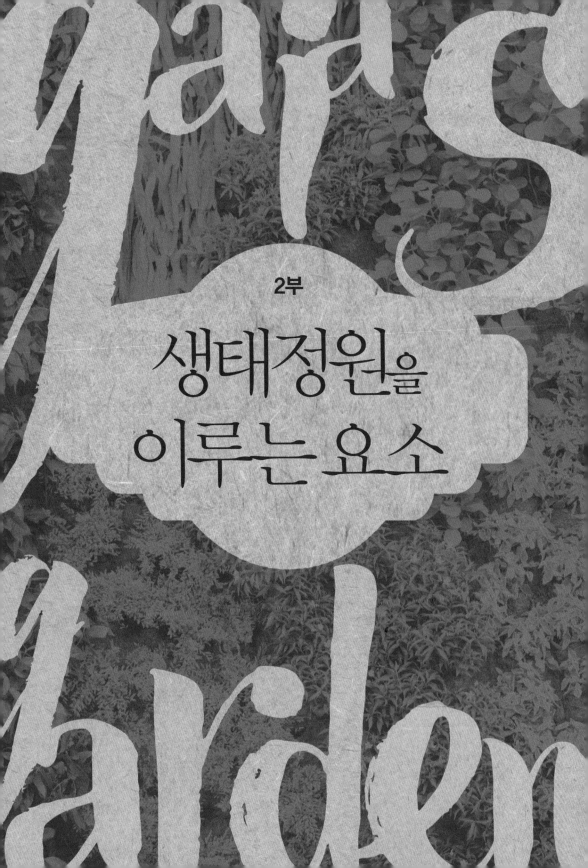

2부

생태정원을 이루는 요소

4

흙 살리기

언젠가 라틴아메리카의 한 농부가 내 친구 이안토 에반스에게 이런 말을 한 적이 있다. "당신 나라에서는 토양 문제가 심각한 것이 당연합니다. 흙을 더럽다(dirt)고 하는데 어련하겠어요?" 우리 문화에서 흙은 거의 존중받지 못한다. 이 근원적인 물질을 표현하는 단어는 대부분 경멸적인 것들이다. 우리는 어떤 사람의 나쁜 점을 속속들이 알고 싶을 때, "이 녀석 먼지(dirt)까지 탈탈 털어보자."고 말한다. 추잡한(dirty) 영화. 저속한(earthy) 말. 우리는 때 묻거나(soiled), 더럽거나(dirty), 지저분한(muddy) 것은 무엇이든지 멀리하려고 한다.

그렇지만 흙에는 기적 같은 힘이 있다. 흙에서는 죽은 것들이 소생한다. 무생물인 바위와 지구의 초록색 카펫 사이의 얇은 경계 지대인 토양에서는 생명이 없는 미네랄이 돌에서 풍화되거나 유기체의 잔해로부터 분해된다. 식물과 미생물은 이런 죽은 입자를 먹고 그것을 살아 있는 물질로 재구성한다. 흙 속에서 물질은 삶과 죽음의 경계를 넘나든다. 그리고 우리가 이제까지 살펴보았듯이, 경계(가장자리)는 가장 흥미롭고 중요한 일들이 일어나는 곳이다.

토양에 관한 대부분의 논의는 토양의 정체에 초점을 맞추고 있다. 즉 그것이 무엇으로 만들어졌으며, 어디에서 왔고, 물리적 특성은 어떠한지에 집중한다. 물론 토양에 대해서 이해하고 싶다면 이런 것들을 아는 것이 당연히 중요하지만, 토양의 물리학과 화학은 이 이야기의 일부분일 뿐이다. 우리는 토양이 어떤 일을 하는지도 알 필요가 있다. 한동안 과학자들은 토양이 식물의 뿌리를 담고 있는 불활성의 모래 같은 물질이며, 비료를 부어넣어야 할 장소라 보아왔다. 그러나 토양은 살아 있다. 건강한 식물, 균형이 잘 잡힌 곤충, 번성하는 야생동물로 가득 찬 정원을 갖는 한 가지 열쇠는 가능한 한 많은 생명으로 토양을 채우는 것이다.

토양생물을 피라미드의 기초라고 생각해보자. 이 토대 위에 식물이 올라가고, 그 위에 곤충이 올라가고, 마지막으로 동물이 올라간다. 각각의 생물은 그 아래 단계의 생물에게 의존한다. 토양생물의 수와 다양성이 점점 더 늘어날수록, 즉 피라미드의 기초가 더 넓어질수록 토양에 내재된 다산성이 풀려나면서 생물들 사이 영양분의 흐름이 훨씬 더 폭넓고 다양해진다. 영양분의 흐름이 더 커진다는 것은 풍부한 다산성을 기반으로 수적인 면에서나 다양성 면에서나 더 많은 식물이 번성할 수 있다는 뜻이다. 식물이 다양하면 갖가지 종류의 곤충이 찾아오고, 또 그 식물과 곤충은 각종 새와 피라미드의 꼭대기에 있는 동물들에게 먹을거리와 보금자리를 제공해준다. 다양성이 다양성을 불러오는 것이다. 이 장의 목적은 정원 토양의 생물다양성을 극대화하는 지식과 기술을 정원사들에게 알려주는 것이다. 이 기술을 통해 정원사들은 생태정원이 세워지는 피라미드의 기초를 넓힐 수 있다.

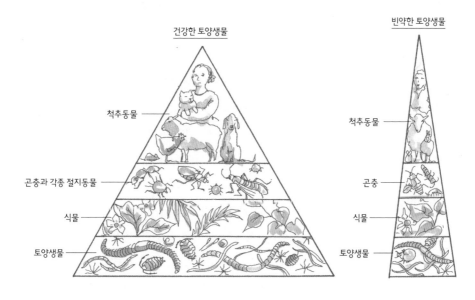

건강하고 다양한 토양생물은 다양한 식물과 곤충과 척추동물이 존재하도록 떠받쳐준다. 토양생물이 빈약하면 그만큼 다양하고 수많은 생물을 떠받치지 못한다.

토양에는 얼마나 많은 생명이 존재할까? 적어도 지상에 있는 만큼 많다. 우리가 어떤 경관을 볼 때, 땅 위에 있는 동식물은 분명하게 보이지만 땅속에 얼마나 많은 생명체가 있는지는 가늠하기가 쉽지 않다. 그러나 몇 가지 숫자를 살펴보면 얼마나 많은 생명이 있는지 미루어 짐작할 수가 있다. 좋은 목초지의 토양 한 티스푼에는 십억 마리의 박테리아와 백만 개의 곰팡이, 만 마리의 아메바가 들어 있다. 티스푼 하나 분량에 그만큼이 들어 있을 수 있다는 것이 믿기지 않지만, 토양생물은 워낙 작기 때문에 충분히 가능하다. 그러고 나서도 그 티스푼 안에는 점토, 침니(沈泥)[1], 모래, 물, 공기, 부식토, 그리고 토양의 나머지를 형성하는 갖가지 작은 분자들이 들어갈 공간이 많이 남아 있다.

지상에 있는 좋은 목초지 약 $4,000m^2$(약 1,200평)에는 말 한두 마리가 살 수 있다. 합계 반 톤(t)가량의 동물이 살 수 있는 셈이다. 그런데 같은 면적의 땅 아래에는 벌레 2t과 박테리아와 곰팡이, 그리고 노래기와 진드기 같은 토양생물이 2t이나 살고 있을 수도 있다. 지상에 말 한 마리가 살고 있는 1,200평의 땅속에는 말 여덟 마리나 열 마리에 해당하는 생물이 들어 있는 셈이다. 채식주의자들은 이 말에 기겁할지도 모르지만, 농사의 큰 부분은 실제로 동물을 기르는 일이라고 할 수 있다. 지표면 아래의 아주 조그만 동물 말이다. 토양생물 분석 전문 업체인 토양 먹이사슬 사(Soil Foodweb Incorporated)의 공동창립자인 일레인 잉햄(Elaine Ingham)은 이러한 지표 밑의 가축 떼를 '미세동물무리(microherds)'라고 부르며, 우리가 이 유용하고 수많은 생명체를 지혜롭게 관리해야 한다는 것을 강조한다.

그런 토양생물은 무슨 일을 할까? 그리고 그것은 농사와 어떤 관계가 있을까? 많은 시간을 생각하는 데 보내는 두 발 달린 벌거숭이 동물을 제외한 대부분의 생명체가 그렇듯이, 토양생물은 먹을거리를 찾거나, 먹거나, 배설하며 시간을 보낸다. 토양생물은 이 모든 활동을 하면서 영양분을 주위에 실어 나른다. 토양생물은 자신의 먹이와 또 다른 토양생물의 먹이(분비물이나 살아 있는 몸, 또는 사체)를 운반하며 식물의 먹이 또한 운반하는데, 정원사와 가장 관련이 있는 사항이 이것이다. 식물의 관점에서 보면 토양생물의 주된 역할은 식물이 스스로 소화할 수 없는 물질을 분해해서 흡수하기 쉬운 형태의 영양소로 변형시키는 것이다. 토양에는 이러한 영양소가 풍부하다. 지나치게 남용했거나 영양분이 완전

---

1 silt. 모래(sand)와 점토(clay)의 중간 크기

히 침출된 토양만 아니라면, 땅속에는 토양생물이 식물의 먹이로 변형시킬 수 있는 물질(암석 입자나 살아 있거나 죽은 유기물)이 많이 들어 있다.

적절하게 잘 돌본 정원에 있는 토양생물은 식물에게 필요한 비료를 거의 전부 제공할 수 있다. 흙 속의 생명체들은 먹고 배설하고 번식하고 죽으면서, 땅속에 있는 유기물과 미네랄을 변화시키는 연금술 같은 작업을 한다. 토양생물을 통해서 영양소는 분해되고 소

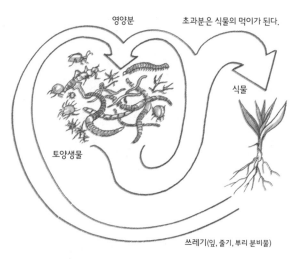

토양생물은 유기물을 재활용하면서 식물의 먹이가 되는 초과분을 많이 발생시킨다. 토양생물이 많을수록 식물에게 가는 초과 영양소의 흐름이 더 커진다.

비되고 변형되어 신체의 일부가 되거나 에너지가 들어 있는 분자로 재구성되었다가, 또 다시 분해된다. 이렇게 여러 방향으로 물질이 흐르면서 조금씩 남는 여분의 영양소는 끊임없이 식물에게로 흘러간다. 은행가나 합병 전문가가 상거래의 막대한 흐름에서 돈을 걷어냄으로써 재산을 모으는 것과 마찬가지로, 식물들은 토양생물의 생활주기에서 흘러나오는 잉여의 영양소를 흡수함으로써 생명을 유지한다. 비옥함은 흐름으로부터 나온다. 토양생물의 활동이 활발할수록 더 많은 영양소가 식물에게 돌아간다. 원료 물질이 살아 있는 몸이 되고, 폐기되고, 다시 시작되는 순환 과정에서 잉여의 양분이 방출되기 때문이다. 생태정원의 많은 부분에서 그렇듯이 여기에서도 과정과 활동, 관계가 무엇보다 중요하다. 건강한 흙과 식물은 영양소와 토양생물이 단순히 존재한다고 해서 만들어지는 것이 아니다. 흙과 식물의 건강은 영양소와 토양생물의 상호작용과 흐름이 얼마나 활발하고 긴밀한지에 달려 있다. 노련한 정원사라면 이 사실을 잘 알고 있기 때문에 흙 속의 생명체들을 먹이기 위해서 할 수 있는 일을 무엇이든 다 할 것이다.

토양생물은 최고의 재활용 전문가

자연에서 대부분의 양분은 암석에서 유래한다. 암석에는 칼륨, 칼슘, 인을 비롯해 식물이 세포조직을 형성하고 물질대사 장치에 연료를 공급하는 데 필요한 대부분의 원소들이 들어 있다. 암석을 먹이로 전환하기 위해서 식물 뿌리와 토양생물은 약산과 효소를 분비하여 암석을 부식시킨다. 그 과정에서 영양소 원자가 암석 입자로부터 떨어져 나온다. 어떤 의미에서 식물과 토양미생물은 광부나 마찬가지다. 부식성 물질로 암석을 씻어서 생명을 유지하는 데 필요한 귀한 광석을 캐내기 때문이다. 우리가 정원에 건강한 토양을 만들어놓기만 하면, 수많은 토양생물은 식물이 쓰기에 충분한 미네랄을 암석에서 우려내줄 것이다.

이러한 영양소는 일단 돌에서 떨어져 나오기만 하면 자연 생태계에서 매우 아껴 쓰이게 된다. 생명은 훌륭한 재활용 전문가다. 생명은 어떤 유용한 물질도 놓치지 않을 정도로 세심하다. 전형적인 북부 지방 숲을 예로 들어 살펴보면 이를 잘 알 수 있다. 각종 연구가 밝힌 바에 따르면, 숲 1ha의 토양과 그곳에 사는 식물에는 약 365kg의 칼슘이 포함되어 있다고 한다. 이 중에서 약 8kg(2%)만이 매년 빗물에 씻겨나간다. 숲에 존재하는 대부분의 칼슘(98%)은 계속해서 재활용된다. 칼슘은 낙엽이나 죽은 식물의 형태로 땅에 떨어지고 토양생물에 의해 분해되어 식물 뿌리로 또 한 차례 옮겨진다. 씻겨나간 칼슘 8kg은 해마다 손쉽게 얻을 수 있다. 그중 반 이상은 용해된 형태로 빗물과 함께 떨어진다. 나머지는 암석을 풍화시키는 뿌리와 토양생물을 통해 얻을 수 있다. 98%에 달하는 이러한 효율성은 우리가 살고 있는 도시들이 재활용 프로그램을 통해 달성하려고 하는 수치인 30%에 비하면 꽤나 좋은 것이다. 그리고 다른 것과 비교를 하자면, 비료를 엄청나게 준 농지의 경우 칼슘 손실이 매년 25% 내지 60%에 달한다니 어떤가. 진정으로 지속가능한 사회를 만들기 위해서는 우리도 자연과 버금가는 수준으로 재활용을 해야 하지 않을까.

생명은 재활용 작업을 어쩌면 그렇게 놀라울 정도로 잘하는 것일까? 그리고 어떻게 하면 우리의 정원도 그처럼 절약할 수 있을까? 답을 찾기 위해, 떨어지는 낙엽의 운명을 한번 따라가보자. 낙엽이 영양소로 분해되어 생명으로 되살아날 준비를 하는 과정을 살펴보는 것이다.

지금은 초가을이다. 아무도 돌보지 않은 이웃집 마당의 구석에 참나무 잎이 떨어지고 있다. 마른 나뭇잎 하나가 깎지 않아 길게 자란 풀잎 사이로 팔랑거리며 떨어지더니 맨땅에 내려앉았다. 나뭇잎이 너무 말라서 어떤 토양생물도 구미가 당기지 않았기 때문에 처음에는 별일이 일어나지 않는다(우리는 이웃이 마당 구석에 살충제나 제초제를 뿌리지 않는다고 가정하고 이야기를 풀어나갈 것이다. 이런 화학약품은 토양생물을 대단히 감소시키기 때문이다). 또한 이 나뭇잎은 대부분의 식물 잎과 마찬가지로, 나뭇잎을 야금야금 먹어치우는 곤충으로부터 스스로를 보호하기 위하여 끔찍한 맛을 지닌 화합물을 함유하고 있다. 하지만 다음 날 아침, 이슬이 나뭇잎을 적시자 보호 역할을 하던 화학물질이 침출되기 시작했다. 화학물질이 씻겨나오는 과정은 가랑비가 내리자 더욱 촉진되었다. 습기를 머금은 나뭇잎은 이내 땅바닥에 축 늘어졌다. 나뭇잎에 들어 있던 폴리페놀과 쓴 맛이 나는 화합물을 수분이 씻어내고 나자 나뭇잎은 부드러워졌고, 잔치가 시작되었다. 맨 먼저 식탁에 자리 잡은 것 중에는 나뭇잎 표면에 잠복해 있던 박테리아가 있다. 박테리아는 습기를 한껏 즐기며 번성하기 시작한다. 박테리아는 나뭇잎의 세포벽을 구성하고 있는 당(糖) 분자의 긴 사슬을 해체하는 효소를 분비한다. 단 몇 시간 만에 나뭇잎은 박테리아 군단의 검은 반점으로 얼룩덜룩해진다. 또 곰팡이 포자들이 바람에 실려와 나뭇잎에 내려앉는다. 그것은 이내 생명으로 폭발해서, **균사(菌糸, hyphae)**라고 부르는 하얀색 실 모양의 곰팡이 세포들이 나뭇잎 위에서 레이스를 짠다. 곰팡이는 리그닌(나무를 튼튼하게 만드는 단단한 분자)과 딱딱해서 먹기 어려운 다른 식물 성분을 소화시킬 수 있는 각종 효소를 갖고 있다. 그렇기 때문에 곰팡이는 분해자들로 이루어진 그물에서 대단히 중요한 니치를 차지하고 있다. 곰팡이가 없다면 지구는 분해되지 못한 채 쓰러져 있는 나무줄기로 가득 차게 될지도 모른다.

나뭇잎이 비를 맞아 촉촉해지고 미생물에게 먹혀서 부드러워지면 더 큰 생물들에게 공격받기가 쉬워진다. 노래기, 쥐며느리(등각류), 파리 유충, 톡토기, 날개응애, 애지렁이, 지렁이가 맛있는 나뭇잎 조직을 먹기 시작한다. 그러면 나뭇잎은 작은 조각으로 갈가리 찢어진다. 이 무척추동물들은 모두 박테리아, 조류(藻類), 곰팡이, 곰팡이의 친척인 실 모양의 방선균(放線菌)과 함께, 썩어가는 유기물을 맨 먼저 먹는 존재들이다. 이런 생물을 1차 분해자라고 한다. 지렁이는 가장 눈에 잘 띄면서 또한 가장 중요한 1차 분해자 중 하나인데, 지렁이가 나뭇잎을 먹는 과정을 관찰해보도록 하자.

지렁이는 나뭇잎 덩어리를 붙잡고 굴속으로 스르르 기어들어간다. 그리고 입으로 나뭇잎 조각을 부수어 흙과 함께 빨아들인다. 나뭇잎과 흙의 혼합물은 지렁이의 모래주머니로 들어가서 물결치는 근육에 의해 부서지고 결국 고운 반죽이 된다. 이 반죽은 지렁이의 소화관 속으로 더 깊이 이동한다. 인간의 장 속에서 세균이 음식물의 영양분을 처리하는 일을 돕는 것과 마찬가지로, 박테리아가 지렁이의 소화를 돕는다. 반죽에서 모든 영양분을 다 짜내고 나면, 지렁이는 남은 나뭇잎과 흙 찌꺼기를 반죽에 섞여 있는 장내 박테리아와 함께 배설한다. 지렁이가 똥을 누면 지렁이 굴이 유기물이 풍부한 기름진 흙으로 온통 뒤덮인다. 머지않아 배고픈 박테리아와 곰팡이, 토양미생물 들이 유기물의 은닉처인 이곳을 발견하고 굴 벽에서 번성하게 된다. 지렁이가 공급한 흙에는 이 생물들의 배설물과 사체까지 더해진다.

나뭇잎의 영양분으로 연료를 공급받은 지렁이는 땅속으로 깊이 굴을 파고 들어가 흙을 부드럽게 만들고, 공기를 들여보내고, 거름을 준다. 비가 내리면 빗물이 굴속으로 흘러들어가 수분이 예전보다 더 깊이 땅속으로 스며든다. 이로써 다음번에 비가 내릴 때까지 흙이 더 오랫동안 축축한 상태를 유지하는 것이다. 봄이 되면, 자라나는 참나무 뿌리가 뻗어나가기 수월한 지렁이 굴을 발견하고, 그곳에 가득한 유기질 먹이에 이끌려 더욱 깊이 뻗어나가서 땅속에 저장된 수분에 가 닿을 것이다. 지렁이는 굴을 파서 공기와 물과 뿌리가 땅속으로 쉽게 침투하도록 해주고, 기름진 똥을 배설해서 참나무뿐만 아니라 다른 토양생물에게도 많은 도움을 준다. 지렁이는 토양생물 중에서 가장 유익한 것 중 하나로, 매년 약 4,000㎡당 25t의 흙을 갈아엎는다. 10년마다 지구의 땅 표면에 2~3㎝ 두께로 상층토를 덮는 것과 맞먹는 일이다.

그동안 지표면에서는 무척추동물들이 진수성찬을 즐기며 계속해서 나뭇잎을 아주 작은 조각으로 자르고 있다. 이것을 토양 전문가의 용어로는 **분쇄**(comminution)라고 한다. 분쇄를 하면 나뭇잎의 연한 안쪽 가장자리가 박테리아와 곰팡이의 공격에 더 많이 노출되어 분해 작용이 촉진된다. 또한 진드기와 애벌레를 비롯한 무척추동물의 작은 군단도 나뭇잎을 먹으면서 상당한 양의 벌레똥을 축적하게 되는데, 이것도 다른 분해자의 먹이가 된다(분해 중인 나뭇잎을 현미경으로 살펴보면 벌레똥으로 두텁게 덮여 있는 모습을 많이 볼 수 있는데, 이것이 모여서 엄청난 양의 거름이 된다). 첫 번째 분해자의 소화관을 통과했는데도 완전히 소화되지 않은 나뭇잎 조각은 조그만 생물들에게 차례로 먹힌다. 그리하여 유기물은 마침내 미세한 입자로 으깨어진다. 지렁이나 진드기와 같은 토양 무척추동물이 나뭇잎의 화학 성분을 바꾸지는 않는다. 토양 무척추동물이 하는 일은 주로 쓰레기를 가루로 만드는 것이다. 또한 토양 무척추동물은 이리저리 굴을 파고 다니면서 나뭇잎 조각을 흙과 섞는다. 흙과 섞인 나뭇잎 조각은 촉촉한 상태를 유지하기 때문에 다른 생물들이 맛있게 먹을 수 있다. 어떤 경우에는 그 동물의 장 속에 사는 미생물들이 키틴, 케라틴, 섬유소 같은 강하고 커다란 분자를 당과 유사한 더 단순한 성분으로 분해하기도 한다. 진짜 연금술, 즉 나뭇잎이 부식토와 식물의 먹이가 되는 화학적 변환은 미생물에 의해 이루어진다.

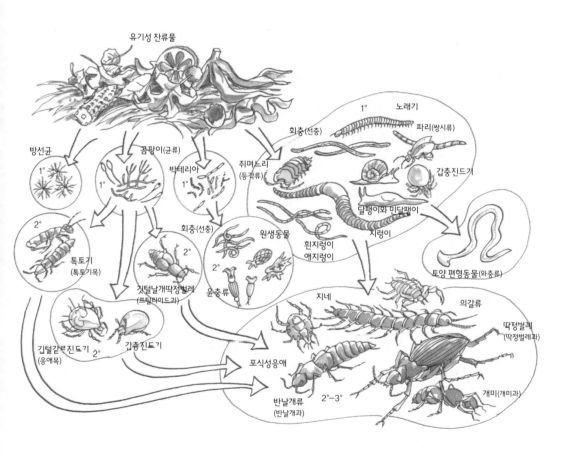

토양의 먹이사슬. 1°=1차 분해자 / 2°=2차 분해자 / 3°=3차 분해자.

토양생물들이 나뭇잎을 똥과 미세한 입자로 만들고 나면, 박테리아와 곰팡이를 비롯한 다른 미생물이 이차적으로 그 잔류물에 달려든다. 이 미생물들은 효소와 신진대사 화학 물질을 이용하여 커다란 분자를 먹기 편한 작은 조각으로 자른다. 식물 세포벽의 단단한 성분인 섬유소와 리그닌은 맛좋은 당분과 향기로운 탄소 고리로 쪼개진다. 다른 미생물들은 엽단백질(葉蛋白質)의 긴 사슬을 산산조각 내서 짧은 아미노산으로 만든다. 이 미생물 중에는 고도로 전문화되어 단지 몇 가지 유형의 분자만 분해할 수 있는 것도 있지만, 토양미생물은 엄청나게 다양하기 때문에 문제가 되지 않는다. 1티스푼의 흙에는 각기 다른 화학적 도구를 가진 박테리아가 5,000종이나 들어 있을 때도 있다. 그래서 수천 종의 박테리아, 균류, 조류 등의 미생물로 이루어진 이 훌륭한 오케스트라는 지금 예로 들고 있는 나뭇잎뿐만 아니라 접하는 거의 모든 것을 완전히 분해해버린다.

이 미생물들은 유기물을 분해하는 일과 함께 토양의 구조도 형성한다. 토양 박테리아는 유기물을 먹고 고무질, 왁스, 겔을 분비하여 흙 속의 미세한 입자들을 서로 결합시킨다. 분열하는 진균 세포들은 손가락처럼 기다란 균사가 되어 흙 부스러기를 감싸 묶는다. 이렇게 만들어진 떼알 덕분에 미생물이 풍부한 흙은 '경작적성(tilth)'이 좋은 것이다. 느슨하고 무른 떼알 구조는 정원사나 농부라면 누구나 달성하려고 노력하는 목표다. 미생물이 만들어내는 이 끈적끈적한 부산물은 흙이 마르는 것을 막고 엄청난 양의 물을 머금을 수 있게 해준다. 토양생물이 없다면 흙이 바싹 말라서 바람에 날아가버리거나, 비가 한차례 내리고 나면 엉겨 붙은 진흙 덩어리가 되어 뿌리가 뻗어나가기 어렵게 된다.

미생물은 오래 살지 못한다. 겨우 몇 시간이나 며칠 정도를 살 뿐이다. 미생물이 죽으면 더 큰 미생물과 토양생물이 그 사체를 먹는다. 또한 토양생태계에는 포식자가 널려 있다. 게걸스러운 아메바들이 흙 속에 있는 수분의 막 속에 도사리고서 운 나쁜 박테리아를 집어삼키려 한다. 긴털가루진드기, 톡토기, 특정한 딱정벌레 등은 1차 분해자를 먹고살기 때문에 2차 분해자라 불린다. 나뭇잎에 모여든 2차 분해자(그리고 약간의 1차 분해자)를 먹는 더 큰 포식자도 있다. 이것이 3차 분해자인 지네, 딱정벌레, 의갈류, 포식성응애, 개미, 거미 등이다.

1차, 2차, 3차 분해자라는 순서는 언뜻 일직선상의 계층적인 서열로 보이지만, 사실 그 경계는 명확하지 않다. 심지어 가장 큰 거미의 똥과 사체가 박테리아를 비롯한 1차 분해자들의 먹이가 되기도 하기 때문에 어떤 것이 맨 꼭대기에 있다고 단정하기는 어렵다. 토양 생태는 중첩된 순환으로 이루어져 있다. 모든 종은 살아 있거나 죽어 있는 상태에 따라 서로 다양하게 연결된다. 그래서 이것을 자세하게 그림으로 그린다면 화살표가 레이스처럼 촘촘하게 엮인 나머지 시커멓게 보일지도 모른다.

부식토가 만들어지는 과정

이제 나뭇잎이 거의 다 분해되었다. 그렇다면 이 나뭇잎은 어떻게 식물의 먹이가 될까? 어떻게 되살아나서 식물과 정원에 다시 연결될까? 나뭇잎의 내용물(재순환하지도 않고 기체가 되어 흩어지지도 않는 것들)은 결국 두 가지 물질, 즉 부엽토나 미네랄 가운데 하나가 된다. 두 가지 모두 식물이 건강하게 자라는 데 대단히 중요한 역할을 한다. 먼저 부엽토를 살펴보자.

나뭇잎이 토양생물에 의해 잘게 잘리고, 씹히고, 화학적으로 용해되는 과정에서 어떤 부분은 다른 부분보다 더 빨리 분해된다. 가장 먼저 분해되는 조직은 당과 녹말로 만들어진 것인데, 토양생물은 신속하게 그 조직을 에너지나 이산화탄소, 또는 더 많은 유기체로 전환시킨다. 섬유소와 몇 가지 단백질은 작은 분자들이 사슬과 박피 형태로 단단하게 연결되어 있어서 소화하기가 어렵다. 모든 토양생물이 십자형 결합으로 묶여 있는 이런 중합체(重合體)를 깨는 특수한 효소를 갖고 있지는 않기 때문에, 이러한 화합물은 더 천천히 분해된다. 분해하기 훨씬 더 어려운 중합체로는 나무를 단단하게 만들어주는 **리그닌**, 곤충의 갑옷을 구성하는 **키틴**, 몇 종류의 왁스 등이 있다. 특수한 토양생물만이 이런 결합력 강한 분자를 분해할 수 있는데, 그중 곰팡이가 특히 뛰어나다. 하지만 단단한 화합물을 부술 수 없는 유기체들도 저마다 최선의 노력을 다한다. 미생물들은 각기 소화할 수 있는 부분을 갉아 먹으며 형태를 변화시킨다. 아직 잘 밝혀지지 않은 과정을 통해서, 미생물과 분해 작용을 하는 다른 힘이 모여 나뭇잎에 있는 리그닌을 비롯한 고집 센 화합물을 **부식토**(humus)로 전환한다. 부식토는 여러 물질이 복잡하게 결합되어 있는 것으로, 상당히 안정적이라서 극도로 천천히 분해된다. 부식토는 주로 탄소, 산소, 질소, 수소로 구성되어 있는데, 토양생물이 더 이상 분해하기 어려운 방식으로 결합되어 있다.

부식토를 유기물의 종착역으로 볼 수도 있다. 나뭇잎의 잔존물이 부식토 단계에 이르게 되면 분해 과정은 달팽이만큼 느려진다. 부식토는 생물이 쉽게 분해할 수 없기 때문에 토양에 축적된다. 부식토 역시 결국에는 분해되겠지만, 건강한 토양에서는 오래된 부식토가 미처 분해되기 전에 새로운 퇴비 재료가 들어오기 때문에 부식토는 소비되는 속도가 느려지고 결국 계속해서 쌓이게 된다.

토양생물들도 밀어붙이면 부식토를 분해할 수 있기는 하다. 그러나 보통 먹을 것이 그것밖에 없을 때에만 어쩔 수 없이 분해한다. 만약 부식토의 깊이가 얇아지고 있다면 토양의 상태가 좋지 않다는 징후다. 이것은 쉽게 소화되는 유기물이 모두 사라졌다는 뜻으로, 흙 속에 사는 생물들이 몸 좀 따뜻하게 하겠다고 사실상 집을 태우고 있는 것이나 마찬가지다. 부식토는 흙의 건강에 대단히 중요하다. 그래서 현명한 정원사는 부식토가 풍부한 흙을 유지한다. 그 이유를 먼저 살펴보고 나서 방법을 알아보도록 하자.

토양의 모든 성분 중에서 수분을 가장 많이 머금는 것은 부식토다. 부식토는 자기 무게의 네 배에서 여섯 배까지의 물을 흡수한다. 축축한 피트모스[2] 한 꾸러미를 들어 올려본 적이 있는가? 축축한 피트모스는 굉장히 무겁다. 그리고 피트모스를 말리려면 몇 달은 걸릴 것이다. 사실 엄밀한 의미에서 피트모스는 부식토가 아니다. 피트모스는 부식토가 되는 도중에 진행이 억제된 유기물이다. 토탄(土炭) 늪(peat bog)에는 분해자들이 작업을 끝마치는 데 필요한 산소가 부족하기 때문에 미처 부식토가 되지 못한 것이 피트모스다. 어쨌든 축축한 피트모스 한 꾸러미를 들어 올려보면 부식토가 수분을 얼마나 잘 품고 있는지 알 수 있을 것이다.

부식토는 또한 젖으면 팽창하는 성질이 있다. 그래서 부식토가 풍부한 토양은 비가 내린 후에 살짝 부풀어오른다. 비에 젖은 흙이 마르는 동안에 부식토는 흙 부스러기 사이에 공간을 남기면서 수축한다. 이러한 팽창과 수축 과정이 토양을 가볍게 만든다. 이 과정은 경운과 비슷한 작용을 하지만 토양생물을 방해하거나 피해를 주는 정도가 훨씬 덜하다. 부식토가 풍부하고 폭신하게 부풀어오른 토양에서는 영양분을 찾는 뿌리와 토양생물 들이 쉽게 굴을 팔 수가 있다. 게다가 이 여행자들은 토양에 산소를 많이 공급한다. 이렇게 느슨해진 토양에는 물이 더 깊이 침투하며, 부식토에 의해 더 오래 저장된다. 여기에도 생명체의 삶의 향상시키는 긍정적인 피드백이 있다. 부식토는 수분과 토양생물이 흙 속으로 깊이 이동할 수 있게

---

2 한랭한 늪지대에서 물이끼나 수초 등의 유체가 퇴적되어 분해된 것. 물속의 지층에 갇혀서 공기가 차단되어 완전히 썩지 못한 채 부분적으로 분해되어 만들어진 물질이다. 자기 무게의 최대 20배까지 물을 흡수할 수 있다.

해준다. 거기에서 토양생물은 더 많은 부식토를 생성하고, 그 부식토는 그 생물들이 더욱 깊게 땅을 뚫고 들어갈 수 있게 해서, 다시 부식토를 형성하는 과정을 반복하는 것이다.

부식토가 정말로 탁월한 점은 영양소를 저장하는 능력에 있다. 아래의 부식토 분자 그림은 원자 수준의 관점에서 부식토의 모습을 그리고 있다. 이 그림에서 부식토는 빽빽하게 밀집되어 있는 산소 원자들로 이루어져 있다. 산소는 강한 음전하를 띠고 있다. 세상사가 대체로 그렇듯이 화학에서도 반대되는 것들은 서로를 끌어들인다. 그래서 부식토에 있는 많은 산소음이온은 양전하 원소들을 유인하는 '미끼'로 작용한다. 양전하 원소에는 식물과 토양생물 모두에게 가장 중요한 영양소인 칼륨, 칼슘, 마그네슘, 암모늄(질소 화합물), 구리, 아연, 망간 등이 포함된다. 적당한 조건(너무 산성도 아니고 너무 알칼리성도 아닌 pH 7 정도의 토양)만 되면, 부식토는 막대한 양의 양전하 영양분을 모아서 저장할 수 있다.

이런 영양소는 부식토에서 식물로 어떻게 이동할까? 앞에서 언급했던 것처럼 식물 뿌리는 매우 약한 산을 분비하여 부식토에 결합되어 있는 영양소를 떼어낸다. 부식토에서 나온 영양소는 흙 속의 수분에 용해되어 거름기 많은 진한 국물이 만들어진다. 이 영양가 높은 국물에 담긴 식물은 칼슘과 암모늄 등의 영양소를 마음껏 흡수할 수 있다. 식물이 이렇게 국물을 실컷 들이켜고 나면, 산 분비를 멈추어서 부식토가 고갈되는 것을 막는다고도 한다.

이것은 식물이 부식토에서 영양소를 끌어내는 직접적인 방법이다. 건강한 토양에서는 간접적인 방법으로 영양소를 얻는 일도 마찬가지로 흔한데, 여기서는 미생물이 중개인 역할을 한다. 이런 방식의 식물 섭식에는 교환 과정이 따른다. 뿌리가 분비하는 당과 비타민은 이로운 박테리아와 균류에게 이상적인 먹이가 된다. 이런 미생물은 뿌리 근처에 엄청나게 많이 살고 있는데, 심지어 뿌리에 붙어서 식물이 만들어낸 먹이를 받아먹고 뿌리를 에워싼 수분 막에서 목욕을 하기도 한다. 미생물은 답례로 산과 효소를 생산하여 부식토

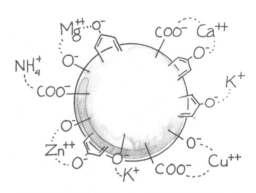

화학적 관점에서 본 부식토. 산소음이온이 산재해 있다. 암모늄, 칼륨, 구리, 마그네슘, 칼슘, 아연과 같은 양전하 영양소가 부식토에 흡수된다. 식물과 미생물이 이 영양소를 부식토에서 빼내서 쓸 수 있다.

에 결합되어 있는 영양소를 풀어주고, 이 먹을거리를 식물과 나눈다.

또한 미생물은 배설물을 통해서 식물에게 먹이를 제공한다. 덤으로, 여러 곰팡이와 미생물은 항생물질을 분비해서 식물을 질병으로부터 보호해준다. 이 모든 상호 교환을 통해서 진정한 공생 관계가 형성된다. 특정한 미생물 파트너에게 의존하기 때문에 그 파트너가 없으면 잘 자라지 못하는 식물도 많다. 식물과 미생물 사이의 동반자 관계가 그리 특유하지 않다 하더라도, 식물은 척박한 환경이나 미생물이 고갈된 환경에 있을 때보다 미생물이 있을 때 훨씬 더 빨리 자란다.

미네랄이 풍부한 토양

부식토에 대해 알아보았으니 이제 나뭇잎에서 미네랄이 되는 운명을 맞는 부분을 살펴보자. 대부분의 생물과 마찬가지로 나뭇잎도 주로 탄소화합물로 이루어져 있다. 당과 단백질, 녹말을 비롯한 유기분자들이 여기에 속한다. 토양생물이 이런 화합물을 먹으면 그 속에 있는 탄소의 일부는 세포막, 겉날개, 안구 등의 형태로 소비자의 일부분이 된다. 그리고 탄소의 또 다른 일부는 이산화탄소, 즉 CO_2로 방출된다(같은 이유로 우리가 내쉬는 숨에도 이산화탄소가 포함되어 있다). 토양생물은 또한 질소, 칼슘, 인 등 나뭇잎을 형성하는 다른 원소들도 소비한다. 그러나 그 원소 대부분은 다시 유기체나 벌레똥 같은 고체로 융합되어 지상에 묶이게 된다. 어쨌든 상당량의 탄소는 이산화탄소가 되어 대기 중으로 방출된다. 이것은 분해 중인 물질에서 다른 여러 원소에 대한 탄소의 비율이 감소함을 뜻한다. 예를 들어 탄소는 공기 중으로 이동하지만 질소는 대부분 뒤에 남는다. 결국 질소에 대한 탄소의 비율은 감소한다(퇴비 만들기에 열성적인 사람이라면 적정한 탄질비야말로 좋은 퇴비가 갖추어야 하는 중요한 요소라는 사실을 알고 있을 것이다). 분해 과정에서 탄소의 수준은 급속히 떨어지지만, 분해되고 있는 나뭇잎 속의 다른 성분은 비슷한 수준을 유지하는 것이다.

토양생물의 마지막 서열인 미생물이 잎을 가득 뒤덮어서 모두 소화시켰을 때쯤이면, 소비할 수 있는 탄소(부식토의 형태로 묶여 있지 않은 것)의 대부분은 사라진 상태다. 인산염, 질산염, 황산염 같은 무기화합물(여기에는 탄소가 없다) 외에는 남은 것이 거의 없다. 정원을 가꾸는 사람이라면 이런 무기화합물의 이름이 비료 부대에 인쇄되어 있는 것을 많이 보았을 것이다. 그렇다. 미생물은 바로 흙 속에서 식물에게 줄 비료를 만들어내는 것이다. 탄소를 함유한 유기화합물에서 식물의 먹이가 되는 무기물을 분해해 토양에 돌려주는 이 과정을 **무기질화** (mineralization)라고 부른다. 질산염과 인산염 등의 미네랄은 조그만 분자들로, 보통 이동성이 아주 높으며 물에 쉽게 용해된다. 그렇기 때문에 생물의 잔해에서 풀려나오거나 땅에 넣은 비료에서 나온 미네랄 영양소는 흙 속에 오래 머물지 못하고 비가 내리면 쉽게 쓸려나간다.

토양 미네랄을 주로 흡수하는 것은 식물 뿌리고, 식물은 토양 미네랄(비료)이 수용성의 형태일 때만 흡수할 수 있다는 게 일반적인 통념이다. 그러나 두 가지 모두 참이 아니다. 뿌리는 토양의 아주 작은 부분만을 차지할 뿐이다. 그래서 토양 미네랄과 화학비료의 대부분은 결코 뿌리와 직접적으로 접촉하지 못한다. 외로이 고립된 이 미네랄은 부식토나 토양생물이 낚아채지 못하면 침출되어 사라져버린다. 부식토와 토양생물은 영양분이 개울과 호수, 궁극적으로 바다로 씻겨나가지 않도록 붙잡아둠으로써 땅을 비옥하게 유지한다.

농화학자들은 수용성 비료를 얻을 수 있는 기회를 계속해서 놓치곤 했다. 그들은 생태학적 접근법이 아니라 공학적 접근법을 이용하느라 일을 어렵게 만든다. 화학비료에 있는 수용성 미네랄을 식물이 매우 잘 흡수한다는 사실은 맞다. 그러나 식물은 보통 땅에 뿌려진 비료의 10%만을 이용할 뿐, 50% 이상을 이용하는 경우가 드물다. 나머지 비료는 지하수로 씻겨나간다. 농경지 주변의 우물이 유독한 수준의 질산염으로 오염되는 이유가 바로 이것이다.

자연의 방식으로 유기물에 결합된 상태의 비료를 주면, 훨씬 양이 덜 들 뿐 아니라 비료를 생산하고 운송하고 뿌리는 데 드는 에너지도 절약할 수 있다. 이렇게 하면 다양한 토양생물에게도 도움이 된다. 생태 피라미드의 기초를 넓히고 생물다양성을 향상시킬 수 있는 것이다. 게다가 식물이 먹이를 강제적으로 투여받는 대신 균형 잡힌 식사를 할 수 있어 더욱 건강해진다. 탄소가 빈약한 토양에서 자란 식물보다 유기물이 풍부한 토양에서 자란 식물이 병충해에 대한 저항성이 더 뛰어나다는 사실은 매우 잘 입증되어 있다.

요컨대, 적절하게 조정된 생태정원에 수용성 비료가 필요한 경우는 거의 없다. 식물과 토양생물이 약한 산과 효소를 분비하여 부식토와 생물의 잔해, 또는 또 다른 영양소 저장고인 점토로부터 영양소를 분리할 수 있기 때문이다. 토양학자인 윌리엄 알브레히트(William Albrecht)의 말에 따르면, 건강한 토양에서는 대부분의 영양소가 "불용성이지만 이용할 수 있다."고 한다. 이런 영양소는 유기물에 묶여 있거나 한살이가 짧은 미생물 사이에서 순환하고 있기 때문에 토양 밖으로 씻겨나가지 못한다. 그렇지만 식물의 뿌리는 이 영양소들이 떨어져 나오도록 부드럽게 달래거나 당을 분비해서 영양소를 교환한다. 그리고 식물은 영양소를 필요한 만큼만 취한다. 그 양은 매주 적은 것으로 드러나는데, 식물의 85%는 물이고 나머지 대부분은 공기에서 흡수한 탄소이기 때문이다. 예를 들어 500g 정도의 커다란 토마토는 토양에서 겨우 인 50mg과 칼륨 500mg 정도밖에 끌어내지 못한다. 피복재와 퇴비, 영양소 축적식물을 이용하고 부식토가 풍부한 정원이라면, 그 정도의 양은 보충하기 쉽다.

균형의 문제

간혹 토양생물을 악당으로 지목하는 원예서적도 있다. 토양생물이 영양소를 '가두기 때문에' 식물이 영양소를 이용할 수 없다는 것이다. 불균형이 심한 토양의 경우에는 맞는 말이다. 토양생물은 운동 능력 면에서 식물보다 훨씬 더 자유롭고 신진대사도 더 빠르다. 배고픈 미생물은 영양소를 뿌리보다 먼저 차지할 수 있다. 윌리엄 알브레히트가, "미생물은 첫 번째 식탁에서 식사를 한다."고 했듯이 말이다. 만약 토양이 척박해서 토양생물이 굶주리면, 미생물은 분명히 식물에게 어떤 음식도 남겨주지 않을 것이다.

토양에 흔히 발생하는 문제 가운데 하나인 질소 결핍을 예로 들 수 있다. 질소는 단백질과 세포막 형성에 이용되는데, 질소가 부족한 식물은 색이 옅고 생기가 없다. 정원사들은 대팻밥이나 짚이 질소 결핍을 초래하므로 토양개량제로 사용하지 말라는 권고를 받곤 한다. 대팻밥과 짚은 훌륭한 탄소 공급원이지만 질소 함량이 매우 낮기 때문이다(표4-1 참조). 질소가 빈약한 이 개량제를 토양 표면에 피복재로 사용하는 것은 좋다. 하지만 이것을 삽이나 경운기로 흙과 섞으면, 질소 1에 대해 탄소 20~30 정도의 균형 잡힌 식사를 해야 하는 분해자 생물들이 막대한 탄소 연료를 공급받고 날뛰게 된다. 이것은 당분을 한 번에 다량으로 복용하면 신진대사가 과도하게 활성화되는 것과 비슷하다. 단기간에 폭발적인 반응이 일어나지만 다른 영양소를 고갈시키고 결국 탈진하고 마는 것이다.

이렇게 짚을 통해 공급받은 탄소에 균형을 맞추려고, 토양생물은 쓸 수 있는 질소를 모두 취해버린다. 토양생물은 낮은 수준의 질소 함유량 안에서 가능한 한 가장 빨리 먹고 번식하고 성장한다. 풍성하지만 균형이 맞지 않는 먹을거리는 미생물이 급격하게 증가하도록 부추긴다. 곧 2차, 3차 분해자(딱정벌레, 거미, 개미)도 사냥감의 폭증으로 인해 맹렬히 번식한다. 쓸모 있는 질소가 사체나 폐기물의 형태로 조금이라도 풀려나오면 조그맣고 배고픈 생물들이 즉각 질소를 먹어치운다. 식물이 미처 먹기전에 말이다. 미생물이 먼저 식탁에 올라가기 때문에 식물 뿌리는 큰 손해를 보게 된다. 미친 듯이 달리고 있지만 편향된 이 폭식 현상은 과다한 탄소가 전부 소모되거나, 공기에서 질소를 끌어내는 박테리아나 동물의 똥, 관찰력 있는 정원사가 짊어지고 온 혈분(血粉, blood meal)[3] 한 포대를 통해 질소가 유입되어 균형이 잡힐 때까지 사그라지지 않는다.

토양에 다른 영양소들이 결핍되어 있을 때도 이러한 잠김 현상이 일어난다. 토양생물이 충분히 먹지 못하면 식물은 먹을 수가 없다. 관행적인 농업에서는 식물이 소비하는 양의 열 배나 되는 무기질 비료를 토양에 쏟아 부어서 이 문제를 해결한다. 그러나 이것은 생물학자가 아닌 공학자의 접근법으로, 수질오염을 일으키고 식물을 여러 가지 문제에 취약한 상태로 만든다. 토양생물뿐만 아니라 토양 자체도 불균형으로 인해 고통받게 된다.

화학비료를 지나치게 사용하고 나면 토양생물에 다음과 같은 일이 벌어진다. 무기질 비료를 토양과 혼합하면 미네랄 영양소가 과잉된다(많은 양이 물에 씻겨나가기 때문에 언제나 초과량이 필요하다). 이제 공급이 달리는 먹을거리는 탄소다. 전형적인 NPK 비료에 들어 있는 과도한 질소, 인, 칼륨에 자극받은 토양생물은 또 다시 미친 듯이 폭식하기 시작한다. 유기체는 질소 한 개당 대략 스무 개의 탄소를 필

3 동물의 피를 말린 것으로 비료·가축 사료의 보충제

표4–1 일반적인 피복재와 퇴비 재료의 탄소 대 질소 비율(C:N)	
사과 찌꺼기	21/1
골분(骨粉)	3.5/1
개화기의 클로버	23/1
생장기의 클로버	16/1
완성된 퇴비	16/1
옥수숫대	60/1
면실박(綿實粕)	5/1
생선 찌꺼기	4/1
곡물 껍데기와 쭉정이	80/1
깎은 잔디 말린 것	19/1
갓 깎은 잔디	15/1
콩과(科)식물과 풀이 섞인 건초	25/1
다 자란 알팔파 건초	25/1
어린 알팔파 건초	13/1
마른 낙엽	50/1
갓 떨어진 낙엽	30/1
계분	7/1
우분	18/1
마분	25/1
인분	8:1
삭힌 똥거름	20/1
신문	800/1
개화기의 호밀풀	37/1
생장기의 호밀풀	26/1
단단한 목재의 톱밥	400/1
썩은 톱밥	200:1
연한 목재의 톱밥	600/1
해초	19/1
귀리짚	74/1
밀짚	80/1
인간의 소변	0.8:1
채소 찌꺼기	12/1
갓 자른 벳지	11/1

출처/ 로버트 쿠릭(Robert Kourik)의 『자연스러운 식용식물 조경디자인과 유지관리(Designing and Maintaining Your Edible Landscape – Naturally)』(Metamorphic, 1986), 패럴론 연구소(Farallones Institute)의 『완전한 도시주택(The Integral Urban House)』(Sierra Club, 1979), 닐 C. 브래디(Nyle C. Brady)의 『토양의 성질과 특성(The Nature and Properties of Soils)』(Prentice Hall, 1996)에서 발췌

요로 하기 때문에, 모든 질소의 짝을 맞추기 위하여 토양의 유기물에서 구할 수 있는 탄소를 모두 끌어내어 생체와 연결하는 데는 그리 오랜 시간이 걸리지 않는다. 유기체는 이산화탄소를 숨으로 내쉬기 때문에, 탄소의 일부는 세대가 바뀔 때마다 소실된다. 쉽게 소화할 수 있는 유기물이 가장 먼저 먹히고, 이어서 부식토가 좀 더 천천히 먹힌다. 그리하여 토양에 있는 거의 모든 탄소가 사라지게 된다(화학비료를 통해 영양소를 공급받은 토양은 유기물이 지극히 결핍되어 있다). 그리고 이 필수적인 먹이가 없어 굶주린 토양생물은 죽기 시작한다. 탄소 결핍을 견디지 못하는 토양생물종은 그 땅에서 멸종된다. 이런 생물 중에는 아주 중요한 역할을 하는 것도 있을 수 있다. 식물을 보호하는 항생물질을 분비하거나, 필수 영양소를 운반하거나, 분해하지 않으면 먹을 수 없는 화합물을 분해하는 생물 말이다. 중요한 연결 고리들이 사라졌기 때문에 토양생태계는 심한 불균형에 빠진다. 천적이 죽어서 사라지기 시작하면 사냥감이 되는 몇몇 생물은 이 찢어진 먹이그물에서 더 이상 감시받지 않게 되고, 수가 급증하여 해충이 된다.

애석하게도 이렇게 미네랄을 과잉 투여한 후에도 남아 있는 생물 중 상당수는 마지막으로 남은 탄소 공급원인 당신의 식물을 먹고 살아남는 법을 아는 놈들이다. 화학비료로 토양의 탄소를 소진해버리는 것은 사실상 질병을 유발하는 생물을 선택하는 격이다. 곤충이 갉아 먹고, 벌레가 빨아 먹고, 곰팡이가 피고, 검게 변하고, 얼룩이 생기는 등 온갖 종류의 무서운 질병이 식생 위에 강림한다. 자연적인 통제 방법이 사라지고 초록색을 띤 모든 것들을 질병이 괴롭히면, 인간이 개입하여 농약을 살포해야 한다. 그러나 파괴적인 양상을 보이고 있는 유기체들은 번창하기 위해서 필요한 것(정원의 식물로 이루어진 먹이와 거처)을 이미 가지고 있기 때문에, 필수적인 듯한 인간의 간섭이 줄어들 때마다 번식하게 된다. 정원사는 화학적인 다람쥐 쳇바퀴에 걸려든 것이다. 이것은 승산 없는 싸움이다. 50년 전에 사용했던 농약의 스무 배를 사용하고 있는데도 병충해로 잃는 작물이 두 배로 늘었다는 미국 농무부의 통계는 이러한 사실을 입증한다.

화학비료를 무분별하게 사용하면 토양 자체도 손상을 입는다. 토양생물이 유기물을 걷잡을 수 없이 다 먹어치우기 때문에 토양은 물과 공기를 함유하는 능력을 상실한다. 경작 적성이 파괴되는 것이다. 절박해진 토양생물은 궁여지책으로 부식토 자체를 먹는다. 부식토와 다른 모든 유기물이 사라지면 토양은 푹신하고 무른 구조를 잃고 주저앉는다. 점토는 콘크리트처럼 단단히 다져지고, 침니는 말라서 가루가 되어 바람에 날린다.

그에 반해서 토양생물이 풍부하면 토양의 구조뿐만 아니라 식물의 건강도 향상된다. 토양의 먹이그물이 다양성으로 가득해지면 질병은 억제된다. 세균성 마름병이 시작되려 하면 균형 있는 숫자의 포식자들이 이 잉여의 먹이를 뜯어 먹어서 본래 상태로 돌린다. 곰팡이병의 조짐이 보일 때는 그곳에 살고 있는 미생물과 곤충들이 이 새로 공급된 먹이를 마음껏 누린다. 살아 있는 토양이야말로 건강한 정원의 토대다.

땅을 갈 것인가 말 것인가

유기물이 토양을 가볍고 푹신하게 유지해서 뿌리가 쉽게 뚫고 들어가게 해준다는 사실을 살펴보았다. 그렇다면 토양을 부수기 위하여 기계적인 방법을 사용하는 것은 어떨까?

쟁기의 발명은 인류의 진보에 지대한 영향을 미친 것으로 여겨진다. 농부들은 쟁기질을 하면 갇혀 있던 토양의 지력이 풀려난다는 사실을 알고 있다. 게다가 쟁기질은 잡초를 억제하고 표면의 지푸라기를 흙과 골고루 섞어준다. 우리도 차고에서 경운기를 끌어내어 콧김을 내뿜는 이 짐승을 몰고 푸른 연기가 자욱하도록 밭두둑을 파헤치며 돌아다니곤 한다.

땅을 가는 동안에는 어떤 일이 일어나는 걸까? 흙을 뒤집으면 신선한 공기가 땅속으로 골고루 들어가게 된다. 산소가 토양생물을 활성화시켜서 유기물을 분해하고, 부식토와 암석 입자로부터 미네랄을 뽑아내는 작업이 시작된다. 게다가 땅을 갈면 크게 덩어리진 흙이 수많은 작은 덩어리로 부서져 표면적이 획기적으로 증가한다. 그러면 토양미생물이 이 신선한 표면을 점유해서 더 많은 영양소를 추출하고 개체수의 폭발을 일으킨다.

이 덕분에 한 철 동안 매우 훌륭한 상황이 만들어진다. 영양소가 폭발적으로 증가하여 식물의 성장이 놀라울 정도로 촉진되고 수확량도 풍부해진다. 하지만 땅을 갈면, 토양생물은 식물이 쓸 수 있는 양보다 훨씬 많은 영양소를 방출한다. 쓰이지 못한 영양소는 비에 씻겨 사라진다. 다음 해에 또 땅을 갈면 더 많은 유기물이 소진되면서 또 다시 영양분이 과잉된다. 이 영양분은 다시 비에 씻겨나간다. 이렇게 몇 계절이 지나면 토양은 고갈되고 만다. 부식토가 사라지고, 광석은 고갈되고, 인위적으로 자극받았던 토양생물은 궁핍해진다. 이제 정원사는 토양을 회복시키기 위해 유기물과 비료를 쏟아 붓고 힘든 일도 많이 해야 할 것이다.

이와 같이 경운은 식물이 쓸 수 있는 것보다 훨씬 더 많은 영양소를 방출한다. 게다가 계속해서 토양을 기계적으로 부수면 토양의 구조가 파괴된다. 너무 축축한 토양에 이런 짓을 하면 특히 더 그렇게 된다(우리는 모두 씨를 빨리 심고 싶어서 안달하기 때문에 이런 일은 자주 일어난다). 땅을 자주 갈면 양토 부스러기가 가루로 으깨지고 점토질의 흙덩이가 단단히 다져져서 경반층이 되어버린다. 그리고 한 번의 경운으로 소모되는 에너지의 칼로리는 일 년 동안 밭에서 키운 먹거리의 칼로리보다 훨씬 더 크다. 이것은 지속가능한 안배가 아니다.

차라리 부식토로 흙을 자연스럽게 부풀리고 피복재를 이용해 잡초를 억제하고 영양소를 갱신하는 편이 낫다. 기계를 이용해 무서운 속도로 양분을 풀어놓는 대신 식물 뿌리가 그 일을 담당하게 할 수 있다. 탐색하며 뻗어나가는 뿌리는 땅속의 금괴를 알맞은 속도로 쪼개고, 미생물이 서식지로 삼을 수 있도록 토양을 열어주며, 알맞은 비율로 영양소를 풀어준다. 다시 한 번 말하지만, 자연은 우리의 노예가 아니라 훌륭한 동반자가 될 수 있다.

토양생물 조성하기

좋다. 이론은 이것으로 충분하다. 이제는 손에 흙을 묻힐 시간이다. 정원사들이 꿈에 그리는 흙을 만드는 기술에는 어떤 것이 있을까? 어쩌면 "유기물을 늘리세요"라는 한 마디로 간단하게 답을 하고 이 장을 끝낼 수도 있다.

하지만 나는 거기서 그치지 않을 것이다. 토양에 유기물을 조성하는 기술은 아주 많으며, 상황에 따라 다른 방법을 적용해야 하기 때문이다. 유기물을 조성하는 기술은 크게 퇴비, 피복, 피복작물이라는 세 가지 범주로 나눌 수 있다.

퇴비: 지저분하지만 신속하게 토양을 조성하는 방법
대부분의 정원사는 퇴비의 가치를 잘 알고 있다. 그리고 이 '검은 금'을 다룬 우수한 서적과 논문도 많다. 따라서 나는 그런 책이나 논문 내용을 되풀이해서 설명하는 데 굳이 많은 시간을 할애하지는 않을 것이다. 간단하게 말해 퇴비는 분해의 최종 산물이다. 퇴비는 부식질이 많고 비옥하며 잉여의 유기물을 무더기로 쌓거나 통에 담아서 썩히는 방식으로 만들어진다.

주택에 사는 사람이라면 누구나 여분의 유기물을 발생시킨다. 여기에는 음식물쓰레기와 깎아낸 잔디, 낙엽 더미, 전정한 가지, 마당의 식물을 청소한 찌꺼기 등이 있다. 이것들 대부분은 바로 그 자리에서 재활용해서 토양생물이 쓸 수 있는 자원이나 정원에서 키우는 식물을 위한 영양소로 바꿀 수 있다. 만약 당신이 까다로운 사람이 아니라면, 마당 한 구석에 저 유기물을 간단히 쌓아놓고 몇 달 동안 기다리는 것만으로 충분히 퇴비를 만들 수 있다. 그렇지만 이 작업을 훨씬 더 효율적으로 할 수도 있다. 좋은 퇴비더미를 만드는 요점은 탄소 대 질소의 적절한 비율과 적정 수준의 수분과 공기, 그리고 적당한 규모다.

퇴비더미의 크기를 먼저 살펴보자. 미생물은 먹이를 먹고 번식하면서 열을 발산한다. 이 열은 미생물의 성장을 빠르게 하며, 그에 따라 퇴비더미 속에 있는 내용물이 분해되는 속도도 빨라진다. 그러나 마찬가지로 중요한 점은 뜨거운 퇴비더미가 마당쓰레기에 들어 있는 씨앗을 죽인다는 것이다. 한 변이 약 90cm가 안 되는 퇴비더미는 급증하는 미생물이 발산하는 열을 가두기에 충분하지 않기 때문에, 씨앗을 죽이는 데 필요한 온도인 55~65℃까지 올라가지 못한다. 저온 발효된 퇴비를 정원에 뿌리면 다수의 잡초와 달갑지 않은 식물을 들여오게 된다. 나는 제대로 만들지 않은 퇴비를 뿌린 꽃밭에서 토마토 싹이 수백 개나 솟아난 것을 본 적이 있다. 그러니 퇴비를 만드는 사람들은 퇴비더미의 높이가 90cm를 넘을 때까지 재료를 모아야 한다.

퇴비더미에는 무엇을 넣어야 할까? 퇴비의 성분에 따라 탄소 대 질소의 비율은 달라지는데, 유기체가 거의 다 분해된 후의 전체적인 탄소 대 질소 비율은 30 대 1 정도가 이상적이다. 표4-1에는 여러 가지 퇴비 재료들의 탄소 대 질소 비율이 제시되어 있다. 꼼꼼한 사람이라면 고탄수 재료와 고질소 재료의 균형 잡힌 비율을 계산해서 30 대 1의 탄질비를 가진 퇴비를 만들어낼 수 있을 것이다. 그러나 그다지 주도면밀한 편이 아니라면 다음과 같은 좋은 방법이 있다. 깎은 잔디나 막 잘라낸 식물 같은 녹색 물질(음식 쓰레기도 여기에 포함된다)은 질소 함유량이 높다. 마른 나뭇잎, 건초, 짚, 대팻밥과 같은 갈색 품목은 탄소 함유량이 높다. 여기서 똥은 예외로 한다. 똥은 갈색이지만 질소 함유량이 높으므로 그냥 녹색으로 친다. 녹색 물질과 갈색 물질을 대충 반반씩 섞으면 탄소 대 질소 비율을 이상적인 수치인 30 대 1에 가깝게 조절할 수 있다. 만약 질소 함유량이 높은 재료가 부족하다면 면실박이나 어분, 또는 혈분을 조금 섞어서 균형을 맞추면 된다.

　퇴비더미를 쌓을 때는 각 층의 두께가 약 15cm를 넘지 않도록 한다. 더미가 작을 경우에는 모든 재료를 간단하게 뒤섞어준다. 퇴비더미에 흙을 넣으면 좋다는 정원사들도 있다. 토양이 끈적거리는 점토가 아닌 경우에는 나도 가끔 그렇게 한다. 나는 퇴비더미를 쌓을 때 완성된 퇴비도 몇 줌 넣는다. 완숙퇴비 속의 토양생물을 퇴비더미에 접종해서 활력을 불어넣는 것이다. 매우 의욕이 넘칠 때면 나는 두 가지 작업을 한다. 하나는 만든 지얼마 안 된 퇴비더미가 있을 경우에 그 퇴비로 새로운 퇴비더미를 접종하는 것이다. 내가옮기는 토양생물종이 신선한 퇴비더미 속에 있는 소화되지 않은 잔해에 적합하다고 생각해서다. 그리고 또 나는 숲 속과 들판, 연못 가장자리로 가서(즉, 다양한 생태계로 가서) 각각 1~2ℓ의 흙을 퍼 와서 퇴비더미에 섞어준다. 이런 식으로 나는 유익한 포식자와 분해자를 영입하여 토양생물의 다양성을 극대화하고 있다.

　퇴비더미에 있는 생물이 생존하기 위해서는 물이 필요하다. 좋은 퇴비더미는 물기를 짜낸 스펀지 정도로 촉촉해야 한다. 만약 퇴비더미를 다 쌓았는데 재료가 말라 있다면 적정 수분량을 달성하기 위해서 엄청난 양의 물이 필요할 수도 있다. 8월에 퇴비더미를 만들 때 나는 마른 부스러기들을 긁어 올리면서 그 더미에 호스로 계속 물을 뿌려준다(이럴때 생활폐수를 이용하면 딱 좋다. 생활폐수에 들어 있는 영양소가 토양생물에게 추가로 활력을 불어넣어줄 뿐만 아니라, 물을 많이 쓰는 것에 대해 느끼는 죄책감도 덜어준다). 나는 대개 퇴비더미를 다쌓고 나면 방수포나 뚜껑을 덮어서 맑은 날에는 수분을 유지하고, 어렵게 얻은 영양소들이 빗물에 의해 침출되지 않도록 해준다.

　퇴비와 관련된 오래된 문제가 하나 있다. '퇴비를 뒤집어줄 것인가 말 것인가?' 퇴비를뒤집어주면 산소가 공급되어 분해 속도가 빨라진다. 퇴비를 급히 만들어야 할 때는 퇴비더미 내부에서 발생한 열(최초의 발열작용은 더미가 만들어진 후 며칠 이내에 시작된다)이 가라앉기 시작하자마자 퇴비더미를 뒤집어준다. 그렇게 하면 퇴비더미에 살고 있는 생물들의신진대사가 산소로 인해 다시 촉발되어 퇴비가 다시 급속도로 뜨거워진다. 퇴비더미가 식을 때마다 다시 뒤집어준다. 퇴비더미를 적절하게 쌓고 적당한 때에 뒤집어주면 3주 만에검은 금을 만들어낼 수 있다.

하지만 나는 미리 계획을 세워 퇴비를 만들라고 권하고 싶다. 퇴비더미를 한두 번만 뒤집어주어도 필요할 때 퇴비를 넉넉하게 공급받을 수 있도록 말이다. 한두 번만 뒤집어주어도, 퇴비더미의 겉부분까지 골고루 썩히기에 충분하다.

그렇게 권하는 이유는 다음과 같다. 퇴비더미를 별로 뒤집어주지 않으면, 야심차게 여러 번 쇠스랑으로 뒤집은 것만큼 빠르게 썩지는 않는다. 그러나 퇴비더미 뒤집기는 미생물의 신진대사를 엄청나게 증폭시킨다. 이것은 퇴비더미의 내용물이 완전히 삭은 부식토나 완전히 무기질화된 영양소로 가는 두 갈래 길을 매우 빨리 완주하도록 만든다. 무기질화된 영양소는 토양에서 매우 빨리 침출될 수 있다. 완전히 삭아버린 부식토는 토양의 구조나 내건성이라는 측면에서는 아주 좋지만, 덜 삭은 유기물만큼 많은 토양생물을 먹이지는 못한다. 내 경험에 따르면, 서서히 썩는 퇴비라도 맨 처음 열을 발생시킬 때는 잡초 씨앗을 죽이기에 충분한 만큼 뜨거워진다. 그리고 여러 번 뒤집어서 만든 퇴비보다 더 오랫동안 식물에게 영양소를 공급해주는 것 같다. 그래서 내 나름대로 세운 규칙은 이렇다. 토양의 구조를 급속히 개량할 필요가 있을 때는 퇴비를 뒤집고, 영양소를 장기간 공급하고 싶을 때는 퇴비더미를 내버려두는 것이다.

퇴비의 가장 좋은 역할은 제한된 면적의 토양을 빠른 시간 내에 비옥하게 만들어주는 것이다. 이때 땅의 면적은 수십 제곱미터 정도인 것이 좋다. 만약 밭을 새로 일구게 되어서 생산성을 빨리 높이길 원한다면, 퇴비를 이용하여 토양을 급속도로 비옥하게 만들 수 있다. 척박한 토양에는 3~5cm 정도 두께로 가볍게 퇴비를 넣어준다. 땅이 완전히 고갈되었거나 단단하게 다져진 경우에는 5cm 넘는 두께로 퇴비를 넣어주면 높은 수준의 밀식 재배도 가능해질 것이다. 이 방법으로 식물 생산에 시동을 걸고 나면 정원사는 좀 더 장기간에 걸친 토양 조성을 시작할 수 있다.

나는 여기서 감히 이단적인 말을 하려고 한다. 퇴비를 통해 토양을 조성하는 것은 내가 별로 좋아하는 방법이 아니다. 나는 퇴비 만들기는 최소한으로 하려고 한다. 그 이유 중 하나는, 퇴비를 만들려면 일을 많이 해야 한다는 것이다. 재료를 따로 모으고, 층층이 쌓고, 물을 주고, 뒤집어주어야 한다. 그런 다음 그 망할 더미를 수레로 운반하는데, 짐을 싣고 또 실어서 밭두둑으로 나르고, 삽으로 퍼내고, 가래로 떠서 흙 속에 넣고, 갈퀴로 두둑을 고르는 일을 해야 한다. 이렇게 엄청나게 손이 많이 가는 작업은 효율성을 추구하는 디자이너라면 모두 최소화하고 싶어 하는 것이다.

그리고 나는 미생물 무리를 키우거나 그 재능을 활용하기 위한 최적의 방법은 퇴비더미가 아니라고 생각한다. 퇴비더미를 뒤집어주거나 옮길 때마다 이 훌륭한 조력자들을 수십억 마리나 죽이게 되기 때문이다. 쇠스랑은 미생물의 보금자리를 박살내고 미생물과 그 자식들을 때려눕힌다. 그리고 퇴비더미의 바깥층에 오게 되는 놈들은 말라 죽게 된다. 목적 달성을 위해 이런 희생을 감수할 수도 있지만, 그건 다른 방법이 없을 때의 이야기다. 나는 농사가 고상한 예술이 되기를 바란다.

도덕적인 면은 차치하고서라도, 퇴비더미를 무너뜨리면 토양생물을 방해하는 결과가 된다. 토양생물은 지금 복잡한 생태 천이를 거치고 있는 중이다. 시간을 거치면서 토양생물은 단당류를 소화하는 종에서부터 단백질을 뜯어 먹는 종, 리그닌과 키틴을 먹는 고도로 전문화된 곰팡이로 변천해 간다. 갈퀴로 퇴비더미를 찌를 때마다 나는 그 과정을 방해하고 있는 셈이다. 내가 수레에 퇴비를 싣고 정원으로 끌고 가서 삽으로 퍼넣을 때에도 퇴비가 여전히 최대·최적의 생물다양성을 간직하고 있을까? 결코 그렇지 않다고 생각한다.

게다가 퇴비를 만들면서 영양소가 낭비될 수도 있다. 뜨거운 퇴비더미는 휘발성 질소를 공기 중으로 내보낸다. 이 질소는 이제 정원에서 날아간 셈이다. 그리고 생명을 주는 복잡한 신진대사의 분비물이 퇴비더미에서 질질 흘러나와서 낭비된다. 나는 퇴비더미를 다 파고 난 땅바닥 아래의 흙 30cm 정도가 검게 변한 것을 보고 그 사실을 알 수 있었다. 퇴비더미가 죽음에서 삶으로 춤추듯 나아가는 동안에 끔찍한 점토가 아름다운 검은 흙으로 변형된 것이다. 영양분이 많은 부산물이 아래에 있는 토양으로 흘러들어가서 거기에 있는 생물의 성장을 급격히 촉발시킨다. 새롭게 번성하는 생물이 점토 입자에서 영양소를 뜯어 먹고, 개체수가 급증하는 이 생물의 사체와 배설물은 유기물을 형성하여 붉은 점토를 비옥한 롬으로 바꾼다. 나는 미생물의 노동을 낭비하고 싶지 않아서, 보통 이 기름진 흙도 정원으로 실어 나른다. 나는 진드기와 노래기를 비롯한 벌레들이 퇴비더미 아래에서 잘 살고 있는 모습을 보면서, 그 벌레들이 내 정원에도 있어서 식물에게 영양소를 실어 나르면 좋겠다고 생각했다. 식물도 자라지 않는 퇴비더미 아래를 쓸데없이 30cm씩 휘젓지 않고도 이렇게 할 수 있는 방법이 있다. '시트 피복'은 이 하사품을 잃어버리지 않고 거두면서 수없이 많은 다른 이득을 동시에 얻을 수 있는 기술이다.

목질 쓰레기를 이용해서 토양을 조성하는 법

이 장에 제시된 대부분의 기술에서는 잔디나 음식물쓰레기처럼 분해되기 쉬운 유기물을 다루고 있다. 그러나 우리는 전정한 가지, 통나무, 썩은 장작이나 목재 부스러기 등의 목질 쓰레기도 만들어낸다. 나무는 주로 진균에 의해 분해되는데, 생태정원에 진균이 들어오는 것은 반가운 일이다. 진균은 토양 수분을 유지하고, 단단한 물질을 분해하고, 질병과 싸우는 화합물을 생산하는 능력이 대단히 뛰어나기 때문이다. 목질 쓰레기를 퇴비더미에 많이 넣을 수는 없지만 남는 나무를 태우거나 매립하지 않고 토양 조성에 이용할 수 있는 방법이 있다.

▶ 무덤농법

정성 들여 관리하는 중부 유럽의 산림에서는 어떤 나뭇조각도 낭비되지 않는다. 전정한 나뭇가지와 덤불은 독일어로 Hugelkultur(후글쿨투어라고 발음한다), 즉 무덤농법이라고 부르는 원예기술에 이용된다. 후글쿨투어를 만들려면 먼저 나뭇가지나 덤불을 약 30~60㎝ 두께로 쌓아서 너비가 1~2m 정도 되는 무덤을 만든다. 이 무더기를 발로 밟아서 약간 다진다. 그런 다음 잔디 깎은 것, 뗏장, 짚 등의 퇴비 재료를 더미에 던져넣는다. 무더기가 물기를 짜낸 스펀지 정도로 축축해질 때까지 물을 축인다. 무더기에 전체적으로 2~3㎝ 두께의 흙과 함께 약간의 퇴비를 뿌린다. 그런 다음 후글쿨투어에 씨앗이나 모종을 심는다. 후글쿨투어에 감자를 심으면 아주 잘된다. 나는 이 무덤에 밭두둑보다 한 달 일찍 감자를 심을 수 있었다. 여기에서는 호박, 멜론, 그 밖의 덩굴식물도 잘 자란다.

후글쿨투어 두둑 속에 있는 유기물이 분해되면서 온도가 상승하면 식물 성장이 촉진된다. 또 다른 장점두 있다. 목질 덤불은 썩으면서 영양소를 서서히 방출한다. 게다가 목질 덤불에는 상당한 수분이 함유되어 있다. 후글쿨투어에는 자주 비료를 주거나 물을 댈 필요가 없다.

▶ 죽은 나무 스웨일

아마도 당신은 썩어가고 있는 나무가 상당한 양의 수분을 함유하고 있음을 목격한 적이 있을 것이다. 비가 오지 않는 미국 북서부 지방의 늦여름에, 나는 썩은 통나무 속으로 팔꿈치까지 손을 집어넣어 축축한

펄프 한 움큼을 집어낸 적이 있다. 쓰러진 통나무는 스펀지 같은 성질이 있어 균류와 토양생물처럼 물에 의존하는 종에게 대단히 중요한 물 저장고일 것이다. 어떤 박물학자들의 이론에 따르면, 뿌리와 균사체(菌絲體)는 이 목질의 수분 저장고로부터 수 미터 떨어진 식물과 균류까지 물을 빨아올린다고 한다.

물을 머금는 썩은 나무의 재능은 자연의 비결 가운데 하나로, 정원에도 적용할 수 있다. 후글쿨투어의 아이디어를 거꾸로 뒤집어서 식물 밑에 나무를 묻는 것이다. 퍼머컬처인인 톰 워드는 약 45㎝ 깊이의 도랑을 파서 목질 줄기나 썩은 장작을 그 안에 던져넣고 도랑을 다시 흙으로 메운다. 그리고 이 위에 블루베리를 심는다. 톰의 이야기를 들어보자. "연못이나 늪지대를 보면 물에 떠 있는 통나무에 종종 블루베리가 뿌리를 내리는데, 그것을 흉내 내보는 겁니다. 내 정원에서는 묻어놓은 나무들이 전부 땅속에 박힌 거대한 스펀지 같은 역할을 하고 있지요." 뿌리는 축축이 젖어 있는 이 샘에 침투하여, 가뭄이 계속될 때면 그 물을 마신다.

나무를 묻어놓은 스웨일에서는 블루베리뿐만 아니라 거의 모든 식물이 잘 자란다. 어떤 사람들은 나무가 질소를 고착시킬 것을 염려해서 질소를 공급해줄 물질[녹색의 퇴비 재료나 완효성(緩效性) 유기질 비료]을 스웨일에 넣기도 한다. 그러나 내 느낌에 나무는 매우 천천히 분해되기 때문에 통나무를 갉아 먹는 미생물로 인해 고착되는 질소는 매우 적을 듯하다.

시트 피복의 힘

바뀌는 데 몇 년이 걸리기는 했지만, 결국 나는 퇴비를 제자리에서 바로 만드는 쪽으로 완전히 전환했다. 이것은 흔히 **시트 퇴비만들기**(sheet composting) 또는 **시트 피복**(sheet mulching, 또는 **시트 멀칭**)이라고 알려져 있다.[4] 시트 피복은 생태정원사가 가지고 있는 기본 도구 중의 하나로, 토양생태계를 파괴하는 제초제를 사용하거나 경운을 하지 않고도 잡초를 근절하고 토양을 조성하는 방법이다. 시트 피복은 유기질 부스러기를 축적하고 그것을 위에서 아래로 분해해서 토양을 조성하는 자연의 방법을 응용한 것이다.

4 여기서 시트(sheet)란 '얇고 넓은 판'이라는 뜻으로, 판지, 신문지, 천 따위의 피복재를 말한다.

가장 간단한 형태의 시트 피복을 하는 과정은 2단계로 이루어져 있다. 먼저 신문이나 판지를(또는 헌옷이나 양탄자도 좋다) 땅 위에 깔아서 잡초를 억제하는 층을 만들고, 그것을 약 30㎝ 정도의 유기물 피복재로 덮는다. 많은 정원사들은 이 작업을 가을에 하는데, 피복재가 겨우내 썩어서 부식토 같은 흙이 되도록 하기 위해서다. 또한 잡초를 억제하는 층도 겨우내 충분히 분해되어, 씨앗을 심거나 묘목을 옮겨 심었을 때 뿌리가 흙 속으로 깊이 내려갈 수 있게 된다. 하지만 시트 피복은 어느 계절에나 할 수 있다. 시트 피복에 대한 좀 더 상세한 설명은 168~172쪽의 글상자를 참조하라.

시트 피복을 할 재료를 모으는 일은 전체 작업 중 가장 힘과 시간이 많이 드는 과정이다. 나머지 과정은 가뿐하게 처리할 수 있다. 시트 피복을 정말로 제대로 하기 위해서는 놀라울 정도로 많은 재료가 필요하다. 다행히 시트 피복에 쓰이는 물품은 대부분 공짜로 얻을 수 있으며, 조금만 찾아보면 쉽게 구할 수 있다. 당신이 살고 있는 지역의 생태적 특성에 알맞은 재료를 선택하면 구하기가 쉽다. 목재를 많이 생산하는 지역에서는 나무껍질과 톱밥을 많이 구할 수 있으며, 해안 지방에서는 해조류나 염분이 많이 함유된 건초를 구하기가 쉽다. 그리고 대륙의 중심부와 농사를 주로 짓는 골짜기에서는 짚, 겨를 비롯한 식품 산업의 부산물이 항상 넘쳐난다. 대도시에서는 통조림 공장, 식료품 가공업체, 농산물 유통창고 등에서 유기질 폐기물이 많이 나온다. 공익사업체나 조경업체에서는 전정한 가지를 토막 내어 배달해주기도 하며, 가을에는 이웃들이 낙엽을 제공해준다. 유기물을 구하고 있다는 말을 입 밖에 꺼내기만 하면, 다른 사람들이 폐기 문제로 골머리를 앓고 있는 물건이 당신에게 오는 횡재가 일어날 것이다.

대부분의 정원사들은 피복재가 가진 이점을 알고 있다. 식물 주위에 짚이나 대팻밥을 3~5㎝ 두께로 흩뿌려주면 물기가 보존되고, 불볕더위가 기승을 부리는 여름날에도 토양이 시원하게 유지되며, 잡초도 억제된다. 그리고 피복재가 임무를 완수하면 겨우내 썩어서 비옥한 퇴비가 된다. 이 아이디어를 채택해서 정원을 가꾸어온 사람들 중에는『루스 스타우트의 일할 필요가 없는 정원(The Ruth Stout No-Work Garden Book)』의 저자인 루스 스타우트도 있다. 이 고전과도 같은 책에서 루스는 못 쓰는 건초를 약 20㎝ 두께로 밭두둑에 덮어서 잡초 없는 경이로운 토양을 만드는 방법을 설명하고 있다. 그 방법을 통해 얻을 수 있는 혜택은 내가 보증한다.

처음에 나는 피복을 무척 소심하게 했다. 심지어 스타우트의 책을 읽고 난 후에도 그녀의 설명을 전적으로 따를 용기가 없었다. 그것을 피복에 대한 두려움이라고 부를 수도 있겠다. 나는 여름에 온도가 올라갔을 때 토양의 수분을 유지하기 위하여 겨우 3~5㎝ 두께로만 짚을 뿌려주곤 했다. 피복을 하면 왠지 식물이 질식할 것도 같고, 민달팽이를 끌어들이거나 짚에서 악성 균류가 자랄지도 모른다는 생각이 들어서 두려웠던 것이다.

하지만 우려하던 문제는 전혀 발생하지 않았다. 결국 나는 피복의 진짜 장점을 알게 되었다. 피복은 수분 보존 이상의 효과가 있었다. 잡초가 줄어들고 식물이 더욱 크게 잘 자랐다.

어떤 장면을 목격하고 나는 한동안 어리둥절했다. 피복을 하고 하루 이틀이 지나면 피복재가 정원 통로에 흩어져 있곤 했는데, 마치 누가 일부러 심술궂게 뿌려놓은 것 같았다. 나는 흩어진 피복재를 제자리에 가져다 꼼꼼하게 채워놓곤 했지만, 바람이 불지도 않았는데 금세 피복재가 통로로 돌아와 있곤 했다. 이윽고 나는 범인을 목격했다. 범인은 벌레를 사냥하던 울새(robin)와 발풍금새(towhee)였다. 지표면 바로 위까지 흙이 축축해지자 벌레들이 짚으로 옮겨가고 있었던 것이다. 이 새로운 상호작용을 목격하고 그것이 암시하는 바를 이해하고 나자, 피복에 대한 소심함이 사라졌다. 피복재는 명백하게 벌레의 수를 늘리고 있었고, 그에 따라 토양도 비옥해지고 있었다. 그리고 새들도 질산염과 인산염이 함유된 똥을 짚에 싸서 토질 증진에 도움을 주고 있었다.

나는 용기를 얻어 외양간 바닥에서 나온 깔짚과 못 쓰는 알팔파 건초, 짚을 가져다 정원의 반을 30㎝ 두께로 피복했다. 피복의 제일 윗부분에 신선한 건초를 써서는 안 된다는 사실을 몇 년 전에 뼈저리게 알게 되었기 때문이다. 씨가 달려 있고 잡초와 잔디가 많이 들어 있던 신선한 건초로 가볍게 피복을 했더니 제대로 관리가 될 때까지 몇 년이나 걸렸던 것이다. 잘 정비된 콤바인으로 수확한 짚에는 씨앗이 들어 있지 않다. 그런 짚은 곡식을 생산하는 작물의 줄기일 뿐이다. 그에 비해 건초는 씨앗이 달려 있는 머리 부분을 비롯한 줄기 전체로 만들어진 것이기 때문에 각별히 유의해야 한다.

어느 해 가을, 나는 관리하는 데 어려움을 겪고 있던 잔디밭으로 정원을 넓히고 있었다. 새로 만드는 두둑에는 시트 피복을 하기로 했다. 봄이 되자 생명력 없던 붉은 점토가 초콜릿처럼 짙은 갈색으로 바뀌었고, 벌레가 들끓었다. 흙은 부풀어올라 잘 바스러지고, 경작적성은 매우 훌륭해졌다. 나는 완전히 매료되었다. 푸성귀를 집중적으로 기르는 작은 밭과 모판에 쓰거나 토양에 비상사태가 생길 경우에 대비하여 지금도 퇴비더미를 유지하고는 있지만, 시트 피복과 제자리에서 퇴비 만들기야말로 내가 주로 흙을 만드는 방법이다. 나는 가끔 음식물쓰레기 양동이를 퇴비더미에 쏟지 않고 아내가 보고 있지 않을 때 피복재 밑에 집어넣을 때도 있는데, 그렇게 하면 음식물쓰레기가 아주 빨리 썩는다.

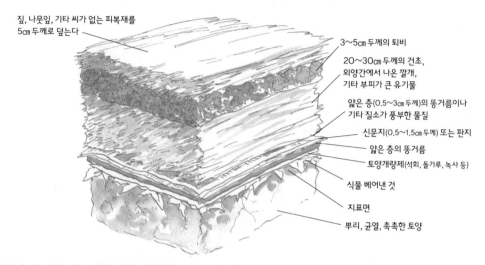

짚, 나뭇잎, 기타 씨가 없는 피복재를
5cm 두께로 덮는다

3～5cm 두께의 퇴비

20～30cm 두께의 건초,
외양간에서 나온 깔개,
기타 부피가 큰 유기물

얇은 층(0.5～3cm 두께)의 똥거름이나
기타 질소가 풍부한 물질

신문지(0.5～1.5cm 두께) 또는 판지

얇은 층의 똥거름

토양개량제(석회, 돌가루, 녹사 등)

식물 베어낸 것

지표면

뿌리, 균열, 촉촉한 토양

궁극의 시트 피복. 시트 피복은 판지 위에 짚을 30cm 두께로 덮는 식으로 간단하게 할 수도 있고, 여기서 보이는 것처럼 토양을 조성하는 층을 좀 더 공들여 쌓을 수도 있다.

제자리에서 퇴비를 만들면 식물 뿌리로 영양소를 수송하는 데 꼭 필요한 토양생물의 활동을 방해하지 않을 수 있다. 손상되지 않은 지하 생태환경이 발달해서 비단결 같은 균사체의 조직으로 연결되고, 미소 동물(微少動物, microfauna)[5]이 다니는 구멍이 숭숭 뚫리게 된다. 또 끈적끈적한 삼출물(滲出物)과 신진대사 작용으로 발생하는 탄소가 풍부한 액체로 토양이 흰데 묶어 경작적성이 완벽해진다. 산소를 소비하는 미생물들은 토양의 상층부에 서식하고, 수줍음을 많이 타는 혐기성(嫌氣性) 생물은 훨씬 아래에 자리를 잡고 복잡한 연금술 작업을 한다. 꿈틀거리는 벌레들은 폭발적으로 증가하여 영양소가 풍부한 배설물을 피복재와 뒤섞으면서 깊은 곳의 흙을 느슨하게 해준다. 수천 종의 생물이 지하에서 서로 연결되어 활동

5 국한된 장소에 서식하고 대개는 현미경으로밖에 볼 수 없는 작은 동물

함으로써 분해와 소생 작용이 일어나는 수많은 길이 생긴다. 쥐며느리, 벌레, 진드기, 아메바, 균류는 일제히 협연해서 토양을 비옥하게 만든다. 식물들은 이 들끓는 스튜 속에 뿌리를 담그고서 잘 자라게 된다. 이 모든 것은 그저 피복재를 두툼하게 쌓기만 하면 생겨나는 것이다.

나는 가끔 시트 피복을 그다지 꼼꼼히 하지 않을 때도 있다. 신문지를 펼쳐서 한 층을 만들고 촉촉하게 적셔준 다음, 그 위에 외양간에서 나온 깔개를 30cm 두께로 쏟아 부어서 간단하게 만들기도 한다. 이것은 장기적인 효과를 기대하는 방법이다. 외양간 바닥에 깔았던 대팻밥이 분해되려면 몇 년이 걸리기 때문에 그때까지 식물의 성장은 최고조에 달하지 않을 것이다. 이 기술은 다소 멀리 떨어져 있는 2지구나 3지구에 주로 적용할 수 있다. 나무 아래에 뭔가를 심고 싶을 때 그 나무 주위를 빙 둘러서 피복을 하거나, 한동안 별로 중요하게 쓰이지 않을 밭에다 피복을 할 때 이용하면 된다. 반면에 집약적으로 먹거리를 생산하는 밭이나 곤충유인식물과 관상식물을 기르는 집 근처의 화단을 피복할 때는 피복재의 탄질비를 정확하게 맞추려고 노력하고 있다. 그러나 사실 시트 피복은 까다롭지 않다. 잡초가 뚫고 올라올 수 없도록 신문지나 판지를 깔고, 그 위에 분해되는 축축한 유기물을 30cm 두께로 덮기만 해도 단시일 내에 아주 좋은 흙을 갖게 된다. 게다가 피복은 아무데서나 할 수 있다. 심지어 포장도로나 옥상에 시트 피복을 한 경우도 본 적이 있다.

폭탄이 떨어져도 끄떡없는 최강의 시트 피복

시트 피복은 신문지를 깔고 그 위에 아무 피복재나 20~30cm 두께로 덮어주는 식으로 간단하게 할 수도 있다. 그러나 만약 시트 피복을 완벽하게 하고 싶다면 여기에 그 방법이 있다.

시트 피복을 하는 것이 처음이라면 소규모로 시작한다. 시트 피복에는 어마어마한 양의 유기물이 들기 때문이다. 픽업트럭 한 대 분량인 1~2㎥의 유기물이라고 해보았자, 4~5㎡ 정도의 땅밖에 덮지 못한다. 하지만 피복재를 아끼지는 말자. 피복을 너무 얇게 해서 잡초를 질식시키지 못하거나 토양에 적절하게 영양 공급을 하지 못하는 것보다는 좁은 면적이라도 철저하게 덮어주는 편이 훨씬 낫다. 피복을 할 때는 약 185㎡(56평) 이하의 땅을 선택하도록 한다. 땅의 위치는 심으려는 식물에 적절한 곳으로, 가급적

집 가까이에 있는 것이 좋다. 지구를 염두에 두고 위치를 정하도록 한다. 두껍게 피복한 밭두둑에는 식물이 무성하게 자랄 텐데, 생산성이 굉장히 높은 이 밭은 현관 바로 앞에 있는 것이 좋다. 그러면 돌보기도 쉽고, 여기로 날아드는 새와 곤충을 감상하기에도 좋다.

다음은 완벽한 시트 피복을 하기 위해 필요한 재료의 목록이다.

1. 30~60㎝ 높이로 쌓아올린 신문지. 코팅된 신문지에는 금속 안료가 함유되어 있을지도 모르므로 쓰지 않도록 한다. 일반적인 신문지에 인쇄된 검정색 잉크와 컬러 잉크는 콩으로 만들기 때문에 독성이 없다. 철침이나 플라스틱 테이프를 제거한 골판지 30㎡ 정도도 좋다. 합성섬유가 들어 있지 않은 천이나 헌 옷 또는 양탄자를 사용해도 괜찮지만 썩는 데 종이보다 훨씬 오래 걸린다.

2. 토양개량제: 석회, 인광석(燐鑛石), 골분, 돌가루, 해조(海藻) 분말, 혈분 등. 이 중에서 토양에 필요한 것을 선택하여 사용하면 된다.

3. 부피가 큰 유기물: 짚, 못 쓰는 건초, 정원 쓰레기, 나뭇잎, 해조류, 나무껍질 곱게 간 것, 외양간 바닥에서 쓸어 모은 쓰레기, 대팻밥이나 이것들을 섞은 것. 전체적인 탄질비가 100 대 1에서 30 대 1 사이가 되면 이상적이다. 잔디 깎은 것도 괜찮지만 다른 '갈색' 피복재와 섞어야 한다. 그러지 않으면 높은 질소 함량 때문에 혐기성 분해가 일어나서 냄새가 나고 끈적끈적해진다. 10~20㎡의 땅에는 느슨하게 쌓은 피복재 3~6㎡나, 두 줄로 묶은 건초 꾸러미나 짚 꾸러미가 6~10개 필요할 것이다.

4. 퇴비 약 190~380ℓ

5. 똥거름 190~760ℓ. 분뇨의 농도와 혼합물의 양에 따라 조절한다. 썩힌 소똥이나 포대에 들어 있는 제품 170ℓ 정도면 충분할 것이다.

6. 맨 위층에는 씨가 없는 재료를 깔아준다. 짚, 나뭇잎, 대팻밥, 나무껍질, 톱밥, 솔잎, 겨, 견과류 겉껍질, 잘피(seagrass)[6]같은 것이 좋다. 대충 760ℓ 분량 또는 두 줄로 묶은 꾸러미 2개에서 4개가 필요하다.

혹시 모든 품목을 다 구할 수 없다 하더라도 걱정하지 않아도 된다. 시트 피복은 매우 관대하다. 신문지나 판지를 충분히 가지고 있고 아무 유기물이나 있으면 결국에는 아주 훌륭한 흙을 만들 수 있다. 시

---

6 수심 8m 이내 얕은 바다에 살며 잎, 줄기, 뿌리가 모두 있는 고등식물

트 피복을 하는 날 재료를 멀리 옮길 필요가 없도록 피복할 장소 근처에 보관하도록 한다. 재료는 건조하게 유지한다.

피복하기 전날, 비가 내려서 땅이 이미 젖어 있지 않다면 피복을 할 장소에 물을 충분히 준다. 피복재를 비옥한 흙으로 바꾸어줄 유기체들은 물 없이는 일을 할 수가 없다. 그리고 일단 피복을 하고 난 후에 바닥까지 적시려면 물이 상당히 많이 든다. 반대로 각 층이 완전히 마르는 데는 오랜 시간이 걸린다. 워낙 많은 물이 저장되어 있기 때문이다.

밤사이에 물이 완전히 스며들고 나면 그 자리에 나 있는 식물을 전부 베어 넘긴다. 잡초는 잡아 뽑지 않는다. 뿌리를 비롯해서 기존의 유기물을 있던 자리에 그대로 두라. 그냥 모든 것을 자르거나, 깎거나, 베거나, 그 자리에 쳐서 눕히기만 한다. 모두 벌레에게 훌륭한 음식이 된다. 질소가 풍부한 풀과 뿌리는 분해자들의 시동을 거는 맛있는 먹이다. 다만 나무 그루터기나 커다란 나뭇조각은 제거하도록 한다.

그 다음에 토양개량제를 넣는다. 토양이 산성이라면 석회를 약간 뿌려준다. 알칼리성 토양에는 약간의 석고나 유황이 도움이 된다. 인광석 가루나 골분을 뿌려주면 인을 공급할 수 있다. 녹사(綠砂)와 해조분말, 돌가루는 미량원소를 더해준다. 토양 검사를 실시하거나 토질에 대한 당신의 느낌을 지침으로 어떤 토양개량제가 얼마나 필요한지를 정하도록 한다.

기존의 땅이 점토질이거나 단단한 편이라면 이때 땅을 조금 느슨하게 해주면 좋다. 그저 쇠스랑을 땅속에 박고 약간 흔들어준 다음에 잡아 빼면 된다. 피복할 장소를 전부 이렇게 한다. 흙을 뒤집지 말고 구멍을 내서 땅을 벌려주기만 한다. 그러면 수분과 뿌리가 땅속으로 좀 더 잘 들어갈 수 있고, 토양생물이 움직이기도 좋아진다.

그리고 나서 질소 함유량이 높은 물질을 얇게 한 층 깐다. 똥거름이나 혈분, 면실박, 갓 깎은 잔디, 싱싱한 풀, 음식점이나 시장에서 버린 찌꺼기 등이 있다. 토끼똥이나 혈분처럼 농축된 물질은 흙이 덮일 정도로만 뿌린다. 잔디 깎은 것이나 깔짚이 많이 섞인 똥거름은 2~3㎝ 두께로 뿌린다. 이런 층이 꼭 필요한 것은 아니지만, 지렁이나 굴을 파는 딱정벌레를 끌어들여서 흙 속에 공기가 통하게 하고 흙을 느슨하게 만들어줄 것이다.

이제부터가 재미있는 일이다. 바로 시트를 까는 작업이다. 신문이나 판지를 깔아서 빛을 차단하는 층을 형성한다. 이 층은 기존의 식물을 질식시켜 죽이는 역할을 한다. 판지는 여기에 쓰기 매우 좋다. 크기가 커서 땅을 빨리 덮을 수 있기 때문이다. 전자제품 박스나 자전거 박스는 특히 크기가 커서 사용하기

Ⅱ 생태정원을 이루는 요소

편리하다. 판지 사이로 잡초가 슬쩍 올라오지 못하도록 가장자리가 서로 15㎝ 정도 겹치게 깐다. 신문지는 0.3~1.3㎝ 두께로 깔아야 한다.

시트를 깔면서 전체적으로 물을 적셔준다. 바람이 불 때는 물을 자주 뿌려주어야 한다. 시트 피복재가 바람에 펄럭이며 날아가버리는 모습을 보면 매우 허망한 느낌이 든다. 시트에 물이 완전히 스며들 때까지 여러 번 적시도록 한다. 시트 피복 작업을 다른 사람들과 함께 하고 있다면 보통 이때에 물장난이 벌어지곤 한다. 아무리 조직이 잘된 작업 단체라도 무차별 난동 상태가 되는 것이다.

종이 위로 걸어 다니지 않도록 조심한다. 특히 종이가 젖은 후에는 더더욱 유의한다. 걸어 다니면 종이가 잡아당겨져 찢어지면서 틈이 생긴다. 방바닥을 칠할 때와 마찬가지로, 작업해놓은 것 위로 걸어 다니지 않도록 먼 쪽에서부터 시작하여 출입구나 재료를 쌓아놓은 더미 쪽을 향하여 작업해나간다.

그 다음에는 질소가 풍부한 똥거름, 거칠게 빻은 곡식, 갓 깎은 풀을 깔아서 또 다시 얇은 층을 만든다. 벌레들이 곧 썩게 될 시트 층을 지나 위쪽으로 올라오도록 유인하고, 식물의 뿌리가 아래로 뻗어나가도록 유도하기 위한 것이다.

이 위에 부피가 큰 피복재를 쏟아 붓는다. 짚이나 건초, 또는 앞의 목록에 있는 다른 재료를 다지지 말고 20~30㎝ 두께로 깐다. 이 층에는 잡초 씨앗이 들어가도 크게 상관없다. 씨앗이 없는 두터운 층이 이 위에 놓일 것이기 때문이다. 잡초 씨앗이 있더라도 싹이 트기보다는 서서히 퇴비가 되는 덩어리 속에서 썩게 된다.

꾸러미로 묶은 건초나 짚은 굳이 본래의 부피로 부풀리지 않아도 된다. 다만 꾸러미를 3~5㎝ 두께의 얇은 '박편'으로 부수어서 세 겹 정도 깐다. 여러 층으로 부수어서 물로 적셔주면 압축되어 있던 박편들이 팽창해서 아주 잘 분해될 것이다.

시트 피복재를 잘 썩게 하려면 부피가 큰 피복재 층의 탄질비에 유의하라. 만약 짚이나 대팻밥 같은 고탄소 재료를 쓰고 있다면, 혈분이니 그 밖에 질소가 풍부한 재료를 뿌려주도록 한다. 또는 고탄소 재료에 대해 클로버 건초, 해조류, 잔디 깎은 것과 같은 고질소 피복재의 비율이 4 대 1 정도가 되도록 섞어서 탄소질 피복재를 '희석'한다(표4-1의 피복재 목록과 탄질비 참조). 대팻밥처럼 극히 질소 함량이 낮은 피복재는 천천히 썩기 때문에 식물 성장이 제대로 이루어지지 않을 수도 있다. 탄소와 질소의 균형이 완벽해야 할 필요는 없지만, 질소가 '약간이라도' 있어서 퇴비를 만드는 생물들이 먹고살 수 있게 해야 한다.

부피가 큰 피복재 층을 쌓을 때는 한 뼘쯤마다 물을 뿌려준다. 이 층은 촉촉하되 물기가 너무 많지 않아야 한다. 물기를 쥐어짠 스펀지 정도의 상태면 된다. 이 정도만 하더라도 놀랄 정도로 많은 물이 필요할 것이다. 피복재 몇 센티미터를 촉촉하되 물기가 너무 많지 않은 상태로 적시는 데도 몇 분이 걸릴 수 있다.

부피가 큰 피복재 위에 퇴비를 3~5㎝ 두께로 얹는다. 퇴비가 부족할 때는 구할 수 있는 아무 흙이나 퇴비에 섞어서 정해진 두께를 만든다. 식물을 심기 전에 피복재 더미를 썩힐 시간이 몇 달 있다면, 똥이나 쉽게 썩는 재료를 한 뼘쯤 깔아서 이 층을 대신해도 된다. 그러나 만약 시트 피복한 자리에 몇 주 이내에 식물을 심을 계획이라면, 퇴비를 깔아서 묘상의 역할을 하도록 해야 한다.

마지막 층에는 잡초와 씨앗이 섞이지 않은 유기물을 약 5㎝ 두께로 쌓는다. 짚, 자잘한 나무껍데기, 대팻밥, 그 밖의 목록에 있는 재료면 된다. 이 층은 잡초를 질식시켜 죽일 뿐 아니라, 조경사들이 쓰는 말로 하자면 '마무리된 모습'을 갖추게 해준다. 이렇게 마무리를 지어놓으면 까다로운 이웃들도 당신을 싫어할 수 없을 것이다. 씨앗이나 모종을 심을 때는 이 층을 제쳐서 바로 아래에 있는 퇴비/흙 층에다가 심도록 한다.

'시트 피복은 퇴비더미만큼 부피가 크지 않아서 온도가 올라가지 않는데, 잡초 씨앗을 어떻게 죽일 수 있을까?' 하고 의아하게 여기는 사람도 있을 것이다. 사실 시트 피복은 잡초 씨앗을 죽이지 못한다. 그러나 대부분의 잡초 씨앗은 싹이 트려면 빛이 필요하거나 토양이 교란되어야 한다. 그래서 씨앗이 들어 있는 피복재 위에 짚, 흙, 나무껍데기 등 잡초가 들어 있지 않은 재료를 덮는 것이다. 두껍게 피복할 때의 멋진 점은 경운을 할 필요가 전혀 없다는 것이다. 사실 피복한 밭은 절대로 갈면 안 된다. 잡초가 몇 개 나타나도 토양이 느슨해서 쉽게 뽑을 수 있고, 잡초가 자라는 것을 방지하려면 피복재를 더 쌓기만 하면 된다. 그러면 잡초 씨앗이 싹틀 기회가 아주 사라져버리고 씨앗은 그냥 썩게 된다. 그렇지만 시트 피복에도 잡초와 관련된 골칫거리가 있다. 메꽃(bindweed)[7]은 건초나 다른 피복재에 섞여서 들어오는데, 시트 피복을 하는 사람들에게는 아주 골치 아픈 존재다. 바인드위드는 종이로 된 층 아래에서 몇 미터씩이나 퍼질 수 있다. 우산잔디(Bermuda grass)[8]도 마

7 메꽃속의 식물
8 볏과에 속하는 다년생초. 널리 퍼지는 기는 줄기와 뿌리줄기로 촘촘하게 덤불을 이루어 자란다.

찬가지인데, 뿌리줄기가 판지에 난 골을 타고 끊임없이 굴을 뚫고 다니다가 피복재 가장자리에서 의기양양하게 빛을 향해 나타난다.

시트 피복의 또 다른 문제점은 민달팽이다. 분해 초기 단계에 민달팽이의 개체수가 폭발적으로 증가하기도 하는데, 나는 상추 같은 다육질 채소를 아주 많이 심어서 그 점을 보완한다(민달팽이가 상추를 솎아주는 셈이다). 상추처럼 씨를 마구 뿌릴 수 없는 식물은 깡통(알루미늄 깡통 말고 양철이나 철제 깡통)으로 민달팽이 방어막을 만들어 보호한다. 깡통의 뚜껑과 바닥을 제거하고 양철가위로 한쪽을 잘라서 펼친 다음 5㎝ 너비로 잘라 고리를 만든다. 그리고 연약한 식물의 줄기를 이 고리로 둘러싼다. 민달팽이는 금속 코팅에 깜짝 놀라서 그 안으로 들어가지 않는다.

시트 피복과 일반적으로 행해지는 두터운 피복은 유기물과 토양생물을 엄청난 수준으로 신장시키는 빠르고 쉬운 방법이다. 생태 피라미드의 밑바닥에 해당하는 토양생물이 드넓고 두터운 피복재를 토대로 조성되면, 당신의 정원은 놀랍도록 다양한 식물과 유익한 곤충, 야생동물 들을 지탱할 수 있을 것이다.

시트 피복에 식물 심기

지금 막 시트 피복을 한 밭은 피복한 지 6개월이 지난 밭처럼 생산성이 높지 않다. 그러므로 시트 피복은 가을에 하는 것이 가장 좋다. 시트 피복을 한 밭의 생산성은 두 번째 계절에 절정에 달한 후 몇 년 동안 떨어지지 않으며, 생산성이 떨어지더라도 피복재를 추가함으로써 간단히 회복시킬 수 있다. 그러나 시트 피복을 한 지 얼마 지나지 않은 밭에서도 식물이 잘 지릴 수 있다. 며칠만 지나도 토양생물이 번성하기 시작할 뿐 아니라, 적절하게 혼합된 30㎝ 두께의 피복재는 앞으로도 많은 양분을 방출할 것이기 때문이다. 그렇지만 새로 시트 피복을 한 곳에 식물을 심을 때는 주의가 필요하다. 조그만 씨앗을 아직 분해되지 않은 거친 피복재 속에 바로 뿌려서는 안 된다. 그렇게 하면 씨앗이 행방불명된다.

식물을 심을 때가 되었는데도 시트 피복재가 아직 흙으로 분해되지 않았을 수도 있다. 이때는 7~8㎝ 깊이로 작은 홈이나 고랑을 만들어서, 흙이나 퇴비로 빈 공간을 채운 다음 씨를 뿌리면 된다(내가 비상용 퇴비더미를 계속 만드는 것은 이럴 때를 대비해서다). 묘목이나 채소 모종을 심을 때는 뿌리 덩어리의 약 세 배 정도 크기로 흙에 구멍을 파도록 한다. 뿌리를 깊이 내리는 식물을 심을 때는 피복재를 옆으로 제치고 종이나 판지에 X자 모양으로 칼금을 낸 뒤 피복재를 다시 덮는다. 그 다음 식물을 종이를 자른 곳 바로 위에 심는다. 그러면 뿌리가 어렵지 않게 구멍을 찾아 뻗어나갈 수 있다. 관목이나 교목의 경우에는 시트 피복을 하기 전에 먼저 심어놓고 그 주변에서 조심스럽게 작업한다. 이미 피복을 한 후라면 나무 심을 위치의 피복재를 제거하고 종이 층에 칼금을 넣어서 벗겨내고 구덩이를 판다. 거기에다가 나무를 심는데, 뿌리의 근원부(根元部, root crown)가 기존의 토양 높이에서 2~3㎝ 위로 올라오게 한다. 조심스럽게 종이를 다시 덮어서 잡초가 최대한 나지 않게 해준다. 흙을 쳐올려 근원부를 덮고 다져주든가, 5~8㎝ 두께의 피복재로 덮어준다. 시간이 지나면 피복재가 썩어서 근원부 높이로 내려앉을 것이다. 나무줄기 전체를 피복재 속에 파묻지는 말자. 그러면 설치류가 들어가서 나무껍질을 신 나게 갉아 먹을 것이다.

피복작물을 심어서 토양을 비옥하게 한다

식물을 끊임없이 다시 심는 1지구 밭, 이를테면 샐러드거리를 키우는 밭의 경우나 흙이 빨리 비옥해지길 원할 때는 힘들더라도 퇴비를 이용하도록 한다. 나는 주요한 역할을 하는 밭에는 시트 피복을 하는 것을 선호한다. 그러나 면적이 넓고 장기적으로 비옥해지는 것을 기대해야 할 때, 그리고 자연의 힘센 근육에 일을 맡기고 싶을 때는 피복작물을 활용한다.

　피복작물은 토양을 조성하고, 토양 유실을 방지하고, 잡초를 억제하고자 특별히 심는 식물이다. 피복작물은 왕김의털[9]과 토끼풀 같은 다년생에서부터, 일년생 호밀풀과 살갈퀴[10] 같은 녹비(綠肥)작물에 이르기까지 다양하다. 다년생 피복작물은 땅을 계속해서 덮고 있을 수 있게 건드리지 않지만, 생장 기간이 짧은 녹비작물은 한 철이 지나고 나면 베어서

9 볏과에 속한 여러해살이풀. 엷은 청록색이나 불그스름한 색의 꽃송이가 달린다.

10 콩과의 덩굴성 두해살이풀. 줄기와 잎은 사료로 쓰고 열매는 식용한다. 토양에 들어가 썩는 속도가 빨라서 녹비로 활용하는 식물이다.

II 생태정원을 이루는 요소

제자리에 놔두거나 가볍게 경운을 한다. 어떤 종류든 피복작물의 목표는 같다. 식물을 이용하여 땅을 단단히 덮어주는 것이다. 녹비식물의 잎은 빗물이 땅을 두드릴 때 흙을 보호해주며, 가을에는 영양분 많은 낙엽으로 땅을 푹신하게 덮어서 퇴비를 형성시킨다. 밀식된 식물들은 빽빽하게 자라나 그늘을 드리워서 잡초가 자라지 못하게 만든다. 그리고 뿌리는 땅속 깊이 뻗어나가서 흙을 느슨하게 해주고, 영양소를 끌어올리며, 토양생물을 초대하고, 쟁기질을 최대한 깊이 했을 때보다 훨씬 더 깊은 곳으로 유기물을 내려 보낸다. 그런데 사람들은 피복작물이 유기물을 토양 아래로 운반하는 이로운 역할을 한다는 사실을 간과할 때가 많다.

자연은 뿌리를 이용해서 지하에서 부식토를 만든다. 지상에서는 낙엽이 그 일을 맡는다. 그러나 지하세계에서는 뿌리가 성장하고 분해되는 순환 과정을 끊임없이 거치면서 막대한 양의 유기물을 더한다.

뿌리에서 가장 활발하게 성장하는 부분은 뿌리 끝에서 자라는 아주 미세한 실 같은 뿌리털이다. 뿌리털은 수명이 무척 짧은 편인데, 물과 양분이 있는 쪽으로 쭉 뻗은 상태로 겨우 몇 시간밖에 살지 못하는 경우도 많다. 뿌리털은 살아 있는 동안 영양소를 활발하게 흡수하여 원뿌리로 보낸다.

식물과 뿌리는 연속적이 아니라 단속적으로 자란다. 이러한 성장 기간은 서로 겹치기도 하는 여러 순환에 의해 조정된다. 여기서 순환이란 낮과 밤이 반복되고, 땅이 젖었다가 마르고, 날씨가 추웠다가 더워지는 현상과 토양생물의 활동을 말한다. 뿌리는 특히 젖었다가 마르는 순환에 강하게 영향을 받는다. 큰비가 내리거나 심수관개(深水灌漑)를 하고 나면 땅이 물로 포화되어 수많은 뿌리털이 산소 부족으로 죽는다. 비가 온 후에, 오이나 호박 같은 식물이 싱싱해지리라는 우리의 기대와 달리 시들어버리는 이유다.

비가 내린 후에 지면이 마르기 시작하면 흙 속의 비어 있는 작은 구멍이나 틈으로 공기가 흘러들어간다. 그러면 뿌리털과 뿌리 끝부분이 신선한 산소와 수분을 연료로 공급받아서 영양소가 간직된 조그만 장소를 향해 열심히 자라나간다. 산소 함량이 증가하고, 흙이 물에 포화된 상태에서 벗어나 완벽한 수분 조건에 이르게 되면 성장은 빨라진다. 그러나 순환은 차고 기울기를 반복한다. 물은 아래쪽으로 스며들고 위쪽으로 증발하며 식물에 의해 위로 빨아올려진다. 토양은 몇 시간도 지나지 않아 연약한 뿌리털들이 견디기 힘들 정도로 건조해진다. 결국 뿌리털은 시들기 시작하고 말라 죽는다. 만약 토양이 계속해서 더 마른다면, 뿌리의 모든 부분이 일제히 죽기 시작하여 시들고 부패할 것이다. 그러면 식물의 성장은 느려진다. 다음번에 비가 내리거나 관개를 하면 새로운 뿌리들이 양분을 찾아 몰려들면서 똑같은 여정이 시작된다. 그러나 이 새로운 뿌리 가운데 일부도 너무 젖은 상태와 너무 마른 상태가 반복되는 과정에서 죽는다.

이처럼 서로 맞물린 순환 고리를 보면 자연이 얼마나 복잡하고 지혜롭게 기능하는지 알 수 있다. 젖은 상태와 마른 상태의 순환은 뿌리가 죽는 순환을 야기해서 식물과 토양 생물의 성장 리듬을 조절한다. 목마른 식물 자체도 토양의 물을 소비하면서 젖었다가 마르는 순환에 일조한다. 부식토와 토양생물과 식물이 모두 자람에 따라 순환 고리가 서로 얽히고설키며 회전하는 것이다.

이렇게 순환하는 동안 어마어마한 양의 식물 뿌리가 매 시간, 매일, 계속해서 저절로 떨어져나가게 된다. 식물이 죽는 가을에만 뿌리가 떨어져나는 것이 아니다. 이 유기물은 분해되어 깊은 흙 속에서 부식토를 형성하는데, 이것은 어떤 다른 방법으로도 얻을 수 없는 피복작물의 장점이다. 많은 피복작물은 뿌리를 3~5m 깊이까지 뻗어내린다. 아무리 쟁기질을 해도 그 정도 깊이까지 유기물을 내려 보내지는 못할 것이다.

피복작물에는 수십 가지가 있다. 어떤 것을 선택해야 가장 좋을까? 생태정원을 가꿀 때 생각해야 할 다른 많은 문제와 마찬가지로, 다양성이 그 열쇠다. 토양조건과 기후조건에 적합한 피복작물을 시도해볼 수는 있지만, 당신이 살고 있는 곳의 미기후나 토양조건의 변화폭 때문에 예측하지 못한 문제는 늘 발생할 수 있다. 여러 종류의 씨앗을 뿌리고 그중에서 어떤 것이 잘 자라는지를 기록하는 게 가장 좋다. 다양성을 확보해서 또 좋은 점은 종마다 당분을 비롯한 특유한 혼합물을 뿌리에서 분비한다는 것이다. 식물은 각기 특정한 화학물질로 식탁을 차려서 서로 다른 토양생물 군집을 끌어들인다. 우리가 심는 피복작물의 종류를 다양하게 할수록 토양생물의 다양성이 증대된다는 뜻이다. 앞에서 이야기했던 것처럼 이것은 질병을 억제하고 식물 성장을 촉진할 것이다.

표4-2 피복작물

추운 날씨에 잘 자라는 일년생 피복작물

아래의 작물은 늦여름이나 가을에 심고, 봄에 씨앗을 맺기 전에 꽃이 핀 상태에서 베거나 갈아엎는다(봄은 뿌리가 최대로 성장하고, 질소 함량이 가장 높으며, 바이오매스가 가장 커지는 시기다). 여기 있는 대부분의 식물은 −17〜−6℃에서도 잘 견딘다.

일반명	학명	질소 고정	선호하는 토양	척박한 토양에 대한 내성	키(cm)	곤충 유인	참고사항
갯무(Oil seed radish)	*Raphanus sativus*		많음		60〜120	•	−6℃까지 견딘다
겨자(Mustard)	*Brassica* spp.		중점토	•	60〜120	•	중점토를 느슨하게 해준다
귀리(Oats)	*Avena sativa*		많음		60〜120		추위에 약한 편이다
노란전동싸리 (Clover, sweet yellow)	*Melilotus officinalis*	•	롬		90〜180	•	가뭄에도 잘 견딘다
누에콩(Fava bean)	*Vicia faba*	•	많음		120〜240	•	−9℃까지 견딘다
들묵새(Fescue, zorro)	*Vulpia myuros*		많음		60		콩과식물과 섞어서 심는다
버심클로버(Clover, berseem)	*Trifolium alexandrinum*	•	많음		60	•	−7℃까지 견딘다
벨 콩(Bell bean)	*Vicia faba*	•	롬	•	90〜180		중점토를 느슨하게 해준다
벳지/헤어리베치 (Vetch, hairy)	*Vicia villosa*		많음	•	90〜180		−23℃까지 견딘다
병아리콩(Garbanzo bean)	*Cicer arientinum*	•	많음		90〜150	•	차가운 토양에서는 천천히 자란다
보리(Barley)	*Hordeum vulgare*		롬		60〜120		추위에 약한 편이다
붉은 완두 (Austrian winter pea)	*Pisum arvense*	•	중점토		60	•	−18〜−17℃까지 잘 견딘다
붉은토끼풀 (Clover, red Kenland)	*Trifolium pratense*	•	롬		60	•	다년생이나 수명이 짧은 편이다
살갈퀴(Vetch, common)	*Vicia sativa*	•	많음		90〜180	•	−18〜−17℃까지 잘 견딘다
선토끼풀(Clover, alsike)	*Trifolium hybridum*	•	중점토		60		산성토양에서도 견딜 수 있다
유채(Rapeseed)	*Brassica napus*		롬	•	60〜90		중점토를 느슨하게 해준다
일년생 호밀풀 (Ryegrass, annual)	*Lolium multiforum*		많음		60〜120		콩과식물과 섞어서 심는다
자주갈퀴덩굴(Vetch, purple)	*Vicia atropurpurea*	•	많음		90〜180		−12℃까지 견딘다
진홍토끼풀 (Clover, crimson)	*Trifolium incarnatum*	•	롬	•	45〜46	•	−12℃까지 견딘다
털참새귀리 (Blando brome grass)	*Bromus mollis*		많음		60〜120		가뭄에도 잘 견딘다
파켈리아(Phacelia)	*Phacelia tanacetiflolia*		많음		60〜120	•	−6℃까지 견딘다
페르시안 클로버 (Clover, nitro Persian)	*Trifolium resupinatum*	•	많음	•	60	•	−9℃까지 견딘다
호로파 (胡虜巴, Foenugreek)	*Trigonella foenum-graecum*	•	많음		60	•	중점토를 느슨하게 해준다
호밀(Rye)	*Secale cereale*		많음		60〜120		
흰전동싸리 (Clover, sweet white)	*Melilotus alba*	•	중점토		90〜180	•	

따뜻한 날씨에 잘 자라는 일년생 피복작물

봄이나 여름에 심고, 씨앗을 맺기 전에 베거나 갈아엎는다. 물이 충분히 공급되고 날씨가 따뜻하면, 막대한 양의 바이오매스를 만들어낼 수 있다.

일반명	학명	질소 고정	선호하는 토양	척박한 토양에 대한 내성	키(cm)	곤충 유인	참고사항
강낭콩(Pinto beans)	*Phaseolus vulgaris*	•	롬		60~120	•	가뭄에도 잘 견딘다
네마장황(Sunn hemp)	*Crotolaria juncea*	•	롬		90~180	•	산성토양에서도 견딜 수 있다
대두(Soybeans)	*Glycine max*	•	많음		60~120	•	콩과식물 이외의 식물과 섞어서 심는다
동부(Black-eyed peas)	*Vigna unguiculata*	•	많음		90~120	•	잡초를 질식시킨다
메밀(Buckwheat)	*Fagopyrum esculentum*		롬		30~90	•	잡초를 질식시킨다
붉은동부 (Cowpeas, red)	*Vigna sinensis*	•	롬	•	30~60	•	가뭄에도 잘 견딘다
세스바니아(Sesbania)	*Sesbania macrocarpa*	•	많음	•	180~240	•	가뭄에도 잘 견딘다
수단그라스(Sudan grass)	*Sorghum bicolor*		많음		180~240		콩과식물과 섞어서 심는다
제비콩(Lablab)	*Lablab purpureus*	•	많음		150~300	•	가뭄에도 잘 견딘다

다년생 피복작물

아래의 작물은 경운을 하지 않는 밭에 매우 아주 적합하며, 깎아서 피복재와 퇴비를 만드는 데 이용할 수 있다. 토끼풀처럼 키가 작은 종은 다른 작물들과 섞어짓기해서 살아 있는 피복재로 이용할 수 있다.

일반명	학명	질소 고정	선호하는 토양	척박한 토양에 대한 내성	키(cm)	곤충 유인	참고사항
뉴질랜드 흰토끼풀 (Clover, white New Zealand)	*Trifolium repens*	•	많음		30	•	수분이 필요하다
다년생 호밀풀 (Ryegrass, perennial)	*Lolium perenne*		중점토		60~90		
라디노 클로버 (Clover, white Ladino)	*Trifolium repens*	•	많음		30	•	수분이 필요하다
벌노랑이(Bird's foot trefoil)	*Lotus corniculatus*	•	많음	•	90~150	•	가뭄에도 잘 견딘다
스트로베리 클로버 (Clover, strawberry)	*Trifolium fragiferum*	•	많음		30	•	수분이 필요하다
알팔파(Alfalfa)	*Medicago sativa*	•	롬		60~90	•	석회를 골고루 뿌린 토양
오리새(Orchardgrass)	*Dactylis glomerata*		많음		30~60		
왕김의털 (Fescue, creeping red)	*Festuca rubra*		많음		60~90		
치커리(Chicory)	*Cichorium intybus*		중점토	•	60~90	•	중점토를 느슨하게 해준다
큰조아재비 (Timothygrass)	*Phleum pratense*		중점토		60~90		수분이 필요하다
토끼풀 (Clover, white Dutch)	*Trifolium repens*	•	많음		15~100	•	수분이 필요하다

피복작물을 선택할 때는 일년생과 다년생 중에서 어떤 것을 심을지를 먼저 결정해야 한다(표4-2에 목록이 있다). 일시적으로(겨울 동안이라고 하자) 휴경하고 있는 밭을 비옥하게 하는 것이 목표라면, 일년생이 정답이다. 그러나 장차 과수원을 가꾸려고 흙을 준비하고 있거나, 마당이나 밭두둑의 '미경작' 부분을 더 비옥하게 만들려고 한다면, 다년생이 적당하다. 다년생 클로버는 정원 통로나 다른 공간을 덮는 데도 사용될 수 있다. 『짚 한오라기의 혁명(The One Straw Revolution)』[11]의 훌륭한 저자인 후쿠오카 마사노부는 살아 있는 다년생 토끼풀을 영구적인 피복재로 밭에 이용했다. 거기에 작물을 심을 때는 간단히 토끼풀을 조금 헤치고 그 틈에 씨앗이나 모종을 심었다. 이것은 기능 중합의 예로 훌륭하다. 푸른 잎은 잡초를 억제하고, 그늘은 토양의 수분을 유지시키고, 꽃은 익충을 끌어들이고, 토끼풀로 고정된 질소는 다른 작물의 성장을 촉진시킨다.

두 번째로, 질소를 고정하는 피복작물과 질소를 고정하는 기능이 없는 피복작물 중에서 어떤 것을 심을 것인지를 선택해야 한다. 많은 정원사들이 알고 있다시피, 대부분의 콩과식물은 오리나무, 좁은잎보리장, 보리수나무, 케아노투스(ceanothus)[12] 같은 다른 종들과 더불어, 뿌리혹에 살고 있는 공생미생물의 숙주 역할을 한다. 이 박테리아와 균류는 공기 중의 질소가스를 탄소와 결합시켜 아미노산과 그와 관련된 분자들을 만듦으로써 질소를 '고정'한다.

미생물은 여분의 질소화합물을 숙주의 뿌리에 넘겨준다. 숙주가 되는 식물은 이 질소화합물을 흡수해서 줄기, 잎, 그리고 특히 단백질이 풍부한 씨앗으로 전환한다. 그 대신 숙주 식물은 뿌리에서 당분을 분비하여 미생물 파트너에게 보답한다.

고대의 농부들은 콩과식물을 비롯한 질소고정식물의 가치를 알고 있었다. 고대 로마의 베르길리우스와 카토의 농법서는 농부들에게 휴경지에 콩과식물의 씨를 뿌리라고 권하고 있다. 콩과식물은 다 자라면 줄기와 잎으로부터 질소를 빼내어 씨앗에 농축시키기 때문에, 씨를 맺기 전에 갈아엎거나 피복을 해야 한다.

질소고정식물은 죽고 난 다음에 식물과 미생물 뿌리혹에 갇힌 질소가 방출되어야 비로소

---

11 최성현 옮김, 녹색평론사, 2011

12 갈매나무과(一科, Rhamnaceae)에 속하며 북아메리카 원산인 약 55종(種)의 관목으로 이루어져 있다. 우리나라에는 여름라일락이라는 이름으로 도입되어 있다.

좋은 일을 하지, 그 전에는 별로 좋은 일을 하지 않는다고 주장하는 사람들도 있다. 나는 그 주장에 동의하지 않는다. 내가 직접 관찰한 바도 그렇고, 연구자들의 관찰도 모두 내 의견을 뒷받침해준다. 나는 같은 밭에서 어떤 옥수수는 콩과 함께 심고 다른 옥수수는 콩 없이 심은 것을 본적이 있는데, 콩에 휘감긴 옥수수가 확실히 더 크게 자라고 있었다. 워싱턴 주의 오르카스 섬에 사는 블록 형제는 보리수나 시베리아골담초처럼 질소를 고정하는 관목을 일상적으로 과일나무와 같은 구멍에 심는다. 더글러스 블록은 다음과 같이 단언하고 있다. "나는 질소고정식물과 함께 심은 나무들이 더 빨리 자란다는 것을 경험을 통해 알고 있습니다."

더글러스의 말을 믿지 못하겠는가? 그렇다면 실제 연구 결과를 살펴보자. 윌리엄 킹 (William King)이 농학 학술지《Journal of Agronomy》에 보고한 바에 따르면, 호밀풀과 클로버를 섞어 심었을 때, 호밀풀에 있는 질소의 80%는 살아 있는 클로버로부터 온 것이라는 사실을 방사성 추적자를 통해 발견했다고 한다. 클로버가 공기 중의 질소를 끌어당겨서 호밀풀에 공급해주고 있었던 것이다.

이런 일은 어떻게 일어날까? 몇 단락 앞에서 나는 뿌리의 성장과 쇠퇴가 끊임없이 반복됨을 설명했다. 그것이 바로 이 현상을 설명해준다. 토양이 젖었다가 말랐다가를 반복하는 동안, 클로버의 뿌리가 떨어지고 질소를 고정하는 뿌리혹도 떨어져 나온다. 떨어진 뿌리와 뿌리혹이 썩으면서 주위의 식물과 미생물이 이 영양소를 흡수하는 것이다.

콩과식물을 심으면 유익한 점이 많다. 캔자스 주 살리나(Salina)에 근거지를 두고 있는 토지 연구소(The Land Institute)[13]에서는, 대초원 조성 작업을 하면서 씨앗 믹스에 콩과식물을 더 많이 첨가할수록 살아남은 종(콩과식물, 볏과식물, 꽃)의 전체 숫자가 증가한다는 것을 발견했다. 질소고정식물은 생긴 지 얼마 안 되는 들판, 초기 모래언덕 무리, 최근에 불에 탄 숲처럼 천이의 초기 단계에 있는 생태계에 풍부하다. 이러한 관찰 결과 얻은 교훈을 생태정원을 가꿀 때 활용할 수 있다. 토양을 조성하고 있거나 굶주린 식물에게 먹이를 주고자 할 때는 질소고정식물을 많이 심자.

그러나 균형이 중요하다는 것을 명심하자. 질소는 탄소와 균형이 맞아야 한다. 토양생물

---

13 지속가능한 농업을 연구·교육하는 미국의 비영리 기관. '대초원에서 안정성이 있고 일년생 작물과 비교해 곡물 생산량이 떨어지지 않는' 다년생 작물에 기반을 둔 농경 시스템 개발을 목표로 하고 있다.

은 질소보다 탄소를 열 배 내지 오십 배 더 많이 소비하기 때문에, 농부들은 늘 피복작물에 볏과나 콩과식물이 아닌 다른 식물 한 가지를 섞는다. 질소가 풍부한 피복작물은 풍부한 질소의 양에 균형을 맞추기 위하여 엄청난 양의 탄소를 태우면서 토양생물의 신진대사에 불을 지필 것이다. 너무 풍부한 질소 연료는 실제로 피복작물이 더해주는 것보다 더 많은 유기물을 고갈시킬 수 있다. 이런 이유로 시중에서 판매하는 피복작물 믹스에는 귀리, 한해살이 호밀풀 등 콩과가 아닌 식물이 10~40% 정도 포함되어 있다.

콩과식물과 볏과식물을 섞어 심으면 피복작물의 균형이 일면 맞추어진다. 이제 피복작물이 생물다양성을 확보할 수 있는 문을 열었으므로 좀 더 깊이 살펴보자. 볏과식물은 탄소를 더해주고 구조를 형성해준다. 콩과식물은 토양에 질소를 증가시킨다. 그러면 다른 피복작물은 어떤 역할을 할까?

중점토나 다져진 토양을 느슨하게 해주는 데 탁월한 피복작물도 있다. 유채꽃과 겨자는 뿌리 구조가 광범위해서 딱딱한 하층토에 구멍을 뚫고 들어가며, 흙에 공기가 통하게 하고, 뿌리가 죽으면 부식토를 더해준다. 알팔파도 같은 역할을 하지만, 잘 자라려면 비옥한 토양이 필요하다. 나는 중점토에서 무를 키우고 있는데, 꽃이 피게 내버려둔 다음에 꺾어서 지면에 그대로 둔다. 그러면 팔뚝만 한 크기의 무가 점토를 부수고, 썩은 후에는 굉장히 많은 양의 유기물을 토양에 남길 것이다.

토양에서 영양소를 캐내고, 깊은 땅속의 미네랄을 잎으로 날라서 낙엽이 질 때 지표면으로 떨어뜨리는 피복작물도 있다. 따뜻한 계절에 잘 자라는 다년생식물인 치커리는 상당히 길고 곧은 뿌리로 칼륨, 황, 칼슘, 마그네슘 등의 미네랄을 잘 찾아내는 것으로 유명하다. 메밀은 불용성 인을 식물이 좀 더 이용하기 쉬운 형태로 전환한다. 특정한 영양소를 적극적으로 찾아서 저장하는 식물을 **역동적 영양소 축적식물**(dynamic nutrient accumulators)라 부른다. 척박한 토양이나 자주 수확을 하기 때문에 영양소를 보충할 필요가 있는 땅에 이런 식물을 심으면 비료 사용을 줄이고 자연이 그 일을 하게 할 수 있다. 이런 식물은 미네랄이 풍부한 잎을 제자리에 떨구도록 내버려두거나, 베어서 피복재로 쓰거나, 그 자리에서 퇴비로 만들 수 있다. 영양소 축적식물에 대해서는 6장에서 좀 더 자세하게 다룰 것이다.

피복작물의 또 다른 용도는 유익한 곤충을 끌어들이는 것이다. 메밀, 파켈리아, 누에콩, 각종 클로버, 벨 콩, 겨자, 살갈퀴는 꽃이 피자마자 주변에 화밀 사냥꾼들의 윙윙거리는 소리가 가득해진다.

그러므로 피복작물을 여러 가지 섞어서 심으면 다양한 기능을 수행할 수가 있다. 다섯 가지에서 열 가지 정도를 섞어서 흙에 심으면 퇴비를 만들고, 질소를 더해주고, 미네랄을 뽑아내고, 중점토를 해체시킬 수 있으며, 도움이 되는 다양한 곤충을 유인할 수 있다. 피스풀 밸리 농자재(Peaceful Valley Farm Supply)에서는 벨 콩, 겨울 완두, 살갈퀴 두 품종, 귀리가 들어 있는 '토양 조성 믹스'를 시판하고 있다(부록의 '도움 되는 정보' 참조).[14] 하지만 이 정도는 시작에 불과하다. 나는 볏과식물 네 종과 클로버 다섯 종, 서양톱풀, 회향, 질경이, 민들레 등을 합하여 총 열다섯 가지 품목을 피복작물 혼합재료로 제시한 농사교본도 본 적 있다. 그런 종류의 생물다양성은 토양생물, 부식토, 미네랄, 익충 등 여러 가지 자연의 에너지를 당신의 정원으로 불러들여 일하게 만들 것이다.

흙은 모두에게 풍요를 나누어준다

원기 왕성하고 건강한 토양은 지속가능한 정원의 초석이다. 살아 있는 비옥한 토양의 장점은 매우 많다. 두터운 피복과 스스로 재생하는 뿌리, 땅속에 묻힌 부스러기를 가지고 흙을 유기물로 가득 채우면, 부지런한 흙 속의 일꾼을 불러 모으는 셈이다. 그러면 지렁이, 조그만 딱정벌레와 진드기, 박테리아, 균류, 그 밖의 많은 도우미들이 와서 제공된 먹이로 잔치를 벌이거나 서로 잡아먹는다. 토양생물들은 흙을 휘젓고 다니며 굴을 파고, 먹이를 먹고, 알을 낳으며 암석과 부식토에서 미네랄을 떼어낸다. 그 과정에서 토양생물은 눈사태처럼 양분을 풀어내어 식물과 함께 나눈다. 식물이 직접 토양생물을 보호하고 먹이를 공급할 뿐만 아니라, 거꾸로 토양생물에게서 영양분을 공급받고 보호받기도 하는 상생관계를 이루고 있는 것이다. 미네랄, 당분, 산, 항생물질, 호르몬, 그리고 생명의 모든 분자들을 실어 나르는 방대한 교역 과정에서 수천 종이 서로 연결된다. 피복을 약간 해주고 조금 보

---

14 원서에 실린 원예자재와 종자판매처에 관한 정보는 국내에서는 접근하기 어려워 한국어판에 옮기지 않았음을 밝힌다.

살펴준 대가로 땅속에는 풍요롭고 호사스러운 왕국이 세워진다. 이 왕국은 그 풍요를 위쪽에 있는 식물에게 보내고, 차례차례 곤충에게, 새들에게, 모든 야생동물에게, 궁극적으로 사람에게도 보낼 것이다. 생태정원에서 우리는 이 풍요의 강을 넓히기 위해 할 수 있는 모든 것을 다 한다. 그 작업은 먼저 흙에서 시작된다.

토양에 먹이를 공급함으로써 우리도 모두에게 유익한 협력 관계에 가담하게 된다. 이 장에서 제시한 기술과 관점을 적용하면 생태 피라미드의 기초인 토양의 풍요로움이 확장되고 견고해진다. 생명은 생명을 기반으로 형성된다. 이렇게 비옥한 땅에는 무엇을 심든지 생존의 기회가 더 많아진다. 우리가 먹이고 싶은 대상이 야생동물이든, 우리 자신이든, 또는 우리의 감각이든 간에, 그것은 충분한 영양분을 공급받을 것이다. 그리고 새로이 나타난 야생화나 진귀한 나비, 꽃을 더 오래 피우고 열매를 더 많이 맺으며 거친 환경에서도 잘 자라는 튼튼한 식물을 만나는 것 같은 뜻밖의 일이 우리의 삶을 날마다 아름답게 할 것이다.

5

물을 확보하고, 보존하고, 이용하는 법

사실 우리 행성은 지구(地球, Earth)가 아니라 수구(水球, Water)라고 불러야 할 정도로 물이 많다. 지표면의 70%가량을 뒤덮고 있는 이 생명의 액체는 부피가 대략 13억 9천만km^3에 달한다. 그러나 그것의 대부분은 이용할 수 없는 물이다. 지구상의 물은 3%를 제외하면 모두 소금물이기 때문이다. 게다가 얼마 되지 않는 신선한 물도 4분의 3은 얼음에 갇혀 있다. 갈수록 태산이다. 지구상에 얼어 있지 않은 나머지 신선한 물의 반 정도는 지하 약 $760m$ 이하의 암반에 묻혀 있다. 이 물은 너무 깊은 곳에 있어서 캐내기에는 수지 타산이 안 맞는다. 인간이 이용할 수 있는 물의 비율이 얼마로 줄어들고 있는지 계산이 되는가? 호수, 강, 지하수, 대기 중에서 우리가 이용할 수 있는 신선한 물은 지구에 있는 모든 물의 3%의 4분의 1에서 다시 그 절반에 불과하다. 아인슈타인처럼 머리가 빨리 돌아가지 않는 사람들을 위해 이 비율을 계산해보면, 0.375%가 된다. 물은 정말 귀한 물질인 게 틀림없다.

마당은 물을 마구 들이켜는 것으로 악명이 높다. 북아메리카에 사는 개인 주택 소유자의 여름철 수도요금은 상당 부분 마당에 물을 주느라 발생한다. 관행적인 정원디자인으로는 토양을 골고루 축축하게 유지할 수 없기 때문이다. 그래서 전기 펌프, 동력 장치, 우물과 저수지, 자원 집약적인 관개 시스템이 필요하고, 수도꼭지를 틀고 호스를 끌고 갈 민첩한 정원사가 있어야 하는 것이다. 그런데 숲과 초원은 저런 것을 하나도 가지고 있지 않은데 어떻게 살고 있는지 참으로 궁금하다. 당신도 지금쯤은 눈치 챘을 테지만, 이번에도 답은 자연에 있다.

생태학적 관점에 기초한 디자인에서는 물을 외부에서 끌어오는 시끌벅적한 이벤트가 필요 없다. 물이 이미 디자인에 포함되어 있어서 자연히 존재하며 또 풍부하기 때문이다. 생태정원에서는 가뭄이 아니라 풍부한 물이야말로 생략시 조건(default condition)이다. 이런 정원은 건강하게 만들기 위해서 굳이 자극을 가하거나 아기처럼 세심하게 돌볼 필요가 없다. 이런 정원은 자발적으로 순환을 되풀이하여 활발하고 무성하게 성장한다. 심지어 정원사가 집에 없고 하늘에 구름 한 점 없더라도 마찬가지다. 이 장에서 보여주는 생태 디자인을 통해서 우리는 지속적으로 돌보지 않아도 날씨의 변덕을 이겨내는 정원을 만들 수 있다. 물을 지혜롭게 이용하는 디자인을 하면 단지 노동력을 아끼고 좌절감을 줄이는 것에만 그치지 않는다. 무엇보다도 자원을 보존할 수 있다. 스프링클러를 작동시키는 데는 에너지와 물이 든다. 그런데 계획만 잘 세우면 이 에너지와 물을 쓰지 않아도 된다. 그리고 수돗물의 공급원은 보통 댐으로 막은 저수지인데, 댐은 물고기의 이동을 막고 야생지대를 침수시킨다. 수돗물이 우물에서 퍼 올리는 것일 수도 있지만 우물물은 수원(水源)을 알 수 없는 경우가 많기 때문에 믿을 게 못된다. 그 우물은 어쩌면 머지않아 고갈될 고대의 대수층(帶水層), 즉 화석수(化石水)를 수원으로 삼고 있을 수도 있다. 생태적인 책임감이 있는 정원사라면, 물 공급량에는 한계가 있으며 물을 이용하기 위해 쓸 수 있는 에너지도 한정되어 있다는 사실에 민감할 수밖에 없다.

이 장에서는 거리가 멀고, 일정하지 않으며, 비용이 많이 드는 수원에 덜 의지할 수 있게 돕는 여러 방법을 설명할 것이다. 이런 방법으로는 정원의 각 부분을 이어주는 연결망도 강화시킬 수 있는데, 이것은 우연의 결과가 아니다. 이 방법을 이용하면 결과적으로 정원에 물을 주는 일을 줄일 수 있고, 동시에 회복력이 좋고 건강한 뒷마당 생태계를 만들 수 있다.

이 정보는 건조지역에 사는 사람만을 위한 것이 아니다. 미국의 많은 지역이 연중 강수량은 풍부하지만, 비가 늘 완벽한 타이밍에 내리는 경우는 드물기 때문이다. 다음에 소개하는 전략을 통해서 정원은 가뭄을 견딜 수 있을 뿐 아니라, 너무 습한 시기 또한 견뎌낼 수 있다. 이것은 원활한 배수를 유도하고, 앞날을 대비해 빗물을 저장하고, 가장 필요한 곳으로 물을 보내는 전략이다.

물을 지혜롭게 사용하는 정원을 디자인하려면 먼저 다음 질문에 대한 답을 알아야 한다. 자연은 물을 어떻게 저장할까? 자연은 호수나 연못처럼 눈에 띄는 수원 이외에 식물, 공기, 토양에도 물을 저장하고 있다. 물은 습지에서 정화되어 재활용된다. 그리고 나무는 숨을 쉬면서 물을 공기 중으로 내뱉는다. 물은 지형에 따라 모이기도 하고 흘러가기도 한다. 이 모든 관계를 토대로 정원을 가꾸면, 건강한 물의 순환이 자연스럽게 이루어지게 된다.

물을 지혜롭게 쓰기 위한 5중 장치

1장에서 소개했던 '각각의 기능은 복합적인 요소에 의해 유지된다'는 퍼머컬처의 원칙을 다시 떠올려보자. 물을 모아서 저장하고 재활용하는 정원은 이 원칙을 실현시킨다. 만약 어떤 경관에서 물을 주기 위해 오직 한 가지 요소나 장치에만 의존한다면(이를테면 자동 스프링클러로만 물을 준다면), 작은 고장 하나가 커다란 재난을 초래할 위험이 있다. 머피의 법칙에 따라 조만간 스프링클러가 막히거나 망가질 수도 있고, 구석에 있는 연약한 물꽈리아재비(monkey flower)에게 물주는 일을 자주 까먹게 될 것이다. 그러나 정원에 필요한 물을 다양한 방법으로 공급한다고 생각해보자. 피복을 해서 수분을 유지하고, 토양을 비옥하게 가꾸어서 물을 머금게 하고, 믿을 만한 관개 시스템을 세운다고 해보자. 세 가지 시스템 모두가 동시에 실패할 위험은 0%에 가깝다.

이 원칙을 아주 잘 실현한 예로, 뉴멕시코 주 로스앨러모스(Los Alamos)에 있는 찰스와 메리 제마크 부부의 정원이 있다. 산타페의 퍼머컬처인 벤 해거드가 디자인한 이 고지대 사막의 오아시스는 몇 달 동안 물을 주지 않아도 버틸 수가 있다. 그렇지만 이곳은 자갈 투성이의 내건조경(xeriscape)[15] 정원은 아니다. 뙤약볕이 내리쬐는 사막의 여름날에 과일나무들은 즙이 많은 자두와 복숭아의 무게로 가지가 휘고, 시원한 그늘에서는 가냘픈 공작고사리(maidenhair fern)가 자란다. 고광나무와 조팝나무(spirea)의 하얀 꽃들이 늙은 살구나

15 최소 수원으로 비용을 절감하고 관리의 효율화를 추구하는 친환경 조경 방안

무 아래에서 얼굴을 내밀며, 오이풀[16]과 프렌치 소렐 같은 허브가 현관 가까이에 있어서 언제든지 싱싱한 샐러드를 만들 수 있다. 평온한 아름다움이 느껴지는 이곳에는 제마크 가족이 먹고도 남을 만큼 먹을거리가 풍성하고, 야생동물의 서식지도 풍부하다. 그런데도 그들은 여름에 수도요금이 매달 300달러까지 나올 수도 있는 도시에 살면서 상수도에 거의 의존하지 않고 있다.

제마크네 정원은 물을 풍부하게 확보한다는 목표를 달성하기 위해 다음과 같은 다섯 가지 기술을 함께 이용한다. 유기물이 풍부한 흙을 만들고, 물을 모아서 필요한 곳으로 보내기 위해 지형을 조정하고, 가능한 한 내건성이 있는 식물을 함께 심고, 밀식 재배를 해서 토양을 그늘지게 하고, 피복을 두텁게 하는 것이다(표5-1 참조). 내가 찰스와 메리 제마크 부부의 정원을 방문한 것은 정원에 식물을 심은 지 겨우 3년밖에 안 되었을 때였다. 그 전해에 다섯 달 내내 가뭄이 계속되었는데도 식물이 살아남았다는 사실은 이 다중적인 전략이 얼마나 효과가 있는지를 증명하고 있었다.

제마크 부부의 전략을 조금만 살펴보면 또 다른 상승효과가 덤으로 생긴다는 사실을 알 수 있다. 다섯 가지 기술은 서로 교묘하게 결합되어 있기 때문에, 단순히 물을 절약하는 것에 그치지 않고 나아가 더 많은 기능을 하고 있다. 이 기술은 식물이 이용할 수 있도록 물을 흙 속에 보관하여 식물을 가뭄으로부터 보호한다. 그리고 피복재와 비옥한 흙은 유기물 수준을 높여서 식물 성장을 촉진시킨다. 식물을 촘촘하게 배치하면 정원의 생산량도 증대된다. 그리고 피복을 하고 식물을 빽빽하게 심고 지형을 조정하면, 남서부 지역에서처럼 가끔 비가 억수같이 퍼부을 때도 토양이 침식되지 않는다. 훌륭한 디자인에서는 잘 선택한 기술들이 서로 맞물리고 보완되어 상승효과를 발생시키고 뜻밖의 혜택을 창출한다.

이 5중의 전략을 이루는 요소들을 각각 살펴보고, 어째서 이것들이 한데 뭉치면 단순히 그 수를 더한 것보다 많은 효과가 일어나는지 알아보자.

---

16 장미과의 여러해살이풀. 잎을 따서 손에 문지르면 오이 냄새가 난다고 하여 오이풀이라고 부르며, 고산지역의 메마른 땅에서 자란다.

흙 속에 물을 저장하자

정원디자인을 시작했던 초기 단계에 메리 제마크는 화려한 세류관개 시스템을 구상했다. 플라스틱 방사기와 출수기, 분무기로 이루어진 망상 구조로, 매우 인상적인 모습의 제어판으로 관리하는 시스템이었다. 그러나 디자이너 벤 해거드는 불필요한 경비를 지출할 필요가 없다며 이 시스템에 작별을 고했다. 그러고 나서 그는 '돈을 가장 적게 들여서 물을 저장할 수 있는 장소는 바로 흙'이라는 퍼머컬처의 주문을 거듭 말해주었다.

앞 장에서 언급한 것처럼 부식토와 그 밖의 유기물은 스펀지처럼 부풀어올라서 자기 무게의 몇 배에 달하는 물을 욕심껏 저장한다. 부식토가 풍부한 화분용 흙을 오븐에서 살균한 적이 있는데, 그때 나는 좋은 흙이 물을 얼마나 많이 흡수할 수 있는지 알 수 있었다. 흙을 오븐에서 구우면 바싹 말라서 나오기 때문에, 나는 그 흙에 씨를 뿌리기 전에 물을 부어준다. 그런데 거기에는 물이 상당히 많이 들어간다. 건조한 흙 3ℓ는 물 1ℓ 정도는 쉽게 머금을 수 있다. 뒷마당에 촉촉한 흙을 $30cm$ 정도 깊이로 덮으면, 그 마당만 한 넓이에 깊이가 $10cm$인 호수만큼 많은 물을 보유할 수 있다는 말이다. 그만한 물을 보유하는 연못 또는 물탱크를 설치하거나, 도시에서 그만큼 물을 사려면 끔찍하게 많은 비용이 들 것이다. 그러나 흙은 물을 무료로 저장해준다. 그리고 흙은 물을 몹시 아낀다. 폭풍우가 와서 먼저 흙이 포화된 후에야 빗물이 땅 위에 흐른다. 게다가 토양에 함유된 수분은 연못물과 달리 쉽게 증발하지 않는다.

토양이 물을 보유하는 능력의 열쇠는 유기물에 있다. 연구 결과에 따르면, 유기물 함유량이 2%만 되어도 함량이 1% 이하인 척박한 토양에 비해 관개 작업을 75%나 줄일 수 있다고 한다. 거의 모든 도시나 교외의 토양은 유기물 함량이 낮다. 개발업자들이 주택을 신축할 때 종종 상층토를 벗겨내어 팔아치운 다음, 이전에 한 뼘 남짓한 두께로 깔려 있었던 비옥한 흙 대신에 트럭에 담아온 상층토를 살짝 뿌리는 것으로 대체하기 때문이다. 주택에 사는 사람들이 '땅속 호수 효과'를 달성하려면, 다시 유기물 함량을 높여서 최소한 개발업자가 공사를 하기 전의 상태로 돌려놓아야 한다.

제마크 부부는 정원에 새로운 식물을 들이기에 앞서 토양을 비옥하게 만들었다. 조경작업을 담당한 인부들이 오래된 잔디를 벗겨내서 퇴비로 만든 다음 다시 정원에 뿌려주었다. 그리고 로스앨러모스의 마당쓰레기 프로그램에서 구해온 트럭 여러 대 분량의 퇴비와 많은 피트모스 꾸러미를 땅에 갈아 넣었다. 이것은 풍부한 유기물과 살아 있는 흙의 토대가 되었다.

비옥한 토양이 머금고 있는 물은 강을 계속 흐르게 하고 호수를 가득 채워준다. 캘리포니아 주 북부에 사는 한 친구는 나에게 이 사실을 생생하게 보여주었다. 나는 클래머스(Klamath) 강둑에 있는 채종가 조지 스티븐스(George Stevens)의 농장에 들렀다. 그때 조지에게 물을 얼마나 자주 대는지 물어보았다. "별로 자주 대지 않아요. 늦여름에 비가 오랫동안 오지 않았을 때만 물을 댑니다." 조지는 계곡을 에워싸고 있는 클래머스 산기슭의 작은 언덕들을 가리키며 대답했다. "모두 저 언덕 덕택입니다. 저 산비탈의 토양에서는 물이 매우 천천히 빠져나갑니다. 저 언덕에서 물이 다 빠지는 데는 여름 한철이 걸리지요. 그 물이 땅속을 여행하며 강으로 가는 도중에 내 농장을 통과합니다. 바로 우리 발아래에 물이 있어요. 이 식물들은 그 물을 끌어올리는 겁니다." 조지는 산비탈의 암반층 위에 자리 잡고서 골짜기를 감싸고 있는 몇 제곱킬로미터에 걸친 그 토양이 거대한 스펀지라는 사실을 알게 되었던 것이다. 산의 흙은 어마어마한 양의 물을 몇 달 동안이나 머금을 수 있었다. 건조한 여름 동안 이 스펀지는 비탈 아래로 물을 조금씩 흘려보냈고, 그 물은 천천히 클래머스 강으로 빠져나갔다. 이것은 강물이 비가 그친 후에도 마르지 않고 계속 가득 차 있는 이유를 설명해준다. 물론 강물은 개울에서 온다. 그런데 개울물은 어디에서 오는 것일까? 산꼭대기에 물이 끊임없이 쏟아져

표5-1 물을 절약하는 다섯 가지 방법과 그 혜택

이 다섯 가지 기술을 함께 이용하면 어떤 한 가지 기술만 이용했을 때보다 물을 훨씬 효율적으로, 더욱 확실하게 절약할 수 있다. 게다가 그 혜택은 물을 아낀다는 차원을 훨씬 넘어선다.

방법	혜택
유기물 함량 높이기	수분을 보유한다
	땅을 비옥하게 한다
	영양소가 비축된다
	토양생물이 증가한다
	흙을 부풀려준다
	탄소를 격리한다
지형 조정하기	물을 모은다
	물을 필요한 곳으로 보낸다
	식물과 토양생물이 우기와 건기에 모두 살아남도록 도와준다
	부식토를 형성한다
	시각적인 흥미를 제공한다
물이 필요한 정도에 따라 식물을 배치하기	물을 절약한다
	물을 주는 데 드는 노동력을 절감한다
	가뭄에도 살아남는다
	자생식물에게 좋다
밀식	흙에 그늘을 드리운다
	잡초를 질식시켜 죽인다
	생물다양성이 증대된다
	산출량이 증대된다
두껍게 피복하기	물이 증발하는 속도를 늦춘다
	흙을 식혀준다
	땅을 비옥하게 한다
	토양생물이 증가한다
	잡초를 질식시켜 죽인다
	절지동물과 미생물의 서식지를 창출한다

나오는 수도꼭지 같은 것은 없다. 물은 부식토가 풍부한 땅에서 천천히 한 방울씩 새어나온다. 이 물방울이 합쳐져서 조금씩 흘러내리고, 조금씩 흘러내리는 물이 모여서 넓은 개울이 되는 것이다. 냇가는 자연의 배수로다. 축축한 땅에서 몇 주, 몇 달에 걸쳐 조금씩 새어나오는 물이 그곳에 모인다. 강물은 흙에서 나온 것이다. 흙은 우리의 물을 지키는 수호자인 셈이다. 정원의 토질을 개량해서 우리는 강과 호수를 우리 마당에 저장할 수 있다.

지형을 조정해서 물을 모은다

물을 확보하기 위해 메리가 정원에서 이용한 기술은 물을 머금을 수 있는 지형을 만드는 것이다. 예를 들어 그녀의 마당에는 가뭄에 잘 견디는 버펄로그래스(buffalo grass)를 심어놓은 둥그런 밭이 있는데, 이 밭은 접시 모양을 하고 있다. 원의 중심이 가장자리보다 한 뼘쯤 낮은 것이다. 접시의 경사는 눈으로 알아채기 힘들 정도로 완만하지만, 빗물은 가운데가 오목하다는 사실을 안다. 빗물이 오목한 곳에 모여서 스며들기 때문에 물을 댈 필요가 줄어든다. 메리의 정원에는 스스로 물을 공급하는 지점이 많이 있는데, 이것은 그중 하나

땅 위를 흐르는 빗물

물이 스며든다

물이 저장된 렌즈 모양의 공간이
스웨일 아래에 형성된다

스웨일을 조성한 예. 스웨일이 등고선을 따라 만들어져 있기 때문에 물이 흘러내리지 않고 토양 속으로 스며들어 땅속에 저수지를 형성한다. 스웨일은 깊이가 30~90㎝, 너비는 30~120㎝ 정도다. 비탈의 아래쪽에 쌓은 둑턱도 비슷한 크기로, 스웨일을 파면서 나온 흙으로 만든다.

Ⅱ생태정원을 이루는 요소

다. 다른 물 공급 지점은 스웨일을 파서 만들었다.

여기에서 **스웨일**(swale)은 땅의 등고선을 따라 평탄한 높이로 펼쳐진 얕은 도랑을 말한다. **바이오스웨일**(bioswale)이라고 불리기도 한다. 스웨일은 폭이 30㎝에서 몇 미터, 깊이는 30㎝ 정도이고, 길이는 필요한 만큼 만들면 된다. 스웨일은 가늘고 길쭉한 연못처럼 생겼다. 스웨일에서 파낸 흙은 비탈의 아래쪽에 쌓아서 둔덕 또는 **둑턱**(berm)으로 만들어둔다. 그래서 습지의 횡단면은 옆으로 눕힌 S자처럼 보인다. 지표수와 빗물은 비탈을 따라 흘러들어가 스웨일을 따라 퍼지고, 천천히 땅속으로 스며든다. 땅속으로 스며든 이 물은 비탈의 아래쪽으로 새어나가 내리막으로 흘러내려서, 유체정역학적 장력에 의해 응집되어 렌즈 모양의 물 덩어리를 형성한다. 이렇게 저장된 물은 땅속 저수지 역할을 하며, 스웨일 아래쪽 몇 미터에 걸쳐 자라는 식물의 성장을 돕는다. 또한 스웨일은 빗물이 흐르는 것을 막거나 속도를 느리게 하여 토양에 저장하기 때문에 실도랑이 형성되는 것을 막기도 한다.

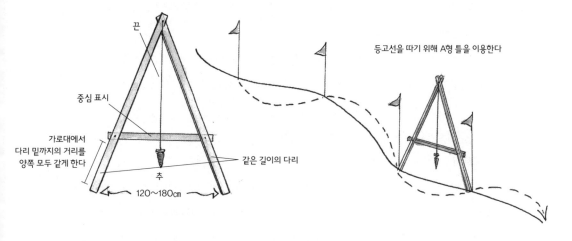

등고선을 따는 데 쓰는 A형 수평기. 1×2 또는 2×2 사이즈의 나무나 쇠로 만든다.

중심점을 맞추는 방법은 다음과 같다. A형 틀을 똑바로 세워서 가로대에서 끈이 지나가는 자리에 표시를 한다. 그런 다음 A형 틀을 반대로 돌려서 각각의 다리가 반대쪽 다리가 있던 곳에 위치하도록 한다. 가로대에 다시 표시를 한다. 두 표시의 중간 지점이 중심점이다. 이 지점에 표시를 한다(예로부터 맥주병을 추로 이용해왔는데, 돌이나 다림추도 괜찮다). 또는 가로대에 기포 수평기를 부착해도 된다.

A형 틀을 사용하는 방법은 다음과 같다. 우선 등고선을 따기 시작할 부분에 한쪽 다리를 둔다. 그리고 다른 다리를 바닥을 따라 빙 돌려가며 끈이 중앙의 표시와 일치하는 곳을 찾는다. 이 지점은 반대편 다리와 같은 등고선 위에 있다. 이 지점을 표시한다. 틀을 계속 회전해가며 표시를 해서 등고선을 모두 딴다.

스웨일 만드는 법

스웨일을 여러 개 팔 예정이라면, 먼저 스웨일 사이의 간격을 어느 정도로 할지 결정해야 한다. 스웨일의 위쪽 지역에 내린 빗물이 흘러넘치지 않고 모두 스웨일에 담길 수 있도록 규모와 간격을 확보할 필요가 있다. 내 경험에 따르면 비가 많이 내리는 지역일수록 스웨일 사이의 간격을 좁게 유지해야 빗물을 제대로 거둬들일 수 있다. 연간 강수량이 1,000~1,300㎜인 곳에서는 스웨일 사이의 간격이 5~6m 정도로 가까워야 한다. 그에 반해 연간 강수량이 겨우 300~400㎜밖에 안 되는 지역에서는 간격을 15~16m 정도로 늘려도 된다. 강수량이 이와 다를 경우에도 위의 수치를 스웨일 사이의 적절한 간격을 판단하기 위한 지침으로 참조할 수 있다. 로켓을 만드는 작업처럼 정밀하게 계산하지 않아도 된다. 비탈이 가파르거나, 땅이 다져져 있어서 물을 흡수하지 못하거나, 점토질인 경우에는 땅 위를 흐르는 빗물의 양이 더 많기 때문에 스웨일의 간격을 더 좁게 해야 한다.

그 다음에는 스웨일을 수평으로 배치해야 한다. 지형도에 있는 것과 같은 등고선을 만들어내는 것이다. 이 작업을 하기 위해서는 수평기가 필요하다. 측량사가 쓰는 트랜싯을 빌리거나 저렴한 핍사이트(peep sight) 수평기를 사도 되겠지만, 물 수평기나 선 수평기를 이용하거나 A형 틀 수평기를 직접 제작해도 된다(앞의 그림 참조). 여기에서 중요한 점은 스웨일이 정말로 수평이어야 한다는 것이다. 그래야 물이 지속적으로 고르게 스며들기 때문이다.

말뚝을 박아서 스웨일의 경로를 표시한다. 지면의 기복이 심한 곳에서는 높이의 오차를 방지하기 위해 말뚝 간격을 180㎝ 정도로 유지할 필요가 있다. 하지만 평평한 지면에서는(비록 완벽하게 평평한 땅은 없지만) 말뚝을 3~5m마다 박아도 된다. '평평하게' 보이는 땅도 높이가 변하기 때문에 스웨일이 상당히 구불거린다는 사실을 알면 놀랄 것이다.

일단 경로를 표시했다면 땅을 파기 시작한다. 그다지 예쁘게 하지 않아도 되는 곳에서는 30㎝ 깊이에 45~50㎝ 폭으로 대충 도랑을 파고, 파낸 흙은 도랑의 내리막 쪽 가장자리를 따라 쌓는다. 스웨일을 좀 더 완만하고 눈에 잘 띄지 않게 만들고 싶을 때는 깊이는 15㎝ 정도로 하되, 폭은 60~90㎝ 정도로 더 넓게 하고 내리막 쪽 둑턱도 더 넓게 만든다. 스웨일의 바닥을 정기적으로 점검하여 쭉 평평한지 확인하도록 한다. 물을 좋아하는 식물의 뿌리에 물을 더 많이 끌어들이려면, 그런 식물의 위쪽에 있는 스웨일에 구덩이를 파거나 특별히 깊은 지점을 만들어도 된다.

일반적인 원칙은 물이 많을수록 스웨일을 더 크게, 더 많이 만드는 것이다. 50㎜가량의 강우가 정기적으로 땅을 침수시키는 곳에서는 땅 위를 흐르는 많은 양의 빗물을 처리할 수 있는 스웨일이 필요할 것이다.

스웨일을 다 파고 나면 부분적으로 피복을 해주어도 된다. 피복을 하면 물을 머금고 흡수하는 데 도움도 되고, 스웨일이 눈에 잘 띄지 않는다. 둑턱을 따라 식물을 심으면 스웨일이 더 안정되고 기능도 많아진다. 어떤 식물이나 다 좋지만 교목과 관목이 특히 좋다. 깊은 뿌리가 둑턱을 고정시켜주고, 나뭇잎이 토양에 부식토를 더해주기 때문이다. 게다가 그늘을 드리워서 수분이 증발하는 속도도 줄어든다.

제마크 부부의 마당에서는 미학을 중요시했기 때문에 스웨일을 작고 섬세하게 만들었다. 이런 스웨일은 마치 지면에 생긴 잔물결 같다. 어쨌든 이곳은 친구들과 지나가는 사람들의 발길과 시선이 닿는 공적인 장소였기 때문에 농장 규모의 도랑은 알맞지 않았다. 그래서 이곳의 스웨일은 눈을 즐겁게 하는 곡선으로 조성되었고, 잎이 무성한 식물의 실루엣으로 더욱 부드럽게 만들어졌다. 부드러운 곡선으로 이루어진 완만한 스웨일이 구불거리며, 홈통부터 통로를 따라 관목의 뿌리와 과일나무, 다년생식물을 심어둔 밭으로 이어진다. 비가 내리면 각각의 스웨일은 땅 위를 흐르는 빗물을 멈춰세워서 땅속으로 보낸다.

메리의 말에 따르면 폭우가 쏟아져도 이 스웨일에는 물이 가득 찰 뿐, 넘치는 일은 드물다고 한다. 만약 넘친다 하더라도 늘 바로 아래쪽에 있는 또 다른 스웨일이 남는 물을 거둬들여서 흙 속으로 유도한다. 그리고 이 부드러운 지형지물은 거의 눈에 띄지 않는다.

스웨일이 건조한 지역에서만 유용한 것은 아니다. 한때는 나도 내가 사는 북서부 지역의 기후에서 스웨일이 유용할지에 대해서 회의적이었다. 겨울에 비가 꾸준히 내리는데 굳이 물을 모아둘 필요가 있을까? 그리고 여름에는 90일 정도 비가 오지 않기도 하는데, 그런 건기에 스웨일이 어떤 도움을 줄 수 있단 말인가? 하지만 아무튼 나는 경험이 풍부한 퍼머컬처인들에게 설득당해 스웨일을 하나 파기로 했다. 그래서 오클랜드에 있었던 우리 집 아래쪽 비탈에 길이 25m, 폭 90㎝ 정도의 스웨일을 하나 팠다. 그러자 이전과 엄청난 차이가 있었다. 겨울 장마가 지난 지 한참 되어서도 스웨일은 습기를 머금고 있었다. 여름이 오자, 비가 멈춘 지 며칠 지나지 않아 스웨일 위쪽에 있는 풀은 시들어서 갈색이 되었다. 그런데 스웨일 아래쪽에 있는 풀은 몇 주 동안이나 파릇파릇한 채였을 뿐 아니라, 여러 가지 종류의 야생화들이 새롭게 조성된 알맞은 미기후에 이끌려 풀밭을 채우기 시작했다. 부식토가 형성되기 시작했으며 다양성이 확대되었다. 물이 스웨일에 모여 땅속으로 스며들면 단순히 평지로 퍼져나갈 때보다 더 깊은 흙 속에, 더 오랫동안 저장된다. 나는 지금 스웨일에 완전히 매료되었다고만 말해두겠다.

스웨일에는 여러 형태가 있다. 보통의 스웨일이 가지고 있는 부드럽게 굽이치는 형태가 적당하지 않은 곳에서는 도랑을 수평으로 파서 짚이나 흡수력이 좋은 다른 유기물을 채우면 된다. 지면에 식물을 심고 피복을 하면 그것이 스웨일이라는 것을 아무도 눈치 채지 못할 것이다. 그렇지만 이런 형태의 스웨일이라 할지라도, 아주 효과적으로 물을 가로채어 땅속에 저장할 수 있다. 나무나 다른 장애물 때문에 마당 전체로 이어지는 긴 스웨일을 만들 수 없다면, 장애물의 위쪽과 아래쪽에 짧은 스웨일을 여러 개 만들어서 서로 엇갈리게 하면 된다. 이것을 비늘 모양 스웨일이라고 부른다.

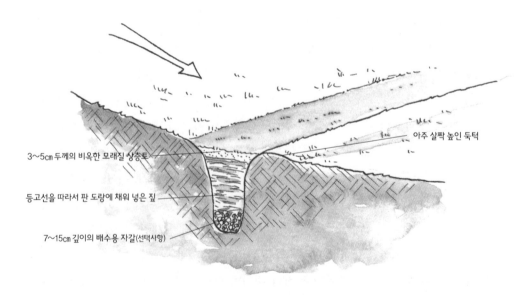

3~5cm 두께의 비옥한 모래질 상층토

등고선을 따라서 판 도랑에 채워 넣은 짚

7~15cm 깊이의 배수용 자갈(선택사항)

아주 살짝 높인 둑턱

짚으로 채운 스웨일. 짚으로 채운 스웨일은 전형적인 형태의 마당이나 통행이 잦은 장소에 활용할 수 있다. 그런 장소에 보통의 스웨일은 너무 깊기 때문이다. 등고선을 따라서 판 30~90cm 깊이의 도랑에 짚이나 건초를 채워 넣고 모래질 상층토로 얇게 덮어준다. 남은 흙은 대부분 제거하고, 땅 위를 흐르는 빗물을 멈추기 위하여 비탈의 아래쪽에 약간의 둑턱만 남기도록 한다. 이 스웨일에는 식물을 심을 수도 있으며 기능 면에서도 보통의 스웨일에 못지않다.

비탈

짧은 스웨일

둑턱

등고선

비늘 모양 스웨일. 기존의 나무나 다른 장애물 때문에 스웨일을 길게 만들지 못하고 짧게 만들 수밖에 없다면, 스웨일을 서로 엇갈리게 파서 땅 위를 흐르는 빗물을 거둬들일 수 있다.

물이 많이 필요 없는 식물을 심는다

물을 보존하는 세 번째 전략은 구할 수 있는 물의 양에 식물을 맞추는 것이다. 무조건 내건성 식물만을 권하는 게 아니라는 점에 유의하자. 구할 수 있는 물의 양에 식물을 맞추는 방법에는 여러 가지가 있다. 현지 기후에 적응한 토착종과 가뭄에 강한 종, 계절에 따라 필요한 물의 양이 변하는 식물을 섞어서 심는 방법도 그중 하나다. 물이 많이 필요한 식물은 호스나 스웨일 근처, 보도에 흐르는 물이 떨어지는 곳, 홈통 근처에 배치하면 최소한의 인력으로 식물에 물을 제공할 수 있다. 식물은 전반적인 기후, 미기후, 지형, 토양, 환경과 올바른 관계를 맺고 있어야 한다. 구체적인 방법을 살펴보자.

가능하다면 토착식물부디 심는나. 현지의 물 상황이 어떻든 간에, 토착식물은 이미 적응이 되어 있기 때문이다. 또한 현지의 야생동물도 친근한 먹이와 서식지를 좋아할 것이다. 지역의 자생식물을 소개하는 책도 꽤 많이 나와 있다. 조금만 조사해보면 야생동물 서식지로 적합한 토착식물들과 그보다는 수가 적지만 꽤 다양한 요리용 허브와 약초, 먹을거리, 볼거리를 비롯해 다양한 용도로 쓸 수 있는 각종 토착식물을 찾을 수 있다.

토착식물만 키우는 정원에 전념할 작정이 아니라면 여러 가지 다양한 식물이 어우러진 정원을 꾸미고 싶을 것이다. 이제 내건성 식물로 주제를 옮겨보자. 먼저, 몇 가지 생태학적 배경을 살펴보자. 가뭄에 적응한 식물은 주로 두 가지 유형의 기후에서 진화해왔다. 즉, 물이 거의 없는 사막과 여름엔 상당히 건조하지만 겨울엔 강수량이 많은 지중해성 기후 말이다. 여기서 '지중해성 기후'란 지중해 연안 지역의 기후와 유사한 모든 지역의 기후를 말한다. 북아메리카 서해안, 칠레의 일부 해안 지역, 남아프리카 일부 지역, 호주 남부와 서부, 그리고 당연하게도 지중해 연안이 이에 해당한다.

지중해성 기후 식물과 사막 식물은 물에 접근하는 방식이 다르다. 사막 식물 중에는 뿌리가 젖은 상태에서는 오랫동안 생존할 수 없는 것도 있다. 만약 미국 중서부에 사막 식물을 심는다면 곡물이 타 죽을 정도의 가뭄에는 잘 견딜지 모르지만, 긴 장마에는 쓰러져버릴 것이다. 하지만 지중해성 기후 식물은 건기와 우기 사이를 왔다 갔다 하는 데 적응했기 때문에 사막 기후가 아닌 곳에서 더 잘 견딜 수 있다. 비가 너무 불규칙적으로 내려서 평범한 채소와 꽃이 시들어버리는 지역에서는 지중해성 식물을 재배하면 수도요금도 줄고, 가뭄 때문에 생기는 골칫거리도 줄어들 것이다.

지중해성 기후는 온화해서, USDA 내한성 지대 지도에서 6에 해당하는 지역보다 더 추워지는 경우는 드물다는 사실을 명심하자. 현지의 겨울을 날 수 있을 만큼 내한성이 강한 지중해성 식물이 있다면, 날씨가 마구 변하는 이런 시대에 우리가 겪는 예측할 수 없는 가뭄을 견디기에 딱 알맞은 선택이다. 이런 식물을 염두에 두면 물을 절약하는 종에 대한 선택의 폭이 자생식물과 사막 식물에 국한되지 않고 더욱 넓어진다. 표5-2에는 유용한 지중해성 식물 몇 가지가 열거되어 있다. 이 목록은 맛보기에 불과하니, 지중해성 지역이 원산지인 다른 품종을 직접 찾아내서 목록을 확대시켜도 좋다.

맛은 좋지만 정기적으로 물을 주어야 하는 식물은 어떻게 해야 할까? 이 경우엔 적절한 위치를 선정하는 것이 답이다. 초보자라면 지구를 어떻게 설정했는지를 기억하라. 물이 많이 필요한 식물을 눈에 잘 띄는 1지구에 배치하면 잊지 않고 제때 물을 줄 수 있을 뿐만 아니라, 그 식물의 갈증을 풀어주기 위하여 호스나 물뿌리개를 끌고 가기도 쉬울 것이다.

또 마당에서 축축한 장소를 찾아서 이용하자. 땅 위를 흐르는 빗물이 모이는 곳은 어디인가? 경사져 있거나 주위를 둘러싸고 있는 차도와 보도는 빗물을 모아 인접한 토양으로 보내는 역할을 한다. 그런 곳이 물에 의존적인 식물을 키우기에 좋은 위치다. 홈통 근처, 홈통

Ⅱ생태정원을 이루는 요소

표5-2 지중해성 기후에 적합한 유용한 식물

일반명	학명	일반명	학명
개박하(Catmint)	Nepeta faassenii, N. mussinii	서양지치(Borage)	Borago officinalis
검은딸기(Blackberry)	Rubus fruticosus	서양톱풀(Yarrow)	Achillea millefolium
구골나무매자(Oregon grape)	Mahonia aquifolium	스노우베리(Snowberry)	Symphoricarpos albus
꽃댕강나무(Abelia, glossy)	Abelia grandiflora	스톤소나무(Italian stone pine)	Pinus pinea
뉴질랜드삼(Flax, New Zealand)	Phormium tenax	씨홀리(Sea holly)	Eryngium maritimum
대추나무(Jujube)	Ziziphus jujuba	아몬드(Almond)	Prunus dulcis
딸기나무(Strawberry tree)	Arbutus unedo	알로에베라(Aloe vera)	Aloe vera
라바테라(Tree mallow)	Lavatera spp.	알리움 몰리(Garlic, golden)	Allium moly
라벤더(Lavender)	Lavandula angustifolia	알스트로에메리아(Alstroemeria)	Alstroemeria ligtu
레모네이드베리 (Lemonadeberry)	Rhus integrifolia	약쑥(Wormwood)	Artemisia absinthum
로즈메리(Rosemary)	Rosmarinus officinalis	여름세이보리(Summer savory)	Satureja hortensis
록 로즈(Rock rose)	Cistus albidus	예루살렘 세이지 (Sage, Jerusalem)	Phlomis fruticosa
루타(Rue)	Ruta graveolens	오레가노(Oregano)	Origanum vulgare
루핀(Lupine)	Lupinus spp.	올리브(Olive)	Olea europaea
마드론(Madrone)	Arbutus menziesii	유럽감초(Licorice)	Glycyrrhiza glabra
마르멜로(Quince)	Cydonia oblonga	유럽개암(Hazelnut)	Corylus avellana
매자나무(Barberry)	Berberis vulgaris	좁은잎보리장(Russian olive)	Elaeagnus angustifolia
멀구슬나무(Bead tree)	Melia azedarach	카르둔(Cardoon)	Cynara cardunculus
무늬산부추(Garlic, society)	Tulbaghia violacea	케아노투스(Lilac, California)	Ceanothus spp.
무화과(Fig)	Ficus carica	퀴노아(Quinoa)	Chenopodium quinoa
미국주엽나무(Honey locust)	Gleditsia triacanthos	팽나무(Hackberry)	Celtis spp.
백리향(Thyme)	Thymus vulgaris	포도(Grape)	Vitis vinifera
북캘리포니아흑호두나무 (Hind's black walnut)	Juglans hindsii	풍선세나(Bladder senna)	Colutea arborescens
산사나무(Hawthorn)	Crataegus spp.	피스타치오(Pistachio)	Pistacia vera
산자나무(Sea buckthorn)	Hippophae rhamnoides	황금대나무(Bamboo, golden)	Phyllostachys aurea
살랄/레몬잎(Salal)	Gaultheria shallon	회향(Fennel)	Foeniculum vulgare
샐러드로켓(Rocket)	Eruca vesicaria sativa	히스파니카쇠채(Scorzonera)	Scorzonera hispanica
샐비어(Sage)	Salvia spp.		

위 식물의 원산지는 겨울에 습도가 높고 여름에 건조한 지역이다. 이 식물들은 가뭄에도 잘 견디지만 습도가 높은 기간에도 원산지가 사막인 소위 '내건성' 식물보다 훨씬 잘 생존한다. 대부분은 먹을거리와 서식지를 모두 제공하는 등 다수의 기능이 있다.

이 없는 처마 아래, 마당의 낮은 지점, 수도꼭지 아래, 배수구 근처를 점검해보자. 어떤 땅이든지 나름대로 미기후가 있어서 다른 곳보다 습도가 조금 더 높은 특정한 장소가 있기 마련이다. 잔디밭에서 다른 곳은 갈색으로 변하기 시작했는데 여전히 초록색으로 남아 있는 지점이 있는가? 그곳이 가장 유력한 후보지다. 자연적으로 축축한 장소를 관찰하고 평가한 다음에 가장 물을 필요로 하는 식물을 그곳에 배치하도록 한다. 위에서 제시한 것처럼 지형을 조정해서 물을 모으자. 사람 대신 자연과 중력이 물을 주는 작업을 하게 만들자.

밀식 재배를 해서 땅이 마르지 않도록 한다

이 다중적인 물 보존 전략의 다음 단계는 식물을 조밀하게 층층이 심어서 그늘을 만들어내는 것이다. 이렇게 하면 크고 작은 잎들이 토양을 뒤덮어서 여름철에 햇살이 토양에 도달하기 전에 차단시킨다. 토양에 그늘을 드리우면 수분 증발을 60% 이상 줄일 수 있다. 그늘 역시 피복과 마찬가지로 뿌리의 온도를 낮게 유지하여 하늘로 물을 뽑아 올리는 잎의 증산작용(蒸散作用)을 늦춘다.

또 식물은 서로 그늘을 드리워서 물 손실을 줄일 수 있다. 14시간에 이르는 여름철의 낮 동안 계속 햇볕을 쬐어야 하는 식물은 드물다. 특히 배추속(屬) 식물이나 잎채소와 같은 호냉성(好冷性) 채소는 뜨거운 오후에 부분적으로 그늘이 드리워질 때 가장 잘 큰다. 본래 숲 속이나 그늘진 강둑에 사는 레이디스맨틀(Lady's mantle), 노루오줌(astilbe), 수레박하(monarda), 제라늄 등의 다년생 꽃은 햇볕을 반나절만 받아도 꽃을 피우는 데 지장이 없다. 우리는 식물을 임관 아래에 층층이 심어서 수분을 유지하도록 하면서, 각각의 종이 필요한 햇빛을 충분히 받도록 배치할 수 있다.

자연이 숲에서 어떻게 작용하는지 관찰해보자. 봄에 가장 먼저 잎이 돋아나는 식물은 작은 초본과 지피식물이다. 일단 이런 식물이 몇 주 동안 햇볕을 모아서 달콤한 수액과 건강한 뿌리를 형성하면, 그 위에 있는 관목들이 싹을 틔우기 시작한다. 키 작은 교목들은 그 다음에 싹을 틔우고, 마지막으로 거대한 교목이 잎을 펼친다. 여름의 열기가 도래할 때쯤이면 임관이 거의 완성되어 숲 속 바닥에는 약간의 햇빛만이 아롱거린다. 그러나 이때쯤이면 모든 식물의 잎이 완전히 폈기 때문에 아무 문제가 없다. 교차되며 돌려나는 방식으로 배열된 나뭇가지들은 햇빛의 방향이 바뀌어도 이를 다 포착할 수 있다. 이 잎을 가지고, 식물은 태양 에너지를 효율적으로 당분과 탄수화물을 비롯해 식물 생명에 필요한 각종 분자들로 전환한다.

숲의 임관이 일단 완성되면, 그 아래의 공기와 흙은 트여 있는 곳보다 습도가 훨씬 높게 유지된다. 이 동굴 속으로는 햇빛이 도달하지 못하기 때문에 공기와 흙은 마르지 않는다. 기온은 시원하게 유지되며, 수분이 손실되는 속도는 더욱 늦추어진다.

시간을 지연하는 자연의 접근법은 정원에서도 효과를 볼 수 있다. 다층적으로 정원을 가꾸는 방법에 대해서는 숲 정원(forest garden)을 소개하는 10장에서 상세하게 다룰 것이다. 우선은 식물로 흙을 뒤덮으면 물 손실을 줄일 수 있다는 사실만 알면 된다.

피복을 해서 수분을 유지한다

물을 절약하는 5중 전략의 마지막 요소는 피복이다. 5~10㎝ 이상의 피복층을 만들어주면 수분 손실을 억제할 수가 있다. 토양에서 수분이 증발하는 속도를 늦추고, 식물 뿌리를 시원하게 유지해서 증산작용을 감소시키기 때문이다. 게다가 유기물 피복재는 빗물이 땅 위를 흐르도록 내버려두지 않고 흡수한다. 그리고 유기물 피복재는 분해되면서 토양에 부식토를 더해주어 토양의 물 보유 능력을 강화시켜준다. 또한 피복재는 침식을 막고, 토양 구조를 보호하고, 온도의 기복을 완화시키기도 한다.

피복재가 될 수 있는 재료는 거의 무한하다. 짚과 알팔파를 비롯한 씨앗이 들어 있지 않은 건초, 대팻밥, 나무껍질, 나뭇잎, 옥수수 속대, 분쇄한 곡류의 줄기, 해초, 곡물의 겨와 깍지뿐만 아니라 심지어 모래도 이용이 가능하다. 산성을 좋아하는 식물에게는 톱밥이나 솔잎이 효과적이다. 그런데 한 가지 주의 사항이 있다. 피복을 한 토양은 봄에 온도가 맨땅만큼 빨리 올라가지 않는다. 그러므로 더위를 좋아하는 식물을 빨리 자라게 하려면 봄에는 피복재를 벗겨내었다가 토양이 따뜻해지면 다시 덮어주는 것이 좋다.

돌도 피복재로 이용할 수 있다. 돌멩이로 피복을 한다니 기이하게 들릴지도 모르겠지만, 건조한 지방에서는 3~10㎝짜리 자갈을 10~15㎝ 두께로 깔아서 돌 피복을 해두면 아침 이슬이 돌 위에 맺혀 흙 속으로 똑똑 떨어진다. 돌 피복재는 낮에도 도움이 되는데, 식물이 돌에 그늘을 드리우면 돌덩이가 공기보다 시원해진다. 뜨거운 공기는 돌 사이의 시원하고 어두운 공간으로 흘러들어간다. 그러면 따뜻한 공기 속의 수분이 시원한 돌 표면에 응결되어 땅속으로 흘러들어간다. 이런 식으로 돌 피복은 식물이 거두는 물의 양을 현저하게 늘릴 수 있다. 또한 돌 피복재는 맑은 날 낮의 열기를 머금고 있기 때문에, 봄에는 토양이 따뜻해지도록 도와주고, 쌀쌀한 밤에는 식물을 훈훈하게 유지해준다. 돌 피복재는 생육 기간을 연장시킬 뿐만 아니라 더운 날씨에 잘 자라는 식물이 시원한 지역에서도 잘 자라도록 돕는다.

물을 보존하는 이 다섯 가지 기술(비옥한 토양, 지형 조정과 스웨일 만들기, 적합한 식물, 밀식 재배, 피복재)을 결합해서 적용한 메리 제마크의 땅은 한 가지 방법만 사용한 경우보다 훨씬 가뭄을 잘 견딘다. 이런 다중성은 어떤 한 가지 전략이 실패했을 경우의 위험에 대비한다. 그뿐 아니라, 상호 보완적인 기술이 결합되어 만들어진 정원은 한 가지 방법을 단독으로 사용할 때보다 가뭄의 영향을 훨씬 덜 받는다. 이러한 상승효과는 생태적인 원칙에 따라 정원을 가꾸었을 때 얻을 수 있는 훌륭한 혜택 가운데 하나다.

그런데 정원의 문제가 물이 너무 적은 것이 아니라 물이 '너무 많은' 것일 때는 어떻게 해야 할까? 이상한 일이지만, 이 경우에도 역시 같은 기술을 거의 수정하지 않고 활용하면 도움이 된다. 이 기술은 가뭄에 잘 견디게 하는 용도로만 쓰이지 않는다. 이 기술의 용도는 보다 광범위해서, 건조하든 축축하든 간에 극단적인 수분 조건을 완화시킨다. 식물이 물에 잠기면 죽는 것은 공기가 부족하기 때문인데, 부식토가 풍부한 토양과 피복재는 공기를 보유하는 능력을 잃지 않으면서도 막대한 양의 물을 흡수할 수 있다. 게다가 유기물이 풍부한 토양은 완전한 모래땅을 제외하면 그 어떤 토양보다 배수가 잘된다. 그리고 피복과 밀식 재배를 하고 지면의 윤곽을 조정하면 세찬 비에도 땅이 침식되지 않는다. 물이 고여서 질펀거리는 마당에는 등고선을 살짝 벗어난 스웨일을 파면 된다. 스웨일의 경사도가 2%[17] 정도만 되어도 물을 거두기에 적절한 장소로 물을 보낼 수 있다. 이런 장소가 연못이나 개울, 마른 비탈이라면 이상적이다. 하지만 도시에서는 빗물 배수관으로 보내야 할 수도 있다.

17 100% 경사도가 45°이므로 2% 경사도는 1.15°다.

II 생태정원을 이루는 요소

집수장을 이용해 물을 보존하자

메리는 물을 지혜롭게 이용하기 위해 다각적인 접근 방식을 취했지만, 그중에 관개 시스템은 없었다는 사실을 당신도 알아차렸을 것이다. 메리에게는 앞에 이야기한 으리으리한 밸브와 스프링클러가 끝까지 필요 없었다. 토양이 물을 아주 알뜰하게 보유하고 있기 때문에, 어쩌다가 관수를 할 필요가 있을 때는 잠깐 동안 호스와 물뿌리개를 가지고 와서 물을 주면 되었다. 하지만 이 부분에 대해서도 제마크네 마당은 자연에서 실마리를 얻었다. 메리는 도시 수도를 가능한 한 적게 사용하기 위해 가정 내의 순환을 자연 순환과 연결시켰다. 그녀가 쓰는 관개용수 대부분은 저장해놓은 빗물과 집 안에서 쓴 세정수, 즉 **생활폐수(graywater)**를 재활용한 것이다. 메리는 지붕에 떨어진 빗물을 모으기 위해 얼마 전에 약 5,600ℓ들이 물탱크 두 개를 설치했다. 메리는 물탱크의 반은 땅속에 파묻고 위에는 화분과 벤치를 놓아서 눈에 잘 띄지 않도록 가렸다. 지하에서 물을 퍼 올리거나 먼 거리에서 물을 끌어오는 것이 비경제적인 일이 됨에 따라, 돈이 들지 않으면서 환경 친화적이기도 한 방법으로 정원에 물을 대려는 사람들이 늘고 있다. 관개용수는 가정용 수돗물만큼 깨끗할 필요가 없기 때문에 빗물과 생활폐수는 실용적인 대안이다. 먼저 빗물을 살펴보자.

빗물을 거두어 저장하는 법

모든 가정은 편리한 빗물 집수 시스템을 붙박이로 가지고 있다. 바로 지붕이다. 지붕 위에 떨어진 빗물은 물받이 홈통으로 흘러들어가서 수직낙수홈통을 통해 쏟아져 나온 후 사라지는데, 대개는 빗물 배수관으로 들어간다. 심지어 사막에서도 빗물은 귀중한 자원으로 취급되지 않고 오히려 처리해야 할 문젯거리로 여겨지는 일이 흔하다. 나는 여름철마다 달구어진 주차장에 엄청나게 많은 양의 빗물이 모여서 아무 곳에도 쓰이지 못하고 소용돌이치며 배수구로 빠져나가 바다를 향해 콸콸 흘러가는 모습을 보아왔다. 그런데 근처에서는 스프링클러가 대수층에 마지막으로 남아 있던 화석수를 잔디밭에 쉭쉭 뿌리고 있었다. 주차장에 물을 모으는 시스템을 만들거나 옥상에 내린 빗물을 모으면 잔디밭에 쉽게 물을 줄 수 있을 텐데 말이다.

지붕은 얼마나 많은 물을 모을 수 있을까? 205쪽 글상자 속 네모칸에 '우리 집 지붕은 얼마나 많은 물을 모을 수 있을까?'라는 제목으로 그 수치를 계산하는 간단한 방법을 제시했는데, 해보면 상당히 많은 양이라는 것을 알 수 있다. 약 60평 규모의 이층집은 지붕의 면적이 평균 약 30평 이상이다(차고가 딸린 주택은 대부분 지붕 면적이 이보다 훨씬 넓다). 만약 그 집이 자리한 지역의 연간 강수량이 미국 대부분의 지역 평균인 1,000mm라면, 매년 약 10만ℓ의 물을 지붕에서 모을 수 있다. 그 정도의 양이면 250일 동안 가뭄이 드는 곳에서 100m^2(약 30평)의 정원을 유지하기에 충분하다.

10만ℓ짜리 탱크는 평균적인 뒷마당에 놓기에는 조금 큰 편이기도 하거니와, 그렇게 큰 것이 필요한 경우도 드물다. 북아메리카 동부 지역에는 여름에 대개 2주에서 3주마다 비가 내린다. 그 지역에서 상수도나 우물물 사용량을 대폭 줄이기 위해서는 비가 내리지 않는 동안 버티기에 충분한 양, 즉 2주 동안 쓸 수 있는 관개용수만 저장하면 된다. 그 물의 양은 어느 정도일까? 100m^2(약 30평) 규모의 전형적인 정원이 번성하기 위해서는 매일 약 380ℓ 정도의 물이 필요하다(물을 마음껏 쓸 때의 이야기다). 그러므로 2주 분량의 물은 약 5,300ℓ가 될 것이다. 이것은 깊이 약 60cm에 직경 약 3m의 원형 연못이나, 높이 약 150cm에 가로세로가 각각 약 180cm인 탱크를 채울 정도의 양이다. 그 정도 크기의 연못이나 탱크라면 일반적인 마당에도 잘 어울릴 것이다.

물론 피복을 하고, 유기물 함량을 높이고, 세류관개 같은 물 절약 기술을 이용하면 저장해야 하는 물의 양을 더 줄일 수도 있다. 나는 겨우 200ℓ짜리 드럼통 네 개를 수직낙수 홈통 밑에 두어서 대부분의 관개용수를 해결하는 사람들도 알고 있다. 드럼통은 식물을 심거나 페인트를 칠해서 위장하기도 쉽다.

북아메리카 대륙 어디에서나 2, 3주 넘게 비가 내리지 않을 때가 있다. 그러므로 물을 정말로 자급하고 싶다면 더 많이 저장해야 한다. 공간과 자원이 있다면 더 큰 물탱크나 연못을 만들어도 좋다. 여기서 요지는, 빗물 모으기는 쉬울 뿐 아니라 일단 모으기만 하면 불확실하고 에너지 소비가 많은 물 자원에 크게 의존하지 않아도 된다는 사실이다.

미국 동부의 정원과 비교할 때 서부의 정원은 형태가 더 거칠다. 서부의 강수량은 정원을 가꾸기에 좀처럼 충분하지 않기 때문이다. 외부의 도움이 반드시 필요하다. 대평원지대[18]의 총 강수량은 630mm에도 못 미쳐서, 정원에서 식물을 기르기에는 충분하지 않다. 대

아연도금관으로 만든 600gal(약 2,272ℓ)짜리 빗물 탱크. 애리조나 주 프레스콧(Prescott), 다년생식물을 키우는 앞뜰에 있는 이 물탱크는 중력을 이용하여 관수를 한다. 물탱크 둘레에는 포도덩굴이 타고 올라가도록 철망을 둘렀다. 물탱크가 남서쪽으로 노출되어 있기 때문에 화창한 날에는 탱크 안의 물이 데워져서 온화한 미기후가 형성된다. 때문에 늦서리가 내린 해에는 인접한 사과나무에서 오직 물탱크를 향한 쪽에만 열매가 달린다. 촬영과 디자인/ 밀리슨 생태디자인 사(MILLISON ECOLOGICAL DESIGN)의 앤드류 밀리슨(ANDREW MILLISON)

부분의 서해안 지역에서는 90일 동안 비가 내리지 않는 일이 흔하다. 따라서 서부의 물저장소는 일단 더 커야 한다. 오클랜드 집 마당에는 19,000ℓ들이 빗물 탱크를 땅속에 파묻고 마루와 포도나무 정자로 위장해 놓았었는데, 건기에는 이 용량으로도 겨우 6주밖에 버티지 못했다.

18 북아메리카 서부에 있는 로키산맥 동쪽의 대고원지대

집수 시스템 계획하기

연못을 비롯한 각종 물 저장 시스템을 소개하는 서적과 기사는 이미 많이 나와 있다. 따라서 여기에서는 굳이 기본적인 조성 방법을 설명하는 수고를 되풀이하지 않을 것이다. 참고문헌에 여러 좋은 자료를 열거해두었다. 그렇지만 여기에서도 계획을 세우는 데 도움이 되는 몇 가지 팁 정도는 제시하려고 한다.

다음은 당신의 마당에 적합한 빗물 집수 시스템을 디자인할 때 고려해야 하는 다섯 가지 요소들이다.

1. 연중 강수량이 얼마나 되는가? 기상청 자료가 도움이 되겠지만 산의 어느 면에 사는지, 고도는 어떤지 등 위치상의 특징이 강수량에 큰 차이를 일으킬 수 있다. 우량계(雨量計)나 연중 강수량을 훤히 꿰뚫고 있는 이웃이 더 정확한 정보원이 될 수도 있다.

2. 얼마나 많은 물을 소비하는가? 이 장에서 제시한 '물을 절약하는 5중 전략'을 실행하고, 세류관개 장치를 사용하고, 물 주는 시간을 자동 타이머로 조절하지 않고 필요할 때만 준다면 물 소비를 대폭 줄일 수 있다.

3. 지붕이나 다른 집수시설 가운데 이용 가능한 면적은 실제로 어느 정도인가? 실제로 이용할 수 있는 지붕 면적은 홈통과 수직낙수홈통의 위치와 모양에 따라 다를 수 있다. 지붕 배관을 정교하게 계획하여 설치하지 않으면 이용할 수 없는 부분이 생길 수도 있다. 포장된 바닥이나 다른 단단한 표면도 도움이 될 수 있다. 내가 알고 있는 어떤 사람은 비가 내릴 때마다 도로의 배수로에 모래주머니를 던진다. 그러면 물이 흐르는 방향이 바뀌어 엄청난 양의 물이 진입로를 통해 스웨일로 들어온다. 그는 이 물로 연못도 채우고 나무에도 물을 댄다.

4. 저장소는 어느 정도 크기로 만들어야 할까? 여기서 고려해야 할 요소는 예산, 공간, 미적 감각이다. 물탱크는 연못보다 비싸지만 공간은 덜 차지한다. 연못은 물탱크보다 훨씬 멋져 보이지만 물탱크는 땅속에 숨길 수 있다. 19세기 이후에 지어진 많은 집이 그렇듯 지하실에 물탱크를 설치할 수도 있다.

5. 집수시설을 설치했다면 저장소는 어디쯤에 배치해야 할까? 저장소를 정원보다 높이 배치할 수 있다면 펌프를 사용하지 않고도 중력을 이용하여 관개 시스템을 작동시킬 수 있다. 미학적인 측면과 건설상의 편리도 배치를 결정하는 데 영향을 미친다.

Ⅱ 생태정원을 이루는 요소

강수량을 제외한 요소들은 제어가 가능하다는 사실에 주목하라. 이것은 정원사에게 많은 힘을 실어준다. 강수량의 제외한 네 가지 요소는 현지에 가장 알맞은 시스템을 디자인하기 위해 조정할 수 있다.

한 가지 유의해야 하는 사항이 있다. 내가 지금 설명하는 시스템은 관개용수에만 적합하지, 가정용수나 음용수로는 적합하지 않다. 가정용수 시스템에는 나무 부스러기, 흙, 새똥을 비롯한 각종 오염 물질이 못 들어오게 하기 위한 조치가 필요하다. 그 방법은 이 책의 영역을 넘어서는 것이므로 참고문헌의 퍼머컬처와 집수 관련 서적을 참고하라.

현지의 강수 패턴(내리는 비의 양뿐만 아니라 비가 내리는 시기까지)을 파악하면 효율적인 물 저장 전략을 짜는 데 도움이 된다. 거의 2주마다 비가 내려서 연못이 확실하게 다시 채워진다면, 정기적으로 두 달 동안 가뭄이 들어서 부득이하게 연못을 채워야 할 때와 다르게 접근해야 한다. 그러나 다음 단락에서 알아보겠지만, 물을 구하는 방법에는 수도꼭지를 틀거나 기우제를 지내는 것 말고도 많은 수단이 있다.

우리 집 지붕은 얼마나 많은 물을 모을 수 있을까?[19]

면적이 1,000ft²인 지붕에서는 강수량이 1in일 경우 약 625gal의 물을 모을 수 있다. 좀 더 정확한 수치를 알고 싶은 사람은 다음의 공식을 참고하라. 먼저 아래의 수치를 확인하라.

A = 제곱피트(ft²) 단위로 나타낸 지붕 면적(경사진 지붕의 총 면적이 아니라 지붕에 덮여 있는 땅의 면적)
R = 인치(in) 단위로 나타낸 연간 강수량

그리고 다음을 계산하라. $\dfrac{A \times R}{12} = W(ft^3)$

이것은 지붕이 매년 모으는 비의 양을 세제곱피트(ft³) 단위로 나타낸 숫자다. 1ft³는 약 7.5gal에 해당하므로, 갤런으로 환산하려면 다음과 같이 계산하라.

W×7.5=연간 모을 수 있는 빗물을 갤런(gal) 단위로 나타낸 것

예를 하나 들어보자. 가로 30ft 세로 36ft인 지붕의 면적은 1,080ft²다. 만약 평균 강수량이 35in라면, 면적×강수량=1,080×35이므로 37,800이 된다. 이것을 12in(1ft=12in)로 나누면 물의 양이 3,150ft²가 된다. 이것을 갤런으로 환산하려면 3,150에 7.5를 곱하라. 그러면 지붕에서 매년 모이는 빗물의 양이 23,625gal이라는 답이 나온다.

---

19 우리가 쓰는 미터법으로 계산하려면 다음과 같이 한다. A=m² 단위로 나타낸 지붕 면적. R=mm 단위의 연간 강수량. A×R=W(ℓ).

물탱크는 분명 실용적이지만, 연못은 야생동물 서식지와 시각적인 즐거움이라는 항목을 물 저장소의 역할에 더한다. 무더운 날 무성한 화초로 둘러싸인 연못의 반짝거리는 물은, 보기만 해도 열기를 5℃ 정도는 식혀준다. 또한 연못이 물탱크보다 더 싸고, 필요에 따라 물을 훨씬 많이 보유할 수도 있다.

연못에 물을 저장하는 비결은 깊이다. 주어진 용량의 물을 저장하기 위하여 연못의 깊이를 깊게 할수록 표면적이 작아지고 이에 따라 증발량이 줄어들기 때문이다. 가로세로 3.5m의 정원 연못을 보통의 깊이인 60cm가 아니라 1.2m로 하면, 15,000ℓ가량의 물을 저장할 수 있다. 연못의 물을 뽑아 정원에 댄다면, 당연히 연못 수위가 낮아질 때 식물과 물고기를 보호할 방안을 생각해두어야 한다. 한 가지 대안은 물을 대는 용도로만 쓰는 연못을 한 개 만들고, 지느러미와 잎이 달린 서식 생물들을 위한 작은 연못을 별도로 마련하는 것이다.

일반적으로 정원 연못은 유연한 재질의 플라스틱으로 안을 대고, 가장자리에는 평평한 돌을 여러 개 놓아둔다. 자연에서는 이런 모습의 연못을 전혀 찾아볼 수 없다. 깔끔한 구덩이가 땅에 파여 있고 주변이 판석(板石)으로 매끄럽게 둘러진 연못이란 절대로 있을 수 없다. 이런 디자인은 문제를 유발한다. 가파른 돌로 가장자리를 둘러놓은 연못에서는 새와 작은 포유동물이 물을 마실 수 없으며, 다수의 곤충도 마찬가지다. 케이프코드(Cape Cod)[20]의 조경디자이너 얼 반하트는 연못의 가장자리를 보다 자연스럽게 만드는 방법을 개발했다. 207쪽의 그림에서 보이는 것처럼, 연못 가장자리를 갑작스러운 급경사로 만들고 있는 돌의 일부 또는 전부를 제거해서 완만한 경사를 이루는 물가로 만드는 것이다. 이렇게 디자인한 연못에서는 작은 동물들도 물가에서 편하게 물을 홀짝홀짝 마실 수 있다. 그런데 한 가지 주의 사항이 있다. 개나 어린이 같은 큰 동물도 뒷마당의 물가에 이끌려 지저분한 결과를 초래할 수도 있다는 것이다.

어떻게 연못이 경관의 초점인 동시에 정원을 위한 실용적인 급수원이 될 수 있는지 알아보기 위해, 산림관리 컨설턴트이자 퍼머컬처인인 톰 워드가 오리건 주 애슐랜드(Ashland)에 있는 집 마당에 만든 연못을 살펴보자. 톰은 텃밭의 위쪽에 약 11,300ℓ의 물이 고이는 연못을 만들었다. "우리는 연못을 만들려고 구덩이를 판 후, 보강재로 그물망을 깔고 플

그레이트워크 사(Great Work, Inc.)의 얼 반하트가 디자인한 연못. 가장자리가 완만하기 때문에 동물과 새 들이 물에 접근하기 좋다. 또한 자갈을 깐 연못가는 돌로 가장자리를 두른 연못보다 훨씬 자연스러워 보인다. 가장자리를 돌로 두른 연못은 자연에서는 거의 볼 수 없는 형태다.

라스틱 시멘트[21]라는 제품을 세 번 발랐습니다." 톰이 설명했다. 톰은 연못 안쪽을 고무나 플라스틱 재질로 댈 수도 있었지만, 작업을 도와줄 친구들이 많이 있었기 때문에 좀 더 노동 집약적인 방법으로 비용을 절감했다. 톰의 연못은 옆집 본채와 뒷집 창고의 수직낙수홈통에서 물을 공급받는다. 양쪽의 이웃들은 모두 자기네 땅 위를 흐르는 빗물을 쓰게 해달라는 톰의 요청에 기꺼이 응해주었다.

내가 그곳을 방문한 것은 연못을 만든 지 얼마 안 되었을 때인데, 톰은 거기에서 먹을 수 있는 불고기와 유용하고 매력적인 식물을 다양하게 기를 생각이었다. 어쨌든 연못이 가져다주는 혜택은 연못의 경계를 넘어서고 있었다. 스웨일 하나가 연못 옆에 있었는데, 연못에 물이 넘치면 돌로 만든 폭포 아래로 떨어져서 스웨일 속으로 흘러들어갔다. 물은 수평의 스웨일에 모여서 흙 속으로 스며들었다. 톰의 텃밭은 스웨일 바로 아래에 있었고,

21 플라스틱에 석면 등의 보강재를 배합한 것

캘리포니아 주 산타마리아(Santa Maria)에 있으며, 한때는 전형적인 교외의 뒷마당이었던 이곳은 마음을 편안하게 해주는 수생(水生) 요소를 갖춘 풍요로운 먹거리숲이 되었다. 어린 과일나무 몇 그루로 둘러싸인 헐벗고 광활한 잔디밭은 이제 다양한 수경재배를 하는 연못 시스템으로 탈바꿈했다. 연못에는 작은 치남파[22]들을 만들어서 셀러리, 토란, 셀러리액(celeriac, Apium graveolens var. rapaceum)[23], 미나리(Japanese parsley, Chryptotaenia japonica)를 키우고 있으며, 물속에는 물고기를 풀어놓고 물냉이, 박하, 미니 부들까지 심었다. 연못 주위에 심은 풀 가운데에는 수영과 대황도 있고, 안데스 산맥이 원산지인 키 크고 무성한 식용 칸나(achira, Canna edulis)[24]도 있다. 지금 이곳에는 각종 새와 개구리를 비롯한 다양한 야생동물이 살고 있다. 디자이너 래리 산토요가 연못가에 앉아 있다. 사진/ 조던 호세아(Jordan Hosea)

22 2장 참조

23 뿌리가 희고 큰 셀러리의 일종

24 고구마와 맛이 비슷하며 키가 2.5m가량 자란다.

II 생태정원을 이루는 요소

렌즈 모양으로 땅속에 모인 수분은 느린 조류처럼 비탈을 따라 농작물을 향해 지하로 내려갔다. 이런 식으로 연못과 스웨일은 근처에 있는 텃밭에 물을 대는 지하 관개 시스템을 형성하고 있었다. 여기서도 각각의 부분을 올바른 관계로 배치했기 때문에 자연이 그 일을 하게 되었고, 상수도에 대한 톰의 의존도가 상당히 낮아진 것이다.

톰은 폭포가 떨어지는 입구로부터 약 6*m* 떨어진 지점에 있는 스웨일의 배출구에 블루베리 덤불을 심었다. 스웨일을 따라 흘러서 반대쪽 끝으로 흘러나오는 물을 전부 이 관목이 거둬들이도록 배치한 것이다.

이것은 생태디자인의 좋은 예다. 연못은 이웃집 지붕에 모인 빗물을 거둬들이고, 스웨일은 연못에서 넘치는 물을 모으고, 텃밭과 블루베리는 스웨일이 거둔 수분 덕분에 혜택을 받는다. 톰은 연못을 텃밭에 융합시켜서 매력적이면서도 실용적인 공간으로 만들었으며, 분리되어 있던 요소들(심지어 자기 소유지 밖에 있는 요소까지도)을 서로 연결하여 건강하고 원활하게 기능하는 완전체로 만들어냈다.

생활폐수로 순환 고리를 완성시킨다

전형적인 미국 가정은 관개용수를 제외하면 하루에 380~760ℓ의 물을 사용한다. 그 물 가운데 일부는 화장실에서 '오수(blackwater)'로 흘러나가지만, 대부분은 싱크대, 샤워실, 세탁기 배수관을 통해 빠져나간다. 이 물은 단지 비누, 죽은 피부에서 나온 때, 우리와 평화롭게 공존하고 있는 약간의 박테리아에 오염된 상태일 뿐이다. 이것은 '생활폐수'로, 거의 깨끗하다고도 할 수 있지만 더러움의 정도가 사람이 곧바로 재사용하기에는 알맞지 않다. 하지만 식물과 토양유기물은 생활폐수 중에서 물 부분은 기꺼이 받아들이고, 용해되어 있는 내용 물은 열심히 먹이로 소비할 것이다.

생활폐수를 재사용하면 수질오염을 줄이고 하수처리 시설과 정화 시설에 가해지는 부담도 줄일 수 있다. 매립지로 향하는 쓰레기에서 퇴비로 만들 수 있는 쓰레기와 재활용 가능한 쓰레기를 분리하는 것과 마찬가지로, 쉽게 재사용이 가능하며 거의 깨끗하다고 할 수 있는 생활폐수는 화장실 오수와 구분하는 것이 이치에 맞다.

마당에 폐수를 사용한다는 생각이 좀 기분 나쁜가? 걱정하지 않아도 된다. 몇 가지 간단한 지침만 따르면 건강의 위험이나 악취, 다른 어떤 불쾌함 없이 생활폐수를 쉽게 재사용할 수 있다. 염려하는 것과는 오히려 반대다. 여러 주(州)의 보건당국은 생활폐수 시스템이 안전하고 합법적이라는 판단을 내렸다. 생활폐수 전문가인 아트 루드윅은 합법적인 생활폐수 시스템을 추적한 결과, 질병이 발생한 사례가 단 한 건도 없다고 보고했다.

생활폐수는 생명을 증진시키고 회복력이 좋은 또 하나의 순환을 생태정원에 형성하는 중요한 자원이다. 먼저 생활폐수의 혜택을 설명한 다음, 이 새로운 자원을 정원의 살아 있는 구조에 더하는 방법을 살펴보자.

이 책의 앞부분에서 나는 유기 퇴적물의 순환을 형성하는 분해자의 중대한 역할을 설명했다. 건강한 생태계에서는 분해자들이 생산자(식물)와 소비자(동물)만큼이나 물리적으로나 정력적으로 큰 역할을 한다. 분해자는 노폐물과 사체를 섭취하여 생명의 공급 원료로 변형시킨다. 호흡을 하고 신체를 구성하는 생명체의 활동에 의해 이 원료는 또 다시 순환된다. 그러나 우리의 마당을 포함한 대부분의 인간 생태계에서는 애석하게도 유기폐기물이 거의 순환되지 않는다. 상층토가 부족하고 살충제를 너무 많이 뿌려서 순환 고리가 파괴되었기 때문이다. 분해자와 그 산물이 없으면 유기물은 보석처럼 희귀해진다(정원사 중에는 이사할 때 퇴비더미를 함께 가지고 가는 사람들도 있다). 생태농법에서는 피복을 두텁게 하고, 퇴비를 만들고, 독성 농약을 사용하지 않음으로써 유기폐기물의 순환을 복원시키려고 한다. 생활폐수를 이용하는 것도 이렇게 재활용을 하는 한 가지 방법이다.

생활폐수는 폐기물의 순환 고리를 완성한다. 가정에서 사용하는 물은 순환되지 않고 일방통행인 경우가 많다. 그 과정은 다음과 같이 진행된다. 우리는 비누나 음식물 같은 품목을 가정 생태계로 들여와서 순수한 물과 섞어 다소 더러운 물을 만들어낸다. 그리고 이 희석된 폐기물은 배수관을 통해 우리의 집(과 우리의 인식) 밖으로 나간다. 이 생활폐수는 거대한 하수도를 통하여 파이프로 수송되어 비용이 많이 드는 하수처리장에서 처리된다. 오염 물질은 오니(汚泥)가 되고, 정화된 물은 강이나 호수 또는 바다에 버려진다. 이런 식으로 귀중한 자원이 쓰레기로 급속히 전환되어 순환 고리에서 벗어난다. 그 과정에서 자원이 본래 갖고 있는 에너지와 가치 가운데 극히 일부분만이 생산에 이용되는 반면에 정화하는 비용은 많이 든다.

이와는 대조적으로, 생활폐수를 재사용하면 탄탄한 지역 순환이 이루어지고, 에너지를 훨씬 덜 쓸 수 있으며, 사회기반시설의 부담도 대폭 줄일 수 있다. 이런 시스템에서 가정 생태계에 들어온 물, 음식물, 생분해성 비누는 샤워와 세탁을 할 때 약간의 먼지나 때와 섞여서 토양이나 뒷마당의 습지로 보내진다. 그곳에서 이 혼합물은 그 안의 영양분을 소비하는 미생물과 식물에 의해 처리된다. 그렇게 나온 결과물은 쓰레기가 아니라 깨끗한 물과 비료다. 이것은 바로 재활용할 수 있을 뿐 아니라 이미 재활용하기에 적절한 장소에 도착해 있다. 비누와 음식물 조각은 비료로 변형되어 흙, 나무, 꽃과 같은 가정 생태계에 흡수된다. 가정 생태계에 붙잡힌 영양소들은 나뭇잎을 구성했다가 낙엽이 되어 흙으로 돌아가고, 이를 되풀이하는 과정을 춤추듯 반복한다. 이 과정에서 우리와 야생의 친구들은 그 영양분을 취할 수 있다. 샤워나 세탁을 할 때마다 이 순환 속의 연결 고리들은 더욱 굵고 튼튼해지며, 정원은 점점 더 초록으로 바뀌어간다.

생활폐수를 이용할 때 숙지할 점

- 생활폐수는 법을 적용하기 애매한 경우가 많다. 생활폐수에 가장 친화적이라는 남서쪽 주들에서조차도 건축 법규상 필요 이상으로 복잡한 생활폐수 처리 시스템을 요구한다. 법적으로 승인을 받지 않고 만들어진 생활폐수 처리 시스템이라도 안전하게 기능하는 것들이 많이 있다. 생활폐수 처리 시스템을 만들기 전에 현지의 법규를 숙지하도록 한다.
- 식용식물에 정화 처리를 하지 않은 생활폐수를 직접 주면 안 된다. 생활폐수는 식용하지 않는 식물이나 과일나무, 관목의 밑동에 주어야 한다. 셉틱 시스템(septic system)[25]처럼 구멍이 나 있는 침출 배

---

25 공공 하수도와 연결되지 않은 지역에서 주로 사용하는 오수 정화 시스템이다. 정화조와 드레인 필드(drain field)로 이루어져 있으며, 정화조에서 오니와 분리된 물은 드레인 필드에서 서서히 배출되어 땅에 흡수된다.

관을 통해 생활폐수를 지표면 아래로 관개할 수도 있다. 생활폐수 때문에 질병에 걸리거나 유독성 피해를 입을 위험성은 경미하지만, 먹을거리에 생활폐수를 직접 주는 것은 화를 자초하는 일이다. 생활폐수가 인공 습지나 그와 유사한 시스템에서 미생물과 생물을 거치도록 처리하면, 생활폐수의 오염 물질을 제거하고 독성을 없앨 수 있다. 그런 다음에 모은 물은 식용식물에 주어도 된다.

- 생활폐수 처리 시스템으로 들어가면 안 되는 물질이 있으므로 주의해야 한다. 염소 표백제와 붕소(붕사)를 함유한 세제를 비롯해, 가정에서 사용하는 화학약품과 용제 중 어떤 것은 식물에 해로우므로 생활폐수 처리 시스템에 결코 유입되면 안 된다. 과산화수소계 표백제는 사용해도 안전하다. 어쩔 수 없이 염소나 붕소를 사용해야 한다면 전환 밸브를 설치하여 세탁수를 일시적으로 정화조나 하수도로 배출할 수 있게 만든다(즉, 오수로 취급하는 것이다).

- 대부분의 일반 세제는 생활폐수를 알칼리성으로 만들기 때문에, 생활폐수를 토양생물로 정화하지 않고 바로 식물에게 주면 해롭다. 생활폐수를 재활용할 경우에 사용해도 괜찮다고 표기되어 있는 세제가 시중에 많다. 하지만 생활폐수를 피복재와 비옥한 흙, 또는 가정 습지를 통해 걸러주기만 해도 pH의 균형을 되돌리기에 충분하다.

- 겨울에 한 뼘 이상 땅이 어는 지역에서는 생활폐수 처리 시스템이 작동하지 못할 수가 있다. 그럴 경우에는 봄에 해빙이 될 때까지 생활폐수를 하수도나 정화 시설로 배출하는 것이 좋다.

- 정화 처리하지 않은 생활폐수는 절대 하루나 이틀 이상 저장해서는 안 된다. 일반적으로는 박테리아의 수가 얼마 되지 않지만, 영양분이 풍부한 물에서는 수가 급속히 증가하여 불쾌한 냄새를 풍기거나 최악의 경우에는 건강을 위협할 수도 있다.

- 생활폐수는 모래를 통해 여과하거나 다른 미세한 여과 시스템을 통해 거르지 않는 한, 세류관개 시스템을 통과하기에는 '덩어리가 너무 많다'. 보푸라기와 머리카락 같은 찌꺼기는 펌프나 파이프, 또는 직경 1.3㎝ 이하의 구멍을 금방 막아버릴 것이다. 그러므로 생활폐수를 운반하려면 직경이 큰 호스와 파이프를 사용하거나, 적절한 여과 시스템에 투자해야 한다.

생활폐수 처리 시스템을 이용하면 가정에서 사용한 물 대부분을 식물을 기르는 데 쓸 수 있다. 식물이 흡수한 물은 증산작용에 의해 공기 중으로 날아가서 무더운 날에 우리를 시원하게 해주고 하늘로 퍼져나간 다음 비가 되어 곧 되돌아온다. 쓰레기로 하수처리 시설에 부담을 줄 염려도 없다.

생활폐수에 섞여 있는 비누와 음식물, 그 밖의 물질의 양은 사소해 보일지도 모른다. 하지만 그런 물질은 시간이 흐르면서 누적되어 바이오매스를 형성하고, 나아가 식물과 야생동물, 먹거리가 된다. 그리고 여기에 매일 소요되는 약 380ℓ의 물은 결코 무시할 수 있는 양이 아니다. 나는 생활폐수 처리 시스템 덕분에 마당이 빠르고 극적으로 비옥해지고 무성해지는 것을 보아왔다. 이 간단한 순환을 연결시키면 마법과도 같은 일이 일어난다. 마치 자연이 우리의 봉사를 알아차리고 엄청난 선물 공세로 답례를 하는 것 같다.

정원을 생명체에 비유한다면, 생활폐수 처리 시스템은 폐기물과 액체를 처리하는 간이나 신장 같은 기관이라 할 수 있다. 그런데 대부분의 정원에는 이런 '기관'이 빠져 있다. 인간은 신장이 없으면 몸이 제대로 작동하지 않는다. 신장의 유일한 대체물은 생명유지 장치라는 정교한 기계뿐이다. 정원도 마찬가지다. 모든 기관을 완비해주면 정원은 살아난다. 그러면 우리는 자동 스프링클러와 비료처럼 자원을 게걸스럽게 먹어치우는 생명유지 장치를 철거해도 된다. 생활폐수 처리 시스템을 이용하면 정원을 좀 더 자립적인 공간으로 만들 수 있다.

생활폐수 처리 시스템을 만드는 완벽한 지침을 제공하려면 이 장의 영역을 넘어서야 한다. 이 주제에 관한 좋은 책과 논문이 이미 많이 나와 있다. 내가 가장 좋아하는 자료는 아트 루드윅의 저서 『생활폐수로 오아시스를 만들자』(참고문헌 참조)다. 이 책은 여러 가지 생활폐수 처리 시스템을 선택해서 설치하는 방법을 읽기 쉽게 소개하고 있다. 어쨌든 여기서는 간단한 생활폐수 장치를 몇 가지 살펴보고, 생활폐수를 생태정원에 결합하는 게 얼마나 쉽고 실용적인지를 부여주려 한다.

가장 간단하게 설치할 수 있는 생활폐수 처리 시스템은 개수대에 대야를 엎어놓는 것인데, 너무나 간단해서 누구나 할 수 있다. 대야가 가득 차면 잘 피복된 밭두둑에 쏟기만 하면 된다. 그러면 생활폐수는 땅 위를 흘러가지 않고 피복재에 흡수된다. 피복재에는 토양 생물이 풍부하게 들어 있어서 생활폐수의 내용물을 걸신들린 듯이 신속하게 처리할 것이다. 비누나 기름기가 잎의 기공을 막거나 식물에 해를 끼칠 수도 있으므로 생활폐수를 초목에 직접 쏟아 부으면 안 된다.

생활폐수를 재활용하고 싶지만 몇 시간마다 비눗물이 출렁거리는 대야를 들고 바깥으로 나가고 싶지 않다면, 그 다음 단계의 시스템을 이용할 수도 있다. 아트 루드윅은 이 시스템을 '피복재 웅덩이로 배수하는' 시스템이라고 부른다. 본인이 직접 만들거나 배관공을 고용할 수도 있다. 먼저 세탁기나 욕조, 샤워실의 배수구에 꼭지를 달아서 화장실 오수가 흐르는 배수관과 분리시킨다. 이제 이 배수구에 경질 플라스틱 배수관(ABS)을 연결해서 생활폐수가 집 밖으로 나가게 만든다. 집 밖에서는 역시 ABS 파이프나 플렉스 호스처럼 유연하되 꼬이지 않는 직경 2~2.5cm짜리 호스를 연결해서 피복을 한 스웨일이나 나무 주위의 움푹한 곳으로 생활폐수를 흘려보낸다. 정원용 호스나 관개용 폴리파이프와 마찬가지로, 배수 호스도 꼬이면 안 된다. 호스가 꼬이면 물이 역류하거나 세탁기 펌프가 타버릴 수 있다(이 장치의 세부적인 모습에 대해서는 아래의 그림을 참조하라). 100~200ℓ짜리 드럼통을 집 밖에 설치해서 일시적으로 생활폐수를 보관할 수도 있다. 드럼통을 설치하면 식물에 바로 주기에는 너무 뜨거운 물을 식힐 수 있을 뿐 아니라, 욕조 물처럼 양이 많은 물도 잠시 저장했다가 내보낼 수 있다. 물이 너무 빨리 쏟아져 나와 직경이 좁은 배수 호스에 무리를 주지 않도록 말이다.

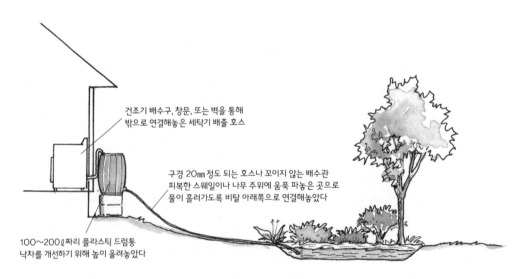

건조기 배수구, 창문, 또는 벽을 통해 밖으로 연결해놓은 세탁기 배출 호스

구경 20mm 정도 되는 호스나 꼬이지 않는 배수관 피복한 스웨일이나 나무 주위에 움푹 파놓은 곳으로 물이 흘러가도록 비탈 아래쪽으로 연결해놓았다

100~200ℓ짜리 플라스틱 드럼통 낙차를 개선하기 위해 높이 올려놓았다

생활폐수가 드럼통에 모여 식물을 재배하는 피복된 스웨일이나 나무로 가도록 세탁기를 설치했다.
그림/ 『생활폐수로 오아시스를 만들자(CREATE AN OASIS WITH GREYWATER)』(OASIS DESIGN, 2000)의 저자 아트 루드윅의 승인을 얻어 다시 그림

샤워를 하거나 세탁기를 돌릴 때마다 정기적으로 40~110ℓ의 물을 공급하는 이 처리 방식은 나무와 관목, 피복을 한 넓은 밭두둑에 물을 주기에 딱 알맞다. 유연한 호스로 된 배출구는 하루 이틀마다 다른 두둑으로 옮길 수 있기 때문에 어떤 한 곳이 너무 질척해질 우려가 없다. 루드윅의 책에서는 직접 호스를 옮길 필요가 없도록 여러 밭두둑으로 배수하는 시스템도 설명하고 있다.

자동 역(逆)세정 펌프, 다단계 필터, 배수용 배관으로 가득한, 상당히 복잡한 형태의 생활폐수 처리 시스템도 있다. 하지만 나는 '피복재 웅덩이로 배수하는' 생활폐수 시스템보다 더 나아간 단계는 기계적으로 더욱 복잡한 것이 아니라, 생물학적으로 더욱 풍부한 것이라고 생각한다. 그런 시스템의 이상적인 예로는 페니 리빙스턴이 샌프란시스코 북부에 있는 자기 집 마당에 만든 연못을 들 수 있다.

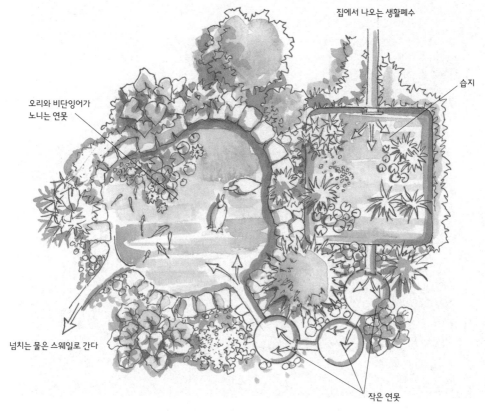

집에서 나오는 생활폐수

습지

오리와 비단잉어가
노니는 연못

넘치는 물은 스웨일로 간다

작은 연못

페니 리빙스턴이 생활폐수를 이용해 만든 습지와 연못

뒷마당의 습지를 통해 깨끗하게 정화된 생활폐수에서 오리들이 행복하게 노닐고 있다.

페니가 만든 생활폐수 처리 시스템에서는 수생식물과 물고기와 오리로 완성된 반짝거리는 연못 네 개가 한 세트를 이룬다. 목욕과 세탁을 통해 발생하는 생활폐수는 먼저 습지식물과 관상용 풀로 가득 찬 작은 습지를 통과한다. 이 인공 습지는 폭이 겨우 $1~2m$에 불과하지만, 생활폐수 안의 오염 물질을 대부분 제거하여 식생으로 전환한다. 거의 깨끗해진 물은 돌 위를 졸졸 흐르며 세 개의 작은 연못을 통과한다. 물은 이 연못에서 페니의 뒷마당에 있는 사무실(북부 캘리포니아 퍼머컬처 연구소의 본거지)의 지붕에 모인 빗물과 합쳐진다. 마지막 종착지는 오리가 노니는 연못이다. 이 연못은 가로세로가 $3m$ 정도로, 다소 깊은 편이다. 이 연못에서는 황금빛 비단잉어가 어른거리고, 청둥오리들이 첨벙거리며 잔물결을 일으킨다. 오리는 수질 감시 장치 역할을 한다. 습지를 만들지 않았던 시스템 초창기에는 물이 충분히 깨끗하지 않았기 때문에 오리들이 물에 들어가려 하지 않았다. 연못에 남아 있는 비눗기가 깃털의 기름기를 씻어내는 바람에 오리들이 가라앉았기 때문이다. 이제는 습지를 통과하며 정화된 물이 연못으로 들어가기 때문에 오리가 살기에 아주 좋아졌다.

연못 네트워크는 전략적으로 사무실 바로 남쪽에 배치하여 겨울에는 연못에 반사된 햇빛이 창문으로 들어와 건물 내부를 밝게 비추도록 했다. 페니와 직원들은 기분 좋은 날이면 연못 옆에 배치한 파티오와 정자에 앉아서 담소를 나누기도 하고, 휴식을 취하기도 한다.

페니네 뒷마당은 내가 생활폐수의 역동적인 본성을 처음으로 접한 곳이다. 그곳을 방문했을 때 나는 샤워를 할 때마다 연못의 네트워크가 활기를 띤다는 사실을 금방 알게 되었다. 그래서 아침마다 샤워를 마치자마자 옷을 반쯤 걸치고 물이 뚝뚝 떨어지는 상태로 황급히 연못으로 달려 나가 내 목욕물이 촉발시킨 쇼를 지켜보았다. 내가 샤워하는 데 쓴 물은 작은 습지로 몰려 들어갔다가 식물에 여과되어 흘러나오고, 돌 위를 흘러서 명상하는 불상과 왜성 복숭아나무 아래를 지나, 첫 번째 연못을 넘칠 정도로 가득 채웠다. 두 번째 연못을 가득 채운 후 세 번째 연못마저 가득 채운 물은 곧 마지막 연못 속으로 폭포처럼 쏟아져 들어갔다. 물이 부드럽게 밀려들어오자, 출렁거리는 물결에 오리들이 둥둥 떠다녔다. 오리들이 부드럽게 꽥꽥거리는 소리는 마치 웃음소리 같았다.

페니의 연못물은 살아 있어서 굳이 펌프로 유체 운동을 일으킬 필요가 없었다. 내륙 지방이나 사막에 접해 있는 곳이라 해도, 생활폐수를 이용하면 펌프를 사용하거나 공공요금을 어마어마하게 내지 않고도 어떤 마당에서든지 생기 넘치게 물방울을 튀기며 물이 콸

콸 흘러내리게 할 수 있다. 이 간단한 시스템은 마당이 먹여 살리는 식물과 야생동물의 다양성에 엄청난 활력을 불어넣어주면서도 물의 소비량은 감소시킨다. 연못을 가진 사람이라면 누구나 알다시피, 마당에 물을 끌어오면 새로운 가장자리들이 생겨나며 새로운 에너지와 생물의 흐름을 만들어낼 수 있다. 생활폐수를 뒷마당 습지에서 깨끗이 정화 처리하면 죄의식 없이 마음껏 물을 쓸 수 있으며, 과중한 하수처리 비용 부담도 덜 수 있다.

습지는 자연이 물을 정화하고 재활용하기 위해 이용하는 수단이다. 더러운 물이 늪이나 습지대를 서서히 통과하면 식물과 미생물과 동물 들이 물속에 있는 것을 천천히 먹으면서 오염 물질을 바이오매스로 전환하고 물을 정화한다. 매사추세츠 주의 셸번폴스(Shelburne Falls)에서부터 캘리포니아 주의 아카타(Arcata)에 이르는 여러 도시에서는 자연을 모방하여 도시의 폐수를 처리하는 '인공' 습지를 만들었다. 이런 종류의 많은 프로젝트는 무척 아름다우며, 이곳에는 복원된 서식지에서 번성하는 물새와 수달, 그 밖의 생물을 구경하려고 모여드는 자연애호가들을 위한 오솔길도 있다. 같은 시기에 이런 습지를 만드는 노하우가 개인 주택 소유자들에게 조금씩 알려지기 시작했다. 이때는 습지식물과 수생식물 기르기가 매우 유행하고 있을 때였다. 생활폐수를 정화하는 뒷마당 습지를 만듦으로써 우리는 생태적 책임을 다하고 수생 정원의 아름다움까지 누릴 수 있다.

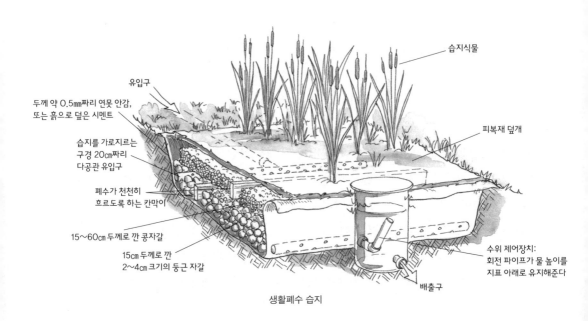

습지식물

유입구

두께 약 0.5mm짜리 연못 안감,
또는 흙으로 덮은 시멘트

습지를 가로지르는
구경 20cm짜리
다공관 유입구

피복재 덮개

폐수가 천천히
흐르도록 하는 칸막이

15~60cm 두께로 깐 콩자갈

15cm 두께로 깐
2~4cm 크기의 둥근 자갈

수위 제어장치:
회전 파이프가 물 높이를
지표 아래로 유지해준다

배출구

생활폐수 습지

뒷마당 습지 만들기

뒷마당에 습지를 만드는 일은 비교적 간단하다. 뒷마당 습지는 그저 얕은 연못에 자갈을 가득 채우고 피복재나 흙을 덮은 다음, 습지식물과 수생식물을 심은 것에 불과하다. 수위는 모기가 생기지 않도록 자갈의 맨 꼭대기보다 낮게 유지한다. 생활폐수는 습지로 들어가서 자갈을 통과하고, 식물과 미생물에 의해 정화되어 연못이나 스웨일, 관개 시스템으로 나간다(생활폐수가 관개용 펌프와 스프링클러를 통과하도록 하려면 여과 작업을 추가로 해야 할 필요가 있다). 이런 습지에서 키우기 적합한 몇 가지 식물을 표5-3에 제시했다. 표의 첫 번째 칸에 있는 부들, 고랭이, 갈대(reed canary grass), 칸나 같은 식물은 생활폐수를 처리하는 데 꼭 필요하다. 따라서 생활폐수를 정화하기 위한 모든 습지에는 예로 든 종 가운데 하나 이상이 주요 식물로 포함되어 있어야 한다. 이것들은 물을 정화하는 데 아주 뛰어난 식물로, 뿌리와 근처의 토양에 산소를 공급할 수 있다. 이로 인해 뿌리 주변에 호기성 구역이 만들어진다. 그 결과 습지에 셀 수없이 많은 호기성 소생태계(microsite)와 혐기성 소생태계가 생기고, 이것들 사이에 가장자리가 많이 만들어진다. 이런 작은 니치는 오염 물질을 먹는 각종 미생물의 보금자리가 된다. 이런 특별한 식물이 습지에 부족하면 물을 효과적으로 정수할 수 없다.

필수적인 식물들이 우점종이 되고 나면, 표5-3의 두 번째 칸에 있는 식물 같은 것을 추가로 심어서 다양성을 높이는 것도 좋다.

생활폐수를 정화하는 습지는 식물들이 자라고 있을 때만 효과적으로 기능한다. 매우 추운 지역에서는 겨울에 습지의 식물들이 죽기 때문에 물을 하수도나 셉틱 시스템으로 보내는 전환 밸브를 설치해야 한다. 이렇게 하면 실외의 생활폐수 배관이 어는 것도 방지할 수 있다.

뒷마당에 생활폐수를 정화하기 위한 습지를 만들려면 가정의 생활폐수 배수구보다 낮은 곳을 선택해서 물이 중력에 따라 습지로 유입되도록 한다. 그러지 않으면 배수펌프나 그 밖에 전력을 사용하는 시스템을 이용해야 할 것이다. 습지는 사흘분의 생활폐수를 수용할 수 있어야 한다. 샤워와 세탁을 여러 번 하는 바쁜 날에 하루 700ℓ의 물을 사용하는 가정이라면, 물 2,100ℓ 가까이 들어가는 습지를 만들어야 한다. 약 2.2㎡짜리 습지, 즉 폭 1.2m, 길이 3m, 깊이 60㎝의 습지는 그 물을 수용할 수 있다. 습지의 모양은 마음대로 해도 좋다. 긴 도랑 모양으로 만들 수도 있고 원 모양으로 만들 수도 있으며, 가장자리 효과를 극대화하는 물결 모양으로 만들 수도 있다. 습지를 몇 개씩 연달아 만들거나 나란히 배치할 수도 있다.

습지의 깊이는 30~60㎝ 정도가 좋다. 습지에는 연못용 플라스틱 안감으로 안을 대어야 한다. 마당의 토양이 액체를 잘 흡수하지 못하는 점토라면 안감을 댈 필요가 없을 수도 있다. 또 지역의 건축 규정에 습지의 크기와 자재에 대한 지침이 있을 수도 있다. 그렇지만 생활폐수를 정화하는 가정 습지는 다소 선구적인 것이어서 대부분의 지역 법규에는 고려조차 되어 있지 않다. 내가 아는 생활폐수 시스템 중 몇몇은 규정을 무시하고 만든 게릴라 습지거나 특례 인가를 받아서 설치한 것이다.

습지를 파서 안감을 대고 나면 그림에 나온 것처럼 배관을 한다. 유입관과 배출관을 2~7㎝ 크기의 둥근 자갈로 덮는다. 그런 다음 안감을 1~1.2㎝ 크기의 콩자갈로 채운다. 습지를 피복재로 덮거나 2~5㎝ 두께의 표토로 덮으면 식물들이 자리를 잡는 데 도움이 된다. 그런 다음 식물을 심는다. 이제 생활폐수로 습지를 채워도 좋다.

물의 높이는 218쪽의 그림에서 보다시피 수위 제어장치에 의해 조절된다. 이것은 반드시 필요한 것은 아니고, 단지 괜찮은 통제 수단일 뿐이다. 물이 나가는 배수로만 만들어두어도 수위 제어장치 못지않게 잘 작동할 것이다. 수위 제어장치를 이용할 경우에는 수위 조절 박스 안에 들어 있는 파이프의 높이를 바꾸어서 수위를 조절할 수 있는데, 자갈의 맨 꼭대기에서 약 5㎝ 아래가 알맞은 높이다(이렇게 하면 모기가 생기는 것을 예방할 수 있다). 만약 식물에게 매우 좋은 일을 해주고 싶다면 한 달에 한 번 정도 수위 제어 파이프를 뽑아서 습지의 물을 모두 빼주고, 물이 다 빠지면 파이프를 다시 끼워넣는다. 주기적으로 물을 빼주면 습지의 바닥에 공기가 들어가서 식물의 뿌리가 깊게 내릴 수 있다. 수위 조절 박스가 없는 더 간단한 시스템에서는 물이 나가는 60㎝ 폭의 배수로가 수위를 표면에서 약 5㎝ 아래로 유지시켜 준다. 피복재와 자갈이 흘러가지 않고 제자리에 있도록 배수로를 가로질러 돌을 놓는 것도 좋다.

Ⅱ 생태정원을 이루는 요소

표5-3 생활폐수를 정화하는 습지에 적합한 식물

필수 습지식물

아래의 품종은 물을 정화하는 데 특히 효과적이므로, 모든 생활폐수 습지에서는 이것들 가운데 한 가지 이상이 주점종이 되어야 한다.

일반명	학명	비고
갈대(Reed canary grass)	*Phragmites communis*	'침입성' 식물에 포함될 때도 있음, 영양소 축적식물
고랭이(Bulrush)	*Scirpus validus*	
골풀(Soft rush)	*Juncus effusus*	섬유식물
부들(Cattail)	*Typha* spp.	야생동물이 좋아함, 왜성품종도 구할 수 있음
칸나(Canna lily)	*Canna* spp.	관상용, 추위에 민감함

추가로 심으면 좋은 습지식물

조성이 끝난 습지에서는 이 종들이 전체 식물의 20~30%를 차지할 수 있다. 따뜻한 목욕물이나 세탁수가 습지로 들어온다면, 내한성이 약한 식물도 USDA 6지대 이하의 지역에서 겨울을 날 수 있다.

일반명	학명	비고
노랑꽃창포(Yellow iris)	*Iris pseudacorus*	관상용
미국크랜베리(Cranberry)	*Vaccinium macrocarpon*	야생동물이 좋아함, 잎이 무성함
바늘골(Spike rush)	*Eleocharis* spp.	
사초(Sedge)	*Carex* spp.	
쇠귀나물(Arrowhead)	*Sagittaria* spp.	관상용
쇠뜨기(Horsetail)	*Equisetum* spp.	영양소를 축적함, 기회주의적 식물
아로니아(Chokeberry)	*Aronia* spp.	야생동물이 좋아함
엘더베리(Elderberry)	*Sambucus* spp.	관상용, 야생동물
연꽃(Lotus)	*Nelumbo lutea, N. nucifera*	관상용
워터칸나(Water canna)	*Thalia* spp.	관상용
원추리(Daylily)	*Hemerocallis fulva*	알칼리성에도 잘 견딤
종려방동사니(Umbrella palm)	*Cyperus alternifolius*	추위에 약함
창포(Sweet flag)	*Acorus calamus*	관상용, 기회주의적 식물
청나래고사리(Ostrich fern)	*Matteuccia pennsylvanica*	관상용
컴프리(Comfrey)	*Symphytum officinale*	피복재, 곤충을 유인함
큰고추풀(Hedge hyssop)	*Gratiola virginiana*	향기, 관상용
토란(Taro)	*Colocasia esculenta*	추위에 약함
피커럴위드(Pickerel weed)	*Pontederia cordata*	관상용, 기회주의적 식물
하이부시블루베리(High-bush blueberry)	*Vaccinium corymbosum*	야생동물이 좋아함, 관엽식물
하이부시크랜베리(High-bush cranberry)	*Viburnum trilobum*	야생동물이 좋아함, 관엽식물

물은 정원에 생기를 불어넣는 존재

만약 어떤 경관을 처음부터 디자인한다면, 나는 이 장에 있는 모든 아이디어를 거기에 적용할 것이다. 그러면 정원에 물 주는 일은 거의 자동으로 해결되고 정원사가 물을 주는 데 들이는 힘과 비용을 줄일 수 있기 때문이다. 그러나 이유가 단지 그것만은 아니다. 옥상에서 물을 모으면 과중한 수도요금의 부담에서 벗어날 수 있고 대수층의 지하수도 아낄 수 있다. 물을 저장하기 가장 좋은 장소는 바로 땅속이라고 생각하면, 피복을 두텁게 하는 등의 여러 가지 작업을 기꺼이 하게 된다. 이런 작업은 물을 보존하는 것뿐 아니라 흙을 비옥하게 만들고 토양생물을 풍부하게 한다. 그에 따라서 식물도 더 건강하게 유지된다. 생활폐수를 이용하면 버려질 뻔했던 물과 양분을 거둘 수 있다. 게다가 습지와 연못은 믿을 수 없을 정도로 생산적이고 아름다운 정원의 구성 요소로서, 놀라울 정도로 다양한 야생동물을 끌어들인다.

이렇게 우리는 가정 생태계를 만들어내는 데 한 발자국 더 가까이 다가갈 수 있다. 비가 내릴 때마다 지붕에 모인 빗물이 배수관으로 흘러가 사라지는 대신, 쓰일 수 있는 곳으로 보내진다. 마치 나무가 나뭇잎으로 물을 거둬들여서 뿌리로 보내는 것과 같다. 이런 정원에서는 빗물이 물탱크와 연못에 모이고, 완만한 지형지물과 스웨일을 만나 흐르는 속도가 늦추어져서 흙 속에 저장되었다가, 서서히 새어나오거나 이용된다. 자연의 유역(流域)과 비슷한 역할을 하는 것이다. 식물이 토양을 지속적으로 덮어서 그늘을 드리우고 습기를 유지해주며, 공기를 시원하게 한다. 또한 각종 야생동물에게 보금자리를 제공하고, 그 하사품으로 우리의 눈과 혀를 즐겁게 해준다. 이 생태계에 거주하는 사람들이 집에서 물을 쓰면 습지식물들이 잘 살게 되고, 물이 콸콸거리며 연못으로 흘러들어가는 소리가 경쾌하게 울려퍼지며, 흐르는 물에 반사된 햇빛 덕분에 머리 위의 나뭇잎들도 덩달아 반짝거린다. 누가 이 푸르른 낙원을 마다하고 스프링클러가 기계적인 소음을 내며 돌아가는 황량한 잔디밭을 선택하겠는가?

이 장에 나오는 기술은 모두 정원을 살아 있는 시스템으로 생각하게 도와준다. 정원은 활기차게 흥얼거리며 분주하게 영양소를 실어 나른다. 이런 살아 있는 장소에는 상호 의존적인 통로들과 피드백 고리가 망처럼 얽혀 있다. 또 그 속에는 식물, 토양, 곤충, 미생물,

새, 그 밖의 모든 것들이 물을 통해서 연결되어 있다. 물이 없으면 생명은 존재할 수 없다.

의식적이고 생태적인 디자인에서는 물이 조경의 필수적인 부분이다. 즉, 물은 디자인에 내재되어 있는 것이지, 추가되는 것이 아니다. 잘 디자인된 정원에서는 식물이 메마르지 않고 물에 잠기지도 않은 완벽한 상태인 것이 자연스럽다. 여기에서 가뭄과 홍수는 생소한 존재다. 건강한 정원은 비옥한 토양, 연못, 습지, 정원사의 지혜를 통해 물과 조화로운 관계를 맺으며, 건조한 날씨든 억수로 퍼붓는 비든 모두 이겨낸다.

6

다양한 용도로 쓸 수 있는 식물

정원에 심는 식물은 보통 한 가지 목적을 위해 선택된다. 예를 들어, 앞마당 잔디밭에 심은 은단풍나무는 아마도 가을 단풍이 무척 아름답다는 이유로 선택되었을 것이다. 반면에 뒷마당에 가지를 넓게 펼치고 있는 갈참나무는 그늘을 드리우려는 목적으로 골랐을 것이다. 다년생식물을 키우는 화단에는 왜 샤스타데이지(Shasta daisy)[26]를 심었을까? 샤스타데이지의 하얀 꽃이 근처에 있는 다른 식물의 색깔을 돋보이게 하기 때문이다. 반면에 집 바로 옆에 심은 아름드리 향나무는 두 창문 사이에 심어도 창문을 가리지 않을 만큼 가늘기 때문에 선택한 것이다. 전통적인 조경디자인은 대부분 이런 식이다. 오로지 멋져 보인다는 이유로, 서로 고립된 요소들을 같은 자리에 배치하는 것이다. 그렇지만 자연은 결코 이런 식으로 일하지 않는다. 자연 속에서 식물의 무리는 종과 환경 사이의 역동적인 관계를 통해 형성된다. 그럼에도 자연은 항상 사람이 디자인한 정원의 아름다움에 필적하거나 오히려 그것을 능가하는 풍경을 만들어낸다. 그리고 자연경관은 스스로 일을 한다. 물을 거둬들이고, 토양을 조성하고, 질병을 최소화하고, 번식하고, 풍성한 결실을 맺고, 엄청나게 다양한 종을 부양하고, 또 우리가 미처 알지 못하는 수십 가지 기능을 한다. 동시에 예뻐 보이기까지 한다.

　이 장에서는 식물이 어떻게 서로 협력하는지를 알기 위한 토대를 마련하고자 한다. 우리는 식물의 여러 가지 기능에 대해 탐색할 것이다. 말하자면 식물이 생태계라는 무대에

---

26 프랑스 국화와 해국(海菊)의 교배종으로 샤스타는 인디언 언어로 흰색을 뜻한다. 마거리트와 비슷하나 키가 훤칠한 편이다.

서 하는 역할을 살펴보는 것이다. 뿐만 아니라 식물이 어떻게 서로 협력하고 돕는지, 어떻게 환경을 변화시키고 또 환경에 의해서 변화하는지 살펴보고자 한다. 그런 다음 정원사와 경관의 요구를 모두 충족시키는 식물을 선택하는 방법을 알아볼 것이다.

멋진 경관에서 살고 싶은 것은 누구나 마찬가지다. 그러나 식물의 모습이 어떤가를 넘어 식물이 과연 무엇을 하는지를 파악해야만 우리는 비로소 자연 생태계처럼 건강하고 회복력이 있는 정원을 만들어낼 수 있다. 그 정원은 아름다울 뿐만 아니라 인간을 비롯한 여러 생물에게 풍성한 선물을 제공할 것이다.

나무 한 그루가 하는 수많은 역할

앞에서도 말했지만, 어떤 식물을 볼 때 우리는 그것이 한 가지 역할만 한다고 여길 때가 많다. 위에서 언급했던 가상의 갈참나무를 다시 떠올려보자. 갈참나무는 뒷마당에 그늘을 만들기 위하여 심었을 것이다. 이 갈참나무는 잔디밭 안에 고립되어 있다. 그러나 단한 그루의 나무에 불과한데도 갈참나무는 풍부한 임무를 수행 중이다. 단순히 잎으로 된양산이 아니란 이야기다. 이 참나무가 하는 일을 한번 지켜보자.

지금은 새벽이다. 하루의 첫 번째 햇살이 참나무의 수관에 내려앉는다. 그러나 이 광선에 들어 있는 에너지의 대부분은 나뭇잎에서 이슬을 증발시키는 데 소비된다. 햇빛은 나뭇잎이 다 마른 후에야 나무가 품고 있는 공기를 따뜻하게 할 수가 있다. 하지만 참나무 위의 공기는 이미 뜨거워지기 시작해서, 막 잠에서 깬 곤충들이 구름처럼 모여 빙빙 돌고 있다. 수관 아래의 공기는 벌레들이 밖으로 나오기에 아직 쌀쌀하다. 벌레들은 나무 바로 위의 따뜻하고 얇팍한 공기층 안에서 무리 지어 날뛰고 있다. 햇빛과 참나무가 협력해서 곤충의 서식지를 만들어낸 것이다. 사실 이곳은 새들을 위한 장소이기도 하다. 새들이 벌레 떼를 포식하기 위해 재빨리 급강하할 것이기 때문이다.

다른 곳의 눈은 이미 오래전에 다 녹았지만, 참나무 아래는 시원해서 봄이 다 되도록 눈이 녹지 않고 남아 있다. 나무 근처의 토양은 촉촉하게 유지되어서 나무와 근처의 식물에 물을 공급하고, 인근의 개울에 물이 계속 흐르도록 하는 데도 도움을 준다(서부 지역의 초창기 광부들이 갱목으로 사용하기 위해 근처의 산림을 베자, 개울물이 곧 말랐다는 이야기가 많다).

이제 햇빛은 밤새 차갑게 식었던 나무 안쪽의 습한 공기를 데우기 시작한다. 갇혀 있던 공기가 마르면서 공기 중의 수분이 하늘로 날아가 구름을 형성한다. 이렇게 잃어버린 수분은 나뭇잎의 증산작용으로 신속하게 대체된다. 나뭇잎은 물을 뿌리에서 끌어올려 '기공(stomata)'이라고 불리는 볼록한 구멍을 통해 내뿜는다. 오염된 물이든 깨끗한 물이든 나무가 흡수한 지하수는 깨끗하게 여과되어 잎을 통해 나간다. 나무는 탁월하고 활발한 정수기인 셈이다. 다 자란 나무 한 그루는 덥고 건조한 날에 약 7,500ℓ의 물을 발산할 수 있다. 그러나 이 수분은 그냥 사라져버리는 것이 아니라 머지않아 비가 되어 돌아온다. 삼림지대에 내리는 강수량의 절반 정도는 나무 자체에서 나온 것이다(나머지는 물이 모여 있는 곳에서 증발된 것이다). 나무를 베어버리면, 바람을 타고 비도 사라져버린다.

나뭇잎에 도달한 햇빛이 광합성의 엔진에 불을 붙이면, 이 초록색 공장으로부터 산소가 나와서 공기 중으로 흘러들어간다. 혜택은 이것뿐만이 아니다. 당분을 비롯한 탄소에 기초한 분자를 형성해서 자신의 몸을 만들고 연료를 공급하는 과정에서, 나뭇잎은 공기로부터 이산화탄소를 제거한다. 이렇듯 나무는 온실가스를 감축하는 데도 도움을 준다.

나뭇잎이 햇빛을 흡수하여 나무 안쪽에 있는 공기를 데우면, 따뜻해진 축축한 공기가 상승해서 위쪽의 건조하고 시원한 공기와 섞인다. 대류 현상이 일어나면서 아침 바람이 불기 시작한다. 이렇듯 나무는 시원한 바람을 그 위에 만들어내기도 한다.

나무는 지면에 가까울수록 바람을 차단해서 훌륭한 바람막이 구실을 한다. 바람이 따뜻한 건물을 지나면서 열기를 많이 채어갈 수 있으므로, 집으로 바람이 불어오는 쪽에 나무를 한 그루 이상 심으면 난방비를 상당히 줄일 수 있다.

참나무 저 아래의 공기는 잠잠한데, 꼭대기의 가지들은 아침 바람결에 이리저리 흔들린다. 활기찬 공기의 움직임을 나무가 사로잡아서 자신의 움직임으로 전환시킨 것이다. 이 에너지는 어디로 갈까? 어떤 과학자들은 사로잡힌 바람 에너지가 나무의 목질 조직으로 바뀌어, 튼튼하고 유연한 세포가 형성되는 것을 돕는다고 생각한다.

아침 바람이 근처 농지의 경작된 밭으로부터 흙먼지를 싣고 날아오면 참나무 잎에 먼지가 모인다. 참나무 한 그루에 달린 잎의 표면적은 4만~12만m^2에 달한다. 공기로부터 흙

먼지와 오염 물질을 빨아들일 수 있는 면적이 이렇게 넓은 것이다. 그렇게 해서 나무를 통과하는 공기는 정화되고 습도도 높아진다. 나무를 통과하면서, 공기는 나뭇잎이 내뿜는 수분과 약간의 화분립(花粉粒)[27], 나무가 생산하는 작은 분자들로 이루어진 미세한 안개, 약간의 박테리아, 곰팡이 포자를 싣고 간다.

그 포자 중의 일부가 나무 아래에 착륙하고, 몇 종의 곰팡이가 거기서 자란다. 곰팡이는 뿌리에서 공생하며 나무의 먹이가 되는 영양소와 나무를 보호하는 항생제를 분비한다. 들쥐 한 마리가 이 곰팡이를 찾아서 나무 아래의 부드러운 땅속으로 터널을 뚫었다. 이 들쥐는 나중에 다른 참나무 근처에도 똥을 누어서 이로운 곰팡이를 그 나무에 접종할 것이다. 참나무에 자주 나타나는 올빼미가 들쥐를 먼저 낚아채지만 않는다면 말이다.

아메리카 원주민은 이 나무의 조상들이 제공한 도토리를 가루를 내어 이용했다. 아마도 대부분의 현대인은 도토리 가루를 이런 식으로 이용하려고 하지는 않을 것이다. 지금은 큰어치와 다람쥐 들이 참나무에서 즐겁게 뛰어놀며 도토리를 따서 나무 근처나 이웃 마당 주변에 숨기고 있다. 이 도토리 중에서 찾지 못한 것은 싹이 나서 새로운 나무로 자라날 것이다. 한편으로 이 동물들은 땅을 파고 똥을 누어서 토질을 개선한다. 새들은 곤충을 잡아먹으려고 나무껍질을 살피고, 또 다른 새와 곤충 들은 먹이를 구하려고 눈에 잘 안 띄는 꽃 사이를 기웃거린다.

오후 늦게 구름이 끼기 시작한다(구름의 반은 나무에 의해서 만들어진다는 것을 기억하라). 참나무에서 공기 중으로 떠오른 박테리아와 꽃가루, 그 밖의 미세한 부스러기를 중심으로 작은 빗방울이 곧 형성된다. 이 작은 입자들은 빗방울이 형성되기 위해서 꼭 필요한 핵의 역할을 하는 것이다. 이처럼 나무는 구름의 씨앗을 뿌려서 비를 불러온다.

비가 내리면 작은 물방울들이 참나무 잎에 부딪혀 퍼지며 미세한 막을 형성해서 나무 전체(4만~12만m² 면적의 나뭇잎뿐 아니라 가지와 줄기까지)를 덮는다. 그동안 땅에는 비가 많이 떨어지지 못한다. 나무의 겉에 형성된 얇은 막은 비가 내리는 도중에도 증발하기 때문에, 비가 나무를 통과해서 땅에 떨어지는 시간은 더더욱 늦추어진다. 늙은 참나무에 낀 이끼와 지의류(地衣類)는 훨씬 더 많은 비를 흡수한다. 비가 내린 후에도 나무 밑의 땅이 군데군데

27 꽃가루 속에 있으며 종자식물의 웅성 배우자를 낳는 과립상 소포자

말라 있는 것을 누구나 한 번쯤은 본 적이 있을 것이다. 성숙한 나무 한 그루는 6~7㎜ 이상의 빗물을 비가 땅에 도달하기 전에 흡수할 수 있다. 만약 공기가 건조하고, 또 비가 가볍게 내렸다면 나무가 흡수하는 빗물의 양은 더 많다.

나뭇잎과 나뭇가지는 깔때기 역할을 해서 많은 비를 나무의 줄기를 거쳐 뿌리 지대로 보낸다. 나무줄기 가까이에 있는 흙은 노지의 흙과 비교해 두 배에서 열 배 정도 많은 비를 거두게 된다. 그리고 나무 그늘이 증발 속도를 늦추기 때문에 습기는 더 오래 보존된다.

비가 계속 내리면, 작은 물방울이 나뭇잎에서 흘러서 땅바닥에 후드득 떨어진다. 이 물방울들은 구름에서 떨어지면서 얻은 에너지의 대부분을 상실했기 때문에, 나무 아래에 있는 토양은 거의 침식되지 않는다. 바닥에 떨어진 나뭇잎과 뿌리도 흙을 붙들어서 제자리에 있도록 한다. 나무야말로 최고의 침식 방지 시스템이다.

나뭇잎에서 떨어지는 물은 하늘에서 떨어진 물과는 상당히 다르다. 빗물은 나무를 통과하면서 진한 수프로 바뀐다. 그 속에는 나뭇잎에 모인 꽃가루, 먼지, 새와 곤충의 배설물, 박테리아, 곰팡이뿐만 아니라 나무가 분비한 여러 화학물질과 영양소가 가득하다. 이 영양 만점의 국물은 나무 아래에 있는 토양에 영양분을 공급하며, 흙을 분해하는 생명체를 바닥에 떨어져 있는 나뭇잎과 흙에 접종시킨다. 이런 식으로 나무는 스스로에게 필요한 비료 용액을 직접 모으고 준비한다.

해질 무렵이 되자 비가 수그러들더니 하늘이 맑게 갰다. 상층부의 나뭇잎은 밤이 되자차갑게 식기 시작하고, 찬 공기가 수관에서부터 아래로 흘러내려가 나무줄기와 토양을 식혀준다. 그러나 낮 동안 데워진 땅으로부터 올라온 온기가 이 한기를 밀쳐내서 나무 아래의 공기를 따뜻하게 한다. 우거진 수관이 이 열기가 밤하늘로 탈출하는 것을 방지하기 때문에 온기가 계속 유지된다. 그래서 야간에는 탁 트인 곳보다 나무 아래의 기온이 더 따뜻하다.

하지만 나뭇잎은 온기를 하늘로 발산하여 매우 차가워지는데, 때로는 공기보다 훨씬 차가워지기도 한다. 이렇게 차가워진 잎의 표면은 공기 중의 수분을 응결시키고, 잎에는 이슬이 맺히게 된다. 이슬은 나뭇잎에서 똑똑 떨어져서 땅바닥을 적시고, 나무와 주변 식물에게 물을 공급한다. 나뭇잎은 안개에서도 수분을 모을 수 있다. 안개가 낀 날에는 수분이 나뭇잎에 모여들어 계속해서 물방울이 떨어지게 된다. 매우 건조하지만 안개가 잘 끼는 해안에서는 나무가 거둬들이는 물의 양이 평균 강우량의 세 배에 이르기도 한다. 나무들은 이슬과 안개를 거두어들이기 때문에 우량계가 나타내는 것보다 훨씬 더 많은 양의 수분을 자신이 이용할 수 있는 범위 안으로 끌어들인다.

이 거대한 참나무를 한번 쳐다보자. 우리 눈에 보이는 것은 실제 참나무의 반도 되지 않는다. 적어도 이 나무의 50%는 땅속에 있기 때문이다. 뿌리는 아래로는 수 미터씩 뻗어 내려갈 수 있고, 옆으로는 나뭇가지의 폭보다 훨씬 넓게 뻗어나갈 수 있다. 앞에서도 살펴보았지만, 이 뿌리는 토양을 느슨하게 해서 공기가 통하게 하며, 자라고 죽기를 반복하면서 부식토를 형성하고, 약산성 분비물로 바위를 부식시켜서 미네랄을 분리하고, 달콤한 삼출물을 분비해 함께 살고 있는 수백 종 아니 수천 종의 토양 생명체에게 먹이를 제공한다.

뿌리가 땅속 깊은 곳에서 영양분을 모으면, 나무는 그 영양분으로 나뭇잎을 빚는다. 가을에 나뭇잎이 떨어져서 쌓이면, 나무 주변에 있는 엄청난 양의 공기와 흙에서 끌어온 탄소와 미네랄이 얇은 피복층 안에 축적된다. 이렇게 나무는 수천 세제곱미터의 토양과 공기에 분산되어 있던 유용한 영양소를 거둬들여서 표토에 진하게 응집시킨다. 나무는 이런 식으로 주위에 산재해 있는 광석을 캐고 모아서 영양분이 풍부하고 비옥한 토양을 만들어낸다. 또 나무는 이 풍요를 다른 많은 종과 함께 나눈다. 뿌리를 내리고, 굴을 파고, 먹고, 집을 짓는 여러 생물은 항상 나무의 수확물로부터 양분을 공급받는다.

하지만 그것만이 아니다. 이 나무의 뿌리는 근처에 있는 다른 참나무들의 뿌리 사이를 누비듯이 지나가고 있으며, 또 그 뿌리들과 결합되어 있다. 여러 연구 결과에 따르면, 나무의 뿌리는 근처에 있는 같은 종류의 나무뿌리와 접붙을 수 있다고 한다. 그래서 서로 영양분을 교환하기도 하고, 심지어 곤충의 공격을 알려주기도 한다. 해충이 들끓는 나무는 화학신호를 방출하여 이웃한 나무들이 보호 성분을 분비하도록 유도해서 곧 공격해올 벌레를 격퇴하도록 한다. 만약 어떤 참나무가 이웃한 나무들과 집붙어 있다면, 그 나무가 여전히 독립적인 개체라고 할 수 있을까? 숲 속에 있는 나무들은 개체들이 모여 있는 것이라기보다는 오히려 단 한 그루의 땅속 '나무'로부터 뻗어나온 가지와 다름없다. 세상에서 가장 큰 유기체 중 하나는 포플러 숲으로, 포플러 숲의 나무들은 사실상 한 몸이다. 땅 위에서는 분리되어 있는 나무들의 숲으로 보이지만, 지표면 아래에서는 뿌리가 뒤엉켜 모두 연결되어 있기 때문이다. 이 포플러 나무는 모두 유전적으로 동일하다.

이와 같이, 한 그루의 나무는 다른 종이나 환경과 여러 방식으로 상호작용을 한다. 참나무가 부양하는 곤충의 무리에 대해서도 잠깐 언급하고 넘어가자. 혹벌을 비롯한 각종 벌, 잔가지와 나무껍질에 구멍을 뚫는 딱정벌레, 빨아 먹고 씹어 먹는 온갖 종류의 벌레, 그리고 그런 벌레를 잡아먹는 여러 포식자 곤충은 모두 참나무의 부양을 받는다. 게다가 이 벌레들을 먹고 사는 새도 있다. 그리고 근처에 있는 무수히 많은 식물도 이 나무가 모은 빗물과 영양소의 혜택을 누리고 있다는 사실을 잊지 말자.

나무를 통해 우리는 생태적인 사고를 하면 얻을 수 있는 혜택을 어렴풋하게나마 알 수 있다. 멋지게 보인다거나, 사과가 달린다거나, 그늘을 만든다거나 하는 한 가지 기능만을 가진 존재로 나무를 보는 대신에, 우리는 나무가 주변에 있는 생물이나 무생물과 얼마나 깊게 연결되어 있는지에 대해 주목하기 시작했다. 나무는 역동적인 경관에 포함되어 있는 역동적인 요소로서, 경관에 반응하고 있다. 나무는 바람과 햇빛을 변형시켜서 계절에 따라 매일 변화하는 다양한 미기후를 만들어내고, 영양소를 거둬들이고, 토양을 조성하고, 공기와 물을 퍼올려서 깨끗하게 하고, 비를 만들어내고, 빗물을 모으고, 야생동물과 미생물에게 거처와 먹을거리를 제공한다. 이 모든 것에 덧붙여 나무는 사람에게도 익히 잘 알려진 혜택을 제공한다. 과일이나 견과류를 제공하고, 그늘을 드리워주며, 아이들이 나무타기 같은 놀이를 할 수 있는 장소를 제공하고, 아름다운 꽃과 나뭇잎을 비롯한 멋진 자태로 눈을 즐겁게 해준다. 우리는 단순한 나무 한 그루가 경관에 있는 다른 모든 요소들과 얼마나 단단히 얽혀 있는지 알게 되었다. 이제 에너지와 영양소의 흐름을 통해 여러 식물이 서로 연결되어 있는 경관이 얼마나 풍요로운지, 상상이 될 것이다. 그런 경관 속의 식물들은 그 사이로 날개를 펄럭이며 날아다니고, 기어다니고, 굴을 뚫고 돌아다니는 여러 동물과 미생물을 보살펴주고 또 보살핌을 받는다.

모든 식물은 주위의 환경에 영향을 미친다. 이런 환경의 변화는 근처에 있는 생물이나 무생물에게 도움이 되기도 하고 그들의 성장을 저해하기도 한다. 식물이 고립된 존재가 아니라는 사실을 인식하면, 정원의 요소들을 배치하는 방식이 근본적으로 바뀌게 된다.

다목적 식물

지금까지 참나무 한 그루가 얼마나 많은 특성을 갖고 있는지 살펴보았다. 그런데 이 참나무만 그런 것은 아니다. 방식은 다를지언정 모든 종이 그만큼 다재다능하다. 이런 사실을 알면 우리에게 어떤 도움이 될까? 설사 어떤 식물이 빗물을 거둬들이고, 토양을 조성하고, 곤충을 끌어들이고, 그 밖에도 수없이 많은 일을 할 수 있을지라도, 우리가 어떻게 이것을 마당에서 이용할 수 있을까?

어떤 특정한 식물이 할 수 있는 역할 중에서 몇 가지라도 이해하면, 그 종이 근처에 있는 다른 것을 보완하도록 배치할 수 있다. 어떤 식물이든지 근처의 식물, 동물, 구조물, 그리고 토양, 빛, 바람, 물이 갖는 한계와 긍정적 혹은 부정적인 관계를 가질 수 있다. 이러한 관계를 인정하고 이용하면, 그 식물을 비롯하여 이웃한 식물들과 환경은 물론이고 정원사에게까지 혜택을 줄 수 있다.

우리는 식물을 기능에 따라 선택할 수가 있다. 그런데 딱 한 가지 기능에만 치중하지 않고 여러 기능에 따라 선택하는 것이 좋다. 식물의 용도가 다양하고 중복되는 경우가 많으면 정원디자인이 정말로 재미있어진다. 예를 들어, 마당에 있는 녹음수 아래에 척박하고 메마른 장소가 있다면, 내건성이 있고 응달에서도 잘 자라는 질소고정 관목을 심기에 딱 좋다. 이런 식물로는 인디고(*Indigofera tinctoria*)가 있는데, 인디고는 훌륭한 '녹비(綠肥)' 식물로서 사랑스러운 보랏빛 꽃을 피워 곤충을 유인하기도 한다. 시베리아골담초(*Caragana arborescens*)처럼 질소를 고정하면서 혹독한 추위에도 잘 견디는 관목도 있다. 케아노투스(*Ceanothus* spp.)와 로열 골드(*Genista tinctoria*)는 질소도 고정하고 가뭄에도 잘 견디는 관목으로, 양지바른 곳에서 잘 자라고 윙윙거리는 벌이 주위에 많이 모인다.

식물의 기능은 상상만 가능하다면 이떤 조합으로노 엮을 수 있다. 곤충을 끌어들이고, 사슴의 접근을 막아주며, 약성이 있고, 먹을 수도 있는 꽃을 원한다면 베르가모트(*Monarda didyma*)를 심을 수 있다. 샐러드거리와 가금의 먹이를 생산해 내며, 뿌리로 점토를 부수고, 볶아서 커피 대용물을 만들 수 있는 식물이 필요하다면 치커리(*Cichorium intybus*)를 심을 수 있다. 비타민C가 가득 들어 있는 식용 열매가 열리고 침식을 방지하는 역할을 하며, 산울타리로 이용하기에도 아주 좋고, 질소를 고정하는 관목은 어떤가? 산자나무(*Hippophae rhamnoides*)

가 적격이다. 때로는 아주 기발한 조합을 만들어낼 수도 있다. 최근에 있었던 한 워크숍에서는 어떤 학생이 화장지로 쓸 수 있는 약용식물의 20가지 목록을 발표하기도 했다.

　다기능 식물을 어떻게 조경에 이용할 수 있을지 알아보기 위해 다양한 기능을 가진 식물 몇 가지와 활용법을 자세히 살펴보자. 그런 다음 식물이 맡고 있는 일반적인 역할에 대해 설명하려고 한다.

표6-1 구체적인 기능 중합의 예

약성이 있는 20가지 식물. 이 식물의 잎은 부드럽고 넓적해서 화장지로 이용할 수도 있다. 아래의 정보는 참고의 목적으로 실은 것이며, 의학적인 조언으로 생각해서는 안 된다.

일반명	학명	효능
관동(Coltsfoot)	Tussilago farfara	통증 완화, 거담작용
노루삼(Baneberry)	Actea rubra	진통작용, 구토 유발
당아욱(Mallow)	Malva sylvestris	통증 완화, 변비 개선
바닐라 잎(Vanilla leaf)	Achlys triphylla	구토 유발
발삼루트(Balsamroot)	Balsamorhiza sagittata	항류머티즘, 이뇨작용
뱀무(Large-leaved avens)	Geum japonicum	수렴작용, 습포
붉은바위취(Alum root)	Heuchera glabra	소독
서양머위(Western coltsfoot)	Petasites palmatus	폐 기능 개선, 연고
소리쟁이(Yellow dock)	Rumex crispus	변비 개선, 습포
송라*(Usnea)	Usnea spp.	항바이러스작용, 항균작용
승마(Black cohosh)	Cimicifuga racemosa	갱년기 증상과 생리통 완화
앉은부채(Skunk cabbage)	Lysichiton americanus	청혈작용, 습포
연령초(Trillium)	Trillium ovatum	순산에 도움, 눈에 좋음
옥수수(Corn)	Zea mays	이뇨작용, 혈당 강하 효과
우단담배풀(Mullein)	Verbascum thapsus	통증 완화, 거담작용
유럽우엉(Burdock)	Arctium minus	해독작용
컴프리(Comfrey)	Symphytum officinale	진정작용, 지혈작용
팀블베리(Thimbleberry)	Rubus parviflorus	강장작용, 건위작용
한련(Nasturtium)	Tropaeolum majus	항균작용, 거담작용
현삼(Figwort)	Scrophularia californica	해독작용

* 송라는 식물이 아니라 지의류지만, 기준을 만족시키기 때문에 목록에 포함했다.　　　　목록 작성/ 트리시아 킹(Tricia King)

애기해바라기

오클랜드에 있던 우리 집의 바로 남쪽에는 관목과 허브와 꽃을 섞어 심어서 경계로 삼았다. 그 아래쪽으로는 땅이 경사져 있었다. 이 경사지에 우리는 애기해바라기(*Helianthus maximilianii*)를 심어서 산울타리를 만들었다. 해바라기는 한해살이가 대부분인 데 반해, 애기해바라기는 다년생이어서 매년 다시 심을 필요가 없기 때문에 산울타리로 쓰기에 유리하다. 키는 약 1.5~2*m* 정도로 자라고, 늦가을에 약 10*cm* 크기의 노란색 꽃을 피워 다른 꽃들이 대부분 사라질 무렵에 빛을 발한다. 무엇보다 큰 이점은 사슴이 먹지 않는다는 것이다. 사실 애기해바라기는 줄기가 거친 잔털로 뒤덮여 있어서 사슴이 잘 뚫고 들어오지 못한다. 애기해바라기는 침입성 식물은 아니지만 빽빽하게

애기해바라기(*Helianthus maximilianii*)

자라기 때문에 경계에 심어놓은 여러 가지 식물을 뜯어 먹으려고 언덕을 따라 올라오는 배고픈 짐승들을 훌륭하게 막아준다. 나는 겨울이 되면 애기해바라기를 잘라서 120*cm*쯤 되는 높이로 줄기를 남겨두었다. 사슴은 끝이 뾰족하게 잘린 뻣뻣한 줄기를 몹시 싫어했다. 벌거벗은 해바라기 줄기는 사실 매우 흉측했지만, 다행히 내리막에 있어서 우리 눈에 보이지 않았다. 그리고 잘라내서 피복재나 퇴비로 쓸 수 있는 애기해바라기의 바이오매스는 엄청났으며, 특히 이른 봄에 남은 줄기를 바닥까지 잘라낼 때는 아주 많은 양이 나왔다.

혜택은 여기에서 그치지 않는다. 뚱딴지와 같은 과에 속하는 애기해바라기는 새순을 먹을 수 있는데, 생으로 먹어도 맛있고 익혀 먹어도 맛있다. 씨앗은 새들에게 인기가 좋다(씨앗으로 기름을 짜기도 하지만, 거기에 대해서는 다루지 않겠다). 애기해바라기는 내한성이 강해서 -34℃까지도 잘 견디며, 가뭄에도 아주 잘 견딘다. 또 어떤 유형의 토양에서나 자랄 수 있는데, 우리 집 땅이 매우 형편없는 붉은 점토였는데도 잘 자랐던 것이 그 증거다.

애기해바라기를 심어놓은 곳의 아래쪽에는 드넓은 풀밭이 펼쳐져 있었는데, 나는 이곳

을 나중에 먹거리숲으로 바꾸었다(먹거리숲에 대해서는 뒤에 한 장을 할애해 더 자세히 다루려고 한다). 빽빽하게 우거진 해바라기는 혼잡한 정원의 경계로 잡초가 파도처럼 밀려 올라오는 것을 막아주었다.

애기해바라기는 본래 사슴을 막는 용도로 이렇게 특정한 지점에 배치한 것이었다. 그런데 이 식물은 매우 예쁜 데다 꽃을 늦게 피웠으며, 먹을 수 있는 부분도 있고, 새를 끌어들이고, 피복재를 만들어내고, 풀들의 공격을 막아주고, 또 키우는 데 손이 많이 가지 않았다. 즉, 매우 훌륭한 다기능 식물이었다.

뜰보리수

두 번째 다목적 종이 여기 있다. 뜰보리수(Elaeagnus multiflora)는 -28℃에서도 잘 견디는 내한성 식물인 좁은잎보리장과 같은 속이지만 기회주의적인 특성이 없다. 아시아에서는 주로 맛있는 열매를 생산하기 위해서 재배한다. 늦여름이 되면 2cm 크기의 빨간 열매가 키 1.8m 정도의 관목에 주렁주렁 달린다. 열매는 그냥 먹어도 맛있지만 주로 잼, 소스, 파이를 만든다. 열매는 비타민C 함유량이 높고 혈액 속의 지방을 분해하는 성분이 들어 있으며, 콜레스테롤 수치를 낮추는 것으로도 잘 알려져 있다. 새들도 이 열매를 무척 좋아한다. 내가 살던 곳에서는 뜰보리수를 비롯한 보리수나무속(屬) 관목의 열매를 먹으려고 야생 칠면조가 모여들곤 했다.

뜰보리수는 일단 확실히 자리를 잡고 나면 가뭄에 매우 잘 견디기 때문에, 멀어서 물을 주기 어려운 마당의 끝부분에 야생동물 유인용으로 심기에 알맞다. 사슴도 뜰보리수의 나뭇잎과 묘목을 조금 뜯어 먹긴 하는데, 다른 많은 목질식물에게 하듯이 나무 전체의 껍데기를 다 벗겨 먹어서 죽여버리기까지 하는 일은 본 적이 없다.

봄에는 뜰보리수에 생기 넘치고 향기로운 크림색 꽃이 수백 송이 피어나 벌을 비롯한 꽃가루매개자들을 반긴다. 뜰보리수는 이파리도 멋이 있다. 이파리의 윗면은 회색빛이 감도는 녹색이고 아랫면은 은색인데, 산들바람이 불면 햇빛이 이파리의 밝은 아랫면에 비쳐 반짝거린다.

생태정원에 뜰보리수가 가져다주는 헤비급 혜택은 질소를 고정한다는 점이다. 보리수나무속의 식물에는 질소를 생산하는 프랑키아(*Frankia*)라는 사상균이 형성한 뿌리혹이 있다. 보리수나무속의 관목은 콩과식물 외에 질소를 고정하는 몇 안 되는 식물 중 하나다. 뜰보리수가 선물하는 질소는 이웃한 식물의 성장을 촉진시킨다. 그래서 많은 정원사들은 질소를 고정하는 능력이 없는 식물 사이에 뜰보리수나 다른 질소고정식물을 섞어 심는다. 질소를 고정하는 관목은 토질을 회복하는 데 도움이 되기 때문에, 새롭게 조성한 경관의 여기저기에 배치하면 황폐해진 땅을 복구하는 속도를 높일 수 있다. 이 식물체는 빨리 성장하므로 강도 높게 베어내서 피복재로 쓸 수도 있다.

생태조경사들은 디자인 초기 단계에서 뜰보리수 같은 질소고정식물을 아주 많이 심곤 한다. 땅을 비옥하게 하고 다른 식물이 잘 자랄 수 있는 환경을 만들기 위해서다. 나중에 경관이 성숙하여 이런 개척자 격의 식물이 덜 필요해지면, 질소고정식물의 상당 부분을 다른 관목으로 서서히 대체할 수 있게 된다.

요컨대 뜰보리수는 질소를 고정하는 다년생식물로, 곤충과 새 들을 끌어들이고 건강에 좋은 음식을 제공한다. 또 돌볼 필요가 거의 없으며, 새로 조성한 경관을 육성하고, 엄청난 양의 피복재와 퇴비를 만들어낸다. 그리고 뜰보리수는 이파리도 멋지고, 꽃도 예쁘며, 맛있는 열매도 달린다. 뜰보리수야말로 다면적인 식물인 것이다.

뜰보리수(*Elaeagnus multiflora*)

꽃시계덩굴

이번에는 관목과는 다른 성장 형태를 가진 다재다능한 식물을 하나 소개하겠다. 바로 꽃시계덩굴(*Passiflora incarnata*)로, 이것은 시계풀의 일종이다. 성장 속도가 빠른 이 덩굴식물은 미국 남동부 지역이 원산지이며, 내한성이 뛰어나 -18~-17℃까지 견딜 수가 있다. 모든 시계풀이 그렇듯이, 꽃시계덩굴에는 매우 아름답고 이국적인 꽃이 핀다. 특히 꽃시계덩굴의 꽃에서는 레몬향이 난다. 이 꽃은 벌과 나비를 끌어들이고 사람들을 감탄시키며, 먹을 수 있는 열매를 맺는다. 열매는 달걀 정도의 크기로, 살구와 약간 비슷한 맛이 난다(먹을 수 있다는 점은 내가 여기서 선택한 식물들의 공통점이다. 꼭 먹을 수 있어야 다목적 식물인 것은 아니지만, 식용이 가능한지 여부는 내가 특정 식물에 대해 판단을 할 때 상당한 영향을 미친다). 열매는 잼과 주스로도 이용할 수 있다. 어린 새순도 먹을 수 있는데, 잘게 썰어서 생으로 샐러드에 넣어도 되고 익혀 먹을 수도 있다.

덩굴이 지는 낙엽식물은 중요한 니치를 채워준다. 집이나 파티오의 양지바른 쪽이나 온실 위쪽으로 트렐리스를 설치하여 덩굴식물을 올리면, 뜨거운 열기가 막 시작되는 초여름에 잎을 틔운다. 이렇게 기분 좋은 그늘이 만들어지면 여름에 집이 시원하게 유지되고, 견디기 어려울 정도로 햇볕이 따갑게 내리쬐는 장소도 이용할 수 있게 된다. 그리고 따뜻한 날씨가 끝나면 낙엽이 떨어져서 햇빛이 다시 흘러들어갈 수 있다. 꽃시계덩굴 같은 덩굴식물은 또한 벌거벗은 나무줄기나 꽃이 피지 않는 관목을 타고 올라가서 색색의 꽃으로 나무를 멋있게 꾸며줄 수도 있다.

꽃시계덩굴은 다른 식물에게 먼저 잎이 필 기회를 주고 나서 늦은 봄에 잎을 피우기 때문에, 다른 관목에 지나치게 그늘을 드리우지 않는다. 겨울에 극심한 한파가 몰아치면 꽃시계덩굴은 죽어서 뿌리만 남는다. 그러나 워낙 왕성하게 생장하기 때문에, 6월에 50cm 정도였던 새싹이 가을이면 7m 넘게 훌쩍 자라 있기도 한다. 꽃시계덩굴은 4~5m나 떨어진 곳까지 뿌리가 뻗어나가서 새로운 그루가 돋아나기도 하기 때문에, 잘 퍼진다는 점이 문제가 될 수도 있다. 그렇지만 새로 돋아나는 것은 일 년에 몇 그루밖에 안 된다.

정리해보면, 꽃시계덩굴은 곤충과 새를 끌어들이고, 식용할 수 있는 부분이 있고, 트렐리스에 올리기에 알맞으며, 계절에 따라 그늘을 만들어주고, 또 그 그늘을 이국적인 꽃으로 밝게 꾸며주고, 맛있는 열매와 채소를 제공해준다.

꽃시계덩굴(*Passiflora incarnata*)

컴프리

전형적인 퍼머컬처 식물인 컴프리(*Symphytum officinale*)도 다양한 용도로 사용되는데, 어떤 용도가 더 유익하다고 따지기는 어렵다. 분홍색과 보라색 꽃은 벌을 비롯한 익충을 끌어들이는 확실한 미끼가 된다. 곤충들은 꽃가루와 꿀을 찾아 컴프리의 통상화(筒狀花)[28] 속을 윙윙거리며 파고든다. 컴프리는 전통적으로 상처를 치료하는 데 이용되어왔으며, 한때는 접골풀이라고 불리기도 했다. 연구에 의해 확인된 바에 따르면 컴프리 뿌리의 추출물이 손상된 뼈의 회복 속도를 높여준다고 한다. 컴프리는 상처 치료를 촉진하고 피부 보습작용을 하는 알란토인(allantoin)이라는 물질을 생성한다. 컴프리 잎을 짓이겨 만든 습포제는 오래전부터 창상과 찰과상을 치료하는 데 쓰였다.

컴프리(*Symphytum officinale*)

컴프리는 뛰어난 영양소 축적식물이기도 하다. 컴프리는 땅속 깊이 뿌리를 뻗어내려서 칼륨, 칼슘, 마그네슘을 뿌리와 잎으로 끌어들인다. 컴프리의 푹신푹신한 지상부를 퇴비로 만들거나 피복재로 이용하면 이런 영양소를 가정 생태계의 순환 속으로 끌어들일 수 있다. 피복재에 대해 말하자면, 컴프리는 바이오매스를 생산하는 데 매우 뛰어나다. 부드러운 잎과 줄기가 워낙 무성하게 자라기 때문에 생육 기간마다 두 번에서 네 번까지 베어낼 수 있다. 베어낸 것은 그냥 제자리에 두어서 썩혀도 되고, 양분과 피복재가 필요한 곳으로 가져다가 써도 된다. 컴프리는 살이 있는 피복재로 재배할 수도 있다. 생태적으로 과수원을 가꾸는 사람들은 과일나무 주위에 컴프리를 빙 둘러 심어놓고, '베어서 그대로 놔두는' 피복법을 주기적으로 실행하곤 한다. 이렇게 하면 컴프리가 다시 자라서 땅속에 들어 있는 영양소를 바이오매스로 더 많이 전환시키고, 그것은 표토가 된다.

---

28 꽃잎이 서로 달라붙어 대롱 형태를 하고 있으며 끝부분만 조금 갈라진 꽃

컴프리의 두툼하고 억센 직근(直根)은 땅속으로 깊숙이 뻗어 내려가서 경반(硬盤)과 단단한 점토를 부순다. 식물의 상단부를 잘라내면 뿌리의 일부가 말라 죽는데, 그 뿌리를 이루는 유기물은 깊은 흙 속에서 분해되어 땅속의 미생물에게 영양분을 공급한다.

어떤 사람들이 이 멋진 식물을 두려워하는 이유는 뿌리 때문이다. 컴프리에는 불임인 품종이 많기 때문에 대개 씨를 맺지 않는다. 하지만 컴프리는 뿌리 나누기를 통해 무성하게 자랄 수 있다. 손가락 마디 크기의 뿌리 조각 하나면 새로운 식물을 만들어내기에 충분하다. 그래서 정원사가 땅을 파거나 갈다가 근계(根系)를 절단하게 되면 잘린 조각이 안착한 곳에 컴프리가 퍼지게 된다. 경운기로 커다란 컴프리 한 그루를 마구 갈아버리면 나중에 컴프리가 정원 여기저기에서 끈질기게 싹을 틔우는데, 그 범위는 놀랄 만큼 넓다. 따라서 컴프리에 대해서는 다음과 같은 점을 주의해야 한다. 컴프리와 가까운 곳에서는 땅을 파거나 갈면 안 된다. 이 간단한 충고만 따른다면 별다른 곤란을 겪지 않을 것이다. 나는 정원에 컴프리 여러 그루를 10년 넘게 두었는데, 때때로 컴프리 근처에서(하지만 완전히 가까운 곳은 아니었다) 경작을 하기도 했지만 컴프리가 퍼지지는 않았다. 그리고 어떤 한 그루를 제거하고 싶을 때는 시트 피복으로 해결했다. 그런데 경운을 하지 않아도 컴프리가 마당 여기저기에 날 수도 있다. 내 친구는 정원에 이미 자리 잡은 컴프리 근처에서는 땅을 파지 않으려고 무척 조심했는데도, 주기적으로 새로운 지점에 컴프리가 싹트곤 했다. 이유가 궁금했던 친구는 처녀지에 막 나타난 조그만 컴프리 순을 파보았다. 그 밑에는 땅다람쥐 굴이 있었고, 굴 안에는 싹이 돋아나고 있는 컴프리 뿌리와 당근이 줄줄이 놓여 있었다. 여기가 바로 땅다람쥐의 겨울나기 저장고였던 것이다. 그러나 그 친구는 컴프리의 용도가 많다는 것을 잘 알고 있었기 때문에, 설치류로 인해 컴프리의 번식이 촉진된 것 정도는 이 식물이 베푸는 호의에 비하면 적당한 대가라고 생각했다.

마슈아

지상과 지하 모두에 유용한 부분이 있는 또 다른 식물로는 식용 한련인 마슈아(*Tropaeolum tuberosum*)가 있다. 한련 꽃이 맛있다는 사실은 많이 알려져 있는데, 이 종은 덩이줄기도 먹을 수 있다. 모양과 크기가 손가락과 비슷한 덩이줄기는 흰색부터 노란색에 이르기까지 다양하며 가끔 보라색도 있다. 익히지 않은 덩이줄기는 무 같은 얼얼한 맛이 나지만 요리를 하면 매운맛이 사라진다. 굽거나 볶으면 덩이줄기가 달콤하고 맛있어진다. 마슈아는 잎도 먹을 수 있는데, 물냉이처럼 톡 쏘는 맛이 난다. 마슈아는 잉카제국의 주요 산물이었으며, 안데스 고산지대에서 자라기 때문에 서리를 조금 맞아도 상관없다. 그러나 추운 지역에서 자라는 대부분의 덩이줄기식물과 마찬가지로 겨울에는 시원한 창고에 보관하는 것이 가장 좋다. 마슈아는 잉카 원산의 덩이줄기식물 중 가장 유명한 감자보다 크기는 작지만, 엄청난 생산량으로 작은 크기를 보상한다. 일반적으로 4,000㎡당 13.6t 정도를 수확하는데, 그 두 배까지도 수확이 가능하다. 건강한 마슈아 한 그루는 비타민C가 듬뿍 들어 있는 덩이줄기를 3.5kg나 생산할 수 있다.

예수회 수사인 베르나베 코보(Bernabe Cobo)의 기록에 따르면, 마슈아의 덩이줄기는 남성 성욕 억제제로 정평이 나 있어서 '부인을 잊어야만 하는' 잉카 군대에게 먹인 것으로 추정된다. 쥐를 대상으로 시행한 연구 결과, 실제로 효과가 있는 것으로 나타났다. 그러나 테스토스테론 수치를 어느 정도 억제하려면 군대 식사로 나올 때처럼 꾸준히 많은 양을 섭취해야 한다. 가끔 먹는 정도로는 누군가의 정열을 쉽사리 위축시키지 못할 것이다.

유용한 점은 그뿐만이 아니다. 마슈아는 선충과 곰팡이병, 몇 가지 해충을 물리치는 성분을 함유하고 있다. 그래서 마슈아를 감자, 옥수수, 콩과 같은 다른 작물과 섞어서 심으면 병충해를 방지할 수 있다. 크림색이나 오렌지색을 한 마슈아 꽃도 식용이 가능하다. 그리고 산형화(繖形花)와 집단화(集團花)는 곤충을 유인하는 데 그다지 뛰어나지 못하지만, 그래도 꿀과 꽃가루를 제공하기 때문에 벌을 비롯한 익충들이 정기적으로 찾아온다. 우리에게 좀 더 잘 알려져 있는 한련은 땅을 기는 식물이지만, 마슈아는 2m 높이의 울타리도 손쉽게 타고 올라가는 덩굴식물이다. 게다가 자라

마슈아(*Tropaeolum tuberosum*)

6 다양한 용도로 쓸 수 있는 식물

는 속도도 빨라서 불쾌한 전망이나 뜨거운 햇빛을 차단하는 가리개로도 활용된다.

정리해보면, 마슈아는 뿌리와 잎과 꽃을 먹을 수 있으며 영양가도 높은 식물이다. 다른 식물을 온갖 종류의 해충으로부터 보호해줄 수 있고, 트렐리스에 올리거나 울타리를 꾸미기에도 적합하며, 매우 예쁘기까지 하다. 그리고 우리의 식단에 특별한 먹을거리를 더해준다.

대나무

대나무는 유용한 식물 중에서도 여왕 격이다. 대나무의 다양한 역할에 대해 서술한 책들이 이미 많이 나와 있다. 인간이 이용하는 부분만 생각해도, 대나무의 용도는 종이, 바닥재, 장대, 음식, 바구니, 다리, 부채, 울타리, 모자, 한방 침, 실로폰 등을 포함하여 1,580가지가 넘는다. 토머스 에디슨이 만든 최초의 성공적인 전구의 필라멘트도 대나무로 만든 것이었다.

대나무는 아시아에서는 매우 중요하게 쓰이기 때문에 '사람의 형제'라고 불리기도 한다. 그러나 서양 문화권에서는 대나무의 평판이 좋지 않다. 온대지방에 분포하는 품종은 '뿌리가 사방으로 번지는' 단축성(單軸性, monopodial) 대나무로, 잘못된 지점에 배치하면 빨리 자라는 뿌리줄기가 땅을 가로질러 돋아날 것이다. 대나무에 대해 사람들이 가장 흔히 하는 질문은 "설마 더 퍼지진 않겠죠?"다.

나뿐만 아니라 대부분의 대나무 애호가들은 이 식물의 결점이 상대적으로 극복하기 쉬운 데 비하여 얻을 수 있는 혜택은 어마어마하게 많다고 생각하고 있다. 일반적인 마당에서 대나무를 이용할 수 있는 방법을 몇 가지 살펴보자. 새들은 대나무 잎과 잔가지로 둥지를 짓고, 대숲은 곤줄박이, 박새, 멧종다리 등 많은 새들을 끌어들여서 빽빽한 나뭇잎 속에서 바스락거리며 지저귀게 한다. 대나무 줄기를 가정에서 이용할 수 있는 방법은 무궁무진하다. 수직이나 수평의 격자구조로 트렐리스를 만들 수 있고, 언제나 지지대로 만들어 쓸 수 있으며, 임시 울타리나 영구적인 울타리를 세울 수 있고, 허클베리 핀 스타일의 어린이용 낚싯대를 만들 수도 있다. 도구를 잘 다룰 줄 아는 사람이라면, 대나무 장대로 가구, 피리, 풍경, 발, 수제 종이 등 말 그대로 천여 종류의 물건을 만들 수 있다.

대나무는 사슴이 먹지 않기 때문에, 교외나 시골의 정원사들은 대나무를 '울타리 밖에 심는' 식물 목록에 넣어도 좋다. 다른 풀의 뿌리와 마찬가지로 대나무의 뿌리는 굵어지지 않으므로, 관을 막을 염려 없이 안심하고 드레인 필드[29]에 심을 수 있다. 뿌리줄기가 서로 얽혀서 거친 망상조직을 이루기 때문에 침식을 방지하기 위해 가파른 경사 구간에 심기에도 알맞다. 대나무는 개벌지(皆伐地)나 남용된 토지를 치유하기 위한 복구 작업에 이용되어왔다(에이전트 오렌지[30]로 고사해버린 베트남의 경관에서도 대나무는 초록색 붕대를 감은 것처럼 살아남았다). 대나무는 열대지방에만 자라는 종에서 -18~-17℃ 이하에서도 생존하는 것에 이르기까지 내한성이 다양하다.

대나무는 아름답고 편안한 분위기를 지닌 식물이다. 하루 일과를 마치고 지친 몸과 마음에 대숲의 풍경과 소리만큼 위안을 주는 것은 별로 없다. 그늘이 드리운 대숲은 바스락거리며 속삭이고, 머리 위로 우뚝 솟은 초록색 줄기로 감싸인 숲 속의 공간은 차분하기 그지없다. 대나무는 일 년 내내 잎이 지지 않기 때문에 영구적인 안식처와 가리개가 되어준다. 대나무 숲은 아무리 규모가 작더라도 바깥 세계의 소음을 잠재워서 사색에 잠기게 한다.

대나무는 품종이 수십 가지나 되기 때문에 개인 주택에 심고자 할 때 선택의 폭이 넓다. 키가 무릎 높이밖에 안 되는 것에서부터 12~15m에 이르는 큰 품종도 있고, 연필 굵기부터 10cm 굵기의 왕대에 이르기까지 굵기도 다양하다. 모양과 색깔도 다양해서, 곧거나 휘었거나 지그재그 모양의 줄기가 있는가 하면, 초록색, 금색, 줄무늬, 푸르스름하거나 검은 색깔의 줄기도 있다. 나뭇잎도 빳빳하거나 얼룩덜룩하거나 줄무늬가 있다.

대나무는 식재료이기도 하다. 대부분의 품종은 어리고 흰 죽순을 먹을 수 있는데, 찌거나 볶으면 맛이 좋다. 사실 대나무의 걷잡을 수 없는 성장을 통제하는 가장 좋은 방법은 정해진 구역 밖으로 감히 퍼져나가는 죽순을 먹어치우는 것이다. 이것이야말로 일석이조다!

대나무를 통제하는 요령에는 다른 것도 있다. 이때 우리는 대나무처럼 생각해야 한다. 대나무가 잘 자라기 위해서는 물이 필요하고, 뿌리줄기는 보드라운 흙에서 가장 맹렬하게 퍼져나간다. 그러므로 매우 건조한 서부 지역에서는 원하는 재배 구역 밖에 있는 대나무는 단순히 물을 주지 않음으로써 성장을 방해할 수 있다. 습한 기후에서는 대나무를 연

---

29 셉틱 시스템에서 정화조를 거쳐 나온 물을 땅에 흡수시키는 구역
30 다이옥신계 맹독성 고엽제로, 뿌린 후 불과 몇 시간이면 녹색의 나무와 풀이 모조리 말라 죽는다.

못 바로 옆이나 단단히 다져진 길, 또는 자갈이 깔린 진입로 근처에 심는다. 보도나 포장된 진입로를 이용해서 대나무가 번지지 못하게 할 수도 있지만, 원기 왕성한 몇몇 품종의 뿌리줄기는 옳다구나 하며 경쟁하는 다른 뿌리가 없는 포장도로 아래로 뻗어나가서 별안간 길 건너편에서 솟아나오기도 한다. 대나무가 퍼지는 것이 정말로 두렵다면 뿌리가 사방으로 퍼지는 단축성 대나무 대신, 퍼지지 않고 덤불을 짓는 대나무인 가축성(假軸性, sympodial) 대나무를 심으면 된다.

대나무막이(bamboo barrier)라고 불리는 특수한 장비를 구입하여 물리적으로 봉쇄할 수도 있다. 보다 저렴한 자재로는 지붕재로 쓰이는 유리섬유판(금속은 몇 년 버티지 못할 것이다) 새 것이나 중고 제품을 땅속에 약 50cm 깊이로 비스듬하게 파묻어서 뿌리줄기가 뻗어나가는 방향을 위쪽으로 바꿀 수 있다. 콘크리트로도 비슷한 막을 만들 수 있다. 30cm 정도 깊이로 땅을 파서 연못용 안감을 댄 뒤에 흙을 채워 넣고 대나무를 키우는 사람들도 있다.

하지만 대나무를 억제하는 가장 좋은 방법은 대나무를 사용하는 것이다. 대나무는 사람들과 활발한 관계를 맺기를 좋아하는 듯하다. 사람이라는 동반자가 없으면 대나무가 차츰 약화되는 것을 흔히 볼 수 있다. 그러므로 제 위치를 벗어난 죽순은 먹어치우고, 장대가 3, 4년쯤 자라면 솎아서 쓰도록 한다. 잘 알려져 있는 것 외에도, 약간의 창의력만 발휘한다면 대나무를 다른 용도로 활용할 수 있을 것이다.

지금까지 많은 다기능 식물 중에서 겨우 몇 가지 예를 들어보았다. 이것은 식물을 창조적으로 이용하는 관점을 제시한 것에 불과하다. 부록에 더 많은 식물과 그것들이 하는 역할을 열거해놓았지만, 그 목록에 있는 것만이 전부는 아니다. 사실 거의 모든 식물이 다기능 식물이라고 할 수 있다. 다만 정원사의 상상력이 부족하여 식물을

수백 종의 유용한 대나무 중의 한 가지인 오죽
(Phyllostyachys nigra)

Ⅱ 생태정원을 이루는 요소

이용할 수 있는 많은 방법을 제대로 활용하지 못할 뿐이다. 요점은, 식물이 단순히 과일이나 꽃 같은 생산물만을 공급하는 것이 아니라는 사실이다. 식물은 토양을 조성하고, 물을 모으고, 해충을 억제하며, 곤충을 유인하는 등의 과정을 분주하게 수행하고 있다. 사고의 방향을 조금만 전환하면 식물이 정적인 존재가 아니라 역동적인 존재라는 것을 알 수 있다. 식물은 사실 한자리에 가만히 있는 것처럼 보일 뿐이다. 그러나 경험이 쌓이면 식물이 정원 생태계에 능동적으로 참여하고 있음을 볼 수 있게 된다. 다음 단락에서는 식물이 하는 역할의 일부를 검토해보도록 하자.

생태극장에서 식물이 하는 역할

식물이 하는 역할을 우리는 결코 다 알 수 없을 것이다. 낙엽을 떨어뜨리거나 그늘을 드리우는 것과 같은 분명한 활동은 우리가 볼 수 있다. 그리고 조금만 관찰해보면, 식물이 토양을 조성하고 곤충을 기른다는 것을 알 수 있다. 그러나 식물이 하는 일에는 우리 눈에 보이지 않는 것이 많다. 식물은 땅속 깊은 곳에서 영양소를 끌어내어, 미생물과 나누기도 하고 얽혀서 연결되어 있는 뿌리를 통해 다른 식물과 나누기도 하며, 불모지에 질소를 주입해서 다른 식물들이 와서 살 수 있도록 준비하기도 한다. 이런 역할 말고도 식물은 세상의 나머지 부분과 조용한 관계를 맺고 있으며, 그것은 우리가 전혀 볼 수 없는 세상임이 틀림없다. 따라서 식물의 역할을 목록으로 만든다면 언제나 불완전할 수밖에 없다. 단순한 인간인 우리에게는 녹색 세상의 미묘한 활동까지 감지할 수 있는 장비가 없기 때문이다. 나는 여기서 식물이 하는 역할 중 생태정원을 가꾸는 데 중요한 것들을 설명하고자 한다. 하지만 식물이 하는 일 중에는 그보다 더 감지하기 어려운 소명도 많이 있다는 사실을 기억하자.

피복재를 생산하는 식물

식물은 여러 가지 방법으로 토양을 형성하는데, 한 가지 방법은 계절이 바뀜에 따라 잎, 꽃, 잔가지, 나무껍질을 땅에 계속해서 떨어뜨리는 것이다. 이 잔해는 빠르게 썩어서 비옥한 부식토가 된다. 식물은 모두 잎을 떨어뜨리지만, 피복재를 생산하는 데 유난히 뛰어난 것들이 있다. 이런 식물은 토양 형성의 초기 단계에 있거나 토양이 남용되었을 때 특히 유용하게 쓰인다. 피복은 간단하게 말해 제자리에서 퇴비를 만드는 것이지만 다른 혜택도 있다. 피복을 하면 수분이 유지되고 흙이 시원하게 유지되며, 서식지가 창출된다.

잎이 연한 식물이 피복재를 가장 빨리 만든다. 여기에는 아티초크와 그 친척인 카르둔, 대황, 컴프리, 뚱딴지, 고사리, 갈대, 한련이 포함된다. '녹비'로 이용되는 각종 피복작물도 피복재로 이용할 수 있다. 클로버(특히 키가 150㎝까지 자라는 전동싸리), 살갈퀴, 여러 가지 볏과식물과 곡류(귀리, 밀, 보리 등), 겨자, 크로탈라리아(crotalaria)[31], 메밀이 그런 식물이다. 이런 식물은 한 계절에 여러 번 베거나 깎아서 필요한 곳에 피복재로 쓸 수 있다. 피복재 식물은 씨를 맺기 전에 베어야 한다. 밭두둑에 피복재 식물이 자라길 원하지 않는다면 말이다. 어떤 정원사들은 작물을 키울 때 피복재 생산 식물을 섞어서 심어놓았다가, 자라면 간단하게 전초를 베어 그 자리에 놔둔다. 그러면 피복의 혜택을 바로 그 자리에서 볼 수 있다. 만약 피복재가 너무 지저분하게 보인다면, 그 위에 짚이나 대팻밥을 깔아주어도 좋다.

목질식물도 훌륭한 피복재를 생산할 수 있다. 많은 관목, 특히 오리나무와 보리수나무속의 식물, 양골담초, 케아노투스와 같은 질소고정식물은 매우 빨리 분해된다. 관목과 교목에서 잘라낸 연필 굵기 이하의 잔가지는 피복재로 이용해도 좋다. 그런 것들은 흙에 닿아 있기만 하면 대단히 빠르게 썩기 때문에 굳이 분쇄기로 잘라줄 필요가 없다. 그리고 높이 쌓아올린 나뭇가지더미는 밟아 다져서 땅바닥에 닿게 한 나뭇가지만큼 빨리 분해되지 않는다. 좀 전에도 이야기했지만, 미학적인 요소가 문제라면 나뭇가지 덤불은 눈에 띄지 않는 곳에서만 피복재로 쓰거나 그 위에 좀 더 보기 좋은 것을 덮어주면 된다.

살아 있는 피복재도 이용할 수 있다. 지면에 낮게 깔려 자라는 부드러운 풀은 마른 피복재와 같은 혜택을 제공한다. 뿐만 아니라 살아 있기 때문에 예쁜 꽃을 볼 수도 있으며,

---

31. 크로탈라리아속 식물 중에 네마장황이라는 녹비작물이 있는데, 그것을 가리키는 듯하다.

II 생태정원을 이루는 요소

곤충의 서식지가 되기도 한다. 살아 있는 피복재로는 왜성 서양톱풀, 지면패랭이꽃(thrift), 아주가(Ajuga), 야생 딸기, 돌나물(stonecrop), 예르바부에나[32], 토끼풀 등이 있다.

영양소 축적식물

땅속 깊은 곳에서 영양소를 끌어내어 잎에 축적하는 종도 있다. 이런 식물은 긴 직근을 이용하여 칼륨, 마그네슘, 칼슘, 황과 같은 중요한 영양소를 끌어올린다. 이런 식물이 가을에 잎을 떨어뜨리면 영양분이 상층토에 쌓인다. 따라서 생태정원에 심기에 매우 알맞다. 영양분의 순환이 마당 안에서 이루어지게 하고 비료를 구입할 필요를 줄이기 때문이다.

영양소를 축적하는 식물로는 서양톱풀, 캐모마일, 회향, 명아주, 치커리, 민들레, 질경이 등이 있다. 표6-2에는 다른 식물도 많이 나와 있다.

그런데 주의해야 할 점이 한 가지 있다. 구리나 아연과 같은 금속을 축적하는 종은 대부분 납도 끌어모으기 때문에, 실제로 오염 지역을 정화하는 데 이용하기도 한다. 납 성분이 포함된 페인트로 칠한 집이 오래되어 풍화되었을 경우에는 집의 토대를 따라 납이 축적되어 있을 수 있다. 이런 토양에 심은 식물의 잎에도 납이 축적되었을 수 있다. 한편으로 금속을 축적하는 식물은 토양에서 납을 제거해주는 긍정적인 역할을 할 수도 있다. 그러나 납이 잔뜩 들어 있는 이파리를 먹거나 퇴비더미에 넣고 싶지는 않을 것이다. 토양에 유독성 금속이 함유되어 있을 때는 거기서 자란 식물의 잎과 줄기를 처리할 때 유의해야 한다.

이 식물 중에는 잡초로 여겨지는 것도 많다는 사실을 독자들도 아마 눈치 챘을 것이다. 자연의 관대한 계획 속에서 잡초는 선구종으로 이용된다. 잡초는 강인하고 햇빛에 의존적이며, 빨리 자라고 수명이 짧다. 초창기에 정착하는 이런 식물은 벌거벗거나 황폐해진 토양에 침입하여 뿌리와 잎에 영양분을 축적하는 역할을 한다. 매년 가을이 되면 이 식물들은 죽어서 썩는데, 그 과정을 통해 상당히 많은 양의 미네랄을 토양에 공급한다. 이렇게 비옥해진 땅은 이제 다음 천이 단계에 나타나는 다년생 초본, 관목, 교목 같은 보다 까다

32 민트과의 라틴아메리카 허브. 약성이 있으며 자극적인 향을 풍긴다.

로운 식물이 자라기에 알맞은 상태가 된다.

생태정원사들은 선구식물의 특성을 각자에게 유리한 쪽으로 바꿀 수 있다. 땅속 깊은 곳에서 영양소를 끌어내서 비옥하고 균형 잡힌 토양을 만드는 데 이용하는 것이다. 토양이 개선됨에 따라, 영양소는 잎에서 흙으로 돌아갔다가 또 다시 잎으로 재순환하기 시작할 것이다. 깊숙이 뻗어내린 뿌리는 이제 부족한 영양분을 깊은 곳에서 끄집어낼 필요가 없어질 것이다. 그러면 영양소를 축적하는 식물은 과잉 상태가 되어, 자연적으로 감소하기 시작할 것이다. 정원사는 그런 식물을 뽑아버리고 다른 품종으로 대체함으로써 감소 속도를 올릴 수 있다.

영양소 축적식물 중에는 약초로 쓸 수 있는 것도 많이 있는데, 이것은 우연이 아니다. 미네랄의 순환에 관여하는 식물은 건강에 좋은 식품일 가능성이 많다.

표6-2 역동적 영양소 축적식물

일반명	학명	축적하는 영양소											
		질소	인	칼륨	칼슘	황	마그네슘	망간	철	구리	코발트	아연	규소
갈퀴덩굴(Cleavers)	Galium aparine				X								
감초(Licorice)	Glycyrrhiza spp.	X	X										
개가시나무(Oak, bark)	Quercus spp.			X									
개쑥갓(Groundsel)	Senecio vulgaris								X				
겨이삭(Bentgrass)	Agrostis spp.					X		X		X		X	
겨자(Mustards)	Brassica spp.			X		X	X	X					
고사리(Bracken, eastern)	Pteridium aquifolium		X	X				X	X	X	X	X	
골파(Chives)	Allium schoenoprasum			X	X								
관동(Coltsfoot)	Tussilago farfara			X	X	X	X		X	X			
길뚝개꽃(Chamomile, corn)	Anthemis arvensis			X	X								
꽃산딸나무(Dogwood, flowering)	Cornus florida		X	X	X								
냉이(Shepherd's purse)	Capsella bursa-pastoris				X	X							
너도밤나무(Beech)	Fagus spp.			X									
단풍나무(Maples)	Acer spp.												
달맞이꽃(Primrose)	Oenothera biennis	X											
담배(Tobacco, stems/stalk)	Nicotiana spp.	X											

II 생태정원을 이루는 요소

일반명	학명	축적하는 영양소											
		질소	인	칼륨	칼슘	황	마그네슘	망간	철	구리	코발트	아연	규소
당근(Carrot leaves)	*Daucus carota*			X			X						
대극(Spurges)	*Euphorbia* spp.												
덜스(dulse)[33]	*Polmaria palmata*				X		X		X				
돌소리쟁이 (Dock, broad leaved)	*Rumex obtusifolius*		X	X	X				X				
딸기(Strawberry)	*Fragaria* spp.								X				
뚜껑별꽃 (Scarlet Pimpernel)	*Anagallis arvensis*						X						
레몬밤(Lemon balm)	*Melissa officinalis*		X										
루핀(Lupine)	*Lupinus* spp.	X	X										
마늘(Garlic)	*Allium sativum*					X			X				
말냉이 (Pennycress, alpine)	*Thlaspi caerulescens*									X		X	
멀런(Mullein, common)	*Verbascum* spp.			X		X	X		X				
매리골드(Marigold)	*Tagetes* spp.		X										
메밀(Buckwheat)	*Fagopyrum esculentum*		X	X									
명아주(Lamb's quarters)	*Chenopodium album*	X	X	X	X				X				
물개구리밥 (Mosquitofern, Pacific)	*Azolla filiculoides*								X		X		
물냉이(Watercress)	*Nasturtium officinale*		X	X	X	X			X				
민들레(Dandelion)	*Taraxacum vulgare*		X	X	X		X		X	X			X
버드나무(Willow)	*Salix* spp.						X					X	
별꽃(Chickweed)	*Stellaria media*		X	X					X				
부들(Cattail)	*Typha latifolia*	X											
사과나무(Apple)	*Malus* spp.			X									
사향엉겅퀴 (Thistle, nodding)	*Carduus nutans*								X				
살갈퀴(Vetches)	*Vicia* spp.	X	X	X						X	X		
서양지치(Borage)	*Borago officinalis*			X									X
서양톱풀(Yarrow)	*Achillea millefolium*	X	X	X						X			
설령쥐오줌풀(Valerian)	*Valeriana officinalis*												X
세이보리(Savory)	*Satureja* spp.			X									
쇠뜨기(Horsetails)	*Equisetum* spp.			X	X		X			X		X	X
쇠비름(Purslane)	*Portulaca oleracea*			X			X	X					
수송나물(Thistle, Russian)	*Salsola pestifer*								X				

33 식용 홍조류로 바위나 연체동물 또는 더 큰 바닷말에 붙어서 자란다.

일반명	학명	축적하는 영양소											
		질소	인	칼륨	칼슘	황	마그네슘	망간	철	구리	코발트	아연	규소
쐐기풀(Nettles, stinging)	*Urtica urens*	X		X	X	X			X				
쑥국화(Tansy)	*Tanacetum vulgare*			X									
아까시나무(Locust, black)	*Robinia pseudoacacia*	X		X	X								
아르벤시스사데풀(Sow thistle)	*Sonchus arvensis*			X			X			X			
아르벤시스사데풀(Thistle, creeping)	*Sonchus arvensis*		X	X					X				
아마(Flax)	*Linum usitatissimum*			X				X	X				
앉은부채(Skunk cabbage)	*Navarretia squanosa*						X						
알리숨(Alyssum)	*Alyssum murale*				X			X				X	
알팔파(Alfalfa)	*Medicago sativa*	X							X				
애기수영(Sorrel, sheep)	*Rumex acetosella*		X		X								
양지꽃(Silverweed)	*Potentilla anserina*			X	X					X			
오이풀(Salad burnet)	*Poterium sanguisorba*				X	X	X		X				
왕김의털(Fescue, red)	*Festuca rubra*									X		X	
유럽우엉(Burdock)	*Arctium minus*							X					
유채(Rapeseed)	*Brassica napus*		X		X	X			X			X	
자작나무(Birch)	*Betula* spp.			X									
잔개자리(Clover, hop)	*Medicago lupulina*	X	X										
제라늄(Geranium, scented)	*Pelargonium* spp.								X	X	X	X	
좀개구리밥(Duckweed)	*Lemna minor*	X									X	X	
좁은잎해란초(Toadflax)	*Linaria vulgaris*				X		X		X				
질경이(Plantains)	*Plantago* spp.				X	X	X	X	X				X
창명아주(Fat hen)	*Atriplex hastata*			X					X				
치커리(Chicory)	*Cichorium intybus*			X	X								
캐나다엉겅퀴(Thistle, Canada)	*Cirsium arvense*								X				
캐러웨이(Caraway)	*Carum carvi*		X										
캐모마일(Chamomile, German)	*Chamomilla recutita*		X	X	X								
컴프리(Comfrey)	*Symphytum officinale*	X		X	X				X				X
켈프(Kelp)[34]	(여러 속이 있음)	X		X			X		X				

34 다시마목에 속하는 약 30속의 커다란 바닷말

일반명	학명	축적하는 영양소											
		질소	인	칼륨	칼슘	황	마그네슘	망간	철	구리	코발트	아연	규소
크레오소트 부시 (Creosote bush)	*Larrea tridentata*									X			
클로버(Clovers)	*Trifolium* spp.	X	X										
터리풀(Meadow sweet)	*Astilbe* spp.		X		X	X	X		X				
털비름(Pigweed, red root)	*Amaranthus retroflexus*		X	X	X				X				
파슬리(Parsley)	*Petroselinum crispum*		X		X		X		X				
페퍼민트(Peppermint)	*Mentha×piperita*		X				X						
해바라기(Sunflower)	*Helianthus annuus*				X			X		X		X	
호두(Walnut)	*Juglans* spp.		X	X	X								
회향(Fennel)	*Foeniculum vulgare*	X	X										
히코리 (Hickory, shagbark)	*Carya ovata*		X	X	X								

출처/ 조셉 코케이너(Cocannouer, Joseph), 『대지의 수호자 잡초(Weeds: Guardians of the Soil)』(Devin-Adair, 1976). 스티비 패뮬러리(Famulari, Stevie), University of New Mexico(미출간). 데이브 재키·에릭 튄스마이어, 『먹거리숲 정원』(Chelsea Green, 2005). 로버트 쿠릭, 『자연스러운 식용식물 조경디자인과 유지관리』(Metamorphic, 1984). 에렌프리드 파이퍼(Pfeiffer, Ehrenfried), 『잡초와 그들이 말해주는 것(Weeds and What They Tell)』(Biodynamic Farming and Gardening, 1970).

질소고정식물

이 세 번째 그룹은 앞에서 토양을 형성하는 식물과 관련하여 살펴본 적이 있다. 이 식물의 뿌리 사이에는 세균이나 진균이 살면서 공기로부터 질소를 뽑아내어 식물이 이용할 수 있는 형태로 전환한다. 언제 어떻게 풍부한 질소를 토양으로 운반하는지에 관해서는 여러 가지 의견이 분분하지만, 혜택만큼은 의심할 여지가 없다. 질소고정식물이 영양소를 방출하려면 죽어야 한다고 믿는 사람들도 더러 있지만, 여러 연구 결과나 내가 직접 경험한 바에 따르면, 질소고정식물은 살아 있을 때에도 최소한 죽었을 때와 비슷하게 다른 식물의 성장을 촉진시키는 것으로 나타났다.

대부분의 콩과식물과 마찬가지로 케아노투스, 마운틴마호가니, 서양보리수, 뜰보리수와 보리수나무, 좁은잎보리장 같은 보리수나무류도 질소를 고정한다. 질소고정식물은 크기가 매우 다양해서 클로버와 같은 지피식물로부터 아까시나무, 오리나무, 아카시아와 같은 교목에까지 이른다. 이런 식물은 빨리 자라기 때문에 베거나 깎아서 피복재나 퇴비 재료로 쓰기에 좋다. 표6-3에는 가정 조경에 적합한 질소고정식물이 많이 열거되어 있다.

표6-3 질소고정식물

일반명	학명	비고
감초(Licorice)	Glycyrrhiza spp.	
갯활량나물(Carolina bush pea)	Thermopsis villosa	
고사리소귀나무(Sweetfern)	Comptonia peregrina	
골파(Chives)	Allium schoenoprasum	
금관화(Common milkweed)	Asclepias cornuti	
금사슬나무(Golden-chain tree)	Laburnum anagyroides	꽃에 독성이 있음
나도황기(Sweet vetch)	Hedysarum boreale	
나비콩(Butterfly pea)	Clitoria mariana	
네마장황(Sunn hemp)	Crotalaria juncea	
누에콩(Fava Bean)	Vicia faba	
다릅나무(Amur Maackia)	Maackia amurensis	
담자리꽃나무(Mountain avens)	Dryas octapetala	
도둑놈의갈고리(Trefoil)	Desmodium spp.	
동부(Cowpea)	Vigna unguiculata	
등나무(Wisteria)	Wisteria spp.	
뜰보리수(Goumi)	Elaeagnus multiflora	대기오염에 강함
루핀(Lupine)	Lupinus spp.	
마운틴마호가니(Mountain mahogany)	Cercocarpus montanus	
매발톱꽃(Columbine)	Aquilegia vulgaris	
메디카고(Barrel medic)	Medicago truncatula	
메스키트(Mesquite)	Prosopis glandulosa	
밥티시아(Blue false indigo)	Baptisia australis	
벌노랑이(Bird's foot trefoil)	Lotus corniculatus	
보리수나무(Autumn olive)	Elaeagnus umbellata	
부들(Cattail)	Typha latifolia	
브레드루트(Prairie turnip)	Psoralea esculenta	
산자나무(Sea buckthorn)	Hippophae rhamnoides	
살갈퀴(Vetch)	Vicia spp.	
새콩(Hog peanut)	Amphicarpaea bracteata	
서양보리수(Buffaloberry)	Shepheradia argentea	내건성
서양소귀나무(Sweet gale)	Myrica gale	
세스바니아(Sesbania)	Sesbania exaltata	
케리페라소귀(Wax Myrtle)	Myrica cerifera	
스위트피(Sweet pea)	Lathyrus spp.	
스타일로산테스(Pencil flower)	Stylosanthes biflora	

Ⅱ생태정원을 이루는 요소

일반명	학명	비고
스파티움(Spanish broom)	Spartium junceum	
시베리아골담초(Siberian pea shrub)	Caragana arborescens	
실버베리(Silverberry)	Elaeagnus commutata	
아까시나무(Black Locust)	Robinia pseudoacacia	
아카시아(Acacia)[35]	Acacia spp.	
아피오스(Groundnut)	Apios spp.	
알팔파(Alfalfa)	Medicago sativa	
양골담초(Broom)	Cytisus spp.	
에빙게이보리장(Elaeagnus)	Elaeagnus×ebbingei	
오리나무(Alder)	Alnus spp.	
와일드빈(Wild Bean)	Strophistyles umbellata	
자귀나무(Silk tree or mimosa)	Albizia julibrissin	
제니스타(Genista)	Genista spp.	
족제비싸리(False indigo)	Amorpha fruticosa	
좁은잎보리장(Russian olive)	Elaeagnus angustifolia	
초석잠(Chinese artichoke)	Stachys affinis	
치커리(Chicory)	Cichorium intybus	
캐모마일(Chamomile)	Chamaemelum nobile	
컴프리(Comfrey)	Symphytum officinale	
케아노투스(Wild lilac)	Ceanothus spp.	
켄터키커피나무(Kentucky coffee tree)	Gymnocladus dioica	
콜라드(Collards)	Brassica oleracea viridis	
콩(Bean)	Phaseolus spp.	
클로버(Clover)	Trifolium spp.	
펜실바니카소귀(Bayberry)	Myrica pensylvanica	
풀싸리(Bush clover)	Lespedeza thunbergii	
풍선세나(Bladder senna)	Colutea arborescens	
황기(Milkvetch)	Astragalus spp.	

35 우리나라에서 아카시아로 잘못 알려져 있는 나무는 이 나무가 아니라 아까시나무다. 아카시아는 노란색 꽃이 피는 상록수로, 호주를 중심으로 열대와 온대지방에 분포하며 국내에서는 찾아보기 힘들다.

토양 소독이나 방충작용을 하는 식물

어떤 식물은 땅에 사는 몇 가지 특정한 종류의 해충을 방지하는 성분을 분비하기도 한다. 여기에는 한련, 족제비싸리, 엘더베리, 특정한 종류의 매리골드 등이 속한다. 정확한 데이터는 제시하기 어렵지만, 한련은 가루이[36]를 억제한다고 한다. 만수국아재비(wild marigold, *Tagetes minuta*)는 토양선충을 쫓는 작용을 하지만, 만수국(*T. patula*)이나 천수국(*T. erecta*) 같은 개량종은 효과가 덜하다. 복잡하게 육종되고 냄새가 덜 나는 매리골드일수록 해충 억제력이 약한 듯하다. 사실 잡종 매리골드 중에는 근처에 있는 식물의 성장을 저해하고 해충을 끌어들이는 것도 있다. 방충작용을 하는 식물에 대한 연구는 아직 미흡한 실정이므로, 한정된 양만 심으라고 권하고 싶다.

곤충유인식물

익충을 유인하는 식물은 상당히 많다. 꽃가루나 꿀을 생산하는 거의 모든 꽃에는 다리가 여섯 개 달린 친구들이 모여들기 마련이다. 익충은 크게 두 부류, 즉 씨앗과 열매를 맺는 데 필요한 꽃가루매개자와 식물을 갉아 먹는 벌레를 먹어치우는 포식자로 나뉜다. 이런 곤충에 대해서는 7장에서 좀 더 상세하게 다룰 것이다. 곤충이 좋아하는 식물을 몇 가지만 골라보자면, 서양톱풀, 메밀, 라벤더, 황금마거리트, 베르가모트, 여러 종류의 클로버가 있다. 회향, 야생당근, 시라, 고수를 포함한 거의 모든 미나리과(Apiaceae) 식물은 곤충을 유인하는 데 뛰어나다. 곤충을 끌어들이는 또 다른 식물 무리로는 양파나 나리 종류(백합과, Lilaceae), 해바라기를 비롯한 집단화 종류(국화과, Asteraceae), 그리고 무엇보다 박하 종류(꿀풀과, Lamaceae)가 있다. 곤충을 유인하는 식물은 정원의 건강을 향상시켜 주며, 여러 가지 빛깔의 곤충들이 와서 붕붕거리고 팔랑대면 눈도 즐겁다. 또한 여러 종류의 새들이 곤충을 잡아먹으려고 오게 되어 마당의 생물다양성이 증가된다. 7장에는 곤충유인식물에 관한 단락을 특별히 마련해놓았다.

---

36 매미목의 해충으로 수액을 빨아 먹는다. 성충은 몸길이가 2~3mm에 희고 불투명한 가루로 덮여 있으며, 작은 나방 비슷하게 생겼다.

방어벽식물

기회주의적 식물이 정원의 약한 지역으로 퍼져 들어오는 것을 방지하는 종을 일컬어 **방어벽식물**(fortress plant)이란 용어를 사용한다. 이런 식물은 그늘을 드리울 뿐만 아니라, 땅 위와 땅속에 빽빽하게 자라서 침입성 식물을 저지하는 물리적인 장벽을 만들어낸다. 방어벽식물은 풀, 잡초 씨앗, 메꽃 같은 덩굴식물을 비롯한 그 밖의 반갑지 않은 습격자들의 광포한 발작을 멈추게 한다. 앞에서 언급했던 애기해바라기처럼, 다른 식물의 발아와 뿌리 성장을 방해하는 약한 독성 화합물을 분비하는 식물도 있다. 방어벽 역할을 하는 또 다른 식물로는 컴프리, 뚱딴지, 레몬그라스, 니포피아(red-hot poker)[37] 등 빽빽하게 자라면서 근계 또한 조밀한 다년생식물이 있다.

뿌리를 땅속에 박는 식물

토양이 다져져 있거나 점토질일 때 경작적성을 회복하고 흙을 푹신하게 하는 데 훌륭한 도구로 쓰이는 식물이 있다. 원뿌리를 깊이 뻗어내리는 성질이 있는 식물은 흙을 부수는 일을 하기에 딱 알맞다. 이런 종에는 무, 치커리, 컴프리, 아티초크, 민들레가 있다. 이와 같이 한 개의 원뿌리를 갖고 있지 않은 대신, 대규모의 수염뿌리를 땅속 깊이 뻗어내려서 마찬가지로 토양을 부드럽게 만드는 식물로는 겨자, 유채, 알팔파 등이 있다. 이런 식물을 이용하는 데는 두 가지 방법이 있다. 첫 번째 방법은 과수원이나 정원을 만들려고 하는 땅에 이 식물의 씨를 미리 뿌려서 일이 년 동안 토양을 부드럽게 만들고, 그 다음에 본격적으로 재배를 시작하는 것이다. 두 번째 방법은 이 식물을 두둑의 중간이나 나무 사이에 섞어 심어서 토양을 계속해서 부수도록 하는 것이다. 뿌리를 땅속에 박는 식물을 심으면 또 좋은 점은, 거대한 근계가 부패할 때 대량의 유기물이 토양에 방출된다는 것이다. 이 식물이 임무를 다하고 나면, 베어서 없애거나, 더 키가 큰 식물로 그늘을 드리우거나, 시트 피복재로 덮어버리면 된다.

---

37 니포피아(Kniphofia)속의 70여 종에 달하는 식물. 아프리카가 원산의 다년생 상록초본으로, 직립의 꽃대에 원통형 꽃이 달린다. 꿀을 많이 생산하기 때문에 벌들이 많이 온다.

야생동물을 부양하는 식물

1970년대 후반부터 정원사들은 야생동물을 마당으로 끌어들이는 기쁨을 발견하기 시작했다. 정원사들은 새 모이 그릇이나 소금덩어리를 놔두는 것에 그치지 않고, 좋아하는 동물의 보금자리나 먹이가 될 수 있는 식물을 골라서 심기 시작했다. 적절한 식물을 선택해서 심기만 하면 사슴이나 너구리가 아니라 희귀한 새나 포유동물, 나비 등이 나타날 것이다. 야생동물을 유인하는 식물 중에서 내가 좋아하는 것을 몇 가지 꼽아보자면, 꽃산딸나무, 엘더베리, 아로니아, 블루베리, 보로니아(native rose), 산사나무, 케아노투스, 각종 야생 벚나무가 있다. 7장을 보면 더 많은 식물이 열거된 표가 있다. 다양한 식물을 선택할 수 있기 때문에, 야생 지구라고 해서 꼭 덤불이 마구 얽힌 모습이 되는 것이 아니라 기능적이면서도 보기에도 좋은 장소가 될 수 있다. 기능적인 측면 못지않게 보기에도 매력적인 정원이 될 수 있다.

보호지대를 만드는 식물

식물을 이용해서 효과적인 바람막이와 보호지대를 만들어낼 수 있다. 거친 바람을 누그러뜨리거나 사슴과 같은 반갑지 않은 동물들이 기웃거리는 것을 막기도 하고, 보기 싫은 풍경을 가리거나 U자 모양으로 심어서 햇볕의 온기를 가두는 '햇빛 트랩'을 만들기도 한다. 어떤 종이 방풍림이 될 수 있는지 여부를 제한하는 것은 정원사의 상상력일 뿐이다. 사실 이런 산울타리는 굉장히 많은 기능을 멋지게 수행할 수 있다. 방풍림의 규모가 클 때는 사시사철 바람을 막아주는 향나무와 호랑가시나무, 열매를 통해 먹거리를 제공하는 교목과 관목, 질소고정식물이면서 벌이 좋아하기도 하는 아까시나무와 금사슬나무[38], 야생동물을 유인하는 종 몇 가지를 한데 심어도 좋겠다. 경험으로 보아, 방풍림은 바람의 40~70%가 통과할 수 있도록 만들어야 한다(이보다 더 빽빽하게 심으면 난기류가 형성될 수 있다).

---

38 *Laburnum*속의 콩과식물. 연노란색 꽃이 길이 30cm 정도에 이르는 총상꽃차례로 핀다. 이 식물의 모든 부위는 독성이 있으며, 특히 씨가 독성이 강하다. 녹갈색이나 적갈색을 띠는 목재는 색이 선명하고 광택이 나서 가구를 제작하거나 상감용(象嵌用)으로 적당하다.

밭두둑

S

U자 모양의 햇빛 트랩. 볕이 잘 드는 남쪽은 개방하고, 반대편에는 식물을 반원 모양으로 심어서 바람을 막아준다. 햇빛 트랩이 따뜻한 미기후를 형성해서 식물을 보호해주기 때문에 이 안은 연약한 식물을 심기에 알맞다. 상록수를 북쪽에 심으면 일 년 내내 바람막이로 활용할 수 있다.

방풍림은 그 높이의 두 배 내지 다섯 배 길이에 해당하는 지역을 보호할 수 있다. 키 작은 식물로 만든 산울타리도 밭두둑을 보호할 수 있는데, 이런 식물 또한 여러 가지 기능을 수행할 수 있다. 내 정원 주위에는 애기해바라기와 뚱딴지를 주로 심었지만, 다른 곳에서는 대나무, 바구니 공예용 버드나무, 야생동물을 유인하는 관목, 베리 덤불을 심어서 정원을 보호하는 경우도 본 적이 있다.

낙엽식물도 계절성 그늘을 드리우는 용도로 이용할 수 있다. 트렐리스에 올려서 건물의 남쪽이나 서쪽, 또는 데크 위나 지붕 위에 그늘을 만들면 그 밑의 온도가 상당히 떨어진다. 그리고 겨울에 낙엽이 지면 가지가 헐벗게 되어 햇빛이 잘 든다.

가시나무가 얽혀 있으면 사슴이 들어와서 다른 식물을 뜯어 먹는 것을 방지할 수 있다. 무단 침입자도 이것을 뚫고 들어올 엄두는 못 낼 것이다. 나는 오세이지 오렌지, 산사나무, 보로니아, 만주 자두, 까치밥나무를 심고, 가시가 없는 야생동물 유인종을 사이사이에 채워넣어서 사슴의 진행 방향을 바꾸었다. 사슴은 산울타리 바깥쪽에서 야금야금 배를 채울 수는 있지만 산울타리를 헤치고 통과할 수는 없다.

식물의 모든 기능을 완벽히 수록한 목록을 작성하는 일은 어차피 불가능하기도 하지만, 여기서는 식용작물, 꽃꽂이용 꽃, 목재, 공예자재와 같이 순전히 인간 중심의 용도인 식물은 제외했다. 이 책은 식물의 생태적 역할을 다루는 데 초점을 맞추었기 때문에, 여기서 소개한 식물을 사람이 이용하는 방법은 정원사들이 각자 지혜롭게 알아보기 바란다. 생태적으로 잘 디자인된 경관은 인간을 포함해 자연의 모든 존재에게 혜택을 가져다준다. 정원이 꽃가루매개자를 부양하고 토양을 형성하며, 해충을 억제하고 극단적인 기후를 완화시켜준다면, 그러한 경관의 부산물로서 사람에게 돌아오는 선물 또한 놀랄 만큼 풍부할 것이다. 뿌리를 땅속에 깊이 박는 아티초크는 잎을 피복재로 쓰기에 좋고, 사람이 먹을 수도 있다. 야생동물을 유인하는 관목에 달리는 열매로는 상큼한 잼을 만들 수 있다. 이런 관목은 이웃집을 가려주는 부수적인 역할을 하기도 한다. 대나무는 박새 종류에게 쉼터를 제공할 뿐 아니라, 바람막이 기능을 하고, 토마토 덩굴을 받쳐주는 지지대로 쓰이며, 먹을거리로 죽순을 제공하기도 한다.

식물을 비롯한 정원의 여러 가지 요소가 다양한 용도로 쓰일 수 있다는 것을 인식하면, 각각의 요소들이 풍부하게 연결된 생산적인 경관을 만들어낼 수 있다. 그런 경관은 정원사들이 할 일을 덜어주고 자연이 그 일을 대신하게 한다. 식물이 흙을 만들게 하면 되는데, 왜 퇴비를 만든단 말인가? 살아 있는 피복식물이 원치 않는 침입자들을 질식시킬 수 있는데, 왜 잡초를 뽑는 수고를 한단 말인가? 원활하게 기능하는 생태정원을 디자인해서 설치하는 데는 노력이 들고, 모든 조각이 딱 들어맞기까지는 얼마간의 시행착오를 겪어야 할 수도 있다. 그렇지만 자연에서는 '어떤 것도 한 가지 일만 하지 않는다'는 사실을 이해하면 결국에는 생기가 넘치는 역동적인 경관을 만들어낼 수 있다.

일년생식물과 다년생식물

아마 독자들은 이 장에서 언급한 거의 모든 식물이 다년생이라는 것을 알아차렸을 것이다. 그것은 우연의 일치가 아니다. 물론 내 정원에서도 일년생식물인 토마토와 고추, 콩을 키우고 있지만, 다년생 품종이 있기만 하다면 당장에 그것으로 바꿀 것이다(열대지방에는 다년생 토마토, 고추, 콩이 있지만 여기는 열대지방이 아니니 어쩔 수가 없다). 나는 일년생 화초는 거의 재배하지 않는다. 왜냐하면 거의 모든 경우에 일년생을 대체할 수 있는 훌륭한 다년생식물이 있기 때문이다. 그리고 내가 키우는 샐러드용 채소 역시 대부분 프렌치 소렐, 다년생 케일, 굿킹헨리와 같은 다년생이거나, 아루굴라(arugula)[39], 근대, 적겨자(red mustard), 상추와 같이 저절로 씨가 떨어지는 식물이다. 내가 이런 식물을 키우는 것은 부분적으로는 게으름 때문이기도 하다. 어째서 모종판, 생장촉진 램프, 냉상(冷床, cold frame)[40]을 돌보고 옮겨심기를 하느라고 고생을 해야 된다는 말인가? 사실 할 필요가 없는데 말이다. 그러나 내가 다년생식물을 더 좋아하는 데는 생태학적인 이유도 있다.

매년 일년생식물을 심는다는 것은 토양을 매년 교란시킨다는 뜻이다. 토양이 교란되면 토양생물이 타격을 받을 뿐 아니라, 잡초 씨앗이 지표면으로 올라와서 싹트게 된다. 또한 모상을 준비하기 위해서 땅을 갈면 토양생물에 지나친 산소가 공급된다. 활성화된 작은 생물들은 이에 대응하여 많은 양의 유기물을 태우게 된다. 식물의 먹이가 될 수도 있었을 영양소를 다 써버리게 되는 것이다. 게다가 맨땅은 비바람에 침식된다.

반면에 다년생식물을 심으면 경운으로 인해 발생하는 문제가 생길 염려가 없다. 더욱이 다년생식물은 일 년 내내 뿌리로 토양을 제자리에 고정해주고 거의 지속적으로 토양을 덮고 있기 때문에 침식을 방지한다. 다년생식물은 일년생보다 뿌리를 훨씬 더 깊이 뻗어내리기 때문에 땅속 깊이 간직된 물과 영양소를 끌어낼 수 있다. 이것은 물과 거름을 덜 주어도 된다는 의미다.

근계가 크고 튼튼하다는 것도 생태학자들이 다년생식물이 일년생식물보다 '고정적 바이오매스'가 더 많다고 말하는 이유 중의 하나다. 고정적 바이오매스란 계절에 따라 생기거나 없어지는 과일이나 낙엽 같은 것이 아니라, 가지와 줄기, 기다란 뿌리와 같이 영구적으로 지속되는 부분을 말한다. 고정적 바이오매스가 왜 중요한지를 보여주는 예를 한 가지 들어보자. 나는 다년생 덤불 케일(*Brassica oleracea* var. *ramosa*)을 재배하고 있는데, 이것은

---

39 유럽 원산의 겨자과 에루카속의 일년생식물. 루콜라(rucola)로 불리기도 한다. 약간 쌉쌀한 향이 난다.

40 씨앗을 발아시키거나 작은 식물을 추위로부터 보호하기 위한 작은 틀. 태양열만으로 온도를 유지한다는 점이 온상과 다르다.

일년생 케일과 닮았지만 키가 약 $1.5m$에 달하며, 두꺼운 줄기가 여럿 있다. 저녁에 먹으려고 양배추 한 포기를 통째로 자르기보다는 다년생 케일 잎을 뜯으면, 식물을 훨씬 더 적은 비율로 제거하게 된다. 뜯고 남은 다년생 케일의 바이오매스(잎, 줄기, 뿌리)는 수확으로 인해 생긴 상처를 양배추보다 훨씬 더 빨리 회복시킨다. 포기를 뜯어낸 양배추가 아직 살아 있기만 하다면 말이다. 케일의 뿌리는 영양소를 움켜쥐고, 남아 있는 잎은 햇빛을 포착하고, 식물체는 재빨리 새로운 잎을 낸다. 이 식물은 수확으로 생긴 상처로부터 아주 빨리 회복한다. 나는 정원의 전체 바이오매스 중 아주 적은 양만 제거하고 많은 양을 남겨두어 중요한 영양소들이 모두 계속 순환되도록 한 것이다. 바이오매스야말로 정원의 핵심이다. 바이오매스를 제거해버리면 모든 것이 멈추고 만다.

또한 약간의 바이오매스만 제거하기 때문에, 정원 생태계의 전반적인 순환은 양배추 한 포기를 잘라내었을 때보다 더 온전한 상태로 남아 있게 된다(일년생식물을 수확하는 것은 소규모이기 망정이지 완전 벌목을 하는 것과 다름없다고 생각한다). 다년생 케일은 벌레와 새에게 서식지와 먹이를 계속해서 제공하고, 뿌리는 토양생물의 거처가 되며, 잎은 햇빛과 비로부터 토양을 보호하는 등 여러 가지 기능을 한다. 잘라내고 남은 양배추 그루터기보다 훨씬 더 많은 것을 제공하는 것이다.

2장에서 살펴보았듯이, 고정적인 바이오매스가 풍부하다는 것은 숲과 같은 성숙한 생태계의 특성이다. 생태농법을 실천하면서 우리는 공터나 관행적인 잔디밭, 농경지 같은 미성숙한 선구 생태계를 만들려고 하는 것이 아니라, 바로 이런 성숙한 생태계를 만들려고 하는 것이다. 성숙한 생태계에서는 영양소가 내부에서 순환하기 때문에 영양소를 투입할 필요가 훨씬 적다. 영구적인 뿌리와 줄기를 지니고 있는 다년생식물은 성숙한 생태계의 특징이며, 일년생식물은 미성숙한 생태계의 특징이라 할 수 있다.

전부는 아니지만 대부분의 일년생식물은 다년생으로 대체할 수 있다. 과일이 달리고 관상 가치가 있는 나무, 꽃이 피고 열매가 맺히며 야생동물이 좋아하는 덤불, 관목, 덩굴, 허브, 푸성귀, 화초, 이 모든 것이 다년생 품종으로 존재한다. 다년생식물에 관한 책만 해도 수백 권에 이른다. 그러나 다년생식물로 채우기 어려운 니치가 딱 하나 있다. 바로 채소다. 대부분의 과일은 다년생이고 푸성귀도 다년생이 상당히 많지만, 온대기후에서 자라는 채소 중에는 다년생이 많지 않다. 미국에서 보편적으로 이용하는 다년생식물은 아스파라거스, 대황, 아티초크뿐이다. 이 목록에 작은 양파 비슷한 구경(球莖)이 지상부의 줄기에 달리는 이집트 파(egyptian or walking onion)[41]를 추가할 수 있다. 그리고 나인스타(Nine-Star)라는 다년생 브로콜리가 있는데, 이것은 씨를 맺기 전에 따지 않으면 죽어버린다. 또 앞에서 이미 이야기했지만, 죽순도 먹을 수 있다. 붉은강낭콩도 온화한 기후(USDA 8지대 이상)에서 자라는 다년생식물이다. 그리고 앞에서도 이야기했다시피 열대지방에서는 토마토와 고추를 비롯한 여러 식물이 다년생이나, 대부분의 북아메리카 지역에서는 이런 식물이 해를 넘기지 못한다.

친숙하진 않지만 다년생인 채소가 몇 가지 있다. 이 채소들을 통해 시야를 넓혀보자 [나는 고맙게도 이 중 많은 식물을 에릭 퇸스마이어의 『다년생 채소(Perennial Vegetables)』와 켄 펀(Ken Fern)의 『미래를 위한 식물(Plants for a Future)』을 보고 알았다].

다년생 채소

부추(garlic chive, *Allium tuberosum*)는 톡 쏘는 맛의 싹과 잎, 꽃을 갖고 있으며, 매력적인 관상식물이기도 하다.

마(chinese mountain yam, *Dioscorea batatas*)는 길고 곧은 덩이뿌리를 땅속으로 몇 미터나 뻗어 내려가며, -18~-17℃ 이하에서도 잘 견딘다. 조리된 덩이뿌리는 밀가루 같은 부드러운 맛이 나며 저장하기도 쉽다.

다년생 땅꽈리(perennial groundcherry, *Physalis heterophylla*)는 토마토의 근연종으로, 내한성이 있어 최소한 -29~-28℃까지 견딘다. 부드럽고 달콤한 금색의 조그만 장과(漿果)가 열린다.

땅자두(groundplum milkvetch, *Astragalus crassicarpus*)는 자두 같은 꼬투리가 달린다. 완두콩 같은 풍미가 있고 보라색 꽃이 핀다. 질소를 고정시킨다.

갯배추(sea kale, *Crambe maritima*)는 브로콜리 같은 덩어리 부분과 싹을 데쳐서 먹을 수 있다. 잎도 먹을 수 있다.

---

41 학명은 *Allium* × *proliferum*. 파와 양파의 교배종으로 추정된다. 국내에서 '이층파' 또는 '삼동파'라고 불리는 다년생 파와 같은 것이 아닌가 한다.

러비지(lovage, *Levisticum officinale*)는 유럽이 원산지이며, 줄기, 씨앗, 잎을 먹을 수 있고 셀러리 같은 강한 향이 난다. 꽃이 상당히 큰 편이며 익충을 끌어들인다.

파드득나물(mitsuba, *Crytotaenia japonica*)은 다년생 파슬리로, 습도가 높고 그늘진 곳을 좋아한다. -29~-28℃ 이하에서도 견딜 수 있다.

램프(ramp, *Allium tricoccum*)의 넓적한 잎은 맛이 좋다. 구근도 먹을 수 있으며 음지에서 잘 자란다.

땅두릅(udo, *Aralia cordata*)은 일본에서 온 식물로, 2~3*m* 이상 자란다. 새순을 데친 다음 매우 얇게 저며 얼음물에 담그거나, 물을 여러 번 갈아주면서 삶아 먹는다. 부분적으로 그늘진 곳에서 잘 자란다.

물냉이(watercress, *Nasturtium officinale*)는 줄기와 잎을 먹을 수 있다. 개울 같은 흐르는 물에서 자란다. 침입성을 띠기도 한다.

연꽃(chinese water lotus, *Nelumbo nucifera*)은 뿌리와 어린잎과 씨앗을 먹을 수 있다. 씨앗은 밤 맛이 난다. 수생식물이며, 깊은 토양과 물에 심는다면 USDA 6지대에서도 잘 견딘다.

다년생 허브

먹을 수 있는 다년생식물의 목록에는 허브도 몇 가지 추가할 수 있다. 특히 한 번에 많은 양이 쓰이는 허브를 추가하면 좋겠다. 예를 들어 골파, 회향, 파슬리, 각종 민트, 큰다닥냉이(garden cress) 같은 것 말이다. 오레가노, 샐비어, 마조람(marjoram)과 같은 요리용 허브도 다년생이지만 한 번에 조금밖에 쓰이지 않기 때문에 목록에 포함시키기에는 부족한 점이 있다.

잡초를 비롯한 야생의 먹을거리

키우는 데 손이 많이 안 가는 또 다른 먹을거리의 원천이 정원의 가장자리에 숨어 있다. 그것은 바로 잡초다. 잡초는 사람들이 비방하는 식물을 일컫는 고도로 주관적인 범주로, 미국 농무부에서는 잡초를 "인간의 활동을 방해하는 식물"이라고 간단하게 정의하고 있다. 그러나 어떤 사람에겐 잡초로 여겨지는 것이 다른 사람에겐 대단히 귀중한 것일 수 있다. 소위 잡초라고 불리는 식물 중에도 민들레, 치커리, 비름, 명아주, 별꽃, 애기수영, 갈퀴덩굴 등 먹을 수 있는 푸성귀가 놀라울 정도로 많으니 말이다. 오리건주 애슐랜드에 사는 퍼머컬처인 톰 워드는 잡초와 친밀한 관계를 맺어왔다. 그는 잔디밭에 저절로 난 잡초를 잘 보살펴서, 다양하고 영양가가 높은 샐러드거리를 앞마당에서 마련하고 있다. 톰의 말을 한번 들어보자. "상추처럼 길들여진 채소는 야생의 채소에 비교조차 되지 않습니다. 개량을 해서 톡 쏘는 맛이나 쓸쓸한 맛을 제거하면 영양소도 제거되지요. 밭에서 재배하는 농작물보다 정원의 가장자리에 나는 잡초에 영양분이 더 많이 있을 것입니다. 그러니까 엄마들은 아이들에게 '채소를 먹으라'고 하지 말고, '잡초를 먹으라'고 해야 합니다."

잡초는 매우 뛰어난 다기능 식물이다. 잡초는 벌거벗은 토양을 덮어서 보호해주고 비옥하게 만든다. 잡초는 다른 식물이 잘 자랄 수 있도록 자리를 마련해주는 개척자다. 잡초 중에는 대단히 훌륭한 영양소 축적식물이 많다. 사실, 여기저기 흩어져 있는 영양소를 땅속 깊은 곳에서 끌어내어 상층토에 축적시키는 것이 잡초의 주된 역할일 때가 많다. 이것은 잡초의 영양가가 높은 이유를 설명해준다. 건강에 좋은 미네랄을 조직에 축적하고 있기 때문이다. 또한 잡초는 정원사에게 토양의 상태를 알려줄 수도 있다. 금소리쟁이나 쇠뜨기 같은 잡초가 자라고 있다는 것은 그곳이 대부분의 과일나무가 자라기에는 너무 습한 땅이라는 뜻이다. 고사리나 은물싸리(silvery cinquefoil)가 자라고 있다는 것은 산성토양이라는 것을 알려준다. 반면에 흰꽃장구채(white campion)나 오이풀이 보인다면 그곳의 토양은 알칼리성이다.

잡초는 이러한 용도뿐만 아니라, 노래하는 새와 사냥감이 될 수 있는 새를 비롯한 각종 야생동물에게 대단히 중요한 먹이와 서식지를 연중 공급한다. 봄에 나는 풍부한 잡초를 먹고 사는 여러 곤충은 둥지를 트는 배고픈 새들에게 중대한 양식이 되며, 먹을 것이 별로 없는 겨울이면 동물들이 잡초 씨앗을 먹고 산다.

6 다양한 용도로 쓸 수 있는 식물

적어도 농업이 시작된 이래로, 잡초는 인간의 동반자였다. 잡초 중에는 반쯤 길들여져서 한때 초기 인류의 먹거리로 이용되기도 했지만 본격적인 농작물로는 부적합했던 것들도 있다. 아마도 유전적 변이성이 너무 많았거나 씨를 일정하게 맺지 못했기 때문이었을 것이다. 그래서 이런 식물은 먹을거리로서는 말 그대로 도중에 실패했지만, 인간의 경관에는 아주 잘 적응해서 그 이후로 계속 사람을 따라왔다. 또 어떤 잡초는 사람이 사는 곳의 교란된 토양이나 경작지에서 잘 자라는 특성이 있어서 인류와 함께 진화해왔다. 원하든 원하지 않았든, 잡초는 문화가 시작된 이래로 그 언저리에 계속 잠복해왔다.

북아메리카 대륙에서 자라는 잡초 중에는 외지에서 들어온 것이 많다. 식품이나 동물, 배의 바닥짐과 함께 들어온 것도 있고, 다소 불분명한 경로를 통하여 들어온 것도 있다. 아메리카 원주민은 질경이를 '백인의 발(white man's foot)'이라고 불렀는데, 초기 식민지 이주자들이 신고 다니던 부츠의 목재 밑창에 조그만 질경이 씨앗이 박혀 들어왔기 때문이다. 백인들이 낯선 숲을 어슬렁어슬렁 돌아다니면 그 신발에서 질경이 씨앗이 떨어져 싹이 텄다. 질경이가 난 것을 보면 유럽인이 걸어다닌 곳이라는 사실을 알 수 있었던 것이다. 사람들은 질경이를 두고 지독한 잡초라고 욕을 하는데, 질경이를 잘 아는 사람이라면 다른 많은 잡초에서처럼 질경이에서도 먹을거리와 약을 모두 얻을 수 있다.

잡초의 유용함을 알게 되면, 때로 우리가 정원에서 가지게 되는 호전적인 마음이 어느 정도 풀리게 된다. 나는 내 정원이 나 자신과 다른 사람들이 휴식을 취하고 생명을 건강하게 유지하는 장소가 되기를 바란다. 하지만 별꽃이나 애기수영 싹을 발견할 때마다 분통이 터진다면, 정원 때문에 내 혈압만 올라갈 뿐이다. 이제 나는 잡초를 동지로 여기게 되었다. 무심코 맨땅으로 남겨두었던 토양을 보호해줄 뿐만 아니라, 내가 식물을 심을 준비가 될 때까지 묵묵히 흙을 기름지게 만들어주기 때문이다. 그리고 그 잡초의 대부분은 먹을거리로 삼을 수 있다. 이 점은 나에게 있어 잡초의 가치를 더욱 올리는 것이다. 그리고 당연한 말이지만, 잡초를 먹는 것도 그것을 통제하는 방법 중 하나다.

토착식물 또한 비용이 적게 드는 먹거리 공급원이다. 그러나 토착식물로 끼니를 해결할 수 있는 사람은 그리 많지 않다. 왜냐하면 특별한 조리법을 알아야 하기 때문이다. 아마도 대단한 생존주의자가 아닌 이상, 허클베리(huckleberry)나 까치밥나무 열매, 야생 딸기로는 가끔 주전부리를 하는 정도에 그칠 것이다. 토착식물을 먹거리로 이용하기 위해서 정원에 심는 경우는 드물다. 야생동물 서식지나 생물다양성을 보호하기 위해 심는 쪽의 비중이 훨씬 더 크다. 토착식물이 생태정원에서 중요한 역할을 하기는 하지만, 여러 가지 유용한 외래식물과 함께 키우는 것이 더욱 좋을 것이다.

다년생 푸성귀

다년생 푸성귀는 아주 많다. 프렌치 소렐(*Rumex scutatus*), 굿킹헨리(*Chenopodium bonus-henricus*), 민들레(*Taraxacum officinale*), 덤불 케일(*Brassica oleracea ramosa*), 번행초(蕃杏草, *Tetragonia tetragonoides*), 인디언 시금치(*Basella rubra*)[42], 터키유채(Turkish rocket, *Bunias orientalis*) 등이 여기에 속한다.

뿌리와 덩이줄기

몇 가지 뿌리식물과 덩이줄기도 이 목록에 넣을 수 있다. 그런데 나는 뿌리와 덩이줄기를 먹는 식물은 다년생 먹거리라고 하기엔 좀 부족한 면이 있다고 생각한다. 왜냐하면 수확하려면 흙을 파헤쳐야 하고, 뿌리 전체를 캐내는 경우에는 식물이 사라져버리므로 다년생이라고 해 보았자 의미가 없기 때문이다. 그러나 뿌리의 일부분을 남겨놓거나 더 작은 뿌리를 뻗을 만큼 충분히 크게 자라도록 두면 다년간 생존할 수 있는 종도 있다. 이런 것들에는 뚱딴지, 마늘잎쇠채(salsify or oyster root)[43], 초석잠, 겨자무(horseradish), 샬롯(shallot)[44], 마늘, 마, 콩감자(American groundnut)[45], 우엉, 치커리 등이 있다.

보통의 감자도 땅속에 남겨두면 자라서 새로운 덩이줄기를 형성한다. 그러나 일이 년 이상 한자리에 내버려두면 목질화되고 작아지는 듯하다.

마슈아를 비롯해 옛 페루인들이 재배했던 덩이줄기 식물이 요즘 인기다. 그것들도 목록에 추가하자. 다음과 같은 것들이 있다.

- 오카/안데스괭이밥(oca, *Oxalis tuberosa*)에는 레몬향이 나는 7~8㎝ 크기의 덩이줄기가 달린다.
- 야콘(yacon, *Polymnia edulis*)에는 크고 아삭아삭하며 수분이 많은 덩이줄기가 달린

---

42 말라바 시금치, 실론 시금치, 목이채, 바우새라고도 부른다.

43 국화과의 두해살이풀로 뿌리를 식용하며 굴 향기가 있어 채소 굴이라고도 한다.

44 백합과의 다년생식물. 비늘줄기가 있다. 순한 향기가 나며 양파와 같은 용도로 음식에 쓰인다.

45 북아메리카 원산의 덩굴성 콩과식물. 미국땅콩, 아피오스, 인디언 감자라고도 부른다.

다. 이 식물은 서리에 약하다.

- 마슈아(mashua, *Tropaeolum tuberosum*)는 덩굴성 한련으로, 작고 매운 맛이 나는 덩이줄기가 달린다. 덩이줄기는 구우면 달콤하고 맛있어진다.

표6-4 흔히 찾아볼 수 있는 식용 잡초의 예

일반명	학명	먹을 수 있는 부분
가는네잎갈퀴(Cleavers)	*Galium trifidum*	잎
가시상추(Lettuce, wild)	*Lactuca scariola*	잎
겨자(Mustard, wild)	*Brassica* spp.	잎, 꽃, 씨
금소리쟁이(Dock, curly)	*Rumex persicarioides*	잎, 뿌리
나도냉이(Wintercress)	*Barbarea vulgaris*	잎
냉이(Shepherd's purse)	*Capsella bursa-pastoris*	잎
달래(Garlic, wild)	*Allium ursinum*	잎, 뿌리, 꽃
마늘냉이(Garlic mustard)	*Alliaria officinalis*	잎, 뿌리, 씨
망초(Horseweed)	*Conyza canadensis*	어린잎
명아주(Lamb's quarters)	*Chenopodium album*	잎
미역취(Goldenrod)	*Solidago* spp.	꽃(차 또는 향신료)
민들레(Dandelions)	*Taraxacum officinale*	잎, (구운) 뿌리, 꽃
박하(Mint)	*Mentha* spp.	잎
방가지똥(Sow thistle)	*Sonchus oleraceus*	잎
별꽃(Chickweed)	*Stellaria media*	잎
소리쟁이(Dock, yellow)	*Rumex crispus*	잎, 뿌리
쇠비름(Purslane)	*Portulaca oleracea*	잎, 꽃, 뿌리
쐐기풀(Stinging nettle)	*Urtica dioica*	(요리한) 잎
애기수영(Sorrel, sheep)	*Rumex acetosella*	잎
애기아욱(Cheese mallow)	*Malva parviflora*	잎, 씨
야생당근(Queen Anne's lace)	*Daucus carota*	잎, 씨, 꼬투리
양명아주(Epazote)	*Chenopodium ambrosioides*	잎
엉겅퀴(Milk thistle)	*Silybium marianum*	어린잎, 꽃봉오리
우엉(Burdock)	*Arctium lappa*	뿌리
족제비쑥(Pineapple weed)	*Matricaria matricarioides*	잎(차)
질경이(Plantain)	*Plantago* spp.	잎
치커리(Chicory)	*Cichorium intybus*	잎, 뿌리, 꽃
칡(Kudzu)	*Pueraria lobata*	잎, 뿌리(녹말가루)
캐모마일(Chamomile, German)	*Matricaria matricarioides*	꽃
털비름(Pigweed)	*Amaranthus retroflexus*	잎, 씨
호장근(Knotweed)	*Polygonum cuspidatum*	씨

다년생처럼 쓸 수 있거나 저절로 씨를 뿌리는 일년생식물

일년생식물 중에도 '다년생화' 될 수 있는 것이 있다. 예를 들어 리크(leek)[46]가 꽃을 피우도록 내버려두면, 조그만 주아(珠芽)가 아랫부분에 여러 개 형성된다. 리크를 수확할 때 주된 줄기와 비늘줄기만 뽑으면 땅속에 남아 있는 주아들이 다음 계절에 자랄 수 있다. 온화한 기후(USDA 6지대 또는 더 따뜻한 지대)에서는 브로콜리나 콜리플라워를 수확하고 나서 가지를 잘라주면 몇 년 동안 계속 자라게 할 수 있다.

저절로 씨를 뿌리는 식물을 포함시키면 목록을 훨씬 더 늘릴 수 있다. 여기에 포함시키기 좋은 식물로는 아루굴라, 근대, 상추(상추의 경우에는 자연 파종을 거듭하다 보면 쓴맛이 강한 야생의 원종과 같은 상태로 돌아간다), 적겨자, 콘샐러드(corn salad)[47], 명아주 등이 있다. 토마토, 겨자, 호박과 같은 일반적인 채소들도 스스로 씨를 뿌리는 경우가 많지만, 그런 것들은 너무 쉽게 잡종이 형성되거나 야생형으로 되돌아가서, 풍미가 떨어지기도 하고 예측할 수 없는 품종을 만들어내기도 한다.

이제 독자들은 정원을 다년생 식용식물만으로 가꾸어도 상당히 다양한 작물을 재배할 수 있다는 사실을 알게 되었을 것이다. 여기에 더해 잘 알려진 다년생 과일, 베리류, 허브를 보충해서 심으면, 유지 비용이 아주 적게 들고 생태적으로 건강한 방식으로 먹거리를 생산할 수 있다.

정원에 도움이 되는 미기후

다년생이든 일년생이든 식물은 적합한 성장 조건에서만 잘 자라기 마련이다. 가뭄을 좋아하는 로즈메리 덤불은 수직낙수홈통에 너무 가까이 있으면 익사하겠지만, 덥고 햇빛이 잘 드는 구석에서는 생기를 띨 것이다. 그러나 양지바른 곳에서 시드는 윗드러프(sweet

---

46 백합과의 일년생식물. 지상부의 모습은 마늘과 비슷하며, 맛은 파와 비슷하다.

47 유럽과 북아프리카가 원산지인 허브의 한 종류. 옥수수밭에서 저절로 자라기 때문에 이런 이름이 붙었다. 샐러드나 쌈채로 쓰인다.

woodruff)는 관목이 편안한 그늘을 드리워주면 안도의 한숨을 내쉴 것이다. 이처럼 식물은 각기 필요한 토양 유형, 산도, 기온, 빛, 습도 등의 요소가 다 다르다. 앞에서 나는 토양과 수분 조건을 개선하는 방법을 설명했다. 이제 키우고 싶은 식물에게 도움이 되는 미기후를 마당에 조성하는 방법을 알아보자. 적절한 미기후는 식물의 생존에 결정적인 역할을 한다.

마찬가지로 우리가 고른 식물들 또한 주변의 환경을 변화시킨다. 어떤 종들, 특히 선구식물은 토양의 산성도(pH)와 비옥도를 변화시켜서 스스로 파멸을 초래하기도 한다. 새로운 조건에 더 잘 적응한 다른 종들이 선구식물을 밀어내버리는 것이다. 경쟁에서 이기기 위하여 환경 전쟁을 벌이는 식물들도 있다. 가벼운 독소를 분비하거나 아주 짙은 그늘을 드리워서 아무것도 살 수 없게 만드는 것이다. 식생은 그곳에 사는 사람들에게 적절한 환경을 만들어주기도 한다. 시골에 있던 우리 이웃집에서는 전망을 개선하려고 집 남쪽의 나무를 전부 베어버렸다. 그랬더니 여름에 뜨거운 햇볕에 노출되어 실내 온도와 마당의 온도가 5℃나 치솟고 말았다. 시원한 그늘이 상쾌하게 드리워져 있던 장소가 이제는 바람조차 후끈거리는 곳으로 바뀌고 말았던 것이다.

이와 대조적으로, 시애틀에 사는 케빈 버크하트는 철사를 이용해 남쪽 지붕 위로 다래 덩굴이 반쯤 올라가게 했다. 그러자 여름철에는 그늘이 져서 집의 온도가 상당히 낮아졌다. 또한 낙엽이 지고 나서는 덩굴이 햇빛을 가리지 않아서 시애틀의 빈약한 겨울 볕이 잘 들어오게 되었다. 금상첨화로 맛있는 과일도 엄청나게 많이 달려서 케빈은 가을이면 다래를 실컷 즐긴다. 이것이야말로 기능 중합이라 하겠다.

식물과 환경이 주고받는 관계를 이용하는 것을 미기후 농법이라 할 수 있다. 약간의 배경지식을 가지고 조금만 관찰해보면 우리가 키우는 식물에 적합한 미기후를 감지할 수 있으며, 근처의 식물들이 우리의 환경에 어떻게 영향을 끼치는지 이해할 수 있다.

대부분의 미기후를 만들어내는 큰 힘은 열전달이다. 여기서는 너무 기술적으로 들어가지 않고 간단하게 이야기하고 넘어가도록 하겠다. 열전달이란 간단히 말해 에너지가 한곳에서 다른 곳으로 이동하는 것이다. 열전달은 태양이 땅에 복사에너지를 보낼 때나 따뜻한 땅에서 열이 하늘로 방출될 때, 또는 바람이 뜨거운 공기를 찬 공기와 섞을 때 일어난다.

집의 남쪽에서 눈이 가장 빨리 녹는 따뜻한 지점은 열전달 때문에 생긴다. 이것은 미기

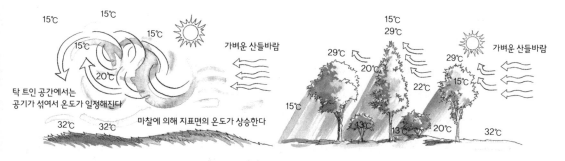

15℃
15℃
15℃
15℃
20℃
32℃   32℃

가벼운 산들바람

탁 트인 공간에서는
공기가 섞여서 온도가 일정해진다

마찰에 의해 지표면의 온도가 상승한다

트인 공간에는 미기후가 많이 존재하지 않는다.

15℃
29℃
29℃   20℃   29℃   15℃
22℃
15℃   15℃   13℃   20℃   32℃

가벼운 산들바람

나무는 공기가 섞이는 것을 막고 복사 현상으로 열이 손실되는 것
을 줄인다. 또 그늘을 드리우기 때문에 여러 미기후가 형성된다.

후에 대해 알 수 있는 좋은 예다. 집이 거기에 없었다 하더라도 태양은 땅을 따뜻하게 덥혀주었을 것이다. 하지만 그 결과로 초래된 온기의 대부분은 다시 공중으로 방출되고 나머지 온기는 바람에 의해 쓸려나갔을 것이다.

그런데 집의 남쪽 벽이 그 장소에 등장하면 그림은 극적으로 변한다. 태양은 탁 트인 곳에서와 마찬가지로 지면을 따뜻하게 데우면서 동시에 남향의 벽도 데우고 있다. 벽의 온기는 다시 지면으로 반사되어 땅을 더 뜨겁게 데운다. 이것이 열전달이다. 또한 탁 트인 곳이었다면 땅에서 방출되는 열이 하늘로 사라졌겠지만, 벽이 있으면 부분적으로 막혀서 빠져나가지 못하게 된다. 수직의 벽은 근처에 있는 '방사체'(이 경우에는 땅)로부터의 열 손실을 3분의 2까지 막아준다(여기에서 수학적인 측면까지는 다루지 않겠다. 이 분야에 대한 대부분의 책은 수학 공식으로 빽빽하게 채워져 있기 때문에, 미기후학은 '수학자의 천국'이라고 불리기도 한다).

벽은 또한 제3의 방법으로 열전달을 방해하기도 한다. 벽이 공기의 움직임을 막기 때문에 벽 근처의 따뜻한 공기는 찬 공기와 섞이지 못한다. 따뜻한 지점으로 찬바람이 불어오면 지면의 열기가 달아날 것이다. 벽은 이러한 돌풍을 멈추어서 풍속냉각지수를 낮춘다. 풍속냉각지수란 '방사체'(이를테면 덜덜 떨고 있는 당신의 몸뚱이)로부터 바람이 열을 빨아들이는 비율을 말한다.

공기의 혼합은 미기후를 만들어내는 중요한 요소다. 바람이 벌거벗은 평지를 휩쓸고 지나가면 머리 높이 위에 있는 공기는 아주 잘 섞이게 된다. 머리 높이에서 몇 십 미터 위에 이르기까지 공기는 잘 섞여서 온도가 상당히 일정하다. 하지만 지면에서는 마찰로 인해

공기의 흐름이 느려져서 잘 섞이지 않는다. 맑은 날 지면에서 2~3㎝ 위 높이의 기온은 눈 높이의 기온보다 10℃쯤 더 따뜻할 수도 있다. 공기가 고르게 섞이지 않아서 급격한 수직 온도 차가 형성되는 것이다. 만약 이 벌거벗은 평지에 나무를 약간 심거나 담이나 집을 세우면, 이런 장애물과 바람이 마찰을 일으키면서 난기류를 초래한다. 조용한 회오리바람이 생기는 것이다. 따뜻한 공기주머니가 모인다고 할 수도 있겠다. 공기가 잘 섞이지 않는 현상이 이제 수직으로뿐만 아니라 수평으로도 일어난다. 미기후는 이렇게 해서 생겨난다.

이렇게 개괄적으로 살펴본 사실을 통해서 우리는 마당에서 유용하게 쓰일 수 있는 미기후를 찾아내거나 조성할 수 있다. 나무와 관목을 비롯한 식생은 열전달과 공기 혼합이 일어나는 경로를 바꾼다. 무성한 임관이나 큼직한 초본의 잎무리는 낮 동안 햇빛을 막아서 아래의 지면이 따뜻해지는 속도를 늦춘다. 또 밤이 되면 식물은 열기가 땅에서 하늘로 탈출하는 것을 막는다. 그렇기 때문에 식물 아래에서는 탁 트인 땅에서만큼 기온이 오르락내리락하지 않는다. 게다가 잎무리 아래의 공기는 습도 또한 높다. 습한 공기가 따뜻해지려면 건조한 공기보다 더 많은 에너지가 필요하다. 이로 인해 온도의 변화는 더욱 줄어든다.

임관의 장점은 겨울에 훨씬 더 분명해진다. 겨울에는 태양이 지평선을 스치고 지나가며 햇빛을 비스듬하게 내리쬔다. 그래서 상록 관목의 잎무리 아래에도 햇볕이 도달하여 토양이 따뜻해진다. 그러나 밤에는 나뭇잎이 열이 손실되는 것을 막는다. 바로 여기에 연약한 다년생식물을 심으면 좋다. 돌출된 처마도 이와 비슷한 효과를 낼 수 있다. 특히 남서쪽 처마 밑에서는 내한성이 낮거나 따뜻한 날씨를 좋아하는 식물을 키우기가 좋다. 추위에 민감한 식물이 얼어서 죽어버리는 기후에서도, 탁 트인 장소에서와는 달리 임관 아래나 처마 밑이라면 그런 식물도 생존할 수 있다는 뜻이다. 이와 같은 보호 작용을 이용하면 USDA 기준으로 한 단계 더 남쪽 지대에 적합한 식물까지 재배할 수가 있다.

따뜻한 공기를 붙잡는 것과 마찬가지로, 찬 공기를 제거하는 것도 중요하다. 찬 공기는 내리막을 따라 흘러 내려가기 때문에 탈출 경로를 막지 않는 것이 중요하다. 나는 정원의 내리막 쪽에 대나무를 심었다가 찬 공기가 흘러나가지 못해서 정원이 쌀쌀한 서리 지대가 되어버린 경우도 더러 본 적이 있다. 그래서 대나무를 옮겨 심으니 정원이 상당히 따뜻해졌다고 한다. 이처럼 지면의 경사도 미기후에 영향을 미칠 수 있다. 과수원 주인들은 찬 공기가 아래로 내려가기 때문에 겨우 1~2m 아래에 있는 나무의 꽃은 된서리를 맞아 검게 변하는 데 반해 높은 땅에 있는 과일나무는 멀쩡할 수 있다는 사실을 알고 있다. 이런 지식을 역으로 이용할 수도 있다. 늦서리가 내리는 지역에서는 과일나무를 마당에서 가장 추운 부분(예를 들어 낮은 지점이나 집의 북동쪽)에 심어서 나무를 차갑게 유지할 때도 있다. 그러면 나무는 늦은 봄에 마지막 서리가 내리고 난 후에야 싹이 튼다.

미기후를 찾아내는 방법에 이론만 있는 것은 아니다. 우리는 관찰을 통해서도 미기후를 찾아낼 수 있다. 따뜻한 지점과 시원한 지점이 어디인지 정확하게 찾아내기에 딱 좋은 시기는 바로 서리가 가볍게 내린 후다. 하얀 얼음 기운이 가장 빨리 없어지는 장소가 어디인지 관찰해보자. 바로 그곳이 꽃이 일찍 피는 식물이나 서늘한 계절에 재배하는 채소를 싹 틔우기에 이상적인 위치다. 식물이 직접 미기후를 알려주기도 한다. 우리는 오클랜드에서 라타룰라(Lattarula) 무화과를 세 그루 키우고 있었는데, 그중 한 그루는 산울타리 옆에 남쪽을 향해 약간 움푹 파인 곳에 심었다. 이 나무에는 다른 두 그루에 낙엽이 다 지고 난 후에도 잎이 오랫동안 달려 있었으며, 다른 두 그루보다 더 일찍 잎이 돋아났다. 이 현상은 그곳이 추위에 민감하거나 늦게 열매를 맺는 식물이 자라기에 아주 좋은 지점이라는 것을 알려주었다.

애완동물을 키우고 있다면 따뜻한 지점이 어디인지 쉽게 알 수 있다. 노스캐롤라이나주의 제프 애시튼(Jeff Ashton)이 기록한 바에 따르면, 그가 키우는 개 '다코타'는 나이가 들자 낮잠을 자는 장소에 대해서 까다로워졌다고 한다. 다코타는 고양이들이 냉장고나 온수기 위에서 좋아하는 미기후를 찾아내는 것과 같은 본능을 발휘해, 제프가 마당에서 따뜻한 지점을 여러 군데 찾아내는 데 도움을 주었다. 제프는 이렇게 찾아낸 따뜻한 지점을 특별한 식물을 재배하는 데 이용하고 있다. 우리는 다만 찾아낸 자리에서 다코타가 순순히 비켜주길 바랄 뿐이다.

곤충도 미기후를 노련하게 이용한다. 수선화 꽃 안에서 벌이 잠을 자는 경우가 종종 있는데, 화창한 아침이면 꽃 안이 바깥보다 약 8℃나 더 따뜻할 때도 있기 때문이다. 이것은 공기 혼합이 잘 일어나지 않기 때문으로, 꽃 속에서 잠을 잔 벌은 몸이 더 빨리 날아다닐 수 있는 온도로 따뜻해져서 바깥에서 자는 동료들보다 훨씬 더 일찍 수분을 시작할 수 있다.

색깔도 미기후를 만들어낸다. 어두운 색깔의 벽은 열기를 흡수하는 반면에, 밝은 색깔의 벽은 빛을 반사한다. 여러 연구에 따르면, 어두운 색깔의 벽 가까이에서 자라는 복숭아나무는 트인 곳에서보다 더 빨리 자라지만 열매는 비슷한 시기에 익는다. 하지만 밝은 색깔의 벽 가까이에서 키우는 복숭아나무와 포도나무에는 열매가 더 많이 달리고 더 빨리 익는다. 열보다 벽에 반사된 빛이 열매를 맺는 데 더 큰 영향을 끼치는 것이다.

토양의 색깔 또한 미기후에 영향을 미친다. 밝은 색깔의 토양은 어두운 색깔의 토양보다 더 서서히 따뜻해진다. 마오리 농부들은 봄에 토양이 더 빨리 데워지도록 흙에 숯을 뿌려서 색깔을 어둡게 한다. 티베트 사람들은 어두운 색깔의 돌을 눈 덮인 들판에 던져서 눈을 빨리 녹인다.

토양의 밀도 역시 중요하다. 점토는 보송보송한 모래흙보다 밀도가 높아서 훨씬 더 천천히 따뜻해진다. 그리고 피복재에는 단열작용을 하는 공기주머니가 많기 때문에 땅이 어는 것을 막는다. 그렇지만 피복재는 봄에 토양이 따뜻해지는 속도를 지연시키기도 한다. 봄에 기온이 상승할 때는 피복재를 옆으로 제쳐두어 땅이 데워지는 속도를 높이는 것이 좋다.

미기후를 잘 이해하면 식물에게 더 좋은 보금자리를 찾아줄 수 있을 뿐 아니라, 식물을 이용하여 우리의 보금자리를 더 안락하게 만들 수도 있다. 낙엽수를 남쪽에 심으면 여름에는 집과 마당이 극적으로 시원해지고, 겨울에는 햇빛이 잘 들 것이다. 집으로 바람이 불어오는 쪽에(북아메리카에서는 대개 서쪽에) 상록수를 심으면 겨울바람을 막을 수 있다. 오리건에서는 겨울에 폭풍이 남서쪽에서 불어오기 때문에 그쪽에 침엽수를 배치해야 한다. 여름에는 산들바람이 북쪽에서 불어오므로, 그쪽에는 교목이나 키가 큰 관목을 띄엄띄엄 심는다.

정자와 트렐리스, 지붕과 벽을 타고 올라가는 덩굴성 낙엽식물을 심으면 좋다고 앞에서 이야기한 적이 있다. 여름에는 이렇게 해서 기온을 상당히 낮출 수 있다. 같은 식으로 마당에도 그늘을 드리울 수 있는데, 특히 키가 큰 교목의 임관을 이용하면 된다. 이렇게 하면 햇빛은 침투하지 못하지만 산들바람은 우듬지 아래의 열린 공간을 통해 퍼져나갈 수 있다. 지금은 우리 집 주위의 교목과 관목이 많이 자라서 충분한 그늘을 드리우기 시작했기 때문에, 우리는 모든 것이 시들시들해지는 8월의 오후를 시원하게 보낼 수 있다. 뿐만 아니라, 이 나무들과 그에 의지해 자라는 식물에게 물을 주는 횟수도 훨씬 줄어들었다.

경사, 모양, 밀도, 색깔로 인해 열이 출입하는 경로가 바뀌는 곳이나, 마찰을 비롯한 여러 가지 힘으로 인해 공기가 섞이는 정도가 바뀌는 곳에서는 항상 미기후가 형성된다. 미기후를 이용하여 정원을 가꾸면, 재배 기간을 몇 주나 늘릴 수 있고 난방비와 냉방비도 상당히 절약된다. 뿐만 아니라 생활도 훨씬 더 쾌적해진다.

보모·발판·보호자 식물

앞에서 미기후를 바꾸기 위해 식물을 이용하는 방법과 영양소를 축적하는 종에 대해 살펴보았다. 이제 나는 이 두 가지 개념을 결합하고자 한다. 이 두 가지 개념을 섞으면 아주 효과적인 농법이 탄생한다. 식물을 이용하여 토양과 미기후를 수정함으로써 다른 식물군의 성장에 박차를 가하는 것이다. 이런 역할을 하는 종을 보모·보호자·발판 식물이라고 부른다.

생태정원을 만드는 일은 여러 가지 면에서 복원 프로젝트라고 할 수 있다. 마당의 토양은 대부분 척박하고, 중요한 종들이 결핍되어 있으며, 건강한 순환이 제대로 이루어지지 않고 있다. 그러므로 우리는 손상된 경관을 복구하는 것을 전문으로 하는 복원생물학자들로부터 무언가를 배울 수 있다.

복원학자들이 자연으로부터 배운 한 가지 비결은 보모 역할을 하는 식물을 이용하는 것이다. '보모 식물'이란 다른 연약한 식물에게 좋은 환경을 만들어주어서, 그러지 않으면 살 수 없는 식물이 초기에 잘 자랄 수 있도록 보금자리가 되어주는 종이다. 록산 스웰첼은 퍼머컬처 디자이너 조엘 글랜즈버그의 도움을 받아 뉴멕시코 주에 정원을 만들었는데, 시베리아골담초를 비롯한 질소고정식물을 스웨일을 따라 심어서 연약한 식물에게 그늘과 영양분을 공급해주었다. 보모 식물을 심는 이 전략은 정원을 가꾸기 어려운 환경을 극복하는 데 도움이 되었다.

록산의 마당에서 조엘은 여덟 살 정도 된 흑호두나무 한 그루를 나에게 보여주었다. 높게 솟은 호두나무 아래에는 시들시들해 보이는 좁은잎보리장 한 그루가 있었다. 좁은잎보리장은 키가 3m나 되었지만 지금은 눈에 띄게 고군분투하고 있었다. 그들은 좁은잎보리장을 심어서 어린 호두나무가 햇빛에 시들지 않도록 보호했던 것이다. 또 좁은잎보리장은 영양가 높은 질소를 토양에 주입하고, 유기물과 토양생물을 늘리고, 침식된 지면을 떨어진 낙엽으로 피복하는 기능도 했다. 하지만 지금은 키가 훌쩍 큰 호두나무가 드리우는 깊은 그늘 속에서 호두나무에서 분비되는 유독성 물질인 주글론(juglone) 탓에 몇 년 동안 고통을 받고 있었다. 좁은잎보리장은 임무를 다한 것이다. 좁은잎보리장의 보살핌을 받고 잘 자라온 호두나무가 이제는 훨씬 더 높이 자라는 바람에, 좁은잎보리장은 조금은 안타깝게도 내리막길을 걷고 있었다.

어린 나무를 이처럼 애지중지해서 키워놓았더니 오히려 그 나무로부터 쫓겨나는 것이 보모 식물의 운명인 경우가 많다. 경쟁 상대의 가지를 쳐내서 보모 식물의 목숨을 구할 수 있을 때도 있다. 그러나 가장 뛰어난 보모 식물은 수명이 짧은 선구식물인 경우가 많다. 이런 식물은 10년이나 20년 이상 생존하는 경우가 드물기 때문에 섭섭하긴 하지만 쇠퇴하는 것이 당연하다.

많은 질소고정식물은 훌륭한 보모 식물이 될 수 있다. 질소고정식물에 공생하는 미생물들은 숙주가 되는 식물에게 강제로 영양소를 먹이기 때문에 척박한 토양에서조차 빨리 자란다(질소고정식물인 등나무와 오리나무가 믿기 어려울 정도로 빨리 성장한다는 것을 생각해보자). 어린 관목 군집에서 발견되는 성장 속도가 빠른 종들도 보모 식물이 될 수 있다. 표 6-5에는 보모 식물이 될 만한 종이 열거되어 있다.

보모 식물은 여러 가지 방법으로 이용할 수 있다. 위의 예에서 조엘과 록산은 질소를 고정하는 관목을 '보호자 식물'로 채택했다. 보호자 식물이란 어린 묘목이 스스로 살아갈 준비가 될 때까지 해를 입지 않도록 보호해주는 종이다. 보호자 식물은 자연에서 흔히 찾아볼 수 있다. 참나무의 임관 아래서 보호를 받은 피니언소나무는 탁 트인 곳에 있는 소나무보다 훨씬 더 잘 생존한다. 그리고 질소고정식물인 메스키트는 어린 서과로선인장(saguaro)[48]이 사막의 강한 햇빛을 견딜 수 있을 만큼 튼튼해질 때까지 보호해준다. 많은 보호자 식물과 마찬가지로 메스키트의 장점도 여러 가지다. 메스키트는 토양을 비옥하게 해주고 그늘을 제공하는 것뿐만 아니라, 서과로선인장의 번식에도 도움을 준다. 메스키트는

48 미국 남부와 멕시코에서 자라는 키가 아주 큰 선인장

II 생태정원을 이루는 요소

서과로 열매를 새끼에게 먹이로 주는 흰날개비둘기가 둥지를 틀기 좋아하는 나무다. 비둘기 새끼들이 서과로선인장 씨는 게워내기 때문에, 메스키트 그늘 아래 낙엽이 풍성하게 깔린 곳에서 서과로선인장의 싹이 트게 된다.

그늘을 드리우는 보호자 식물은 당연히 햇볕이 뜨거운 기후의 남향 땅에 더욱 필요하기 마련이다. 하지만 어디에서든 식물이 어릴 때는 너무 강한 햇빛은 가려주는 것이 좋을 때가 많은데, 정원의 하부층에서 자라는 관목이나 소교목은 특히 더 그렇다.

표6-5 보모 식물

아래의 식물은 모두 빨리 자라고, 열악한 조건에서도 잘 자란다. 그러나 확실히 자리를 잡을 때까지는 물과 거름을 주어야 한다. 이 식물의 아래나 근처에 다른 식물을 심으면 보호를 받을 수 있고, 낙엽이나 축적된 영양소에서 이익을 얻을 수도 있다.

일반명	학명	비고
가죽나무(Tree of heaven)	Ailanthus altissima	오염에도 잘 견딤, 기회주의적 식물
교배종 양골담초(Hybrid broom)	Cytisus × spachianus	질소고정식물. 교배종은 순종과 달리 퍼지지 않는다
금사슬나무(Golden-chain tree)	Laburnum anagyroides	질소고정 소교목
꽃사과(Crab apple)	Malus spp.	내한성 소교목
라바테라(Tree mallow)	Lavatera spp.	작은 관목 내지 중간 크기 교목
메스키트(Mesquite)	Prosopis spp.	질소고정, 내건성 교목
명자나무(Flowering quince)	Chaenomeles spp.	관상용 낙엽 소교목
목마황(Casuarina)	Casuarina spp.	비내한성 질소고정 교목
반일화(Crimson-spot rock rose)	Cistus ladanifer	빨리 자라는 작은 관목
버드나무(Willow)	Salix spp.	습한 지역에 적합한 소교목 또는 관목
보리수나무, 좁은잎보리장, 뜰보리수 (Autumn olive, Russian olive, goumi)	Elaeagnus spp.	질소고정 관목, 열매를 먹을 수 있다
뽕나무(Mulberry)	Morus spp.	선구교목이지만 그늘에서도 잘 견딘다
산사나무(Hawthorn)	Crataegus spp.	내한성 소교목
산자나무(Sea buckthorn)	Hippophae rhamnoides	질소고정 관목, 열매를 식용한다
살리키폴리이헤베(Hebe)	Hebe salicifolia	빨리 자라는 관목
서양팽나무(Hackberry)	Celtis occidentalis	내건성 관목
스파티움(Spanish broom)	Spartium junceum	질소고정 관목
시베리아골담초(Siberian pea shrub)	Caragana arborescens	질소고정 관목
아까시나무(Black locust)	Robinia pseudoacacia	질소고정 교목
아카시아(Acacia)	Acacia spp.	비내한성 질소고정 교목
엘더베리(Elderberry)	Sambucus nigra	먹을 수 있는 열매가 달리는 관목
오리나무(Alder)	Alnus spp.	질소고정 교목과 관목

6 다양한 용도로 쓸 수 있는 식물

일반명	학명	비고
자귀나무(Silk tree, mimosa)	*Albizia julibrissin*	질소고정 교목
케아노투스(Wild lilac, buckbrush)	*Ceanothus* spp.	질소고정 관목
풀싸리(Bush clover)	*Lespedeza thunbergii*	질소고정 관목
풍선세나(Bladder senna)	*Colutea arborescens*	질소고정 관목

삼림지대의 식물은 임관 아래의 아른거리는 햇빛 속에서 진화해왔기 때문에, 메인 (Maine) 주의 부드러운 햇살 아래에서도 타버릴 수 있다. 게다가 보호자 식물의 역할은 단순히 그늘을 드리우는 데 그치지 않는다. 보호자 식물의 뿌리는 토양을 부드럽게 하고, 부식토를 형성하며, 유익한 미생물의 먹이가 되는 달콤한 수액을 분비한다. 바닥에 떨어진 나뭇잎은 피복재를 형성하여 토양을 촉촉하게 유지해준다. 무성한 임관은 수분의 증발 속도를 늦추고 미기후를 형성하여 온도의 기복을 약화시켜서 습도를 유지해준다.

이런 이유 때문에 많은 정원사들이 손상된 경관을 복구하고 생물다양성을 형성하기 위해 보호자 식물을 이용하는 것이다. 오르카스 섬의 블록 형제들도 보호자 식물의 효과를 강력하게 증명하고 있다. 4장에서도 이야기했지만, 블록 형제들은 질소를 고정하는 관목이나 소교목을 과일나무나 견과류 나무와 함께 심는데, 심지어 같은 구멍에 심기도 한다. 보호받는 식물이 다 자라거나 보호자 식물과 경쟁하기 시작하면, 보호자 식물을 베어서 피복재로 쓴다. 그들은 이렇게 '구멍마다 두 가지 식물'을 심는 시스템이 성장 속도를 엄청나게 높여주었으며, 그것은 햇빛으로부터 보호받았기 때문만이 아니라고 주장하고 있다.

보모 식물의 두 번째 용도는 발판으로서의 역할이다. '발판 식물'이 있으면 어리거나 연약한 식물들이 자리를 잡는 데 물리적인 도움이 된다. 식물이 자리를 잡고 나면, 건물을 세울 때 임시로 만들어서 쓰는 비계(飛階)와 마찬가지로, 발판 식물은 제거하거나 다른 목적으로 이용할 수 있다. 예를 들어 조류학자인 데이비드 윈게이트(David Wingate)는 멸종 위기에 처한 버뮤다 슴새(cahow)[49]의 서식지를 황폐한 섬에 만들어내기 위해 발판 역할을 하는 식물을 이용했다. 1960년대에 윈게이트는 예전에 슴새의 보금자리였지만 지나친 방목과 병충해로 인해 파괴된 자생 삼나무(cedar) 숲을 복원하려고 시도했다. 그러나 사나운 바

---

49 바다제비의 일종으로, 날개 폭이 90㎝ 정도 되고 배가 하얗고 등이 검다.

닷바람이 묘목을 다 쓸어버렸다. 그래서 발판 역할을 하는 외래종 식물인 위성류(tamarisk)와 빨리 자라는 질소고정식물인 목마황으로 방풍림을 만들고, 삼나무를 안전한 장소로 옮겨 심었다. 삼나무 숲은 빠른 속도로 성장하여 1987년에는 허리케인 에밀리(Emily)도 거뜬히 견뎌냈다. 그 후에 윈게이트는 발판 식물의 나무껍질을 고리 모양으로 벗겨내서 식생이 본래의 구성에 더 가까워지도록 유도했다.[50] 이렇게 하면 발판 식물이 죽긴 하지만 제자리에 서 있게 되므로, 발판 식물을 대규모로 제거함으로써 삼나무가 받을지도 모르는 생태적 스트레스가 줄어든다.

발판 식물은 침식이 이루어지고 있는 언덕과 골짜기의 토양을 붙들어주고, 바람에 흩날리는 토양을 거두어서 안착시키고, 가시가 많거나 빽빽한 울타리를 이루어서 사슴 같은 동물을 막는 역할도 한다. 그래서 이러한 문제가 있는 곳에는 발판 식물을 빽빽이 심으면 좋다. 발판 식물이 임무를 완수하고 더 오래 지속되는 다른 식생이 자리를 잡으면, 발판 식물을 제거해도 된다.

보모 식물은 야생동물의 서식지를 창출하고 새로운 종을 끌어들일 수 있다. 예를 들어 개발에 의해 점점 더 위기에 처해가는 야생 고추(칠테핀, chiltepine)는 강한 햇빛으로부터 보호해줄 보모 식물이 필요하다. 과학자들은 야생 고추가 주로 팽나무 아래에서 자란다는 사실을 발견했다. 비슷한 보금자리를 만들어주는 다른 관목도 많이 있는데, 야생 고추는 유독 팽나무 아래에서 발견되었다. 부분적으로는 팽나무가 다른 관목보다 더 짙은 그늘을 만들어주기 때문이었다. 그러나 주된 요인은 팽나무가 훌륭한 야생동물 서식지이기 때문이었다. 지독하게 매운 야생 고추의 맛에 둔감한 몇몇 종류의 새들은 팽나무에 올라앉거나 둥지를 틀기 좋아한다. 팽나무는 짙은 그늘과 맛있는 열매 덕택에 새들에게 인기 있는 아지트가 된다. 이런 이유로 새들은 자기들이 먹은 고추 씨앗을 팽나무 아래에 퍼뜨리게 된 것이다.

팽나무를 비롯한 야생동물유인식물은 여러 가지로 기능할 수 있다. 야생동물유인식물은 연약한 식물이나 희귀한 식물을 보호하고 동물을 끌어들이며, 야생 고추처럼 동물을 통해 들어오는 종을 환영한다. 여기에서 우리는 자연의 군집들이 어떻게 상호 연결되어

---

50 나무껍질을 고리 모양으로 벗기면 나무를 베지 않고 죽일 수 있다.

있으며 조직되어 있는지를 알아차릴 수 있다. 설사 조니 애플시드(Johnny Appleseed)[51]처럼 야생 고추씨를 널리 뿌리고 다닌다 할지라도, 그것만으로는 이 희귀종을 구하지 못할 것이다. 야생 고추는 고추 맛에 둔감한 새들과 관계를 맺고 있으며, 이 동식물은 둘 다 팽나무와 결합되어 있다. 그래서 보모 식물과 네트워크를 형성하는 기술을 통하여 도움이 되는 식물군집을 만들어내면, 많은 종이 잘 자랄 수 있는 장소가 생긴다. 이것은 새로운 종이 살아남을 가능성을 늘린다. 그 새로운 종이 정원사가 심기로 선택한 것이든 다람쥐 털이나 새똥을 통해 유입된 것이든 상관없이 말이다.

함께 실은 표에는 보모, 발판, 보호자 역할을 하는 것으로 검증된 여러 식물이 열거되어 있다. 이 식물들 외에 당신의 지역에 알맞은 후보 식물을 알고 싶다면, 선구초본으로부터 관목과 교목으로 이행하고 있는 버려진 들판이나 자연적으로 생긴 가장자리 지역을 잘 살펴보라. 보모 식물은 선구식물 단계가 끝나갈 무렵에 나타날 때가 많다. 바람을 막고 가벼운 그늘을 드리우는 등의 방식으로 다음 세대의 서식종을 보호해주는 식물은 튼튼한 관목이나 소교목인 경우가 많은데, 이런 식물이야말로 당신의 경관을 성숙 단계로 이끌어줄 가장 훌륭한 선택이다.

요약: 식물의 다양한 기능을 조합하자

생태농법은 '식물마다 한 가지 역할'을 부여하는 사고방식을 뛰어넘는다. 생태농법에서는 식물이 태양, 토양, 물, 공기와 밀접하게 연결되어 있을 뿐 아니라, 식물끼리도 서로 연결되어 있다. 또 식물은 곤충이나 각종 동물과도 관계가 있으며, 사람과도 밀접한 관계가 있다. 게다가 식물은 그것과 연결되어 있는 모든 것을 변화시킨다. 식물이 할 수 있는 다중적인 역할을 잘 이해하게 되면, 다양한 식물의 기능을 지혜롭게 연결시킬 수 있다. 그러고 나서야 우리는 서로 연결된 생물들로 이루어진 탄력 있는 네트워크가 되도록 정원을 디자인

---

51. 미국의 개척시대에 사과 씨를 보급하고 다녔다는 과수원예가로 본명은 존 채프먼(John Chapman)이다.

할 수 있는 것이다.

식물을 창조적으로 선택하여 심으면, 단순한 산울타리도 가리개 기능만이 아니라 사슴을 막고, 바람을 줄이고, 야생동물과 사람에게 먹을거리를 제공하고, 피복재를 생산하고, 곤충을 끌어들이고, 약용식물과 공예자재를 생산할 수 있게 된다. 그리고 산울타리가 정원의 북쪽을 둥글게 감싸도록 하면 햇빛 트랩이 된다. 이 정도는 시작에 불과하다. 지혜로운 디자이너라면 아마도 산울타리의 역할을 열 가지는 더 제시할 수 있을 것이다.

식물을 단순히 수동적인 대상이 아니라 능동적이고 역동적인 수행자로 생각하면, 식물의 여러 가지 측면이 보이기 시작한다. 이 장에서는 식물이 피복재 생산, 영양소 축적, 질소 고정, 곤충 유인, 해충 퇴치, 방어막, 뾰족한 뿌리로 단단한 땅 쪼개기, 야생동물 부양, 방풍림 등 생태적으로 광범위한 역할을 할 수 있다는 점을 지적했다. 제대로 기능하는 생태계나 생태정원이라면 이러한 역할을 수행하는 식물이 거의 반드시 필요하기 마련이다. 이런 기능을 하는 종 몇 가지를 이 장에서 제시했는데, 부록에는 더 많은 식물이 열거되어 있다.

그러면 이 모든 수행자를 어떻게 결합하면 될까? 그 방법은 이 책 12장의 마지막 섹션인 '다시 돌아보는 정원 만들기'에서 보여줄 것이다. 그러나 지금은 생태정원에서 중요한 부분을 한 가지 더 살펴보기로 하자.

7

벌과 새, 그 밖의 유익한 동물 불러오기

내 아내인 킬은 새를 좋아한다. 킬은 새를 끌어들이려고 앞마당의 나무에 모이 그릇을 걸어두었다. 우리 둘은 씨앗을 놓아둔 이 식품저장고에 박새와 황금방울새(goldfinch), 밀화부리, 그리고 또 다른 새들이 모여드는 것을 즐기곤 했다. 새들은 먹이를 두고 다투면서 씨앗을 땅바닥에 후드득후드득 떨어뜨렸다. 떨어진 씨앗을 보고 땅바닥에서 먹이를 찾는 밭종다리새 종류가 먼저 찾아왔고, 다음으로는 캘리포니아 메추라기 무리가 찾아왔다. 이 큰 새들은 땅을 벅벅 긁고 후벼 파면서 씨앗을 찾아 먹었는데, 나중에 보니 그 부분의 땅이 완전히 다 갈려 있었다. 메추라기는 인이 풍부한 비료인 새똥도 군데군데 떨어뜨리고 갔다.

우리는 얼마 후에 여러 가지 이유로 모이 그릇을 다른 곳으로 옮겼다. 메추라기가 갈아놓은 땅에는 이제 새가 찾아오지 않았고, 풀과 야생화가 빠른 속도로 무성하고 푸르게 자랐다. 메추라기를 비롯해 땅을 긁는 새들은 모이를 연료로 하는 트랙터 구실을 했다. 새들은 식생을 모두 긁어 없애고 흙을 부드럽게 만들었다. 그에 더해 소소한 보너스로 비료도 남기고 갔다. 새롭게 모이 그릇을 옮겨놓은 장소에도 같은 일이 일어났다. 하지만 이번에는 새들이 마술을 부리고 간 뒤 아무 풀이나 나게 놔두는 대신에 식용식물과 관목을 그 자리에 심었다. 그것들은 아주 빨리 자랐다.

책상에 앉아 차를 홀짝거리는 동안 새들이 우리를 위해 새로운 밭두둑을 갈아 만들고 거름을 주고 있다는 사실은 참 기분 좋은 일이었다. 우리는 메추라기를 부려먹은 것이 아니라 다만 그 부산물로 이득을 보았을 뿐이다. 우리는 모이 그릇을 적재적소에 두었을 뿐이다. 생태농법에서 꼭 해야 하는 일은 그게 다. 모든 것을 올바른 관계 속에 두는 것 말이다. 나머지는 자연이 알아서 한다.

이 바지런한 새들은 동물이 어떻게 정원사의 가장 든든한 동맹군이 될 수 있는지를 보여준다. 잘못된 장소에 있는 동물은 엄청난 파괴를 일으킬 수 있지만, 정원의 요소들이 재치 있게 연결되어 있을 때는 동물도 정원사의 일을 많이 덜어줄 수 있다. 동물이라 하면 깃털이 달려 있거나 네발이 있는 종류뿐 아니라, 곤충과 거미, 수많은 발이 달린 토양생물도 포함된다. 그들은 모두 우리를 도와줄 수 있다.

이 간단한 '메추라기 트랙터'는 동물이 정원에서 할 수 있는 역할을 표면적으로만 보여줄 뿐이다. 동물은 땅을 갈고 비료를 주는 일만 하는 것이 아니다. 동물은 꽃가루를 옮기고 씨를 퍼뜨리며, 발아하기 알맞게 처리한다. 초목의 순을 지르고 해충을 먹어치운다. 또 쓰레기를 처리하고 양분을 순환시킨다. 그리고 만약 우리가 원한다면, 먹거리를 제공해주기도 한다. 새와 작은 동물, 곤충을 마당에 끌어오면 생물다양성이 증대될 뿐 아니라, 보다 균형 잡히고 질병으로부터 자유로운 정원이 된다. 그만큼 생산성도 향상된다.

생태적인 관점에서 동물은 가정생태계의 중요한 일부분이다. 동물은 소비자의 역할을 한다. 한 생태계에서 에너지와 물질의 순환은 생산자에서 소비자로, 소비자에서 분해자로, 분해자에서 다시 생산자로 끝없이 돌고 돈다는 걸 기억해보자. 세 역할이 모두 갖춰지지 않으면 순환은 끊어지고 그 생태계는 더 이상 기능하지 못하게 된다. 첫째가는 생산자인 식물은 햇빛을 이파리나 목질의 조직으로 바꾼다. 분해자는 앞에서 살펴보았듯이 대부분 흙 속에 살고 있으며, 유기물을 새롭고 이용 가능한 상태로 변화시키는 연금술을 수행한다. 소비자는 주로 동물이다. 인간과 다른 포유류, 곤충, 새, 그 밖의 모든 다른 동물이 여기에 포함된다. 동물은 기회주의자다. 동물은 식물의 하사품에 의존하여 산다. 그러나 동물이 기생생물에 불과한 것은 아니다. 우리에겐 우리의 역할이 있다. 자연의 총 생물량에서는 아주 작은 부분만을 차지하고 있지만, 동물은 생태계의 '조정자'다. 큰 숲 전체를 없애버리는 벌목꾼이든, 나뭇잎을 뜯는 사슴이든, 풀과 덤불을 벗겨 먹는 가축이든, 참나무 숲의 잎을 지게 하는 매미나방이든, 동물은 전 생태계에 걸쳐 물질과 에너지의 거대한 흐름을 실어 나르고 조절한다.

동물은 다른 여러 종의 성장률을 조절한다. 꽃가루를 옮기고, 씨를 퍼뜨리고, 풀을 뜯어 먹고, 사냥하고, 어디에 보금자리를 만들지, 또 똥은 어디에다가 눌지 정하면서 말이다. 여기에 덧붙여 동물은 땅을 밟아 뭉개고, 굴을 파고, 흙을 긁는다. 인간이 끼치는 거대한 스케일의 영향은 말할 것도 없다. 동물은 지구의 모습을 바꿔온 것이다.

동물이 없는 정원은 기능할 수가 없다. 우리는 동물이 필요하다. 적당한 자리에 적당한 수로 말이다. 이 장에서 우리는 여러 종류의 동물을 정원에서 이용하는 방법을 살펴볼 것이다. 먼저 우리는 곤충의 역할을 살펴보고, 이로운 곤충을 끌어오는 방법은 무엇인지 알아볼 것이다. 그다음 새와 다른 야생동물에 대해서도 같은 것을 알아본다. 마지막으로는 오리와 토끼, 닭과 같은 작은 가축이 정원에서(심지어 도시에서도) 유용한 역할을 하게 할 수 있는 방법을 알아볼 것이다.

해충보다 익충이 더 많다

얼마 전에 나는 샌프란시스코 북쪽에 있는 환경교육 연구소인 옥시덴탈예술생태센터(Occidental Arts and Ecology Center)를 방문했다. 그곳은 놀라우리만큼 생산적인 생태정원으로 유명한 곳이다. 생태학자인 브록 돌먼이 방문객을 이끌고 센터를 둘러보고 있었는데, 참가자 중 한 사람이 브록에게 그 지역의 작물을 망쳐버리는 어떤 해충에 어떻게 대처를 하고 있느냐고 물었다. "저에게 해충에 대해 물어보시면 안 됩니다." 브록이 대답했다. "우리 정원은 생태적으로 균형이 잘 잡혀 있어서 해충이 나타나도 피해가 크지 않습니다. 여기에 살고 있는 해충은 모두 천적으로 조절되고 있습니다. 그래서 어떤 특정한 벌레가 일으키는 문제에 대해 전문가가 될 필요가 없지요."

이런 관점은 대부분의 관행농업인들의 외침과는 거리가 멀다. 수십억 달러 규모의 산업은 말할 것도 없고, 대다수의 농업기술 상담원과 원예 명인의 강좌, 수많은 교과서의 주된 강조점은 해충에 있다. 문제 곤충에 대한 무지를 고백하는 정원사는 우리와는 전혀 다른, 좀 더 친절한 우주에 살고 있는 것이 틀림없다.

정원사가 좋아하는 것들을 목록으로 만들었을 때, 곤충이 차지하는 자리는 상위권이 아니다. 벌레가 망쳐버린 브로콜리 이파리를 알아채기는 너무나 쉽고, 곤충으로 인해 수분이 잘된다는 점과 해충을 잡아주는 포식자 곤충의 역할을 무시하는 것 역시 쉽기 때문이다. 사실 대부분의 곤충은 도움이 되거나 아니면 중립적이다. 아주 소수만이 식물에게 해를 끼친다. 곤충이 없으면 우리의 먹을거리는 매우 적어질 것이다. 퇴비나 상층토도 존재할 수가 없다. 새는 드물어지고, 포유류는 더더욱 드물어질 것이다. 곤충은 생명의 그물에서 거의 대부분을 이루고 있는 꼭 필요한 실이다. 생물학자인 E. O. 윌슨(E. O. Wilson)은 곤충을 "세상을 경영하는 조그만 존재들"이라고 부른다. 그러나 정원사들은 대체로 곤충을 싫어한다. 나는 철물점에 갔다가 어떤 남자가 "마당에 있는 벌레를 몽땅 죽이려면 뭐가 필요하죠?" 하고 묻는 것을 듣고 거의 비명을 지를 뻔했다.

곤충이 식용식물과 관상식물에 해를 끼친다는 사실은 틀림없다. 미국 농무부에 따르면 모든 작물의 14%가량이 병충해로 손실된다고 한다. 그러나 그 숫자에는 눈에 보이는 것보다 더 큰 의미가 들어 있다. 50년 전에는 손실되는 작물이 7%에 불과했기 때문이다. 경각심을 불러일으키는 이런 추세의 원인으로는 세 가지를 꼽을 수 있다. 첫째는 토양의 양분 손실이다. 병해충을 견딜 수 있는 건강한 식물은 건강한 흙을 필요로 한다. 그러나 우리는 땅의 많은 부분을 잃어버리거나 불모지로 만들어버렸다. 다른 두 원인은 이 장의 주제와 부합한다. 왜냐하면 그것이 바로 예전에 해충을 조절하던 이로운 곤충들이 죽게 된 원인이기 때문이다. 그 원인이란, 울타리로 밭을 구획하는 '깔끔한' 재배 방식과 잘못된 시기에 뿌리는 과도한 농약이다.

수십 년 전까지 농부들은 여러 종으로 이루어진 산울타리로 밭을 구획했으며, 실개천과 뒤편의 목초지를 따라 야생의 식생을 남겨두었다. 이 길들여지지 않은 장소에 사는 다양한 식물은 다양한 곤충의 집이 되어주었다. 곤충은 수풀 속에 자리 잡고 수많은 꽃에서 꿀과 꽃가루를 들였다. 거미와 새도 이 덤불 속에서 번창했다. 인접한 밭에 해충이 떼로 나타날 때면 포식자들이 날개를 펼치고 기다리고 있다가 이 새로운 음식을 집어삼켰다. 자연의 모든 존재들이 불균형을 바로잡기 위해 산울타리와 휴경지에서 기다리고 있는 상황이었기에, 해충 문제는 손쓸 수 있는 범위를 벗어나는 일이 드물었다.

그러나 제초제와 고성능 트랙터의 도래, 농지로부터 마지막 한 푼까지 다 짜내려는 의도로 주어진 장려금은 착한 벌레들의 서식지를 파괴하고야 말았다. 야생동물로 가득 찬 넓은 산울타리는 철사 울타리로 교체되거나 트랙터로 경운하는 더 넓은 밭을 만들기 위해 없어졌다. 실개천은 물을 빼서 말려버렸다. 제초제는 야생지대를 증발시켰다. 그런 장소는 비생산적인 곳으로 생각되었고 잡초 씨앗과 병해충의 원천이라며 멸시당했기 때문이다. 그리하여 농장은 야생으로 남아 있던 모든 조각땅 위로 밀려와 단일한 작물의 바다를 이루었다.

익충들을 녹아웃시킨 연타의 두 번째 펀치는 광범위하게 사용된 살충제였다. 해충과 그 포식자의 생태를 보면 살충제 사용이 어떤 영향을 끼치는지 알 수 있다. 식물을 먹고 사는 해충은 어마어마한 속도로 번식해서 빠른 시간 안에 천문학적인 숫자에 도달한다. 그러나 이 해충을 사냥하는 곤충은 번식 속도가 그보다 느리고 수도 훨씬 적다. 해충보다는 이파리가 더 많기 때문에 포식자 곤충에게는 상대적으로 식량이 적게 공급되고, 사냥을 하는 쪽은 슬금슬금 돌아다니며 풀을 갉아 먹는 쪽보다 에너지가 더 많이 들기 때문이다. 포식자는 사냥감에 비해서 번식하는 데 투자할 수 있는 에너지가 적다. 올빼미 같은 육식동물은 흔하지 않고, 한 해에 새끼를 몇 마리밖에 낳지 않는다. 마찬가지로 포식성의 무당벌레는 그 사냥감만큼 빠르게 번식할 수 없으며, 한 번에 새끼를 많이 낳을 수도 없다. 포식자는 항상 사냥감보다 훨씬 적은 수로 나타난다. 그렇기 때문에 포식자는 사냥감의 수가 적어지면 절멸하기가 쉽다.

또한 사냥감의 번식과 포식자의 번식에는 시간 차가 있다. 진딧물은 1~2주 사이에 유해한 수준으로 창궐할 수 있다(무시무시하게도, 진딧물이 낳은 유충은 이미 임신한 상태일 수 있다). 무당벌레는 재빨리 그 장면에 뛰어들어 진딧물 집단을 공격할 것이다. 날카로운 눈을 가진 정원사가 진딧물이 있다는 걸 채 알아차리기도 전에 말이다. 하지만 무당벌레가 머물고 번식할 수 있는 서식지가 없으면, 진딧물의 창궐을 진압하기에 충분한 수의 무당벌레가 가까이에 살지는 못할 것이다. 울타리와 울타리 사이를 꽉꽉 채워 농장을 가꾼다는 것은 무당벌레가 머물 수 있는 산울타리와 야생지가 드물다는 이야기다.

진딧물 같은 풍부한 식량의 원천은 무당벌레의 번식을 유발한다. 그러나 무당벌레는 알을 낳고 알에서 깨기까지 시간이 걸린다. 악어처럼 생긴 무당벌레 유충은 부모보다 더 게걸스러운 탐식가지만 출동할 수 있게 되기까지는 며칠이나 걸린다. 무당벌레의 수가 많아지기까지 시간이 걸리는 것이다. 그동안 진딧물은 깜짝 놀랄 만한 숫자로 증가한다.

이 불운한 주기의 어느 시점에 마침내 진딧물을 통제할 만큼 무당벌레가 번식하게 되면, 농부나 정원사가 진딧물을 발견하고 살충제를 뿌린다. 살충제는 많은 수의 진딧물을 죽이고, 그와 함께 무당벌레도 거의 다 죽인다. 빨리 번식하는 진딧물은 며칠 안에 숫자를 회복하지만, 무당벌레는 진딧물이 새끼를 키울 수 있게 될 때까지는 아주 적은 수에 머무른다. 그런데 무당벌레가 다시 번식할 수 있게 되자마자 정원사는 진딧물이 다시 돌아온 것을 알게 된다. 정원사는 또다시 재앙이 일어날까 두려워 살충제를 뿌린다. 버둥거리는 무당벌레에게 연타를 퍼붓는 셈이다. 이 짓을 몇 번 하고 나면 무당벌레는 전멸하게 된다. 반면에 진딧물 몇 마리는 틀림없이 살아 있다. 이제 해충은 포식자로부터 자유를 얻어 마음대로 번식할 수 있게 되었다. 그리고 농부와 정원사는 비용이 많이 드는 독한 살충제의 쳇바퀴에 올라탔다. 그들은 자연의 보호막을 제거해버렸고, 그 덕분에 살충제를 뿌리고 또 뿌릴 수밖에 없게 되었다. 아니면 당분간 작물이 손실되는 것을 참으면서 자연이 평형상태를 회복할 때까지 시간을 보내든지 말이다.

이런 평형상태를 유지하면서 익충에게 필요한 것을 제공하는 정원은 어떻게 만들 수 있을까? 먼저 우리는 익충에 대해 조금 알 필요가 있다. 우리는 익충을 네 가지 종류로 구분할 수 있다. 바로 포식충, 기생성 곤충(포식 기생자라고도 한다), 꽃가루매개자, 잡초를 먹는 곤충이다. 차례대로 살펴보자.

포식성 곤충(포식충)

포식충은 곤충을 분류하는 몇 가지 목(目)에 속해 있다. 여기에는 딱정벌레목, 매미목, 파리목, 벌목, 좀 더 규모가 작은 그 밖의 목이 있다. 포식충은 사냥감을 사나운 턱으로 깨물어 먹거나 대롱 모양의 입으로 찔러 체액을 빨아 머는디(그다시 아름답게 들리진 않지만 포식 기생자가 사냥감을 이용하는 방법에 비하면 약과다). 어떤 곤충은 전문가 기질이 있어서 한 종의 곤충만을 사냥하거나, 사냥하는 곤충이 몇 가지 안 된다. 그러나 그 밖의 많은 곤충들은 마주치는 것이라면 익충이든 해충이든 가리지 않고 먹는다. 많은 경우에 포식충은 성충과 미성숙한 유충 모두가 포식성이다. 무당벌레가 훌륭한 예다. 게걸스러운 무당벌레 유충은 악어처럼 생긴 몸체에 크고 힘센 턱을 가지고 있다. 무당벌레 유충은 동요에 자주 등장하는 점박이 무당벌레의 귀여운 모습과는 전혀 다르게 생겼다.

우리의 익충 목록에 거미도 추가하면 어떨까 싶다. 거미는 곤충이 아니라 절지동물이지만 훌륭한 해충 사냥꾼이기 때문이다. 거미는 마른 풀과 피복재 속에 자리 잡고 있다. 마른 풀과 피복재는 온도 변화로부터 거미를 보호해주는 훌륭한 피난처가 된다. 깔끔하게 경작된 정원은 거미 입장에서는 형편없는 서식지다. 연구자들은 피복을 한 정원에는 피복을 하지 않은 정원보다 30배나 더 많은 거미가 살고 있으며, 곤충 피해가 훨씬 덜하다는 사실을 발견했다.

포식성인 무당벌레 유충과 성충

기생성 곤충

포식 기생자라고 부르기도 하는 기생성 곤충은 작은 벌과 파리 종류로, 다른 곤충의 몸이나 알 속에 자신의 알을 낳는다. 기생성 곤충의 한살이는 매우 소름 끼치는 이야기인데, 그중 한 가지를 여기에 소개한다. 고치벌(braconid)이라고 하는 기생벌의 한 종은 배추흰나비 애벌레를 쫓아다닌다. 애벌레를 발견하면 벌은 뾰족한 산란관을 찔러넣고 운 나쁜 생물체의 몸속에 20~60개의 알을 주입한다. 이런 일이 일어나는 동안 배추벌레는 완벽하게 살아 있다. 다음 2~3주 동안 배추벌레의 몸속에서는 벌 애벌레가 깨어나 살을 파먹기 시작한다. 죽음은 천천히 다가온다. 벌 유충은 모습을 드러낼 준비가 될 때까지 중요한 기관은 먹지 않기 때문이다. 자라나는 유충은 결국 배추벌레의 살을 뚫고 나온다. 비참한 숙주는 죽고, 남은 것은 쭈글쭈글한 빈 껍데기뿐이다.

영화 〈에이리언〉의 제작자들이 기생벌로부터 영감을 받았다는 이야기를 들은 적이 있다. 다른 기생벌은 이파리 위에 알을 낳아서 애벌레가 먹도록 한다. 애벌레가 삼킨 알은 몸속에서 부화하고, 무시무시한 괴담이 다시 시작된다.

포식 기생자는 종종 전문가 행세를 하며 한 가지 혹은 몇 가지 종의 해충만 사냥한다. 그러니 익충에게는 거의 해가 되지 않는 셈이다. 포식 기생자 성충은 대개 육식성이 아니며, 꽃가루와 꿀을 주로 섭취한다(아마도 평생 먹을 고기를 어릴 적에 다 먹어버린 것이리라). 그렇기 때문에 정원 안이나 가까이에 있는 꽃과 야생식물은 포식 기생자의 생존에 꼭 필요하다.

많은 기생벌은 거의 육안으로 볼 수 없을 정도로 작고 대부분 침이 없다. 그러니 벌을 싫어하는 사람도 이 유익한 곤충을 두려워할 필요는 없을 것이다.

기생성의 고치벌이 배추흰나비 애벌레의 몸속에 알을 주입하고 있다.

꽃가루매개자

식물과 동물 사이를 잇는 연결 고리에는 꽃가루가 뽀얗게 앉아 있다. 꽃가루를 옮겨서 꽃을 수정시키고 과일과 씨앗을 맺게 하는 곤충이 없다면, 인간은 굶어 죽을 것이며 채소밭과 과수원은 벌거벗을 것이다. 살아남는 것이라곤 옥수수와 포도를 비롯해 바람으로 수분되는 몇 가지 식물뿐일 것이다. 꽃밭 역시 존재하지 않을 것이다.

식물과 곤충의 공진화(共進化)는 아주 긴 이야기로, 이야기의 시작이 공룡시대의 끝자락인 몇 천만 년 전으로 거슬러 올라간다. 당시 곤충들은 단백질이 풍부한 꽃가루가 훌륭한 음식이라는 것을 막 알게 되었다. 그리고 꽃을 피우는 식물들은 웅성(雄性) DNA를 자성(雌性) 씨방으로 옮기는 일을 하는 데는 꽃가루로 뒤덮인 곤충들이 바람보다 더 효과적이라는 사실을 발견했다. 서로의 협력은 이때 시작되었다. 식물은 쉽게 접근할 수 있는 꽃가루 기관과 색깔이 환한 꽃을 발달시켜서 벌레들에게 신호를 보냈다. 달콤한 당분으로 찰랑거리는 화밀 주머니는 부지런한 꽃가루매개자들에게 너 큰 보상을 선사했다. 그 보답으로 곤충들은 무거운 꽃가루를 나르기 위한 주머니를 발달시켰으며, 길이를 늘릴 수 있는 주둥이로 꽃송이 안쪽의 깊은 곳을 탐사할 수 있게 되었다. 그리고 어떤 경우에는 적절한 간격으로 붕붕거려 꽃가루가 꽃송이 바깥으로 뿜어져 나오게 할 수 있는 능력까지 개발시켰다.

가장 잘 알려진 꽃가루매개자는 유럽 꿀벌(European honeybee)이다. 여러 식량 식물과 함께 미국에 들어온 유럽 꿀벌은 가리는 것이 없으며, 가까이 다가갈 수 있는 식물이라면 무엇이든 수분시킨다. 그러나 꿀벌은 다른 가축과 마찬가지로 온순한 성질과 높은 생산성 위주로 개량되었기 때문에 야생벌처럼 강인하지 못하다. 최근에 꿀벌은 응애와 질병에 노출되어 군체의 80%가량이 죽고 말았다. 토종벌이나 다른 꽃가루매개자가 어느 때보다 더 중요해졌다는 이야기다.

다행히도, 토종벌과 외국에서 들어온 다른 벌은 아주 많다. 마야인을 비롯한 아메리카 원주민들은 현지의 야생벌을 길러 식물을 수분시키고 꿀도 얻었다. 그들은 앞마당의 텃밭에 몇 가지 종류의 벌을 함께 기르는 경우가 많았다. 포식충과 기생성 곤충도 자연의 다른 존재들과 마찬가지로 다양한 역할을 한다는 사실을 기억하자. 그들 역시 꽃가루매개자가 될 수 있다. 해충과 싸우게 하려고 들여온 많은 곤충들이 귀화하여 이제는 토착식물과 외래식물 모두를 수분하고 있다.

우리가 재배하는 식량작물 대부분과 많은 잡초가 토착종이 아니라는 사실을 이야기한 적이 있다. 그 식물들의 꽃가루매개자 역시 토착종이 아니다. 수입된 익충들은 같은 지역에서 들여온 외래종을 수분하는 데 주된 역할을 하고 있다. 과학자들은 유럽에서 온 침입성 잡초인 수레국화에 유럽 꿀벌이 접근하지 못하도록 하면, 수레국화의 번식 속도가 확 떨

황갈색 꿀벌이 사과꽃을 수분시키고 있다.

어진다는 것을 발견했다. 이 사실은 잡초가 동료로 삼고 있는 곤충을 전멸시키지 않는 한, 대부분의 잡초를 제거하기란 매우 힘들 것이라는 점을 시사한다. 그것은 아주 어렵고, 어쩌면 바람직하지 못한 일이다. 환영받는 환경이 주어지면 외래종 곤충은 외래식물과 마찬가지로 결국 새로운 생태계의 일부가 된다.

익충에는 어떤 종류가 있을까

정원사에게 도움이 되는 벌레는 수천 종이 있는데, 대부분은 몇 가지 주요 카테고리에 속한다. 정원사의 동료가 될 수 있는 가장 중요한 곤충으로는 다음과 같은 것들이 있다.

포식성 딱정벌레 가운데는 익히 잘 알려진 무당벌레가 있다. 무당벌레는 주로 진딧물을 먹지만 응애, 부드러운 몸을 가진 곤충, 곤충 알도 먹는다. 무당벌레는 낙엽 속이나 바위 밑 같은 보호된 장소에서 겨울을 난다. 무당벌레의 성충과 악어처럼 사납게 생긴 유충은 하루에 50~500마리의 진딧물을 먹는다. 굶주릴 때면 성충은 서양톱풀이나 해바라기처럼 깊이가 얕은 무리꽃(flower cluster)[52]에서 꿀과 꽃가루를 섭취하며 살아갈 수 있지만, 평소에는 곤충을 훨씬 더 좋아한다.

다른 중요한 포식성 딱정벌레로는 초록색이나 푸른색 날개가 무지개처럼 번쩍거리는 예쁜이들이 있다. 지표성 딱정벌레(ground beetle)라고 하는 이 딱정벌레는 감자벌레의 알과 다른 것들을 먹고 산다. 또 다른 포식성 딱정벌레인 반날개류(rove beetle)는 양배추벌레(cabbage maggot)와 고자리파리(onion maggot)를 비롯한 뿌리고자리파리류(root maggot)를 먹고 산다.

풀잠자리는 북아메리카 전역에서 찾아볼 수 있다. 초록풀잠자리는 로키산맥 동쪽에서 발견되며, 서부에서는 좀 더 작은 갈색풀잠자리가 발견된다. 풀잠자리의 유충은 진딧물, 쥐똥나무벌레, 총채벌레, 나방의 애벌레와 알, 진드기, 깍지벌레를 공격한다. 유충은 속이 빈 주둥이로 희생물의 체액을 빨아 먹는다. 유충은 잎 위에 실을 자아 콩알만 한 노란 번데기를 만들고, 2주 정도가 지나면 우화한다. 어떤 종류의 풀잠자리 성충은 진딧물과 쥐똥나무 벌레를 먹고, 또 어떤 종류의 성충은 꽃가루와 꿀에 의지한다. 다른 식량이 없는 곳에 성충들이 풀려나게 되면 서로 잡아먹을 수도 있다.

포식성 벌은 군체를 이루는 것도 있고 독립적으로 놀아다니는 것도 있다. 말벌이나 쌍살벌처럼 군체를 이루어 사회생활을 하는 벌은 나방이나 나비의 애벌레를 사냥해서 자신이 먹거나 유충에게 준다. 나나니벌처럼 군체를 이루지 않고 홀로 돌아다니는 벌은 1인용 은신처를 만들어 살면서 바구미, 귀뚜라미, 나방 애벌레를 먹이로 삼는다. 어떤 포식성 벌은 외과수술 도구처럼 정교한 침으로 특정한 신경 다발을

---

52 아주 작은 꽃들이 무리 지어서 이루어진 덩어리, 또는 그런 식의 꽃차례

건드려 사냥감을 마비시킨다. 희생물은 살아 있지만 벌의 보금자리 속에서 움직일 수 없게 된다. 벌 유충은 희생물을 내키는 때에 먹을 수가 있다. 포식성 벌의 성충 대부분은 먹이로 꽃가루와 꿀을 필요로 한다. 데이지, 캐모마일, 황금마거리트 같은 국화과의 꽃과 스피어민트, 페퍼민트, 캣닙(catnip) 같은 박하 종류는 포식성 벌을 끌어들이고 음식을 제공할 뿐 아니라, 아래에서 설명하는 꽃등에와 파리매도 끌어들인다.

기생벌에는 주요한 세 그룹이 있다. 그중 하나인 고치벌은 몸집이 작고, 때로 밝은 색깔을 띤다. 고치벌은 배추벌레와 토마토 박각시나방(tomato hornworm)을 비롯한 애벌레의 몸속이나 몸 위에 알을 낳는다. 정원사들은 때로 수십 개의 알이 박혀 있는 애벌레를 발견하는데, 이런 것들은 대체로 고치벌의 작품이다. 두 번째 그룹인 수중다리좀벌(chalcid)은 약 0.8mm 크기의 작은 벌로, 쥐똥나무벌레와 진딧물, 나방, 딱정벌레, 나비 유충에 기생한다. 수중다리좀벌은 황금색이나 검은색이다. 세 번째 그룹은 맵시벌(ichneumoid wasp)로, 나방과 나비의 유충에 특유의 긴 산란관을 삽입해서 알을 낳는다. 이 세 가지 종류의 벌 모두 성충이 되면 꽃가루와 꿀을 먹고 산다. 회향, 참당귀, 고수, 시라, 야생당근처럼 작은 꽃이 피는 식물은 이 벌들이 가장 좋아하는 먹이다.

꽃등에(syrphid flies)와 파리매(robber flies)는 많은 종류가 벌을 닮았지만 파리목 쌍시류(雙翅類)의 일원이다. 이들은 침이 없다. 꽃등에 유충은 진딧물과 쥐똥나무벌레, 매미충, 깍지벌레를 먹고 사는데, 사냥감을 포도주 부대처럼 높이 매달아놓고 내장을 들이마신다. 성충은 꽃가루와 꿀을 먹이로 삼는다. 사계절 내내 꽃이 피게 하면 꽃등에 성충을 유혹할 수 있다. 파리매는 크기가 크고 여러 곤충을 공격한다. 해를 끼치지 않는 곤충이나 익충도 공격하기 때문에 애벌레나 알을 먹고 사는 유충 단계일 때 가장 도움이 된다.

기생파리(Tachnid flies) 역시 쌍시류다. 기생파리는 집파리와 마찬가지로 어두운 색깔에 강모(剛毛)가 나 있다. 기생파리는 숙주의 몸속에 알이나 구더기를 슬거나, 잎 위에 알을 낳아서 숙주가 먹도록 한다. 알은 숙주의 몸속에서 부화한다. 그중의 한 종인 조명나방기생파리(*Lydella stabulans*)는 자주 이야기가 되는데, 때로 유충이 어미의 몸속에서 부화해 그 살을 뜯어 먹기 때문이다. 기생파리는 어미를 먹지 않을 때는 노린재, 쐐기, 거세미, 거염벌레, 매미나방과 알풍뎅이의 유충을 해친다. 성충은 꿀과 꽃가루를 먹기 때문에 꽃이 필요하며, 진딧물이 분비하는 단물을 먹기도 한다.

꽃노린재(minute pirate bugs)와 그 친족인 애꽃노린재(insidious pirate bugs)는 매미목 반시류(半翅類)로, 몸

통 길이는 3mm 정도에 색깔은 검고 날개는 하얗다. 성충과 유충 모두 바늘 같은 주둥이가 달려 있어서 체액을 빨아 먹고 산다. 꽃노린재는 총채벌레, 응애, 곤충 알, 작은 나방 애벌레를 먹는다. 봄과 여름에 꽃이 피는 관목과 초본은 꽃노린재를 유혹해서 머물게 한다. 꽃노린재는 사냥감을 찾을 수 없을 때 꽃가루와 식물의 즙을 먹기 때문이다. 꽃노린재는 특히 엘더베리와 마가목, 벚지, 야생 메밀과 재배종 메밀을 좋아한다.

딱부리긴노린재(big-eyed bug)는 몸길이가 2cm 정도에 은회색을 띠고 있다. 눈이 툭 튀어나온 작은 매미처럼 생겼는데, 흔들거리는 걸음걸이가 특징적이다. 성충과 유충 모두 바늘 같은 주둥이로 사냥감의 체액을 빨아 먹는다. 솜벌레의 알과 애벌레, 회색담배나방 유충, 모든 단계의 가루이, 응애, 진딧물을 먹는다. 딱부리긴노린재는 씨앗도 먹기 때문에 해바라기를 심으면 수가 증가한다. 딱부리긴노린재는 꿀도 먹으며, 클로버처럼 시원한 계절에 자라는 지피식물을 좋아한다.

잡초를 먹는 곤충

해충이 모두 채소나 멋진 화초만 뜯어 먹는 것은 아니다. 물론 그런 식으로 보이는 것은 사실이다. 그러나 어떤 곤충은 우리가 원하지 않는 식물을 특별히 골라 먹기도 한다. 예를 들어 비료로 오염된 수로에서 무성하게 자라나는 털부처꽃은 미국에서는 미움을 받고 있는 데 반해, 원산지인 유럽에서는 야생화로서 중요하게 평가된다. 유럽에서는 천적과 경쟁종으로 이루어진 큰 그물이 털부처꽃을 조절해주기 때문이다. 털부처꽃을 조절하기 위해 오직 그 식물만 먹는 딱정벌레 종류와 바구미 종류를 유럽에서 들여와 실험을 했더니, 한때 털부처꽃이 번성했던 곳에 죽은 그루터기만 남았다고 한다.

노란 아가페타 나방(agapeta moth)의 유충은 몇 가지 수레국화속의 잡초 뿌리를 먹는다. 그리고 어떤 벼룩잎벌레(flea beetle)는 방목지에 자라면서 가축을 병들게 하는 흰대극을 즐겨 먹는다.

물론 새로운 종의 곤충을 들여오는 것은 위험하다. 새로운 서식지에 들어오게 되면 중요한 종을 공격하는 방식으로 잘못 행동할 수도 있기 때문이다. 이것은 보통의 정원사가

혼자서 시도해서는 안 되는 난해한 분야다. 그
러나 만약 당신의 땅에 부처꽃처럼 잘 알려진
외래식물이 침입했다면, 지방의 농업 상담원에
게 연락해 잡초를 조절하는 데 알맞은 특정 곤
충이 있는지 물어볼 수는 있다. 하지만 이것은
복잡한 시스템을 어설프게 건드리는 것이기 때
문에 아주 조심해야 한다.

수레국화속의 잡초 뿌리를 먹는 아가페타 나방 유충

이로운 곤충을 끌어들이자

곤충 친구들을 만나고 왔으니, 이제 환영의 카펫을 깔 차례다. 모든 동물이 그렇듯이 곤충
도 먹이와 은신처, 물, 번식할 수 있는 적당한 조건이 필요하다. 이런 것들을 제공할 수 있
는 방법을 살펴보자.

표7-1은 곤충을 끌어들이는 식물과 그 식물을 찾아오는 익충의 목록이다. 이 목록의
식물은 꽃가루와 꿀, 또는 유충의 먹이가 되는 잎을 제공하거나, 익충이 사냥감으로 삼을
수 있는 종의 서식지가 된다. 이런 식물은 어떤 형태로든지 간에 먹이를 제공해준다. 이
중 많은 식물은 아주 멋지기 때문에 격식을 차린 정원의 화단에서도 가꿀 만하다. 아니,
가꾸어야 한다. 이 중 많은 식물이 복합적인 기능을 한다는 사실에 주목하라. 이런 식물
을 가꾸면 먹거리, 허브, 약재 같은 보너스가 생긴다.

포식충과 포식 기생자는 사냥감이 확실히 공급되지 않으면 머무르지 않는다. 산울타리
와 잡초가 자라는 지점은 이런 점에서 좋다. 이런 장소는 항상 진딧물을 비롯한 사냥감의
보금자리가 되기 때문에 익충이 잠복하기에 알맞다. 잡초나 그 밖의 '덫 작물(먹거리를 얻
기 위해 키우는 작물이 아니지만 사냥감의 보금자리가 되는 식물을 이렇게 부른다)'이 해충이 번식
하는 근원지가 되지 않을까 우려하는 정원사도 있는데, 연구 결과에 따르면 해충으로 인

해 일어날 수 있는 피해보다 익충의 간식거리로서 이 식물들이 가지는 가치가 훨씬 크다는 것이 밝혀졌다. 얼핏 생각하는 것과는 반대로, 해충이 전혀 없는 것보다는 몇 마리 있는 것이 더 좋다. 만약 일시적으로 해충을 전부 없애버린다면(사실 해충은 일시적으로밖에는 없앨 수가 없다) 좋은 벌레들 역시 사라질 것이다. 그렇게 되면 빠르게 번식하는 해충이 다시 나타났을 때 무방비 상태가 되어버린다.

표7-1 익충을 끌어들이는 식물

식물			찾아오는 곤충						
일반명	학명	개화 시기	무당벌레	기생파리	애꽃노린재	꽃등에	기생벌	딱부리긴노린재	풀잠자리
고사리잎톱풀 (Fern-leaf yarrow)	Achillea filipendulina	여름-가을	●			●			●
고산양지꽃(Alpine cinquefoil)	Potentilla villosa	봄				●			
고수(Coriander)	Coriandrum sativum	여름-가을	●			●			●
기린초(Orange stonecrop)	Sedum kamtschaticum	여름				●			
나비풀(Butterfly weed)	Asclepias tuberosa	여름	●						
라벤더둥근나리 (Lavender globe lily)	Allium tanguticum	여름				●	●		
레몬밤(Lemon balm)	Melissa officinalis	여름		●		●			
로벨리아(Lobelia)	Lobelia erinus	여름				●	●		
로키펜스테몬 (Rocky mountain penstemon)	Penstemon strictus	늦봄-여름	●						
림난테스 (Poached-egg plant)	Limnanthes douglasii	여름							
매리골드(Marigold)	Tagetes tenuifolia	여름-가을	●			●			
메밀(Buckwheat)	Fagopyrum esculentum	초가을	●	●	●				●
미역취(Goldenrod)	Solidago virgaurea	늦여름-가을			●	●			
민들레(Dandelion)	Taraxacum officinale	봄, 가을	●						●
백일홍(Zinnia)	Zimmia elegans	여름-서리							
베토니(Wood betony)	Stachys officinalis	봄-여름							
벳지/헤어리베치(Hairy vetch)	Vicia villosa	여름-가을	●		●				
서양톱풀(Yarrow)	Achilea millefolium	여름-초가을	●			●	●		
숙근양귀비 (Purple poppy mallow)	Callirhoe involucrata	여름				●	●		
스타티스(Statice)	Limonium Latifolium	여름-가을				●			
스피어민트(Spearmint)	Mentha spicata	여름				●			
시라(dill)	Anethum graveolens	여름	●			●			●
쑥국화(Tansy)	Tanacetum vulgare	늦여름-가을	●	●			●		●

식물			찾아오는 곤충						
일반명	학명	개화 시기	무당벌레	기생파리	애꽃노린재	꽃등에	기생벌	딱부리긴노린재	풀잠자리
아니스 히솝(Anise Hyssop)	*Agastache foeniculum*	여름		•					•
아미(Toothpick ammi)	*Ammi majus*	여름–가을		•	•	•			
아스트란티아(Masterwort)	*Astrantia major*	여름				•	•		
아우리니아(Basket of gold)	*Aurinia saxatilis*	초봄	•	•		•			
아주가(Bugle)	*Ajuga reptans*	늦봄이나 초여름	•			•			
알리숨(Sweet alyssum)	*Lobularia maritima*	여름				•	•		
알팔파(Alfalfa)	*Medicago sativa*	여름–가을			•			•	
알프스쑥부쟁이 (Dwarf alpine aster)	*Aster alpinus*	여름				•			
애기해바라기 (Maximilian sunflower)	*Helianthus maximilianii*	늦여름	•						•
야생당근(Queen Anne's lace)	*Daucus carota*	여름–가을	•			•	•		•
야생베르가모트 (wild bergamot)	*Monarda fistulosa*	여름				•			
왜성꼬리풀(Spike speedwell)	*Veronica spicata*	여름	•			•			
유럽돌나물/흰돌나물 (Stonecrops)	*Sedum spurium & album*	여름				•			
유황양지꽃(Sulfur cinquefoil)	*Potentilla recta 'warrenii'*	여름, 초가을	•			•	•		
잉글리시 라벤더 (English lavender)	*Lavandula angustifolia*	여름				•			
족제비싸리(False indigo)	*Amorpha fruticosa*	여름							•
좁은잎해란초 (Butter and eggs)	*linaria vulgaris*	여름, 초가을							
진홍백리향(Crimson thyme)	*Thymus serpyllum coccineus*	여름		•					
참당귀(Angelica)	*Angelica gigas*	한여름–늦여름				•			•
캐러웨이(Caraway)	*Carum carvi*	여름				•			•
코스모스(Cosmos)	*Cosmos bipinnatus*	여름–가을				•			•
클로버(Clover)	*Trifolium spp.*	늦봄–여름	•		•				•
파셀리아(Phacelia)	*Pacelia tanacetifolia*	늦봄–초여름		•					
파슬리(Parsley)	*Petroselinum crispum*	여름		•		•	•		
페니로얄(Pennyroyal)	*Mentha pulegium*	여름		•		•			
포윙 솔트부시 (Four–wing saltbush)	*Atriplex canescens*	여름	•			•			
풀기다원추천인국 (Gloriosa daisy)	*Rudbeckia fulgida*	늦여름–가을				•			
화란국화(Feverfew)	*Chrysanthemum parthenium*	여름–초가을				•			

식물			찾아오는 곤충						
일반명	학명	개화 시기	무당벌레	기생파리	애꽃노린재	꽃등에	기생벌	딱부리긴노린재	풀잠자리
황금마거리트 (Golden marguerite)	*Anthemis tinctoria*	봄-가을	•	•		•	•		•
회향(Fennel)	*Foeniculum vulgare*	여름	•			•			•

익충도 보금자리를 필요로 한다. 보금자리로는 무성한 잎과 피복재, 죽은 가지와 잎, 돌무더기와 돌벽이 있다. 관목, 산울타리, 다년생식물이 우거진 화단은 익충의 보금자리로 이상적이다. 연구 결과에 따르면 많은 익충이 죽은 식물에서 겨울을 나거나 그 속에 알을 낳는다고 한다. 그러므로 정원사들은 경작이 끝난 후에 밭을 정리하는 일을 이듬해 봄까지 늦추어야 한다. 지나치게 깔끔한 텃밭은 익충이 자리 잡기에는 좀 모자란 서식지다(게으름을 피울 수 있는 건전하고 생태적인 이유가 있다는 건 멋진 일 아닌가).

대부분의 경우 곤충이 마실 물은 생각하지 않아도 된다. 많은 곤충이 꿀과 잎에서 수분을 섭취하기 때문이다. 그러나 노천수를 마시는 종류의 벌도 있고 유충 단계에서 물속에 사는 곤충도 있기 때문에, 연못이나 물이 있는 장소를 마련하는 것은 전혀 나쁜 생각이 아니다.

먹이와 보금자리, 수분을 제공함으로서 익충이 번식할 수 있는 올바른 상태를 만드는 여정은 머나먼 길이다. 먹이 역시 적절한 시간에 구할 수 있어야 한다. 여기서 다시 다양성이 그 열쇠가 된다. 여러 종류의 꽃을 키워서, 항상 몇 가지 타입의 꽃이 피어 있도록 만들자.[53] 이렇게 하면 익충이 번식할 수 있을 만큼 살을 찌울 기회가 많아진다. 다양한 종으로 구성된 산울타리, 잡초가 자라는 야생지대, 여러 가지 다년생식물이 자라는 가장자리, 채소밭에 드문드문 난 꽃은 모두 서식지를 제공한다. 각각의 곤충에 알맞게 특정한 식물을 고르는 과학적인 접근 방식을 선택해도 되고, 아니면 나처럼 무차별적인 방법을 이용해도 된다. 꽃을 햇볕이 잘 드는 곳에 몽땅 심은 다음, 붕붕거리고, 윙윙거리고, 번쩍거리고, 꿀꺽꿀꺽 꿀을 들이켜고, 꽃가루를 풍기는 난리법석을 구경하고, 건강한 정원을 만끽하는 것이다.

---

53 여기서 종류는 종이나 품종이고, '타입'은 꽃의 형태나 화서 등을 말한다.

어떤 곤충도 고립된 섬이 아니라는 사실을 기억하자. 모든 생물은 다른 생물과의 협력 아래서 진화했다. 모든 생물에는 동식물 파트너가 있다. 만약 우리가 이 협력 관계를 정원에서 다시 만들어낼 수 있다면 균형은 더 잘 잡히고 문제는 덜 발생할 것이다. 해바라기가 좋은 예다. 해바라기의 원산지는 북아메리카로, 바구미와 딱정벌레, 나방 애벌레를 비롯한 150종의 곤충이 해바라기의 잎과 뿌리, 꽃, 씨앗을 먹는다. 1970년대에 대규모의 상업용 해바라기 재배가 시작되자, 이 해충 중에서 몇몇이 야생 해바라기에서 재배종 해바라기로 옮아갔다. 그렇지만 그중 오직 소수만이 심각한 문제를 일으켰다. 똑같이 100여 종이 넘는 엄청난 대열의 포식성 곤충과 기생성 곤충이 해바라기를 먹는 곤충과 함께 진화해왔기 때문이다. 그 곤충들은 해충의 창궐을 진압할 준비가 되어 있었다. 마찬가지로 수십 종의 곤충이 해바라기의 꽃가루매개자로 진화해왔다.

이런 사실은 식물과 곤충의 관계가 얼마나 복잡한가를 희미하게나마 보여준다. 식물과 반려 곤충이 협연을 하고 있다고 이야기할 수도 있겠고, 조그만 생태 환경을 이루고 있다고 볼 수도 있다. 그 속에서 식물과 곤충은 각기 한 가지 역할을 수행하며 수십 혹은 수백 종의 다른 종과 함께 균형을 이루고 있다. 토착식물을 가지고 작업하면 좋은 점 중 하나가 바로 이것이다. 건강한 성장과 번식에 필요한 파트너(여기에는 토양미생물이나 설치류, 새도 포함된다)가 가까이에 있을 가능성이 많은 것이다. 하지만 수세기에 걸친 대륙 간의 교역과 여행 끝에 외래식물의 파트너가 되는 곤충들도 무수히 들어왔다. 미국에 있는 생태적으로 디자인된 경관에서 붕붕거리며 날아다니는 익충 중에서 많은 수가 다른 나라에서 왔지만, 익충들은 건강한 정원에 좋은 서식지가 마련되어 있다면 어렵지 않게 찾아가곤 한다.

여러 원예자재 회사에서는 익충을 팔고 있다. 이것은 익충을 얻는 확실한 방법이다. 하지만 곤충에게 서식지를 제공하지 않고서 비싼 벌레를 구입하는 것은 우스운 일이다. 풀이 더 많은 목초지로 가버리거나, 기껏해야 가까이에 있는 해충만 먹고 나서 번식하지 못하고 죽어버릴 테니까 말이다. 농장이나 채소가 줄줄이 늘어선 넓은 밭에서는 곤충 구입이 단기간의 해법이 될 수도 있다. 하지만 거기에 의지한 적이 한 번도 없는데도 우리 집 마당에는 이로운 벌레들이 윙윙거린다. 게다가 생태정원은 한 가지 채소가 줄줄이 늘어서 있는 모습이 아니라 여러 종의 식물이 다양하게 얽혀 있는 것이다. 익충을 끌어들이려면 단순히 꽃을 심고 서식지를 제공하기만 하면 된다. 그러면 익충이 찾아와 머물 것이다.

나는 매년 유용한 꽃을 더 추가하는데, 그에 따라 곤충의 활동이 거의 기하급수적으로 증가하는 데 놀랐다. 곤충을 유인하는 식물은 단순히 곤충을 끌어들이는 것 이상의 역할을 한다. 벌레를 끌어들이는 식물이 있는 정원은 복합적인 기능을 할 수 있다. 내가 키우는 식물이 더 건강해지고, 정원이 더 예뻐지는 것이다. 거기에 더해 나의 내면에 있는 과학자는 침이 없는 조그만 벌 수십 마리와 이상한 생물들이 꽃송이에서 꽃송이로 날아드는 모습을 유심히 살펴보게 된다. 이 중의 많은 꽃은 먹을 수도 있다. 나는 금잔화, 베르가모트, 겨자, 서양지치 등의 여러 가지 꽃을 샐러드에 넣을 수 있다. 또 이 식물을 비롯해 다른 식물의 잎을 허브로 쓸 수도 있다. 의술에 관심 있는 사람이라면 곤충유인식물로 팅크제나 연고를 만들 수도 있다. 곤충은 조류의 먹이에 큰 부분을 차지하기 때문에, 나는 새의 방문이 훌쩍 늘어난 것도 목격했다. 식물과 곤충, 새 사이의 관계는 매혹적이다. 그럼 이번에는 그 일원인 새를 살펴보도록 하자.

정원사의 날개 달린 친구들

이 장의 첫머리에 소개한 '메추라기 트랙터' 이야기는 생태정원에서 새들이 수행할 수 있는 역할을 암시하고 있다. 그러나 곤충의 경우와 마찬가지로, 많은 정원사들이 정원이나 과수원에 새가 오는 걸 두 팔 벌려 맞이하지는 않는다. 새들은 베리를 수확하는 작물을 해칠 수도 있고, 과일에 구멍을 뚫고 어린 모종을 긁어버릴 수도 있다. 이런 문제는 사실 좋은 새 서식지가 없기 때문에 일어나는 경우가 많다. 새들은 영락해서 이제는 구할 수 있는 것이라면 뭐든지 먹어야 하는 신세가 되었다. 다르게 말해, 우리가 키우는 식물을 먹어야만 하는 것이다. 나는 디자인이 잘되어 균형이 잡힌 경관에서는 새들이 끼치는 해악보다 이로운 점이 훨씬 더 많다고 주장하고 싶다. 새야말로 제일가는 곤충 포식자로, 잎을 뜯어 먹는 애벌레와 날벌레 모두를 공격한다. 또한 많은 새가 씨앗을 먹어서 잡초의 수를 줄인다. 이 음식에 보답하여 새들은 영양가 높은 똥거름을 작은 선물로 남기고 간다. 새 한 마리가 남기고 가는 똥은 그리 많지 않을 테지만, 먹이 그릇을 걸어둔다거나 다른 수단을 마련해 똥거름을 집중시키면 많은 양의 비료를 축적할 수 있다. 또한 새들은 흙을 긁고 땅을 간다. 곤충과 잡초 씨앗을 없애고 잡초 싹을 뿌리 뽑는다. 훌륭한 꽃가루매개자 역할을 하는 작은 새들도 있다. 그리고 새가 불러오는 단순한 즐거움도 빼놓을 수 없다. 밝은 깃털과 지저귀는 노랫소리, 둥지를 짓고 가정을 꾸리는 모습, 사냥하고 구혼하고 망을 보며 서로 교제하는 등 끊임없이 다양한 새들의 행동을 관찰하노라면 즐거움이 절로 솟아난다. 반면에 새가 없는 마당은 불모지처럼 느껴진다.

이제 경관에 새를 끌어들여 혜택을 얻는 방법을 알아보기 위해, 다시 한 번 생태학적 관점을 가지고 살펴보자. 새들에게 필요한 것을 모두 제공하는 서식지는 어떤 곳일까? 일단 이 질문에 대한 답을 알아보고 나서, 새의 서식지와 새가 주는 선물을 정원에 융합시키는 방법을 알아보자.

맨땅이 드러난 뒷마당을 한번 떠올려보자. 약간의 맨땅은 새가 이용하기에 좋다. 새는 진드기를 비롯한 기생충을 털어내려고 마른 흙 속에서 모래 목욕을 한다. 또한 새는 소화를 돕기 위해 모래를 먹는다. 하지만 포식자와 그 밖의 요소들로부터 숨을 수 있는 은신처가 없으면 어떤 새도 여기서 살 수가 없다. 어쩌다가 지렁이 같은 벌레나 땅에 사는 곤충을 쪼아 먹으려고 이 텅 빈 장소를 방문할 수는 있겠지만, 오래 머물지는 않을 것이다.

이번에는 키 작은 식물들이 흙을 뒤덮고 있다고 상상해보자. 친절한 미기후와 초록 식물은 몇 가지 종류의 곤충을 끌어들일 것이다. 이제 들종다리와 참새처럼 땅에 둥지를 트는 새들이 벌레와 씨를 먹으러 나타날 것이다. 이 두 가지 종류의 먹이는 새 무리의 다양성을 촉진시킨다. 왜냐하면 곤충을 먹는 새는 부리가 길고 홀쭉해서 잎에 붙어 있는 곤충을 잘 쪼아 먹을 수 있는 반면에, 씨를 먹는 새의 부리는 단단한 씨앗을 잘 쪼갤 수 있도록 짧고 두껍기 때문이다. 환경이 복잡해질수록 새의 해부학적 구조와 행동 양상도 그만큼 다양해진다. 달리 말해, 단순한 서식지보다 복잡한 서식지에서 더 많은 종류의 새가 공존할 수 있다.

그렇다면 조금 더 다양한 식물이 살고 있다고 상상해보자. 이번에는 키 큰 풀이 더해졌다. 빽빽하고 키 큰 풀은 포식자로부터 새를 보호해주지만 비행을 방해하기도 한다. 키 큰 풀 사이에 사는 새는 땅에 둥지를 트는 새들과 다르다. 이런 새는 날개와 꽁지가 짧아서 풀 사이를 민첩하게 돌아다닐 수 있다. 난다기보다는 폴짝폴짝 뛰어다니는 식이다.

이 정도도 여전히 보금자리로서는 부실하다. 관목을 몇 그루 덧붙여보자. 관목은 몇 가지 방식으로 다양성을 북돋운다. 한 가지는 제3의 차원인 하늘 쪽으로 견고하게 뻗어나가는 것이다. 이것은 새가 앉아서 사냥감을 기다릴 수 있는 횃대가 된다. 새들은 이제 사냥감을 찾아 계속 뛰어다닐 필요가 없다. 앉아서 기다리는 식의 사냥 방법은 에너지를 아낄 수 있다. 따라서 번식과 사회 행동에 더 많은 에너지를 투자할 수 있게 된다. 횃대는 비행에도 도움이 된다. 그런 이유로 관목에 사는 새들은 풀 속에 거주하는 새들의 댕강 잘린 그루터기 같은 깃보다 더 큰 날개와 꽁지를 지니고 있다. 또 날아다니면서 벌레를 잡는 새들은 부리가 좀 더 넓적해서 단 한 번의 급습으로 곤충을 낚아챌 수가 있다. 이제 땅바닥을 벗어난 둥지는 보다 안전하고 시원하며 건조해서 더 많은 새끼들이 살아남을 수 있다.

나뭇가지에 사는 새는 씨앗을 퍼뜨리는 데 뛰어나다. 그런 새들은 식물의 다양성을 강화하는 능력이 있다. 연구자들은 밭에 횃대 몇 개를 가져다놓자 새가 날라 온 씨의 수와 다양성이 급증했다는 사실을 발견했다. 우리의 경관에 새가 앉아서 쉴 수 있는 관목을 몇 그루 마련해놓으면, 새들이 알아서 여러 가지 새로운 식물종을 가지고 올 것이다. 그러면 새로운 곤충이 나타나고, 그에 따라 새로운 새들이 더 많이 나타날 것이다. 그리고 그 새들은 더 많은 씨를 날라 오는 식으로 순환이 계속된다.

관목이 다양성을 증대시키는 또 다른 이유는 나무에 목질 조직이 있기 때문이다. 초본의 줄기와 잎은 부드러워서 곤충이 쉽게 뜯어 먹을 수 있다. 그러나 관목의 단단한 줄기는 연약한 입을 가진 벌레에 저항한다. 목질 줄기는 완전히 새로운 서식지를 제공하여 거친 턱이나 뾰족한 주둥이를 가진 곤충을 끌어들인다. 그러므로 관목으로 우거진 경관은 더 많은 종류의 곤충에게 집이 되어주며, 다양한 유형의 새들이 그 곤충을 먹으러 오게 된다.

관목의 임관 아래서 작은 새들은 포식자로부터 보호받는다. 이 새들은 나뭇가지 사이로 뛰어다니며 곤충을 덥석 물이 집을 수 있다. 이런 새는 작은 지점을 쪼아 먹이를 찾을 수 있는 날카롭고 뾰족한 부리를 지니고 있다. 또 다시 새로운 종이 나타난 것이다.

제3의 차원으로 진척된 공간은 다양성을 크게 증대시킨다. 먹이의 원천이 더 많이 생기고, 먹이의 소비자에게 여러 가지 새로운 기회가 열린다. 서식지가 다양해짐에 따라 더 많은 새들이 니치를 발견하게 되고, 이는 또 다른 다양성을 창출한다. 또한 초본과 관목의 조합은 각각에 기대어 사는 새들을 부양할 뿐 아니라, 두 가지 서식지 사이의 경계에 모여 사는 새로운 종들을 키워주기도 한다. 전체는 단순히 요소들이 모인 것 이상이라는 점을 다시 한 번 보여준다고 하겠다.

이번에는 여기에다 교목 몇 그루를 더해보자. 나무줄기와 수관의 조합은 새로운 구조를 창출한다. 이제 새들은 수관 아래의 열린 공간에서 활공할 수 있다. 그러므로 하늘을 나는 새가 더 많이 나타날 것이다. 더 큰 새도 나타난다. 굵은 가지는 큰 새를 지탱할 수 있기 때문이다. 그리고 새로운 곤충에게 적합한 서식지가 또 다시 창출된다. 수피가 두텁고 표면적이 넓은 나무줄기는 새로운 벌레의 먹이가 되거나, 속에 숨어서 알을 낳을 수 있는 공간이 된다. 이런 벌레를 먹는 새는 나무껍질을 뚫을 수 있는 특화된 부리와 가지 위에 똑바로 앉는 대신에 나무줄기 옆에 붙을 수 있게 변형된 해부학 구조를 가지고 있다. 교목이 조류의 다양성을 더욱 증대시킨 셈이다. 그리고 교목에서 생활하는 것은 새에게 더 안전하기도 하다. 새와 둥지가 수관 안에 있으면 땅 위에서 어슬렁거리는 포식자로부터 보호를 받을 수 있기 때문이다. 이제 포식동물들이 먹이를 얻으려면 나무를 타는 법을 배워야 한다.

지금까지 여러 가지 형태와 크기, 다양한 종류의 식물로 이루어진 서식지가 생활 방식이 제각기 다른 다양한 종류의 새와 곤충을 어떻게 끌어들이는지를 보여주었다. 이 단락의 첫머리에서 이야기했듯이, 모든 생태정원에서 새는 중요한 역할을 한다. 특별히 새를 유인하는 방식으로 마당을 조경하는 사람도 있지만, 어떤 마당에나 새에 친화적인 요소를 둘 수 있다. 당연히 우리는 이런 요소들이 한 가지 이상의 기능을 하도록 디자인할 수 있다. 그렇게 하면 인간을 비롯해 정원에 살고 있는 존재들에게 더욱 유익하고, 정원이라는 미니 생태계도 전체적으로 더 건강해질 것이다. 이제 생태정원에 새를 불러오려면 구체적으로 무엇이 필요하고, 또 어떻게 이 요소들을 정원에 끼워넣을 수 있을지 알아보자.

이상적이고 다양한 새 서식지는 다음과 같은 네 가지 중요한 요소로 이루어진다.

1. **먹이.** 새 먹이에는 크게 세 가지 유형이 있다. 세 가지란 과일이나 작은 열매, 곤충, 씨앗이나 견과류다. 어떤 새는 한 가지 종류만 집중적으로 먹기도 하는데, 또 어떤 새는 그렇게 까다롭지 않다. 벌새를 비롯한 몇 종류의 새는 꿀도 먹는다. 하지만 벌새조차도 영양의 반 이상을 곤충을 섭취함으로서 얻는다. 다양한 종류의 새를 키우기 위해서는 정원에 곤

충유인식물(이런 식물은 꿀도 제공한다), 씨를 맺는 풀과 허브, 견과류와 과일 또는 베리가 열리는 관목과 교목이 있어야 한다. 매우 다양한 종을 보유하고 있어서 긴 계절 동안 끊이지 않고 먹이를 제공할 수 있는 것이 가장 좋다. 겨울에도 나무에 열매가 달려 있는 경우가 흔히 있는데, 이런 종이 있으면 사계절 내내 새들을 초대할 수 있다. 표7-2는 다방면에 걸쳐 새에게 유용한 식물의 목록이다. 여기 나온 식물들은 다른 기능도 가지고 있다. 새 먹이로 쓸 수 있는 식물을 더욱 포괄적으로 소개하려면 목록이 너무 길어지므로, 더 알아보고 싶은 독자들은 참고문헌에서 이에 대해 다룬 좋은 책을 참조하기 바란다.

2. **물.** 새에게 가장 자연스러운 물 공급원은 가장자리가 낮은 연못이나 조그만 실개천이다. 이것은 새 욕조나 깊이 5cm 이하의 용기로 대체할 수 있다. 관목이나 다른 보금자리가 아주 가까운 곳에 있으면 새들은 도망칠 장소를 확보할 수 있다. 또한 안전한 횃대에 앉아서 물을 살펴볼 수도 있다. 새들은 스프링클러가 뿌리는 물이나 움직이는 물줄기에서 장난을 치기도 한다.

3. **은신처와 보호.** 새들은 포식자나 나쁜 날씨로 인한 죽음이 항상 가까이에 있다는 사실을 알고 있다. 자연력으로부터 피할 수 있는 은신처와 포식자로부터 보호받는 환경이 뒤따르지 않으면 먹이와 물은 새에게 딱히 유혹거리가 되지 못한다. 빽빽한 관목, 덩굴이 얽힌 덤불, 가시가 난 식물, 잎이 무성한 수관은 모두 포식자로부터 새를 보호해주는 안전한 천국이다. 상록수의 두꺼운 잎은 겨울바람, 폭설, 극한의 추위로부터 새들을 보호해준다. 새들이 둥지를 틀려면 비와 강한 햇빛, 날카로운 포식자의 눈을 가려줄 잎무리가 필요하다. 새들은 특정한 높이에 둥지를 틀 때가 많기 때문에, 관목과 교목이 다양하게 있으면 여러 종의 새들이 와서 사는 잠재적인 서식시가 될 수 있다. 넓고 빽빽하게 자라는 식물은 유용하다. 폭이 넓은 산울타리나 덤불의 깊숙한 곳에 둥지를 틀기 좋아하는 새들이 많기 때문이다.

표7-2 새에게 유용한 식물

식물명		제공하는 것					
일반명	학명	씨앗	곤충	열매	겨울열매	보금자리와 은신처	둥지를 틀 장소
가문비나무(Spruce)	Picea spp.						•
갈매나무(Buckthorn)	Rhamnus spp.						•
감나무(Persimmon)	Diospyros spp.			•	•	•	
괴불나무(Amur honeysuckle)	Lonicera maackii				•		
구기자(Wolfberry)	Lycium spp.			•		•	•
글라브라옻나무(Smooth sumac)	Rhus glabra				•		
느릅나무(elder)	Ulmus spp.		•				
단풍나무(maple)	Acer spp.	•	•				
대나무(bamboo)	Phyllostachys spp.						•
마가목(Mountain ash)	Sorbus spp.			•	•		
매자나무(barberry)	Berberis spp.						•
물푸레나무(ash)	Fraxinus spp.	•					
미송(douglas fir)	Pseudotsuga menziesii						•
밀나물(Greenbrier)	Smilax spp.						
버드나무(Willow)	Salix		•				
벚나무(cherry)	Prunus spp.			•			
보리수나무(Autumn olive)	Elaeagnus umbellata			•			
블루베리(Blueberry)	Vaccinium spp.			•			
뽕나무(Mulberry)	Morus spp.			•		•	
사과/꽃사과(Apple and Crabapple)	Malus spp.			•			
산딸기류(Blackberry and raspberry)	Rubus spp.			•			
산사나무(Hawthorn)	Crataegus spp.			•			•
살랄/레몬잎(Salal)	Gaultheria shallon			•		•	•
소귀나무(Bayberry or wax myrtle)	Myrica spp.			•			
소나무(Pine)	Pinus spp.						•
스파이스부시(Spicebush)	Lindera benzoin			•			
엘더베리(Elderberry)	Sambucus spp.			•			
연필향나무(Eastern red cedar)	Juniperus virginiana				•	•	•
오리나무(Alder)	Alnus spp.	•					•
유럽크랜베리(European cranberry)	Viburnum opulus			•			
인동(Honeysuckle)	Lonicera spp.			•			
자작나무(Birch)	Betula spp.	•	•				
장미(야생장미, 덩굴장미 등)	Rosa spp.			•		•	•

식물명		제공하는 것					
일반명	학명	씨앗	곤충	열매	겨울 열매	보금자리와 은신처	둥지를 틀 장소
전나무(fir)	Abies spp.						
좁은잎보리장(Russian olive)	Elaeagnus angustifolia			•	•		•
준베리(Serviceberry)	Amelanchier spp.			•			
층층나무(Dogwood)	Cornus spp.			•			•
토욘(Toyon)	Heteromeles arbutifolia			•			
튤립나무(Tulip tree)	Liriodendron tulipfera				•		
티피나옻나무(Staghorn sumac)	Rhus typhina				•		
팽나무(Hackberry)	Celtis spp.				•		
플라타너스(Sycamore)	Platanus		•				
피라칸타(Firethorn)	Pyracantha spp.			•			
하이부시크랜베리(American cranberry)[54]	Viburnum trilobum			•	•		
호랑가시나무(Holly)	Ilex spp.			•	•		•
화살나무(Euonymus)	Euonymus spp.	•					
황벽나무(Amur cork tree)	Phellodendron amurense				•		

4. **먹이와 서식지의 다양성.** 서로 다른 종류의 수많은 새를 끌어들이고 부양하려면, 마당에는 여러 가지 먹이 공급원이 갖추어져 있어서 생산 활동이 일 년 내내 일어나야 한다. 그리고 은신처를 비롯해 보호를 받을 수 있는 장소가 다양하게 있어야 하며, 둥지를 틀 수 있는 은밀한 지점이 다양한 높이로 많이 구비되어 있어야 한다. 이 모든 것을 제공하려면, 경관에는 아래에 나오는 일곱 가지 유형의 식물이 모두 필요하다. 이 범주들은 서로 겹치기도 한다.

- **상록수.** 늘 푸른 침엽교목과 침엽관목[소나무, 전나무, 삼나무(cedar), 가문비나무, 주목나무(yew), 솔송나무(hemlock), 향나무 등], 활엽 상록수[호랑가시나무, 아르부투스

---

54 *Viburnum trilobum*은 보통 American cranberry가 아니라 American cranberry bush 또는 highbush cranberry라고 불린다. 원서에는 앞서 다른 부분에 highbush cranberry로 표기되어 있기도 해서 이 종을 '하이부시크랜베리'로 하고, 영명이 'highbush cranberry'로 되어 있는 *Vaccinium macrocarpon*을 '미국크랜베리'로 번역했다. 보통 American cranberry로 불리는 종은 *V. macrocarpon*이다.

(arbutus)[55], 대나무, 유칼립투스, 소귀나무]는 겨울 보금자리와 여름에 둥지를 틀 장소, 차폐물이 되어준다. 어떤 상록수는 먹을 수 있는 순이나 씨앗, 수액을 제공한다.

- **풀과 꽃.** 키 큰 풀, 일년생 또는 다년생 화초, 그 밖의 초본은 땅바닥에서 먹이를 먹거나 둥지를 트는 새들의 차폐물이 된다. 씨앗과 꿀을 제공하거나 곤충의 집이 되는 종류가 많이 있다.

- **꿀이 나는 식물.** 펜스테몬, 능소화나무(trumpet vine), 매발톱꽃처럼 꿀이 들어 있는 빨간 튜브 모양의 꽃이 피는 식물은 벌새가 거부하기 힘들다. 꿀을 생산하는 더 큰 식물로는 사탕단풍나무와 마크로필룸단풍(big-leaf maple)[56], 보리수나무류, 인동, 방크시아(banksia)[57], 아까시나무 등이 있다. 이런 식물에서는 꾀꼬리(oriole)를 비롯한 작은 새들이 영양을 섭취한다.

- **여름에 열매를 맺는 식물.** 5월에서 8월 사이에 과일이나 베리를 생산하는 식물은 새를 유인하는 정원의 대들보다. 예를 들어보면 검은딸기, 블루베리, 체리, 아로니아, 인동, 산딸기, 준베리, 뽕나무, 엘더베리, 야생자두 등 수십 종이 있다.

- **가을에 열매를 맺는 식물.** 철새는 남쪽으로 긴 여행을 떠나기 전에 지방을 축적해 두어야 한다. 그리고 텃새는 겨울에 얼어 죽지 않으려면 많은 양의 먹이를 필요로 한다. 이것이 가을에 열매를 맺는 식물이 중요한 이유다. 가을에 열매를 맺는 식물로는 층층나무, 마가목, 스노우베리, 산자나무, 서양보리수, 섬개야광나무류

---

55 진달래과(~科, Ericaceae)에 속하며 약 14종의 활엽 상록관목과 교목으로 이루어진 속. 마드론이나(*A. menziesii*)와 딸기나무(*A. unedo*) 등이 여기에 속한다. 이 속의 식물은 흰색이나 분홍색을 띠는 꽃이 줄기 끝에 느슨하게 무리 지어 피고, 붉은색 또는 오렌지색을 띠는 다육질의 장과를 맺는다.

56 북아메리카 원산의 단풍나무로 학명은 *Acer macrophyllum*이다. 키가 아주 커서 48*m*까지 자랄 수 있으나 15~20*m* 정도로 자라는 경우가 많다. 단풍나무 종류 중에서 잎이 가장 크다.

57 170여 종이 속해 있는 Proteaceae과의 한 속이다. 병 씻는 솔처럼 생긴 거대한 꽃이 특징적이다. 꿀을 많이 생산하기 때문에 호주의 숲에서는 먹이사슬의 중요한 부분을 차지한다.

(cotoneaster, 一類)⁵⁸ 등이 있다.

- **겨울에 열매를 맺는 식물**. 특히 가치 있는 식물은 겨우내 가지에 열매가 달려 있는 식물이다. 이런 열매 중에 어떤 것은 얼었다 녹았다를 반복해야만 맛이 있어진 다. 겨울 열매로는 블랙초크베리(아로니아), 스노우베리, 옻나무류, 하이부시크랜 베리(highbush cranberry), 여러 종류의 꽃사과, 매자나무, 와후(eastern and European wahoo)⁵⁹, 다래, 서양모과, 미국담쟁이덩굴(Virginia creeper), 멀구슬나무(chinaberry) 등 이 있다.

- **견과류와 도토리가 달리는 식물**. 여기에는 참나무, 히코리나무, 버터너트, 호두나무, 칠엽수(buckeyes), 밤나무, 피니언소나무, 스톤소나무, 개암나무 등이 있다. 이 나 무들은 둥지를 짓기에도 좋다.

이 식물 대부분은 어느 가정 경관에나 잘 어울릴 것이다. 그리고 이 중의 많은 종류가 복합적인 기능을 한다. 이런 식물은 아름다운 잎과 꽃을 감상할 수도 있고, 먹거리를 제 공하기도 한다. 서양보리수나 산자나무를 비롯한 몇 종류는 질소고정식물이기도 하다. 이 식물을 심으면 유인되어 온 새들이 즐거움을 제공할 것이다. 또 새들이 먹이를 구하고, 둥 지를 틀고, 서로 영향을 주고받는 모습을 보면서 동물 행동을 관찰하는 기회도 생긴다. 그 리고 새들은 곤충을 통제하는 데 도움이 된다. 비료를 선물하고 땅을 갈아주는 역할도 의 미 있다. 다음 단락에서는 동물이 가져다주는 이런 혜택을 의식적으로 챙기는 방법을 살 펴보자. 어떻게 동물을 이용하여 정원을 개선할 수 있을까.

---

58 장미과(薔薇科, Rosaceae) 섬개야광나무속(一屬, Cotoneaster)에 속하는 50여 종(種)의 관목 또는 소교목. 유라시아 온대지방이 원산지다. 매력적인 모습, 흰색에서 분홍색으로 피는 작은 꽃, 붉은색에서 검은색을 띠는 화려한 열매 때문에 널리 심고 있다. 한국에는 2종이 자라고 있는데, 울릉도에는 섬개야광나무가, 무산에는 개야광나무가 자라고 있다.
59 북아메리카산의 느릅나무속의 몇 종의 관목

뒷마당의 다른 조력자들

당신의 조부모나 고조부모가 농민이었든 아니든 간에, 그들은 집에서 작은 가축을 키웠을 가능성이 높다. 제2차 세계대전 전에는 도시에서도 흔히 뒷마당에서 꼬꼬댁거리는 닭 울음소리를 듣거나 토끼장을 볼 수 있었다. 아파트의 옥상에서는 특별히 만든 더그매와 비둘기장에서 집비둘기들이 꾸꾸거리며 보살핌을 받곤 했다. 아이스박스에는 흔히 집에서 기른 동물의 고기나 알이 들어 있었고, 깃털이나 모피도 용도가 있었다. 배설물은 당연히 정원에 들어갔다. 때로는 배설물을 다른 용도로 이용하기도 했는데, 화약을 만드는 데 쓰는 질산염을 새똥에서 얻었기 때문에 엘리자베스 1세 시대의 영국인 사이에서는 비둘기 사육이 권장되기도 했다.

그러나 전후 시대가 되자 도시와 교외의 마당에서 작은 가축들이 사라졌다. 집에서 작은 가축을 직접 키우는 것보다 가게에서 고기와 알, 퇴비를 구입하는 것이 더 쉬웠기 때문이다. 또 교외생활자들은 그들 대부분이 자랐던 농장의 세련되지 못한 분위기를 멀리하고 싶어 했다. 여러 도시에서 가축 사육을 금지하는 법령이 통과되었다. 특히 수탉은 아무 때나 소리를 질러서 통근자들의 수면을 방해했기 때문에 더욱 금지되었다.

그러나 지난 10년 동안 뒷마당에서는 작은 동물들이 부활했다. 닭 사육을 반대하는 조례는 없어지고 있으며, 수탉은 안 되지만 암탉은 괜찮다는 식의 조례가 흔해졌다. 그리고 닭장이나 오리 연못, 토끼장, 심지어 미니돼지를 키우는 우리가 교외와 도시에서 나타나고 있다. 이러한 가축의 르네상스는 호르몬과 항생제가 없고, 인간적으로 키운 고기에 대한 사람들의 욕구에 자극받은 부분이 있다. 하지만 채식주의자나 자신이 키우는 동물을 잡는 일을 내켜하지 않는 사람들조차도 작은 가축을 키우는 데서 이점을 발견하고 있다.

뒷마당에서 키우기 알맞은 작은 동물은 많다. 닭, 칠면조, 집비둘기, 산비둘기, 오리, 메추라기, 공작, 토끼, 기니피그, 미니돼지 같은 동물을 기를 수 있다(거위와 뿔닭도 작은 동물이지만, 너무 시끄러워서 도시나 교외에는 맞지 않는다). 나는 교외의 뜰에서 미니염소를 키우는 것도 몇 번 본 적이 있다.

현명하게 키우기만 하면, 동물로부터 얻을 수 있는 혜택은 다양하다. 동물들은 거름을 주고, 땅을 갈고, 풀을 베고, 김을 매고, 부스러기나 음식찌꺼기를 먹고, 곤충과 민달팽이를 잡고, 마당의 쓰레기를 처리하고, 퇴비를 만들고, 침입자가 나타나면 경고음을 울린다(토끼와 기니피그는 사실 훌륭한 경보기가 못 되지만 말이다).

부엌에서 나오는 음식물쓰레기를 가축에게 먹이면 그것을 바로 퇴비로 만드는 것보다 더 많은 양분이 우리가 쓸 수 있는 생산물로 순환되고, 비료 또한 비슷한 양으로 만들어진다. 새든 토끼든 토양생물이든 음식물쓰레기를 먹으면 비슷한 비율의 음식이 몸속을 통과해 비료가 되기 때문이다. 만들어진 비료는 토양생물의 경우에는 퇴비의 형태고, 가축의 경우에는 분뇨의 형태다. 섭취된 양분의 다른 부분은 이산화탄소로 배출되고, 나머지 부분은 우리가 먹을 수 있는 닭의 살이 되거나, 퇴비더미의 경우라면 우리가 먹을 수 없는 토양생물이 되어 부활한다.

동물을 기르면 다른 이득도 있을 수 있다. 온실 안이나 옆에 작은 동물들을 키우면 그 체온이 겨울에 온실을 따뜻하게 해주고, 동물이 호흡하면서 나온 이산화탄소가 식물의 성장을 촉진시킨다. 동물이 주는 무형의 혜택도 있다. 동물은 우리를 몇 시간이나 즐겁게 해줄 수 있으며 반려나 친구가 될 수 있다. 그리고 성인에게든 아이들에게든 탄생과 짝짓기, 죽음과 삶의 순환을 가르칠 수 있다. 그런 모든 것을 고려하면, 사람에게 먹을 것을 제공하는 능력은 사소해 보이기까지 한다.

도시나 교외에서 가축을 키운다는 것이 충격적인가? 이것은 관점의 문제다. 우리는 별 생각 없이 개와 고양이를 키운다. 하지만 개와 고양이는 비싼 먹이와 세심한 보살핌을 필요로 하며, 배설물에서는 지독한 냄새가 난다. 개와 고양이는 재산을 훼손하기도 한다. 또 컹컹 짖는 개와 발정 난 고양이는 수탉만큼이나 시끄럽다. 개와 고양이는 둘 다 사람의 반려가 될 수 있고, 개는 침입자가 나타났을 때 훌륭한 경보기가 될 수 있지만, 다른 작은 동물들이 무형의 혜택을 훨씬 더 많이 제공하면서 문제도 덜 일으킨다. 우리는 다만 개와 고양이에 익숙해져 있고, 가축을 사육하는 헛산은 지저분하다는 선입견에 물들어 있을 뿐이다. 나는 우리가 키우는 작은 동물의 지평이 확장되었으면 좋겠다. 물론 나도 개와 고양이를 좋아한다. 그렇지만 개와 고양이는 정원에 데려다놓으면 대혼란을 일으킬 수 있다. 반면에 다른 많은 동물들은 정원의 자산이 된다. 모피와 고기를 제공할 뿐만 아니라, 일상생활을 영위하면서 그 부산물로 쓸모 있는 노동과 비료를 제공하기까지 한다.

도시에서 동물을 키울 때는 이웃이 가장 큰 장애가 될 수 있다. 이런 경우에는 동물이 가져다주는 혜택을 알리고, 사실상 문제가 생기지 않는다는 점을 온화하게 말해줄 필요가 있다. 이웃에게 신선하고 건강한 달걀이나 고기를 나누어주어서 걱정을 잠재우고 동류로 만든 사람도 많다.

닭 트랙터

작은 동물들을 정원과 결합시키는 한 가지 비결은 작은 이동식 우리를 만드는 것이다. 이런 우리를 동물 트랙터라고 한다(다음 쪽의 그림). 움직일 수 있는 우리 안에 가축을 가두는 동물 트랙터를 만들면 동물이 어디서 일할지를 정원사가 정할 수 있다. 짐승들을 마음대로 돌아다니도록 풀어놓아 방금 씨를 뿌린 두둑을 엉망진창으로 만드는 대신에 말이다. 바닥이 없는 우리에 동물을 가두어놓으면, 풀을 뽑고 땅을 갈고 똥을 누는 동물의 활동이 작은 장소에 집중된다. 이것이 바로 동물과 정원을 성공적으로 융합하는 비결이다. 동물 트랙터가 있으면 하루에 단 몇 분만 일을 해도 잡초가 없고 표면이 얇게 갈려 있으며 거름까지 뿌려진 두둑이 여러 개 생긴다.

이 이동식 우리에서는 오리, 토끼, 돼지, 기니피그도 키울 수 있지만, 닭이야말로 동물 트랙터에서 키우기에 딱 알맞다. 앤디 리(Andy Lee)는 이 주제로 아예 책 한 권을 쓰기도 했다. 그가 쓴 책 『닭 트랙터(Chicken Tractor)』는 동물 트랙터를 써보려는 사람이라면 누구에게나 추천하는 책이다.

닭 트랙터는 바퀴가 달리고 바닥이 없는 우리로, 텃밭 두둑의 너비에 딱 맞는다. 전형적인 닭 트랙터는 너비 120cm에 길이 240cm, 높이 60cm 정도다. 디자인은 여러 가지로 할 수 있는데, 여기에서는 나무틀로 짠 벽체 없는 상자를 예로 들어보겠다. 2~3cm 닭장 망(가금용 철망)으로 사방을 두르고, 지붕은 플라스틱 패널로 만든다. 한쪽에는 바퀴나 미끄러지는 장치를 부착하고, 새가 드나들 수 있도록 문도 단다. 천장 아래에는 먹이 그릇과 물그릇을 매단다. 양 옆을 가로지르는 횃대가 달린 모델도 있다. 둥근 모양 등의 다른 디자인도 있지만 요점은 같다. 우리를 옮기려면 한쪽 끝을 들어 올려서 바퀴나 미끄럼 장치를 밀면 된다. 동물 트랙터는 트랙터와 같은 너비의 밭두둑에서 가장 효과가 좋다. 두둑의 길이가 트랙터 길이의 배수가 된다면 더욱 이상적이다.

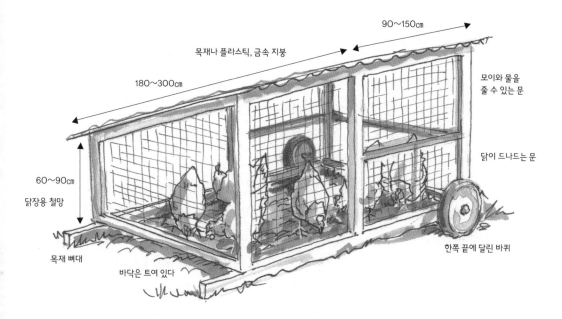

90~150cm

목재나 플라스틱, 금속 지붕

180~300cm

모이와 물을
줄 수 있는 문

닭이 드나드는 문

60~90cm

닭장용 철망

한쪽 끝에 달린 바퀴

목재 뼈대

바닥은 트여 있다

동물 트랙터. 이동식 우리는 닭이나 토끼 같은 작은 동물이 밭두둑의 잡초를 제거하고, 땅을 갈고, 거름을 줄 수 있게 해준다.

트랙터에 넣을 수 있는 새의 마릿수는 품종에 따라 다른데, 산란계는 한 마리당 약 $0.4m^2$가 필요하며 육계는 약 $0.2m^2$가 필요하다. 약 $3.2m^2$의 트랙터는 산란계 8마리, 육계 16마리를 수용할 수 있다.

닭 트랙터를 이용해서 토양을 조성하는 기본적인 방법으로는 순환법과 시트 피복법, 두껍게 피복하는 법 세 가지가 있다.

순환법에서 아침에 제일 먼저 해야 할 일은 닭장을 새로운 두둑으로 옮기는 것이다. 새들은 우리를 옮기는 동안에도 그 안에 머물면서 종종걸음을 치며 길을 따라간다. 새로운 두둑으로 닭장을 옮긴 지 한 시간 남짓 지날 때까지 먹이를 주지 않도록 한다. 그러면 굶주린 새들은 트랙터가 차지한 땅 위의 식물을 먹을 것이다. 새들이 하루 종일 풀을 뽑고 땅을 갈고 똥을 싸도록 놔둔다. 다음 날 아침이 되면 두둑을 따라 트랙터를 몰아서 다음 장소로 옮기고, 앞의 두둑에는 피복재를 뿌린다. 이런 식으로 식물을 심지 않은 두둑에 모두 돌려가며 이용한다. 이 시스템에서는 닭이 토질을 개량하는 동안 텃밭의 일부를 휴경하게 된다. 앤디 리의 텃밭은 그가 필요한 면적의 두 배여서 모든 두둑을 해마다 닭 트랙터로 갈 수 있다.

트랙터가 지나가고 남은 두둑에는 메밀이나 겨울 호밀, 살갈퀴 같은 피복작물을 심어서 그것이 10㎝ 정도 자랐을 때 다시 닭을 데리고 와서 먹이는 방법으로 한 번 더 땅을 갈 수 있다. 이렇게 하면 토양이 비옥해지고 토양생명체가 엄청나게 증가할 뿐 아니라, 닭 사료 값도 아낄 수 있다. 그 결과, 적은 노력으로 훌륭한 흙이 만들어지고, 원하기만 한다면 달걀과 고기도 얻을 수 있는 것이다.

닭을 이용해서 **시트 피복**을 하려면 트랙터를 며칠 동안 한 지점에 둔다. 매일 2~3㎝가량의 피복재를 넣어주고 닭이 그 피복재 위에서 살면서 똥을 싸게 한다. 10㎝ 정도 두께로 피복재가 쌓이면 닭을 새로운 장소로 옮겨서 그 과정을 반복한다. 이런 식으로 당신(그리고 닭)은 양분과 유기물을 흙 속에 넣는 것이다. 전체 혼합물이 썩어서 퇴비가 되는 동안 피복재는 질소를 비롯한 영양소를 제자리에 묶어두는 역할을 한다. 이 두둑은 새로 시트 피복을 한 두둑과 똑같이 취급하면 된다. 식물을 심을 때는 바닥 흙의 틈 속에 모종을 심거나 맨 위에 흙을 얹고 씨를 뿌린다.

여러분은 닭 트랙터를 이용해서 밭두둑을 **두텁게 피복**할 수도 있다. 이것은 텃밭의 면적이 트랙터를 매일 옮기기에는 너무 작거나 토질이 매우 나쁜 곳에서 유용한 방법이다. 닭 트랙터를 한 곳에 두고 매일 2~3㎝가량의 피복재를 안에다 넣는다. 육계가 병아리에서 성숙한 닭으로 자라는 기간인 5주 정도가 지나면 식물을 심을 수 있는 두둑이 생길 것이다. 앤디 리는 이렇게 오랜 기간 동안 트랙터를 한 곳에 놓아두면 개나 스컹크, 여우 같은 포식동물이 트랙터 밑을 파고 들어와 새를 습격할 수도 있다고 경고하고 있다. 그는 두둑을 두텁게 피복할 때는 포식동물이 땅을 파고 들어오지 못하도록 닭장 주위의 바닥에 철망을 고정시켜둘 것을 권하고 있다.

두 가지 피복법 모두 평지뿐만 아니라 경사지에도 훌륭하게 적용될 수 있다. 경사지에서는 중력의 작용 때문에 경사의 아래쪽에 피복재가 더 두껍게 쌓이게 된다. 그 결과 평평한 계단식 두둑이 만들어진다.

정원에서 자유롭게 풀을 뜯도록 닭을 풀어줄 수도 있다. 닭들은 정원에서 곤충과 민달팽이, 잡초 씨앗을 찾아 먹을 것이다. 그러나 닭이 베리 종류나 토마토처럼 진짜 좋아하는 작물을 발견할지도 모르기 때문에 한눈을 팔아서는 안 된다. 정원에 닭을 풀 때는 식물이 충분히 자랄 때까지 기다려야 한다. 그러지 않으면 닭이 부드러운 모종을 신 나게 먹어 치울 것이다. 닭을 오후 늦게 정원에 풀어놓으면 피해를 끼칠 만큼 오랜 시간 정원에 머물 지는 못한다. 닭은 어둑해질 무렵이면 자연스럽게 닭장이나 트랙터로 돌아가기 때문에 힘 들게 닭을 쫓느라 긴 시간을 보내지 않아도 된다.

닭 모이의 일부를 집에서 기르면 비용을 절약할 수 있고, 외부에서 들어오는 물자도 줄 일 수 있다. 그러나 모든 모이를 기르는 것은 현실적이지 못하다. 산란계 한 마리는 일 년 에 35kg의 곡물이 필요하며, 35kg의 곡물을 기르기 위해서는 약 90㎡ 정도의 토지가 필요 하다. 필요한 면적은 빠르게 증가해서 8마리의 산란계로 이루어진 작은 무리를 먹이기 위 해서는 720㎡의 밭이 필요할 것이며, 닭 모이를 키우고 수확하는 데는 엄청난 시간의 노 동이 들 것이다. 그 대신에 나는 마당 주변에 다기능 식물을 심어서 닭 모이를 보충하는 방법을 권하고 싶다. 이렇게 하면 비용이 절약되고, 중요한 비타민과 신선한 모이를 닭에게 공급할 수 있다. 이런 식물들은 정원디자인과 훌륭하게 결합되어 닭 모이뿐만 아니라 서 식지와 먹거리, 영양소 등 생태정원에 필요한 모든 요소를 제공해줄 수 있다. 그리고 닭 모 이를 기르면 또 다른 순환이 정원에서 완결된다. 닭이 토양을 비옥하게 만들어주면, 모이 가 되는 식물은 더 건강하고 무성하게 자란다. 그 식물을 먹은 닭은 더 튼튼해지고 생산 성도 증대된다.

표7-3은 닭이 있는 마당에서 키울 만한 식물이나 닭 모이의 용도로 경관에 포함시킬 수 있는 식물의 목록이다.

표7-3 가금류의 먹이가 되는 식물

카테고리	일반명	학명	비고
교목	견과류 나무	다양함	열매를 부수어 모이로 삼는다
	과일나무	다양함	땅에 떨어진 과일을 먹이거나 신선한 과일을 따다 줄 수 있다
	미국주엽나무(Honey locust)	*Gleditsia triacanthos*	꼬투리를 갈아서 쓸 수 있다
	뽕나무(Mulberry)	*Morus* spp.	열매를 먹일 수 있다
	아까시나무(Black locust)	*Robinia pseudoacacia*	꼬투리를 갈아서 쓸 수 있다
	참나무(Oak)	*Quercus* spp.	도토리는 단백질을 많이 함유하고 있다
	피스타치오(Pistachio)	*Pistacia* spp.	견과를 먹일 수 있다

카테고리	일반명	학명	비고
관목*	갈매나무(Coffeeberry)	Rhamnus spp.	
	구기자나무(Boxthorn)	Lycium spp.	
	까치밥나무(Currant)	Ribes spp.	
	매자나무(Barberry)	Berberis spp.	
	맨자니타(Manzanita)	Arctostaphylos spp.	
	보리수나무(Autumn olive)	Elaeagnus umbellata	
	산사나무(Hawthorn)	Crataegus spp.	
	서양보리수(Buffaloberry)	Shepherdia spp.	
	시계꽃(Passionfruit)	Passiflora spp.	
	시베리아골담초(Siberian pea shrub)	Caragana arborescens	꼬투리를 먹일 수 있다
	엘더베리(Elderberry)	Sambucus spp.	
	좁은잎보리장(Russian olive)	Elaeagnus angustifolia	
	준베리(Serviceberry)	Amelanchier spp.	
	팽나무(Hackberry)	Celtis spp.	
	프리벳(Privet)[60]	Foriestiera spp.	
초본**	갈퀴덩굴(Cleavers)	Galium aparine	
	겨자채(Mustard greens)	Brassica spp.	
	근대(Swiss chard)	Beta vulgaris	
	냉이(Shepherd's purse)	Capsella bursa–pastoris	
	누에콩(Fava beans)	Vicia faba	
	메밀(Buckwheat)	Fagopyrum esculentum	
	명아주(Lamb's quarters)	Chenopodium album	
	민들레(Dandelion)	Taraxacum officinale	
	벳지/헤어리베치(Vetch, hairy)	Vicia villosa	
	별꽃(Chickweed)	Stellaria media	
	수영/소리쟁이(Dock)	Rumex spp.	
	쐐기풀(Nettle, stinging)	Urtica dioica	
	알팔파(Alfalfa)	Medicago sativa	
	오이(Cucumber)	Cucumis sativus	
	질경이(Plantain)	Plantago spp.	
	치커리(Chicory)	Cichorium intybus	
	컴프리(Comfrey)	Symphytum officinale	
	클로버(Clover)	Trifolium spp.	
	털비름(Pigweed)	Amaranthus retroflexus	
	호밀(새싹)(Rye)	Secale cereale	
	회향(Fennel)	Foeniculum vulgare	

카테고리	일반명	학명	비고
곡물	귀리(Oat)	*Avena sativa*	
	기장(Millet)	*Panicum miliaceum*	
	밀(Wheat)	*Tritium aestivum*	
	보리(Barley)	*Hordeum vulgare*	
	아마란스(Amaranth)	*Amaranthus*	
	옥수수(Corn)	*Zea mays*	
	퀴노아(Quinoa)	*Chenopodium quinoa*	
	해바라기(Sunflower)	*Helianthus annuus*	

* 이 관목들의 열매는 모두 새가 먹을 수 있으며, 대다수 관목의 잎도 새가 먹을 수 있다.
** 이 초본들의 종자, 꽃, 잎은 새가 먹을 수 있다. 어린잎은 더욱 먹기에 알맞다.

오리, 토끼, 지렁이, 그 밖의 작은 동물들

트랙터에는 그다지 알맞지 않지만 정원에 유용한 동물로 오리와 그 친척인 사향오리 (muscovy)[61]가 있다. 페니 리빙스턴은 생활폐수 연못에서 오리를 키우는데, 이 오리들은 민 달팽이와 곤충을 찾아 열심히 정원을 순찰하면서 소량의 비료를 떨어뜨리고 간다. 표7-3 에 있는 식물 중 많은 것은 닭뿐만 아니라 오리에게도 알맞다.

오리는 닭처럼 식물을 거칠게 대하지 않는 데다 흙을 많이 긁지 않기 때문에 정원에서 그리 감시할 필요가 없다. 카키캠벨(Khaki Cambell)과 인디언러너(Indian Runner) 품종은 알 을 잘 낳는다. 페킨(Pekin)과 개량 청둥오리(Mallard)는 육용종이다. 남아메리카 원산의 가금 인 사향오리는 오리와 거위의 중간쯤 되는 종인데, 매우 조용하기 때문에 도시나 교외의 뜰에서 키울 만한 훌륭한 후보다.

토끼는 애완용으로 키울 수도 있고, 생산물을 얻기 위해 키울 수도 있다. 앙고라는 털 을 제공한다(프렌치 앙고라는 잉글리시 앙고라보다 키우기가 쉽다. 잉글리시 앙고라는 눈병에 잘 걸 리고 매일 빗어주지 않으면 털이 마구 엉키기 때문이다). 고기에 관심이 있다면 토끼 몇 마리를

---

60 저자의 오류인 듯하다. privet(쥐똥나무)의 학명은 *Ligustrum* spp.로 전혀 다르고, *foriestiera* spp.라는 학명 역시 찾을 수 없다. 쥐똥나 무를 중남미 원산의 식물 swampprivet(학명 *forestiera* spp.)과 오인한 것이 아닌가 한다.

61 학명 *Cairina moschata*. 사향오리는 보통의 집오리와는 달리 청둥오리가 조상이 아니다. 사향오리는 오리 중에서 물과 가장 친하지 않 은 종이지만, 대신 날개가 강하여 잘 날아다니고 나무 위에 올라가서 쉬기도 한다. 전 세계에서 식용으로 기르고 있으며, 암컷은 모성 이 강하여 알을 잘 품으므로 다른 조류의 대리모로 활용한다.

키워서 한 가정의 고기를 자급할 수 있다. 토끼 한 마리는 평균적으로 한배에 다섯 마리씩, 일 년에 세 번 새끼를 낳는다. 새끼를 낳는 다섯 마리의 토끼가 있으면 전형적인 한 가구에 충분한 고기를 생산할 수 있다. 위의 번식률은 매우 높은 것이기 때문에 토끼를 생각한다면 어미를 한 해 걸러 쉬게 해야 한다. 그렇게 하지 않으면 어미가 체력이 소모되어 일찍 죽어버릴 것이다. 고기용으로 삼기에 좋은 종으로는 캘리포니아 종과 뉴질랜드 종이 있다. 이런 토끼는 모피도 상업적인 가치가 있다.

토끼는 곤충을 먹거나 흙을 긁지 않기 때문에 동물 트랙터에 알맞지 않다고 생각하는 정원사들도 있다. 대신에 그들은 토끼장과 지렁이 상자를 같이 두는 방법으로 토끼를 정원에서 이용한다. 지렁이가 토끼 똥을 처리하는 자연스러운 방식으로 완벽한 퇴비를 만드는 것이다(다음 쪽의 그림을 보라). 이 기술은 두 동물을 연결시킬 뿐 아니라 서로 잘 연결된 모든 관계와 마찬가지로 혜택을 제공하고 문제를 해결한다. 여기에서는 토끼의 똥오줌을 의식적으로 이용함으로써 훌륭한 퇴비와 통통하게 살찐 지렁이가 탄생하는 것이다.

이 시스템에서 바닥이 철망으로 된 토끼장은 긴 기둥으로 받쳐놓았기 때문에 지면으로부터 떨어져 있다. 토끼장 아래에는 뚜껑 없는 나무 상자나 플라스틱 상자를 설치한다. 상자의 크기는 떨어지는 똥을 받기에 충분하고 깊이가 45~75cm 정도 되어야 한다. 잘게 찢은 신문지 조각과 피트모스나 마른 잎 조각을 약 15cm 깊이로 상자에 넣는다. 이 상자에 토끼의 똥오줌과 흐트러진 먹이가 모이게 되는 것이다. 상자가 가득 차면 100~300마리의 실지렁이를 넣고 뚜껑을 덮은 후 다른 곳에 치워둔다. 그리고 신문지와 피트모스를 섞어서 넣은 두 번째 상자를 토끼장 아래에 둔다. 두 번째 상자가 가득 찰 무렵이면 첫 번째 상자 속의 내용물은 멋진 지렁이 퇴비가 되어 있을 것이다. 그러면 첫 번째 상자 속의 지렁이를 체로 골라내서 두 번째 상자에 넣으면 된다.

이 지렁이 상자는 음식물쓰레기도 처리할 수 있다. 지렁이 상자는 최고의 퇴비 제조 시스템으로, 실내에서도 이용할 수 있다. 사실상 냄새가 나지 않는 지렁이 상자는 북부 지방의 실내에서 겨울에 퇴비를 제조하는 데 이상적이다. 북부 지방에서는 겨울에 퇴비더미를 야외에 두면 얼어붙은 덩어리가 되기 때문이다. 지렁이 상자를 고안하고 이용하는 데 대한 보다 상세한 설명은 참고문헌의 책을 참조하기 바란다.

동물을 키우면 정원의 범위가 또 다른 자연의 왕국으로 확장된다. 풍요로운 흙 속에서는

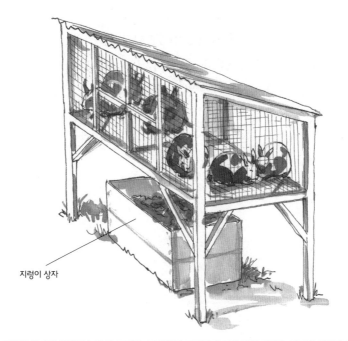

지렁이 상자

지렁이 상자를 아래에 놓아둔 토끼장. 토끼 똥은 지렁이에 의해 진한 퇴비로 빠르게 전환된다.

죽음을 생명으로 바꾸는 눈에 보이지 않는 놀라운 일들이 수없이 펼쳐진다. 흙 속의 분해자들은 나무와 잎, 뼈와 키틴질로 마법을 부린다. 경이로운 초록색 존재인 식물은 땅 위에 살면서 붙잡은 햇빛으로 당분, 즙, 꽃, 과일, 씨앗을 만들어 우리 모두를 먹인다. 그리고 이제 우리는 훨훨 날아다니고, 윙윙 소리를 내고, 날쌔게 뛰어다니고, 바닥을 긁고, 먹이를 갉아 먹고, 똥을 누는 동물을 정원에 데리고 왔다. 동물은 자연의 순환을 완성시키는 마지막 연결 고리다. 이들은 또한 자연의 정비공이다. 동물들은 씨와 비료를 뿌려 식물의 성장을 촉진시키는가 하면, 열심히 풀을 뜯어 먹고 땅을 밟아 뭉개서 성장을 방해하기도 한다. 양분과 씨를 아주 먼 곳까지 퍼뜨리기도 한다. 또 초목이 무성한 장소에서 식사를 하고, 모래 목욕을 하는 건조한 맨땅으로 씨와 양분을 옮겨 메마른 토양에 생명을 불어넣는다. 동물은 몸과 발굽으로 씨앗 뭉치를 처리하고, 씨를 흙 속에 짓이겨 넣고, 나무의 가지를 치고, 곤충 무리의 수를 줄인다. 동물이 없으면 우리의 노동은 두 배, 아니 네 배가 될 것이다. 우리는 꽃가루를 옮기고, 약을 치고, 땅을 파고, 비료를 날라서 뿌리고, 또 다른 수천 가지 일을 직접 해야 할 것이다. 우리의 놀라운 사촌들은 그 모든 일을 쉽게, 그리고 즐겁게 해왔다. 동물이 없으면 자연은 절름발이가 된다. 정원에 동물이 없으면 사람이 목발이 되어줄 수밖에 없다. 두 발, 네 발, 아니 그 이상의 발을 지닌 동물 친구들을 부양하는 정원을 만들면, 우리는 자연의 순환을 완결시키고 노동의 짐을 보다 공평하게 분배해서 자연이 제 몫을 지게 할 수 있다.

II 생태정원을 이루는 요소

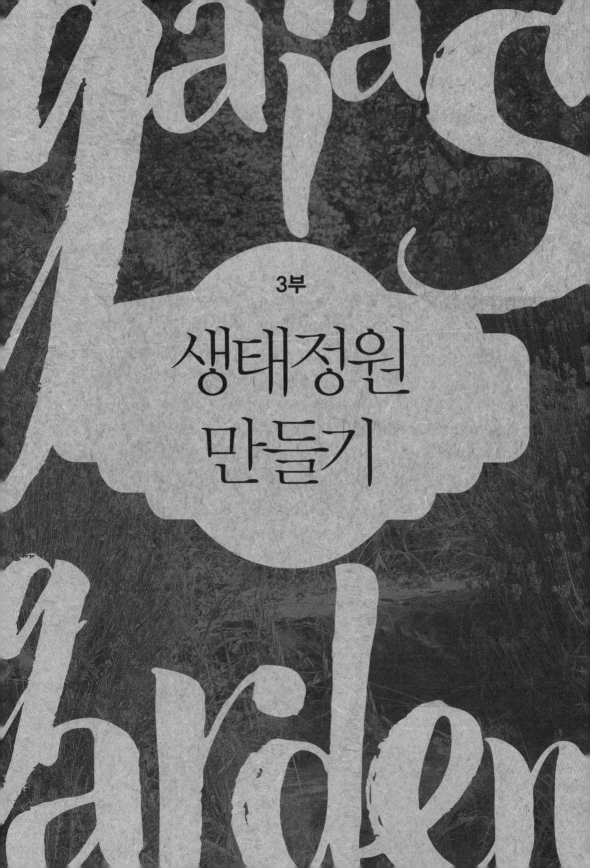

3부

생태정원 만들기

8

정원을 위한 식물군집 만들기

이제 생태정원의 각 부분을 조합할 차례다. 우리는 정원에 물이 필요하다는 사실을 안다. 물은 흙 속에 가장 잘 저장되어 있지만, 식물 속에도 들어 있고 연못이나 수조에 저장할 수도 있다. 정원의 흙은 살아 있으며 영양분이 풍부하다. 그 속에서는 미생물이 바쁘게 움직이면서 영양분을 식물로 수송한다. 살아 있는 흙 속에 뿌리박은 식물은 다양한 역할을 수행한다. 우리가 고른 식물은 지구의 미네랄과 물, 공기를 모으고 순환시키며, 땅에 그늘을 드리우고 이파리를 떨구어 흙을 비옥하게 한다. 식물은 또한 사람과 야생동물을 위해 과일과 푸성귀를 생산한다. 그리고 생태정원에는 동물 친구들도 많다. 새는 흙을 긁고 씨를 뿌리며, 심술궂은 애벌레를 먹어치우고 영양분이 가득한 똥을 떨어트리고 간다. 해충을 제압하고 여러 가지 꽃을 수분시키는 곤충도 있다. 어쩌면 이 정원에는 닭이나 오리, 토끼도 몇 마리 있어서 땅을 갈고 풀을 뽑으며, 벌레를 감시하고 똥거름을 선물하고 있을 수도 있다. 야생에 좀 더 가까운 가장자리 지역에서는 사슴이 지나다니며 순을 지르고 먹이를 얻고, 생쥐와 들쥐가 씨앗을 들고 도망친다. 그 씨앗 중 몇 개는 먼 곳에 떨어져 잊힌 채 싹을 틔울 것이다. 이런 식으로 우리 정원의 범위는 넓어진다.

그러나 이런 것들은 단지 정원의 부품에 불과하다. 물과 흙, 식물과 동물은 서로 연결되어 있지 않으면 조각들의 모음 그 이상은 되지 못한다. 서로 풀을 붙여 합치기 전에는 아무것도 담지 못하는 예쁜 그릇 조각일 뿐이다. 지금쯤이면 분명히 이해했겠지만, 이 조각들은 올바른 관계로 조립하지 않으면 살아나지 않는다. 이 장에서 우리는 바로 이 관계에 대해 알아볼 것이다.

연결 작업은 단순하게 시작할 것이다. 일단 몇 가지 식물을 섞어보고, 그 병렬로 인해 어떤 상승작용이 일어나는지 살펴보자. 그 다음에 우리는 야생종과 재배종 둘 다를 이용해서 식물군집을 만들어볼 것이다. 이 식물군집의 구성원은 각기 다른 구성원을 지탱하고 향상시키며, 혜택을 주고받는다. 우리가 만들 군집은 식물에 기초하고 있지만, 식물의 왕국을 넘어서 곤충과 새, 포유류, 토양생물, 사람도 그 구성에 포함된다.

섞어짓기와 그 너머

텃밭지기라면 식물군집을 만들어본 경험이 약간은 있을 것이다. 먹거리를 재배하는 사람들은 넓은 면적에 한 가지 작물만을 심었을 때 생기는 미학적, 생태적 결함을 피하려고 오랫동안 시도해왔다. 단일작물재배는 지력을 고갈시키고 해충에게 화려한 연회를 베풀며, 감각을 둔하게 한다. 이런 결함을 피하기 위해 **섞어짓기**(interplanting)[1]를 시행하는 정원사들이 많다. 서로 다른 종류의 작물을 섞어 심어서 공간을 절약하고 한 가지 채소만 빽빽하게 나 있는 상태를 피하는 것이다. 섞어짓기 전략은 대개 채소에 국한되어 있지만, 식물들의 협동을 통해 해충을 방지하는 등의 도움을 얻기 위해 여러 종류의 식물을 조합하는 원리를 조금이나마 보여준다. 우리는 일단 섞어짓기의 기본을 배우고 나서, 스펙트럼을 더넓혀 채소 너머로 시선을 옮길 것이다. 목표는 사람뿐만 아니라 자연의 모두에게 이득이 되는 식물군집을 정원에 만드는 것이다.

한 가지 간단한 섞어짓기 계획은 양파와 당근, 양상추를 같은 밭두둑에 심는 것이다. 이 세 가지 식물은 잎이 생김새, 햇빛이 필요한 정도, 뿌리의 깊이가 다 다르다. 그렇기 때문에 물리적으로 양립할 수 있고, 필요한 자원의 측면에서도 서로 잘 어울린다. 원통 형태의 양

---

1 interplanting은 보통 '사이짓기(간작, 間作)'로 번역되지만 여기에서는 '섞어짓기(혼작, 混作)'로 번역했다. 사이짓기는 주작물과 부작물의 구분이 있는 데 반해, 섞어짓기는 주작물과 부작물의 구분이 없다는 점이 다른데, 이 책에서는 interplanting을 주작물과 부작물의 구분 없이 공간을 절약하기 위해 여러 가지 식물을 섞어짓는다는 개념으로 쓰고 있다.

파 잎은 하늘을 향해 똑바로 자라기 때문에 그늘을 별로 드리우지 않는다. 깃털 모양의 당근 잎은 옆으로 약간 무성하게 자라지만 짙은 그늘을 만들지는 않는다. 그리고 양상추는 잎이 단단하게 결구되는데, 키가 작기 때문에 다른 식물의 아래에서 그늘을 드리운다. 이 세 가지 잎의 형태는 서로 잘 들어맞아서 식물 각각에게 충분한 햇빛이 들게 할 수 있다. 또한 양상추는 양파와 당근보다 햇빛이 덜 필요하기 때문에, 이 두 가지 식물이 드리우는 약간의 그림자는 양상추의 성장을 방해하지 않는다. 여름이 되면 양상추는 웃자라는 경향이 있어서 그림자가 없으면 쓴맛이 난다. 이것은 키 큰 식물 옆에 양상추를 심어야 하는 좋은 이유다. 그리고 마지막으로, 이 세 식물의 뿌리는 공간을 두고 서로 다투지 않는다. 양파는 뿌리가 얕고, 양상추는 중간 깊이로 뿌리를 내리고, 당근의 원뿌리는 곧고 깊게 내려간다. 그래서 이 식물들은 각기 다른 장소에서 영양소를 찾는다. 이 세 가지 채소는 형태, 빛을 요구하는 정도, 뿌리를 내리는 패턴이 서로 다르기 때문에 매우 성공적으로 섞어 지을 수 있다.

양상추와 양파, 당근을 섞어 지은 예. 세 식물은 영양분과 햇빛을 두고 경쟁하지 않고 조밀한 식재가 가능하다.

다른 조합도 있다. 방울다다기양배추(Brussels sprouts)[2]와 파슬리, 시금치, 양파를 섞어 지으면 효과적이다. 시금치와 양파는 방울다다기양배추가 성숙하기 전에 수확할 수 있고, 파슬리는 그늘이 조금 드리워져도 견딜 수 있기 때문이다. 또한 이 식물들은 뿌리 깊이와 필요로 하는 영양소가 각기 다르다. 래디시(radish)와 양상추, 고추의 조합도 비슷한 이유로

---

2 십자화과(十字花科, Brassicaceae)에 속하는 양배추 비슷한 식물. 줄기가 60~90cm까지 자란다. 줄기를 따라 다닥다닥 달리는 겨드랑이눈이 양배추의 결구와 비슷하며, 지름이 25~40mm인 작은 결구로 발달한다. 한국에는 최근에 들어왔으며 소규모로 재배되고 있다.

잘된다. 래디시는 빨리 자라고, 양상추는 어린 고추가 그늘을 드리워도 상관이 없다. 그리고 고추가 다 자랄 무렵이면 다른 식물은 수확이 끝난 후다.

섞어짓기가 공간을 절약하기는 하지만, 나에겐 그것만으로 충분하지 않다. 대부분의 섞어짓기는 위의 예에서 제시하듯이 단순히 서로 부정적인 작용을 하지 않는 방식으로 식물들을 결합시킬 뿐이다. 이를테면 공간이나 빛을 두고 경쟁하지 않도록 말이다. 이런 형태의 섞어짓기는, 자연처럼 역동적이고 상호작용하는 연합체로 식물들을 조화시키지는 못한다. 더 이야기해보자면, 섞어짓기는 해충을 방지하거나 영양분을 옮기고 저장하는 등 식물들이 서로에게 제공할 수 있는 상호 이익을 이용하는 경우가 드물다.

또 다른 기술인 **상생재배법**(companion planting)[3]은 이런 상호 이익을 약간 이용한다. 예를 들어 당근 옆에 세이지를 심으면 당근파리(carrot fly)를 막아준다고 한다. 또 당근은 완두콩의 생장을 자극하는 특수한 물질을 분비하는 것으로 추측된다. 상생재배법은 올바른 방향으로 한 발짝 나아간 것이다. 그러나 불행히도, 전통적으로 전해져오는 상생식물의 조합을 주의 깊게 시도해보면 그중 많은 것들이 전혀 이득이 되지 않는다는 사실이 밝혀진다. 놀랍게도 오래된 조합 방법 중 어떤 것들은 해를 끼치기까지 한다. 로버트 쿠릭은 훌륭한 책 『자연스러운 식용식물 조경디자인과 유지관리』에서 여러 가지 오래된 상생식물 조합법의 정체를 폭로하는 연구 결과를 요약하고 있다. 예를 들어 정원사들은 해충을 방지하기 위해 오랫동안 두둑의 가장자리에 매리골드를 심어왔다. 그리고 쿠릭은 어떤 종류의 매리골드, 특히 만수국아재비(Mexican marigold, *Tagetes minuta*)는 실제로 해로운 선충류를 쫓아버릴 수 있다고 언급하고 있다. 하지만 다른 종류의 매리골드 중에는 사실 해충을 끌어들이는 것도 있으며, 대부분의 매리골드는 아무 도움이 되지 않는다고 한다. 나는 매리골드를 만병통치약처럼 군데군데 뿌려놓은 정원들을 보아왔는데, 그 연구 결과는 매리골드가 그저 보기 좋은 것 이상의 효과가 있을지 의심스럽게 만들었다.

그러니까 확실한 자료가 없는 이상, 나는 토마토 옆에 바질을 심어서 더 큰 토마토가 열리게 한다는 이야기에 회의적이다. 옛날에 쓰인 상생식물 조합법을 아무것이나 되는 대로 택해서 심어도 될지는 의심스럽다. 가장 수준 높은 형태의 상생재배법으로는 꽃과 채소가 뒤섞인

3 섞어짓기(혼작, 混作)로 번역되는 경우가 있으나 여기에서는 단순한 섞어짓기와 구분하기 위해 '상생재배법'으로 번역했다.

아름다운 화단을 창조할 수 있다. 그러나 가장 단순하고 평범한 형태의 상생재배법은 단일작물재배와 그다지 다르지 않은 모습으로 식물들을 결합시킨다. 그렇게 해놓은 모습을 보면, 두세 종류의 식물을 깔끔하고 규칙적으로 섞어 심어놓은 두둑에 불과하다. 그런 곳은 활기가 없고, 깨끗이 풀을 뽑아놓았으며, 생태적으로 죽어 있다. 우리는 그보다는 잘할 수 있다.

복합경작으로 정원을 가꾸자

만약 섞어짓기와 상생재배법의 장점을 섞을 수 있다면 어떨까? 섞어짓기는 햇빛과 영양소를 두고 거의 경쟁을 하지 않는 작물들을 서로 결합시킨다. 상생재배법은 서로의 성장을 향상시키는 종류의 식물들을 조합한다. 몇 십억 년에 걸쳐 조율되어 온 자연 속의 식물군집은 두 가지 일을 모두 다 한다. 우리의 정원에서 이 식물군집을 모방하면 어떨까?

식물군집은 가만히 있는 것이 아니라 역동적으로 움직인다. 2장에서 보았듯이, 식물군집은 끊임없이 구성을 바꾸고 있다. 식물군집을 구성하는 종들은 생태 천이가 진행됨에 따라 교체된다. 천이의 초기 단계에서는 공격적인 선구식물(대체로 일년생)이 맨땅에 이주한다. 선구식물은 자라고 죽으면서 잎을 떨어뜨려 흙을 덮는다. 또 선구식물의 뿌리는 단단한 땅을 쪼개고, 죽은 후에는 부식토 덩어리가 되어 흙 속 깊이 공기를 불어넣는다. 이런 작업을 통해 선구식물은 나중에 좀 더 까다로운 종들이 와서 살 수 있도록 땅을 준비한다. 알맞은 조건이 되면, 보다 오래 사는 다년생식물이 갓 비옥해진 토양으로 이사를 온다. 그 다음에는 관목이 올 차례다. 그리고 강우량이 충분하다면 마지막에는 교목이 나타나게 된다.

살아 있는 식물은 스스로 다른 종의 마음에 드는 조건을 만들어낸다. 선구식물이 들어오면 온도와 습도, 햇빛의 양이 획일적이었던 맨땅이 식물의 생명으로 인해 세분되어 무수한 서식지와 미기후가 만들어진다. 무성한 선구식물의 보호 아래에서 흙은 촉촉하고 시원해진다. 새로운 종의 씨앗이 싹트기에 알맞은 환경이 되는 것이다. 얼마 지나지 않아 한때 헐벗었던 땅은 키와 너비, 잎 크기와 모양, 함유하고 있는 즙의 정도, 꽃의 형태, 반사율과 흡수율이 대비되는 서로 다른 식물들로 포근하게 둘러싸인다. 그리고 다양성은 또 다른 다양성을 불러온다. 미기후가 증가할수록 더 많은 종에게 알맞은 환경이 발생한다. 니치가 풍부해지고, 새로운 종류의 식물이 이 니치로 들어와서 더 많은 곤충과 새, 생명을 끌어들인다.

어쨌든 보통의 채소밭에는 하나의 니치밖에 없다. 햇볕이 내리쬐는 pH 중성의 비옥한 토양 말이다(솔직히 말해 우리 모두가 그런 텃밭을 가지고 있는 건 아니다. 어쩌면 당신의 텃밭은 산성의 점토로 이루어진 경질 토양일 수도 있고, 이웃집의 나무 그늘이 드리워져 있을지도 모른다. 그렇지만 정원사들은 대개 위에서 나열한 소위 이상적인 조건을 열망한다). 하지만 이 이상적인 조건은 다양한 생태계를 빈약하고 단일화된 상태로 축소시킨다. 우리의 정원을 아름답게 하는 많은 식물은 토양의 종류와 일조량 등 여러 변수를 달리하는 수백 가지 생태 니치로부터 비롯되었다. 정원의 식물들에게 하나의 단일한 서식지에 살라고 하는 것은 우리가 가지고 있는 폭넓은 가능성을 침식시킨다. 다양한 종류의 토양과 일조량, 온도가 정원에 제공되면 번성할 수 있는 종의 수가 늘어난다.

정원의 환경을 결정하는 가장 큰 요소 중 하나는 식물 그 자체다. 우리가 키우는 식물의 특질은 동적인 환경과 함께 진화하면서 이웃하는 식물에 의해 형성된 것이다. 종들은 나무의 수관 아래서 진화했거나, 풀 속에서 진화했거나, 관목 사이에서 자리다툼을 하며 진화해왔다. 종들은 결코 홀로 진화하지 않았다. 항상 군집 속의 다른 구성원들과 경쟁하고 협력하며 진화해온 것이다. 대체로 사교적인 성향을 띤 이 식물들을 고립시켜서 밭두둑과 기다란 화단으로 내던지는 것은 그 식물들을 본래의 니치에서 끄집어내는 일이나 마찬가지다.

사람에게 길들여진 식물이 본래 살고 있던 니치를 재창조하거나 모방하기 위해서 **복합경작(polyculture)**이라는 농법을 사용할 수 있다. polyculture는 '많음'을 뜻하는 그리스어 poly와 '기르다 또는 재배하다'라는 뜻의 라틴어 cultura의 합성어다. 복합경작은 스스로를 조직하는 활발한 식물군집으로, 여러 종으로 구성되어 있다.

섞어짓기와 상생재배법은 복합경작의 초보적인 형태다. 복합경작의 가장 간단한 형태는 단순히 여러 식물을 함께 기르는 것이다. 그러나 보다 정교하게 복합경작을 하면, 식물은 자신이 성장하기에 최상의 조건이 되도록 환경을 스스로 조율한다. 기회만 주어진다면 열기를 싫어하는 양상추는 콜리플라워의 무성한 수관 아래에서 편안하게 지낼 수 있을 것이다. 천천히 싹트는 야생화들은 잎이 일찍 피는 까치밥나무 덤불 아래의 축축하고 그늘진 곳에서 때를 기다릴 것이다. 우리는 이런 관계들이 정원에서 번성하도록 북돋워줄 수 있다. 우리는 매우 다양한 종류의 식물을 주의 깊게 골라서 혼합함으로써 식물 간의 경쟁을 최소화하고 서로 이득을 주고받게 할 수 있으며, 식물들이 생태 천이를 따라 구성을 바꾸면서 서로 협력하여 먹거리와 꽃, 서식지를 오랜 기간 다양하게 제공하는 정원을 만들 수 있다.

우리는 먼저 이 생태적인 농법을 소개하는 간단한 복합경작 체계를 알아본 뒤, 좀 더 정교한 형태를 살펴볼 것이다. 그 다음에는 독자적으로 복합경작을 계획할 때 참고할 수 있는 지침을 제시하겠다.

전통사회에서는 오랫동안 복합경작을 해왔다. 그러나 거기에 쓰인 식물은 북아메리카의 정원사들에게는 일반적으로 생소한 것이 많다. 태평양 연안으로 이주한 웨일즈인인 이안토 에반스가 이끄는 한 팀은 1980년대에 유럽과 미국에서 찾을 수 있는 식물로 이루어진 복합경작 모델이 필요하다는 것을 느끼고, 온대기후에서 적용할 수 있는 몇 가지 복합경작 모델을 개척했다. 이안토 에반스는 발명가이자 지도자, 건축가다. 그는 오랜 세월 축적한 지혜를 신중하게, 때로는 깐깐하게 느껴질 정도로 조금씩 꺼내놓는 인물이다. 그는 오랜 기간 동안 저개발 국가들을 여행했으며, 직접 발명한 몇 가지 새로운 콩 품종, 연료 효율이 좋은 장작 스토브, 조각을 한 흙집은 산업기술을 전통문화의 지혜와 함께 엮어낸 것이다. 이안토의 복합경작은 전통문화의 선례를 따르고 있으며, 서양의 정원에 토착민의 지혜를 불어넣고 있다.

전통문화에서 이용되는 여러 복합경작 텃밭을 관찰한 뒤, 이안토는 일련의 기본 원리를 추출해냈다. 그는 그 원리를 따라 평범한 종류의 채소들을 조합해서 각각의 종이 여러 달에 걸쳐 차례대로 성숙하도록 계획했다. 이렇게 해서 그는 아홉 달 동안 끊이지 않고 먹거리가 생산되게 할 수 있었다. 초창기에는 실험적이고 제한되어 있었던 그의 노력은 서서히 30종에 이르는 식물의 복합경작으로 발전해갔으며, 그의 뒤를 이어 작업을 계속해나가는 이들도 생겼다.

이안토는 일곱 가지 종으로 이루어진 복합경작 체계를 고안했다. 이 방법은 자연천이를 모방하면서 여러 생태 니치를 채우고, 여러 종류의 식물을 하나의 밭두둑 위에 밀집시킨다. 이 복합경작 체계에서는 일찍 싹이 트는 식물들이 자라면서 조합의 다른 구성원을 위한 서식지를 창출하고, 익충을 유인해서 꽃가루받이를 하고 해충과 싸우게 한다. 밀식된 식물들은 흙을 덮는 살아 있는 피복재가 되어 증발을 억제하고 물을 줄 필요를 줄인다. 이 복합경작은 아주 작은 공간에서 수개월 동안 꾸준한 양으로 수확을 할 수 있게 해준다. 이 모든 혜택은 식물을 적절한 관계로 배치하는 데서 나온다. 살아 있는 존재들의 동적인 특질에서 이득을 취하는 방식으로 말이다.

이안토의 복합경작에서는 일찍 싹이 트는 래디시, 곤충을 유인하면서 식용도 가능한 시라와 금잔화, 상추, 파스닙(parsnip), 양배추, 질소를 고정하는 강낭콩을 섞어 심는다. 이 식물들을 복합경작하는 자세한 방법은 글상자 속에 소개되어 있다.

이안토 에반스의 복합경작

먼저 밭을 준비한다. 복합경작을 통해 먹을거리를 조달할 사람 한 명당 1.8㎡ 정도를 할애한다.

- **마지막 서리가 내리기 2주 전:** 1.8㎡당 5그루 내외의 양배추 모종을 실내에서 키우기 시작한다. 양배추 모종은 한 달 안에 혼합씨앗이 뿌려진 밭에 옮겨 심을 수 있을 만큼 커져야 한다. 수확기를 늘리려면 조생종과 만생종을 둘 다 준비한다.

- **마지막 서리가 내린 후 첫째 주:** 초봄에 래디시, 시라, 파스닙, 금잔화, 상추의 씨를 뿌린다. 수확기를 늘리려면 다양한 종류의 상추를 심는다. 루즈리프(looseleaf), 로메인(romaine), 버터(butter), 아이스버그(iceberg)뿐만 아니라, 섬머타임(Summertime)이나 옵티마(Optima)처럼 고온에도 견디는 품종의 상추를 섞어 심으면 한여름에도 수확을 계속할 수 있다.
씨앗을 전부 같은 장소에 흩어 뿌린다. 씨를 뿌리는 밀도는 12~13㎠당 씨앗 한 개가 떨어질 정도다. 씨를 가볍게 흩어 뿌려서 밭두둑 전체를 덮는다. 씨는 종류마다 따로 뿌려야 한다. 씨를 한꺼번에 섞은 다음에 밭에 던지는 식으로 뿌리면 안 된다. 그렇게 하면 무거운 씨앗이 멀리 날아가기 때문이다. 그러면 밭의 한쪽 끝에는 래디시가 모여 나고, 반대편에는 파스닙이 모여 나게 된다. 어쨌든 씨를 뿌린 다음에는 0.5~0.6㎝ 두께로 퇴비를 덮고, 조심스럽게 물을 준다.

- **넷째 주:** 래디시 몇 개는 이제 뽑아 먹어도 될 정도로 자랐다. 래디시를 뽑아 먹고 난 구멍에 약 45㎝ 내외의 간격으로 양배추 모종을 심는다.

- **여섯째 주:** 어린 상추는 이제 수확해도 될 정도로 자랐다. 빽빽하게 심은 어린 상추로는 맛있는 프랑스식 샐러드를 해 먹을 수 있다. 그루 전체를 수확해서 다른 개체가 자랄 수 있는 여지를 만들어 준다. 계속해서 솎아주면 남은 상추는 끝까지 자랄 수 있다. 품종을 신중하게 선택해서 심으면 넉 달 동안 아삭거리는 상추를 먹을 수 있다.

- **늦봄/초여름:** 15~16℃ 이상으로 토양이 데워지면, 상추를 수확하고 남은 자리에 강낭콩을 심는다. 초여름에 생긴 빈자리가 더 많으면 거기에 메밀을 뿌리고 싹이 튼 지 며칠 후부터 솎아 먹기 시작한다. 어린 메밀은 채소로 먹을 수 있다. 상추 다음으로 수확할 수 있는 작물은 시라와 금잔화다. 금잔화 꽃은 먹을 수 있으며 샐러드에 넣으면 맛있다. 그리고 조생종 양배추도 이 무렵이면 수확할 수 있다. 한여름에는 강낭콩을 수확할 수 있다. 파스닙은 느리게 자라기 때문에 가을 겨울에 먹을 수 있게 된다. 겨울이 따뜻한 지역에서 이렇게 복합경작을 할 경우에는 초가을에 다시 빈틈이 생기면 누에콩을 심을 수 있다. 겨울이 추운 곳에서는 구멍에 마늘쪽을 쑤셔 넣어두었다가 이듬해 봄에 수확하면 된다.

이 복합경작의 구성 요소들은 어떻게 상호작용할까? 빨리 자라는 래디시는 그늘을 드리워서 흙을 촉촉하고 시원하게 유지시켜 준다. 이것은 천천히 발아하는 씨(특히 파스닙)들을 건조한 태양으로부터 보호해준다. 강한 냄새가 나는 시라와 금잔화는 연하고 어린 래디시를 찾는 곤충을 교란시킬 것이다. 시라는 또한 양배추에 사는 자벌레를 공격하는 조그만 기생벌의 서식지가 된다. 가을에 자라 겨울을 나는 양배추는 침식과 격심한 강우로부터 토양을 보호하고, 강낭콩은 흙에 질소를 더한다. 다양한 형태의 잎과 뿌리 깊이는 햇빛과 공간, 영양소에 대한 경쟁을 최소화한다.

이 복합경작은 대부분의 해충을 교란시키기에 충분한 다양성을 제공한다. 밀식된 식물들은 햇빛, 비에 의한 침식, 열기로부터 토양을 보호하는 살아 있는 피복재가 되어 흙의 질감, 부식질, 수분을 유지한다. 나는 뜨거운 여름날 오후에 복합경작을 하고 있는 흙 속에 손을 집어넣어본 적이 있는데, 식물 잎과 아랫부분의 흙은 기분 좋게 시원하고 촉촉했다. 그리고 여기에서는 대부분의 식물 니치가 점유되어 있기 때문에 잡초가 접근할 수 없다. 전체 소출은 같은 면적에서 식물을 구획하여 단일 재배한 것보다 더 많다. 그리고 이 복합경작 체계에서 주된 파종은 단 한 번뿐이고 나중에 돌보는 시간도 몇 분에 불과하지만, 아주 긴 시간 동안 다양한 작물을 수확할 수 있다.

복합경작과 함께하는 더 많은 모험

일곱 가지 요소로 된 이안토의 복합경작에 새로운 종을 첨가함으로써 그의 작업을 더욱 확장시킨 사람들이 있다. 네팔에 있는 한 마을의 자기발전기구인 자자르코트 퍼머컬처 프로그램(The Jajarkot Permaculture Program)에서는 보다 확대된 복합경작 체계를 만들었다. 나는 이 모델을 조금 변형시켜서 북아메리카의 텃밭에서 봄에 이용할 수 있도록 했다.

이 복합경작은 먹을 수 있는 푸성귀를 빽빽하게 심어 지면을 덮는 것으로 시작한다. 그 사이에 점점이 샐러드용 식물과 허브를 뿌린다. 이것들을 수확하고 나면 강낭콩과 다른 채소 들이 자리를 차지한다. 이 복합경작을 실시하면, 가장 추운 지역을 제외한 모든 곳에서 일 년에 여섯 달에서 여덟 달 동안 먹거리를 생산할 수 있다. 북쪽 지방의 기후에서는 부직포나 비닐을 두둑 위에 덮으면 가을과 봄에도 제법 생산을 할 수 있다.

자자르코트의 복합경작을 이용하면(글상자를 보라), 한두 달 동안 허브를 수확할 수 있다. 시라와 회향, 고수, 바질은 뿌리채 뽑지 않고 잎만 뜯어 먹으면 더 오랜 기간 수확할 수 있다. 샐러드용 푸성귀는 서너 달 동안 생산될 것이다. 조생의 배추속 식물과 완두는 늦봄에 거둘 수 있으며, 강낭콩과 누에콩, 파와 마늘 종류는 여름에 거둘 수 있다. 가을에 성숙하는 종류의 배추속 식물을 심었다면, 가을에는 그것을 식탁에 올릴 수 있을 것이다.

자자르코트이 복합경작에서 찾아볼 수 있는 상호작용과 혜택은 이안토의 복합경작과 상당히 유사하다. 다만 규모가 더 클 뿐이다. 여기에 있는 몇 가지 미나리과 허브는 익충을 끌어들인다. 여러 가지 콩과식물은 질소를 고정하고, 누에콩은 기생벌을 끌어들이기도 한다. 여기에서도 밀식된 푸성귀가 흙을 보호하고 그늘을 드리우며, 잡초를 막아준다. 그리고 당연한 이야기지만, 수확기가 길면 정원사에게 큰 이득이 된다.

좀 더 발전된 자자르코트의 복합경작

자자르코트의 복합경작을 실시하려면, 먹일 사람 한 명당 약 1.8~2.8㎡의 밭을 준비한다.

- **마지막 서리가 내리기 한 달 전:** 한 사람당 4~8그루의 양배추, 콜리플라워, 브로콜리 모종을 실내에서 키우기 시작한다. 긴 계절에 걸쳐 차례대로 성숙하도록 품종을 잘 선택한다.

- **마지막 서리가 내린 후 첫째 주:** 여러 품종의 겨자채[오사카 적겨자(Osaka Purple mustard), 타차이(tatsoi)[4], 경수채(mizuna), 큰다닥냉이 등]와 아루굴라, 재배종 쇠비름(garden purslane), 차조기(shiso) 같은 서늘한 계절에 자라는 푸성귀를 섞어서 빽빽하게 씨를 뿌린다. 먹을 수 있는 지피식물 덮개를 형성시키는 것이다. 5월의 온도가 약 26℃에 달하는 따뜻한 지역에서는 메밀도 같이 뿌린다. 어린 메밀싹은 생채로 먹거나 볶아 먹으면 맛있다.

  거기에다 몇 가지 샐러드용 작물을 더한다. 먼저 뿌린 씨앗 사이에 래디시와 근대, 상추, 당근 씨앗을 가볍게 뿌린다.

  다음으로는 허브 씨를 뿌린다. 회향, 시라, 고수를 뿌리는데 샐러드용 작물보다 더 빽빽하게 뿌린다. 상대적으로 발아력이 떨어지기 때문이다.

  이번에는 그 혼합물에 콩과식물의 씨를 더한다. 누에콩이나 완두, 혹은 이 둘을 섞어서 대충 약 30㎝ 간격으로 흙 속에 넣는다.

  좋아하는 파속의 식물을 여기에 더한다. 양파나 마늘, 부추, 리크의 씨나 모종을 15~30㎝ 간격으로 심는다.

- **둘째 주에서 넷째 주:** 먹을 수 있는 지피식물을 수확하기 시작한다. 잎만 따 먹지 말고 뿌리째 뽑아서 땅에 구멍을 만든다. 어린 콩이나 파속 식물을 건드리지 않도록 조심한다. 어린 허브도 일부

---

4 우리나라에서는 흔히 비타민 채소라고 부른다.

솎아내서 샐러드나 스튜에 넣으면 좋은 향이 난다. 남은 틈새 몇 군데에 양배추나 콜리플라워, 브로콜리 모종을 45cm 내외의 간격으로 심는다.

- **늦봄/초여름:** 흙의 온도가 약 15℃에 달하면, 구멍 속에 바질과 강낭콩을 심는다.

  봄에서 여름으로 넘어가면서 무더워지면 많은 푸성귀들이 웃자라기 시작할 것이다. 수확을 서둘러서, 씨가 떨어지기 전에 이들을 제거한다. 혹시 이 식물들을 텃밭에 귀화시키고 싶다면 몇 그루를 남겨둔다. 씨가 맺히면 전초를 뽑아 흙 위에 놓아두어 다시 씨가 뿌려지게 한다. 씨앗을 제외한 나머지는 퇴비가 될 것이다. 식물들이 성숙하거나 빽빽해짐에 따라 계속해서 모든 식물을 수확한다.

나만의 복합경작을 계획해보자

온대기후에서 적용할 수 있는 복합경작은 아직 초보 단계에 머무르고 있다. 성공적인 식물의 조합을 발전시키고 잘되는 식물의 종류를 늘리기 위해서는 아직 많은 연구가 필요하다. 나는 정원사들이 각자의 방식으로 복합경작 실험을 해보길 권한다. 내가 살고 있는 미국 북서부 지역은 봄과 가을이 길고 시원하다. 이런 기후에서 성공한 복합경작이라도 남부나 중서부의 무더운 '숄더 시즌(shoulder season)'[5]에는 웃자라거나 타 죽을 수 있다.

일년생 채소로 성공적인 복합경작을 하는 한 가지 비결은 다음 세 가지 그룹에 속한 식물을 골고루 이용하는 것이다. 여기에는 빨리 자라는 푸성귀나 봄철에 재배하는 배추속 식물[브로콜리, 브로콜리 랍(broccoli raab)[6], 조생 콜리플라워]과 래디시처럼 일찍 수확하는 채소 그룹, 강낭콩과 양파 같은 여름 채소 그룹, 가을 콜리플라워와 양배추, 방울다다기양배추, 파스닙, 리크처럼 느리게 자라는 식물 그룹이 있다.

---

5 성수기와 비수기 사이의 여행 기간

6 라피니(rapini)라고도 불리며, 이탈리아 요리에 많이 쓰이는 채소다. 잎에서 브로콜리와 비슷한 맛이 나지만, 쓴 맛이 있다. 브로콜리처럼 결구가 되지는 않는다.

이안토 에반스는 정원사들이 복합경작을 계획하는 것을 도우려고 오랜 경험에 기초한 일련의 지침을 발전시켰다. 긴 세월에 걸쳐 보증된 그의 비결은 다음과 같다.

1. 한 작물을 심을 때 여러 가지 품종을 섞어 뿌린다. 이렇게 하면 수확기가 길어지고, 어떤 타입의 품종을 심어야 좋은지 배울 수 있다. 생태 니치도 더 많이 점유하게 된다.

2. 씨를 너무 빽빽하게 뿌리지 않는다. 씨앗 봉투에 적힌 권장 파종 밀도는 식물을 많이 솎는 것을 감안한 것이다. 여러분은 거의 모든 그루의 식물을 먹게 될 것이다. 그러니 식물이 적어도 청년기가 되고 난 후에야 솎게 된다. 관행적으로 농사를 짓는 텃밭에서는 그보다 일찍 식물을 솎는다. 만약 작물을 열 가지 심는다면, 그에 따라 파종 밀도를 제시된 것의 10%로 감축한다. 13㎠당 씨앗 하나면 충분하다. 그것보다 많으면 씨앗을 뿌린지 한 달 뒤 밭두둑은 수백 개의 조그만 샐러드용 채소로 뒤덮일 것이다. 이렇게 되면 지겨울 정도로 거두고 솎고 해야 할 뿐 아니라, 빠르게 자라는 푸성귀가 상대적으로 연약한 허브들을 압도해버릴 것이다.

3. 일찍 수확을 시작한다. 식물, 특히 푸성귀 종류는 다 자랐을 때가 아니라 무성해지기 시작할 때 수확해야 한다. 식물이 지나치게 무성해지면 빨리 자라지 못한다. 어린 식물은 특히 맛이 있다. 새싹채소 열풍이 계속되는 것을 보다시피 말이다.

4. 여러 종의 식물을 심을 뿐 아니라, 여러 과(科)의 식물을 섞어 심는다. 분류학적으로 너무 가까운 식물은 같은 영양소를 두고 다툰다. 때문에 배추속(브로콜리, 콜리플라워, 양배추, 케일, 방울다다기양배추)이나 다른 한 가지 속의 식물이 지나치게 많은 복합경작은 잘되지 않는다. 여러 과의 식물을 섞어 심으면 양분이 고갈되는 것을 막을 수 있고, 다양성이 증가되어 좋아하는 음식이 모여 있는 장소를 찾는 해충을 교란시킨다.

5. 자라는 속도가 빠르고 뿌리를 얕게 내리는 종을 많이 뿌린다. 래디시, 겨자채, 호로파, 메밀은 토양을 빠르게 뒤덮어서 잡초가 나는 것을 방해하고, 수확을 빨리 시작할

수 있게 한다. 여러분은 이런 작은 식물을 많이 먹을 것이다. 그러므로 이런 식물을 가장 빽빽하게 심는다.

6. 수확기가 겹치게 한다. 수확기를 늘리기 위해 한 종에서 각기 숙기가 다른 여러 품종을 선택해 심는다. 예를 들어, 잎상추는 결구상추보다 일찍 샐러드에 넣을 수 있을 만큼 자란다. 거기에다 더해 빨리 자라는 채소와 느리게 자라는 채소, 이른 계절의 작물과 늦은 계절의 작물을 혼합해서 심는다. 예를 들어, 래디시를 수확한 뒤에는 양배추를 수확할 수 있다. 완두를 수확한 뒤에는 강낭콩을, 그 뒤에는 가을 누에콩을 수확한다. 시라 같은 봄철 허브 뒤에는 여름 바질을 수확할 수 있다.

7. 뿌리 내릴 공간이나 빛을 두고 다투는 일을 피한다. 토마토와 감자같이 크게 뻗치는 식물은 복합경작에 적당하지 않다. 다른 식물에 그늘을 드리우기 때문이다. 뿌리작물이 우세하면 흙 속의 공간을 두고 다툴 것이다. 식물을 심기 전에 각 품종이 성숙했을 때의 크기와 형태를 생각해보고, 경쟁을 피한다.

8. 전초를 수확한다. 허브는 정기적으로 잎을 따 먹어서 웃자라지 않도록 억제할 수 있는데, 이렇게 오래 사는 허브 종류를 제외하면 복합경작 식물은 뿌리째 뽑아 먹어야 한다. 이렇게 하면 같은 장소를 두고 다투는 다른 여러 식물에게 공간을 내어줄 수 있다. 뿌리를 뽑을 때는 옆에 있는 식물의 뿌리를 건드리지 않도록 조심한다. 가장 빽빽한 부분부터 수확하고, 어떤 식물을 골라야 느리게 자라는 동반식물을 경쟁으로부터 자유롭게 해줄 수 있는지 살펴서 수확한다.

9. 씨를 받기 위해 몇 그루를 남겨둔다. 각각의 종에서 가장 건강한 개체를 남겨두어 씨를 맺게 한다. 자연스럽게 다시 씨가 뿌려지게 해도 좋고, 씨를 거두어 보관해도 된다. 씨를 받기 위한 식물은 가능하면 두둑의 북쪽 면에 남겨두어 다른 식물군에 그늘을 드리우지 않게 해야 한다.

10. 복합경작으로 재배하고 있는 곳은 매일 살펴보도록 한다. 복합경작을 하면 상황이 무척 빨리 바뀐다. 복합경작으로 관리하고 있는 텃밭은 3주가 지나면 밀도가 최고로 높아질 것이다. 빠른 성장이 지속되려면 매일 수확을 해야 한다. 그 대신 훌륭한 샐러드나 볶음 요리를 매일 먹을 수 있다. 이런 매일의 관심은 복합경작에 크게 도움이 된다. '가장 좋은 비료는 밭주인의 그림자'라는 중국 속담처럼 말이다.

정원에 길드를 만들자

지금쯤 야생동물정원을 가꾸고 있는 독자들은 이런 상추니 브로콜리니 하는 이야기가 지겨워졌을 것이다. 위에서 이야기한 복합경작은 채소밭 가꾸기의 영역에 확고하게 자리하고 있는 것이다. 복합경작은 가꾸는 데 노력이 많이 들고, 토착식물을 빠트리고 있으며, 곤충 이외의 야생동물을 위한 역할은 별로 없다. 복합경작은 깔끔하게 줄지어 작물을 재배하는 것보다야 '자연'스럽지만, 야생의 생태계와는 여전히 거리가 멀다. 우리는 이 점을 고쳐야 한다. 내가 채소를 바탕으로 한 복합경작으로 이야기를 시작한 이유는 이것이 식물들을 조합해서 상호작용을 하는 군집을 만드는 방법의 기초를 복잡하지 않게 설명해주기 때문이다. 이제 자연의 식물군집을 더 유사하게 모방할 수 있는 좀 더 다양한 종류의 식물을 고려해볼 차례다. 이런 시스템에서 인간의 필요는 자연에 있는 다른 존재들의 필요와 균형을 맞춘다.

위에서 언급한 좀 더 복잡한 복합경작에는 자연 군집의 특성이 일부 포함되어 있다. 복합경작은 천이를 따르고 있으며, 많은 니치를 제공하고, 스스로의 구조를 만드는 데 큰 역할을 한다. 식물군집과 생태계가 그러하듯이 말이다. 우리는 생태계를 훨씬 더 복잡하게 상호작용하는 정교한 복합경작이라고 생각해볼 수 있다. 생태계는 아주 다면적이기 때문에, 단순한 시스템보다 훨씬 흥미롭고 적응력이 뛰어난 방식으로 작용할 수 있다. 우리는 생태계에 천이, 포식 관계, 화재에 대한 적응, 기후 조절 등의 특성이 있음을 안다. 이런 특성은 관행적인 농장이나 정원에서는 찾아볼 수가 없다. 이런 패턴과 특질을 개발하는 능력 덕분에 생태계는 인간이 디자인한 정원과 같은 시스템보다 더 튼튼하고, 적응력이 뛰어나고, 재해에 강하다. 그러면 생태계의 어떤 특질을 이용해야 우리의 마당이 좀 더 생태적인 패턴을 따르도록 할 수 있을까?

한 가지 유용한 특질이 여기에 있다. 생태계는 본질적으로 협동이 일어나는 장소다. 물론 경쟁도 많이 일어나지만, 밑바닥의 원동력은 상생에 있다. 생태계에서, 미생물은 흙을 만들고, 흙은 식물에게 영양을 공급하며, 식물은 동물의 먹이가 된다. 그리고 동물은 씨를 퍼트리고 배설물과 사체를 남겨서 미생물로 하여금 흙으로 바꾸도록 한다. 상호 의존하는 관계의 순환이 일어나고 있는 것이다. 이 순환 속에는 특정한 협력 관계가 풍부하게 존재한다.

우리는 이 협력 관계의 일부분을 정원에서 재창조할 수 있다. 애매모호하고 확인하기 어려운 동반 관계를 가진 단순한 상생재배법을 이야기하는 것이 아니다. 쉽게 탐지할 수 있는 특질부터 시작하자. 식물에는 수치화할 수 있고, 눈에도 보이는 특성이 있다. 이를테면 질소고정 능력이나, 곤충을 유인하는 능력, 피복재를 생산하는 능력 같은 것 말이다. 우리는 이러한 특성을 확인해서 조합함으로써 상생하는 사회의 식물 버전을 정원에 창조해낼 수 있다.

2장에서 보았듯이, 자연은 식물들을 한데 엮어서 상호 의지하는 군집과 군총(群叢 association)[7]으로 만든다. 토착민들 역시 종들 간에 상승작용을 일으키는 식물 조합을 만들어왔다. 지난 20년 동안, 생태디자이너들도 식물을 모아 협력 관계를 담고 있는 군집을 엮어왔다. 자연의 군총을 본뜬 이러한 것을 퍼머컬처인들은 **길드**(guild)[8]라고 부른다. 정식으로 정의를 내리자면, 길드란 서로를 지탱하는 방식으로 조화롭게 짜인 식물과 동물의 모임을 뜻한다. 길드는 흔히 하나의 주된 종 주변에 조성되며, 인간에게 이로우면서 동시에 다른 생물에게도 서식지를 제공한다. 이 장의 나머지 부분에서는 자연의 역동성을 정원

---

7 생태학에서 군집 분류의 한 단위. 출현 횟수가 높은 우점종으로 구분되는 식생 형태를 말한다. 예를 들어 참나무숲 같은 것을 군총이라 할 수 있다.

8 생태학자들이 사용하는 '길드(guild)'라는 용어는 의미가 약간 다르다. 생태학에서 길드는 공통된 자원을 비슷한 방식으로 이용하는 종들의 모임을 뜻한다. '씨앗을 먹는 새들의 길드'가 그 예다. 이러한 용어 뜻의 차이는 아쉽게도 혼란을 야기할 수 있다. 그러나 퍼머컬처에서 '길드'라는 용어는 사용법이 잘 정립되어 있기 때문에, 다른 용어를 소개하기보다 평소에 잘 쓰이는 이 용어를 계속 사용하기로 했다. -저자 주

으로 가져오는 길드의 역할을 탐구할 것이다.

길드는 관행적인 채소밭과 야생동물정원의 넓은 틈 사이에 다리를 놓는 하나의 방법이다. 길드는 자연경관처럼 작용하고 느낌도 비슷하지만, 그 그물망에 인간이 포함되어 있는 식물군집이다. 그런데 채소밭은 인간에게만 이득이 되고, 반대로 야생동물정원이나 자연정원은 인간을 생태학적 패턴에서 배제하고 있다.

야생동물을 위한 정원은 굉장한 가치가 있지만, 서식지 감소 문제에 대해서는 부분적인 해답밖에 주지 못한다. 이전에도 말했듯이, 도시와 교외 경관에 사는 인간들의 물질적 필요를 무시한다면, 공장식 농장과 조림지를 만들기 위해 야생지대를 탐욕적으로 소비하는 일이 계속될 수밖에 없다. 길드와 이 책에서 설명하는 다른 수단을 이용해서 생태정원을 가꾸면 우리가 개발한 땅이 인간과 야생동물 모두가 누릴 수 있는 장소로 꽃피도록 도울 수 있다.

세 자매 (아니, 네 자매라고 해야 할까?)

몇 가지 중요한 원리를 설명해주는 매우 간단한 예를 통해 길드에 대한 탐구를 시작해보자. 그 다음에 채소 이외의 식물도 포함하는 좀 더 복잡한 길드로 이야기를 진행하겠다.

정원사들 사이에 많이 알려져 있는 것으로, '세 자매'라고 불리는 식물 3종 세트가 있다. 이것은 아메리카 원주민들이 함께 심곤 했던 옥수수, 강낭콩, 호박을 말한다. 이 3종 세트는 길드라고 할 만한 자격이 있다. 이 식물들은 서로를 지지하고 이익을 가져다주기 때문이다. 강낭콩은 공기 중의 질소를 끌어와서 공생 관계의 박테리아를 통해 식물이 흡수할 수 있는 형태로 바꾸어 세 가지 식물 모두의 성장을 촉진시킨다. 옥수숫대는 강낭콩 덩굴이 타고 올라가는 지지대가 된다. 그리고 덩굴진 호박은 넓은 잎으로 살아 있는 파라솔을 형성해 땅바닥을 빽빽하게 덮어서 잡초를 억제하고 흙을 시원하고 촉촉하게 유지해준다. 과학자들에 의해 삼총사의 결의를 더욱 튼튼하게 하는 것으로 밝혀진 새로운 사실이 있는데, 옥수수 뿌리에서 나오는 특별한 당분은 질소고정 박테리아에게 완벽한 자양물이 된다고 한다.

세 자매 길드 만들기

높이 5㎝, 지름 30㎝ 내외의 흙무덤을 90㎝ 정도의 간격으로 여러 개 만든다. 흙무덤을 얼마나 많이 만들지는, 한 구멍에서 옥수수 네다섯 개를 얻는다 치고 계산하면 된다. 각각의 흙무덤에 서너 알의 옥수수를 심는다. 좋아하는 단옥수수 종류를 심어도 되겠지만, 아메리카 원주민들은 이 길드를 위해서 특별히 키가 더 작고, 줄기가 여러 개 생기는 품종을 개발했다. 그런 품종 중에는 블랙 아즈텍(Black Aztec), 호피 화이트(Hopi White), 타라후마라 단옥수수(tarahumara sweet corn)가 있다. 이런 품종과 비슷하게 줄기가 여러 개 생기는 품종을 심는 것을 고려해보아도 좋다. 옥수수가 싹이 트면 어린 줄기 주변으로 북을 주기 시작한다. 이때 싹을 흙으로 덮으면 안 되고, 그루 주변으로 흙을 돋우기만 한다. 이 흙무덤은 토양을 바람과 햇볕에 노출시켜서 옥수수 싹을 덥혀 성장을 빠르게 한다. 흙무덤은 또한 배수 효과를 좋게 한다. 그리고 옥수수 싹은 솎지 않는다. 흙무덤 하나에서 두세 개의 줄기가 자라도록 계획한 것이기 때문에 흙무덤 사이의 간격이 관행보다 넓은 것이다.

옥수수를 심은 지 2주 정도 되었을 때, 어떤 종류의 덩굴강낭콩을 심을지 결정한다. 직립형 강낭콩보다 덩굴강낭콩을 심는 것이 좋다. 블루 레이크(Blue Lake) 같은 일반적인 덩굴강낭콩 품종으로도 충분하다. 하지만 왕성하게 자라는 교배종 덩굴강낭콩 종류는 교배종 옥수수의 허약한 줄기를 아래로 잡아당길 수 있다는 이야기를 들었다. 덩굴강낭콩의 경우에도 세 자매 길드에서 전통적으로 쓰이던 옛날 품종이 가장 잘된다. 포 코너스 골드(Four Corners Gold)와 호피 라이트 옐로우(Hopi Light Yellow)처럼 덩굴이 상대적으로 왕성하지 않은 품종이 여기에 속한다. 그렇지만 식물은 인정이 많기 때문에 아무 품종이나 대체로 잘된다.

가능하다면 강낭콩용 접종제(종묘상에서 살 수 있다)를 씨앗에 입히면 좋다. 이렇게 하면 중요한 질소고정 박테리아가 모두 콩 뿌리 사이에 확실하게 아늑한 보금자리를 틀 것이다. 이제 옥수수 무덤의 가장자리 근처에 두세 개의 콩을 심는다.

콩과 같은 시기, 흙무덤 사이사이에 호박을 심는다. 주키니 호박은 심으면 안 된다. 키 큰 줄기가 옥수수를 밀어제칠 것이기 때문이다. 덩굴진 호박 종류를 심어서 흙 위에 뻗치도록 한다.

이 3종 세트를 키우려면 위의 지시뿐만 아니라 각 채소의 씨앗 봉투에 적힌 재배 지침을 따라야 한다. 그리고 수확이 끝나면 대와 덩굴을 비롯한 유기물 잔해는 땅 위에 남겨두어 그 자리에서 퇴비화되도록 한다. 이렇게 하면 추출된 양분의 일부가 흙으로 돌아가고, 침식으로부터 땅을 보호할 수 있다. 박테리아를 통해 고정된 질소의 상당 부분은 단백질이 풍부한 콩꼬투리에 집중되겠지만 덩굴과 뿌리에도 많이 남아 있어서 흙으로 돌아가게 된다.

세 자매를 함께 심으면, 이 작물 중 어느 하나를 비슷한 면적에 격리하여 심은 경우보다 더 많은 양의 먹거리가 생산되고, 물과 비료는 더 적게 든다. 코넬 대학교의 농경학자 제인 마운틴플레전트(Jane Mt. Pleasant)는 이로쿼이족[9]의 후손으로, 이로쿼이족의 문화적 유산을 자신의 연구에 접목시켰는데, 세 자매 길드에서 산출된 총생산량을 칼로리로 계산해서 같은 면적에서 키운 옥수수의 생산량과 비교해보았더니 20%가량이나 높았다고 밝힌 바 있다.

그럼 세 자매 길드에서 얼마나 많은 상호 연결 관계를 찾아볼 수 있는지 살펴보자. 콩은 자신과 옥수수, 호박을 위해 질소로 땅을 비옥하게 한다. 호박은 토양을 그늘지게 해서 세 식물 모두에게 혜택을 베푼다. 옥수수는 콩을 감싸고 있는 뿌리혹박테리아에게 먹이를 공급하고 콩의 지지대가 되어준다. 식물 셋이서 최소한 여덟 개의 연결 관계를 만들어내고 있는 것이다.[10] 세 자매 길드는 풍요롭게 연결된 정원을 창조하기에 완벽한 시작점이 될 수 있다.

남서부 지역에서 이 길드의 네 번째 '자매'가 발견되었다. 로키마운틴비플랜트(Rocky Mountain bee plant, *Cleome serrulata*)는 옛 아나사지[11] 부락 주변에서 흔히 발견되는데, 가까이에 고대 유적이 있다는 것을 알려주는 지표식물 노릇을 한다. 이 식물은 일종의 풍접초

---

9 북아메리카 인디언 부족 연맹. 이로쿼이어에 속한 언어를 쓰는 모든 부족을 가리킨다. 마을을 이루고 살며 농경과 병행하여 계절에 따라 수렵을 하는 반(半)정착민이었다.

10 ① 콩-질소-콩 / ② 콩-질소-옥수수 / ③ 콩-질소-호박 / ④ 호박-그늘-호박 / ⑤ 호박-그늘-콩 / ⑥ 호박-그늘-옥수수 / ⑦ 옥수수-먹이-박테리아 / ⑧ 옥수수-지지대-콩

11 기원후 100년경부터 근대까지 애리조나·뉴멕시코·콜로라도·유타 주 접경 지역에서 발달한 북아메리카 문명. 어도비 벽돌과 석조로 된 대규모 유적으로 유명하다.

(風蝶草)로, 키가 60~150cm로 자라며 분홍색 꽃이 핀다. 이 꽃은 콩과 호박의 꽃가루받이를 하는 익충을 강하게 끌어들인다. 로키마운틴비플랜트의 어린잎과 꽃, 씨꼬투리는 먹을 수 있다. 원주민들은 이 식물을 삶아서 먹거나 나중에 사용하기 위해 반죽 형태로 만들어놓곤 했다. 로키마운틴비플랜트는 철분을 축적하는 성질이 있어서 물감의 원료로도 쓰인다. 깊이 있는 색조를 띠는 이 물감은 아나사지 도기에서 볼 수 있는 특징적인 검은 무늬를 만들어내는 데 쓰였다. 뉴멕시코 주에 살았던 테와(Tewa) 인들의 노래와 축복의 기도에는 옥수수와 콩, 호박, 로키마운틴비플랜트가 함께 등장하고 있다. 이것은 복합적인 기능을 가진 이 식물이 성스러운 식물의 판테온에서 빠질 수 없는 구성원임을 가리킨다.

나는 이 네 번째 자매에 대해 알게 되어 기분이 매우 좋았다. 왜냐하면 이 식물은 세 자매 길드가 펼치는 이로운 상호작용의 그물을 곤충의 왕국과 연결시키기 때문이다. 옥수수-콩-호박의 삼총사가 가진 힘은 부분적으로 식물 밖의 영역, 즉 콩과 공생하는 질소고정 박테리아와 연결됨으로써 나온다. 그리고 이제 길드에 네 번째 식물이 더해져서 길드 안으로 곤충이 들어왔기 때문에 그물의 형태가 더욱 튼튼해졌다. 로키마운틴비플랜트의 유혹에 넘어간 꿀벌레들은 호박과 콩을 수분시켜(옥수수는 바람으로 수분된다) 열매가 잘 달리도록 한다. 세 자매를 확장시킴으로써 우리는 동물계와 식물계, 세균계라는 세 왕국 안으로 들어오게 되었다. 이런 연결 고리들을 만들면 30억 년에 걸쳐 축적된 생명의 지혜로부터 도움을 받을 수 있다.

여기서 우리는 여러 왕국으로 이루어진 자연의 순환적인 리듬에 길드의 다리를 걸치면 어마어마한 에너지와 경험의 원천을 이용할 수 있다는 사실을 배울 수 있다. 먹거리 식물에만 관심을 기울이면 토양은 비옥함을 잃어버리고 흙으로 돌아가는 것은 거의 없게 된다. 그와 반대로 벌이나 토양생물의 서식지 같은 부가적인 것을 조금만 제공하면 우리 정원의 작은 순환들은 자연의 풍부하고 기대한 순환에 연결된다. 일찍 꽃이 피는 화초를 몇 가지 키우면 과일나무를 수분해야 할 때나 진딧물이 창궐하기 시작할 때에 벌을 비롯한 익충들이 주변에 계속 머무르고 있을 것이다. 또 지난 가을의 낙엽이 화단에서 썩게 놔두면 건강한 지렁이 떼가 흙을 갈고, 공기를 불어넣고, 영양이 풍부한 똥을 뿌리 사이 깊은 곳에 축적할 것이다. 이렇듯 우리의 작은 선물은 큰 보상을 받는다. 요컨대 우리가 한 번 돌릴 양만큼의 술만 준비하면 그 후의 쇼에 쓸 술병의 뚜껑은 자연이 딸 것이라는 말이다. 우리는 자연 경제의 공동 출자된 자금에 우리 자산을 편승시켜서 재산을 적잖이 늘릴 수 있다. 자연을 우리의 동업자로 만들면 수익은 증대되고 실패의 위험은 감소한다.

잉카족을 비롯한 신대륙의 주민들은 이 길드에 또 다른 네 번째 구성원을 덧붙였다. 그것은 아마란스(amaranth)다. 아마란스는 단백질이 풍부한 곡식으로, 잎 또한 맛이 있다. 호피(Hopi) 인디언은 아마란스 꽃을 물에 끓여서 붉은 염료를 만들기도 했다. 어쨌든 아마란스는 이 마음 넓은 길드에 더 많은 기능을 중합시키는 훌륭한 일을 한다.

로키마운틴비플랜트나 아마란스를 세 자매에 더하면 더욱 강력한 4인조가 된다. 여기서 길드를 디자인하는 데 유용한 규칙 하나를 볼 수 있다. 잘 알고 있는 간단한 것으로 시작하되, 점차 연결을 늘려나가는 것이다. 이것은 나만의 길드를 만들어내는 시발점이 된다. 그러면 이제 좀 더 복잡한 길드가 구축되는 방식을 살펴보고 나서, 나만의 길드를 만드는 지침을 발전시켜보자.

사과나무를 중심으로 한 길드 만들기

퍼머컬처 코스에서는 학생들의 입문용으로 사과나무를 주된 구성원으로 하는 기초적인 길드를 흔히 제시하곤 한다. 세 자매(혹은 네 자매)가 서로를 보강하는 것처럼, 이 새로운 길드의 구성원들도 수많은 방법으로 사과나무를 지원해준다. 그 방법으로는 꽃가루를 옮기고 해충을 조절하는 익충을 유인하고, 토양의 경작적성과 비옥도를 높이고, 뿌리 경쟁을 감소시키고, 물을 저장하고, 반점병 같은 질병에 대항할 수 있도록 균류 개체수의 균형을 잡고, 다양한 먹거리를 생산하고, 서식지를 창출하는 것 등이 있다. 그 결과로 사과나무는 더 건강해지고, 생태계는 더 다채로워진다. 또한 이 생물학적인 지원은 인간의 간섭을 대체하여 정원사의 일거리를 자연의 넓은 등으로 옮긴다.

사과나무 길드는 유용한 학습 도구다. 길드를 조성하는 일반적인 원리를 제시하기 때문이다. 사과나무 길드를 짧게 설명하고 나서, 그 안의 요소들이 각기 어떻게 기능하는지 자세히 알아보자.

전형적인 사과나무 길드의 중심에는 당연히 사과나무가 있다. 나무의 가장 바깥쪽에 달린 잎사귀들 아래로 낙수선을 따라서 수선화 구근이 고리 모양으로 빽빽하게 심어져

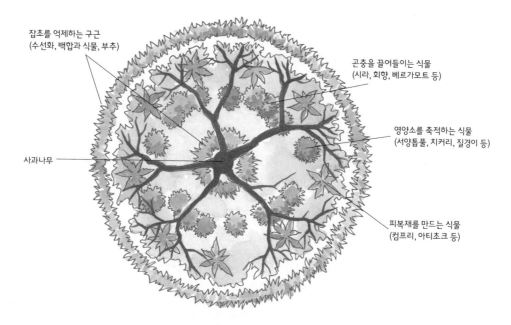

잡초를 억제하는 구근
(수선화, 백합과 식물, 부추)

곤충을 끌어들이는 식물
(시라, 회향, 베르가모트 등)

영양소를 축적하는 식물
(서양톱풀, 치커리, 질경이 등)

사과나무

피복재를 만드는 식물
(컴프리, 아티초크 등)

전형적인 사과나무 중심의 길드. 사과나무 아래에 잡초를 억제해주는 매력적인 구근식물이 고리를 이루어 꽃과 먹거리를 생산하는 식물을 감싸고 있다. 이런 식물은 피복재와 익충의 서식지도 제공한다. 사과나무는 복합적인 기능을 하는 식물들의 군집 안에서 보살핌을 받는다. 이렇게 해서 정원사는 일을 줄이고, 더 많은 먹거리와 꽃을 생산할 수 있다.

있다. 수선화 구근 안쪽으로는 무성하게 자란 컴프리가 띄엄띄엄 원을 이루고 있다. 컴프리 꼭대기에 핀 보라색 꽃에서는 벌들이 붕붕거린다. 컴프리 사이에는 튼튼한 아티초크가 두세 그루 자라고 있다. 그리고 꽃과 허브가 이 식물들 주변에서 점점이 자란다. 서양톱풀이 노랗게 만발하고, 한련이 덩굴을 뻗고 있으며, 시라와 회향은 하늘하늘한 산형화를 피운다. 자세히 들여다보면 민들레와 치커리, 질경이처럼 보통 잡초라고 생각하는 식물 몇 가지를 찾아볼 수가 있다. 이 모든 식물 사이에는 클로버가 빽빽이 자라서 두텁게 땅을 뒤덮고 있으며, 누에콩을 비롯한 콩과식물이 나뭇가지 사이로 아롱거리는 햇살을 받으며 자라고 있는 것을 발견할 수 있다.

이 길드 안에 있는 종들은 각기 가치 있는 기능을 수행한다. 자동차에는 조종장치나 동력장치, 제동장치와 같은 특정한 기능을 수행하는 부품이 필요하고, 그 부품들은 올바르게 조립되어 있어야 한다. 그와 마찬가지로 모든 길드에는 질병 통제, 비료 생산, 꽃가루받이 같은 임무를 수행하는 요소들이 있다. 이런 요소들이 있어야만 길드가 건강할 수 있고, 길드를 유지하는 데 노력이 적게 든다. 훌륭한 길드 디자인에서는 식물과 동물이 각기 적당한 역할을 맡고 있기 때문에 자연이 이 모든 일을 대신한다. 이 길드에서 하나의 요소라도 빠지면 우리가 그 일을 대신 떠맡아야 할 것이다. 그리고 근시안적으로 사과나무를 다른 것들로부터 고립시켜 심는다면 그 모든 일을 우리가 해야 할 것이다. 우리는 질병을 물리치기 위해 약을 치고, 물을 주고, 비료를 주고, 수분을 시키기 위해 벌통을 들고 와야 할 것이다. 사람들이 과일나무는 유지비가 많이 든다고 생각하는 것도 이상할 게 없다. 관행적인 과수원에서는 과일나무를 자연의 나머지 존재들과 맞물리게 하는 톱니장치가 망가져 있기 때문이다.

　이제 사과나무 길드의 대략적인 모습을 알았으니, 어떻게 그 부품들이 한데 어울려 조화로운 군집을 이루는지 살펴보자. 생태정원을 가꿀 때 강조해야 할 점을 각각의 부품보다는 과정에 두기 위해, 길드의 구성원을 식물의 형태가 아니라 기능에 따라 정리했다. 식물이 가지고 있는 기능에 대해서는 이 책의 6장에서 읽은 적이 있을 것이다. 그렇지만 여기서는 좀 더 특별하게 길드와 연관해서 설명했다. 이것들은 훌륭하게 디자인된 길드에 있는 공통된 요소들이다.

중심 요소. 이 길드에서 우리는 사과나무를 중심물로 선택했다. 그렇지만 다른 과일나무나 조그만 견과류 나무로 대체할 수도 있다. 중심 요소로는 보통 먹거리를 생산하는 식물이 선택된다. 하지만 야생동물을 유인하는 나무나 질소를 고정시키는 나무, 목재를 생산하는 나무가 중심이 되는 다른 형태의 길드도 있을 수 있다. 사과나무는 크기가 다양하다. 약 $9m$ 높이의 표준종에서부터 약 $1.8m$ 높이의 극왜성종까지 있으며, 그 사이에는 반표준종, 반왜성종, 왜성종이 있다. 모든 품종이 길드에 알맞으나, 작은 나무는 큰 나무만큼 연합된 식물을 많이 지원하지 못한다는 것은 분명하다. 어떤 크기의 나무를 선택할 것인가는 소유지의 넓이, 수확할 때 손을 뻗거나 나무에 오를 수 있는 높이 등의 변수에 달려 있다. 나무는 개방된 형태로 전정되어 아래에 있는 식물에 빛이 도달할 수 있어야 한다.

잡초를 억제하는 구근. 구근의 얕은 뿌리는 잡초가 길드에 들어오는 것을 막는다. 많은 과수재배자들은 잡초를 일부러 심기도 하지만, 잡초는 지표에서 영양을 흡수하기 때문에 나무와 영양분을 두고 다투게 된다. 나무가 주로 영양을 공급받는 뿌리도 지표 가까이에 있기 때문이다(대부분의 양분은 지표에 있다). 과일나무 가까이에 있는 잡초를 제거하면 비료가 덜 필요해진다. 뿌리 경쟁과 영양분 경쟁이 줄어들면 과일나무가 좀 더 왕성해지고 최대 크기로 자랄 수 있게 될 것이다.

구근은 나무가 다 자랐을 때의 낙수선을 따라 고리 형태로 심는다. 봄 구근은 초여름이 되면 성장 속도가 느려지므로 온도가 높아져도 나무로부터 물을 빼앗지 않을 것이다. 유용한 구근으로는 수선화와 백합과 식물, 파속(되도록이면 마늘, 부추, 램프, 야생 리크와 같은 다년생 파속 식물이 좋다. 양파도 일년생 양파보다 이집트 파 같은 다년생이 좋다)의 식물이 있다.

수선화는 특히 쓸모 있는 구근이다. 동물들이 싫어하는 독성 물질을 함유하고 있기 때문이다. 사슴은 수선화의 지상부를 피하고, 수선화 구근은 뒤쥐를 쫓아버린다. 나무줄기를 빙 둘러 수선화를 심고 낙수선에도 두터운 수선화 고리를 만들면, 풀을 뜯고 굴을 파고 나무껍질을 갉아 먹는 동물들의 약탈을 경감시킬 수 있다.

백합과와 파속의 구근 식물은 잡초가 메울 자리를 대신 차지하기도 하지만 먹을 수도 있다. 백합과 식물의 구근은 서부 아메리카 원주민들의 주식이었으며, 야생 먹거리에 열광하는 사람들 사이에서 최근에 부활하고 있다. 그런데 식용 구근을 수선화 근처에 심을 때는 매우 조심해야 한다. 잘못해서 수선화를 먹으면 위장에 심각한 통증이 일어날 수 있기 때문이다.

이렇게 복합적인 기능을 하는 구근을 선택해서 심으면 먹거리를 생산할 수도 있고, 해충으로부터 보호도 되고, 잡초도 줄일 수 있다. 또한 보기에도 멋지다. 일반적으로 이 길드에 쓰이는 구근은 봄에 꽃이 피고 여름에는 성장을 멈추는 종류여야 한다. 그리고 잡초를 견제하는 기능 말고도 먹을 수 있다거나, 해충을 구제한다거나, 이로운 벌레를 끌어들이는 등 적어도 한 가지 이상의 다른 기능을 가지고 있으면 이상적이다.

곤충과 새를 유인하는 식물. 꽃피는 식물의 유혹적인 꽃송이는 꽃가루매개자들을 유인하여 착과율을 높인다. 또 꽃이 있으면 포식성 벌이 와서 나무좀과 코드린나방(codling moth) 같은 해로운 유충을 먹어치운다. 이런 효과를 내려면 시라와 회향, 고수 같은 식용 허브와 6장에서 설명한 곤충유인식물을 선택하면 된다. 부록의 목록을 참고해도 좋다. 좀 더 열

까치밥나무, 회향, 민트, 컴프리가 포함된 사과나무 길드

성적으로 하려면, 상업적인 과수재배자들이 말하는 것처럼 사과꽃이 피는 바로 그 시기는 피하고 그 전과 후에 꽃이 피는 화초를 선택해서, 꽃가루매개자들이 풍부하게 존재하면서도 경쟁하는 꽃으로 인해 교란되지 않도록 할 수도 있다. 그렇지만 가정 규모의 과수원에서 이런 타이밍이 중요할지는 의심스럽다.

부들레이아(butterfly bush)[12]와 후크시아(fuchsia)[13] 같은 꽃이 피는 관목이나 니포피아와 샐비어 같은 다년생식물은 꼭 나무 아래에 배치할 필요는 없고 그냥 근처에 있으면 된다. 그런 관목과 다년생식물은 곤충을 먹는 새가 머물도록 북돋아줄 것이고, 새들은 사과나무 껍질의 갈라진 틈새를 뒤져 애벌레와 알을 찾아낼 것이다.

피복재 생산 식물. 나무 아래에서 피복재를 생산하면 퇴비를 실은 손수레를 힘들게 밀고 다니지 않아도 된다. 길드가 스스로 토양을 조성할 것이기 때문이다. 피복재를 생산하는 식물로는 컴프리와 아티초크, 카르둔, 대황, 클로버, 한련과 같은 부드러운 잎을 가진 식물이 있다. 이 식물들은 벤 다음에 그 자리에서 퇴비가 되도록 놔두면 된다. 컴프리를 나무 주위에 빙 둘러 심어놓으면 여름 한 철 동안 네다섯 번 벨 수가 있다. 영양분이 풍부한 녹색 잎은 썩으면서 엄청난 양의 미네랄과 유기물을 흙에 전달한다. 그 결과로 만들어지는 두터운 퇴비층은 다양한 종류의 땅벌레와 곰팡이, 세균, 그 밖의 유익한 토양 거주자들이 번성할 수 있는 서식지가 된다. 이 풍요롭고 살아 있는 흙은 질병을 억제한다. 흙 속에 들끓는 생명들이 식량과 서식지를 두고 땅속에서 맹렬히 다투기 때문이다. 모든 자원이 흙 속에 거주하는 여러 생물에게 분배되었기 때문에, 어떤 미생물 종도 평형상태를 벗어나 병균이 되지 못한다. 이것은 검은별무늬병과 같은 해로운 균이 형성될 가능성이 적음을 의미한다. 한 가지 종이 폭발하기에는 경쟁이 너무 심하고, 포식자도 너무 많기 때문이다 반면에 말끔히 청소하고 화학비료를 뿌린 과수원의 바닥은 유기물이 결여되어 있어서 번성할 수 있는 균이 병균밖에 없다. 병균은 남아 있는 단 하나의 먹이인 과일나무

---

12 100여 종으로 이루어진 부들레이아속(—屬, Buddleia) 식물. 열대와 아열대 지방이 원산지다. 잎에는 대부분 털이나 비듬 같은 비늘조각이 있으며, 꽃은 자주색·흰색·노란색·오렌지색을 띠고 무리 지어 핀다.

13 바늘꽃과(—科, Onagraceae)에 속하는 약 100종의 꽃피는 관목과 교목. 라틴아메리카의 서늘한 지역과 뉴질랜드, 타히티 등이 원산지다. 꽃 모양은 통 모양이나 종 모양이 있으며 붉은색과 자주색에서 흰색에 이르는 색을 띤다.

를 먹도록 적응했기 때문이다.

영양소 축적 식물. 영양소를 축적하는 식물의 예로는 치커리와 민들레, 서양톱풀, 질경이와 표6-2(246쪽)에서 찾아볼 수 있는 식물이 있다. 이 식물들의 깊고 곧은 뿌리는 미네랄이 풍부한 토양층으로 파고들어가 칼륨, 마그네슘, 칼슘을 비롯한 중요한 영양소를 퍼 올린다. 길드가 성숙함에 따라 영양소는 깊은 뿌리를 통해 미네랄 토층에서 추출되기보다는 길드 안에서 순환하기 시작한다. 그러면 영양소를 축적하는 식물은 필요한 수보다 많아질 것이고, 결국 자연스럽게 줄어들게 된다. 정원사는 영양소 축적 식물을 뽑고 그 자리에 다른 식물을 심어서 그 과정을 빠르게 할 수 있다.

질소고정식물. 나는 이 책의 모든 부분에서 질소고정식물이 가져다주는 혜택을 언급해왔다. 그러니 질소고정식물이 길드의 중요한 요소라는 것은 전혀 놀라운 일이 아닐 것이다. 길드에 질소고정식물을 추가하는 것은 식물군집 내부에서 영양소를 순환시키고 비료와 그 밖의 물질을 투입할 필요를 줄이는 또 다른 방법이다. 식물의 생장에 없어서는 안 되는 질소는 공기로부터 마음대로 가져올 수 있으므로, 질소비료 부대를 끊임없이 정원으로 질질 끌고 온다는 것은 우스운 일이다.

길드에 질소를 고정할 가능성이 있는 식물의 목록은 길다. 여기에는 클로버와 알팔파, 루핀, 동부(cowpea), 강낭콩, 완두, 벳지, 그 밖에 표6-3(250쪽)에 실린 식물들이 있다. 어떤 식물이 가장 좋을까? 나는 토끼풀이나 뉴질랜드 흰토끼풀, 알팔파, 루핀 같은 다년생식물 쪽을 선택한다. 하지만 벳지나 강낭콩 같은 그 밖의 식물도 씨앗이 떨어져 저절로 다시 나기 때문에 다년생이나 다름없다고 할 수 있다. 동부와 누에콩은 먹을 수 있기 때문에 이것을 심으면 길드의 생산물을 하나 더 늘릴 수 있다. 늦여름이 되면, 나는 과일나무마다 열에서 스무 알의 누에콩을 나무 아래 땅속에 심는다. 이듬해 봄에 누에콩 꼬투리를 거두고 콩대는 그 자리에 깔아준다. 내가 사는 곳만큼 겨울이 온화하지 않은 곳에서는 누에콩을 초봄에 심어서 여름에 거두거나 피복재로 이용할 수 있다.

질소고정식물을 이용하는 또 다른 전략을 이미 언급한 적이 있다. 뜰보리수나 풍선세나(bladder senna), 시베리아골담초[14]처럼 질소를 고정하는 어린 관목을 새로운 과일나무와 같은 구덩이나 그 가까이에 심는 것이다. 관목을 계속 베어주면서 대충 과일나무의 반 정도 크기로 유지하다가, 과일나무가 다섯 살 정도 되고 나면 관목을 완전히 제거한다. 과일나무가 다섯 살이 되고 나서도 관목을 남겨둔 채로 계속 전지할 수는 있지만, 이 무렵이 되면 과일나무도 광범위하게 망상조직을 이룬 뿌리를 통해 훨씬 더 넓은 땅으로부터 질소를 끌어오고 있을 것이다. 길드가 처음 만들어질 때, 중심이 되는 나무의 낙수선이나 바로 그 바깥에도 두세 그루의 작은 질소고정 관목을 심을 수 있다.

토양을 소독하고 해충을 방지하는 식물. 해충을 방지하는 물질을 발산하는 특정한 식물이 있다. 예를 들어 한련과 특정한 종류의 매리골드가 그렇다. 이 식물들의 장단점은 6장에 나와 있다. 해충을 방지하는 식물은 길드 구성원 중에서 가장 알려지지 않은 것들이다. 또한 한련은 길드에 유익한 것으로 보이지만, 검증을 거친 다른 제충식물은 별로 없다. 그러므로 다른 제충식물을 쓸 때는 주의해야 한다. 익충까지 쫓아낼지도 모르기 때문이다.

서식지가 될 수 있는 으슥한 장소. 사과나무 길드 주변에 돌이나 통나무나 잔가지를 쌓아서 작은 못이나 웅덩이를 만들어두면 도마뱀, 개구리, 뱀, 새가 와서 산다. 나는 시골집 마당 주위에 눈에 띄지 않게 바위를 하나씩 가져다두거나 한데 쌓아두었다. 그랬더니 얼마 지나지 않아 파충류의 집을 드러내지 않고는 바위를 움직일 수가 없게 되었다. 어쨌든 잘 된 일이다. 이런 유익한 동물들이 모여서 민달팽이, 이파리를 뜯어 먹는 곤충, 해로운 애벌레를 집어삼키려고 기다리고 있는 것은 내가 바라던 바였다.

이런 포식동물은 평형상태를 유지하는 데 중요한 역할을 한다. 나방 애벌레나 진딧물, 민달팽이처럼 사냥감이 되는 종이 무성한 정원에서 거처를 발견하고 왕성하게 번식하기 시작하면, 기다리고 있던 포식동물 부리가 냉정하고 효율적으로 벌레들을 도태시킬 것이다.

어떤 길드에서나 지금까지 이야기한 여러 역할은 채워져야 한다. 길드 디자인은 아직 젊은 과학이다. 번성하는 식물군집을 구축하기 위해 꼭 필요한 연결 고리에 대해 더 많이 알

---

14 국가식물표준목록에 풍선세나는 아르보레스켄스개골담초로, 시베리아골담초는 아르보레스켄스골담초로 등록되어 있다. 여기서는 흔히 쓰이는 명칭으로 번역했다. 풍선세나는 바람콩, 오줌보콩이라 불리기도 한다.

게 될수록, 우리의 길드에 다른 역할을 추가해야 할 것이다. 어쨌든 여태까지 미국에서 생태정원을 가꾸어온 사람들은 잡초를 억제하는 식물, 곤충과 새를 유인하는 식물, 영양소 축적 식물, 피복재 생산 식물, 질소고정식물, 토양을 소독하는 식물, 해충을 방지하는 식물을 조합해 먹거리를 생산하는 중심 나무 주변에 배치함으로써 좋은 결과를 얻어왔다.

여러 요소, 많은 기능, 하나의 길드

사과나무 길드의 구성원 중 여럿이 한 가지 이상의 기능을 한다는 사실에 주목하자. 클로버와 알팔파는 질소고정식물이면서 벌도 끌어들인다. 질경이와 서양톱풀은 영양소를 끌어 모으고 약재로 쓸 수도 있다. 아티초크는 피복재와 먹거리 둘 다를 생산한다. 미네랄을 모으는 민들레와 치커리도 먹을 수 있다. 누가 더 다양한 기능을 가지고 있나 하는 겨루기의 우승자는 컴프리다. 컴프리는 피복재와 약재를 생산하고, 꽃으로 벌을 끌어들이며, 토양으로부터 칼륨과 다른 미네랄을 끌어올려 잎에 저장한다. 컴프리는 차로 만들어 마실수도 있고, 텃밭의 퇴비로 써도 된다. 영리한 길드 디자이너라면 길드의 구성원으로 가능한 한 많은 다기능 식물을 선택할 것이다. 이렇게 하면 길드가 연결 고리로 넘치게 된다. 2장에서 보았듯이, 이 연결 고리들은 식물군집과 우리의 정원을 유연하고, 순발력 있고, 튼튼하게 만든다. 군집에 속해 있는 식물들은 고립된 종보다 거친 날씨와 토양 문제, 해충의 침입, 그 밖의 습격을 훨씬 잘 견뎌낸다.

사과나무 길드를 만들기 위해 남은 일은 식물들을 한데 끼워 맞추는 것이 전부다. 337쪽의 그림은 길드를 배치하는 방법을 예를 들어 보여준다. 이 예대로 하면 대부분의 정원에서 잘될 테지만, 실제의 길드는 대개 이렇게 형식적이거나 좌우대칭이 아니다. 이것은 도식적인 그림일 뿐이다.

얼마나 많은 식물을 쓸 것인가는 중심 나무가 성숙했을 때의 크기를 기준으로 정하면 된다. 왜성종이나 반왜성종 사과나무는 큰 표준종 사과나무만큼 길드 구성원을 많이 부양할 수 없으며, 길드에 필요한 식물의 종류도 적다. 나 같으면 왜성종 길드에는 벳지 같은 덩굴식물을 심지 않을 것이다. 왜냐하면 사과나무를 타고 올라가 덩굴로 휘감아버릴지도 모르기 때문이다. 아티초크도 왜성종 나무 아래에서 자라기에는 너무 크기 때문에, 나무의 낙수선에 가깝게 배치하거나 그 바깥에 심지 않으면 안 된다. 배치를 하기 전에 식물 각각의 습성과 성숙했을 때의 크기를 고려해야 한다. 첫째가는 규칙은 식물의 크기가 클수록 적은 수의 개체를 길드에 두어야 한다는 것이다. 사과나무는 한 그루, 아티초크는 한두 그루, 컴프리는 몇 그루, 곤충유인식물은 십여 그루, 구근도 십여 그루, 크로버는 백여 그루… 하는 식으로 말이다.

그런데 사과나무 길드를 만들다가 한 가지 실수를 할 수도 있다. 길드를 처음 만드는 사람들은 흔히 나무 아래에 식물을 너무 빽빽하게 심기 때문에 수확기가 되면 사과나무가 식생 덤불로 둘러싸여 있을지도 모른다. 이렇게 되면 과수원 사다리가 함정에 빠지게 될 것이다. 다행히도, 중생종이나 만생종 사과가 익을 무렵에는 아래층의 식물은 죽어서 스러졌을 것이기 때문에 수확하기가 쉬울 것이다. 그러나 여름 사과를 수확할 때는 사다리를 놓는 자리에 신경을 써야 한다. 어쨌든 서두를 필요는 없다. 이것은 상업을 목적으로 한 과수원이 아니고, 길드가 남기는 별도의 보상과 감축된 유지비는 사다리를 놓을 때 느끼는 약간의 불편함을 상쇄할 것이기 때문이다. 하지만 접근하기 쉽도록 공간을 남기는 것을 잊지 말자.

사과나무 길드는 정원사의 동반자로서 자연의 역할을 회복시키고, 홀로 있는 사과나무를 식물군집으로 변환시켜 인간의 짐을 굉장히 가볍게 한다. 이와 같은 길드를 만드는 정원사는 강한 그물을 짜게 되는 셈이다. 이 그물은 기름진 토양과 피복재를 만들어내고, 해충과 싸우는 곤충과 꽃가루매개자를 끌어들인다. 곰팡이병을 감소시키고 다양한 먹거리와 꽃, 허브를 제공하기도 한다. 또 야생동물의 서식지를 창출하고, 물과 비료의 사용을 줄인다. 이러한 혜택은 올바른 요소, 즉 올바른 식물을 선택하고, 길드의 요소들을 올바르게 연결시켰기 때문에 나오는 것이다.

9

정원 길드 디자인

자연은 길드 디자인에 대해서 우리에게 가르쳐줄 것이 많다. 자연의 식물군집에서 볼 수 있는 탄력성과 풍요로움은 자연에 귀 기울이도록 우리를 고무한다. 그렇지만 자연으로부터 배울 수 있는 것은 그 이상이다. 건강한 식물군집은 자체의 폐기물을 다시 영양분으로 환원시키며, 질병에 저항하고, 해충을 통제한다. 또 물을 거두고 저장하며, 곤충을 비롯한 동물들에게 명령을 내린다. 자연의 식물군집은 이 모든 일뿐만 아니라 백여 가지의 다른 일을 수행하면서 행복하게 콧노래를 부른다. 길드를 세울 기초를 다지기 위해 우리는 자연의 식물군집들이 무엇으로 이루어져 있는지, 어떻게 조직되어 있는지, 그 속의 요소들이 서로 어떻게 연결되어 있는지 살펴보아야 한다. 이 책에 나오는 몇 가지 길드를 그대로 따라해보는 것만으로 만족할 사람도 있겠지만, 실험 정신이 더 강한 독자들은 나만의 길드를 만들어보고 싶을 것이다. 다음의 몇 단락에서는 그 방법을 소개한다. 또한 모든 토양과 기후와 지형에 맞는 길드는 없기 때문에, 길드 속의 상호 연결 관계를 끊지 않고 환경에 길드를 맞추는 방법을 알아두는 것도 유익하다.

이 장에서는 자연의 식물군집을 보고 길드를 디자인하는 법을 배우는 세 가지 기술을 소개한다. 첫 번째 방법은 직접적이고 개인적인 경험을 통해 얻은 지식에 근거한다. 하나의 식물군집을 충분히 오랫동안 관찰하는 것을 통해 다양한 구성원들 사이의 상호 관계를 알게 되는 것이다. 두 번째 기술은 물감의 가짓수를 정해놓고 그림을 그리는 것과 비슷하다. 이것은 숲 속을 돌아다니며 명상할 시간이 없는 사람들을 위한 접근 방법이다. 이 방법은 식물도감과 각종 자료를 찾아보고 길드를 조합하는 것이다(여기서 잠깐 용어 정리를 하자. 내가 **군집**이라고 할 때는 야생에서 찾아볼 수 있는 자연적인 식물종의 모둠을 뜻한다. 반면에 **길드**는 자연 군집을 모방한 인공적인 집합이다). 세 번째 방법은 기능에 따라서 길드를 조합하는 것이다. 8장의 사과나무 길드는 이 방법을 소개하고 있다. 여기에서 길드의 기능은 사과나무에 필요한 꽃가루매개자와 건강한 흙 등을 제공하는 것이었다. 길드가 그 밖의 여러 기능을 충족시키도록 디자인할 수도 있다. 이를테면 야생동물을 유인한다든지, 침식을 제어한다든지, 오염된 토양을 정화하는 기능의 길드 말이다.

기능에 따라 길드를 조합하는 방법을 이용하면, 길드는 우리에게 생산물을 제공할 수도 있다. 예를 들어, 약초치료사나 산야초채집가라면 약재나 응급처치용 식물을 제공하는 길드를 만들고, 좋은 냄새나 향료를 제공하는 길드, 바구니를 짜는 재료나 섬유를 공급하는 길드를 만들 수도 있다. 그러나 길드에 특정하게 의도된 기능이 있다고 하더라도, 길드를 이루고 있는 식물종의 일부는 영양소를 비롯한 생명의 기반을 길드에 제공해야 한다. 모든 길드는 흙을 비옥하게 하는 식물, 꽃가루매개자를 유인하는 식물, 그 밖의 비슷한 형태로 길드를 지원하는 식물 몇 가지로 마무리되어야 한다.

이제 우리는 길드를 디자인하는 법을 배우고 나서, 몇 개의 길드를 조합하여 놀라울 정도로 다양한 과일과 채소, 야생동물 서식지를 제공하면서도 정원사의 일을 최소화하고 자연이 제 몫을 하게 하는 경관을 창조하는 방법을 알아볼 것이다.

개인적인 경험에 근거해 길드를 조성하는 법

모든 지역에는 특유한 식물군집이 있다. 참나무와 히코리로 이루어진 미국 북동부 지역의 산지, 캘리포니아의 떡갈나무 숲, 서과로선인장과 메스키트가 자라는 저지 사막지대, 남동부의 소나무숲처럼 말이다. 각지에서 구할 수 있는 야외관찰도감 중 특히 최근에 출판된 책에는 그 지역에 우세한 식물군집의 목록이 들어 있다. 도감을 가지고 잠시 산책을 나가서 살고 있는 곳의 토착식물군집이나 가까운 자연공원이나 보호구역에 남아 있는 식물군집을 살펴보면, 규칙적으로 모여 나타나는 종이 무엇인지 알 수 있다. 각각의 식물군집에는 매우 뚜렷한 느낌이 있다. 또 숙련될수록 참나무와 히코리가 자라는 건조하고 탁 트인 숲에서 단풍나무와 너도밤나무가 자라는 시원하고 축축한 작은 숲으로 식생이 바뀌는 것을 인식할 수 있게 된다. 곧 우리는 식물들의 관계를 알아보기 시작한다. 까치밥나무 덤불은 단풍나무 아래에서는 잘 자라는 것 같지만 참나무 아래에서는 드물고 가늘게 자란다는 사실, 도토리를 숨겨놓고 잊어버리는 다람쥐 덕택에 참나무숲이 넓어진다는 사실을 알아차리게 되는 것이다.

토착종과 외래종이 신기하게 조합된 혼종 식물군집은 어떨까? 우리는 그런 식물군집을 점점 더 자주 마주치고 있다. 우리는 인간의 손에서 탈출한 재배식물, 새가 가지고 온 관목 덤불, 교란된 생태계를 좋아하는 신입 식물이 토착식물과 함께 뒤범벅되어 있는 모습을 많은 도시와 교외, 그리고 그 주변에서 흔히 발견하곤 한다. 식물 순수주의자들은 질색을 하지만, 이 새로운 식물군집들은 튼튼하고 왕성하며, 앞서 살았던 많은 식물에게는 더 이상 맞지 않게 변화된 환경에 빠르게 적응하고 있다. 자연은 토착종과 외래종을 구별하지 않는다. 자연은 현재의 조건에 맞기만 하면 구할 수 있는 식물 중 아무것이나 쓴다.

사실 이 혼종 군집은 우리 주변에서 어떤 식물이 잘 자랄지에 대해 토착 군집보다 더 많은 것을 알려줄 수 있을지도 모른다. 두 가지 군집 모두 식물들이 서로 연결되는 일반 원칙을 가르쳐줄 수 있지만, 어떤 종이 그 지역에서 가장 잘 자랄 것인가는 혼종 군집 쪽이 더 잘 가르쳐줄 수 있다. 도시 바깥의 보호림에서 찾아볼 수 있는 군집이나 보호단체가 관리하는 도시공원의 군집은 자연에서 길드가 형성되는 규칙과 지난 수백 년 동안 특정 지역에서 서식한 종이 어떤 것이었는지를 알아볼 수 있는 좋은 지침이 된다. 그러나 도로 아래의 빈터에서 한데 섞여 신 나게 번성하고 있는 토착종과 외래종 관목, 화초, 잡초 들은 아마도 보호림에서 자라는 식물보다 당신의 마당과 더 비슷한 환경에서 자라고 있을 것이다. 혼종 군집에는 흙을 비옥하게 하는 선구식물이 있다. 선구식물은 개발자들에 의해 벗겨지고 다져진 토양에서 살아남아 공간을 채운다. 혼종 군집에는 곤충유인식물도 있는데, 이 식물은 현지의 벌들에 의해 수분된다. 혼종 군집에 있는 관목은 묘목이 풍부하며, 이 점은 현지의 새들이 그 열매와 보금자리를 좋아한다는 것을 증명한다. 혼종 군집에서 자라는 교목은 배기가스가 함유된 공기를 견딜 수 있으며 오히려 공기를 정화하는 작용을 할지도 모른다. 우리는 빈터의 지저분한 모습을 모방하고 싶지는 않다. 하지만 마구잡이로 뒤섞인 이 식물들은 강력한 상승효과가 일어나고 있음을 알리고 있다. 상황만 잘 맞으면, 이 식물의 일부나 가까운 재배종을 배치하여 좀 더 매력적이고 유용한 조합을 만들 수 있다.

　결국 관찰을 열심히 하면 식물군집을 충분히 이해할 수 있게 되고, 따라서 우리를 위해 마당에서 일해줄 식물의 길드를 유사하게 만들 수 있을 것이다. 우리는 토착 군집이나 혼종 군집에 속해 있는 식물종을 그와 유사한 재배종과 혼합해서 그 군집에 있던 본래의 상호 연결을 재창조하고, 한편으로 그 군집이 제공하는 것을 인간의 영역으로 끌어올 수 있다. 한 숙련된 관찰자가 어떻게 성공적인 길드를 디자인했는지 살펴보고 나서, 그 본보기를 통해 길드를 구축하는 일반적인 규칙을 발전시켜보자.

　애리조나의 퍼머컬처 디자이너 팀 머피(Tim Murphy)는 호두나무를 중심으로 길드를 만들었다. 이 길드는 호두나무가 포함된 식물군집에 대한 그의 면밀한 지식을 바탕으로 한 것이다. 숙련된 길드 조성가가 어떻게 자연을 이용해서 쓸모 있는 식물 조합을 디자인하는지, 팀의 관찰과 추론, 감을 따라가보자. 미국의 많은 곳에서 호두나무가 자라기 때문에, 이 길드의 예는 이 나라 전역에 적용될 수 있다.

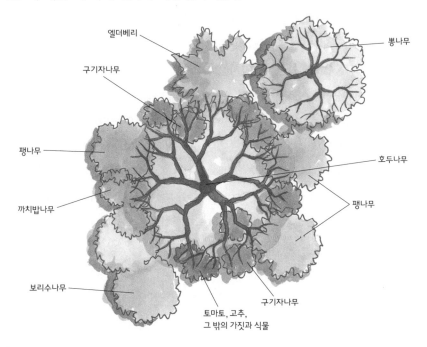

호두나무/팽나무 길드. 엘더베리와 팽나무, 구기자나무 같은, 관상 가치도 있고 서식지도 제공하는 관목이 위풍당당한 호두나무 아래에서 잘 자라고 있다. 까치밥나무와 토마토, 고추는 호두 외의 수확거리가 된다. 뽕나무와 보리수나무는 마당에서 자라는 다른 식물들로 이행하는 지점에 자리 잡고 있어서 이웃하는 식물을 호두나무의 타감 작용으로부터 보호한다.

호두나무는 식물왕국의 원로 중 하나다. 일리노이 주에 있는 내 부모님의 집 뒤에는 거대한 흑호두나무가 아치를 이루며 데크 위로 굽어 있었다. 아침이 되면 나는 좋아하는 책과 커피 한 잔을 들고 호두나무의 편안한 그늘 아래서 빈둥거릴 때가 많았다. 그늘이 주는 즐거움을 비롯해 호두나무는 여러 혜택을 가져다준다. 호두나무는 맛있는 견과를 생산하며, 나무의 하사품을 찾아 날쌔게 가지 사이를 돌아다니는 다람쥐들은 우리를 즐겁게 한다. 호두 껍질도 염료나 연마재로 이용할 수 있다. 호두나무는 또한 최상급의 목재를 제공한다. 호두나무 목재는 꽤 돈이 되며 소목장이가 무척 좋아한다. 게다가 호두나무는 가뭄에도 견딜 수 있다. 상대적으로 덜 혹독한 지역뿐 아니라 서부의 건조한 주(州)에서도 잘 산다.

호두나무의 동반식물을 선택하기란 까다롭다. 왜냐하면 이 속(屬)의 식물은 **타감(他感)작용**을 하기 때문이다. 타감 작용이란 식물이 독소를 분비해서 경쟁하는 식물들을 제압한다는 뜻이다. 이 경우에는 '주글론'이라는 물질이 분비된다. 호두나무의 수관 아래에서 잘 살 수 있는 종은 매우 드물다. 호두나무 근처의 식생은 지지러져 있는 경우가 많다. 하지만 이번에도 자연 관찰은 해결책을 알려준다. 팀 머피는 어떤 종들이 주글론에 내성이 있어서 이 위풍당당한 나무와 자연 속에서 어우러져 사는지를 관찰했고, 그에 따라 호두나무에 친화성이 있는 식물들의 길드를 발전시켰다.

머피는 애리조나에서는 때로 호두나무의 건조한 그늘 아래에 팽나무(hackberry, *Celtis* spp.)라는 왕성한 선구 관목이 퍼져 있다는 것을 눈치 챘다. 팽나무의 잎과 열매는 야생동물에게 좋은 먹이가 되며, 과실은 작지만 맛이 있다. 이런 이유로 이 관목은 생태정원에 심기에 좋은 후보가 된다. 팽나무는 호두나무 아래서 잘 자라는 듯이 보이므로, 이 관목의 생장은 주글론에 의해 억제되지 않는 것이 분명하다. 팽나무도 호두나무처럼 경쟁자를 억제하는 물질을 분비한다. 가재는 게 편이라는 말처럼, 두 타감 식물은 흥미로운 화음을 이룬다. 두 식물종에서 나온 독소는 서로를 보완하는 듯하다. 주글론은 많은 식물들의 생장을 방해하지만 볏과의 식물에는 별로 효과가 없다. 반면에 팽나무의 독소는 볏과식물과 얕은 뿌리를 가진 다른 식물들을 방해한다.

난해하게 얽힌 이 그물은 고도로 특화된 니치를 남긴다. 호두나무와 팽나무 사이에서 드넓은 독소의 스펙트럼에 손상을 받지 않고 자랄 수 있는 식물은 드물 것이다. 그러면 대체 어떤 식물의 조합이 있을 수 있을까? 우리는 자연을 들여다보고 무엇이 호두나무와 팽나무와 함께 자라는지 알아낼 수 있다. 하지만 그 동반식물들이 독소로 가득한 토양에서 어떻게 살아남는지에 대해서는 알려진 바가 거의 없다. 우리는 식물의 관계에 대해 피상적으로만 알고 있을 뿐이고, 이 경우에 있어서는 단순하고 경험적인 관찰 내용밖에 아는 것이 없다. 다시 말해, 어떤 식물은 호두나무와 팽나무의 독소를 견디지만, 대다수의 다른 식물은 견디지 못한다는 것이다.

쓸모 있는 길드를 만들려면 이 타감 작용을 견디고 살아남을 수 있는 종을 더 많이 찾아내야 한다. 팀은 어떤 호두나무 아래에서 까치밥나무를 몇 그루 발견했다. 그런데 여기에는 기묘한 점이 있었다. 팀은 팽나무가 있는 호두나무 아래에서만 까치밥나무를 발견했던 것이다. 왜 그럴까? 호두나무와 팽나무가 섞여 자라면 뭔지 모르지만 까치밥나무가 잘 자라는 조건이 만들어지는 것일까? 팀은 호두나무-팽나무-까치밥나무의 동맹을 설명하는 몇 가지 가설을 세웠다. 그는 호두나무 잎과 호두 깍지가 분해될 때 곤충을 내쫓는 시트로넬라(citronella) 냄새가 난다는 점에 주목했다. 진딧물을 비롯해 몸이 연한 벌레들은 까치밥나무의 주된 해충이다. 까치밥나무 잎 사이로 풍기는 시트로넬라 냄새가 지면에 낮게 자라는 이 관목을 보호하고 있는 것일 수도 있다. 또한 까치밥나무는 팽나무 아래에는 경쟁하는 풀이 없다는 점에서 이득을 볼 것이다. 보호자 식물인 팽나무는 까치밥나무보다 키가 커서 까치밥나무가 좋아하는 반그늘을 만들어준다. 그리고 까치밥나무는 지하에서 호두나무와 팽나무의 동료 미생물들 사이에 오가는 분자 교환으로부터 혜택을 볼 수도 있다. 이런 점들과 눈치 채기 어려운 다른 특성들은 호두나무와 팽나무가 까치밥나무를 끌어들이는 이유를 설명해줄 수 있다.

호두나무, 팽나무, 까치밥나무 셋은 길드의 기초를 이룬다. 이 세 식물은 견과와 목재, 야생동물 서식지, 그대로 먹거나 잼을 만들 수 있는 열매를 제공한다. 그런데 이것만으로는 좀 부족한 것 같다. 이 틀 위에 더 많은 것을 세울 수는 없을까?

팀은 다른 두 식물이 팽나무 아래에서 발견되었다고 기록했다. 빌건된 식물은 칠테핀(chiltepine, *Capsicum aviculare*)과 구기자나무(*Lycium* spp.)다. 다년생인 칠테핀은 고추의 야생 조상으로, 1~2*cm* 크기의 매운 열매가 달린다. 구기자나무는 가시가 난 관목인데, 극심한 가뭄이 들면 잎이 떨어진다. 새들은 구기자 열매를 즐겨 먹는다. 두 식물은 모두 가짓과인데, 가짓과 식물에는 토마토와 고추, 감자, 가지가 있다. 팀은 가짓과 식물에는 자기도취성이 있다는 사실에 주목했다. 가짓과 식물은 같은 과의 구성원이 떨어뜨린 잎 위에서 번성한다. 이런 사실은 가짓과의 재배종 식물이 호두나무/팽나무 길드에 들어맞을 가능성을 높인다. 주글론이 감자를 지지러지게 한다는 사실은 잘 알려져 있다. 그러나 같은 가짓과에서 고추와 토마토 분과는 주글론에 덜 예민한 듯하기 때문에 좋은 후보가 될 수 있다.

이제 우리는 자연에 기초한 길드의 기본 틀을 갖췄다. 호두나무와 팽나무, 까치밥나무가 있고, 고추와 토마토도 가능성이 있다. 이 골격에 살을 더 붙여보자. 질소고정식물은 우리의 길드에 집어넣을 수 있는 뚜렷한 후보다. 공생하는 박테리아를 통해 공중 질소를 질산염으로 바꾸어 땅을 비옥하게 하는 질소고정식물은 토양생태를 향상시키고 양분을 축적하는 일을 동시에 한다. 이렇게 복합적인 기능을 하는 질소고정식물은 길드에 거의 필수적인 요소라고 할 수 있다. 질소고정식물은 대개 콩과로, 여기에는 강낭콩과 완두가 속해 있다. 몇 가지 다른 식물 과의 구성원 중에도 질소고정식물이 있다. 팀은 콩과는 아니지만 질소고정식물인 좁은잎보리장을 호두나무/팽나무 길드에 추천한다. 좁은잎보리장이 속해 있는 보리수나무속의 다른 식물도 괜찮을 것이다. 내건성이 있는 보리수나무류는 주글론에 반응하지 않는 듯하기 때문이다. 야생 보리수나무 열매는 야생동물에게 최고의 먹이가 된다. 뜰보리수와 에빙게이보리장(*Elaeagnus* × *ebbingei*) 같은 재배종은 사람이 먹기에도 좋은 변종 열매를 맺는다. 토착식물 팬이라면 토착 질소고정식물을 심고 싶어 할 것이다. 그런 식물 중에는 케아노투스나 미국 남서부 지방의 경우 아파치깃털(Apache plume, *Fallugia paradoxa*)[15]이 있다.

마지막으로, 팀은 길드의 경계에 호두나무에 내성이 있는 다른 종들을 배치해서 주글론이 다른 식물에게 가하는 충격을 완화시키라고 권한다. 그 후보로는 뽕나무와 엘더베리, 아까시나무, 아카시아가 있다. 마지막 두 식물은 질소를 고정하기도 하며 벌들에게도 사랑받는다. 이 완충지대 너머에 과일나무와 관목 같은, 주글론에 내성이 없는 유용한 식물을 무리 지어 배치하면 된다.

그러면 이 길드를 어떻게 조합하면 될까? 349쪽의 그림은 한 가지 가능한 조합의 예를 제시한다. 사과나무 길드와 마찬가지로, 식물의 수를 결정하는 규칙은 큰 식물일수록 길드에 적게 넣는다는 것이다. 일단 호두나무 한 그루로 시작하자. 그 주변으로 대충 지름

---

15 미국 남서부와 북부 멕시코에 자라는 장미과의 관목. 건조한 지역에서 발견된다. 꽃잎이 떨어지고 남은 여러 개의 기다란 암술대가 깃털과 닮았다 하여 이런 이름이 붙었다.

약 9m의 원이 미래에 호두나무의 낙수선이 될 것이다. 그 원 안에 팽나무, 까치밥나무, 구기자나무와 보리수나무류나 다른 질소고정식물을 각각 한 그루에서 세 그루씩 심는다. 다음으로 그 사이사이에 가짓과 식물(고추, 토마토, 가지)을 흩뿌린다. 햇빛이 부족한 북부 기후에서는 이 마지막 식물들을 상대적으로 밝은 원의 가장자리 부분에 뿌린다. 그러나 남부에서라면 이 채소들도 호두나무의 아롱진 그늘을 고맙게 여길 것이다. 원 바깥으로는 뽕나무를 비롯한 완충식물을 방사형으로 배치한다.

이처럼 다양하게 배열된 식물들로 이루어진 활발한 관계의 그물은 많은 부수적인 요소를 불러온다. 씨와 구아노[16]를 퍼트리는 새, 수분을 하는 곤충, 영양소를 방출하고 옮기는 토양미생물, 땅을 갈고, 순을 지르고, 비료를 주는 작은 포유류 말이다.

이 길드를 변형해서 정원에 조성한 정원사들이 있다. 로스앨러모스에 거주하는 메리 제마크는 팀의 관찰 결과를 직접 실행에 옮겨서 호두나무/팽나무 길드를 만들었다. 그녀의 길드에는 까치밥나무와 구기자나무, 엘더베리, 보리수나무가 있다. 메리는 자신의 길드는 아직 실험에 불과하다고 말하지만, 내가 방문했을 때 그 식물들은 매우 번성하고 있었다.

책벌레를 위한 길드 만들기

가장 성공적인 길드들은 오랫동안 자연의 식물군집을 관찰하고 나서 디자인한 것들이다. 이런 길드는 야생의 식물군집이 가지고 있는 역동적인 관계 속으로 들어갈 가능성이 가장 높다. 그러나 오랜 관찰에 기초한 디자인을 하기에 충분한 지식을 모으는 데는 특별한 헌신이 필요하다. 자연의 식물군집을 붙잡고 몇 시간 혹은 몇 년을 보내야 하는데, 그럴 여유가 없거나 그러고 싶지 않은 생태정원사들을 위해 보다 학구적이고 이론적인 길드 디자인 방법을 소개하겠다. 그렇지만 어떤 것도 관찰을 대신할 수는 없다는 점을 기억하자. 짧게라도 식물군집을 보러 야외에 나갔다 오면 책이 줄 수 없는 중요한 통찰을 얻게 될 것이다.

16 새, 박쥐, 물범 등의 배설물이 바위 위에 쌓여 굳어진 덩어리. 비료로서의 가치가 크다.

길드를 디자인하는 이론적인 방법은 당신이 살고 있는 지역의 고유한 주요 식물군집의 목록을 찾는 것으로부터 시작한다. 이 정보는 생태학 서적이나 식물도감, 산림청 웹사이트, 대학 도서관이나 온라인 데이터베이스를 통해 얻을 수 있는 학술지 기사에서 찾아볼 수 있다. 이런 문헌은 매우 많기 때문에 쓸 만한 금괴를 찾아내려면 한동안 들고 파야 할 수도 있다. 내가 살고 있는 지방을 예로 들자면, 나는 '식물군집, 오리건'이라는 검색어로 대학 도서관 카탈로그나 데이터베이스의 색인을 뒤지기 시작할 것이다. 이런 식으로 각자 살고 있는 지역의 이름을 끼워넣는다. 조회 목록이 길게 올라오면, '~주의 식물군집'이나 '~군의 식생' 같은 제목이 있는지 찾아보라. 당신이 살고 있는 지역을 주점하고 있는 토착종 나무를 알고 있다면, 그 종에 대한 연구 결과를 찾는 것으로 검색의 범위를 좁힐 수 있다. 나는 '윌라밋 밸리의 오리건백참나무 숲(The *Quercus garryana* Forests of the Willamette Valley)'이라는 제목의 연구논문을 편리하게 이용하고 있다. 이 논문은 내가 사는 고장의 건조한 산등성이를 점유하고 있는 오리건백참나무 숲에 대해 서술하고 있다.

자연의 식물군집을 길드 디자인의 지침으로 이용하는 법

우리는 팀 머피와 다른 길드 디자이너들의 작업을 통해 지역의 식물군집을 참조해서 길드를 만드는 지침을 발전시킬 수 있다. 유용한 길드를 위한 식물들을 고르는 데 도움이 되는 질문은 다음과 같다.

1. 그 식물군집의 우점종은 무엇인가? 그것은 인간에게 유익한가? 유익하다면, 견과, 과일, 특별한 미적 가치, 동물 먹이 때문인가, 아니면 다른 혜택이 있는가? 비슷한 종의 식물 중 더 유익한 것이 있는가?
2. 어떤 식물이 야생동물의 먹이가 되는가? 그 식물을 이용하는 야생동물은 무엇인가? 그 동물이 마당에 들어와도 괜찮은가?
3. 인간에게 먹거리를 제공할 수 있는 식물이 있는가? 식물군집 안에 과일, 열매, 덩이줄기, 푸성귀, 허브 등 사람을 위한 생산물을 제공하는 재배종을 친척으로 하는 식물이 있는가?
4. 하나 이상의 식물군집에 공통적으로 존재하는 종은 무엇인가? 오직 한 가지 식물군집에만 특유하

게 나타나는 식물과 대조적으로 말이다. 이런 식물은 길드를 마당의 다른 부분과 연결시키는 완충 식물이나 이행식물로 이용할 수 있을지도 모른다.

5. 예외적으로 곤충 피해를 입었거나 해충이 많이 살고 있는 종이 있는가? 이런 식물은 바람직하지 않다.

6. 낙엽을 가장 많이 생산하는 종은 무엇인가? 훌륭한 피복식물이 될 수 있지 않을까?

7. 그 식물군집은 가뭄이나 홍수를 얼마나 잘 견디는가? 그리고 어떤 메커니즘으로 견디는가? 어떤 사막 식물은 극단적으로 건조해지면 잎을 떨어뜨린다. 이것은 유용한 특성이지만 주요 식물로 삼기에는 마음에 드는 성질이 아니다.

8. 식물의 주위가 맨땅이거나 주변의 식생이 잘 못 자라고 있지는 않은가? 어쩌면 단순히 그늘이 짙어서 그럴 수도 있지만, 만약 이 식물 근처의 땅에 햇빛이 닿는다면, 그 종은 타감 작용을 하는 것일지도 모르니 주의하는 것이 좋다.

9. 그 식물군집에 특히 많이 나타나는 식물과(科)가 있는가? 만약 있다면, 그 과의 재배종으로 대체해도 성공할 가능성이 높다.

10. 그 식물군집에 질소를 고정하는 것으로 알려진 식물이나 다른 영양분을 축적하는 식물이 있는가? 그런 식물은 식물군집에서 아주 중요한 역할을 하고 있을 수도 있다. 그 식물군집을 참고하는 길드에 꼭 필요할지도 모른다.

위 질문을 통해 추출해낸 식물 목록은 길드의 중추를 형성할 가능성이 있다.

만약 이 조사 과정이 힘들어 보인다면 앞질러 갈 수도 있다. 가까운 대학의 식물학과나 미국 농무부 산림청에 전화를 해서 지역의 식물군집에 대한 자료를 이니서 찾으면 될지 물어보면 된다. 학과 사람 중 누군가는 당신에게 적당한 책이나 학술지 기사의 제목을 알고 있을 것이다. 어쩌면 지역 식물군집에 대한 즉석 강의를 기꺼이 전화로 해줄지도 모른다.

오리건 남부에 살았을 때, 나는 내가 살고 있는 생물지역(bioregion)에 맞는 길드를 방 안에 앉아서 만들었다. 방법은 다음과 같다. 내 책장에는 우리 고장의 식물군집에 대한 권위 있는 책인 『오리건 주와 워싱턴 주의 식생(Vegetation of Oregon and Washington)』[제리 프랭클린(Jerry Franklin), C. T. 다이어네스(C. T. Dyrness) 공저]이 꽂혀 있다. 이 책은 25년도 더 되었지만, 여기에 실린 식물종 목록은 여전히 유효하다. 이 책을 훌훌 넘기면서 나는 식물군집 목록이 지역에 따라서뿐만 아니라 기후와 선호하는 토양에 따라서도 작성되어 있다는 것을 발견했다. 저자들의 마음 씀씀이가 고마울 따름이다. 오클랜드에 있을 때 살았던 집은 여름에는 모든 것이 시들시들해질 정도로 건조해지는 남향의 산마루에 있었다. 그래서 나는 이런 미기후에 맞는 토착식물군집을 찾아내야 했다. 뜨겁고 건조한 점토질의 비탈에서 살아남을 수 있는 것으로 말이다. 프랭클린과 다이어네스는 오리건백참나무(*Quercus garryana*)가 그런 기후에서 번성할 것이라고 제시하고 있었다. 전혀 놀라운 일이 아니었다. 주변의 숲을 봐도 그랬고, 위에서 언급한 논문에도 오리건백참나무가 그런 장소를 좋아한다고 나와 있기 때문이다. 어쨌든 책을 쓴 교수들과 내가 그 문제에 서로 동의한다는 것은 안심이 되는 일이다.

프랭클린과 다이어네스가 밝혔듯이, 화이트백참나무 군집에는 여러 가지 변형된 종류가 있다. 변종 군집은 각기 가장 우세한 하부층 관목의 이름을 따서 명명되었다. 이 군집은 백참나무/개암나무, 백참나무/준베리, 백참나무/옻나무라고 불린다. 공교롭게도, 백참나무/옻나무 군집은 집 아래에 엄청 흔했다. 각각의 군집은 십여 가지 이상의 관련 식물을 포함하고 있다. 이 식물들은 책의 본문이나 표에 열거되어 있었다.

그 다음에 나는 이 목록을 뒤져서 그 자체로 유용한 종이나, 먹을거리나 서식지 같은 선물을 가져다주는 근연종이 있는 종을 찾았다. 내 목적은 본래의 군집 구성원이나 관련된 대체 식물을 써서, 토착식물군집과 유사하지만 인간을 위한 생산물을 제공하고, 거기에 더해 여러 자연적인 기능을 가지고 있는 길드를 만드는 것이었다. 백참나무/개암나무 군집은 훌륭한 잠재력을 가지고 있었다. 이 식물군집에는 몇 가지 견과류와 과일, 베리 종류, 초본이 포함되어 있기 때문이다. 이 군집의 구성원은 표9-1에 나와 있다.

약간의 탐구와 조정 작업을 거치면, 백참나무/개암나무 군집은 아주 쓸모 있는 길드로 변신할 수 있다. 이 군집의 목록을 잠시 살펴보자.

오리건백참나무의 가치는 미묘하다. 이 나무는 훌륭한 녹음수다. 그리고 성숙한 표본이 맺는 다량의 도토리는 야생동물이 좋아한다. 그리고 참나무는 흔히 곤충을 찾아 나무껍질을 뒤지는 새떼로 가득하다. 도토리는 아메리카 원주민의 주요한 단백질 공급원이었다.

표9-1 백참나무/개암나무 공동체	
일반명	**학명**
검은서양산사나무 (Black hawthorn)	*Crateagus douglasii*
마드론(Pacific madrone)	*Arbutus menziesii*
미국벳지(American vetch)	*Vicia americana*
버지니아딸기 (Broad-petaled strawberry)	*Fragaria virginiana*
사스카툰준베리 (Saskatoon serviceberry)	*Amelanchier alnifolia*
스노우베리 (Round-leaved snowberry)	*Symphoricarpos albus*
스위트브라이어 (Sweetbriar rose)	*Rosa eglanteria*
스위트시슬리(Sweet cicely)	*Osmorhiza chilensis*
양벚나무(Mazzard cherry)	*Prunus avium*
예르바부에나(Yerba buena)	*Satureja douglasii*
오리건백참나무 (Oregon white oak)	*Quercus garryana*
오션스프레이 (Creambush oceanspray)	*Holodiscus discolor*
캘리포니아개암나무 (California hazelnut)	*Corylus cornuta*
캘리포니아검은딸기 (Trailing blackberry)	*Rubus ursinus*
태평양옻나무(Poison oak)	*Rhus diversiloba*
팀블베리(Thimbleberry)	*Rubus parviflorus*

원주민들은 도토리를 통째로 구워 먹거나 가루로 만들어 먹었다. 백참나무 도토리는 다른 도토리보다 타닌산의 떫은맛이 덜하다. 그래서 도토리를 먹기 좋게 만들기 위해 물에 우려내는 복잡한 작업이 필요 없다. 도토리는 또한 근사한 동물 먹이가 된다. 교외에 사는 정원사들이 도토리를 먹을까? 고백하건대, 나는 도토리를 실험적인 수준에서만 먹어보았을 뿐이다. 도토리가 현대 식품으로 받아들여지는 데는 한계가 있다는 편에 내기를 걸겠다. 또한 나무에 도토리가 열리기까지는 십 수 년이 걸린다. 그러니 참나무는 이상적인 먹거리 식물이라고 할 수는 없다.

참나무는 목재로서 가치가 있다. 하지만 상당한 면적의 토지를 소유하고 있지 않은 한, 마당에서 주된 위치를 차지하는 나무를 베어 넘긴다는 것은 재앙이라고 할 수 있다. 그리고 나무를 베면 분명히 길드를 망치게 된다.

그러므로 음식으로서 백참나무의 가치는 인간에게는 제한적이다. 그리고 교외의 마당에서 참나무를 키울 경우, 목재로서의 가치는 의심스럽다. 오리건백참나무는 과연 하나의 길드를 부양할 만큼 유용한가? 나는 다음과 같이 생각했다. 만약 내가 만드는 길드의 중심 나무가 모두 니에게 풍부한 먹거리를 제공하길 바란다면, 참나무의 친척인 밤나무를 그 대신 넣고 길드에 잘 들어맞길 기도할 것이다. 어쩌면 들판을 싸돌아다니며 과일나무나 다른 식물종을 가지고 실험을 해볼지도 모른다. 특히 이미 존재하는 성숙한 표본에서 이득을 볼 수 있는 경우에는 말이다. 그러나 참나무가 제공하는 친절한 혜택, 특히 야생동물에게 주는 혜택과 미국에서 가장 카리스마적인 나무라는 위상을 생각해보면, 음식으로서의 가치가 인간에게 미미하다는 사실은 눈감아주고 싶다. 나에게 참나무는 길드의 중심으로 이용하기에 훌륭한 나무다. 나는 과일과 견과를 얻을 수 있는 다른 나무들도 기르고 있기 때문이다.

이 참나무 군집에서 둘째가는 주요 요소는 캘리포니아 개암나무다. 이것은 다른 것으로 대체할 필요가 없다. 재배종을 심기만 하면 된다. 개암나무는 아주 유용한 식물이다. 개암나무속에는 큰 견과를 생산하도록 개량된 식물이 많이 있다. 예를 들면 유럽 개암나무(European filbert)와 터키 개암나무(Turkish filbert), 필라젤(filazel), 헤이즐버트(hazelbert), 트리헤이즐(tree hazel) 또는 트라젤(trazel)이 있다. 이런 관목은 매혹적일 뿐 아니라, 새들도 개암 열매를 좋아한다. 당신은 좋든 싫든 간에 수확물을 새들과 나누어야 할 것이다. 어쨌든 우리는 백참나무와 재배종 개암나무를 가지고 쓸모 있는 길드를 만들 수 있다.

오리건백참나무 군집에는 때때로 마드론(Pacific madrone)이라는 또 다른 나무가 산다. 여기서 우리에게는 몇 가지 선택의 여지가 있다. 마드론은 아주 뛰어난 나무다. 이 나무는 엄청난 새떼를 유혹하여 풍성한 꽃과 열매를 먹게 한다. 매끄럽고 붉은 나무껍질은 무척 멋지며, 매년 여름이 되면 박편으로 벗겨진다. 그러면 새들이 날아와 쪼개진 껍질 조각 아래서 곤충을 찾는다. 나무를 베어야 할 경우가 생겼을 때도, 마드론 장작은 호두나무보다도 밀도가 높으며 뜨겁고 오래 탄다. 그렇지만 나는 참나무와 마드론을 모두 심는 것이 망설여진다. 음식으로서의 가치는 제한되어 있는데 몸집은 큰 나무를 마당도 좁은 판국에 두 그루나 길드에 넣으려니 말이다. 당신이 살고 있는 토지가 2,000㎡ 이하라면, 두 나무 모두를 담기에는 길드가 너무 작을 것이 틀림없다. 하지만 희망은 있다. 마드론이 속해 있는 아르부투스속에는 크기가 더 작은 종이 몇 가지 있다. 아르부투스속의 식물을 심는다면, 나는 마드론의 가까운 친척인 딸기나무(strawberry tree, *Arbutus unedo*)를 추천한다. 이 나무에는 부드럽고 달콤하며 약간 씨가 많은 과일이 달린다. 딸기나무는 완전히 자라면 약 6*m*가 되지만, 관목형과 왜성 재배종도 있다. 이런 재배종은 참나무 아래에 쉽게 자리 잡을 수 있을 것이다.

백참나무 군집의 하부층에는 두 종류의 소교목이 있다. 양벚나무와 검은서양산사나무다. 이 종들을 우리의 길드에 집어넣기는 쉽다. 왜냐하면 둘 다 야생종과 재배종의 형태로 유용하기 때문이다. 양벚나무는 새들이 좋아한다. 비록 사람들은 어쩌다가 한입 가득 신맛을 느끼고 싶을 때나 파이를 만들 때에만 그 열매를 즐길 테지만 말이다. 그러나 운 좋게도 양벚나무는 흔히 이용되는 체리 대목으로, 스위트체리나 파이체리와 접목한 상태로

캘리포니아의 로스오소스(Los Osos)에 있는 어느 산중턱. 한때 아이스플랜트(iceplant)로 뒤덮여 있었던 곳이 계단식 먹거리숲으로 변모했다. 이 먹거리숲은 현관으로부터 몇 걸음밖에 떨어져 있지 않다. 건물이 첩첩이 둘러싸인 아시아의 건축 디자인에서 영감을 받은 정원의 인도 바나나는 다년생 피복식물과 지피식물로 둘러싸여 있다. 지피식물로는 베트남고수(Vietnam cilantro, *Polygonum odoratum*), 고구마(Japanese sweet potato, *Ipomoea batatas*), 한련이 있다. 그 옆에 있는 수수(*sorghum* sp.)는 바나나의 큰 키와 균형을 이루고 있다. 다양한 종류의 백리향이 향기로운 허브들과 함께 디딤돌이 놓인 통로를 수놓고 있다. 디자인·사진/ 래리 산토요

묘목 농장에서 구입할 수 있다.[17] 이 접붙인 체리나무를 우리의 길드에 들여와도 좋다. 두 번째 소교목인 검은서양산사나무는 아름다울 뿐 아니라 훌륭한 야생동물유인식물이기도 하다. 많은 새들이 겨우내 그 열매를 먹고 산다. 이 나무는 배나무와 가까운 친척으로, 접을 붙여서 배가 달리는 품종으로 만들기가 쉽다. 이 소교목들은 전지를 해주면 관리하기 쉬운 크기로 유지할 수 있을 것이다. 이제 우리는 벚나무와 서양산사나무로 야생동물과 사람을 위한 먹거리를 생산하는 하부층을 가지게 되었다.

목록에서 보듯이 백참나무 군집에는 베리가 달리는 식물이 많다. 준베리[서비스베리(serviceberry)나 사스카툰베리(saskatoonberry)라고도 부른다]는 훌륭한 열매가 달리는 재배종이 많이 개발되어 있다. 이 중 몇 가지를 추가하도록 하자. 팀블베리는 서부의 도보여행자들에게 뜻밖의 행운으로 알려져 있다. 맛으로는 산딸기류와 버금갈 정도다. 그리고 검은딸기 두 종류가 이 군집에 들어 있다. 하지만 피부를 매끄럽게 지키려면 가시가 없는 품종으로 대체하는 것이 좋겠다. 스노우베리 과실에는 미끌거리는 사포닌이 함유되어 있기 때문에 사람이 먹기에는 맛이 별로 좋지 않다. 하지만 새들은 이 식물을 맛보길 좋아한다. 스노우베리의 근연종으로는 인동덩굴이 있다. 인동덩굴은 관상용으로서 가치도 있고, 야생동물을 유인하는 대체 식물로 쓸 수 있다. 그리고 마지막으로 야생 딸기는 맛있는 지피식물로서 반드시 선택해야 할 항목이다.

어째서 옻나무를 목록에 포함시켰냐고 물을 사람도 있겠다. 발진을 일으키는 이 관목과 그 동류인 덩굴옻나무(poison ivy)는 '경찰 조사 중—들어오지 마시오'라고 적혀 있는 범죄현장 차단용 띠를 생각나게 한다. 이 식물은 엉망으로 남용된 땅에 들어와서 인간을 저지하는 보호 장벽을 둘러친다. 옻나무는 이렇게 말하는 듯하다. "너희 인간들이 이곳을 엉망으로 만들었어. 이곳이 다 나을 때까지 멀리 떨어져 있어." 옻나무를 심고 싶어 하는 정원사는 분명 없다. 하지만 해를 끼치지 않는 근연종인 레모네이드베리(lemonade berry, *Rhus*

---

17 각종 벚나무를 영어로는 cherry tree라고 하지만, 우리나라에서 '벚나무'라고 하면 대개 식용과실이 달리지 않고 꽃만 피는 관상용 종을 말한다. 식용·재배종을 국내에서는 '벚나무'라고 하지 않고 '양벚나무' 또는 '체리나무'라고 부른다. 그런데 국가식물명목록에 따르면 야생종인 mazzard cherry(*prunus avium*)는 양벚나무이므로, 각종 cherry를 모두 양벚나무로 옮기는 것은 무리가 있다. 그래서 'cherry'가 식용·재배종을 의미할 경우에는 '체리나무', 각종 야생종을 가리킬 경우에는 '벚나무'로 옮기고, mazzard cherry만을 '양벚나무'로 옮겼다.

integrifolia)는 끓는 물에 꽃을 담가 향기로운 차를 만들 수 있다. 이 꽃은 곤충이 먹을 수 있는 꿀을 분비하며, 새들은 열매를 즐긴다. 미국 남서부의 토착종인 레모네이드베리는 오리건의 내 집 마당에서도 잘 살 수 있을 정도로 튼튼하다(USDA 내한성지대 7). 그런데 한 가지 결점이 있다. 레모네이드베리는 생김새도 옻나무와 닮았다. 그래서 정원사가 광분해서 기계적으로 잡초를 뽑다가 잘못해서 이 나무를 뽑아버릴 수도 있다.

스위트브라이어 장미는 야생종과 재배종 사이에 있는 우리가 밟고 있는 선과 같다. 당신은 토착종을 써도 되고, 다른 품종을 선택해도 된다. 해당화(*Rosa rugosa*) 같은 품종에는 사람과 동물 모두가 먹을 수 있는 큰 열매가 달린다. 하지만 고도로 개량된 잡종 장미는 피하라고 권하고 싶다. 그런 장미에는 꽃가루가 없기 때문에 야생동물에게 가치가 없으며, 끊임없는 보살핌이 필요하기 때문이다. 길드에 쓰일 식물로는 일반적으로 덜 개량된 품종을 선택하도록 하자. 적응력이 뛰어난 팔방미인인 우리 인간들은 새롭고 야생적인 맛을 즐기는 법을 배울 수 있다. 오히려 동물들이 인간보다 유연성이 없을 때가 많다. 동물에게는 고도로 개량된 품종에는 없는 영양이나 맛이 필요하다.

마지막으로 남은 관목인 오션스프레이는 '쇠나무(ironwood)'라고도 불린다. 줄기가 쇠처럼 단단하고 느리게 타기 때문이다. 원주민들은 이 나무로 화살대와 땅 파는 막대기, 식기를 만들었다. 이런 사실을 알고 나니 이다음에 쇠나무로 조각하기 프로젝트를 계획해볼까 하는 생각이 든다. 또한 이 관목은 새들로 들끓는다. 새들은 이 관목의 열매를 먹고 빽빽한 가지 사이에 숨는다.

세 가지 작은 식물이 우리의 목록을 마무리한다. 스위트시슬리(*Osmorhiza chilensis*, 역시 스위트시슬리라고 불리는 유럽 원산의 식물인 *Myrrhis odorata*와 혼동하지 말 것. *Myrrhis odorata* 역시 잎과 종자, 어린뿌리를 식용할 수 있다)의 뿌리는 아니스 맛이 나며 양념으로 쓰인다. 또 그 꽃은 나비와 다른 곤충을 유인한다. 예르바부에나는 덩굴을 뻗치는 초본으로, 향기가 난다. 이 식물의 잎으로 차를 우리면 부드러운 진정 효과가 있다. 미국벳지는 질소를 고정한다. 하지만 나라면 좀 더 쉽게 구할 수 있는 살갈퀴로 바꾸겠다.

우리의 백참나무 길드에는 이제 먹거리, 새와 포유동물, 곤충, 약초, 질소고정을 위한 식물이 모두 들어 있다. 길드에 꼭 필요한 역할의 대부분이 채워진 셈이다. 이 목록에서 단 하나 분명히 빠진 것은 컴프리나 아티초크 같은 피복식물로, 이것은 막중한 역할을 하기 때문에 없어서는 안 된다. 바이오매스 생산에 활기를 불어넣기 위해 몇 가지 피복식물을 심었다가 나중에 길드가 채워지고 나면 제거하는 것을 권장한다. 길드는 일단 성숙하고 나면 엄청난 양의 낙엽을 축적할 것이다. 그리고 내 직감으로는 곤충유인식물(시라나 회향, 또는 적당한 토착식물)과 질소고정식물(강낭콩과 클로버, 또는 곤충을 유인하는 토착식물인 케아노투스)을 좀 더 넣는 것이 좋겠다는 생각이 든다. 곤충유인식물은 수분과 착과가 잘되도록 보장해준다. 우리는 길드의 생산물을 집약적으로 수확하려는 계획이기 때문에 이점은 매우 중요하다. 그리고 우리는 생태계의 고리로부터 생산물을 빼내고 있기 때문에 우리가 가지고 간 것만큼 도로 채워넣어야 한다. 질소고정식물과 피복재 생산 식물, 영양소 축적식물을 통해서 영양소를 들여오는 것이 그 방법이다.

이제 요약을 해보자. 방 안에 앉아서 길드를 구축하는 방식은 도서관이나 인터넷 검색을 통해 내가 살고 있는 지역과 토양, 기후에 맞는 식물군집을 확인하는 것에서부터 시작한다. 다음에는 길드의 요소가 되는 종을 목록으로 만들고, 토착종이나 재배 품종을 모은다. 이때는 먹거리를 비롯한 생산물에 대한 나의 욕구와, 마찬가지로 그 길드에 의존할 야생동물들의 필요 사이에서 균형을 맞추려 노력한다. 만약 목록에 나오는 식물을 잘 모르겠다면, 토착식물도감이나 웹사이트, 묘목상 카탈로그를 참고하여 그 식물에 대해 익숙해지면 된다. 앞에서 사과나무 길드 이야기를 했을 때 열거한 요소들 중 어느 하나라도 새로운 길드에서 빠져 있다면, 이 장과 부록의 목록에 실린 식물종으로 그 틈을 채운다. 또 직접 자연으로 나가서 해당하는 토착 군집의 살아 있는 예를 찾아서 그것의 형태나 구조에 대해 어설프게라도 감을 잡아보길 강력하게 권하는 바다. 이제 길드를 구성하는 식물들을 심고, 뒤로 물러서서 어떤 관계들이 나타나는지 기다려보자.

길드에서 기능 중합하기

앞 장에서 나는 영양소를 축적하는 식물, 완충식물, 곤충유인식물 등 과일나무 길드에 필요한 주요 기능에 대해 이야기했다. 그 목록은 단순히 과일나무에 기본적으로 필요한 것들만 모아놓았을 뿐이다. 우리는 좀 더 나아가서 길드에 필요하거나 있었으면 싶은 다른 기능을 상상해볼 수 있다. 표9-2는 생태 극장의 조연배우로서, 그리고 인간에게 많은 선물을 줄 수 있는 존재로서 식물이 해낼 수 있는 역할을 열거하고 있다. 과일나무 길드는 사과나무를 지원해주는 역할에 어떤 것들이 있는지를 관찰해서 디자인한 것이다. 우리의 경관에는 건강한 생태계를 만들기 위해서 채워야만 하는 다른 기능이 많이 있다. 그리고 우리는 사람들이 원하는 활동(예를 들면 공기 정화나 침식 억제)과 생산물을 구상할 수도 있다. 사과나무 길드의 예처럼, 구성하는 식물들이 그 장소나 설계자에게 필요한 다양한 역할을 채우도록 길드를 디자인할 수 있다.

반대로 하나의 주된 기능을 가지도록 길드를 만들 수도 있다. 예를 들어 새들을 유인하려는 목적으로 길드를 디자인해보자. 다른 기능은 특별히 없지만 우수한 새 먹이를 제공하는 관목이나 소교목, 은신처가 되는 식물종을 골라서 시작할 수 있다. 그런 식물의 예로는 다음과 같은 것들이 있다.

- 노랑말채나무(Red-osier dogwood, *Cornus sericea*)는 안전한 횃대가 되어준다. 이 나무의 껍질로는 바구니를 엮거나 밧줄을 꼴 수 있고, 염료로 쓸 수도 있다.
- 펜실바니카소귀(Bayberry, *Myrica pennsylvanica*)는 서식지와 먹이를 제공한다. 겨우내 열매가 달려 있기 때문에, 이 식물을 길드에 심으면 먹이가 달리는 계절을 늘릴 수 있다. 잎은 월계수 대용으로 쓸 수 있고, 열매로는 양초를 만드는 데 쓰이는 향기로운 왁스를 만들 수 있다.
- 하이부시블루베리(Highbush blueberry, *Vaccinium corymbosum*)는 은신처와 먹이를 제공한다. 달콤한 열매는 사람이 먹을 수도 있다. 그리고 토양을 형성하는 균근균(菌根菌)의 숙주가 된다.

이런 식물은 길드의 핵을 이룰 수 있다. 여기에 씨가 맺히고 새의 먹이가 될 벌레를 유인하는 좀 더 작은 식물과 다년생 화초가 더 있으면 좋겠다. 선택할 수 있는 종은 수천 가지나 되지만, 그중 몇 가지만 꼽아보자면 이런 식물이 있다.

- 애기해바라기(Maximilian sunflower, *Helianthus maximilianii*)는 가을에 씨가 맺히고, 빽빽한 잎은 은신처가 된다. 순은 우리가 먹을 수 있고, 꽃은 늦은 계절에 핀다.
- 참취속(*Aster* spp.)의 모든 식물은 씨를 제공하며 새가 먹을 수 있는 맛있는 곤충을 유인한다.
- 에키네시아(Purple coneflower, *Echinacea purpurea*) 역시 씨를 제공한다. 약성이 있으며 익충을 끌어들인다.

우리는 이 여섯 가지 식물로 이루어진 핵 위에 길드를 세울 수 있다. 이제 우리는 긴 계절 동안 써먹을 수 있는 새 유인식물을 보따리에 지니고 있다. 그런데 이 식물군집에 기본적으로 필요한 것에도 확실히 신경을 써서, 자연이 제공할 수 있는 것을 우리의 노동으로 사는 일이 없도록 해야겠다. 이 길드에 뚜렷하게 나 있는 구멍은 영양소를 축적하고 피복재를 생산하는 역할이다. 영양소 축적을 위해 루핀을 심는 것은 어떨까? 루핀은 질소고정식물이기도 하지만, 가을이 되면 노래하는 새들이 좋아하는 씨꼬투리를 맺는다. 루핀의 줄기는 둥지를 만들기에 매우 좋은 재료다. 피복재를 생산하는 식물로는 믿을 수 있는 오랜 친구인 컴프리에 의지하거나, 새를 유인한다는 테마를 계속 따라가서 불꽃아칸더스(flame acanthus)를 선택해도 되겠다. 불꽃아칸더스는 빨간 꽃이 피는 아칸더스(bears breech)의 변종으로, 두껍고 넓은 잎을 지닌 다년생 풀이다. 토양 조건이나 미기후, 그 밖의 환경 조건에 따라 다른 종을 덧붙여 길드를 마무리할 수 있다.

이런 식으로 필요한 역할에 맞추어 길드를 디자인할 수 있다. 전문적인 기능을 하는 이런 길드는 자연에서 발견되는 군집과는 다르다. 여기서 우리는 새로운 영역에 발을 들여놓고 있다. 그렇지만 저 괴상한 식물 조합이 잘 작동하지 않을까 봐 너무 걱정할 필요는 없다. 일반적인 조경디자인에서도 식물 조합이 멋지게 보이느냐 아니냐만 따지지, 식물들이 그 이상으로 서로 어울리는지에 대해서는 별 관심이 없으니 말이다. 그런 경관에서도 식물은 대개 잘 산다. 토양과 빛, 물이라는 기본 조건만 알맞으면 길드 구성원들은 잘 자랄 수밖에 없다. 식물들이 서로 부정적인 작용을 해서 길드의 조화가 틀어지는 것은 드문 일이다. 그러니 새로운 길드를 도입해서 생기는 부정적인 영향은 미미하다고 하겠다. 반면에 눈부신 상승작용과 뜻밖의 혜택, 훌륭한 서식지와 같은 긍정적인 영향은 엄청나다.

표9-2 길드를 이루는 식물의 기능

생태 기능	설명
공기 정화	공기 중의 오염 물질을 제거한다. 서양담쟁이덩굴(English ivy), 시리아카 금관화(common milkweed), 국화(chrysanthemum, 벤젠을 제거하는 것으로 알려짐)가 있다.
동물 먹이	가축에게 먹이를 제공한다. 시베리아골파초, 버펄로그래스, 메밀이 있다.
침식 방지	섬유가 많은 뿌리 체계로 토양을 제자리에 잡아둔다. 산자나무, 대나무, 옻나무류, 여러 샐비어 종류가 있다.
방화(防火)	세이지브러시(Sagebrush, Atriplex spp.), 흰태양장미(white rockrose), 염좌(jade plant), 알로에베라, 라벤더, 샐비어 종류
홍수 조절	침수에 견딜 수 있으며 지하수면으로 물이 침투하는 것을 돕는다. 여러 토착 물풀과 일년생 호밀풀, 갈풀(feather reed grass), 수크령(fountain grass)이 여기에 속한다.
요새/장벽	원하지 않는 식물과 동물종을 막는 장벽을 형성한다. 귀리(잡초를 억제하기에 좋은 작물이다), 메밀, 구즈베리가 있다.
곤충 유인	익충을 부양한다. 황금마거리트, 아미(toothpick ammi), 시라, 참당귀가 있다.
피복재 생산	빨리 분해되며 그 자리에서 바로 피복재가 된다. 컴프리와 부들, 카르둔이 있다.
질소 고정	질소고정 박테리아의 숙주가 된다. 야생 루핀, 스위트피, 풍선세나가 있다.
질소 처리	여분의 질소를 토양에서 제거한다. 예로는 버심클로버(berseem clover)와 보리, 귀리가 있다.
보모/발판/보호자	다른 식물이 자리 잡는 것을 돕는 강건한 선구식물. 오리나무, 명자나무, 스파티움이 있다.
영양소 축적	깊은 뿌리를 가진 식물로, 토양에서 영양소를 끌어올려 조직에 농축시킨다. 쐐기풀, 서양톱풀, 해바라기가 있다.
해충 구제	해충을 쫓아내 농약을 사용하지 않아도 된다. 페퍼민트(곤충과 쥐를 구제한다), 레몬밤(파리와 개미를 구제한다), 마늘(진딧물, 사슴, 토끼를 구제한다)이 있다.
토양 형성	유기물을 생산하고 토양의 구조를 개선한다. 유채, 수단그라스, 크로탈라리아가 있다.
흙갈이/깊이 박히는 뿌리	깊은 뿌리를 가진 식물로 토양을 느슨하게 하고 공기를 불어넣는다. 쇠풀(little bluestem), 무, 누에콩이 있다.
독소 흡수	까마중(black nightshade, 토양에서 PCB를 제거한다), 그린델리아(curlycup-gumweed, 셀레늄을 흡수한다)가 있다.
물 정화	부들, 골풀(common rush), 칸나(canna lily), 청나래고사리가 있다.
야생동물 먹이	검은딸기(작은 새들), 풍년화(witch hazel, 목도리뇌조와 꿩), 엘더베리(여러 종의 새들)가 있다.
야생동물 서식지	매자나무, 하이부시블루베리, 개암나무, 미국산수유가 있다.
방풍	작은 키에서 큰 키까지 다양하다. 뚱딴지, 보리수나무류, 교배종 포플러(hybrid poplar)가 있다.

슈퍼길드 만들기

참나무는 말할 것도 없고, 사과나무나 호두나무도 그것만 가지고는 별로 식단을 다양하게 할 수 없다. 길드로 만들어져 있다고 해도 말이다. 정원사 한 사람이 먹을 수 있는 사과나 견과의 양에는 한계가 있다. 하지만 서로 다른 나무를 중심으로 삼은 길드 몇 개를 연결시키면 다양한 음식을 고를 수도 있고, 정원의 생물다양성도 전체적으로 증대된다.

한 가지 뚜렷한 해법은 사과나무와 호두나무 말고 복숭아나무, 아몬드나무, 자두나무, 감나무 같은 다른 과일나무나 견과류 나무를 길드에 집어넣는 것이다. 이렇게 하면 길드로 된 과수원이 만들어진다. 그러나 과수원 하부층의 다양성이 아무리 뛰어나다 할지라도, 과수원은 모두 과일을 갉아 먹는 해충을 부르는 표지판이나 다름없다. 또 마당에 개방된 형태로 깔끔하게 전정되고, 같은 모습의 꽃이 피고, 모두 비슷비슷하게 생긴 과일나무밖에 없다고 치자. 그런 경관은 시각적으로 지루할 뿐만 아니라 생태계가 번성하기 위해서 필요한 생물다양성이 결여되어 있다.

정원의 크기가 충분할 때는 단순히 과일나무 몇 그루를 키우는 것보다 더 교묘하게 할 수 있다. 질소고정식물과 곤충유인식물을 비롯한 다기능 식물군을 조합해서 역동적인 길드를 만드는 것과 마찬가지로, 다양한 용도의 교목을 한데 엮어서 '슈퍼길드'를 만들 수 있다. 각기 다른 유형의 교목에 기초한 길드를 기본 단위로 삼아서 교목이 여러 그루 있는 더 큰 슈퍼길드를 만드는 것이다. 기본 단위가 되는 길드들을 한데 엮으면 더욱 깊이 연결된 군집을 창출할 수 있다. 그러면 뒷마당 생태계는 더욱 높은 수준으로 복잡해질 것이다. 다양한 종류의 길드를 한 몸 안에 있는 기관이라고 생각해보자. 그런 몸속의 기관들이 서로 조합되면 건강하고 오래 사는 생명체가 탄생하게 된다. 생명체는 그것을 이루는 요소 하나하나보다 훨씬 더 복잡한 행동을 할 수 있다. 길드도 마찬가지다. 여러 가지 길드를 조합시키면 미기후를 바꾸고, 새로운 종을 끌어들이고, 경관의 모습과 느낌을 바꾸고, 경관을 건강하게 복원할 수 있다.

그렇다면 길드를 어떻게 조합해야 완벽한 경관이 만들어질까? 팀 머피가 개발한 호두나무/팽나무 길드가 힌트를 준다. '완충식물'을 이용해서 호두나무가 분비하는 독소로부터 과일나무를 보호한다는 팀의 제안은 길드를 서로 연결하고 확장시키는 한 가지 방법을 알려준다. 빌 몰리슨은 『퍼머컬처: 디자이너의 매뉴얼』에서 완충식물의 가치에 대해 상세하게 설명하고 있다. 호두나무 길드를 사과나무 길드 바로 옆에 심으면, 사과나무는 주글론의 독 때문에 고통받을 것이다. 그러니 그 대신에 유용한 완충 교목을 골라서 서로 양립하지 못하는 종들 사이에 끼워넣으면 된다고 몰리슨은 말한다.

좋은 완충 교목의 조건으로는 어떤 것이 있을까? 첫째로, (당연한 이야기지만) 완충 교목은 연결하려고 하는 교목들과 친화성이 있어야 한다. 주글론에 피해를 입는 교목은 호두나무를 완충하는 장치로 쓰기에 적절하지 않다(호두나무에 영향을 받지 않는 교목 몇 가지가 아래에 열거되어 있다). 둘째로, 길드들 사이에 이로운 상호작용이 일어나게 하려면 완충교목은 연결시키고자 하는 길드 모두나 최소한 어느 한쪽에 긍정적인 영향을 주어야 한다. 질소고정식물, 피복재 생산 식물, 새나 곤충을 유인하는 식물이 머리에 떠오른다. 셋째로, 먹거리나 동물 먹이, 목재, 그 밖의 유용한 생산물을 제공하는 종을 후보로 삼아야 한다. 완충식물에도 최대한 많은 기능을 넣는 것이 좋다. 이 중 하나 이상의 척도를 만족하면서 사과나무 길드와 호두나무 길드를 연결시킬 수 있는 종으로는 다음과 같은 것들이 있다. 이 종은 다른 길드도 연결시킬 수 있다.

- **뽕나무.** 뽕나무는 호두나무의 분비물에 피해를 입지 않는다. 뽕나무에는 여러 가지 매력적인 재배 품종이 있다[화이트(white) 종, 러시아(Russian) 종, 일리노이(Illinois) 종, 올리베트(Olivett) 종]. 집주인들은 오디가 떨어져서 끈적끈적하고 지저분해진다고 불평하기도 하는데, 차도와 놀이마당을 피해서 현명하게 자리를 선정하면 이 단점을 최소화할 수 있다. 또 뒷마당 생태계가 건강하다면 수많은 야생동물들이 와서 여분의 열매를 게걸스레 해치울 것이다. 집에서 키우는 새들도 오디를 잘 먹는다. 오리나 닭이 마당에 몇 마리만 있으면 떨어진 열매를 재빨리 청소해줄 것이다.

- **질소를 고정하는 교목과 큰 관목.** 질소고정식물은 대개 호두나무의 독소를 견딜 수 있다. 아까시나무가 여기에 알맞다. 아까시나무는 무성한 잎이 매혹적이며, 벌들은 풍성한 아까시 꽃을 좋아한다. 잘 썩지 않는 목재는 울타리 말뚝으로도 쓸 수 있다. 토양을 비옥히 하는 다른 매력적인 교목으로는 아카시아, 붉은오리나무나 검은오리나무, 마운틴마호가니가 있다. 좁은잎보리장이나 소귀나무(wax myrtle)처럼 질소를 고정하는 큰 관목도 좋은 완충식물이다.

사과나무와 호두나무, 뽕나무, 질소고정식물의 조합처럼 과일나무와 견과류 나무, 완충역할을 하는 나무의 조합은 이로운 상호작용을 최대화하고 부정적인 작용은 최소화한다.

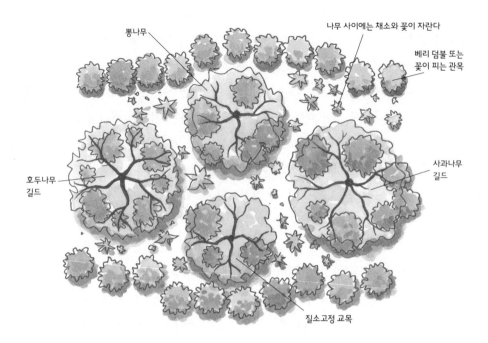

과수원을 이룬 슈퍼길드. 질소고정 교목(아까시나무, 아카시아, 타가사스테, 오리나무 등)과 뽕나무 아래에 유용한 관목과 화초(피복재 생산 식물이나 곤충유인식물 등)를 심었다. 베리 덤불과 꽃피는 관목이 줄지어 나무 사이의 오솔길을 채우고 있다. 빈 공간에는 채소와 꽃이 자란다.

그 혜택으로는 다음과 같은 것들이 있다. 질소고정식물은 토양을 비옥하게 해서 다른 세 나무의 성장을 활성화한다. 뽕나무는 호두나무의 독소를 완충하여 사과나무를 보호한다. 뿐만 아니라, 연구 결과에 따르면 사과나무는 실제로 뽕나무와 같이 있으면 이득을 본다고 한다. 완충식물이 딸려 있는 길드는 헛바닥이 질리지 않을 만큼 다양하고 풍성한 먹을 거리를 제공하며, 길드에서 나는 꽃과 과일, 은신처는 갖가지 야생동물을 유혹한다.

위의 그림은 각각의 교목에 기초한 길드들을 가장 유리하게 배치하는 방법을 보여준다. 교외에서는 이 패턴을 어떻게 적용할 수 있을까? 약 $1,000m^2$(약 300평) 넓이의 전형적인 교외주택 부지에는 중간 크기 교목을 10~20그루 정도 심을 수 있다. 이 정도라면 여기에 사는 사람들도 음침한 흑림(Black Forest)[18]에 에워싸인 느낌이 들지 않을 것이다. 네 가지 교목으로 이루어진 '슈퍼길드'를 두 번 반복하면 교목 여덟 그루가 된다. 마당에 남는 여분의

18 슈바르츠발트. 독일 남서부의 유명한 산림지대.

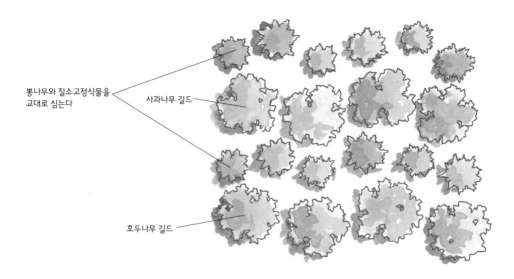

뽕나무와 질소고정식물을
교대로 심는다

사과나무 길드

호두나무 길드

슈퍼길드를 반복해서 만든 과수원. 여기서는 완충 효과, 다양성, 동물 먹이, 토양 형성의 기능을 제공하는 뽕나무와 질소고정 교목을 이용하여 사과나무와 호두나무 길드를 한데 어울리게 했다. 368쪽에 있는 독립된 슈퍼길드와 마찬가지로, 나무 사이의 공간은 베리 덤불과 꽃피는 관목, 채소, 꽃으로 채울 수 있다.

공간에는 생물다양성을 더욱 증대시킬 다른 종들을 심으면 된다. 위의 그림은 더 큰 슈퍼길드 과수원을 만드는 방법을 보여준다.

제자리를 벗어난 나무들이 생태계와 단절된 채 군데군데 고립되어 자라고 있는 메마른 마당을 떠올려보자. 그 다음엔 야생동물들이 활발히 뛰어놀고, 과일과 견과가 하늘에서 떨어지며, 반짝이는 꽃이 핀 관목 사이에서 숨바꼭질을 하는 아이들의 목소리가 울려 퍼지는 무성한 반(半)야생의 숲을 상상해보자. 둘 사이에는 확실한 차이가 있다.

길드는 완벽하지 않다

길드가 정원의 모든 문제를 해결하는 답이라고 주장하지는 않겠다. 길드가 주는 혜택은 명백하다. 길드는 인간의 간섭을 줄이고, 비료나 다른 물질의 유입량을 줄이며, 사람과 야생동물 사이를 조화롭게 하고, 식물군집에 마술과 같은 상승효과를 일으킨다. 반면에 길드의 단점은 좀 애매하다. 첫째로 길드는 장소를 많이 차지할 수 있다. 도시의 작은 부지에는 길드가 두세 개만 있어도 대부분의 면적이 차버릴 것이다. 게다가 길드는 일년생식물을 심은 밭보다 조성하는 데 시간이 걸린다. 과일나무에 과일이 달리기까지는 몇 년이 걸린다. 관목조차도 성숙하려면 계절이 몇 번 지나야 한다. 길드에서 일찍부터 생산물을 거두려면, 어린 영구적 요소들 사이에 일년생 채소와 꽃을 심으면 된다. 다년생식물들이 열매를 맺기 시작하면 빈 공간도 사라질 것이고, 일년생식물은 필요 없어질 것이다. 그러면 이제 일년생은 그만 심으면 된다.

길드에는 다른 약점도 있다. 길드 안의 많은 식물은 밀접한 조화 속에 있기 때문에, 문제가 발생했을 때 원인을 추적하기가 어렵다. 이를테면 사과나무의 과실이 잘 커지지 않는 이유는 무엇일까? 뿌리 경쟁 때문일까? 어떤 종류의 타감 작용 때문일까? 아니면 다른 길드 구성원이 불러온 해충 때문일까? 길드에서는 식물 A가 식물 B를 돕고 식물 B는 식물 C에게 혜택을 주지만, 정작 식물 C는 식물 A를 방해하고 있을 수도 있다. 부정적인 상호작용을 추적하려면 어디서부터 시작해야 할지 아리송하다.

퍼머컬처 지도자인 톰 워드는 길드를 가지고 실험을 해왔기 때문에 그 복잡함을 잘 알고 있다. "길드가 처음 발전한 곳은 열대지방입니다. 열대지방에는 토양이 조금밖에 없습니다." 톰은 지적한다. "타감 작용을 일으키는 독소는 토양 속에 있습니다. 그러나 열대의 토양층은 얇기 때문에 타감 작용이 위험한 수준까지 올라갈 수가 없습니다. 그러니 열대지방에서는 타감 작용이 문제가 되는 일이 드물지요. 부정적인 상호작용은 거의 없습니다. 타감 작용에 대해 걱정할 필요가 없는 열대에서는 온대지방에서보다 길드 디자인이 간단합니다."

열대지방과는 다르게 온대지방의 숲과 초원은 토양층이 깊다. 온대지방의 두꺼운 토층에는 미생물과 타감 식물이 분비한 독소가 축적될 수 있다. 다양한 식물종이 똑같이 복잡한 화학물질을 뿌리 사이로 이리저리 실어 나르고 있을 수 있다. 이 다양한 종류의 당과 리그닌, 알칼로이드 등의 물질은 가까운 식물에 예상하지 못한 영향을 끼칠 수 있다. 토양이 품고 있는 독소는 온대지방에서 길드를 디자인하는 일을 더 어렵게 만든다.

또한 길드는 특정 장소에 한정되어 있는 경우가 많다. 뉴욕 주에서 되는 것이 캘리포니아에는 전혀 맞지 않을 수도 있다. 톰 워드는 모든 정원에서 편리하게 쓸 수 있는 길드의 목록 같은 건 없다고 지적한다. "길드의 예를 한두 가지 들 수는 있지요. 그러나 포괄적으로 적용할 수 있는 길드에 대한 책 같은 걸 쓴 사람은 아무도 없어요. 왜냐하면 길드는 장소에 특유한 것이기 때문이죠. 자신이 살고 있는 지역에서 어떤 식물들이 함께 잘 자라는지 관찰을 통해 알아낼 수밖에 없습니다."

이 장에서 다룬 몇 가지 길드(세 자매 길드, 사과나무 길드, 호두나무 길드)는 대부분의 북아메리카 지역에서 잘될 수 있는 '보편적인' 길드에 가깝다. 오리건백참나무 길드는 장소에 한정되어 있는 경향이 강한 길드이고, 지역의 토착식물에 기초한 디자인을 연습하려는 목적에서 제시한 것이다. 하지만 백참나무와 그 패거리는 아메리카 대륙의 많은 지역에 걸쳐 발견되고 있다. 그러니 많은 독자들도 비슷한 것을 시도해볼 수 있을 것이다. 만약 참나무가 근방에 자란다면 말이다.

그렇다. 모든 장소를 위한 '길드 책'은 없다. 전반적으로 온대기후 길드는 최근에 와서야 발명된 것으로, 역사가 20여 년밖에 되지 않았다. 배우고 시도해야 하는 부분이 아직 많다. 아마 이 책의 독자들이 이 젊고 매우 유망한 분야가 진보하도록 도울 수 있을 것이다. 길드를 이용해 정원을 가꾸면 수확 방식도 달라져야 한다. 깔끔하게 재배된 주키니 호박의 줄을 따라 걸어가며 커다란 바구니를 하나의 작물만으로 채우는 일은 있을 수 없다. 길드에서 하는 수확이란 수렵채집인의 시대를 떠오르게 한다. 당신은 푸성귀를 몇 장 따고, 고추랑 토마토도 몇 개 따고, 허브도 조금 뜯고, 견과류도 한 줌 주워 담고, 조그만 바구니에는 디저트로 먹을 과일과 베리를 담는 식으로 수확을 하게 될 것이다.

어떤 식물은 길드에 적당하지 않다. 특히 덩굴을 뻗치는 호박은 옆에 있는 식물이나 온종일 햇빛을 받아야 하는 종류의 채소를 숨 막히게 할 수 있다. 대부분의 길드 정원사들은 작은 밭두둑을 여기저기에 배치해두고 일년생 채소를 심어서 집중적으로 수확한다. 어쨌든 식량의 상당량을 자급하는 정원사들은 일년생 작물을 심는 두둑을 만들어 길드를 보충하면 외부 유입을 최소화하고 최대한의 다양성을 누리는 생태적으로 이상적인 상태에 도달할 수 있다는 것을 발견했다.

길드처럼 자연에 기초한 재배 시스템은 사고방식의 변화를 수반한다. 톰 워드는 현자 비슷한 인물인 자연농법운동의 창시자 후쿠오카 마사노부에 대한 이야기를 인용하고 있다. 후쿠오카의 농법에서는 영구적인 피복작물을 채소나 다년생 작물과 섞어 심는데, 모두 다 최소한으로 돌본다. 톰은 이런 이야기를 한다. "어느 날, 후쿠오카는 이런 질문을 받았습니다. '만약 우리가 선생님이 말씀하시는 방식으로 전지도 하지 않고 과일나무를 키운다면 말입니다, 사과를 수확할 때는 어떻게 하며, 수확한 사과는 또 어떻게 하지요?' 후쿠오카는 이렇게 답했습니다. '나무를 흔들어서 사과를 떨어뜨려 주스를 만들든가, 돼지 먹이로 주면 됩니다.' 그의 요점은 완전히 다른 방향으로 가라는 것이었죠."

그런 극단까지는 아니더라도, 길드는 우리가 환경과 맺는 관계를 미묘하게 조정하도록 요구한다. 작물이 줄줄이 늘어선 관행적인 밭농사는 기계의 방식이다. 이렇게 편성되어 있는 밭은 식물을 기계적인 음식 생산 공장으로 보게 한다. 우리는 비료를 뿌려서 그 공장에 연료를 공급하고, 갈퀴와 괭이를 가지고 그 공장에서 근무하며, 공장의 생산량을 부셸[19]과 상자, 톤 단위로 계량한다. 우리는 식물을 사람이 지배하는 영토의 일부분으로 본다. 그러나 길드에서 사람은 많은 살아 있는 존재들 중 하나일 뿐이다. 그리고 이 군집이 감싸 안고 있는 다른 모든 동물과 마찬가지로, 우리는 거의 야생에 가까운 장소를 보살피고 또 보살핌을 받는다. 우리는 사슴과 쥐가 그렇게 하듯이 순을 지르고 솎는다. 우리가 남기는 과일은 땅에서 썩지도 않고 병균을 증식시키지도 않는다. 대신 우리의 많은 동료들이 기뻐하며 그것을 먹는다. 우리는 땅을 조금 뒤집는다. 그리고 벌레들이 우리보다 더 많이 뒤집는다. 우리는 지배하기보다 참여한다. 길드와 함께라면, 우리는 지배자의 망토를 벗고 불필요하게 맡고 있는 많은 책임을 자연에게 돌릴 수 있다.

---

19 과일·곡물 등을 계량하는 야드파운드법의 단위. 1bu.=27~28㎏

10

먹거리숲 가꾸기

길드를 활용해 정원을 가꾸면 자연과 같이 작용하면서도 사람과 자연의 나머지 존재들에게 혜택을 가져다주는 경관에 한 발짝 더 가까워진다. 그러나 길드조차도 전체의 일부분일 뿐이다. 이제 길드와 이 책에 제시된 다른 아이디어들을 결합해서 생태적으로 건전한, 통합된 경관을 만들 차례다.

2장에서 나는 천이의 과정을 설명했다. 천이란 경관이 맨땅에서 시작해 빨리 자라는 선구종을 거쳐 성숙한 생태계로 나아가는, 수십 년에 걸친 진화 과정이다. 불이나 다른 재해 때문에 중단되지 않는다면 천이의 마지막 결과는 대개 숲이다. 건조한 미국의 남서부 지역도 한때는 쇠나무(ironwood)와 메스키트, 서과로선인장으로 이루어진 건조지 숲으로 뒤덮여 있었다. 그러나 남서부 지역은 이제 양떼를 방목하는 사람들의 약탈과 벌목꾼의 도끼에 파괴되어 사막이 되었다. 보통 연간 강우량이 500mm 이상 되고 몇 년 동안 들불이 일어나지 않으면, 어떤 땅에서나 교목과 관목의 어린 싹이 튼다. 다른 식생보다 더 끈질기게 때를 기다리는 나무들은 삼림지대를 형성하게 된다. 앞에서도 말했던 것처럼, 바로 이런 이유 때문에 교외 거주자들은 물을 듬뿍 준 잔디밭과 텃밭에서 끊임없이 풀을 뽑고 어린 나무를 쳐내야 하는 것이다. 관수와 비료리는 완벽한 투약 체계 속에 있는 전형적인 마당은 숲이 되기 위해 고군분투하고 있다. 마당을 점령하려는 숲을 막는 것은 잔디 깎는 기계이 전지가위뿐이다.

그런데 어째서 숲으로 가려는 경향과 싸우는가? 그러지 말고 자연과 협력해서 다층의 먹거리숲을 가꾸면 어떨까. 자연의 산림지대처럼 작용하면서 먹거리와 서식지를 제공하는 경관 말이다. 숲 정원(forest garden)을 가꾸면 마당은 사방으로 뻗는 과일나무와 호두나무, 밤나무, 그 밖의 유용한 나무로 이루어진 공원 같은 작은 숲이 된다. 밝게 열린 틈 사이에서는 좀 더 작은 감나무와 자두나무, 체리나무, 포도나무가 자라고, 금사슬나무나 분홍색 꽃이 피는 자귀나무(이 나무는 우연히도 질소고정식물이다) 같은 관상식물도 자란다. 꽃 피는 관목과 베리 덤불은 아래로 뚫고 내려오는 햇빛을 잡아내며, 그 위에서는 새들이 춤을 춘다. 때때로 인동덩굴과 다래덩굴이 나무줄기를 타고 올라가 꽃과 열매를 줄줄이 늘어뜨리기도 한다. 이 모든 것들 아래의 밝은 가장자리에는 다년생 화초와 채소, 토양을 형성하는 피복재식물이 자라는 밭이 있다. 식물 길드들이 이렇게 다층으로 이루어진 정원을 하나의 응집된 덩어리로 만들고, 복합적인 기능을 하는 식물들은 사람뿐 아니라 익충과 새를 비롯한 야생동물에게도 환영의 인사를 보낸다.

이런 먹거리숲은 얼핏 들리는 것만큼 색다른 것이 아니다. 지금 나는 나무들이 빽빽하게 자라서 빛을 막고 있는 음울한 숲을 이야기하고 있는 것이 아니다. 여기서 이야기하는 것은 다층으로 된 식용 숲 정원으로, 빽빽하지 않고 트여 있으며 볕이 잘 드는 빈터와 가장자리가 많은 곳이다. 보통의 마당이라 할지라도, 숲 정원이 될 수 있는 대강의 요소를 이미 갖추고 있는 곳이 많다. 이런 마당에는 앞이나 뒤편에 키 큰 나무가 몇 그루 있고, 산울타리나 열매를 따 먹는 관목 몇 그루와 조그만 채마밭이 있으며, 키우는 허브가 몇 가지 있고, 화단도 있다. 하지만 보통 이 요소들은 서로 분리된 채 연결이 끊겨 있다. 숲 정원은 단순히 이 모든 조각을 한데 융합해서 매끄럽게 작동하도록 한 것이다.

요컨대 숲 정원은 자연의 숲이 그렇듯이 여러 층으로 이루어져 있다. 간단한 숲 정원은 교목으로 이루어진 꼭대기층과 관목으로 이루어진 중간층, 허브와 채소, 꽃으로 구성된 바닥층으로 이루어져 있다. 식물은 그것이 하는 역할을 기준으로 선택된다. 음식으로 한다든지, 야생동물의 서식지가 된다든지, 약초로 쓴다든지, 곤충을 유인하거나 토양을 조성하는 등 이 책 전체를 통해 밝힌 기능 말이다. 그리고 주된 역할을 하는 교목과 관목은 서로 충분히 거리를 두어 그 사이로 햇빛이 들어오도록 한다. 아래층의 식물은 빛에 대한 선호에 따라 양지 또는 음지에 배치한다.

숲 정원은 다른 정원 양식과는 느낌이 다르다. 교목이 주된 요소라는 것이 큰 이유인데, 숲 정원에서 교목은 다른 층들을 결정하고 또 거기에 융합된다. 관행적인 정원에서도 분명히 다양한 키의 관목과 비목질 다년생식물을 한데 섞어서 전통적인 정원 경계를 만든다. 그리고 거의 모든 마당에는 교목이 몇 그루 있다. 하지만 숲 정원에서는 머리 위로 드리운 교목의 잎, 하늘로 높이 뻗은 줄기, 공간을 품은 가지가 경관의 성격을 결정한다. 숲 정원에서 우리는 노출된 덤불과 꽃의 무리 사이를 거닐고 있는 것이 아니다. 대부분의 이파리들이 머리 밑에 있지도 않다. 우리는 다양한 키의 교목들이 드리우는 포근하고도 개방된 임관 아래를 거닐고 있다. 교목은 우세한 위치에 있지만, 다른 식물을 질식시키지 않는다.

교목으로 채워진 숲 정원은 지구에서 가장 강하고 생산적인 식물, 그러니까 식물세계의 귀족을 우리의 동지로 만든다. 6장에서는 교목이 하는 중요하고 다양한 역할을 간략하게 설명했다. 나는 교목들이 제각기 흩어져 있는 표본이 아니라, 서로의 동반자로서 충만하고 조화로운 상태로 존재할 때, 건강하고 지속가능한 경관의 필요조건이 된다고 믿는다.

토양을 비옥하게 하는 낙엽을 생산하고, 부식토를 형성하는 뿌리로 흙을 가득 채우고, 온도의 변동을 상쇄시키고, 수분을 유지하고, 침식을 억제하고, 다층으로 동물의 서식지를 제공하는 교목의 능력에 필적할 만한 것은 없다. 그리고 숲 정원에서 교목은 당신의 편이다. 생산성에 있어서도 교목을 당해낼 수 있는 것은 없다. 1ac(약 4,047㎡)의 밀밭에서는 곡물 1~2t만 생산되지만, 1ac의 밤나무 숲에서는 최대 3t의 견과가 생산되며, 1ac의 미국 주엽나무 숲은 15t이나 되는 단백질이 풍부한 꼬투리로 넘쳐난다. 당연한 이야기지만, 이 나무들은 매년 다시 심을 필요가 없다. 어쨌든 사과를 비롯한 과수의 산출은 에이커당 7t에 달할 수 있다. 많은 부분이 물의 무게지만 말이다. 그러나 건조시킨 사과의 산출량조차도 건조시킨 밀의 산출량에 필적한다. 엄청나게 거대한 양의 에너지를 거두어들이는 나무의 푸른 잎은 곡물을 비롯한 일년생 작물과는 비교할 수 없을 정도로 이점이 많다.

교목은 땅속으로 깊이 뻗어 들어가 영양소와 물에 도달하고, 하늘로 높고 넓게 솟구쳐 태양 에너지에 가 닿는다. 교목은 생명 가운데서 가장 위대하고 효율적인 에너지와 물질의 수집자. 그러므로 교목을 정원의 필수적인 요소라 생각하고 그것과 협력하면, 뛰어난 타자를 우리 팀에 배치하는 것과 마찬가지다. 교목은 다른 많은 종과 공간을 공유하고 있지만, 숲 정원의 성격을 결정짓고 다른 조경 양식과 구별되게 한다.

선택할 수 있는 교목과 관목, 그 밖의 식물군은 매우 풍부하기 때문에, 숲 정원은 그 자체로 매우 다양할 수 있으며 주인에 따라 특별한 개성을 가질 수 있다. 어떤 사람들은 진짜 먹거리숲을 원할 것이다. 무르익은 과일과 감미로운 열매가 끊임없이 비처럼 쏟아져서 항상 튼튼한 모자를 쓰고 있어야 할 판인 그런 숲 말이다. 또 다른 이들은 자신의 작은 숲을 꽃이 피는 아름다운 장소로 만들려고 할 것이다. 그런 사람들은 드높고 두터운 색채의 폭포를 만들어내고 다양한 질감의 잎을 가진 식물을 선택할 것이다. 그리고 실용주의자라면 의료용 팅크제, 목공자재, 대나무 막대기, 희귀 종자, 모종, 대목(臺木)을 통해 수익을 창출하는 정원을 조성할 수도 있다. 또는 이러한 양식들을 조합해서 먹거리와 아름다움, 서식지, 생물종 보존, 수익을 모두 창출하는 정원을 만들 수도 있겠다.

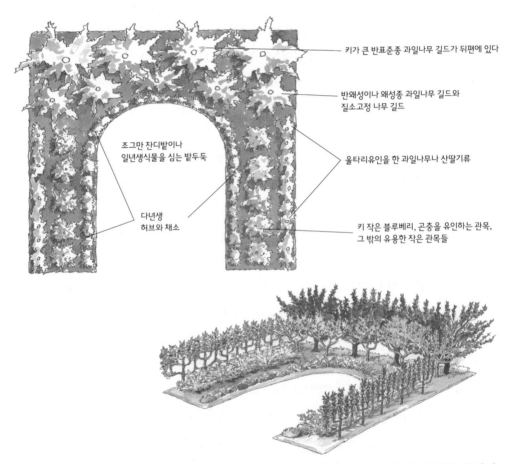

키가 큰 반표준종 과일나무 길드가 뒤편에 있다

반왜성이나 왜성종 과일나무 길드와 질소고정 나무 길드

조그만 잔디밭이나 일년생식물을 심는 밭두둑

울타리유인을 한 과일나무나 산딸기류

다년생 허브와 채소

키 작은 블루베리, 곤충을 유인하는 관목, 그 밖의 유용한 작은 관목들

U자형의 숲 정원. U자가 태양을 향해 열려 있으면 정원은 햇빛 트랩이 된다. 식물을 대칭으로 배치하면 정형적인 모습이 되고, 대칭의 정도가 덜할수록 정원은 넓게 느껴진다. 그림/ 패트릭 화이트필드(Patrick Whitefield)의 『숲 정원 만들기(How to Make a Forest Garden)』(Permanent Publication, 1997)에 실린 그림을 허락을 받아 재구성함

교목과 관목을 통해 삼차원으로 뻗어나가는 정원은 최대의 서식지와 작물 생산량, 가장자리와 다양성을 공간에 부여한다. 재산 가치 또한 떨어뜨리지 않는다. 가장 이웃에 두고 싶은 집이란 언제나 잘 자란 나무가 있는 집이기 때문이다. 또한 산간지에서는 가파른 경사를 개발하기에 가장 생태적으로 건전한 방법이 숲 정원이기도 하다. 나무를 비롯한 다년생식물은 토양을 제자리에 고정시키며, 침식을 일으키는 경운을 하지 않아도 되기 때문이다. 앞쪽과 다음 쪽의 그림은 숲 정원을 조성한 예를 보여주고 있다. 모양, 높이, 간격, 전체적인 규모는 장소와 정원사의 취향에 따라 조정할 수 있다. 큰 마당은 본격적인 크기의 교목을 심기에 충분한 공간이 되고, 작은 규모의 소유지에서는 왜성종과 본래 작은 종류의 식물을 함께 심어서 생물다양성을 제공할 수 있다. 만약 북부 지방에 살고 있다면, 나무를 좀 더 듬성듬성하게 심어서 약한 햇빛이나마 바닥층에 도달할 수 있게 하는 것이 좋다. 그러나 남부 지방에 살고 있다면, 간격을 빽빽이 해서 충분한 그늘을 만드는 것이 좋다.

숲 정원은 분명히 이런 질문을 떠오르게 한다. 위층의 교목이 아래층의 식물에 너무 그늘을 드리우지 않을까? 부분적인 해답은 교목 사이에 적절한 간격을 두고 아래층에는 그늘에서 잘 자라는 식물을 심어서 부족한 햇빛이 문제가 되는 일을 피하는 것이다. 그러나 솔직히 말해서 아래층의 그늘진 부분에서 자라는 과일의 생산량과 꽃의 밀도는 완전한 양지에서만큼 크지 않다. 햇빛이 약한 북부 지방의 정원에서는 특히 더 그렇다. 나는 그늘을 견딜 줄 아는 까치밥나무와 구즈베리를 양지에서도 길러보았고 배나무 아래에서도 길러보았는데, 양지에서 기른 쪽에 열매가 더 많이 달렸다. 그렇지만 그늘에서 키운 관목에는 물을 덜 주어도 되었고, 잎은 더 무성하고 빽빽하게 자랐다. 그리고 사실 열매도 많이 달렸다. 게다가 햇빛이 어른거리는 배나무 아래의 가장자리가 관목으로 채워져 있으면 생태적, 미학적, 미각적인 견지에서 볼 때 그저 풀만 키우는 것보다 더 많은 다양성과 가치가 생겨난다.

숲 정원은 길드 이상의 혜택을 가져다준다. 숲 정원은 거의 모든 공간이 채소와 꽃, 과일로 채워져 있다. 위아래와 사방으로 펼쳐진 식물의 무리는 새와 작은 동물, 익충에게 어마어마한 서식지를 제공한다. 그리고 병해충 문제는 줄어든다. 또 숲 정원은 일단 자리를 잡고 나면 유지하는 데 노력이 적게 든다. 두터운 식생이 땅을 뒤덮고 있기 때문에 물을 줄 필요가 적고, 잡초가 잘 자라지 못하며, 저절로 피복이 되어 토질이 회복되고, 자연스럽게 토양이 조성된다. 숲 정원은 대체로 다년생식물과 저절로 씨를 뿌리는 식물로 이루어

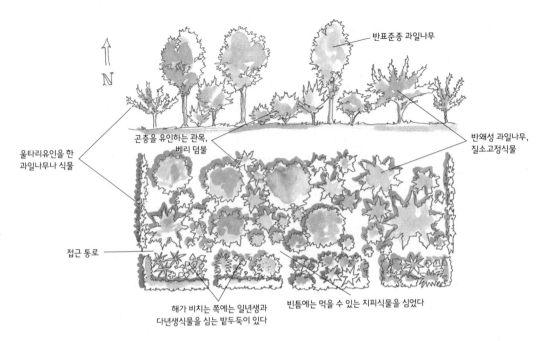

북쪽

N

반표준종 과일나무

곤충을 유인하는 관목,
베리 덤불

반왜성 과일나무,
질소고정식물

울타리유인을 한
과일나무나 식물

접근 통로

해가 비치는 쪽에는 일년생과
다년생식물을 심는 밭두둑이 있다

빈틈에는 먹을 수 있는 지피식물을 심었다

사각형 마당에 알맞은 숲 정원. 큰 교목들은 서로 멀리 떨어뜨려 관목과 소교목에 빛이 도달할 수 있도록 했다. 채소나 화초를 심은 두둑은 해가 비치는 쪽에 있다.

져 있기 때문에, 경운도 필요 없고 계절마다 식물을 다시 심어야 할 일도 거의 없다.

블록 형제가 오르카스 섬에서 가꾸는 수 에이커의 먹거리숲에서, 더그 블록은 숲 정원을 가꾸면서 생긴 여분의 혜택을 열거했다. "진짜 생물다양성이 그 혜택 중의 일부입니다." 더그는 나에게 말했다. "여기에는 새와 다른 동물 들이 있는데 수년 동안 아무도 보지 못한 놈들이지요. 그렇지만 가장 좋은 점은 먹을거리입니다. 믿을 수 없을 정도예요!" 우리는 어떤 자두나무 밑에 서 있었다. 자두나무에는 과일이 주렁주렁 열려서 가지가 거의 두 배나 구부러져 있었다. 나는 고개를 끄덕였고, 더그는 이야기를 계속했다. "매년 여름마다 20명의 학생들이 3주 동안 여기에 머무릅니다. 그 학생들이 충분히 먹을 수 있을 만큼 많은 과일이 바로 여기서 나지요. 생각해보세요. 스무 명이 몇 주 동안 자두와 복숭아, 베리를 먹고 가도 우리가 먹을 과일이 나무에 수 톤이나 달려 있다니까요."

더그와 그의 형제들이 무척이나 다양한 종류의 식물을 숲 정원에 심었기 때문에, 매달 신선한 과일이나 채소가 나온다. 한겨울에는 서늘한 계절에 자라는 샐러드거리가 나오고, 늦봄이 되면 베리류가 나오며, 여름과 가을에는 가지가 부러질 정도로 많은 과일이 달린다. 12월에조차도, 계피를 첨가한 배 잼(pear butter) 맛이 나는 열매가 이국적인 서양모과나무에 달린다.

숲 정원으로 실험을 해보자

온대지방에서 숲 정원 가꾸기는 새로운 분야다. 북아메리카 대륙에 성숙한 숲 정원은 단지 몇 군데에만 있다. 하지만 지금 생산을 시작하고 있는 숲 정원은 많이 있으며, 조성 중에 있는 숲 정원은 수백 개나 된다. 이 책의 초판을 내기 위한 조사 작업 중에 나는 자리를 잡은 숲 정원을 몇 군데 가보았는데, 개정판을 내기 전, 중간의 몇 년 동안에 그중의 몇 곳에 다시 간 적이 있다.

콜로라도 주의 아스펜(Aspen) 근처에 있는 제롬 오센토스키의 정원은 두둑을 쳐올린 밭에서 숲 정원으로 변모하는 과정을 보여준다. 제롬은 농사를 짓기에 좀 힘든 곳에 살고 있다. 그가 사는 곳은 해발 약 2,250m나 되기 때문이다. 1999년 9월에 그를 방문했을 때, 약 1,300m^2(약 400평) 면적의 정원은 아직 무성하고 푸르렀다. 그러나 그는 곧 첫 번째 가을 서리가 내릴 것으로 예상하고 있었다.

수년 동안 제롬은 고소득층을 대상으로 한 아스펜의 마켓과 음식점에 유기농 샐러드거리를 납품해서 수입을 얻었다. 연중 계속되는 마켓 납품이라는 까다로운 일로 제롬은 근 십 년을 먹고살았다. 그러나 이 일에는 끝없는 노동이 필요했던 데다, 산에서 퇴비 재료를 구하기가 힘들었기 때문에 제롬은 외부에서 재료를 들여와서 그것을 샐러드거리로 바꾸어 내보내고 있었다. 이 점 때문에 그는 낙담을 했다. 개방된 순환 고리는 제롬이 가지고 있는 퍼머컬처적인 생각에 반하는 것이었고, 과연 이 일에 정당성이 있는가 그 스스로 의심하게 만들었다. 그리고 마침내 1,600km쯤 떨어진 캘리포니아의 샐러드채소 재배자들이 제롬보다 더 싼 가격으로 지역 상점에 생산물을 납품하기 시작했다. 마켓에 납품을 한 지 10년이 지나고 나서 제롬은 먹거리숲을 가꾸는 쪽으로 전환하기 시작했다. 이제 샐러드채소를 재배하던 두둑 중 많은 곳에는 작은 나무와 관목이 자라고 있다.

숲 정원의 짧은 역사

북아메리카의 정원사들에게는 숲 정원이 새로운 분야지만, 숲 정원의 역사는 사실 길다. 먹거리숲은 열대지방에서 수천 년 동안이나 존재해왔다. 다만 초창기의 인류학자들은 그것이 정원이라고는 전혀 생각하지 못했을 뿐이다.

곡물과 일년생 채소에 길들여져 있던 백인들은 열대지방의 가정 텃밭에 처음으로 가보고는 아프리카와 아시아, 남아메리카의 가정집 근처에 있는 카사바, 강낭콩, 곡식을 심은 조그만 구획이 주민들의 식량 대부분을 공급한다고 생각했다. 주변을 둘러싸고 있는 얽히고설킨 초목은 야생의 정글로 생각했으며, 이 민족들은 원시적인 농경기술밖에 가지고 있지 않은 것으로 판단했다.

그러나 편견 없이 오랫동안 관찰해온 끝에 인류학자들은 깨달았다. 거주지 가까이에 있는 식물들은 사실상 모두 어떤 용도를 가지고 있었다. 키 큰 나무들은 목재나 장작을 생산하거나 질소를 고정시키고 있었으며, 키 작은 나무에는 망고와 파파야, 아보카도를 비롯한 훌륭한 과일이 열렸다. 이 나무들 밑에는 먹거리와 섬유, 목재를 제공하는 관목이 있었다. 초본층은 약초와 식용식물, 관상식물로 채워져 있었다. 식물들이 너무 웃자라면 일 년에 몇 차례 베어주었으며, 벤 식물체는 피복재나 짐승 꼴로 이용했다. 그러나 이 식물들이 깔끔하게 줄지어 있거나 두둑 위에 있는 대신 길드로 조성되어 있거나 기능에 따라 배치되어 있었기 때문에, 과학자들은 이것이 주민들에게 필요한 거의 모든 것을 제공하도록 세심하게 계획된 생태적인 설계물이라고는 전혀 생각하지 못했다. 안타깝게도, 이 멋진 먹거리숲의 많은 수가 서양식의 환금작물 농사로 대체되었다. 그리하여 한때 자급자족했던 주민들은 비료와 농약, 수입식품과 가공식품, 그 밖의 물건에 의존하게 되었다.

다행히도 몇몇 몽상가들은 이 열대 먹거리숲의 엄청난 가치를 제대로 보았다. 그중 한 사람인 로버트 하트(Robert Hart)는 영국인으로, 열대 먹거리숲을 연구했을 뿐 아니라 그 개념의 많은 부분을 온대지방의 정원에 이식했다. 그의 책인 『숲 정원 가꾸기(Forest Gardening)』는 북반구의 상황에 맞게 먹거리숲을 설명한 첫 번째 책이다. 또 다른 유용한 책으로는 패트릭 화이트필드가 쓴 『숲 정원 만들기』가 있다. 둘 다 일차적으로 영국 독자를 대상으로 쓴 책이다. 숲 정원의 팬들을 위한 새로운 바이블은 데이비드 재키와 에릭 퇸스마이어가 공저한 『먹거리숲 정원』이다. 이 권위 있는 두 권짜리 책은 만드는 데 8년이나 걸렸다는데, 온대기후에 맞는 숲 정원 가꾸기의 이론과 실전을 집대성하고 있다. 광범위한 식물 목록과 디자인 아이디어가 수록되어 있는 이 안내서는 범위 면에서 상대할 책이 없다. 이 책들에 관한 정보를 더 알고 싶다면 책 뒤의 참고문헌을 보라.

우리는 셀러리와 결구된 양상추 몇 개가 드문드문 자라고 있는 한 어린 나무 아래, 햇빛이 비치는 가장자리에 서 있었다. "이 장소는 자연스럽게 먹거리숲으로 발전한 겁니다." 제롬이 이렇게 말했을 때 나는 온기를 비축하는 돌로 축대를 쌓은 계단식 먹거리숲에 감탄하고 있었다. "10년 동안 일년생 채소를 길렀더니 땅에서 거름기가 많이 빠져서 양분이 있는 곳이 샐러드용 푸성귀의 짧은 뿌리가 닿을 수 없는 곳까지 내려갔지요. 그래서 그 영양소를 얻기 위해 깊은 뿌리를 가진 과일나무로 바꾸었습니다."

나는 제롬에게 어떤 종류의 식물을 심었는지 물었다. 제롬은 경사지 전체를 가리키려고 팔을 휘두르면서 말했다. "나무부터 시작하죠. 여기에는 사과나무가 있습니다. 다섯 가지 다른 품종의 사과를 접붙인 나무도 한 그루 있지요. 살구랑 자두, 토착종 미송 몇 그루, 질소를 고정하는 뉴멕시코아까시나무도 몇 그루 있어요. 이 나무들은 어리고, 아직 진짜 생산을 하고 있지는 않습니다. 하지만 관목에서는 지금 진짜로 엄청나게 많은 먹을거리가 나오고 있답니다." 그는 검은까치밥나무와 흰까치밥나무, 구즈베리, 앵도나무(bush cherry), 크랜베리, 시베리아골담초로 이루어진 하부층을 가리켰다. 대나무와 버드나무에서는 마구 순이 올라오고 있었고, 몇 가지 품종의 포도와 붉은강낭콩과 호박이 다른 식생을 휘감고 있었다. 딸기와 클레이토니아(광부상추, claytonia/miner's lettuce)가 돌 축대에 떼 지어 자리 잡고 있었다.

"약초도 많이 있습니다." 제롬이 이야기를 계속했다. "마음만 있다면 시장에 내다 팔 수도 있지요. 에키네시아, 서양고추나물(St. John's-wort), 황기(astragalus), 쑥(artemisia) 말고도 더 많습니다." 울창한 초록 잎의 폭포수가 산중턱을 가득 채우고 있었다. "사실 이곳이 제대로 돌아가는 건 제가 콤파녜로스(compañeros)라고 부르는 것들 때문이죠. 길드 동반식물 말입니다." 그는 토양을 형성하고 곤충을 유인하는 식물이 풍부하게 있는 곳을 보여주었다. 거기에는 콩과 관목, 누에콩, 클로버, 호로파, 알팔파 같은 질소고정식물이 있었다. 서양지치와 컴프리처럼 벌을 끌어들이는 식물들도 있었고, 회향, 셀러리, 시라, 고수를 비롯한 다른 곤충유인식물도 있었다. 겨자무(horseradish)와 만수국아재비, 마늘냉이(garlic mustard)[20], 이집트 파(walking onions)처럼 강한 냄새로 해충을 교란시키는 식물도 있었다. 다양한 기능을 하는 이 식물들은 제롬이 해충을 통제하고 비료를 주는 일을 줄여주고, 숲 정원에 서식하는 생물 사이의 생태적 연결망을 더욱 튼튼하게 했다.

제롬의 정원에서 돌 축대는 평평한 땅을 만들기 위한 것만이 아니었다. 돌 축대는 변동이 심한 산간지 기후를 조절하는 데 꼭 필요했다. 돌의 집합체는 열기를 흡수해서 온도의 변동을 누그러뜨리고, 밤중에 식물들을 따뜻하게 하고, 서리를 막아주었다. "어린 식물들이 살아남는 데 돌 축대가 중요한 역할을 했지요." 제롬이 나에게 말했다. "이제 여름이 되면 돌 축대에 그늘이 지지만, 겨울에는 아직도 온기를 저장합니다. 특히 봄은 식물이 가장 온기를 필요로 하는 시기인데, 그때 이 돌 축대가 온기를 제공하지요." 겨울 동안 돌과 바닥에 쌓인 눈, 피복재는 모두 땅이 어는 것을 막는다. 온도가 약 -17℃ 이하로 떨어질 때도 마찬가지다. 이것은 달팽이를 잡아먹는 뱀과 다른 이로운 야생동물이 추운 계절 동안 살아남을 수 있게 돕기도 한다.

정원 둘레에는 높은 사슴 방지 울타리가 쳐져 있었다. 울타리 위로는 완벽한 길드가 자라도록 디자인되어 있었다. 홉과 완두가 철망을 타고 올라가고, 좁은잎보리장과 구즈베리가 초록빛 관목층을 형성하고 있었으며, 해바라기가 하늘로 뻗어 올라가고 있었다. 또 클로버와 딸기가 떼 지어 땅 위에서 자라고, 뿌리층에는 군데군데 마늘이 있었다. 이렇듯 숲 정원에서는 모든 장소가 디자인을 창조적으로 할 수 있는 새로운 기회가 된다.

먹을거리가 나온다는 것은 한 가지 분명한 혜택이지만, 제롬은 그의 숲 정원이 가진 통합적인 가치에 주목했다. "샐러드채소를 납품하는 일을 서서히 줄이면서, 저는 약재와 팅크제, 묘목, 접가지로 수입을 얻을 수 있었습니다. 그러나 가장 가치 있는 점은 그것이 아니었죠. 저는 이 모든 것으로부터 배움을 얻었습니다. 중부 로키산맥 퍼머컬처연구소 (Central Rocky Mountain Permaculture Institute)에 수업을 들으려고 오는 제 학생들도 그렇고요."

---

20 *Alliaria petiolata*. 겨자과에 속하는 2년생 초본식물로 높이 1m 정도까지 자란다. 잎은 마늘 냄새와 겨자 맛이 나는데 요리할 때 향신료로 이용한다. 민간에서 이뇨제나 호흡곤란 해소에 이용하기도 한다.

중부 로키산맥 퍼머컬처 연구소에 있는 제롬 오센토스키의 숲 정원. 돌 축대와 연못은 낮 동안의 열기를 저장해서 콜로라도 주의 추운 밤이 되면 열기를 방출한다. 이것은 식물의 생장과 과일 생산을 돕는다. 사진/ 제롬 오센토스키

숲 정원에서 가장 큰 가치를 부여받는 생산물은 바로 영감과 지식, 그리고 인간과 자연의 나머지 존재들이 건강하고, 활발하고, 다양하게 얽혀 돌아간다는 살아 있는 느낌이었다.

몇 년 후에 나는 제롬의 정원을 다시 방문했다. 성숙한 숲 정원은 넘쳐나는 풍요로움 속에 있었다. 그때는 8월 중순이었다. 튼튼한 복숭아나무들이 시베리아골담초, 해바라기, 양배추, 클로버, 컴프리, 코스모스와 함께 길드를 이루고 있었다. 스무 명의 학생들이 먹는 점심 식재료가 거의 모두 이 정원에서 나왔다. 매일 말이다. 제롬은 더 이상 외부에서 유기물을 트럭째 싣고 오지 않는다. 정원은 필요한 피복재와 퇴비 재료를 거의 전부 생산해 낸다. 피복재는 목질식물에서 많은 양을 얻는데, 이것은 곰팡이가 좋아하는 양분을 제공하기 위해서다. 일년생 채소밭의 흙과 잔디밭에는 세균이 우세한 반면에, 숲 속의 흙에는 곰팡이가 우세하기 때문이다. 과일나무 길드에서는 또한 겨자무와 황기(질소를 고정하는 약초), 박하, 바질을 비롯한 요리용 허브가 나온다. 제롬은 이 허브를 지역의 슈퍼마켓 세 군데와 직거래장터 두 군데에서 판다.

정원의 환경조건 덕분에 제롬은 숲 정원에 관해 대학 수준의 공부를 하게 되었다. 좁은 공간에서 높은 생산량을 얻기 위해 일반적으로 선택하는 왜성종 과일나무는 변변치 못했다. 왜성종은 뿌리 체계를 약하게 해서 작게 자라도록 개량한 것이다. 그러나 영양분이 부족한 토양과 혹독한 환경조건에서, 빈약한 뿌리는 굶주림을 의미했다. 하지만 넓은 뿌리를 가진 표준종 과일나무는 살아남았고, 제롬이 사는 환경에서는 표준종인데도 왜성종보다 그다지 크게 자라지 않았다.

제롬의 길드와 길드 식물

- **사슴 울타리 길드:** 홉, 완두, 좁은잎보리장, 구즈베리, 해바라기, 클로버, 딸기, 마늘
- **사과나무 길드:** 붉은까치밥나무, 시베리아골담초, 붉은토끼풀, 토끼풀, 서양지치, 마늘, 누에콩, 시라, 루핀, 황기, 토착 야생화, 박하, 바질

- **복숭아나무 길드**: 시베리아골담초, 해바라기, 양배추, 클로버, 컴프리, 겨자무, 금잔화, 담배 (nicotiana), 코스모스
- **미송 길드**: 까치밥나무, 시베리아골담초, 오이풀, 크로탈라리아, 만수국아재비

▶ 제롬의 과일나무 길드에 쓰인 다른 식물들
- **관목**: 검은까치밥나무와 흰까치밥나무, 구즈베리, 한센스부시체리, 앵도나무, 엘더베리, 크랜베리
- **덩굴식물**: 포도, 홉, 완두, 붉은강낭콩, 한련, 호박
- **지피식물과 초본**: 딸기, 클레이토니아(광부상추), 오이풀, 셀러리, 아루굴라, 겨자, 아마란스, 국화, 파슬리, 커민(cumin)
- **질소고정식물**: 시베리아골담초, 좁은잎보리장, 누에콩, 클로버, 루핀, 벌노랑이[21], 호로파, 알팔파
- **곤충유인식물**: 서양지치, 메밀, 컴프리, 회향, 셀러리, 시라, 고수, 오레가노, 캐모마일
- **해충방지식물과 기피식물**: 겨자무, 만수국아재비, 마늘냉이, 이집트 파
- **약초**: 황기, 에키네시아, 멀런(mullein)[22], 서양고추나물, 쑥, 파라크레스(spilanthes)[23]
- **뿌리식물**: 마늘, 이집트 파, 뚱딴지, 당근, 감자

제롬 오센토스키는 '폴란드식 스웨일'이라고 부르는 스웨일을 개발했다. 제롬은 돌이 많은 땅에 스웨일을 파는 대신에, 같은 일을 반대로 했다. 그는 등고선을 따라 작은 가지들을 쌓아올리고 거기에 퇴비와 버려진 식물체, 돌멩이와 그 밖에 구할 수 있는 부스러기를

21 콩과(—科)의 다년생초. 유럽과 아시아가 원산이지만 다른 지역으로도 전해졌다. 줄기는 길이 60cm 정도로 자라고, 잎은 3장의 잔잎으로 이루어져 있으며 약간 넓은 타원형이다. 너비가 약 2cm인 꽃은 노란색 또는 붉은색이 돌며, 5~10송이씩 무리 지어 핀다.

22 현삼과(玄蔘科, Scrophulariaceae) 베르바스쿰속(—屬, Verbascum)에 속하는 250~300종의 식물. 주로 이년생 또는 다년생의 초본으로 북반구 온대지방, 특히 유라시아 동부가 원산지다. V. thapsus는 고대 로마 때부터 호흡기 계통의 치료제로 약효가 뛰어난 약초로 알려져 있었으며 지금도 즐겨 쓰이는 약초다.

23 Acmella oleracea. 국화과의 일년생식물. 키는 30cm 정도로 자라며 여름에 가지 끝에 지름 2cm 크기의 특이한 노란색 두상화가 한 송이씩 핀다. 중국에서는 호흡기 질환과 치통 등에 약으로 쓰며, 미얀마에서는 물고기를 잡는 어독으로 사용한다. 향신료로 쓰이기도 하며, 자극적인 매운 맛이 난다.

더했다. 이것은 토양, 낙엽, 거름, 새똥 같은 것들이 가파른 비탈을 따라 미끄러져 내려가는 것을 막는 둑 구실을 했다. 이 거꾸로 된 스웨일은 유속을 늦추어 물이 먹거리숲의 뿌리 지대로 침투해 내려가도록 했다.

두 번째 방문에서 나에게 가장 큰 영감을 준 것은 두 채의 큰 온실을 살림집과 정원에 합체시킨 제롬의 아이디어였다. 그는 온실 한 채에 하와이의 영적 힘에서 따온 마나(mana)라는 이름을 붙였는데, 이 온실은 살림집으로부터 섬세한 눈(芽)같이 자라나오고 있었다. 이 온실은 이중적인 기능을 가지고 있어서, 살림집을 순환하는 공기를 덥히면서 동시에 아열대 먹거리숲을 보호했다. 두 번째 온실 역시 열대지방에서 유래된 펠레(Pele)라는 이름을 가지고 있다. 이것은 하와이의 불의 신의 이름이다. 펠레 안에는 초록 이파리들 사이에 사우나가 있어서 보조 열원 역할을 했다. 나는 바나나와 무화과, 석류, 대추, 차요테 호박(chayote squash)[24] 등 로스앤젤레스 이북에서 좀처럼 찾아볼 수 없는 식물을 보고 깜짝 놀랐다. 이 식물들은 겨울 온도가 약 −30℃까지 내려가는 해발 약 2,250m 고지에서 번성하고 있었다. 제롬의 성공 비결 중 하나는 팽창식의 이중 투명 비닐이었는데, 이것은 유리보다 훨씬 단열 성능이 좋으면서도 가격은 쌌다. 따뜻한 흙과 돌벽도 낮 동안의 열기를 붙잡아주었다. 환풍기 하나가 따뜻해진 공기를 일련의 지하 파이프로 보내 살림집을 비롯해 필요한 곳에 온기를 퍼트렸다. 높은 로키산맥에서 제롬은 어떤 기후 조건에 살고 있더라도 과도한 에너지를 사용하지 않고 열대 먹거리를 즐길 수 있는 방법을 개발하고 있었다. 이것은 숲 정원의 가능성을 엄청나게 확장시키고, 기후변화에 성공적으로 대응할 수 있는 실마리를 줄지도 모른다.

일곱 층으로 된 정원

이제 숲 정원을 디자인하는 법을 알아볼 차례다. 간단한 숲 정원은 세 개의 층으로 구성되어 있다. 각각 교목, 관목, 지면식물로 된 층이다. 하지만 온갖 장소에 식물을 심고 싶은

---

24 멕시코 남부와 중앙아메리카 원산의 여름 호박. 다년생 덩굴식물로, 열매의 생김새는 배나 사과처럼 생겼으며 길이가 10~20㎝ 정도된다. 백색종과 녹색종이 있다.

사람을 위한 호화판 숲 정원에는 식생층이 일곱 개까지 있을 수 있다. 아래의 그림에서 보듯이, 일곱 층으로 된 숲 정원을 구성하는 것은 대교목, 소교목, 관목, 초본, 지피식물, 덩굴, 뿌리작물이다.

이 층에 대해서 좀 더 자세히 알아보자. 표10-1에는 각 층에 알맞은 식물이 제시되어 있다.

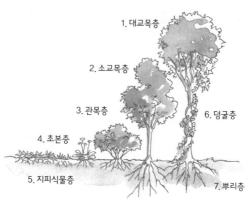

숲 정원을 이루는 일곱 층

표10-1 숲 정원에 알맞은 식물들

초본층은 이 표에서 제외했다. 적당한 식물이 수천 가지나 되고 이 책의 다른 곳에 많이 나와 있기 때문이다.

일반명	학명	질소 고정	야생동물 가치	곤충 유인	식용 여부	내한성지대
대교목층						
가래나무(Heartnut)	Juglans ailantifolia cordiformis				•	5
가시오크(Bur oak)	Quercus macrocarpa		•			2–8
기름밤나무(Yellowhorn)	Xanthocera sorbifolium				•	5–7
너도밤나무(Beech)	Fagus grandiflora, F.sylvatica				•	4
동양배(Asian pear)	Pyrus pyrifolia				•	4–9
메스키트(Mesquite)	Prosopis spp.	•		•		7
미국밤나무(American chestnut)	Castanea dentata				•	4
미국주엽나무(Honey locust)	Gleditsia triacanthos		•	•		4–9
바트너트(Buartnut)	Juglans × bisbyi				•	5
백참나무(White oak)	Quercus alba, Q. garryana		•			4–9
버터너트(Butternut)	Juglans cinerea				•	3
복숭아(Peach)	Prunus persica				•	5–9
사과나무(Apple)	Malus pumila				•	4–9
서양배(European pear)	Pyrus communis				•	4–9
서양자두(Plum)	Prunus domestica				•	4–9
스톤소나무(Stone pine)	Pinus pinea				•	4
아까시나무(Black locust)	Robinia pseudoacacia	•		•		3
아카시아(Acacia)	Acacia spp.	•				7–10
알가로바(algaroba)	Prosopis dulcis, P. juliflora	•				7

일반명	학명	질소고정	야생동물가치	곤충유인	식용여부	내한성지대
약밤나무(Chinese chestnut)	Castanea mollissima				•	5
체리나무(Cherry)	Prunus cerasus, P.avium		•	•	•	5–9
타가사스테(Tagasaste)	Chamaesytisus palmensis	•				8–10
피니언소나무(piñon pine)	Pinus edulis				•	5
피칸(Pecan)	Carya illinoensis				•	6–9
흑호두나무(Black walnut)	Juglans nigra				•	4
히코리(Hickory)	Carya spp.				•	6
소교목층						
감나무(Persimmon, Asian)	Diospyros kaki				•	7
개암나무(Filbert/hazel)	Corylus spp.		•		•	4
금사슬나무(Golden-chain tree)	Laburnum spp.	•				5
꽃사과(Crabapple)	Malus spp.		•	•		3
대나무(Bamboo)	Phyllostachys spp., Fargesia spp.		•	•	•	6
대추나무(Jujube)	Ziziphus jujuba				•	6–9
마가목(Mountain ash)	Sorbus spp.		•			3
마르멜로(Quince)	Cydonia oblonga				•	5–9
메이호(Mayhaw)	Crataegus opaca, C. aestivalis		•		•	6–9
무화과(Fig)	Ficus carica				•	6
미국감나무(Persimmon, American)	Diospyros virginiana				•	5
미국산수유(Cornelian cherry dogwood)	Cornus mas		•		•	4
비파나무(Loquat)	Eriobotrya japonica				•	8
뽕나무(Mulberry)	Morus spp.		•		•	5–9
산사나무(Hawthorn)	Crataegus spp.		•			4
살구나무(Apricot)	Prunus armeniaca			•	•	5–9
서양모과(Medlar)	Mespilus germanica				•	5–9
석류나무(Pomegranate)	Punica spp.				•	8
아몬드(Almond)	Prunus dulcis			•	•	6–9
오세이지 오렌지(Osage orange)	Maclura pomifera		•			5–9
왜성종, 반왜성종 복숭아 (Peach, dwarf or semi-dwarf)	Prunus persica				•	5–9
왜성종, 반왜성종 사과 (Apple, dwarf or semi-dwarf)	Malus pumila		•	•	•	4
자귀나무(Silk tree)	Albizia julibrissin	•	•			7
칭커핀(Chinkapin)	Castanea alnifolia, C. pumila		•		•	
포포나무(Pawpaw)	Asimina trilobata				•	5–7
피칸(Pecan)	Carya illinoensis				•	6–9
관목층						
검은딸기(Blackberry)	Rubus spp.		•		•	5
구즈베리(Gooseberry)	Ribes hirtellum		•		•	3
까치밥나무(Currant)	Ribes spp.		•		•	3

일반명	학명	질소고정	야생동물가치	곤충유인	식용여부	내한성지대
뜰보리수(Goumi)	Elaeagnus multiflora	•	•		•	5-8
미국매화오리나무(Summersweet clethra)	Clerhra alnifolia		•			3-8
미국크랜베리(Highbush cranberry)	Vaccinium macrocarpon		•		•	4-8
보리수나무(Autumn olive)	Elaeagnus umbellata	•	•		•	4
블루베리(Blueberry)	Vaccinium spp.		•		•	4
산딸기(Raspberry)[25]	Rubus idaeus		•		•	3-9
산자나무(Sea buckthorn)	Hippophae rhamnoides	•	•		•	3-8
살랄/레몬잎(Salal)	Gaultheria shallon		•		•	6-8
서양보리수(Buffaloberry)	Shepherdea argentea		•	•		2
서양팽나무(Hackberry)	Celtis occidentalis		•			3-7
시베리아골담초(Siberian pea shrub)	Caragana arborescens	•				2-8
아로니아(Aronia, chokeberry)	Aronia melanocarpa		•		•	4
아자롤산사나무(Red azarole)	Crataegus azarolus		•		•	4
앵도나무(Nanking cherry)	Prunus tomentosa		•	•	•	3-8
엘더베리(Elderberry)	Sambucus spp.		•		•	3
인디고(Indigo)	Indigofera tinctoria	•				6
일본매자나무(Japanese barberry)	Berberis thunbergii		•			4-8
조스타베리(Jostaberry)	Ribes × Rubus hybrid		•			3
족제비싸리(False indigo)	Amorpha fruticosa	•	•			3
좁은잎보리장(Russian olive)	Elaeagnus angustifolia	•	•		•	4
준베리(Serviceberry)	Amelanchier alnifolia		•	•	•	2
파인애플구아바(Pineapple guava)	Feijoa sellowiana				•	7
풍년화(Witch hazel)	Hamamelis virginiana		•			4-8
하이부시크랜베리(American cranberry)	Viburnum trilobum		•			2
한센스부시체리(Hansen's bush cherry)	Prunus besseyi		•	•	•	4
해당화(Rugose rose)	Rosa rugosa		•		•	2-8
덩굴층						
다래(Kiwifruit, hardy)	Actinidia arguta, A. kolomikta				•	4-8
멜론(Melon)	Cucumis melo				•	일년생
붉은강낭콩(Scarlet runner bean)	Phaseolus coccineus				•	일년생
시계꽃(Passionfruit)	Passiflora spp.			•	•	6
오미자(Magnolia vine)	Schisandra chinensis		•		•	4
오이(Cucumber)	Cucumis sativus				•	일년생
완두(Pea)	Pisum sativum				•	일년생
인동(Honeysuckle)	Lonicera spp.		•	•		3
재스민(Jasmine)	Jasminum spp.		•			6
클레마티스(Clematis)	Clematis spp.			•		5
키위(Kiwifruit)	Actinidia deliciosa				•	7

일반명	학명	질소고정	야생동물가치	곤충유인	식용여부	내한성지대
포도(Grape)	*Vitis* spp.				•	6
한련(Nasturtium)	*Tropaeolum majus*			•	•	일년생
호박(Squach)	*Cucurbita* spp.				•	일년생
홉(Hops)	*Humulus lupulus*		•	•	•	4
지피식물층						
광부상추(Miner's lettuce)	*Montia* spp.		•			4
네팔산딸기(Nepalese raspberry)	*Rubus nepalensis*				•	6
돌나물(Stonecrop)	*Sedum* spp.			•		3
딸기(Strawberry)	*Fragaria* spp.			•	•	5
백리향(Creeping thyme)	*Thymus praecox, T.vulgaris*			•	•	4
베어베리(Bearberry,kinnickinnick)	*Arctostaphylos uva-ursi*		•		•	6
스톨로니페라 플록스(Creeping phlox)	*Phlox stolonifera*			•		4
아주가(Ajuga)	*Ajuga reptans*			•		3
월귤(Lingonberry)	*Vaccinium vitis-idaea*				•	4-7
족도리풀(Wild ginger)	*Asarum canadense*				•	3
지면패랭이꽃(Thrift)	*Phlox subulata*			•		4
캄파눌라(Trailing bellflower)	*Campanula poscharskyana*			•		3
클로버(Clover)	*Trifolium* spp.	•		•		3
페루마편초(Prostrate verbena)	*Verbena peruviana, V.tenera*			•		5
향제비꽃(Sweet violet)	*Viola odorata*			•		6
뿌리층						
감자(Potato)	*Solanum tuberosum*				•	일년생
감초고사리(Licorice fern)	*Polypodium glycyrrhiza*				•	6
겨자무(Horseradish)	*Armoracia rusticana*				•	5-9
땅밤(블랙커민, Earth chestnut/Black cumin)	*Bunium bulbocastanum*				•	5
땅콩(Peanut)	*Arachis hypogaea*	•			•	6
뚱딴지(Jerusalem artichoke)	*Helianthus tuberosus*		•	•	•	2
램프(Ramps)	*Allium tricoccum*				•	4-8
로마티움류(Biscuit root)	*Lomatium* spp.		•	•	•	5
마(Mountain yam)	*Dioscorea batatas*				•	5
마늘(Garlic)	*Allium sativum*				•	4
마슈아(Mashua)	*Tropaeolum tuberosum*			•	•	7
부추(Garlic chives)	*Allium tuberosum*				•	3
새콩(Hog peanut)	*Amphicarpaea bracteata*	•			•	3-9
아피오스(Groundnut)	*Apios americana*	•			•	3
애기백합(Camas)	*Camassia quamash*			•	•	5
양하(Hardy ginger)	*Zingiber mioga*				•	6
오카/안데스괭이밥(Oca)	*Oxalis tuberosa*				•	7

1. **대교목층:** 숲 정원에서 가장 높은 층으로, 보통 크기의 과일나무나 견과류 나무, 그 밖의 유용한 교목으로 이루어져 있다. 교목들은 아래층에 충분한 햇빛이 도달하도록 거리를 두고 배치되어 있다. 전통적인 녹음수인 단풍나무나 플라타너스, 너도밤나무처럼 넓게 퍼지면서 무성하게 자라는 종은 숲 정원에 알맞지 않다. 넓은 면적에 짙은 그늘을 드리우기 때문이다. 복합적인 기능을 하는 과일나무나 견과류 나무를 심는 것이 훨씬 좋다. 이런 나무로는 표준과 반표준종 사과나무와 배나무가 있으며, 케라시페라자두(Myrobalan) 같은 표준종 대목을 이용한 유럽자두와 보통 크기의 체리나무가 있다. 밤나무도 크지만 알맞으며, 빛이 들어오도록 개방된 형태로 전지하면 특히 좋다. 약밤나무는 일반적으로 미국밤나무만큼 크지 않기 때문에 좋은 후보가 된다(여기서 언급된 모든 종의 학명을 알려면 표10-1을 보라). 호두나무, 특히 가래나무나 바트너트처럼 자연적으로 개방된 형태로 퍼지며 자라는 품종은 매우 훌륭하다. 견과가 달리는 스톤소나무나 피니언소나무, 잣나무를 빠뜨리지 말자. 질소를 고정하는 나무들은 토양 조성을 돕고, 대개 곤충을 유인하는 꽃을 피운다. 이런 나무로는 아까시나무, 메스키트, 오리나무가 있다. 서리가 심하게 내리지 않는 기후에서는 아카시아, 알가로바, 타가사스테[26], 캐럽(carob)[27]도 키울 수 있다.

숲 정원은 대개 경관의 1지구와 2지구에 자리 잡고 있기 때문에, 목재용 나무는 적합하지 않다. 집과 가까운 장소에서 나무가 쓰러지면 심각한 파괴를 일으킬 수 있기 때문이다. 그렇지만 전정을 하거나 폭풍으로 피해를 입으면 장작과 목공용의 작은 목재가 나올 것이다.

임관을 이루는 교목들은 숲 정원의 주요 형태를 결정하기 때문에 신중하게 선택해야 한다. 그리고 나무가 성숙한 후의 크기를 신중하게 고려하여 심어야 한다. 그래야 충분한 빛이 나무 사이로 들어와서 다른 식물들이 잘 살 수 있다.

---

25 같은 종의 한국 변종으로 '멍덕딸기'가 있으나 raspberry가 각종 산딸기임을 감안해 '산딸기'로 번역했다.

26 콩과의 상록수. 카나리제도가 원산지이며, 호주나 뉴질랜드 등지에서 사료작물로 재배된다. 키가 3~4m 정도 자란다.

27 콩과의 교목. 지중해 동부 지역이 원산지이며 세계 곳곳에서 재배하고 있다. 'locust', 'St. John's bread'로도 알려져 있다. 길이가 7.5~30㎝인 편평한 꼬투리에는 5~15개의 딱딱한 갈색 씨가 들어 있으며, 씨는 먹을 수 있는 달콤한 과육에 박혀 있다.

2. **소교목층**: 여기에는 임관에 속하는 교목과 같은 종류의 과일나무와 견과류 나무가 많다. 그러나 이 층의 나무들은 왜성이나 반왜성 대목에 접붙인 것이라 키가 낮게 유지된다. 또한 살구와 복숭아, 승도복숭아, 아몬드, 서양모과, 뽕나무처럼 자연적으로 크기가 작은 나무도 심을 수 있다. 소교목층에는 또 감나무나 포포나무처럼 그늘에 강한 과일나무도 있다. 작은 숲 정원에서는 이런 소교목을 임관으로 삼을 수 있다. 소교목은 개방된 형태로, 전정하기가 쉬워서 아래에 있는 다른 종들이 햇빛을 잘 받을 수 있다.

키가 작게 자라는 다른 나무들 중에는 층층나무와 마가목처럼 꽃이 피는 종과 금사슬나무, 자귀나무, 마운틴마호가니 같은 몇 가지 질소고정식물이 있다. 질소를 고정하는 나무들은 크기가 크고 작고에 관계없이 빨리 자란다. 이 나무들은 전정을 많이 해서 다량의 피복재와 퇴비를 생산할 수 있다.

3. **관목층**: 이 층에는 꽃나무와 과일나무, 야생동물을 유인하는 나무를 비롯한 유용한 관목들이 있다. 조금만 예를 들어보자면 블루베리, 장미, 개암나무, 부들레이아, 대나무, 준베리, 질소를 고정하는 보리수나무류, 시베리아골담초를 비롯한 수십 종이 있다. 관목은 선택할 수 있는 여지가 넓기 때문에 정원사의 취미가 여기서 드러나게 된다. 어떤 관목을 선택할 것인가는 먹거리, 공예자재, 관상 가치, 새, 곤충, 토종식물, 외래식물 중 어떤 것을 강조하고 싶은가에 따라서 달라진다. 아니면 그냥 생물다양성을 위해 선택할 수도 있다.

관목은 왜성종 블루베리에서부터 거의 교목 수준인 개암나무까지 온갖 크기가 다 있기 때문에 여러 가지 형태의 가장자리와 틈새, 또는 니치에 끼워넣을 수 있다. 그늘을 견딜 수 있는 품종은 교목 아래에 숨겨놓을 수 있고, 햇빛을 좋아하는 종류는 교목들 사이의 양지바른 공간에 자리 잡을 수 있다.

4. **초본층**: 여기서 **초본**(herb)[28]이라는 단어는 비(非)목질식물을 가리키는 폭넓은 식물학적 의미로 사용되었다. 초본에는 채소, 꽃, 요리용 허브, 지피식물뿐 아니라 피복재를 생산하는 식물과 토양을 형성하는 식물도 포함되어 있다. 강조점은 다년생식물에 있

지만, 훌륭한 일년생식물과 저절로 씨를 뿌리는 종을 제외하지는 않을 것이다. 여기서도 그늘을 좋아하는 식물은 키 큰 식물 아래에서 햇빛을 살짝 엿볼 수 있다. 반면에 햇빛을 숭배하는 종에게는 트인 공간이 필요하다. 숲 정원에도 가장자리에는 전통적인 밭두둑을 만들어서 온종일 햇빛을 받아야 하는 식물을 심을 수 있다.

5. **지피식물층:** 이것은 땅에 붙어서 낮게 자라는 식물들이다. 먹을 수 있거나 서식지를 제공하는 종류면 더 좋다. 이 식물들은 관목과 초본 사이의 공간이나 가장자리에 드러누워 자란다. 예를 들어보자면 딸기와 한련, 클로버, 백리향, 아주가, 그리고 지면패랭이꽃과 버베나처럼 땅바닥에 기는 종류의 여러 가지 화초가 있다. 지피식물은 잡초를 억제하는 데 중요한 역할을 하며, 미리 땅바닥을 점유해서 침입성 식물에 압도되지 않게 한다.

6. **덩굴층:** 이 층은 줄기와 가지를 감고 올라가는 식물들의 장소다. 덩굴식물은 삼차원 공간에서 이용되지 않고 있는 부분을 먹을거리와 서식지로 채운다. 덩굴식물에는 키위, 포도, 홉, 시계꽃, 덩굴지는 베리류 같은 먹거리 식물도 있고, 인동덩굴이나 능소화나무처럼 야생동물에게 좋은 식물도 있다. 또 여기에는 호박이나 오이, 멜론 같은 덩굴성의 한해살이풀도 포함된다. 여러해살이 덩굴식물 중 어떤 것은 너무 잘 퍼지거나 다른 식물을 못살게 할 수도 있다. 그러므로 드물고 신중하게 이용해야 한다.

7. **뿌리층:** 토양은 숲 정원에 또 다른 한 층을 선사한다. 삼차원은 위로도 가지만 아래로도 간다. 뿌리층 식물은 대체로 마늘이나 양파처럼 뿌리가 얕아야 한다. 아니면 감자나 뚱딴지처럼 캐기가 쉬워야 한다. 낭근처럼 뿌리가 깊은 종류는 알맞지 않다. 왜냐하면 그 식물을 캘 때 다른 식물을 건드리게 되기 때문이다. 나는 트여 있는 부분

---

28 herb라는 단어는 식물학적으로는 초본이라는 뜻으로 사용되며, 일반적으로는 약초 또는 향초, 더 흔하게는 단순히 풀이라는 뜻으로 사용된다. 우리가 흔히 쓰는 외래어인 '허브'는 일반적으로 향초를 뜻하기 때문에 이 책에서는 특별히 향초나 약초를 지칭하는 경우 말고는 herb를 모두 '초본' 또는 '풀'로 번역했다.

에 무 씨앗을 좀 뿌리기도 하는데, 무 같은 경우 땅을 파지 않고 힘껏 잡아당기기만 해도 긴 뿌리가 뽑히기 때문이다. 그리고 무는 수확하지 않고 그대로 놔두어도 꽃이 피어 익충을 끌어들이고, 통통한 뿌리가 썩어서 거름이 되기 때문에 좋다.

숲 정원을 디자인해보자

숲 정원을 디자인하는 과정은 대강 3장에 나온 순서를 따라가면 된다. 관찰, 전망, 계획, 발전, 실행의 순서대로 말이다. 그리고 추가적으로 아래의 몇 가지 요점에 초점을 두면 도움이 된다.

- 노출된 장소에 방풍막(울타리나 산울타리)을 설치하면 다른 식물들이 빨리 자리 잡는 데 매우 도움이 된다.
- 교목과 목질식물을 가장 먼저 심어야 한다. 이런 식물은 성숙하는 데 가장 오랜 시간이 걸리는 데다 정원의 모습을 결정짓기도 하기 때문이다. 교목이 완전히 성숙했을 때의 크기를 감안해서 디자인하는 것을 잊지 말자. 껑충하게 자란 묘목을 서로 너무 가깝게 배치하기가 쉽다. 이렇게 하면 나무가 성숙했을 때 너무 빽빽해지고 그늘이 짙어진다. 대교목층을 닫히게 만들지 말고, 교목들이 완전히 자랐을 때 그 사이로 햇빛이 들어오게끔 공간을 남기라. 북쪽으로 갈수록 햇빛이 약해지므로 교목 사이에 더 많은 간격을 두어야 한다.
- 초창기에는 질소고정식물을 비롯한 토양 형성 식물을 많이 포함시킨다. 숲 정원에서는 식물을 빽빽하게 심기 때문에 식물이 어릴 때는 영양분이 많이 필요하다. 영양소를 축적하는 식물이 조성한 유기물이 풍부한 비옥한 토양은 생장을 촉진시키고, 따라서 천이를 빠르게 한다.
- 숲 정원에 심을 식물을 한꺼번에 다 사려면 많은 돈이 든다. 자금이 한정되어 있는 사람은 작은 면적을 할애해 발아와 꺾꽂이를 비롯한 총체적인 식물 번식을 위한 묘상을 만드는 것을 고려해보아야 한다. 묘상은 연약한 어린 식물을 잘 지켜볼 수 있도록 1지구에 두는 것이 제일 좋다. 이 묘상에서 초본층, 뿌리층, 지피식물층에 심을 다년생식물을 씨앗에서부터 키울 수도 있고, 교목과 관목, 초본식물을

꺾꽂이할 수도 있으며, 잘 자란 식물을 포기나누기해서 새로운 정원에 이식할 식물의 개체수를 늘릴 수도 있다. 식물들은 1, 2년 동안 묘상에서 보살핀 후에 영구적인 서식지로 옮긴다. 전문 지식이 있는 사람은 나무를 접붙여도 좋다. 묘상은 엄청난 양의 식물을 매우 싸게 얻을 수 있다는 점에서 값을 매길 수 없다.

- 교목과 관목 사이의 트인 공간에는 일단 한해살이 채소, 꽃, 클로버 같은 질소고정 피복작물이나 묘목을 심을 수 있다. 위층의 나무들이 자라고 묘상에 있는 식물들을 옮겨 심을 준비가 되면, 이런 식물을 심은 두둑의 크기는 줄어들 것이다.

디자인의 한 가지 예로, 잔디밭을 없애고 생태적으로 좀 더 건강한 숲 정원을 조성하고 싶어 하는 집주인이 있다고 치자. 이것은 전형적인 케이스로, 여기서는 U자형 디자인을 택하도록 하겠다. U자 모양은 따뜻하고 아늑하며 사적인 공간을 만들어준다(376쪽 그림). U자가 남쪽을 향해 열려 있으면 햇빛이 최대로 들어오기 때문에 이상적이다.

디자인의 중점은 먹거리에 두려고 한다. 공간을 과일, 베리, 채소, 허브로 채우고 꽃에는 중점을 적게 둘 것이다. 처음 몇 해 동안은 아래쪽 층에서 채소와 꽃을 많이 키우도록 하자. 하지만 시간이 지남에 따라 위쪽 층이 주로 생산을 담당할 것이다. 이런 목표를 염두에 두고 디자인을 시작해보자.

먼저 새로운 정원을 만들 장소의 지도를 그리고, 지금 있는 식물 중에 보존할 것들을 그림에 넣는다. 그런 다음 새로 심을 것들을 그린다. U자의 중심에 있는 양지바르고 트인 공간은 그냥 잔디밭으로 두거나 꽃과 채소를 심는 텃밭으로 전환해도 좋다. 많은 부모들이 아이들이 거기서 놀 거라고 생각해서 넓은 면적의 잔디밭을 남겨놓으려고 하는데, 내가 장담하건대 아이들은 텅 빈 잔디밭을 버려두고 더 멋진 관목 숲에 가서 숨바꼭질과 요새놀이를 하며 놀 것이다. 잔디밭은 잠깐 일광욕을 할 수 있을 정도의 넓이만 되어도 충분하다.

정원의 가장자리에는 방풍과 사생활 보호를 위해 산울타리와 식물 벽을 조성할 것이다. 울타리유인이나 외대 가꾸기(cordon)[29]를 한 과일나무, 베리 덤불, 관목형 버드나무, 장미, 층층나무, 엘더베리, 유용한 토착 관목을 그려넣는다.

29 11장 참조

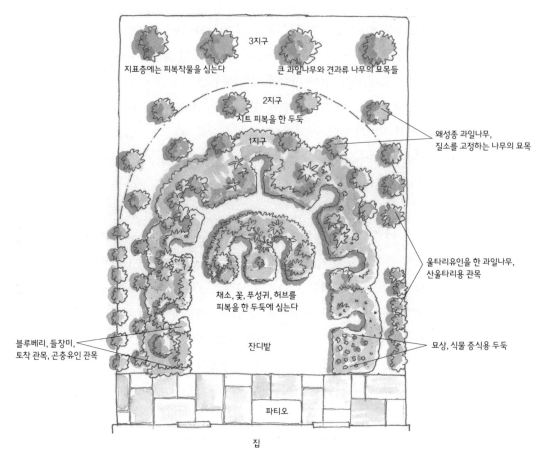

3지구

지표층에는 피복작물을 심는다

큰 과일나무와 견과류 나무의 묘목들

2지구

시트 피복을 한 두둑

1지구

왜성종 과일나무,
질소를 고정하는 나무의 묘목

울타리유인을 한 과일나무,
산울타리용 관목

채소, 꽃, 푸성귀, 허브를
피복을 한 두둑에 심는다

잔디밭

블루베리, 들장미,
토착 관목, 곤충유인 관목

묘상, 식물 증식용 두둑

파티오

집

막 식물을 심은 120×150㎡ 면적의 생태정원. 묘상과 식물 증식용 두둑은 정기적으로 돌보기 편하도록 집 가까이에 배치했다. 1지구의 잔디밭 가에는 퇴비를 많이 넣은 두둑을 임시로 만들어 먹거리와 꽃을 얼른 생산할 수 있도록 했다. 어린 교목과 관목을 비용에 여유가 있는 만큼 사서 상대적으로 먼 거리에 있는 2지구와 3지구를 채우기 시작한다. 2지구는 두껍게 피복을 해서 빨리 토양을 조성한다. 당장 필요하지 않은 3지구에는 피복작물을 심어놓고 오랜 기간을 두고 토양 회복을 꾀한다.

그 다음엔 교목층을 스케치한다. 대교목은 북쪽에 자리 잡는 것이 좋다. 다른 식물에 떨어지는 그림자를 줄이기 위해서다. 그러나 간격을 넓게 잡기만 해도 충분히 햇빛이 나무 사이로 들어오게 할 수 있다. 간격은 성숙한 나무의 크기를 참고하여 결정한다. 이것은 상당한 넓이의 교외 대지이므로, 사과나무, 배나무, 호두나무, 자두나무, 체리나무 같은 보통 크기의 교목을 몇 그루 심어도 될 만한 공간이 있다. 질소고정식물도 몇 그루 있으면 좋겠다. 그러니 아까시나무와 금사슬나무를 그림에 더한다. 소교목층은 왜성과 반왜성 과일나무로 이루어져 있고, 키가 더 큰 교목 아래에는 자연적으로 작게 자라는 감나무 종류와 포포나무, 뽕나무가 있다. 이 예에서 집 가까이에는 교목이 한 그루도 없다. 1지구의 하부층에 충분한 빛이 들어오게 하기 위해서다.

관목층과 더 밑의 층에 대해서는 생각을 좀 더 해봐야 한다. 왜냐하면 그 위의 층들이 성숙하는 동안 지속적으로 먹거리가 생산되도록 하고 싶기 때문이다. 교목이 열매를 맺기 전까지, 이 집에 사는 사람들이 1지구와 2지구에서 채소와 허브를 많이 얻을 수 있도록, 집 가까이에 열쇠구멍 모양 두둑을 몇 개 만든다. 소교목 아래에는 임시로 두둑을 만들고 개방된 중심에는 영구적인 두둑을 만든다. 임시 두둑 하나는 식물 증식용으로 남겨둔다. 이렇게 배치를 하면 초기에는 집에 가까운 소교목 아래에 멀리 있는 소교목 아래만큼 다년생식물을 빽빽하게 심지 않게 된다.

집에서 멀리 있는 부분을 디자인할 때는 세 가지 요소가 영향을 끼친다. 그중 하나는 지구 효과다. 거리가 더 멀어질수록, 그러니까 2지구에서 3지구 쪽으로 갈수록, 가까운 지구만큼 자주 가지 않게 된다. 그러니 그만큼 보살필 수가 없다. 두 번째 요소는 시간이다. 먼 지구에서 재배하는 식물은 막 심었을 때 크기가 작고, 성숙하기까지 일 년 이상 시간이 걸린다. 세 번째 요소는 예산이다. 많은 정원사들은 마당 전체에 한꺼번에 식물을 심기 위해 큰돈을 들이고 싶어 하지 않는다. 그리고 멀리 떨어진 지구는 자본이 더 마련될 때까지 식물을 드문드문 심어두기에 가장 좋은 장소다. 그러므로 이런 제한요소들을 반영하는 재배 전략을 개발해야 한다. 잘 보살필 수 없는 먼 지구에는 일단 적은 수의 작은 표본만 심어둔다. 그런데 이렇게 하면 목질식물들이 성숙하고 하부층이 채워질 동안 잡초의 침입에 노출되거나 방치되기가 쉽다.

나라면 이렇게 하겠다. 2지구는 어린 교목과 관목 사이의 땅을 두껍게 피복해두고, 시간이 지나 묘목과 돈이 마련되면 초본층과 뿌리층, 지피식물층을 심는 것이다. 그리고 해미다 한두 번 새로 피복을 해서 도앙을 빨리 조성하고 잡초도 억제한다. 이 넓은 땅을 한 번에 갈고 심는다는 것은 너무 큰 음식을 한입에 먹으려 하는 것과 같다. 가장 현명한 전략은 1지구를 먼저 조성한 다음에 밖으로 뻗어나가는 것임을 명심하자. 위의 방식으로 접근하면 1지구를 완성해서 가동하고 있을 때 2지구에서는 관목과 교목, 토양이 준비되고 있을 것이다.

이 마당에서 가장 먼 곳은 또 다른 방식으로 접근해야 한다. 숲 정원 전체를 덮을 만큼 많은 피복재를 구할 수 있을지가 의심스럽기 때문이다. 3지구의 보통 크기 교목과 큰

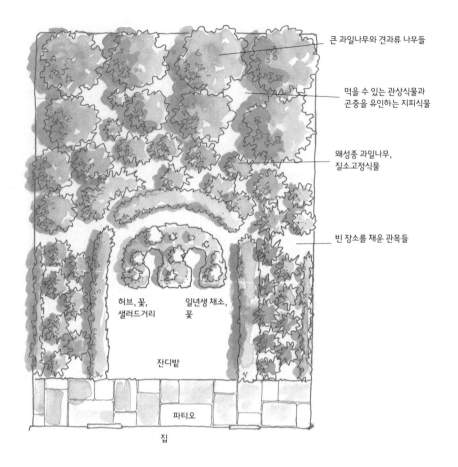

큰 과일나무와 견과류 나무들

먹을 수 있는 관상식물과
곤충을 유인하는 지피식물

왜성종 과일나무,
질소고정식물

빈 장소를 채운 관목들

허브, 꽃,
샐러드거리

일년생 채소,
꽃

잔디밭

파티오

집

5~10년 후. 정원은 이제 채워져 있다. 다년생 관목과 교목 들이 풍부하게 생산을 하고 있기 때문에 임시로 만들었던 열쇠구멍 모양 두둑은 좁은 가장자리 두둑으로 크기가 줄어들었다. 먹을 수 있는 풀과 꽃이 피고 곤충을 유인하는 초본과 관목 들이 주요 교목 사이사이와 아래에 난 틈을 메우고 있다.

관목들은 성숙하는 데 걸리는 시간이 가장 길다. 그래서 토양 조성은 그리 시급한 문제가 아니다. 멀리 있는 3지구에서는 교목과 주요 관목 들이 일단 자리를 잡고 나면 토양을 조성하고 서식지를 제공하는 피복작물을 여러 가지로 혼합해서 심기를 권한다. 하부층에 식물을 심을 준비가 될 때까지 이 방법으로 잡초를 견제하고 토양을 비옥하게 한다. 클로버와 일년생 호밀을 서양톱풀이나 시라, 회향 같은 익충을 유인하는 허브와 섞어서 심는 것도 한 방법이다. 하층토를 부드럽게 하는 무를 포함시켜도 좋다. 무성하게 자라는 이 혼합 식물은 일년에 한두 번 정도만 베어주면 된다. 토양을 비옥하게 하면서도 유지하는 데 드는 노력은 매

398

III 생태정원 만들기

우 적은 셈이다. 피복작물은 정원에서 자주 가지 않는 부분에 쓸 수 있는 좋은 전략이다.

이 숲 정원에는 이제 세 개의 지구가 만들어졌다. 집약 재배를 하는 1지구, 잘 피복을 해놓았지만 식물은 일단 적게 심어놓은 2지구, 어린 관목과 교목 아래에 피복작물을 심어서 장기적인 토양 조성을 꾀하고 있는 3지구. 물론 정원사가 운이 좋아서 돈과 노동력, 물질을 충분히 가지고 있고 설계안에도 자신이 있다면, 전체 계획을 한꺼번에 즐거이 실행할 수도 있을 것이다. 그런 사람은 피복작물을 심어두는 자리에 식물을 빽빽하게 심고 피복재를 깔아도 된다.

숲 정원에 길드를 만들자

방금 디자인한 숲 정원의 요소들을 연결시켜줄 길드에는 어떤 것이 있는지 알아보자. 주요 과일나무를 기초로 한 길드를 만드는 것은 상당히 간단하다. 우리는 9장에서 설명한 사과나무 길드나 앞에 나온 제롬의 목록에서 많은 요소를 가져올 수 있다. 잡초와 설치류를 방지하는 구근을 나무줄기 근처에 배치하고, 곤충을 유인하고 토양을 조성하는 식물을 초본층과 관목층에 심고, 먹거리를 제공하는 식물과 그 밖의 유용한 종을 추가하는 것이다.

그런데 이 길드는 홀로 존재하지 않는다는 사실을 기억하자. 이 길드는 다른 교목과 큰 관목 사이에 자리 잡고 있다. 그래서 이웃하는 식생에 의해 재배 형태가 정해질 수밖에 없다. 나무 한 그루로만 길드를 만들 때는 동심원을 이루는 동반식물들로 나무를 둘러쌀 수 있지만, 많은 수의 나무가 있는 숲 정원에서는 그럴 수가 없다. 나무의 낙수선 아래에 피복재식물 등을 심어서 동심원을 만드는 것은 다른 관목과 교목이 가까이 있는 이런 곳에는 더 이상 올바른 형태가 아니다. 그 대신 피복재식물과 곤충유인식물을 비롯한 길드 구성원들이 요구하는 빛의 양에 따라 이웃하는 교목과 관목 사이의 틈에 끼워넣거나, 나뭇가지 아래의 작은 공간에 배치하거나, 열매를 따고 가지를 칠 수 있도록 접근하기 쉬운 통로를 따라 줄지어 심어야 한다. 구근과 무성하게 자라는 일부 피복재식물처럼 잡초를 억제하는 식물은 나무 한 그루 아래에 원을 형성하는 대신에 교목과 관목의 무리 전체를 둘러싸는 자연스러운 경계를 형성하거나, 개간지나 양지바른 가장자리의 윤곽을 잡아주는 용도로 쓰일 수 있다.

이 정원을 위해서, 과일나무 길드에 덧붙여 호두나무 길드도 디자인할 수 있다. 그런데 호두나무가 타감 작용을 일으킨다는 사실을 기억하자. 호두나무의 뿌리에서 나오는 약간의 독성이 있는 분비물은 다른 많은 식물들의 생장을 방해할 것이다. 이 부분에는 앞에서 설명한 완충식물을 꼭 이용해야 한다. 호두나무는 키가 크기 때문에, 호두나무와 팽나무, 까치밥나무, 가짓과의 일년생식물(고추와 토마토 같은)로 구성된 호두나무 길드는 마당의 북쪽 끝자락으로 가야 한다. 그러고 나면 호두나무와 다른 과일나무 사이에 완충 작용을 하는 아까시나무, 뽕나무, 좁은잎보리장을 추가할 수 있다.

집 가까이에 자리 잡은 반왜성종 과일나무로도 길드를 만들 수 있다. 하지만 반왜성종 나무 밑에는 더 작은 관목을 적은 수로 심도록 하자. 왜냐하면 중심 나무가 별로 크지 않은 데다가 1지구의 초본층, 뿌리층, 지피식물층에 충분한 양의 빛과 가장자리가 생겼으면 하기 때문이다. 이런 길드를 위한 좋은 후보로는 서양보리수, 케아노투스, 인디고 같은 질소를 고정하는 작은 관목과 컴프리와 서양지치, 한련과 같이 잡초를 억제하고 피복재를 생산하는 식물이 있으며, 크기가 작고 무수히 많은 곤충유인식물 중 어떤 것을 써도 좋다.

집 바로 옆에 있는 길드는 멀리 떨어진 장소에 있는 길드와는 다르게 구성된다. 집에 매우 가까이 있는 길드에서는 야생동물과 피복재 생산을 위한 식물보다 먹거리와 약재처럼 인간이 잘 이용하는 식물을 강조해야 한다. 바로 문 앞에서 질 좋은 생산물을 얻기 위한 대가로 자연스러운 피복 효과와 잡초 억제 같은 길드의 기능은 포기해야 하겠지만, 그것은 사람의 노동으로 대신하면 된다. 뒷문 바로 앞에 퇴비를 좀 넣고 오이 몇 개를 따는 데는 아무 문제가 없다. 나 같으면 약 $20m$ 떨어져 있는 3지구에서 자연이 그 일을 대신하도록 하겠지만 말이다.

숲 정원을 조성하려면 먼저 잔디를 대부분 제거해야 한다. 독성 제초제를 사용하지 않으면 좋다. 그러려면 뗏장을 손으로 벗겨내 퇴비로 만들거나, 몇 주의 간격을 두고 반복해서 경운기로 갈아서 남아 있는 잔디의 잔해를 죽이거나, 엄청나게 넓은 면적으로 시트 피복을 해서 잔디밭을 질식시키거나, 이 세 가지 방법을 모두 이용해야 한다(시트 피복을 하고 그 위에 식물을 심는 방법을 보려면 4장을 확인하라). 이때가 석회와 유기물, 완효성 비료를 넣어서 토양을 교정하고 개선하기에 가장 좋은 시점이다. 마당의 많은 부분은 곧 다년생식물로 뒤덮일 것이기 때문이다. 그렇게 되면 비료를 파 넣기가 힘이 든다. 앞에서 언급했다시피 U

캘리포니아의 산타바라라에 있는 한 정원. 전경에 보이는 블랙세이지(black sage, *Salvia mellifera*)와 금영화(California poppy, *Eschscholzia californica*)는 덤불로 이루어져 있는 이 지역 특유의 내건성 식생을 대표하고 있다. 한편으로 무화과와 감귤류, 감나무, 바나나, 배경의 대추야자나무는 캘리포니아의 건조한 기후에서도 물을 주기만 하면 무척 다양한 종류의 과일나무를 키울 수 있다는 것을 보여준다. 등고선을 따라 만든 통로에는 현지에서 모은 돌로 경계를 표시했으며, 물이 흙으로 침투하는 것을 도와준다. 정원디자인은 어스플로우 설계사무소의 래리 산토요가 맡았다. 사진/ 래리 산토요

자형 정원의 중심에는 잔디를 남겨두어 놀이와 휴식을 위한 공간으로 삼을 수 있다.

다음으로 교목을 심는다. 그 다음에 마당의 뒤쪽 3분의 1(3지구)에는 위에서 이야기한 피복작물과 녹비를 심는다. 2지구와 1지구의 많은 부분에는 두텁게 시트 피복을 해서 토양형성층을 만든다. 1지구에 있는 가장 가까운 두둑 몇 개에는 진한 퇴비를 얹어서 당장 이용할 수 있도록 준비해놓는다. 나무줄기 근방에는 피복재를 제쳐두어 껍질을 갉아 먹는 설치류가 깃들지 못하게 관리해야 한다.

마지막으로 관목을 비롯한 다년생식물, 구근을 비롯한 뿌리층 구성 식물, 그리고 지피 식물을 시트 피복재 안에 심는다.

숲 정원은 어떻게 진화할까

거의 한 해 내내 먹거리와 꽃을 가져다준다는 점은 제쳐두고서라도, 숲 정원에서 나타나는 여러 리듬과 순환은 사람들의 흥미를 끌고 많은 것을 깨우쳐줄 수 있다. 일년생식물로 채워진 정원이나 다년생식물로 이루어진 단층으로 된 정원에서 대부분의 식물은 매년 단순한 순환을 따른다. 봄에는 자라고 가을에는 죽으며, 이듬해 봄이 되면 재생하거나 다시 심긴다. 하지만 숲 정원에 자라는 식물들의 수명은 한 해가 아니라 수십 년 이상의 단위로 측정되는 경우가 많다. 그렇기 때문에 숲 정원의 성격은 그것이 존재하는 시간 전체에 걸쳐 끊임없이 바뀌어간다. 모든 종류의 식물이 따르는 매년의 정기적인 순환 말고도, 교목과 관목, 다년생식물은 각기 다른 수명과 성장 속도를 가지고 있다. 그리고 다른 식물과 계절에 대한 반응 방식도 다양하다. 자연의 복잡한 여러 리듬은 다양한 싱커페이션 속에서 서로 반목하기도 하고, 얽히기도 하고, 대비되기도 한다.

숲 정원에서는 계절에 따른 순환조차도 관행적인 정원보다 복잡하게 이루어진다. 정원의 밑바닥에서부터 임관까지 물결치듯 올라가는 초록의 행렬 속에서 정원의 각 층은 빛과 영양분을 다른 층과 공유한다. 매년 봄이 되면, 숲 정원에서는 자연의 숲과 마찬가지로 아래층에서 가장 먼저 잎이 돋아나와 이른 봄의 햇빛을 마신다. 그 다음에는 관목이 초록의 옷을 입으며, 몇 주 후에는 머리 위에서 교목의 잎이 돋아난다. 그리고 많은 식물은 같은 계절 안에서도 서로 다른 시기에 정점에 도달한다. 그런 식으로 식물은 자원을 서로 나눈다. 이러한 숲 정원의 협동성은 약간의 경쟁으로 균형이 잡힌다. 식물들 중 특히 아래층에서 자라는 것들은 서로 약간씩 밀치기도 한다. 빛과 물, 영양소를 두고 경쟁하면서 퍼지기도 하고 줄어들기도 하는 것이다. 정원사 또한 모종삽과 전정가위, 수확 바구니를 가지고 이 순환에 영향을 끼친다.

이러한 리듬과 다양성은 숲 속으로 찾아오는 야생식물에 의해 증대된다. 여기에는 소위 잡초와 드물게 볼 수 있는 토착식물이 포함된다. 그리고 정원사는 새로 나타난 식물을 관찰한 다음에 그것이 여기 있어도 될지 없어야 할지를 결정할 수 있다. 새, 곤충, 뱀, 도마뱀, 작은 포유동물 들도 여기에서 안전한 거처를 발견하고 복잡성과 흥미를 돋운다. 이 다양한 리듬을 관찰하고 배우는 것은 생태학과 자연세계에 입문하는 가장 좋은 길이다. 그러면서 한편으로 우리는 지혜롭게 정원을 손본다. 여기에서는 쓸모가 있거나 매혹적인 종을 아껴 보살피고, 저기에서는 형성되기 시작하는 길드를 북돋워주는 식으로 말이다.

계절에 따른 변화뿐만 아니라 수년에 걸쳐 일어나는 숲 정원의 진화에서도 혜택을 볼 수 있다. 성숙한 경관의 아름다움과 가치는 부정할 수 없지만, 조그만 묘목과 아기 관목들이 다 자랄 때까지 게으르게 시간만 보낼 수는 없는 법이다. 숲 정원은 다다르게 되는 각각의 시기마다 새로운 보상을 가져다준다. 정원이 아직 어리고, 듬성듬성 새로 심은 나무들이 '잔가지 농장' 단계에 있을 때는 일년생 채소, 다년생 채소, 꽃으로 묘목 사이의 양지바른 공간을 채우면 된다. 1~3년이 지나는 동안 관목과 베리 덤불이 본색을 드러내기 시작하여 열매가 달리고, 다음 5~10년 동안에는 전성기를 누린다. 이때는 교목이 아직 그림자를 많이 드리우지 않는다. 그동안 일년생 작물 두둑이 있던 트인 공간은 서서히 줄어들고, 낙엽이 쌓이면서 토양이 점점 비옥해질 것이다. 야생농물을 위한 니치도 이때 생겨난다.

3, 4년이 지나면 과일나무들이 결실을 맺기 시작해서 정원의 요체가 뚜렷해진다. 15년째가 되면 교목과 관목 들이 자리를 메운 탓에 빛이 줄어들어 초본층과 지피층은 성기게 될 것이다. 그리고 풀과 꽃, 채소 들은 가장자리나 개간지로 옮아가게 된다. 군데군데에서 꽃피고 열매 맺히는 덩굴이 상부층을 한데 묶고 있을 것이다. 정원사는 더 이상 비료와 피복재를 외부에서 많이 들여오지 않아도 된다. 비처럼 떨어지는 나뭇잎과 뿌리를 통해 위로 끌

어울린 심토층의 양분으로 숲이 거의 자급자족할 수 있기 때문이다. 10년 안에 교목은 최대 크기에 도달하며, 숲의 임관은 닫히기 시작한다. 정원은 고요하고 장엄한 성숙기에 접어든다. 하지만 이후 10~20년 동안 숲은 성장을 계속한다. 같은 시기, 처음에 있었던 초본층은 새로운 식물을 심어 갱신되었고 어떤 관목과 소교목은 일생을 다했을 것이다. 그것들을 대체한 식물들이 정원을 계속 진화시킨다. 성숙기에도 정원은 우아하게 변화를 계속한다.

진화하는 숲 정원의 변화는 대략 다음과 같다.

- 초창기에는 대부분의 식물이 온종일 햇빛을 받고 있지만, 나중에는 상부의 층들과 개간지, 가장자리에만 온종일 햇빛이 든다.

- 가뭄에 노출되어 있고 날씨의 변화와 방치에 약한 상태였다가, 습도가 균일해지고 스스로 조절이 가능하게 되며 온화한 미기후로 채워지게 된다.

- 바람에 노출된 상태였다가 고요하고 안락한 상태가 된다.

- 꽃과 먹거리, 서식지, 피복재, 바이오매스 생산의 대부분이 아래쪽의 층에서 일어나다가, 관목층과 교목층에서 점차 많은 양이 생산된다.

- 처음에는 피복재와 비료를 외부에서 들여올 필요가 있다. 그러나 나중에는 낙엽과 깊은 뿌리를 통해 끌어올린 영양분으로 토양이 풍부하고 비옥해진다.

앞서 나는 세 번째 차원인 위쪽으로 정원을 확장시키는 장점을 노래한 바 있다. 숲 정원은 더 나아가서 제4의 차원인 시간으로 향해간다. 자라나는 숲 정원은 오랜 시간에 걸쳐 전개되면서 우리에게 새로운 기회와 혜택을 가져다준다.

11

도시에서 퍼머컬처 정원 가꾸기

이 책에서 지금까지 제시한 내용 대부분은 독자가 상당한 크기의 마당을 가지고 있다는 전제를 하고 쓴 것이다. 약 1,000㎡(약 300평) 내외의 면적이라고 하면 되겠다. 그러나 도시에는 사람이 많이 살고 있으며 도시의 집들은 마당이 작거나 아예 없다. 나 역시 이 책의 초판을 쓴 후에 도시의 삶으로 돌아갔기 때문에 도시에서 생태정원을 만드는 일이 특별한 도전이라는 사실을 알고 있다. 하지만 다행히도, 도전보다 더 큰 기회 또한 기다리고 있다.

도시농부가 봉착하는 딜레마는 도시의 삶이 많은 부분에서 공간에 프리미엄을 붙이기 때문에 일어난다. 사람들로 붐비는 도시에서는 모든 땅조각이 바쁘게 거래되고 집중적으로 이용되며, 갖가지 경쟁적인 용도로 쓰기 위해 악착같이 탐색당한다. 당신이 예쁜 정원을 만들려고 노리고 있는 곳을 아이들은 놀이터로 삼으려 할 것이고, 배우자는 편안한 안락의자를 놓기에 완벽한 장소라고 생각할 테고, 개는 땅을 파거나 더 나쁜 짓을 하기에 알맞은 장소로 삼을 것이며, 우체부는 옆집으로 가기에 가장 빠른 통로라고 생각할 것이다. 어쨌든 분명히 도시의 마당은 절묘하다 할 정도로 다양한 기능을 갖추고 있지 않으면 안 된다. 우리는 퍼머컬처의 원칙을 부단으로 생각하시 않고 그것과 조화를 이루면서, 마당을 복합적인 용도로 이용해야 하는 상황을 받아들여 더 큰 창조성과 더욱 매력적인 경관으로 나아가기 위한 박차로 생각하면 된다.

'이건 내 경우가 아니야'라고 생각하면서 마지막 장으로 그냥 넘어가려는 교외의 독자들에겐 이렇게 권고하련다. 공간을 절약하고 밀도가 높은 이 설계방식은 누구에게나 다 적용된다고. 제2차 세계대전 이후에는 도시나 시골이나 할 것 없이 모든 주택의 크기가 커져 평균 면적이 두 배로 증가한 반면, 정원을 가꿀 수 있는 주변 공간은 줄어들었다. 마당의 크기도 줄어들었다. 최근에 생긴 교외주택지에서는 도심 주택과 비슷한 약 $460m^2$(약 140평) 이하의 면적을 부지로 제공하는 경우가 많다. 이런 주택지의 마당은 작을 뿐만 아니라, 주택과 차도, 보도 등의 인공적 요소로 인해 더 작은 공간 여러 개로 쪼개져 있다. 그런 마당 조각들은 큰 길드를 여럿 품을 수 없기 때문에 우리는 다른 선택지가 필요하다. 도심과 교외를 막론하고 대도시 지역에서 작은 공간을 더 효율적으로 이용하는 것이 이 장의 초점이다.

도심이라는 조건에서 생명으로 가득 찬 가정 생태계를 만드는 기술 자체는 다른 생태 경관을 만들 때와 비슷하지만, 그 기술을 편성하는 방법은 다르다. 영리한 전략가라면 대도시 지역에서 생태적으로 정원을 가꿀 때 도시의 장점에 승부를 걸고 약점은 완화시킬 것이다. 도시의 가장 큰 장점은 사회자본으로, 이것은 사람들이 도시로 가는 이유이기도 하다. 창조적인 사람들이 함께 일하면 상승효과와 기회가 발생하는 것이다. 정원사에게 특히 적용되는 도시의 주된 단점은 앞에서 말했다시피 땅이 부족하다는 것이다. 다행히도, 제대로 이용하기만 한다면 사회자원은 부족한 땅을 보충할 수 있는 힘이 된다.

이런 경우를 예로 들 수 있다. 포틀랜드로 이사하면서 킬과 나는 약 $4ha$의 시골 땅을 약 $15m×30m$의 대지와 바꾸었다. 처음에 든 생각은 이랬다. '어떻게 내가 좋아하는 과일나무들을 이 비좁은 공간에 모두 집어넣는담?' 마당은 거의 백지나 다름없었다. 대부분 잔디로 덮여 있었고, 그전에 나 있던 잡초를 가리기 위해 판매자가 급하게 나무껍질을 깔아놓은 지점과 개 산책로가 있었다. 나무라고는 소유지 경계에 걸터앉아 있는 어린 일본단풍나무와 다 자란 유럽종 서양자두나무뿐이었다. 자두는 우리가 온 직후에 익었다. 어느 날 아침 나는 울타리 한쪽에서 자두를 따면서 반대편에서 자두를 따던 이웃 사람과 이야기를 나누게 되었다. 은퇴한 전기기사이자 열성적인 정원사인 조니는 나에게 무화과를 좋아하는지 물었다. 그 질문에 대한 강한 긍정의 결과로, 무르익은 미션 무화과(mission fig)로 가득 찬 플라스틱 통이 조니네 쪽 울타리편에서 우리 집 쪽으로 넘어왔다. 그 다음 몇 주 동안 조니는 내가 빈 통을 돌려줄 때마다 얼마 후에 통을 다시 과일로 채워서 보내주었다.

나는 길 건너에 사는 또 다른 이웃인 테레사도 만나게 되었다. 자두에 질린 나는 한 자루를 테레사에게 가지고 갔다. 그녀는 안타까운 미소를 짓고는 말했다. "미안해요. 자두

노스캐롤라이나 주 랄리(Raleigh)에 있는 윌 후커의 마당 앞 자두나무. 가로수 개선 보조금으로 구입해서 심었다. 윌은 이웃에 사는 아이들이 나무 아래로 자전거를 타고 지나가며 공짜로 과일을 따 먹길 좋아한다고 말한다. 사진/ 윌 후커(Will Hooker)

는 필요 없어요. 우리 집에도 자두나무가 있거든요." 그러고서 테레사는 내가 마침 복숭아 철을 놓쳤다고 말했다. 얼마 전에 사람들에게 복숭아를 나눠주었다는 것이다. 하지만 테레사는 몇 주만 더 있으면 자기 집에 있는 그래니스미스(Granny Smith) 사과가 익을 거라고 하면서 많이 가져가서 먹으라고 했다. 마침 테레사 옆집에 사는 윌이라는 컴퓨터기사가 우리 이야기를 듣더니 과일이 필요하면 지금 자기 집으로 와서 뒷마당에 있는 거대한 바틀릿(Bartlett) 배나무에서 배를 수확하는 걸 도와달라고 말했다. 윌은 내가 가지고 온 자두 자루를 받고, 나는 그 두 배나 되는 배를 가지고 집으로 돌아왔다. 이웃의 마당이 나의 과수원이 된 셈이다.

나는 좋아하는 과일나무를 모두 심을 필요는 없다는 사실을 알게 되었다. 나는 이웃 사람들이 키우지 않는 나무만 심으면 되었다. 이듬해 봄에 나는 동양 배, 봉옥(蜂屋,

Hachiya) 감나무, 달콤한 스텔라(Stella) 체리를 들여와서 지역공동체의 틈을 메웠다. 나는 네 가지 품종을 접붙여 울타리유인을 한 사과나무도 한 그루 더했다. 이웃 중에 마당에서 사과를 키우는 사람들이 있었지만, 저장성이 있고 파이를 만드는 데 쓸 수 있는 품종의 사과는 없었기 때문이다. 또 이 사과나무는 산울타리 역할을 하기도 했다. 사방으로 뻗치는 사과나무 덕택에 울타리유인을 잘하는 법을 배우기도 했다. 이 나무들을 심고 나니, 우리 집 마당에 있는 대부분의 나무 니치가 채워졌다.

도시의 마당은 집중적으로 이용되는 장소인 퍼머컬처 1지구와 간소한 규모의 2지구를 넘을 만큼 넓은 경우가 매우 드물다. 과수원이나 임지와 같이 큰 규모의 2지구와 3지구 기능은 일반적으로 알맞지 않다. 그러나 이웃의 마당을 나의 2지구와 3지구로 삼을 수 있다. 마찬가지로 우리 집 마당도 이웃집 영역의 일부가 될 수 있다. 성숙한 과일나무에는 대개 열매가 너무 많이 달려서 어지간한 과일 팬이 아니면 한 사람이서 소비하기는 무리다. 대부분의 사람들은 과일이 썩게 놔두거나 다른 사람에게 나누어준다. 빌 몰리슨이 말했듯이, 과일이 있는 곳에는 친구가 있다. 수천 년 동안 음식은 공동체 형성의 구심점이자 우정의 의식에 이용되어왔다. 음식을 나누는 것은 이웃끼리 만나고 신뢰를 형성하는 가장 자연스러운 방법 중 하나다.

나눔은 먹거리의 수준을 훨씬 넘는다. 보통 3지구와 4지구에서 기르는 피복재나 장작 같은 자원을 이웃에게서나 도시 안의 가까운 곳에서 얻을 수도 있다. 이 장소들은 도시 거주자의 바깥쪽 지구인 셈이다.

나는 시골보다 도시에서 피복재와 비료를 비롯한 유기물을 손에 넣기가 쉽다는 사실을 발견하고 놀랐다. 우리가 오리건의 시골에서 살았을 때는 똥거름을 얻기 위해 4~5㎞ 떨어진 마구간이나 더 멀리 있는 계사로 차를 몰고 가야 했다. 직접 똥거름을 날랐음은 물론이고, 축산업자에게 돈도 지불해야 했다. 사실 그것조차 없을 때가 많았다. 이웃에 있는 농부와 정원사들이 거름을 얻기 위해 경쟁했기 때문이다. 피복재 또한 마찬가지로 찾기 어려웠다. 사람들은 톱밥이나 낙엽, 전지한 가지 따위가 나오면 자기 땅 변두리에 있는 미경작지에 갖다 부었기 때문에 아무도 그것을 이용할 수 없었다.

그러나 도시에서는 유기물을 얻기 위해 집 밖으로 나갈 필요조차 없다. 나는 엄청난 양의 피복재와 똥거름, 퇴비 재료를 바로 내 집 현관까지 배달되도록 할 수 있다. 대도시에서 유기물은 쓰레기로 취급되기 때문이다. 그것은 처분해야만 하는 잉여다. 조그만 마당에 쓰레기를 쌓아둘 수는 없다. 그렇게 하면 얼마 지나지 않아 마당에 자리가 없어질 것이다. 검소한 정도 이상으로 유기물을 만들어내는 사람은 누구나 그것을 쓰레기장에 갖다 버리기 위해 돈을 지불해야 한다. 그러니 유기물을 발생시키는 사람이나 업체는 누가 그것을 공짜로 처리해주겠다고 하면 반색하기 마련이다. 이웃사람들과 내가 나무를 베는 왱왱거리는 소리를 듣고서 밖으로 나와 나무를 손질하는 일꾼들에게 그 신선한 피복재를 좀 가져다 써도 되냐고 물어보면, 아보리스트(Arborist)[30]들은 안도의 미소를 짓는다. 우리는 방금 쓰레기 요금 100달러를 절약해준 셈이다. 아보리스트들은 기꺼이 우리 집 차로에 $7m^3$ 부피의 신선한 나뭇조각과 이파리를 떨어뜨려 줄 것이다.

유기된 애완토끼를 보호하는 소도시의 비영리단체에서도 무료로 똥거름을 얻을 수 있다. 동물원도 또 하나의 거름 공급원이다. 음식점과 식품점은 산더미 같은 음식물쓰레기를 배출한다. 그리고 카푸치노에 미친 포틀랜드에서는 얼마나 많은 커피 찌꺼기가 나오는지 정말 깜짝 놀랄 정도다. 커피 찌꺼기는 훌륭한 퇴비 재료로, 특히 지렁이 퇴비 상자에 넣으면 아주 좋다. 지렁이 상자는 공간을 절약하기 때문에 도시주택과 아파트에 딱 맞는 토양 제조 방법이다.

도시에서 무료로 또는 싸게 얻을 수 있는 자원의 흐름은 다양하고 거대하다. Craigslist나 FreeCycle 같은 웹사이트들은 저 바깥의 3도시지구와 4도시지구에 있는 풍요로운 자원에 대해 알려준다. 이제 우리는 도시의 지구와 구역에서 요소와 흐름은 생물이나 경관에 의해 좌우되기보다 인간이나 상업거래의 지시에 따라 움직인다는 것과, 그것의 순환은 큰 마당이나 농장 못지않게 복잡하고 생산적이라는 사실을 깨닫기 시작했다.

나는 도시의 지구와 구역이 가진 독특함을, 로스앤젤레스 생태마을(Los Angeles Ecovillage)에서 워크숍을 하던 중 실감하게 되었다. 로스앤젤레스 생태마을은 생태주의에 기초한 공동체로, 아파트 건물, 간선도로, 상점들로 이루어진 동(東) 로스앤젤레스의 한 지역에 자리 잡고 있다. 이곳은 또 번화한 도심의 가장자리이기도 하다. 지구와 구역의 개념을 수업에서 소개하고 난 뒤, 나는 사람들에게 도시에 특유한 구역의 예로 무엇이 있는지 생각해

---

30 수목 전문가. 고도의 기술을 요구하는 위험목 제거나 올바른 방법으로 나무를 전정하는 일 등을 한다.

텍사스 주 휴스턴 남서지구에 있는 교외의 앞마당. 퍼머컬처 디자인 사의 케빈 토펙이 디자인했다. 보도와 길가에 식물을 심어서 서식지를 창출하고 사생활을 보호했다. 가뭄에 견디는 이 토착식물은 유지하는 데 노력이 거의 들지 않으며, 최소한의 물만 주어도 된다. 전경에 보이는 식물종 중에는 말바비스커스(Mexican Turk's cap), 아몬드버베나(almond verbena), 불비네(bulbine), 루드베키아(rudbekia), 수크령(ruby grass), 카시아(cassia), 트리알리스(thryallis)가 있다. 사진/ 케빈 토펙

보도록 했다(구역이란 외부에서 가해지는 힘과 영향이라는 것을 상기하라. 경관디자인에 영향을 미치는 바람이나 태양 같은 힘 말이다). 어떤 사람이 즉시 '광고판 구역'을 설명했다. 거대한 광고판이 가까이에 있는 101번 간선도로를 마주보고 생태마을의 마당 뒤편에 불쑥 솟아 있다는 것이었다. 광고판은 낮에는 뒷마당에 짙은 그림자를 장시간 드리우고, 밤에는 나트륨증기 램프 장치로 번쩍거렸다. 그 학생이 설명하길, 광고판 구역 때문에 공동체 사람들은 앞마당에서 농사를 지을 수밖에 없었다고 했다.

다른 학생이 큰 소리로 외쳤다. "그러고 보니 다른 구역도 생각나는데!" 그녀는 공동체에서 채소밭을 앞마당으로 옮겼을 때 포장된 보도를 따라 토마토를 심었다고 설명했다. 그런데 초등학교가 거리 반대편에 있어서 하루에 대여섯 번 수백 명의 아이들이 교실에서 쏟아져 나와 마당 옆을 떼 지어 지나쳤다. 아이들은 토마토가 붉게 익어가는 기가 보이자

마자 몽땅 따 먹어버렸다. 그래서 생태마을에 사는 사람들은 토마토를 먹을 기회가 거의 없었다. "학교 다니는 아이들이라는 구역을 잊은 거지요." 그 여자는 결론을 내렸다.

거기에 대응해 생태마을 사람들은 꾀바른 전략을 세웠다. 절대로 빨갛게 변하지 않지만 맛있는 초록색 열매가 달리는 그린그레이프(Green Grape), 별로 입맛이 당기지 않는 까만 줄무늬 보라색으로 익는 블랙크림(Black Krim), 그리고 화이트원더(White Wonder)와 켄터키 옐로우(Kentucky Yellow)처럼 토마토 특유의 빨간색을 띠지 않는 품종을 심는 것이었다. 아이들은 영문을 알 수가 없었고, 생태마을 사람들은 안전하게 토마토를 수확할 수 있었다. 이 방법으로 생태마을 사람들은 학교 다니는 아이들 구역을 비껴갈 수 있었다. 어떤 구역으로부터 나오는 에너지라도 디자인을 잘하면 막을 수 있기 마련이다.

로스앤젤레스 생태마을 사람들이 확인한 다른 구역으로는 다음과 같은 것들이 있었다.

- 악취 구역. 모퉁이에 있는 패스트푸드 매점에서 나온다.
- 소음 구역. 주로 가까이에 있는 간선도로에서 소음이 들려오지만 학교 운동장과 거리에서도 들린다.
- 워크숍 구역. 생태마을에서 행사를 하면 많은 사람들이 와서 부수적인 활동을 하거나 흥분 상태와 혼란을 야기한다.
- 범죄 구역. 생태마을 건물 뒤에 있는 뒷골목으로, 밤에 위험하다. 한 학생이 범죄 구역은 때때로 경찰 구역이 된다고 지적했다.
- 경찰 구역. 어두워지고 난 다음에는 두 명의 경찰이 주기적으로 뒷골목을 순찰한다.

지구와 구역을 노심이라는 필터를 통해서 보면 우리의 경관이 겪는 영향과 우리의 삶을 새로운 관점에서 보게 된다. 전직 기자이자 현재는 EnergyBulletin.net[31]이라는 웹사이트에서 공동편집자를 맡고 있는 바트 앤더슨(Bart Anderson)은 퍼머컬처 디자인 코스를 수강하고 영감을 받아 지구와 구역 개념의 이용 범위를 확장시키기에 이르렀다. 화재 구역이나

---

31 2014년 12월 현재 resilience.org로 사이트가 옮아갔다.

목재 생산을 위한 구역 같은 많은 전통적인 요소는 도시에서 사는 그의 삶에는 전혀 적용되지 않았다. 하지만 그는 도시 전체와 사회적 네트워크라는 맥락 속에서 자신의 집과 행동을 조망하고자 할 때 지구와 구역 개념이 굉장히 강력한 도구라는 사실을 깨달았다.

바트는 도시 사람의 행동을 하나의 전체로서 바라볼 때, 1지구는 걸어서 갈 수 있는 장소를 의미할 수 있다는 것을 알았다. 그리고 2지구는 자전거로 갈 수 있는 목적지를 포괄하는 것이다. 3지구는 대중교통수단을 이용해서 가는 곳이고, 4지구는 자동차로, 5지구는 비행기로 가는 곳이다. 한편으로 구역은 도시인의 삶에 미치는 사회적, 경제적 영향을 뜻하게 된다. 바트의 계획 안에서 구역은 가족과 친구, 사생활, 교회나 비영리조직 같은 단체, 공동체와 지자체, 지역사업체, 비지역 기업으로 나눌 수 있었다. 대중교통을 이용해 갈 수 있는 지구는 지역사업체 구역의 직거래장터, 공동체 구역의 재활용센터, 친구 구역의 친구네 정원 같은 곳에서 겹쳐진다. 다음의 그림은 바트가 어떻게 지구와 구역을 대도시에 사는 자신의 삶에 맞게 정의했는가를 보여준다.

이런 식으로 지구와 구역을 바라보면 도시경관과 비도시경관의 차이가 뚜렷해진다. 시골에서는 사교활동, 식사 준비, 휴식을 비롯한 여러 활동이 사유지 안에서 가장 많이 일어난다. 시골 사람들은 과수원, 생산량이 많은 텃밭, 땔감용 나무를 가지고 있을 가능성이 보다 높고, 아이들을 홈스쿨링으로 가르칠 수도 있으며, 자동차 수리와 같은 유지 활동을 집에서 직접 하기도 한다. 도시에서는 이 중 많은 일들이 집 밖에서 일어난다. 도시인들은 개인의 집에서보다 흔히 공공장소나 사업장처럼 자기 소유가 아닌 '지구'에서 더 많은 활동을 한다. 그러므로 도시인의 '공간'은 자신의 소유지 경계선 너머로 확장되는 일이 잦다. 테레사와 조니, 윌의 마당이 나의 도시 과수원이 될 수 있는 것과 마찬가지로, 때로는 어떤 커피숍이 내 사무실이 될 수도 있고, 도시 공원에서 땔감을 얻을 수도 있다. 도시에서는 집에서 떨어진 곳에서 먹거리를 수확할 수도 있다. 많은 과일나무들이 공유지나 마음대로 따 먹어도 되는 곳에 있기 때문이다. 인터넷과 같은 도구는 이런 자원을 한층 더 획득하기 쉽게 만들었다. urbanedibles.com[32]이라는 웹사이트는 이용자가 직접 제공하는 데이터베이스로, 내가 살고 있는 도시인 포틀랜드 전체에서 수확할 수 있는 과일나무와

---

32 2014년 12월 현재는 운영되고 있지 않다.

III 생태정원 만들기

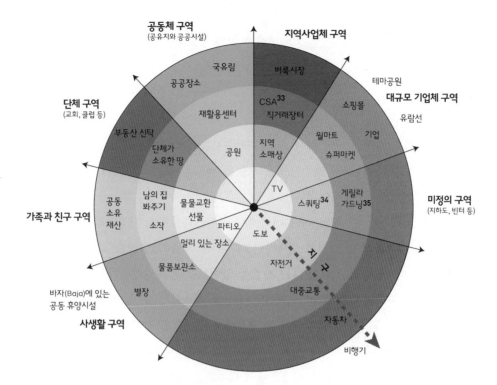

도시의 경우에 적용할 수 있는 지구와 구역. 여기서 지구는 현관에서부터의 거리로 결정되는 것이 아니라 도보, 자전거, 대중교통, 자동차, 비행기로 갈 수 있는 장소를 나타낸다. 구역은 도시 거주자가 겪는 영향과 힘으로, 가족, 공동체, 다국적 기업, 지역 사업체 같은 것들이다. 그림/ 바트 앤더슨의 글 '지구와 구역을 도시에 적용하기(Adapting Zones and Sectors for the City)'에 있는 그림을 허락을 받아 재구성함. http://www.resilience.org/stories/2006-01-12/adapting-zones-and-sectors-city

식용 가능한 식물종이 어디에 있는지 주소를 알려주고, 또 그 식물을 잘 이용하는 방법도 알려준다.

지구와 구역이라는 개념이 디자인과 효율적인 자원 이용에 있어서 유용한 도구가 되려면, 도시 공간의 경우에 이 개념은 야생에 가까운 지역에서와는 다른 장소와 힘을 포괄해야만 한다. 도시에서는 불이나 바람과 같은 큰 자연 요소의 역할은 줄어들고, 교통, 광고

---

33 지역사회 지원 농업 프로그램

34 squatting. 버려지거나 비어 있는 사유지나 공유지, 특히 거주지를 무단으로 점유하는 행위. 일부 스쿼팅 운동은 정치적인 의미를 가지고 있다.

35 guerilla gardening. 버려진 장소나 공유지, 소유자가 확인되지 않은 사유지 등에서 무단으로 식물을 가꾸는 행위. 게릴라 가드닝을 하는 사람들은 다양한 동기를 가지고 있으며, 저항이나 직접행동 같은 정치적인 의미도 있다.

판, 이웃, 공공기관, 사업과 같은 인간의 영향은 보다 중요해진다.

도시의 가장자리

생태적으로 정원을 가꾸고 싶어 하는 대도시 거주자들에게 영향을 끼치는 조건을 퍼머컬처식으로 살펴보자. 이 대도시 거주자들은 정원을 해로운 채무로 남기기보다는 생산적인 자산으로 바꿀 방법을 알고 싶어 한다.

우리는 3장을 비롯한 이 책의 여러 대목에서 퍼머컬처식으로 가장자리를 이해하고(즉, 두 환경이 만나는 경계로 보고) 그것과 협력하면 미기후를 창출하고, 산출량과 생물다양성을 늘리고, 경관을 더 잘 관리할 수 있다는 사실을 알아보았다. 가장자리라는 관점에서 도시 환경을 바라보면 우리의 정원을 이 도전적인 장소에 적응시킬 수 있는 강력한 도구가 생긴다. 도시 지역에서 일반적인 법칙인데, 가장자리는 뚜렷하고 갑작스럽게 나타나는 경우가 많다. 반면에 자연 속의 경계나 시골 지역의 경계는 점진적이고 부드러우며 뚫고 들어갈 수 있는 경우가 많다. 우리는 도시경관에서 발견되는 서로 다른 종류의 가장자리들을 살펴봄으로써 많은 것을 배울 수 있다. 도시에는 다음과 같은 가장자리가 있다.

양지와 음지의 경계. 자연 속에서 양지에서 음지로 넘어가는 경우를 살펴보자. 우리는 종일 해가 내리쬐는 탁 트인 장소에서 빛이 점점이 어른거리는 나무 옆을 지나 깊은 그림자를 드리운 숲의 장막 아래로 걸어간다. 우리는 밝은 곳과 상대적으로 어두운 장소를 횡단하는 부드러운 경계를 건넜다. 그러나 그림자가 진 장소조차도 많은 식물들이 자랄 수 있을 만큼 밝다. 나무 사이와 가지 아래에서 우리는 하루의 시간과 계절에 따라 바뀌는 빛의 틈바구니를 찾을 수 있다. 야생의 장소에서는 거의 모든 지점이 하루나 한 해의 어떤 시점에 직사광선을 받는다.

그렇지만 건축된 환경에서 건물의 북쪽 면은 영원히 그늘져 있다. 이런 경우가 자연에는 거의 없다. 도시에서 우리는 어떤 중간지대도 거치지 않고 눈부신 백광에서 칠흑 같은 그림자 안으로 곧바로 뛰어들 수 있다. **알베도**(albedo) 또는 반사광의 양은 극단적으로 변화한다. 도시는 반사광의 대비라는 측면에서 체스판에 비유할 수 있다. 빛을 집어삼키는 검은 아스팔트로부터 흰색 도료가 발린 눈부신 벽으로 이동하는 데는 2~3cm밖에 걸리지 않는다. 이런 조건은 설계를 할 때 심각한 도전이 된다. 만약 어두운 북쪽 가장자리가 주택의 처마 밑에 있다면, 그런 장소는 정원사에게 내리는 천벌이나 다름없다. 이런 마른 그늘에서 잘 살 수 있는 식물은 거의 없다. 그렇기 때문에 우리는 이런 가장자리들을 선택의 기준으로 삼아야 한다. 우리는 건조한 그늘을 좋아하는, 얼마 안 되는 식물의 목록에서 적당한 것을 고를 수도 있다. 그렇지만 곤란한 구역들이 만난 이 지점은 식물재배 말고 다른 용도로 이용하는 편이 더 좋을 수도 있다. 이를테면 저장이나 사교를 위한 공간으로 말이다. 이 그늘진 장소는 뜨거운 여름날에 이용할 데크나 파티오를 만들기에 좋은 장소일 수 있다. 게다가 인간은 식물과는 달리 축축한 흙이 필요 없다.

촉촉한 장소와 건조한 장소의 경계. 밀집된 주거지는 토양의 습도에 갑작스러운 변화를 일으킬 때가 많다. 건물의 처마 밑에 있는 흙은 연중 건조한 상태에 머무를 수 있지만, 몇 센티미터 떨어진 홈통은 영구적인 늪지대를 형성시킬 수 있다. 이렇게 갑작스러운 서식지의 이행을 연결할 수 있는 식물종은 드물다. 수분의 급격한 기울기는 공간뿐만 아니라 시간상에도 존재한다. 어떤 장소는 한순간에 말라버린다. 예를 들어, 아스팔트로 포장된 차도가 햇빛에 달구어지면 그 옆의 흙은 즉시 말라버린다. 그런데 몇 미터 떨어진 낮고 그늘진 지점은 언제나 질척한 상태일 수 있다.

이런 관찰 결과는 재배 방식을 결정한다. 환경조건을 평가하고 나면 우리는 여러 가지 가능성 중에서 해결책을 선택할 수 있다. 일단 현재의 조건에서 번성할 수 있는 식물을 골라본다. 드넓은 습도의 변화폭에 유연하게 적응할 수 있는 종을 찾거나, 흙이 축축한 곳에는 물을 좋아하는 식물을 심고, 마른 곳에는 내건성 식물을 심는 식으로 말이다. 아니면 거친 가장자리를 부드럽게 하는 방법도 있다. 예를 들어 축축한 지점의 배수 상태를 개선하는 방법으로는 그 지점을 주변보다 높인다든가, 모래나 자갈을 흙에 혼합한다든가, 물리적인 배수로를 만드는 방법이 있다. 건조한 장소에서는 유기물의 양을 늘려서 수분을 흡수하고 보존할 수 있다. 가장자리를 흐리는 또 다른 기술로는 스웨일이나 둑턱 같은 지형을 이용해서 축축한 지점으로 가는 여분의 물을 돌려 건조한 지점으로 보내는 방법이 있다.

따뜻한 장소와 추운 장소의 경계. 도시의 온도 변화는 혹독할 수 있다. 건축된 환경에 있는 침투할 수 없는 물체들은 바람을 막고, 밀집한 물체들은 열기를 저장한다. 그렇기 때문에 충격적일 정도로 갑작스러운 변화가 여러 미기후 사이에서 일어날 수 있다. 주택의 서쪽 면은 오후의 햇살에 지글지글 구워지고 있는데, 바로 모퉁이를 돌면 나오는 북쪽 면은 영구적으로 그늘져 있어서 시원하다. 건조기 배수구, 에어컨, 자동차 배기장치를 비롯한 기계들은 산발적으로 열기를 뿜어대서 지금이 무슨 계절인지 식물이 헷갈리게 만든다. 이런 열기가 발생하고, 퍼지고, 흡수되는 대도시 지역 전체는 주변의 시골 지역보다 보통 몇 도씩이나 더 덥다. 이 열기는 토양의 수분을 빠르게 증발시키고 바람을 일으켜서 공기를 말린다. 그래서 식물은 스트레스를 받는다.

이번에도 우리의 임무는 갑작스러운 경계를 눅이거나, 그렇게 할 수 없을 때는 생물이건 무생물이건 그 천벌을 감내할 수 있게 돕는 경관 요소를 찾는 것이다. 햇볕에 지글지글 구워지는 뜨거운 지점에는 그늘을 만들어주면 된다. 햇빛이나 태양의 온기가 귀한 상황이라면, U자형 산울타리나 열기를 저장하는 벽과 돌을 이용해서 양지바른 미기후를 붙잡거나 개선할 수 있다.

토양의 경계. 도시의 토양단면(soil profile) 또한 곤란하게 뒤범벅된 조건들의 잡탕이라 할 수 있다. 우리 집 마당을 예로 들어 설명해보겠다. 우리 집 마당의 흙은 대부분 '윌라밋 밸리' 특유의 비옥한 롬이다. 이 흙은 세계에서 가장 농사짓기 좋은 흙 중의 하나다. 그런데 마당의 가장자리에는 오렌지색 점토로 이루어진 광물성 토양이 있다. 이것은 아마도 알 수 없는 곳에서 가지고 온 충전물인 듯하다. 이 대비되는 조건의 토양에 다년생 콜라드를 각각 한 그루씩 심었는데, 간격은 1~2m밖에 안 되었다. 그런데 두 그루의 콜라드는 기분 나쁠 정도로 다른 모습으로 자랐다. 롬에서 자라는 콜라드는 무성하고 시퍼런 데 비해, 점토에서 자라는 콜라드는 창백하고 조그마했다. 앞마당에는 갈색 점토가 깔려 있는데 뒷마당에 깔린 흙과 산성도도 다르고, 배수되는 정도도 다르다. 그리고 자동차를 대는 조그만 땅에는 시판되는 검은 표토가 약 5cm 두께로 깔려 있고, 그 밑의 토양은 회색 침니로 이루어져 있다. 1.5m×3m의 우리 집터에는 이 네 가지 종류의 토양이 있다.

도시에 있는 우리 집 마당의 산성도는 강산성에서부터 중성에 가까운 것까지 다양하다.

산성토양을 좋아하는 블루베리가 뒷마당에서는 형편없지만 앞마당에서는 번성하고 있는 모습을 보고 나는 그 사실을 알게 되었다. 나는 어떤 땅조각은 지독한 알칼리성이라는 사실도 알게 되었다. 그곳을 약간 파보자 부스러기로 가득 찬 재가 깊은 층을 이루고 있는 것이 드러났다. 아마도 이곳에 쓰레기 소각로가 몇 십 년 동안 자리해 있었던 듯하다.

집터의 배수 상태 또한 불규칙적이다. 롬은 수분을 머금고 있으면서도 배수가 매우 잘된다. 이건 굉장한 흙이다. 하지만 한 군데는 흙 밑에 성긴 자갈이 깔려 있다. 이것은 아마도 고대의 배수로였던 듯하다. 다른 장소에는 표토 밑에 단단하게 다져진 자갈의 띠가 있어서, 버려진 옛날 차로를 표시하고 있다. 식물이 무성하게 자라고 있는 부분 바로 옆에 있는 조각땅에 심은 식물은 비가 며칠만 오지 않아도 곧장 시들어버렸다. 삽으로 파보니 약 20㎝ 밑에 보도가 묻혀 있었다. 또 다른 고고학적인 탐사 끝에는 지하보도가 나타났다. 우리 집은 1885년에 지어졌는데, 그동안 집주인이 여럿 바뀌며 땅속 깊이 다양한 흔적을 남겼던 것이다.

독성 물질로 이야기를 옮겨보자. 도시의 흙에는 흔히 납이 함유되어 있다. 가솔린에 납이 함유되어 있었던 시대에 납은 온갖 곳에서 얇은 먼지 형태로 축적되었으며, 1960년대 이전에 지어진 대부분의 집에는 기초를 따라 납이 축적된 띠가 형성되어 있다. 그때는 납으로 된 페인트를 칠하는 것이 규정이었기 때문이다. 뒷마당은 전통적으로 기름을 넣고 페인트 시너를 갖다버리는 장소였으며, 석유화학물질 폐기장으로 삼는 일이 다반사였다. 순수해 보이는 잔디밭 밑에는 이런 위험한 잔존물이 웅크리고 있을 수 있다.

도시가 고급 주택지화되면서 이전에 공업지대였던 곳들이 주거지로 전환되었기 때문에, 제조업으로부터 비롯된 알 수 없는 독성 물질 찌꺼기들이 땅속에서 곪고 있을 수 있다. 공동묘지 아래의 지하수를 검사해보면 시신을 방부 처리하는 데 쓰이는 수은과 그 밖의 화합물들이 고농도로 발견된다. 도로의 배수로를 흐르는 빗물은 보도 경사로나 바이오스웨일을 통해 마당으로 돌리면 훌륭한 관수 자원이 될 수 있지만, 석유 방울이 섞여 있기 때문에 먼저 정화해야만 한다. 추운 지역에서는 제빙차가 도로를 씻고 지나가며 마당 주변에 소금을 뿌릴 수도 있다. 콘크리트 자체도 알칼리성이라서 거리, 보도, 토대를 따라 흘러온 빗물은 토양의 산성도를 높인다.

도시의 흙에는 대체로 시골의 흙보다 유기물과 토양생물이 적다. 사람과 애완동물이 밀집되어 있고 자동차까지 주차해놓은 땅은 단단히 다져져 있다. 그래서 식물은 뿌리가 얕고, 가뭄에 저항성이 없으며, 영양분도 잘 흡수하지 못한다. 그런 땅은 배수와 통풍이 잘되지 않는다.

이야기를 한번 정리해보자. 도시에서는 토질 사이의 경계가 갑작스럽고 예측이 불가능하다. 산성 땅에서 알칼리성 땅으로, 다져진 땅에서 부드러운 땅으로, 배수가 잘되는 땅에서 질척질척한 땅으로, 빨리 마르는 땅에서 언제나 축축한 땅으로, 비옥한 땅에서 황폐한 땅으로 토질이 급작스럽게 변한다. 시골에 있는 어떤 땅도 이렇게 다양한 토양 조건을 제공하지는 못할 것이다.

이러한 토양의 단점을 교정하려면 보통 간단한 사정평가부터 시작한다. 나는 도심 고고학의 열성적인 팬인데, 어느 정도의 간격을 두고 3~5㎝ 깊이의 구덩이를 시험 삼아 파보곤 한다. 그냥 거기에 뭐가 있는지 알아보기 위해서다. 땅을 파보면 오래된 차도, 보도, 쓰레기장, 재 구덩이가 발견되고, 지나간 시대의 어린이 장난감이 엄청난 양으로 나온다. 물론 나무를 심으려고 구덩이를 팔 때에도 이런 정보를 얻을 수 있다. 그렇지만 땅속에 묻힌 보도 같은 놀라운 발견은 옮겨 심을 나무뿌리가 빠르게 마르고 있어서 마음이 급해질 일이 없을 때 하는 것이 바람직하다.

마당의 흙을 규칙적인 패턴으로 파서, 적은 돈을 들이고도 토양검사를 할 수 있다. 그렇지만 당신이 알아야 할 모든 것은 산성도를 측정해봄으로써 간단하게 알 수 있다. 간단한 pH 측정기는 비싸지 않으며 설명서가 딸려 있다. 아니면 원예용품점이나 수족관에서 파는 pH 시험지도 상관없다. 그냥 흙과 물을 같은 비율로 섞은 다음에 흙이 가라앉고 나면 시험지를 물속에 담그면 된다. 그 다음, 종이에 나타나는 색깔을 키트에 있는 차트와 비교한다. pH 6.5에서 7.5를 벗어나는 토양은 산성의 경우에는 석회로, 알칼리성의 경우에는 석고로 교정할 수 있다.

도시의 토양은 납 검사를 해보는 것이 현명하다. 다른 금속도 주변 지역에서 문제가 되고 있다면 검사를 해보는 것이 좋다. 많은 지자체에서 납 검사 키트를 제공한다. 대부분의 경우에 해결책은 유기물을 투입하는 것이다. 그러나 주택의 토대와 같이 납 수치가 높은 곳에서는 여러 가지 대책을 세워야 한다. 먼저 흙을 검사한 다음에 납이 있으면 전문가(시에서 고용한 사람일 때가 많다)에게 상대적인 위험도를 문의한다. 납은 비교적 이동성이 덜하기 때문에 땅속 깊은 곳까지 들어가지는 않는다. 그렇기 때문에 납 수치가 높은 경우에는 보통 맨 위의 토양을 15~30㎝ 정도 제거하는 것이 순서다. 파낸 흙은 건강한 표토로 대체하고 두텁게 피복을 한다. 대체한 부분은 적어도 그전에 있었던 흙과 같은 두께여야 한다.

이렇게 해놓고도 잔류해 있는 납이 걱정된다면 선택할 수 있는 방법이 많이 있다. 한 가지 방법은 그 장소에서는 먹거리 식물을 키우지 않는 것이다. 그러나 만약 이 지점이 먹거리를 생산하는 데 쓸 수 있는 유일한 장소라면, 토양을 좀 더 정화하기 위해 납을 특별히 많이 축적하는 식물을 이용할 수 있다(표6-2). 또 느타리(oyster mushroom, *Pleurotus ostreatus*) 같은 균류도 중금속을 흡수한다. 피복재에서 이런 균류를 키울 수도 있다. 느타리버섯을 키우는 키트는 인터넷이나 여러 원예용품점에서 구입할 수 있다. 버섯 균사는 신선하고 축축한 톱밥 피복재에 바로 접종할 수 있다. 그렇게 키운 식물과 버섯은 납에 오염되어 있으므로 지자체에서 지시하는 방법으로 폐기해야 한다. 그 다음에 다시 토양을 검사해보라.

버섯도사인 폴 스테이메츠(Paul Stamets)는 균류가 금속과 석유에서 비롯된 오염 물질을 토양에서 빨아내는 데 매우 뛰어나다는 사실을 보여주는 연구 결과를 축적해왔다. 계시에 버금가는 책 『균사 경영(Mycelium Running)』에서 폴은 버섯이 석유생산물을 비롯한 독소를 토양에서 제거할 수 있으며, 비옥도를 개선하고 토양의 보수력을 증진시킬 수 있다는 것을 증명하고 있다. 버섯은 도시정원에서 중대하지만 방치되어 있는 니치를 채운다. 균류는 피복재와 땅속에 묻혀 있는 유기물을 한데 엮어서 스테이메츠가 '자연의 인터넷'이라고 부르는 망을 이룬다. 이 망은 영양분과 물, 항생물질, 그 밖의 성분을 풍부한 곳으로부터 부족하고 필요한 곳으로 옮기는 역할을 한다. 버섯은 그 이상의 혜택도 가져다준다. 독소가 모두 사라지고 나면, 정화작용을 하는 균류 중 많은 종류는 먹을 수 있을 뿐 아니라 맛도 좋기 때문에 식품으로 키울 수 있다. 유기물과 풍부한 균류, 독소를 축적하는 식물의 결합은 건강하지 못한 도시 토양을 비옥함을 간직하는 깨끗한 요새로 빠르게 바꿀 수 있다.

다른 토양 가장자리 문제도 이와 비슷하게 퇴비나 피복재, 피복작물을 통해 유기물을 더함으로써 해결하거나 줄일 수 있다. 유기물은 산성도 문제를 완충하고, 영양분의 균형을 유지하며, 점토질 토양을 부드럽게 한다. 또 모래나 침니로 이루어진 토양이 수분과 영양분을 보존할 수 있도록 돕고, 다져진 땅을 부풀리고 공기를 불어넣는다. 유기물을 이용하면 큰 산을 단번에 넘을 수 있다고 나는 믿는다.

캘리포니아 주 윌리츠(Willits)의 한 마당. 스웨일, 둑턱, 물이 투과할 수 있는 통로, 잡석 암거, 열쇠구멍 모양 식재를 비롯한 토목 작업을 막 끝냈다. 토목작업을 하고, 퇴비를 넣고, 피복재를 깔기 전에는 전체적으로 전경에 보이는 것처럼 물이 고여 있었다. 이 전에 잔디밭이 있었던 곳에는 장차 미니 먹거리숲을 이룰 나무들을 유인하는 지지대가 보인다. 배경에는 집 아래에 있는 물 저 장소로 연결된 세로홈통이 보인다. 왼쪽에 보이는 차고 겸 손님방인 건물 앞에는 격자 울타리가 있어서 수직정원을 이루고 있 다. 멘도시노 생태교육센터(Mendocino Ecological Learning Center)의 맥시밀리언 마이어스가 디자인했다. 사진/ 맥시밀리언 마이어스 (Maximillian Meyers)

바람 부는 가장자리. 도시의 평균 풍속은 시골보다 낮다. 왜냐하면 도시의 스카이라인이 거대한 방풍벽 역할을 하기 때문이다. 그러나 역설적으로, 난기류와 극단적인 풍속은 도시에서 더 많이 발견된다. 도시의 방풍벽은 제대로 설계된 것이 아니기 때문이다. 건물의 높이와 간격, 부피는 엄청나게 다양하다. 이런 조건에서는 공기가 어지러워진다. 그 결과로 나타나는 현상 중 하나는 소위 말하는 **벤투리 효과**(Venturi effect)다. 바람은 건물 사이에서 '압축되어' 속도가 빨라진다. 그리하여 으슬으슬한 공기나 마른 공기가 거의 끊임없이 질풍처럼 몰아치게 된다. 이런 바람을 맞으면 흙과 식물이 차가워지고 마를 수 있다. 그런데 이 건조하고 울부짖는 돌풍이 부는 곳으로부터 모퉁이 하나만 돌면, 같은 건물로 인해 바람이 봉쇄되어 뜨겁고 고요한 미기후가 생길 수 있다.

10개월 후 같은 장소. 먹거리와 약재, 피복재, 양분, 익충과 야생동물 서식지, 미기후, 아름다움을 제공하고, 물을 모으고 자연을 보호하도록 디자인된 길드와 과일이 달리는 활엽수로 이루어진 미니 먹거리숲이 발전하고 있다. 복숭아, 승도복숭아, 자두, 플루오트(pluot), 감, 사과, 배, 애기해바라기, 아티초크, 아스파라거스, 루핀, 컴프리, 회향, 러비지, 루드베키아, 러시아세이지(Russian sage), 알리숨, 캐모마일, 서양톱풀, 레오노티스(leonotis), 금잔화, 라벤더, 곽향(teucrium), 그 밖의 많은 식물이 있다. 멘도시노 생태교육센터의 맥시밀리언 마이어스가 디자인했다. 사진/ 맥시밀리언 마이어스

여기서는 식생이 해답이 될 때가 많다. 교목과 관목은 난기류 지대에서 공기를 안정시키고, 햇볕에 말라가는 미기후 지대에 그늘을 드리울 것이다. 벤투리 효과로 인해 거의 영구적으로 바람이 몰아치는 장소에는 상록수를 두껍게 심어 바람을 부드럽게 해야 할 수도 있다. 그러나 그런 장소 말고는, 관목과 소교목을 대충 그것들이 성숙했을 때의 너비만큼 사이를 두어 심어놓으면 돌풍이 부는 곳을 누그러뜨릴 수 있다.

결론적으로, 도시에 있는 가장자리는 모두 극단적이다. 갑작스럽고 대비가 심하며, 건물이 적은 장소보다 훨씬 다양한 조건에 걸쳐 있다. 도시에서 생태디자인의 역할은 많은 부분이 날카로운 가장자리의 거친 면을 부드럽게 하는 데 있다.

작은 공간, 큰 도시

도시에서는 너무 많은 사람들이 공간을 두고 경쟁하고 있기 때문에 땅값이 하늘을 찌른다. 그러니 마당은 당연히 좁다. 그리고 그런 마당이나마 가지고 있으면 운이 좋다고 할 수 있다. 많은 도시인에게는 정원을 만들 수 있을 만한 땅을 구하는 것조차 도전이 되기 때문이다. 도시에서 땅이 귀하다는 것은 정원사에게 두 가지의 폭넓은 전략을 제시한다. 두 전략은 각각 여러 옵션을 제공한다. 한 가지 방법은 공간을 절약하는 원예기술을 통해 구할 수 있는 땅을 최고로 효율적으로 이용하는 것이다. 그리고 두 번째 방법은 정원을 가꿀 수 있는 땅을 더 많이 찾아내는 것이다. 우리는 두 가지 방법을 다 살펴보려고 한다.

공간을 최대한 이용하자

공간 부족은 정원사들에게 새로운 문제가 아니다. 그렇기 때문에 많은 원예 관련 도서의 저자들과 사색가들은 적은 것에서 많은 것을 얻는 방법을 궁구해왔다. 작은 공간에서 재배를 하는 전략은 많다. 퍼머컬처식으로 이런 전략을 판단해보면, 두 가지 방향의 디자인이 가능하다. 우리는 공간을 더 잘 이용하는 방향으로 갈 수도 있고, 또는 시간을 더 잘 이용하는 방향으로 갈 수도 있다. 공간의 관점에서 생각했을 때는 수평의 장소에 더 많은 식물을 집어넣는 기술이 있고, 수직적으로 더 많이 적층하는 방법도 있다. 그런데 시간의 관점에서는 어떻게 선택의 폭을 더 늘릴 수 있을까? 식물을 극단적인 추위와 더위로부터 보호해서 재배 기간을 늘리는 것이 한 가지 방법이다. 그다지 날씨가 좋지 못한 생육기간의 처음과 끝 무렵을 견뎌낼 수 있는 식물을 고를 수도 있다. 그리고 시간을 가장 효율적으로 이용하는 방법을 고안할 수도 있다. 이런 다양한 전략이 합쳐지면 수많은 선택의 여지가 발생한다. 그중 몇 가지를 살펴보도록 하자.

수평 공간에 식물을 채워넣는 기술

1. **열쇠구멍 모양 두둑.** 공간을 절약하는 이 밭 모양에 대해서는 3장과 책의 다른 부분에서 이미 설명했다. 열쇠구멍 모양 두둑은 도시의 마당에 완벽하게 들어맞는다. 통

로를 최소화하고 재배 공간을 최대화하기 때문이다. 열쇠구멍 모양 두둑을 이용하는 한 가지 방법은 비슷한 기능을 하는 식물을 한데 모아 하나의 두둑에 수용하는 것이다. 열쇠구멍 모양 두둑 하나는 허브와 샐러드채소 전용으로 하고, 다른 하나는 통조림용 작물을 생산하는 곳으로, 또 다른 하나는 베리 종류와 다년생 먹거리 식물을 키우는 곳으로 삼는다. 복합경작을 선호하는 사람의 경우에는 이 모든 식물과 곤충을 유인하는 꽃, 토양을 형성하는 피복재와 영양소를 생산하는 식물을 다 함께 한 두둑에 심어도 된다. 그런 복합경작이 너무 복잡하게 생각된다면, 푸성귀나 허브처럼 가장 자주 이용하는 식물을 통로 가까이에 두고, 강낭콩, 양파, 고추, 저장용 작물처럼 자주 거두지 않아도 되는 종류는 더 뒤쪽으로 두어서 질서를 잡아주면 된다. 토양 조성과 곤충 유인, 서식지를 위한 식물은 바깥쪽 가장자리를 따라서 심거나 두둑 사이의 경계에 심으면 된다.

2. **섞어짓기와 복합경작.** 섞어짓기에 대해서는 8장에서 설명했다. 섞어짓기는 물리적인 성질이 서로 잘 들어맞는 몇 가지 식물종을 같은 장소에 함께 배치하는 기술이다. 일년생 채소를 섞어짓기해서 공간을 효율적으로 이용하는 예로는 당근, 양파, 양상추를 같이 심는 방법이 있다. 또 다른 예로는 직립성 강낭콩과 양상추가 있다. 래디시와 어린 샐러드채소는 다른 식물 사이에 끼워 심어서 맨땅이 드러난 부분을 채우고 수확량을 늘릴 수 있다. 지금은 절판된 마저리 헌트(Marjorie Hunt)의 책 『고수확 정원 가꾸기(High-Yield Gardening)』에는 더 많은 섞어짓기 전략이 수록되어 있다.

이안토 에반스와 자자르코트 퍼머컬처에서 발전시킨 밀집된 복합경작 방법 또한 8장에서 설명했다. 이 방법도 작은 정원에서 이용하기에 딱 좋다. 나도 도시의 마당에서 다년생식물로 복합경작을 하고 있는데, 갯배추와 덤불형 콜라드 아래에 딸기와 네팔산딸기를 지피식물로 심고, 빈틈에는 골파와 파슬리, 수영을 심었다. 남아 있는 맨땅에는 전부 저절로 씨를 뿌리는 아루굴라와 근대를 끼워 심어놓고, 아직 어려서 잎이 연하고 순할 때에 수확한다.

3. **제곱피트 텃밭.** 멜 바솔로뮤(Mel Bartholomew)의 대중적인 책 『제곱피트 텃밭 가꾸기

(Square Foot Gardening)』는 도시 마당에 알맞은 밀도 높은 접근법을 제시한다. 이것은 심지어 텃밭이 발코니나 옥상에 한정되어 있는 사람에게도 적당하다. 그런데 멜은 화석연료를 매우 많이 소모하는 버미큘라이트와 피트모스 혼합토를 추천하고 있으며, 일년생식물에 초점을 맞추고 있다. 내 마당에서는 그의 방법을 바꾸어 잘 준비한 현지 흙과 직접 만든 퇴비를 써서 석유를 소모하는 투입물을 줄이고, 여러 가지 다년생 푸성귀와 채소들을 심었다. 그의 기술의 요지는 높인 두둑을 1제곱피트(약 30㎝ ×30㎝) 크기의 독립된 구획으로 나누어 각각 분리해서 재배하는 것이다. 이것은 텃밭을 집약적으로 관리하는 효율적인 접근 방법이다. 무엇이든 조직화하는 것을 좋아하고 약간 강박적인 성향이 있는 도시인들에게 어필할 수 있는 방법이라고나 할까.

멜의 제곱피트 텃밭을 도시 스타일로 변형한 나의 실험은 마당의 1지구에서 전도가 대단히 유망하다. 이 농법을 통한 고수확은 그만한 고투입(두둑 틀을 만드는 나무, 많은 양의 퇴비, 버미큘라이트와 피트모스라는 옵션)이 있기에 가능한 것이라서, 이 방법이 남기는 생태적 발자국이 상대적으로 크다는 것이 마음에 걸리기는 한다. 그러나 유기물과 중고 목재는 도시에서 구하기가 대체로 쉽기 때문에, 흔히 낭비되기 마련인 자원을 이용하는 것은 이 고투입 농법에 대한 나의 죄책감을 줄여준다. 제곱피트 농법은 조그만 공간에서 정말로 작물을 척척 키워낸다.

4. **생물집약농법**(biointensive gardening). 파리의 시장에 납품하는 채소밭에서 발달한 집약적인 기술에 기원을 두고 있지만 그 이상으로 진화하고 있는 이 농법은 존 지본스(John Jeavons)의 실용적인 책『더 많은 채소를 기르는 법(How to Grow More Vegetables)』에 잘 설명되어 있다. 이 농법은 깊게 이중파기(double-digging)[36]를 하고 정기적으로 퇴비를 주입해서 느슨하고 비옥한 토양을 만들어내며, 극도로 높은 수확량을 자랑한

---

36 토양의 배수력과 통풍을 좋게 하기 위해 이용되는 원예기술이다. 흔히 밭을 개간할 때나 깊은 표토가 필요할 때 이중파기를 실시한다. 이중파기를 하는 방법은 다음과 같다. 삽으로 흙을 한 층 파내서 도랑을 만들고, 그 아래의 흙을 쇠스랑으로 느슨하게 흔들어준다. 이때 퇴비와 같은 유기물을 투입하는 것이 보통이다. 그리고 두 번째 도랑을 파면서 나온 흙으로 첫 번째 도랑을 덮어준다. 밭이 모두 만들어질 때까지 이것을 반복한다. 첫 번째 도랑을 팠을 때 나온 흙은 마지막 도랑에 채워준다. 이렇게 만들어진 밭은 최대한 발로 밟지 않는 것이 좋다.

다. 존과 그의 팀은 광적으로 데이터를 수집해서 식물의 밀도, 종자의 필요조건, 제곱피트당 수확량, 그 밖의 많은 정보에 관한 숫자들을 편집해놓았다. 생물집약농법은 큰 부피의 흙을 뒤집을 기운이 있는 사람에게는 유용한 기술로, 집약적인 관리가 원칙인 1지구에 적용할 수 있다. 지본스는 작물을 심을 때마다 모든 두둑을 이중으로 파라고 권하고 있지만, 나는 몇 년에 한 번씩이나 수확량이 줄어드는 것 같을 때에만 이 힘든 작업에 착수하는 것으로 만족하는 사람을 여럿 알고 있으며, 그중에는 나 자신도 포함된다. 게다가 밭에 다년생식물이 있을 때는 이중으로 파는 작업이 거의 불가능하다. 그 대신 나는 밭을 처음 마련할 때만 이중파기를 하고, 이후의 계절에는 땅 표면만 살짝 갈아서 퇴비와 개량제를 흙 속에 넣어준다.

고밀도 기술에 대한 책을 쓴 대부분의 저자들과는 달리, 존은 투입량에 많은 신경을 쓰고 있다. 그는 얼마나 넓은 면적이 퇴비작물에 배당되어야 하는지를 계산한다. 왜냐하면 수확량을 정말로 정확하게 계산하려면 그 식물을 생산하기 위한 비료를 제공하는 땅까지 포함해야 하기 때문이다. 존은 퇴비작물이 필수적으로 차지하는 땅의 면적은 생산을 담당하는 밭의 세 배에서 네 배에 해당한다는 것을 발견했다. 이 발견은 고밀도 채소 재배가 끼치는 막중한 생태적 영향을 드러내고 있다. 모든 퇴비작물을 스스로 키워야 한다는 말이 아니다. 단지 텃밭이 남기는 생태적인 발자취에는 언제나 이 자원도 포함된다는 이야기를 하고 싶을 뿐이다. 어디선가 당신의 비료를 생산하기 위해 땅이 이용되고 있으며, 그 일을 하는 사람들은 당신만큼 높은 생태적 기준을 가지고 있지 않을 수도 있다. 하지만 대안은 있다. 도시인들은 소중한 마당 공간을 희생하여 퇴비작물을 기르는 대신, 도시에서 흐르는 쓰레기를 거두어들이면 된다. 앞에서 언급한 것처럼, 도시 지역에서 유기물은 잉여가 되는 경우가 많다. 쓰레기 매립지행인 퇴비 재료를 생산적인 마당으로 가지고 오면, 당신의 텃밭이 끼치는 생태적 영향이 줄어들고, 쓰레기 매립지의 크기도 줄어들며, 거기서 사용되는 에너지도 줄어든다. 지본스의 생물집약농법은 과일나무, 베리 덤불, 꽃, 퇴비작물을 분명히 포함하고 있다. 그러므로 이 기술은 이미 일년생 다년생 구별 없이 여러 가지 기능을 수행하는 식물들로 이루어진 드넓은 팔레트에 알맞게 설계되어 있는 셈이다. 이것은 도시 퍼머컬처 전략과 잘 맞아 돌아간다.

앞에서 이야기한 네 가지 고밀도 농법은 생태정원사의 경관에 생산성과 생물다양성을 가져다줄 수 있다. 이 농법들은 작은 공간에서 큰 수확량을 올리는 데 초점을 맞추고 있기 때문에 도시의 마당에 적용하기에 알맞다.

수직으로 적층하는 기술

식물을 삼차원으로 확장시키면 새로운 니치가 생기고, 정원이 더욱 다양하고 복잡해지며, 먹이그물이 풍부해지고, 아름다워진다는 것을 앞에서 이야기했다. 자연의 생태계는 거의 항상 빽빽하게 쌓아올려져 있으며 다층 구조를 가지고 있다. 야생 경관에서 볼 수 있는 이런 특질을 모방하면 마당이 더 자연처럼 작용하고, 한정된 땅을 최대로 이용할 수 있다. 이렇게 하는 기술에는 다음과 같은 것들이 있다.

적층된 먹거리숲. 10장에서는 수직 공간 안에 식물 층을 일곱 개까지 배열하는 방법을 설명했다. 일곱 층은 바로 대교목과 소교목, 관목, 초본, 지피식물, 뿌리작물, 덩굴이다. 앞에서 이야기한 균류 전문가 폴 스테이메츠는 식용 버섯을 여덟 번째 층으로 삼으라고 권하고 있다. 먹거리를 생산하고 서식지를 제공하며 비옥도를 개선하는 복합적인 기능을 가진 층을 일곱, 아니 여덟 층으로 쌓아올린다면, 수직적인 공간 활용 측면에서 생태정원이 더욱 효율적이 되지 않을 수 없다. 비교적 작은 도시 마당에서는 대교목층은 생략하거나 검소한 크기로 줄일 필요가 있다. 대교목층의 크기를 줄이려면 반왜성이나 자연적으로 작게 자라는 종류의 과일나무를 이용하면 된다. 이렇게 하면 소교목층의 크기도 따라서 줄어들게 되지만, 다행히도 최근의 육종 성과로 반왜성, 왜성, 극왜성 교목의 가짓수가 늘어났기 때문에 선택의 폭이 넓어졌다.

배나 자두 같은 나무들은 이전에는 큰 크기밖에 구할 수가 없었는데, 이제는 조그만 나무도 있다. 마르멜로(Quince)는 왜성종 배나무의 대목으로 오랫동안 이용되어왔지만, 접붙이는 데 실패하는 경우가 많은 것으로 알려져 있다. 두 종이 항상 친화성이 있는 것은 아니기 때문이다. 이제는 진짜 왜성종 배나무 대목 몇 가지가 시장에 나와 있다. 그중에는 Pyrodwarf, Pyro 2-33, BPI가 있다. 자두를 비롯한 핵과용으로는 Pixy, Krymsk #1, Mariana

26-24를 비롯한 여러 왜성 대목이 있다. 왜성 사과나무는 종류가 매우 많고, 또 감, 동양배, 복숭아, 살구를 비롯한 대부분의 다른 과일나무는 본래 작기 때문에, 도시정원을 위해서 고를 수 있는 소형 과일나무는 거의 모든 종류가 갖춰진 셈이다. 견과류 나무는 대개 키가 무척 크기 때문에 좀 어렵다. 키가 작으면서도 맛있는 열매가 달리는 호두나무와 피칸은 쉽게 구할 수 없다. 히칸(hican)이라고 불리는 피칸과 히코리의 교배종은 피칸보다 키도 작고(7~8m까지 자란다) 추위에도 강하다(USDA 4지대에서도 견딜 수 있다). 개암나무는 큰 덤불을 이루지만 소교목 형태로 정지할 수 있다. 그리고 개암나무의 변종인 트라젤, 트리헤이즐, 헤이즐버트, 필라젤 또한 소형 교목으로 자란다. 소나무 열매는 눈잣나무(Siberian dwarf pine)를 통해 얻을 수 있다. 이 나무는 키가 약 3m밖에 되지 않는다. 이렇듯 도시에 맞는 스케일의 먹거리 생산 나무는 범위가 넓어서 충분한 실험의 여지가 있다.

도시 길드. 마찬가지로 도시에서는 크기가 작은 요소를 중심으로 길드를 만들어야 하는 경우가 많다. 여기에도 왜성 교목이 자연스럽게 어울린다. 그리고 관목이나 커다란 초본식물을 길드의 초점으로 이용해도 차지하는 공간을 줄이고 수직적인 밀도를 유지할 수 있다. 이것은 세 자매(네 자매나 다섯 자매라고 할 수도 있다) 길드가 영감을 줄 수 있는 부분이다. 이 식물 조합은 중심이 되는 곡물과 질소를 고정하는 덩굴콩, 잡초를 억제하는 호박, 곤충을 유인하는 먹거리 생산 식물을, 공간을 절약하는 패턴으로 적층시킨다. 그리고 이 패턴은 구성원들의 복합적인 상호작용으로 더욱 튼튼해진다.

　도시의 길드에는 넓은 마당에 조성하는 거대한 길드보다 식물이 적을 때가 많다. 포틀랜드에 있는 우리 집 마당에서는 두 개의 소교목 길드를 실험해보았다. 한 길드는 감나무로 되어 있는데, 감나무를 심을 때 그 구덩이에 질소를 고정하는 풍선세나를 함께 심었다. 무성하게 자라는 질소고정식물은 한 계절에 두세 차례 베어순다. 감나무는 질소가 정기적으로 공급되고 풍선세나를 벨 때마다 나오는 폭신한 가지를 피복재로 덮은 덕분에 잘 자라고 있는 것 같다. 감나무는 울타리와 작은 사우나 사이의 좁은 구석에 자리 잡고 있어서 다른 것을 심을 공간은 거의 없다. 하지만 나무줄기 주변에 수선화 구근을 몇 십 개 우겨넣고, 먹을 수 있는 백합과 식물과 램프(*Allium tricoccum*)라고 하는 양파 비슷한 다년생 식물을 작은 공간에 둥그렇게 돌려 심었다. 그래도 이 길드에는 식물을 좀 더 많이 심을

수 있기 때문에, 사우나를 다 지으면 빈 구석에 곤충유인식물 몇 그루와 다년생 푸성귀를
얼마간 심으려고 한다.

두 번째 길드는 복숭아나무를 기초로 하고 있다. 복숭아나무 아래에는 6장에서 소개했
던 뜰보리수가 있다. 뜰보리수는 먹을 수 있는 열매가 달리는 질소고정 관목이다. 또 복숭
아나무 아래에 있는 식물로는 인동 덤불, 새
순과 잎을 먹을 수 있는 갯배추, 자주색 꽃
이 피어 곤충을 유인하는 꼬리풀(speedwell,
Veronica spicata)이 있으며, 지피식물로는 히말
라야산딸기(Himalayan raspberry)가 있다. 복숭
아나무는 아래에 있는 식물에 풍부한 빛이
들어오도록 개방형으로 정지(整枝)했다.

**울타리유인, 외대 가꾸기, 그 밖의 관련된
전지 기술.** 작은 공간에 있는 과일나무들은
오랫동안 **울타리유인**(espalier) 등의 방법으로
전지되어왔다. 울타리유인 방식으로 전지한
가지는 평평한 단면에 기대어 수평으로 자
란다. **외대 가꾸기**(cordon)는 하나의 주지를
45~60°로 비스듬하게 심어 곁순이나 과실
이 맺히는 곁가지를 짧게 전지하는 것이다.
부채꼴 정지법(fan training)은 복숭아나무나 자
두나무처럼 왕성하게 자라는 교목에 적용
되는 기술로, 가지들이 짧은 주지로부터 부
채처럼 방사상으로 펼쳐지게 만든다. 감수
성 있고 비꼬길 좋아하는 뉴에이지인들은
때로 이 강도 높은 전지 기술을 '원예고문
(hortitorture)'이라고 부르기도 한다. 하지만

작은 마당에 알맞은 고밀도 전지 기술의 예. 이런 기술은
다양한 품종의 과일나무를 좁은 공간이나 벽, 울타리에서
재배할 수 있도록 해준다.

이런 기술은 조그만 공간에 나무들을 우겨넣어 여러 종류의 과일을 엄청난 양으로 생산하기에 안성맞춤이다. 네 가지 품종을 접붙여서 울타리유인법으로 전지한 우리 집 사과나무는 밭두둑 위에 개가 올라가지 못하도록 하는 장벽 역할도 한다. 나는 울타리유인 사과나무 밑에 작은 푸성귀와 허브도 끼워 심었다. 양상추 같은 시원한 계절의 채소는 뜨거운 여름날이면 사과나무의 그늘을 즐긴다. 울타리유인이나 그와 비슷한 다른 방법은 형태를 유지하기 위해 정기적인 전지와 관심이 필요하지만, 엄청난 생산성으로 그 노력을 보상해준다. 정기적인 관리와 관찰이 필요하지만, 나무가 작은 마당의 1지구에 있다면 어렵지 않다.

트렐리스와 그 밖의 적층 기술. 정자, 트렐리스, 울타리, 벽, 매달린 화분, 지지대, 원뿔 모양 틀, 매달린 그물, 나무줄기, 수직으로 세워진 면은 모두 식물을 위쪽으로(또는 아래쪽으로) 유인해서 공간을 절약하는 데 이용할 수 있다. 포도, 재스민, 등나무, 키위 같은 덩굴성의 다년생식물과 강낭콩과 완두콩 같은 일년생식물은 당연히 공중으로 올려서 자리를 덜 차지하게 만들어야 한다. 다른 식물 중에도 하늘로 올릴 수 있는 것이 많은데 아깝게도 땅 위로 퍼지게 놔두는 경우가 상당히 많다. 호박, 멜론, 오이를 땅 위에 퍼지도록 놔두는 경우가 많은데, 이 식물들의 자연스러운 성질은 덩굴을 타고 올라가는 것이다. 어떤 사람들은 이런 식물을 유인하려고 그물에 슬링을 달거나 낡은 스타킹을 묶어서 열매를 고정시킨다. 도와주지 않으면 호박 같은 것들이 떨어져버릴 거라고 생각해서다. 나는 라일락 덤불 위로 허바드호박(Hubbard squash)이 은밀하게 덩굴손을 뻗쳐서 내가 미처 눈치 채기도 전에 13kg이나 나가는 호박 한 덩이가 팽팽한 가지 밑에 대롱대롱 매달린 것을 보고서야 슬링 만들기를 그만두었다. 자연은 사람의 도움 없이도 충분히 튼튼한 걸이를 만들 수 있다는 것이 나의 결론이었다. 그 이후로도 우리 집 멜론, 오이, 호박은 제 힘으로 훌륭하게 매달려 있다.

딱히 덩굴성으로 보이지 않는 식물이라도 수직 방향으로 유도할 수 있다. 무한꽃차례의 식물인 토마토는 세심하게 곁순을 질러주면 외줄을 타고 올라가게 유도할 수 있다. 펄럭이는 덤불 형태로 자라는 주키니 호박을 위로 기어 올라가도록 조심스럽게 길들인 경우도 본 적이 있다. 반연(攀緣)식물을 관리하는 열쇠는 잘 보이는 장소에 배치하는 것이다. 1지

노스캐롤라이나 주의 애슈빌(Asheville)에 있는 윌 후커의 마당. 왜성 사과나무들이 벨기에식 울타리(Belgian fence)라고 불리는 울타리유인의 변형된 형태로 자라고 있다. 윌 후커는 노스캐롤라이나 주립대학의 조경디자인학 교수다. 이 고밀도 기술을 이용하면 작은 공간 안에서 몇 가지 품종의 과일나무를 키우며 엄청난 양의 과일을 생산할 수 있다. 사진/ 윌 후커

구나 2지구의 안쪽에 심어두고 며칠에 한 번씩 잠깐 시간을 내어 조심스럽게 유인을 해준다. 식물의 형태가 이미 잘못 형성된 뒤에 허둥지둥 전지를 하느니 끈으로 묶으니 하지 말고 자주 살펴보도록 하자.

적층 기술은 정원의 어떤 장소에나 적용할 수 있다. 열쇠구멍 모양 두둑 같은 둥그런 장소의 가장자리에는 콘크리트 보강 패널이나 뻣뻣한 철망을 구부려서 트렐리스를 설치할 수 있다. 사각형 두둑에는 다른 식물에 그림자가 지지 않도록 북쪽 가장자리를 따라 트렐리스를 설치할 수 있다. 원뿔 모양 틀은 작은 흙무덤이나 애매한 장소에 설치할 수 있다. 그리고 말뚝은 아무데나 꽂을 수 있다.

이미 만들어놓은 다른 지지 구조물을 또 지지대로 쓸 수도 있다. 예를 들어 정자의 가장자리에 식물 바구니를 매달아놓는다든가, 깍지완두(snow pea)나 마슈아 같은 짧은 덩굴

식물이 타고 올라가는 울타리 위에 지지대를 설치해 포도가 수평으로 퍼지도록 유인할 수도 있다. 이런 경우에는 움이 늦게 트는 포도가 그늘을 드리우기 전에 아래의 작물에서 잎이 돋아날 것이다. 이것은 숲 속에서 임관을 이루는 나무들보다 하부층과 초본층이 먼저 푸르러지는 것과 꼭 같다.

식물을 지지하는 수직 구조물은 동시에 다른 기능을 수행하기도 한다. 잎이 무성한 정자나 트렐리스는 무더운 날에 시원한 그늘을 드리워준다. 우리 집에 있는 서향의 데크는 머리 위에 있는 등나무가 한낮의 햇빛을 막아주지 않았더라면 여름날 오후에는 도저히 머무를 수 없는 곳이 되었을 것이다. 해가 낮아지면 데크의 난간과 그 위에 있는 트렐리스를 타고 올라가는 강낭콩과 호박이, 기울어지고 있지만 여전히 찌르는 듯 비치는 햇살로부터 우리를 지켜준다. 한해살이 덩굴식물로 이루어진 이 벽은 사생활 보호막을 형성해서 데크를 살아 있는 벽과 지붕으로 된 은밀한 방으로 바꾼다. 식물을 수직으로 적층하면 얼마나 많은 기능을 창출할 수 있을까? 적층된 식물들은 그늘을 드리우고, 시원한 장소를 만들고, 사생활을 보호하고, 생산성을 높이고, 생산물을 다양하게 하고, 서식지를 만들고, 시각적인 흥미를 돋우고, 추한 광경을 가리고, 애완동물이 못 넘어오도록 막고, 바람막이 노릇을 한다. 그리고 내가 방금 빠트린 기능도 분명히 몇 가지 있을 것이다.

시간을 늘려서 정원을 늘리는 법

도시의 제한된 정원 공간을 더 잘 이용하려면 생육 기간을 최대한 이용해야 한다. 정원 가꾸기에 좋은 계절의 시작과 끝을 몇 주일 더 늘리고, 할당된 계절 안에 더 많은 식물을 키우면, 수확량이 많아지고 생물다양성이 증가하며 서식지가 풍부해지는 등 공간이 더 많이 있는 것과 같은 혜택을 누릴 수 있다. 시간을 더 잘 이용하는 전략은 두 개의 범주로 나뉜다. 첫째는 시간과 노동을 절약하는 요령이고, 둘째는 미기후를 창출해서 생육 기간을 늘리고 우리 지역의 기후에서 보통은 자라지 못하는 식물을 재배하는 방법이다.

정원에서 시간 절약하기

이 책의 많은 부분과 퍼머컬처 자체는 사실 시간과 노동을 효율적으로 이용하는 방법에 관한 것이다. 이 책에서 다룬 여러 디자인 기술은 그런 관점에서 볼 수 있다. 퍼머컬처에서 말하는 지구 개념은 디자인 안에 있는 식물과 인공적 요소, 그 밖의 요소들을 어떤 관계 속에 배치해야 그것들을 돌보기 위한 시간과 노력이 가장 적게 들 것인가를 이야기한다. 가장 많이 사용하거나 가장 많은 관심을 필요로 하는 것을 제일 가까이에 두면 노력을 절약할 수 있다.

마찬가지로 구역이라는 퍼머컬처 개념을 이용해도 시간이 절약된다. 그림자나 잔잔한 공기 같은 조건을 만들어내면 관수를 할 필요가 줄어들고, 휴식을 취하기 위해 데크가 식을 때까지 기다려야 하는 일이 없어진다. 그리고 생산에 필요를 맞추는 방향으로 가면, 경관이 스스로 자급할 수 있도록 요소들을 배치하게 된다. 비료 주기나 농약 치기, 피복재 깔기, 물 주기 따위의 일이 훌륭한 디자인을 통해 자동으로 이루어지게 되면 우리는 그 일을 할 필요가 없게 된다. 길드도 서로를 보살피는 식물들을 한데 묶음으로써 같은 방식으로 시간을 절약한다. 이 책에 나오는 전략과 기술을 다시 돌아보면, 거의 모든 것이 본질적으로 김매는 시간을 줄이고 해먹에서 뒹구는 시간을 늘리는 방법임이 드러난다. 그러니 시간을 절약하는 기술에 대해서 군말은 더 이상 하지 않겠다. 이미 그 군말이 이 책의 대부분을 채우고 있으니 말이다.

미기후로 시간 늘리기

생육 기간을 늘려서 시간을 늘릴 수도 있다. 생육 기간이 늘어나면 기를 수 있는 식물의 범위도 넓어진다. 우리가 살고 있는 지역보다 더 따뜻하거나 추운 기후에서 발견되는 식물종도 재배할 수 있게 되는 것이다. 생육 기간과 재배 가능한 식물의 종류를 늘리는 것은 재배하는 식물에 알맞은 미기후를 만듦으로써 달성된다. 미기후 관리는 부가적인 혜택도 얼마간 가져다준다. 왜냐하면 대부분의 식물이 좋아하는 조건인 '너무 덥지도 춥지도 않고, 너무 축축하지도 마르지도 않은' 환경은 사람이 좋아하는 조건이기도 하기 때문이다. 게다가 온화한 미기후는 난방이나 냉방의 필요를 줄이고 거친 날씨로부터 주택을 보호해주기도 한다.

미기후가 무엇인지, 그리고 어떻게 발생하는지는 6장에서 설명했다. 그러니 여기서는 특별히 도시의 경우를 주제로 삼으려고 한다. 도시의 부지는 너무 작기 때문에, 마음먹고 노력하기만 하면 마당 전체의 기후('거대 미기후'라 하겠다)를 개선할 수 있다. 미국의 뜨거운 지역 같으면, 이것은 마당의 넓은 부분에 걸쳐 시원한 조건을 만들어낸다는 말이다. 북부 지방에서는 봄에 일찍 덥혀지고 늦가을부터는 열기를 보존하는 경관이 바람직하다. 고원 사막과 같이 계절 변화가 극심한 곳에서는 겨울의 모진 추위를 더 심하게 만들지 않고 여름의 고열을 식히는 것이 관건이다. 다른 말로 하면, 미기후 관리는 골디락스 효과(Goldilocks effect)[37]를 일으키는 방법이다. 어떤 것도 과하지 않게, 즉 적당하게 하는 것이다.

우리는 도시의 극단적인 조건을 깎아 다듬어서 기분 좋은 중간의 상태를 만들어낸다. 작은 도시 공간에서는 척 보기에 소소해 보이는 장소가 거친 효과를 발생시켜서 공간 전체를 불쾌하게 만들어버릴 수 있다. 지글지글 구워지는 남향 벽, 아스팔트 차도, 그늘지고 바람 부는 모퉁이는 수 미터 떨어진 곳에까지 영향을 끼칠 수 있다. 이것은 사람과 식물이 도망가기에는 너무 긴 거리다. 마당 자체가 그 이상으로 넓지 않기 때문이다. 이런 장소가 가장 먼저 손보아야 하는 곳이다. 이렇게 고도의 영향을 끼치는 지점의 진폭이 가라앉으면 더 작은 기후 지대를 확인해서 개선시킬 수 있으며, 식물들을 개체마다 돌볼 수도 있다. 관찰하는 것부터 시작하라. 마당의 극단적인 장소들은 이미 분명하게 알고 있을 것이다. 이를테면 여름에 양옆의 식물을 삶아버리는 거대하고 검은 차도 같은 것 말이다. 극단적인 기후가 어디서 발생하는지 알지 못한다면, 환경조건이 피하고 싶은 상태로 변하기 시작하는 날에 주변을 거닐어보자. 피하고 싶은 바로 그 상태에서 관찰하면 안 된다. 예를 들어 더위가 적인 곳에서는 적당히 따뜻하고 맑은 날에 주변을 거닐며 기분 나쁘게 뜨거운 지점을 찾는다. 연중 가장 더운 날에 쬐면 열기가 너무 지독해서 어디가 더 뜨거운 장소인지 알 수가 없다. 추위가 문제인 곳에서는 가볍게 서리가 내린 아침이 문제 지점을 찾기에 적당하다. 날이 점점 따뜻해질 때 어디에 서리가 가장 오래 남아 있는지 관찰한다.

---

[37] 높은 경제 성장을 이루고 있으면서도 물가 상승이 없는 상태. 영국의 전래 동화 '골디락스와 곰 세 마리'에서 소녀 골디락스가 곰 세 마리가 머물고 있는 집에 갔다가 세 가지 수프(뜨거운 것과 차가운 것, 적당한 것) 중 적당한 것을 먹고 기뻐했다는 데서 유래했다.

그곳이 바로 당신이 조정해야 하는 잠재적인 한랭 지대다.

따뜻한 미기후 만들기

추운 계절이 길고 혹독한 곳에서는 열기를 작은 마당에 잡아두는 것이 중대한 문제다. 이 것을 해결하려면, 먼저 미기후에서 열기가 움직이는 주된 방식으로는 두 가지가 있다는 사실을 기억해야 한다. 열기는 따뜻한 장소에서 차가운 장소로 퍼지거나, 공기의 혼합에 의해 이동한다. 그래서 마당을 따뜻하게 하려면 열기가 들어올 때 붙잡아서 밖으로 퍼지 는 것을 막고, 미풍이 불어 열기를 싣고 나가는 것을 막아야 한다.

일반적으로 열기는 태양에서 온다. 그러므로 영구적으로든 계절에 따라서든 햇빛이 비 치는 트인 공간을 만들어내는 일부터 시작해야 한다. 마당의 어디에 그림자가 떨어지는지, 그리고 그 그림자가 연중 어떻게 변하는지 관찰한다. 교목들을 강도 높게 전정하거나 개방 된 형태로 전정하고, 깎아 다듬으면 빛이 더 많이 들어올 것이다. 또 다른 전략으로는 계 절에 따라 가지가 벌거벗는 낙엽식물을 주로 심는 것이다. 이런 식물은 겨울 햇빛이 차가 운 땅을 덥힐 수 있게 한다. 상록수를 심으면 안 된다는 뜻은 아니다. 그렇지만 상록수는 차가운 그늘이 문제가 되지 않는 곳에 배치해야 한다. 이를테면 마당의 북쪽 면 같은 곳 에 말이다(그러나 북쪽 면에 나무를 심으면 북쪽에 있는 이웃의 마당이나 집에 그늘이 질지도 모른 다. 이것도 생각해봐야 하는 문제다).

마당으로 햇빛이 들어왔으니, 이제 그 햇빛을 저장할 순서다. 나무 아래에서도 햇빛은 계절이나 시간대에 따라 동쪽, 남쪽, 서쪽 면에 비친다는 사실에 주목하자. 양지를 좋아하 는 식물을 이런 곳에 배치하면 된다. 식물을 심으면, 그 장소가 그냥 드러나 있을 때보다 더 따뜻해질 때가 많다. 식물과 그 주변의 땅이 낮 동안 태양의 열기를 붙잡아서 밤이 되 면 방출하기 때문이다. 가지와 이파리 아래에서 열기는 트인 장소에서만큼 빨리 달아나지 않는다. 열기는 다시 아래로 반사되거나 나무에 흡수되고, 또 다시 방출되어 가까이에 있 는 것을 덥힌다. 모든 물체의 남쪽 면과 서쪽 면은 보통 동쪽 면보다 더 따뜻해지므로 열 기를 저장하기에 가장 좋은 장소가 된다.

일단 양지바른 지점을 만들거나 개선한 다음에는 그 열기를 붙잡아서 저장해야 한다.

열을 품는 덩어리를 이용하는 것이 방법이다. 돌이나 콘크리트처럼 밀도가 높은 물체는 한번 데워지면 좀처럼 식지 않는다. 맑은 대낮에 데워진 벽돌이나 돌벽은 저녁이 되어도 가벼운 금속 난간에 비해 오랜 시간 따뜻하게 남아 있는다는 것을 우리는 모두 알고 있다. 그것은 벽이 밀도가 더 높아서 열기를 더 많이 저장할 수 있기 때문이다. 그러므로 양지바른 곳에 있는 돌축대나 벽은 한낮의 열기를 저장해서 밤에 서서히 풀어놓아 따뜻한 미기후를 만들어내는 훌륭한 수단이 된다. 도시에서는 부서진 콘크리트로 축대를 쌓을 수 있다. 자연주의 건축가들은 부서진 콘크리트를 '도시암(urbanite)'이라고 부른다. 도시에서 가장 흔한 종류의 암석이기 때문이다. 도시암은 고른 두께로 쌓아서 식물로 가리면 거의 돌과 분간할 수 없다. 산화철이나 다른 자연 도료로 칠해서 더욱 정체를 숨길 수도 있다. 디자인을 의뢰하는 고객들은 도시암이 멋지게 보일 수 있다는 사실을 많이들 의심하곤 하지만, 단정하게 설치하기만 하면 도시암도 점잖은 경관의 자연스러운 일부분이 될 수 있다는 사실을 빠른 시간 내에 알게 된다.

열을 품는 덩어리를 이용해 방출된 열기를 붙잡아 저장했으니, 이제 미기후를 창출하는 다른 요소인 공기 혼합에 대해 알아보자. 온실은 건물 안에서 햇빛 에너지가 열로 전환되면서 덥혀진다. 그리고 온실이 계속 따뜻하게 유지되는 이유는 열기를 싣고 나갈 바람이 없기 때문이다. 그러므로 차가운 장소를 따뜻하게 하려면 바람이 열기를 훔쳐가지 못하게 하거나, 훔쳐가는 속도를 늦추어야 한다. 이렇게 하는 수단 중에서 규모가 큰 것은 울타리와 벽, 밀식한 교목과 관목, 둘러싸인 안마당과 정원이 있다. 전체적으로 보면, 빛은 받아들이고 바람은 들어오지 못하도록 아늑하게 감싸인 공간을 만드는 것이다. 작은 규모로는 냉상(冷床), 클로슈(cloche, 유리나 투명 플라스틱으로 된 작은 덮개), 리메이(Reemay) 같은 상표로 알려져 있는 부직포를 쓸 수 있다.

이런 식의 집약적인 관리 방법은 드넓은 무지에서는 감당 못할 수준이 될 수 있지만, 도시 마당 같은 작은 공간에서는 아주 편리하다. 열기를 가두는 크고 작은 설비를 만드는 법과 추운 계절에도 농사를 잘 짓는 법에 대한 자세한 정보를 원한다면, 엘리엇 콜먼(Eliot Coleman)의 책 『사계절 수확(Four-Season Harvest)』을 권한다. 콜먼은 메인 주에 살면서도 연중 채소를 재배한다. 기술자와 재주꾼 들을 위해서는 햇빛을 붙잡는 기술과 구조물에 대한 또 다른 좋은 책인 『태양열 가드닝(Solar Gardening)』[레안드레 푸아송(Leandre Poisson)·그레첸 푸아송(Gretchen Poisson) 제]을 권한다. 저자들은 그들이 '태양열 건축'이라고 부르는 분야를 깊이 파고 들어가서 태양열 원뿔(solar cone)과 태양열 고치(solar pod)를 비롯한 햇빛을 가두는 일련의 설비를 고안해냈다. 이 설비를 이용하면 서리가 내린 후에도 작물을 재배할 수 있다.

시원한 미기후 만들기

따뜻한 미기후를 양성하는 방도가 열기를 붙잡아 가두는 것이라면, 뜨거운 지역에서는 정반대로 해야 한다. 뜨거운 지역에서는 열기가 쌓이도록 놔두지 말고 공기 혼합을 통해 밖으로 내보내야 한다. 그리고 시원한 장소와 시간대는 소중하게 보존하고 개선해야 한다. 더운 기후에서 그림자와 바람은 당신의 친구다. 정자, 지붕의 현수(懸垂), 큰 교목과 관목의 임관은 현실적인 한도 안에서 최대한 많은 땅을 덮어야 한다. 대략 위도 40° 이남에서는 여름이 되면 햇살이 너무 강렬해져 식물의 광합성 능력이 과포화 상태에 이른다. 식물의 초록 엔진은 돌아가는 속도가 한정되어 있는 데다가, 강한 햇빛의 힘은 재빨리 그 한계에 도달하게 만든다. 때문에 낮은 위도에서는 대부분의 식물이 부분적인 그늘 아래에 있더라도 최대의 생산성을 발휘할 수 있다.

　울타리와 사생활 보호막은 도시 주택지에서 꼭 필요할 수도 있다. 그렇지만 더운 기후에서는 울타리를 견고하게 만들기보다 바람이 그 사이로 흐를 수 있도록 투과되게 만들어야 한다. 돌처럼 밀도 높은 물체나 어두운 색을 띤 물체는 하루 중 많은 시간 동안 그늘 속에 있는 경우가 아니라면 피하는 것이 좋다. 고도가 높은 지대처럼 밤이 낮보다 훨씬 시원한 곳에서는 바위나 돌벽, 나무줄기(대체로 물로 이루어져 있다) 같은 크고 질량이 많이 나가는 물체도 그늘에 있기만 하다면 낮에는 주변의 장소를 훨씬 더 편안하게 유지해주고 밤에는 식을 것이다. 반면에 햇볕에 노출된 구조물은 얇고 가벼워야 한다. 두둑의 가장자리를 두르거나 울타리를 만드는 데는 돌보다는 판자나 얇은 금속을 쓰는 것이 좋다. 그러면 해가 지고 나서 열이 빨리 달아날 것이다.

38　*Holboellia coriacea*. 동아시아 원산의 상록덩굴식물이다. 하얀 꽃이 피며, 열매는 먹을 수 있다. 관상용으로 많이 가꾼다.

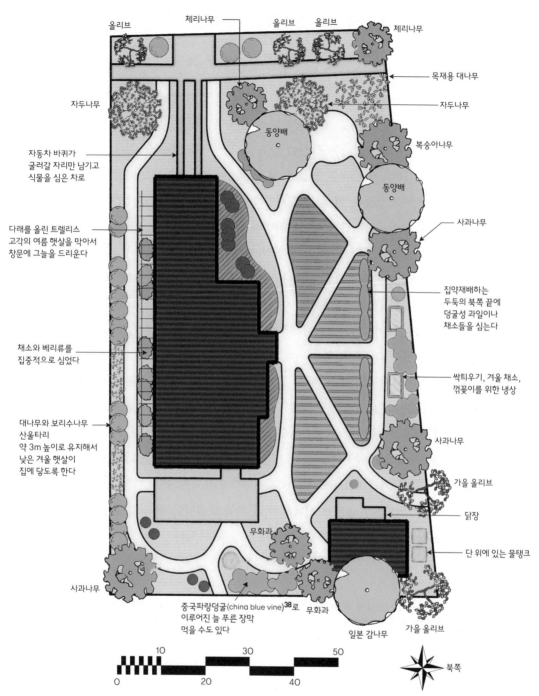

올리브

체리나무

올리브 올리브

체리나무

목재용 대나무

자두나무

동양배

자두나무

복숭아나무

자동차 바퀴가
굴러갈 자리만 남기고
식물을 심은 차로

동양배

사과나무

다래를 올린 트렐리스
고각의 여름 햇살을 막아서
창문에 그늘을 드리운다

집약재배하는
두둑의 북쪽 끝에
덩굴성 과일이나
채소들을 심는다

채소와 베리류를
집중적으로 심었다

싹틔우기, 겨울 채소,
꺾꽂이를 위한 냉상

대나무와 보리수나무
산울타리
약 3m 높이로 유지해서
낮은 겨울 햇살이
집에 당도록 한다

사과나무

가을 올리브

닭장

단 위에 있는 물탱크

사과나무

중국파랑덩굴(china blue vine)**38**로
이루어진 늘 푸른 장막
먹을 수도 있다

무화과

무화과

일본 감나무

가을 올리브

그림 재구성/ Krista Lipe

북쪽

도시에서 텃밭을 가꿀 수 있는 곳 찾기

이제까지 우리는 도시에서 구할 수 있는 작은 공간에서 더 많은 식물을 재배하는 방법을 알아보았다. 그러나 아파트에 사는 사람이나 세입자, 그 밖의 땅 없는 사람들은 어떻게 해야 할까? 여기서도 마찬가지로, 도시에서 가장 풍부한 자원은 사람이고, 바깥의 지구가 꼭 내 땅이어야 할 필요가 없다는 사실을 알고 있으면 답을 찾을 수 있다. 놀랍게도 많은 도시에서 텃밭을 가꾸기에 알맞은 땅을 쉽게 구할 수 있는 것으로 드러난다. 특히 번화한 중심지를 벗어나면 더 그렇다. 땅 없는 도시인들이 가장 먼저 찾는 장소는 지역공동체 텃밭 프로그램이다. 이런 프로그램은 주로 시청의 공원 관리부에서 운영하는 경우가 많기 때문에 그쪽으로 연락하면 찾을 수 있다. 만약 당신이 살고 있는 도시에 지역공동체 텃밭 프로그램이 없다면, 그런 프로그램을 하나 만들자고 제안하는 것은 어떤가? 그런데 미리 예고하지만, 이 훌륭한 프로그램에서는 사람들이 조그만 구획 하나를 맡으려고 긴 줄을 서서 기다리고 있을 때가 많다. 그러니 경작할 수 있는 땅을 도시에서 찾으려면 좀 더 약삭빠르질 필요가 있다.

훌륭한 퍼머컬처인은 도시에서 텃밭 공간을 찾으려고 할 때 자원에 접근하는 것으로 시작한다. 도시에서 땅을 가지고 있는 사람은 누구인가? 학교나 교회, 나이 든 주민이나 지역문화회관에서는 텃밭 프로그램을 점점 더 많이 제공하고 있는 추세다. 이런 곳에서는 텃밭을 맡아 가꿀 사람과 지도를 해줄 사람을 찾고 있다. '에더블 스쿨야드(Edible Schoolyard)'[39]와 '팜 투 카페테리아(Farm-to-Cafeteria)'[40] 프로젝트 같은 기업이 여러 도시에서 생겨나고 있다. 당신이 살고 있는 도시에서 이런 기업을 설립할 때 참고할 수 있는 청사진을 www.edibleschoolyard.org 같은 웹사이트에서 찾아볼 수 있다.

---

39 1996년 미국 버클리의 유기농 레스토랑 '셰 파니스'의 주인이자 활동가인 앨리스 워터스(Alice Waters)가 버클리에 위치한 마틴루터킹 중학교교장에게 학교 옆 주차장을 텃밭으로 가꿔보자고 제안한 데서 출발한 프로그램. 이 프로그램에서 학생들은 텃밭을 가꾸고 거기에서 난 재료를 요리하고 먹는 모든 과정을 체험한다. 텃밭을 가꾸고 점심식사를 준비하는 것은 학생의 의무이며, 이 의무를 잘 수행했느냐에 따라 학점을 받는다고 한다.

40 지역에서 생산된 신선한 농산물을 학교 급식 식단에 넣는 프로그램. 이 프로그램은 학생들이 농장 견학, 텃밭 가꾸기, 재활용 프로그램을 체험할 기회도 제공한다. 농부들은 학교 납품을 통해 새로운 시장에 접근할 수 있으며, 지역농산물과 농업에 대한 교육 프로그램에도 참여할 수 있다.

빈터나 상업지의 경계 같은 곳에도 텃밭을 가꿀 수 있다. 이웃들과 나는 거리 아래에 있는 빈터에 소유자의 허락을 받고 채소와 베리 종류를 키웠다. 어떤 개발업자가 그 땅을 사서 더 이상 농사를 지을 수 없게 되었을 때까지 말이다.

나는 비어 있는 사유지나 공원의 가장자리에 허가를 받지 않고 조성한 게릴라 텃밭도 몇 군데 알고 있다. 게릴라 텃밭에는 명백한 위험성이 있다. 내가 알고 있는 사람들 중 아나키스트적인 성향이 더욱 강한 텃밭 광인 몇몇은 빈터나 사용되지 않고 있는 상업지나 공원에 게릴라 텃밭을 만들어놓고 가버렸다. 이것은 부분적으로는 주변 사람들이나 지역의 홈리스들이 텃밭을 자기 것으로 받아들이리라는 희망에서였고, 한편으로는 권위에 저항해보겠다는 태도에서 나온 것이었다. 그것은 그저 뭔가를 들키지 않고 무사히 해냈다는 느낌을 즐긴 것에 불과했다. 내가 알고 있던 모든 게릴라 텃밭은 사실상 없어졌다. 게릴라 텃밭을 만들고 모르는 사람들이 돌보도록 남기고 가버리면 제대로 될 때가 거의 없다. 텃밭을 유지하려면 사람이 필요하다.

토지를 소유하고 있는 많은 사람들, 특히 나이 들어 은퇴한 사람들은 예전처럼 정원을 잘 가꿀 수 없어서, 자기 마당에서 텃밭을 가꾸게 해달라는 제안에 즐거이 응하곤 한다. 생산물을 나누겠다고 하며 공손하게 간청하면 더 좋아한다. 정원을 공유하고 싶어 하는 집주인이 많다는 증거로, 여러 도시에서 복수의 대지를 기반으로 한 도시농장이 생겨나고 있다. 내 가까이에는 콜리브리 소넨블룸(Kollibri Sonnenblume)이라는 매우 진취적인 도시 농부가 있다. 그는 남서 포틀랜드에 분포한 20군데의 마당에 있는 소구획에서 채소를 길러 시장에 내다 판다. 소구획들 사이를 오가는 방법은 자전거로, 그는 생산물과 자재를 자전거 트레일러에 싣고 다닌다. 다른 텃밭지기에게 집 마당을 기꺼이 내주는 가정을 콜리브리가 스무 곳이나 찾았다는 것은 엄청난 자원과 그만큼의 관대한 사람들이 있다는 뜻이다.

많은 도시에서 수천 개의 직거래장터(Farmer's market)가 생겨났는데, 여기서 파는 생산물은 그 지역에서 재배한 것인 경우가 많다. 장터에 있는 농부들과 이야기를 나눠보자. 여기 있는 농부들은 전문 영농인이라기 보다는 좀 큰 규모로 채소를 가꾸고 있는 텃밭지기일 경우가 많다. 이 중 많은 사람들은 가까운 곳에 있는 조그만 땅뙈기를 경작하고 있다. 이 사람들은 농장일을 도와주거나 시장에서 허드렛일을 하는 대가로 땅뙈기의 일부를 나누어줄지도 모른다.

옥상텃밭은 점점 더 많이 생겨나고 있는 정원 형태다. 땅값이 비싸기도 하거니와, 어둡고 열기를 흡수하는 도시건물의 지붕 표면을 덮으면 도시도 좀 시원해지고 큰비가 내렸을 때 땅바닥에 흐르는 빗물의 양도 줄여주기 때문이다. 보스턴에서 샌디에이고에 이르는 도시들은 학교와 사무실, 창고, 아파트의 평평한 지붕에 텃밭을 설치해서 복합적인 기능을 꾀하고 있다. 옥상텃밭에서는 버미큘라이트나 펄라이트로 된 가벼운 혼합토를 사용해 무게를 최소화해야 할 때가 많지만, 냉각 효과, 탄소 격리 효과, 지역 먹거리 생산이라는 혜택은 이런 높은 에너지 투입을 벌충한다는 것이 내 생각이다.

진보적인 사업체 몇 군데에서는 회사 소유지에 사원들을 위한 텃밭을 조성하고 있다. 그들은 흠잡을 데 없이 깔끔한 오피스파크에 펼쳐진 메마른 잔디를 좀 더 쓸모 있는 먹거리와 꽃, 서식지로 바꾸고 있다. 어쩌면 당신의 고용주 역시 이 비전에 참여하고 싶어 할지도 모른다. 나는 사업체들이 낭비를 양산하고 생명을 부정하는 잔디밭을 삼가고, 탄소를 격리하고 물을 정화하며 서식지가 풍부한 먹거리숲이 회사 땅에서 잘 자라고 있는 모습을 자랑할 날을 기다리고 있다.

높은 에너지 가격에 고통을 느끼기 시작함에 따라, 지자체와 시민 들은 먹거리가 수천 마일 떨어진 곳에서 올 때가 많다는 사실을 점점 더 의식하게 되었다. 원거리에서 조달되는 먹거리는 보잘 것 없다는 깨달음을 얻고 나자 많은 도시들이 안전한 지역 식량창고를 개발하기 위해 식량 정책 심의회를 설립하는 것을 비롯해 많은 노력을 기울이게 되었다. 그런 도시들은 내가 살고 있는 포틀랜드에서 뉴욕 주의 로체스터, 캘리포니아 주의 산타크루즈에 이르기까지 셀 수 없이 많다. 이런 지자체에서는 도시인들이 농장이나 텃밭을 가꾸기 좋은 환경을 빠르게 만들어내고 있다. 앞마당에 특정한 식물(채소인 경우가 많다)을 심는 것을 금지하는 법처럼, 한때 도시에서 먹거리를 재배하는 일을 어렵게 만들었던 지방자치법이 와해되고 있다. 어떤 도시들은 식량 재배에 이용할 수 있는 땅을 조사해서 목록으로 만들고 있는데, 이것 또한 텃밭을 가꿀 수 있는 부동산의 범위를 확장시킬 것이다. 그러니 도시의 땅에 대해서 창조적으로 생각하자. 포장되어 있거나 건물로 뒤덮이지 않은 공간은 거의 모두 텃밭이 될 수 있다. 그 땅의 주인에게 식물 재배가 가져다주는 혜택을 제시하고, 식물이 도시, 지구, 땅주인과 당신에게 생명과 먹거리를 선사한다는 사실을 알려줄 수 있다면 말이다.

길가의 명소—보도 옆 녹지대

도시에서 흔히 간과되는 잠재적인 텃밭 공간 중에는 보도 옆 녹지대(Parking Strip)가 있다. 보도 옆 녹지대는 도로용지(the right of way)라고 불리기도 하고, 조경이 어렵다는 뜻에서 지옥대(the hell strip)라고 불리기도 한다. 보도 옆 녹지대는 우리가 주로 얼씬거리는 뒷마당으로부터 가장 먼 거리에 있는 땅조각일 뿐 아니라, 보도를 건너서 있기 때문에 관개 파이프를 배관하기도 곤란하다. 그리고 차와 사람이 오가는 거리 가까이에 있는 데다 그 블록에 있는 모든 집에서 훤히 보이는 장소라서 머물기에 쾌적하지도 못하다. 더군다나 집주인 마음대로 할 수 있는 것도 아니다. 집주인은 보도 옆 녹지대를 관리할 의무가 있지만, 서류 더미를 이루고 있는 지역권(地役權)에 의해 방해받기 일쑤다. 전력 공사, 전신전화 회사, 도시를 위한 지역권 탓에 이곳에 심을 수 있는 식물은 제한되는 경우가 많다. 게다가 보도 옆 녹지대는 공공 도로용지다. 시민이라면 누구나 이 지대 위를 마음대로 건널 수 있는 권리가 있다. 이곳은 주차해놓은 자동차로 걸어가면서 밟아도 되고, 개를 풀어놓아도 되고, 배회하거나 훼손을 해도 괜찮다고 어느 정도 법이 허용하는 곳이다. 그렇지만 지금 땅이 이렇게 비싸고 귀한데도 그것을 최대한 이용하지 않는 것은 부끄러운 일이다.

보도 옆 녹지대를 가정 생태계로 끌어들이려면, 먼저 당신이 살고 있는 도시에서 보도 옆 녹지대에 허용된 것이 무엇이며, 이 조례들이 어떻게 시행되고 있는지를 알아야 한다. 몇 군데 도시에 대해 내가 직접 실행한 비과학적인 조사에 따르면, 전선 아래의 나무 크기를 제한하는 조례가 가장 흔했다. 다행히도 크기는 작지만 유용한 나무가 많다. 또 다른 흔한 규칙은 도로변을 따라 과일나무를 심는 것을 금지하고 있다. 과일이 자동차에 떨어질 수 있기 때문이다.(우리는 대체 얼마나 잘 살길래 음식보다 자동차를 더 아끼는가!) 그리고 어떤 도시에서는 교목과 관목 외의 식물은 키가 30㎝ 이하여야 한다고 규정하고 있다. 자동차로 접근하기가 쉬워야 한다는 것이다. 어쨌든, 내가 이야기해본 공무원들은 괴롭힘을 당한 끝에 이런 규정이 사실상 거의 시행되지 않는다고 실토했다. 심지어 민원이 몇 차례 들어오고 나서도 말이다. 도시는 주민들이 화재 위험을 발생시키거나 재산 가치(즉 세금)를 떨어뜨리지 않는 한, 재배하는 식물을 두고 주민들을 성가시게 할 수단이 없다. 그렇기 때문에 나는 도로변에 식물을 재배하는 데는 자유재량의 여지가 있다고 생각한다. 결코 지방조례를 어기도록 누군가를 부추기는 것이 아니다.

지옥대의 토양은 흔히 심각하게 다져져 있다. 그것을 텃밭으로 바꾸기 위한 첫 번째 단계는 퇴비와 피복재를 더해 흙을 푹신하게 만드는 것이다. 시트 피복을 하면 잔디를 빨리 제거할 수 있다. 보도와 연석을 따라 있는 긴 가장자리 부분은 조심스럽게 피복해서 아래에 있는 판지나 신문지가 튀어나오지 않도록 한다. 그런 것이 튀어나와 있으면 보기도 싫고, 분해도 느려진다. 이웃들과 계속 친하게 지내고 싶다면 이 부분은 주의하도록 하자.

비가 많이 내리는 지역의 보도 옆 녹지대는 축축하게 젖어 있는 경우가 많다. 보도에 내린 빗물이 녹지대로 흘러들어와 물의 부하를 두세 배로 늘리기 때문이다. 피복을 두텁게 하는 등의 방법으로 토양을 높여서 물이 스며들지 않게 하면 도움이 된다. 보도 옆 녹지대에 높인 두둑을 만들면 보행자들이 식물을 심어놓은 장소를 비껴가도록 유도하는 데 도움이 된다. 지나가는 사람들이 공공 도로용지를 밟는 것을 막을 수는 없지만, 땅의 윤곽을 잡거나 통로를 만들고 포석과 벽돌 같은 인공적 요소를 통해 발길을 다른 곳으로 인도할 수는 있다. 과잉된 물도 스웨일이나 낮은 구렁으로 교묘하게 몰아서 물을 좋아하는 식물을 그 옆에 심으면 된다.

건조한 지역에서는 땅을 돋우지 말고 낮춘다. 보도 옆 녹지대가 함몰되어 있으면 소중한 빗물을 받고 보도에서 흘러오는 물을 거둘 수 있다. 여기에 분지와 스웨일을 파도록 하자. 함몰 지대를 만든다고 해서 굴을 팔 필요는 없고, 보도 높이보다 3~5*cm*만 낮추면 된다. 여기에다 피복을 해도 좋다.

폭넓게 신경을 써서 토양을 준비하고 나면, 어떤 식물을 심을지 생각해 볼 수 있다. 도시의 녹지대는 자동차 배기가스에서 나온 오염 물질, 더러운 포장도로 위로 흘러온 빗물, 개똥으로 덮여 있다. 보도 옆 녹지대에서 먹거리를 가꾸는 것이 과연 안전한지 의문이 든다. 연구 결과에 따르면, 하루에 1,000대 이하(낮 동안 1분에 한 대 정도)의 자동차가 지나가는 비교적 한가한 거리에서 자라는 식물은 자동차에서 나오는 오염 물질을 걱정될 수준으로 축적하지는 않는다고 한다. 몇몇 관청에서는 하루에 2,500대라는 한도를 정해놓고 있다. 나라면 보도 옆 녹지대에서 먹거리를 키우고 싶지 않지만, 그건 마당의 다른 부분에서 먹거리를 키울 수 있기 때문이다. 만약 먹거리를 재배할 수 있는 장소가 보도 옆 녹지대밖에 없다면, 그리고 교통수단의 왕래가 빈번한 거리에 살고 있지 않다면, 보도 옆 녹지대에서 먹거리를 가꾸어도 된다. 하지만 보도 옆 녹지대가 수행할 수 있는 다른 유용한

텍사스 주의 휴스턴에 있는 이 보도 옆 녹지대에서는 자원을 들이켜는 잔디를 없애고 귀한 빗물을 거두어 우수관에 걸린 과부하를 경감시키고 탄소를 격리하는 식물을 키운다. 이곳의 식물은 또한 아름다운 풍경과 새와 곤충을 위한 서식지를 제공한다. 퍼머컬처 디자인 사의 케빈 토펙이 디자인했다. 사진/ 케빈 토펙

11 도시에서 퍼머컬처 정원 가꾸기

역할도 많다. 보도 옆 녹지대는 새와 익충의 서식지, 탄소 격리, 토양 조성, 관상식물을 위한 장소가 될 수 있다.

지옥대에서 작은 길드를 가꿀 수도 있다. 관목이나 교목 한 그루와 함께 그보다 작은 곤충유인식물, 영양소 축적식물, 그 밖의 기능을 가진 식물을 몇 그루 심으면, 별로 돌보지 않아도 잘 자랄 것이다. 새에게 서식지를 제공하는 식물들의 길드나 향기로운 허브와 꽃으로 이루어진 길드로 둘러싸인 거리가 얼마나 매력적일지 상상해보라. 그리고 보도 옆 녹지대를 개선하면 또 다른 중요한 종을 끌어들일 수도 있다. 바로 사람 말이다. 시애틀에서부터 투손(Tucson)과 애틀랜타에 이르기까지 여러 도시의 도로용지에서 나는 단조로웠던 녹지대에 벤치를 설치해서 통행자들이 잠시 머물러 이웃과 담소를 나누도록 격려하고 있는 것을 보았다. 서로 만날 일 없는 타인과 마찬가지인 공허한 이웃들이 이런 식으로 다시 친해져 서로를 반기는 공동체가 된다.

녹지대에 적용할 디자인을 할 때는 비율을 염두에 두자. 좁은 녹지대나 전선이 위에 있는 녹지대에서는 교목의 키가 작아야 한다. 전력회사에서 나무를 잘라야 하는 일이 없도록 말이다. 그렇지만 가장 큰 종류의 실용적인 교목을 보도 옆 녹지대에 심으면 커다란 이점이 하나 있다. 큰 교목은 재산 가치를 높인다. 캘리포니아 부동산중개협회는 성숙한 가로수 한 그루가 주택의 판매가를 6,500달러나 높인다고 산정했다. 어느 도시나 가장 매력적이고 비싼 주택 지구는 가로수길에 있다. 가로수를 베면 호주머니에서 돈이 빠져나온다.

도시에서 식물을 가꾸는 것을 '도시숲'을 만드는 일이라고 생각해보자. 도시숲은 어떻게 해야 할까? 길거리에 심는 식물은 그 식물이 하지 않을 일을 기준으로 선택되는 경우가 너무 많다. 식물은 포장도로를 쪼개지 않아야 하고, 전선에 닿지 않아야 하고, 공해에 말라 죽지 않아야 하고, 지저분한 과일을 떨어뜨리지 않아야 한다. 그러나 우리는 도시숲의 긍정적인 역할을 구상하고, 그것이 하지 않을 일을 기준으로 디자인하는 것이 아니라, 어떻게 하면 도시숲이 우리의 필요와 자연의 필요를 충족시켜줄지를 생각하면서 디자인할 수 있다. 가로수로 조성된 숲은 공기를 시원하게 하고 습도를 조절해준다. 새와 박쥐, 익충 들의 쉼터도 될 수 있다. 또 냉난방비를 줄일 수 있으며, 작물 수확, 퇴비 생산, 공예자재, 땔나무 모으기를 통해 홈리스에게 소득을 제공할 수 있다. 생물다양성과 멸종 위기에 처한 종을 보존할 수 있으며, 도시의 혼잡함을 누그러뜨릴 수 있다. 지나가는 사람에게 먹거리와 즐거움을 제공할 수 있고, 아름다운 풍경과 안락한 분위기, 다른 사람과 함께 있고 싶은 멋진 장소를 선사함으로써 이웃을 결속시키기도 한다. 도시숲은 임의 식재(random plantings)[41]의 비생산적인 부산물일 때가 많다. 그러나 도시숲은 단순히 유착된 식물의 모임이 아니라 여러 가지 필요를 충족시키도록 디자인할 수 있다.

도시의 동물들―가축과 야생동물, 반야생동물

7장에서 제시한 새와 곤충, 그 밖의 유용한 동물을 경관에 포함시키는 기술과 아이디어는 도시 마당에서도 마찬가지로 적용된다. 한 가지 다른 점은 도시에서는 큰 동물로 인한 문제가 별로 없는 반면, 작은 동물로 인한 문제는 더 많다는 것이다. 쥐가 못 들어오게 막는 퇴비 상자는 필요하지만, 2~3m 높이의 사슴 방지 울타리는 필요가 없다. 1,000m^2(약 300평) 이상의 대지에서 도움이 되는 동물 대다수는 작은 도시 마당에도 끌어들이거나 키울 수 있다. 아파트에 사는 사람들조차도 지렁이 상자와 새 모이 그릇을 집에 둘 수 있다.

　도시를 자연생태계와 다시 연결하는 것은 중요하다. 새와 곤충을 위한 서식지를 마련해주는 것은 가장 좋은 방법이다. 이런 작은 생물은 씨와 꽃가루, 영양소를 옮기면서 각각의 종과 식물군집, 전체 생태계를 연결 지어준다. 그들의 존재는 그런 흐름을 가능하게 하며, 환경의 건강지표이기도 하다. 동물에게 서식지를 제공하는 복합적인 기능을 가진 종들을 재배하면 도시가 생태적 사막이나 생물군계(生物群系, biome)[42] 사이의 장벽이 되는 것을 방지할 수 있다. 도시와 교외의 마당을 숲이나 녹지로 하나씩 개조해서 야생지대를 서로 연결하면, 이동하는 습성을 가졌거나 영역이 넓은 종들이 움직일 수 있는 통로 역할을 할 것이다. 토착종이나 외래종을 막론하고 동물들이 좋아하는 식물로 가꾼 마당은 자연

---

41 형태와 크기가 다른 다수의 수목을, 일직선이 되지 않도록 식재 간격을 달리하여 심는 방식

42 기후 조건에 따라 구분된, 식물과 동물로 이루어진 군집. 툰드라, 열대우림, 사바나 등으로 나뉜 범위에 존재하는 생물 군집 단위를 말한다.

의 여러 군집 사이를 잇는 중요한 연결 고리가 될 것이다. 도시 생활에 스며들 수 있는 칙칙함을 쫓아버리는 데는 선명한 날개가 달린 나비나 다채로운 색깔의 노래하는 새가 적격이다.

도시들은 또한 작은 가축과 가금에 우호적으로 변하고 있다. 여러 소읍에서는 도시 마당에서 가금 사육을 금지하는 법을 없앴다. 개정된 조례는 수탉은 금지하고 있으며, 암탉은 서너 마리로 제한하고 있다. 어쨌든 도시에서 닭을 사육하는 내가 알고 있는 많은 사람들은 법적인 수로 시작했는데, 이웃들이 신선한 달걀의 맛과 색깔에 사로잡히게 되자 지역의 요구에 부응하기 위해 닭 무리를 빠르게 늘렸다. 닭에 관한 조례는 주로 민원 때문에 만들어진 경우가 많다(닭이 너무 빽빽하게 들어 있는 닭장을 찾아 검은 헬리콥터가 날아오르지는 않는다). 그렇기 때문에 당신의 닭이 제공한 음식으로 이웃들이 즐겁게 아침식사를 한다면, 그런 조례들이 당신을 괴롭히지는 않을 것이다. 암탉이 세 마리만 있어도 따뜻한 계절에는 일주일에 12개 이상의 달걀이 나올 것이다. 이 정도라면 한 가정이 먹기에 충분하다.

토끼는 도시 마당에서 키우기에 알맞은 또 다른 동물이다. 도시의 퍼머컬처인인 코니 반 다이크(Connie van Dyke)는 뒷마당에서 고기용 토끼를 키우면서 같은 방식으로 육식의 책임을 지려는 사람들에게 도움말을 제공하고 있다. 이 온화한 여성이 자신이 키우는 토끼를 도살한다는 사실을 알고 적지 않은 사람들이 충격을 받았는데, 코니는 외부에서 수송된 먹거리에 덜 의존하려는 도시인에게 가장 큰 도전이 되는 문제를 솔직하게 지적하고 있다. 단백질은 어디에서 얻을 것인가? 손수 칼을 집어 들기를 꺼리는 사람들은 고기 말고 다른 용도로 토끼를 이용해도 된다. 앙고라 같은 품종의 토끼에서 깎은 털이나 저절로 떨어진 털은 직조와 방적에 알맞은 부드럽고 유연한 섬유다. 게다가 토끼는 풀을 뜯어 먹고 나서 영양가 높은 분뇨를 생산한다. 토끼똥은 닭똥처럼 식물을 시들어 죽게 할 염려가 없다. 그리고 도시에서 키울 수 있는 가축의 스펙트럼은 가금과 토끼 이상으로 확장될 수 있다. 어떤 도시에서는 피그미염소와 미니돼지도 허가하고 있다.

도시 퍼머컬처에 애완동물은 어떻게 조화시킬 수 있을까? 작은 마당의 제한된 공간에서는 개가 심각한 영향력을 행사할 수 있다. 우리가 시골 땅에 살았을 때는 개가 돌아다닐 수 있는 공간이 많아서 재배하는 식물을 건드리는 일이 드물었다. 하지만 작은 도시 집에서 사니까 우리 '벨라'가 정원을 엉망진창으로 만들어놓을 수 있었다. 내가 처음 심은 식물 중 일부는 마당 가장자리를 관리할 겸해서 울타리를 따라 배치했는데, 나는 곧 벨라가 보초견 노릇을 매우 충실하게 한다는 사실을 알게 되었다. 벨라는 마당 둘레를 무섭게 순찰했고, 어린 모종과 관목을 짓밟아 초록색 곤죽과 조각으로 만들어놓았다. 그래서 나는 군데군데의 식물을 울타리에서 좀 떨어진 곳으로 옮겨 벨라가 정찰할 수 있는 좁은 통로를 만들어주었다. 다른 곳에는 큰 식물을 사서 심거나 대나무나 말뚝으로 임시 칸막이를 설치하는 방책을 썼다. 그런데 후자의 방법은 사실 부분적인 효과밖에 없다. 다람쥐나 지나가는 경쟁자에 흥분한 큰 개가 허술한 말뚝 사이로 난동을 부리며 달려나갈 수 있기 때문이다. 개가 있는 마당에서는 어떤 가장자리 부분은 희생시킬 수밖에 없다. 그러지 않으면 그 공간은 애완동물의 주인을 끝없이 좌절시킬 것이다.

모든 디자인 요소와 마찬가지로, 개의 행동양식을 알면 문제를 푸는 데 도움이 된다. 우리 개는 땅을 파고 인근을 순찰하길 좋아하는데, 공이나 원반을 쫓아가지는 않는다. 나는 땅파기 구역으로 쓰라고 작은 땅뙈기를 내주었고, 밭두둑의 가장자리를 나무로 대서 개가 뭔가를 쫓아 열성적으로 뛰어다닐 때 재배하는 식물을 피해 가도록 방향을 유도했고, 일년생 채소에는 낮은 울타리를 설치했으며, 텃밭의 일부를 울타리가 쳐진 뒷마당에서 앞마당으로 옮겼다.

고양이 역시 복합적인 기능을 하는 경관에서 문제가 될 수 있다. 즐거운 마음으로 멋진 새 서식지를 만들어놓았는데 고양이가 와서 전용 사냥터로 삼는 것을 보면 혐오감과 죄의식이 동시에 일어난다. 어떤 경우에는 새를 살릴 것이냐 고양이를 밖에 풀어놓을 것이냐 하는 양자택일에 다다르게 되는데, 흔히 문제가 되는 것은 이웃의 고양이들이다. 이런 동물 문제에 대해서는 경쟁 위치에 있는 다른 동물을 데려다놓는 것이 해결책이 될 때가 많다. 우리 개는 대체로 집 안에서만 지내는 우리 고양이들만 참고 봐주기 때문에, 이웃의 고양이들은 우리 집 마당을 피한다. 그러나 모든 사람이 개를 기우고 싶어 하지는 않는다. 나는 고양이를 방지하는 울타리를 꼼꼼하게 쳐놓은 사람들을 몇 명 알고 있는데, 이런 방법은 지겹기는 하지만 효과적이다. 상품화된 고양이 기피제는 효과가 그저 그렇다. 또 다른 해법은 교목의 가지를 치고 관목을 성기게 해서 새 서식지를 땅바닥에서 많이 떨어진 곳에 집중시키고, 땅바닥에서 먹이를 찾는 새들이 유인되어 찾아오지 않도록 하는 것이다.

고양이는 또 맨땅을 화장실로 이용한다. 그것은 피복을 해야 하는 또 다른 이유다. 나는 특별히 고양이를 방지하기 위해 두둑에 활대를 설치하여 덮개를 친 적도 있다. 어떤 정원사들은 두둑에 새로 씨를 뿌린 후 가시덤불을 펴놓거나, 두둑으로부터 한 뼘쯤 위에 대나무 작대기를 걸쳐놓기도 한다.

형태와 기능, 그리고 도시 퍼머컬처

도시에 존재하는 장소들은 퍼머컬처 디자인을 하려고 할 때 도전과 기회로 이루어진 복잡한 문제를 던져준다. 도시에서는 작은 장소에 집어넣어야 할 것들이 많다. 이 장에서는 생활폐수 재사용(5장)에 대해서는 이야기하지 않았지만, 이것도 도시 마당에 적용하기에 딱 알맞다. 생활폐수 재사용은 물을 보존하고, 폐기물을 양분으로 재활용해서 푸른 잎으로 바꾸고, 그 양분을 가정 경관에 묶어놓는 하나의 방법이다. 도시의 부지에 있는 생활폐수 습지는 물을 정화하고 연못으로 흘려보내 관개에 이용하도록 할 수 있을 뿐만 아니라, 생산적인 늪 정원이라는 이중의 역할을 할 수도 있다. 탱크와 작은 연못에 물을 모으고 저장하는 것도 도시에서 쓸 수 있는 완벽한 전략이다. 나는 200ℓ들이 빗물통 한두 개로 작은 텃밭에 물을 줌으로써 옥외에서 도시 수도를 이용하는 일을 그만둘 수 있었던 도시농부를 여럿 알고 있다.

　여러 가지 퍼머컬처 전략과 기술을 작은 도시 부지 안에 꾸려넣으면, 그곳은 흥미롭고 역동적인 장소가 된다. 우리는 몇 백 제곱미터 안에 수십 혹은 수백 가지 종류의 식물을 집어넣을 수 있다. 이 식물들은 우리를 먹여 살릴 뿐 아니라 이로운 새와 벌레 들의 먹이가 되고, 흙 속의 생명에게 자양분을 제공한다. 지붕과 포장도로에서 받은 빗물과 싱크대와 샤워실에서 나온 생활폐수는 스웨일과 습지, 연못을 따라 흘러가며 지표선 위아래의 식물과 동물을 살찌운다. 식물과 물은 닭을 비롯한 작은 동물들을 통해 순환되며, 이 동물들은 다시 자체의 순환 과정에서 알과 분뇨를 생산한다. 날씨, 소음, 교통, 바람, 태양에서 오는 거친 힘은 이와 같은 겹겹의 고리에 붙잡혀 온화한 생명의 오아시스와 포근한 미기후로 바뀐다. 도시의 생태정원은 바쁜 도시 속에서 우리를 반기는 고요한 섬처럼 느껴지지만, 초록으로 우거진 정원의 표면 아래에는 역동적이고 복잡한 생명의 그물망이 자리하고 있다. 훌륭한 생태디자인은 조그만 마당에 많은 것을 집어넣을 수 있게 해준다.

여태까지 이 책의 여정은 자연과 유사하게 보이면서도 사람을 보살피는 경관과 숲 정원을 목적으로 두고 있었다. 그러나 이 장에서 한 이야기는 대부분 마당을 숲처럼 만드는 것과는 거리가 멀다. 밭두둑과 울타리유인을 한 과일나무, 빗물통, 생활폐수 습지, 개가 다니는 통로, 물을 거두는 보도 경사로는 야생의 숲에서는 찾아볼 수 없는 요소다. 이 점은 퍼머컬처를 보다 폭넓은 관점에서 이해하게 만든다. 퍼머컬처는 단순히 숲 정원 가꾸기나 자연생태계의 모습과 분위기를 모방하는 것이 아니다.

퍼머컬처는 생태계처럼 기능하는 경관을 만드는 디자인 접근법이지만, 그렇다고 해서 퍼머컬처 디자인이 자연의 모습과 항상 똑같아야 하는 것은 아니다. 퍼머컬처의 요지는 야생에서 일어나는 것과 같은 작용을 유도하는 것이다. 토착종 참나무와 울타리유인을 한 과일나무는 둘 다 환경에서 비슷한 역할을 한다. 서식지를 제공하고, 비의 힘을 누그러뜨리며, 흙을 제자리에 붙들어두고, 토양을 조성하는 등의 일을 하는 것이다. 부틸 고무로 두른 생활폐수 습지는 읍에서 약 $60km$ 밖에 있던 옛 습지와 마찬가지로 물을 정화하고 부들과 골풀을 키운다. 결국 우리가 추구하는 것은 생태계의 겉모습이 아니라 기능이다.

만약 자연과 같이 기능하는 경관이 모습 또한 자연과 비슷하게 보인다면, 디자인하는 일이 더 쉬울 것이다. 특히 디자이너가 경험이 부족할 경우에는 더 그렇다. 우리들 대부분에게 있어서 형태와 작용은 서로 깊이 연결되어 있다. 형태는 기능을 따른다는 건축학의 오래된 경구처럼 말이다. 그러나 생태정원의 핵심으로 들어가면 우리는 자연의 형태를 모방하고 있는 것이 아니다. 우리는 자연의 작용이 일어날 수 있는 조건을 마련해서, 우리의 경관이 생태계와 같이 움직이고 지구를 짜맞추고 있는 조화로운 관계들 속에 엮여 들어가도록 하려는 것이다. 형태와 기능은 별개라는 점을 깨달으면 새롭고 드넓은 디자인의 길이 열린다.

피복이 잘된 밭두둑과 숲 바닥은 전혀 다르게 보이지만, 죽은 조직을 분해해서 다시 꿰매어 붙여 생명의 역동적인 흐름 속으로 돌려보내는 재주 좋은 미생물 연금술사들의 집이 된다는 점에서는 마찬가지다. 열쇠구멍 모양 두둑이라는 만다라 같은 미궁은 야생의 자연에서 볼 수 있는 그 무엇과도 닮지 않았다. 그렇지만 식물을 심을 수 있는 면적은 최대로 늘리고 통로가 되는 변두리는 최소로 줄인다는 점에 있어서는, 자연이 창조한 폐 속에 있는 공기방울 모양의 꽈리나 산호초에 사는 생물의 엽형(葉形) 보금자리와 똑같은 원칙을 따르고 있다. 다시 말해 만다라 정원과 폐, 산호는 모두 자원을 붙잡고 옮기기 위해 표면적을 최대로 넓히는 방식의 패턴을 택하고 있다. 그 자원은 햇빛과 흙일 수도 있고, 산소와 이산화탄소일수도 있고, 흘러 지나가는 바닷물에 용해된 영양분일 수도 있다. 크기도 다양하고 표현된 형태도 여러 가지이며 때로는 은밀하기까지 한 생명의 여러 패턴을 알아보고 그 언어로 이야기하는 법을 배우면, 그 패턴을 이용해 여러 형태를 디자인할 수 있게 된다. 우리는 더 이상 겉모습만을 베끼는 데 머무르지 않게 된다. 왜냐하면 자연과 더 깊이 공명하는 법을 발견했기 때문이다.

퍼머컬처 디자인을 할 때 우리는 숲의 가장자리에서 찾아볼 수 있는 생태적인 기능과 완전성을 기대할 것이다. 그렇지만 도시에는 키 큰 나무와 그 아래에 층층이 쌓인 예닐곱 개의 층을 위한 공간이 없다. 그러나 날카로운 직각으로 뚝 떨어지는 대신에 우아한 호를 그리며 땅으로 내려오는 부드러운 가장자리의 패턴을 이해하고, 또 자연이 형상을 러시아의 마트료시카 인형처럼 서로 포개어 넣어서 그 형상들이 각기 빛과 물, 양분을 거둘 수 있도록 배치한다는 것을 이해하고 나면, 무식하게 형태만을 베끼는 대신에 패턴의 본질과 협력할 수 있다.

퍼머컬처 관련 저자이자 디자이너인 패트릭 화이트필드는 '오리지널 퍼머컬처'와 '디자인 퍼머컬처'의 차이점을 지적한다. 그가 '오리지널 퍼머컬처'라고 부르는 것은 자연경관의 모습을 닮은 디자인을 뜻하고, '디자인 퍼머컬처'라고 부르는 것은 자연경관 안에 있는 작용과 관계에 초점을 맞춘 것이라고 한다. 이 구별은 매우 유용하다고 생각하지만, 화이트 필드의 용어는 별로 그렇지 않다. 왜냐하면 많은 '오리지널' 퍼머컬처 공간은 몰리슨과 홈그렌의 초창기 디자인들처럼 전혀 자연을 닮지 않았기 때문이다. 그런 장소에서 볼 수 있는 열쇠구멍 모양 두둑과 등고선을 따라 심은 나무들의 줄, 두터운 밀짚 피복은 전혀 자연을 닮지 않았다. 또한 퍼머컬처 디자인 방식은 모두 관계를 창출하려는 의도를 가지고 있다. 차이가 있는 것은 오리지널 디자인이냐 나중에 한 디자인이냐가 아니다. 그 차이는 **형태 퍼머컬처**(form permaculture)와 **기능 퍼머컬처**(function permaculture)라는 용어로 더 잘 나타낼 수 있겠다는 생각이 든다.

'형태 퍼머컬처'는 자연의 모습과 눈에 보이는 배치를 모방함으로써 우리가 디자인을 할 때 자연의 작용을 더 쉽게 포착하게 해준다. 반면에 '기능 퍼머컬처'에서는 자연의 작용을 더욱 깊이 이해해서 자연의 여러 기능을 직접적으로 다루게 되는데, 그 방식은 자연의 모습처럼 보이지 않을 수도 있다.

생태적인 도시경관을 디자인할 때는 형태 퍼머컬처보다 기능 퍼머컬처를 더 많이 사용하게 될 것이다. 왜냐하면 작은 도시 공간에서는 야생에서 볼 수 있는 거대한 규모의 조합을 쉽게 적용할 수가 없고, 강제로 작용과 기능에 집중하게 되기 때문이다. 도시에서는 우리가 쓰는 모양과 패턴이 제대로 작동하고 설득력만 있다면, 자연스러운 형태를 고수하는 것은 중요하지 않다.

그렇기 때문에 도시의 퍼머컬처 정원은 야생지대처럼 보이는 경우가 드물 것이다. 전체적인 디자인과 그 속의 부품들은 신기한 모양을 하고 있을 수도 있다. 이를테면 나선형이나 나뭇가지 모양의 밭두둑 위에 식물들을 쌓아올린 정자가 있을 수도 있고, 보도의 가장자리에 왜성 교목 길드가 있을 수도 있다. 도시의 마당도 야생지대처럼 여전히 햇빛과 바람에 영향을 받지만, 마당의 디자인과 기능은 아이들과 애완동물, 지방 조례, 사회생활, 교통 소음, 지역권, 이웃의 의견 등 토착의 숲에서는 느낄 수 없는 여러 가지 힘에 의해서 형성되기도 한다. 도시의 마당은 자연처럼 보이지 않는다. 하지만 자연의 패턴과 작용을 이해하면 도시의 마당도 자연과 같이 작동할 수 있다.

12

폭발하는 생태정원

앞의 열한 장에서 나는 생태적으로 건전한 정원을 짜맞추는 데 쓸 수 있는 도구 상자를 열어서 보여주었다. 이 장에서는 우리가 걸어온 길을 간략하게 돌아보고, 이론이 현실을 만나면 어떤 일이 일어나는지를 설명하려 한다. 생태정원은 현실적으로 봤을 때 얼마나 잘되는지, 어떤 한계가 있는지, 정원이 성숙함에 따라 무엇을 기대해야 하는지를 이야기할 것이다. 큰 그림을 보고 싶어 하는 사람들을 위해서 생태정원을 움직이게 하는 배후의 원리(어째서 단순한 부분이 아닌 관계가 그렇게도 중요한지)도 약간 설명하고, 더 멀리 탐색할 방향도 제시하려 한다.

모든 정원이나 경관의 심장부, 생태피라미드의 밑바닥에는 흙이 있다. 건강한 흙을 만들면 나머지 농사일은 간단해진다. 퇴비 만들기나 두텁게 피복하기, 피복작물과 영양분을 저장하는 식물을 이용하는 기술 덕분에, 생태정원사의 흙은 식물 뿌리로 양분을 돌리는 땅벌레와 이로운 미생물로 가득하다. 부식질이 많고 비옥한 토양은 넓은 대열의 토양생물을 받쳐주고, 그것은 이어서 다양한 식물종을 키워내며, 이 식물들은 익충과 새를 비롯해 자연의 하사품을 나누러 온 동물들로 이루어진 드넓은 스펙트럼을 부양한다.

건강한 흙은 자급자족하는 정원의 두 번째 요소인 물이 풍부해지도록 보장한다. 깊고 폭신한 부식토는 빗물과 관개수를 어떤 다른 매체보다도 효과적으로, 그리고 비용 또한 싸게 보존한다. 피복을 두텁게 하면 증발이 늦추어진다. 연못과 탱크에 물을 저장하면 긴 가뭄을 견딜 수도 있다. 연못과 탱크는 빗물로 채워지거나 생활폐수 시스템을 통해 재활용된 물로 채워진다. 지속가능성은 덜하지만 우물이나 상수도에 연결된 관을 통해 물을 채울 수도 있다. 이렇게 하면 정원의 환경에 수분이 풍부해진다.

흙과 물은 정원을 작동시키는 무대 뒤의 요소다. 무대의 중심에 있는 세 번째 요소는 식생이다. 여러 가지 역할을 수행하도록 선택된 유용하고 아름다운 식물들은 토착종, 야생화된 변종, 침입성이 없는 외래식물, 보존이 필요한 희귀 토착식물과 희귀 외래식물, 상속받은 작물, 이웃과 친구들의 마당에서 나온 꺾꽂이용 삽수 등에서 고른 것이다. 짧게 말해, 손에 넣을 수 있고 또 그것이 윤리적으로 타당하다면 온갖 원천에서 식물을 고를 수 있다. 식물은 모두 최소한 두 가지 이상의 기능을 한다(뭐, 어쩌면 소수의 식물은 그저 예쁘게 보일 뿐일 수도 있다. 어쨌든 간에 우리는 인간이니까). 식물들은 서로 협력하여 사람과 자연의 나머지 존재들에게 혜택을 베푼다.

마침내 정원은 스스로의 선택과 우연에 의해 여러 동물에게 집을 제공한다. 올바른 환경 아래에서라면 토끼와 닭, 오리, 심지어 미니돼지도 이 정원에서 일을 할 수 있다. 동물들은 땅을 갈고, 흙에 거름을 주고, 잡초와 쓰레기를 비료로 바꾸고, 우리를 인간 이상의 자연과 연결시켜준다. 가축이 없더라도 생태정원은 꽃가루매개자, 해충 조절자, 청소부를 위한 니치로 가득하다. 그런 동물들은 꽃을 수분하고, 무성한 잎과 야생 열매를 뜯어 먹고, 사냥감을 찾아 돌아다닌다. 정원은 붕붕거리고, 팔랑거리고, 쏙 날아오르고, 후두둑 뛰어다니는 무리들로 인해 살아 있다.

흙, 물, 식물, 동물은 생태정원의 역동적인 네 가지 구성 요소다. 나는 이 목록에 디자이너와 거주하는 사람을 다섯 번째 요소로 더하려 한다. 디자이너와 거주자는 다른 모든 요소들을 형성시키고 상호작용을 한다. 정원에는 또한 구조물이라는 정적인 여섯 번째 요소도 있다. 온실을 비롯한 건물, 울타리, 트렐리스, 퇴비더미, 통로, 문은, 움직일 수는 없지만 정원을 통과하는 흐름을 형성시킨다.

그러나 전에도 말했던 것처럼 이것들은 부품에 불과하다. 생태정원의 아름다움과 효율성은 그 부품들이 어떻게 연결되었느냐에 달려 있다. 자연스럽고 지속가능한 환경을 결정하는 것은 물체 자체가 아니라 물체들 사이의 흐름이다.

생태정원에서는 빽빽한 관계의 그물망을 형성하기 위해 여러 전략을 결합해서 이용한다. 기능 중합은 모든 요소를 하나 이상의 다른 요소와 연결시키기 위해 쓰는 방법이다. 생태정원의 갖가지 요소들은 복합적인 기능을 수행한다. 예를 들어, 정원의 한쪽 경계에 있는 애기해바라기 산울타리는 잡초가 뚫고 들어오는 것을 막는 장벽 역할을 하면서 먹을 수 있는 새싹, 늦가을에 감상할 수 있는 색깔, 새들이 먹는 씨앗, 다량의 피복재도 제공한다. 이런 용도를 통해 해바라기는 정원의 다른 부분과 연결되고, 노동력과 비료 같은 외부 유입물을 줄인다.

또한 각각의 기능은 다수의 요소에 의해 수행된다. 해바라기 산울타리는 차가운 가을 바람을 눅이고, 다른 산울타리와 나무들, 세심하게 배치한 온실, 돌벽, 흙으로 쌓은 둑턱과 함께 연약한 식물을 위한 아늑한 장소나 일광욕을 할 수 있는 장소를 조성할 수 있다. 이렇게 몇 가지 기술을 결합하여 같은 목적을 수행하도록 하면, 한 가지 방법이 실패했을 때 그것을 대체할 수 있는 방법이 있게 되고, 기대하지 않았던 상승효과를 만들기도 한다. 보라, 이 바람막이들의 결합은 가까운 간선도로에서 들려오는 소음을 막고, 이웃의 시선도 차단했다. 이제 우리에겐 완벽한 은신처로 쓰거나, 야외 욕조를 둘 수 있는 장소가 생겼다.

정원을 이루는 부품들을 연결하는 데는 지구와 구역을 세심하게 설정하는 방법도 있다. 지구와 구역에는 식물을 비롯한 요소들이 각기 얼마나 잦은 보살핌을 필요로 하는지, 그리고 태양, 바람, 시선과 같은 외부로부터 오는 에너지와 어떻게 상호작용하는지에 따라 요소들을 배치한다.

자연의 패턴은 정원의 디자인을 결정한다. 통로와 재배식물은 공간을 절약하기 위해 도드라진 나선으로 휘감기기도 하고, 손이 쉽게 닿을 수 있도록 열쇠구멍 모양 두둑으로 구부러지기도 한다. 또 에너지를 거두고 절약하기 위해 나뭇가지, 그물, 엽(lobe) 등의 패턴이 이용되기도 한다. 정원을 층층이 쌓아올려서 삼차원으로 범위를 확장시키면, 효율적으로 햇빛을 거두어들이고 야생동물에게도 많은 니치를 제공할 수 있다.

여기서 식물은 햇빛을 거두고 저장하며, 연못은 물을 잡아 가두고, 생활폐수 습지는 하마터면 잃어버릴 뻔했을 폐기물을 붙잡아서 이용한다. 이 모든 부품들은 서로 연결되어 저절로 채워지고 넓어지는 완전하고 조화로운 전체를 이룬다. 정원은 에너지와 영양분을 가려내는 그물이요 체다. 무엇이든 그 체를 통과하여 나오면 꽃, 새, 곤충, 먹거리, 건강한 사람의 공동체로 변화한다.

다양성은 이 경관을 유연하고 탄력 있게 한다. 그토록 많은 생명체가 서식하면서 무수

부서진 콘크리트('도시암')로 쌓은 축대 위에 먹거리와 서식지를 제공하는 식물들이 자라고 있다. 뉴멕시코 주의 로스앨러모스에 있는 메리 제마크의 정원. 산타페에 사는 벤 해거드와 네이트 다우니(Nate Downey)가 디자인했다.

한 상호작용을 일으키는 곳에는 많은 통로와 연결 고리, 가능성이 있다. 환경에 변화가 생기면, 그곳에서 일어나는 순환들은 새로운 조건에 적응하느라 밀물과 썰물을 일으킨다. 진딧물이 한 구석에 너무 많이 있으면 회향과 시라 사이에서 잠자고 있던 무당벌레가 갑자기 불어나 잔치를 벌인다. 집주인이 휴가를 간 사이에 잔뜩 떨어져서 썩어가고 있는 과일에는 새와 곤충, 토양생물 들이 게걸스레 덤벼든다. 과일은 집주인이 돌아오기도 전에 흙과 더 많은 생명으로 환생하게 된다. 집주인은 자신이 없었던 사이에 일어났던 청소부들의 광란을 전혀 알지 못할 것이다. 이런 작은 기적은 생태정원에서는 흔해빠진 것이다.

생태정원은 끊임없이 진화한다. 진화의 마지막 결과를 구경하는 것도 좋지만, 그 과정을 관찰하는 것은 매우 매혹적인 일이다. 한때 불모지였던 흙이 해가 거듭함에 따라 풍요로워지고 절로 치유되는 모습을 보고, 새로운 새나 곤충이 보금자리를 찾는 것을 관찰하고,

처음으로 나온 월귤이나 포도를 맛보고, 조상이 물려준 사과나무에서 과일을 따 먹는 것은 참으로 신 나는 일이다. 이처럼 생태정원에서는 매년 예기치 않은 새로운 경험을 할 수가 있다. 생태정원에서 한 해 한 해는 얼른 통과해야만 하는 어떤 단계가 아니라, 그 자체로 완결된 것이다.

올바른 부품 선택하기

올바른 부품을 제공하고 중요한 순환이 이루어지도록 하는 것이 생태정원을 만드는 작업의 대부분을 차지한다. 다시 한 번 말하지만, '부품'이라고 할 때는 교목, 관목, 울타리 따위의 단순한 물체를 말하는 것이 아니라, 토양을 조성한다든가, 햇빛을 거두어들인다든가 하는 역할을 말하는 것이다. 어쨌든 여기서는 이 책 전체를 통해 이야기한 내용을 요약하는 뜻에서, 성공적인 생태정원을 이루는 중요한 기능(식물들의 역할과 자원을 거두고 저장하는 방법)과 관계(영양소의 순환을 비롯한 중요한 상호작용들)를 열거해보겠다. 이 단락의 어떤 부분은 단순한 복습에 불과하지만, 어떤 개념은 새롭거나 더 큰 문맥 안에서 제시되어 있다. 이 요소들을 제자리에 두면, 정원은 거의 분명히 미니생태계로 융합될 것이다.

토양을 비옥하게 하는 방법

자원을 붙잡아 가두는 것이야말로 지속가능한 정원을 만드는 열쇠다(이 점은 사회에서도 마찬가지다). 모든 식물은 탄소와 미네랄을 거두어들인다. 그리고 식물이 그 자리에서 썩도록 놔두면 그 영양소가 흙에 더해진다. 그런데 이 일을 다른 식물보다 더 잘하는 식물들이 있다. 특히 조성된 지 얼마 안 된 경관이나 정기적으로 수확을 하는 텃밭에서는 건강한 토양을 만들고 유지하기 위해 땅을 비옥하게 만드는 식물이 중요하다. 왜냐하면 그 식물들은 황폐한 땅으로 영양소를 흘려보내어 수확 바구니가 앗아간 양분을 다시 채워주기 때문이다. 정원을 가꾸는 초창기에는 땅을 비옥하게 하는 식물이 면적의 반까지도 차지할 수 있다. 우리는 이런 식물을 6장에서 많이 만났다. 이런 식물은 다음의 세 그룹으로 나눌 수 있다(부록에 종의 목록이 있다).

질소고정식물. 질소는 정원에서 제한영양소(limiting nutrient)인 경우가 많다. 그렇기 때문에 콩과식물과 부록에 열거되어 있는 다른 많은 질소고정식물은 비료의 필요성을 크게 줄여 준다. 그리고 이 식물들은 비료가 할 수 있는 것보다 더 많은 유기물을 살아 있는 흙 속에 집어넣는다. 질소고정식물은 아마도 정원을 가꾸는 초창기에 마련해야 하는 가장 중요한 식물일 것이다. 빈약한 토양에서는 질소고정식물을 전체의 25%로 시작해도 과하지 않다. 정원이 성숙함에 따라 질소고정식물은 도태시킬 수 있다. 다년생과 일년생 초본뿐만 아니라 질소를 고정하는 교목과 관목을 이용하는 것도 잊지 말자.

영양소 축적식물. 뿌리가 깊은 이 식물들은 하층토양에서 미네랄을 캐내어 영양소를 정원으로 나른다. 이 영양소는 식물과 미생물과 동물에 휩쓸려 서로 맞물린 물질과 에너지의 순환으로 들어가게 된다. 영양소 축적식물은 다른 토양조성식물이 더한 질소와 탄소에 균형을 맞춘다.

피복재 식물. 모든 식물은 낙엽이 떨어질 때 피복재를 흙에 더한다. 그런데 어떤 식물은 이 일에 특별히 뛰어나다. 잎이 크고 무성하며 강도 높은 전정을 견딜 수 있는 식물이 최고의 선택이다. 처음에는 피복재의 대부분이 초본층에서 나올 테지만, 정원이 성숙함에 따라 교목과 관목이 피복재 생산의 큰 부분을 대신하게 된다.

다른 생물계를 정원에 포함시키는 방법

비록 식물이 정원의 중심 요소이기는 하지만, 뒷마당 생태계가 진정으로 번성하려면 자연의 나머지 부분과 연결되어야 한다. 다른 생물계와의 연결은 식물과 정원사가 할 수 없는 방식으로 에너지와 영양소를 정원 안으로 끌어들이며, 더 복잡하고 탄력 있는 순환을 창출한다. 정원으로 날아드는 새 한 마리는 어딘가에서 새로운 씨앗을 가지고 들어온다. 이 씨앗들은 정원의 다양성을 넓히거나 점유되지 않은 니치를 채울 것이다. 또한 새는 정원 밖에서 거두어들인 것을 똥의 형태로 떨어뜨리고 가기도 한다. 어떤 사람에게는 새똥에 불과하겠지만, 생태적인 관점을 가지고 보면 이것은 유용한 투입물로, 저절로 굴러들어온 호박이라고 할 수 있다. 정원을 찾아오는 동물들은 각기 어디선가 에너지와 양분을 모아서 날라 온다. 게다가 정원에 오는 새, 곤충, 그 밖의 동물은 모두 먹이그물에서 새로운 연결 고리를 만들어낸다. 동물들은 이용되지 않고 있는 자원을 거두어들이고, 다른 생물에게 먹이를 제공하고, 역동적인 평형 작용에서 한몫을 담당한다. 그리고 그 평형 작용이야말로 생태계인 것이다.

이로운 방문객들을 끌어들여 머물게 하려면 다른 생물계와 동반 관계를 맺는 식물 품종을 심을 필요가 있다. 이 일을 하는 식물은 몇 가지 종류로 분류할 수 있다.

곤충유인식물. 이제는 친숙해진 이 식물은 꿀이나 꽃가루를 내고, 사냥감이 되는 종(진딧물이나 애벌레)을 끌어들이거나 곤충의 집이 된다. 이 범주에는 이로운 토착 곤충을 끌어들이는 토착식물뿐 아니라 외래식물도 포함되어야 한다. 왜냐하면 우리 주변에 있는 곤충들 중 큰 비율을 외국에서 귀화한 종이 차지하기에 토종이 아닌 숙주가 필요하기 때문이다. 다양한 종류의 곤충유인식물이 있어서 개화기를 오랜 기간 유지하거나, 어떤 방식으로든 효력이 오래 지속되어야 한다. 필요할 때면 언제든지 꽃가루매개자와 해충 전투원이 붕붕거리며 나타날 수 있도록 말이다.

야생동물유인식물. 새와 포유동물, 파충류, 양서류에게 먹이와 보금자리를 제공하는 초본과 관목, 교목은 정원에 다양성을 가져다주고 해충 문제를 감소시킨다. 여기서도 여러 가지 종류를 다양하게 심는 것이 중요하다. 키가 서로 다른 식물뿐 아니라 목질식물과 조직이 부드러운 식물을 모두 선택하자. 여러 가지 유형의 먹이를 제공하도록 다양한 과일, 꽃, 잎, 가지가 달리는 식물을 심자. 잎이 빽빽한 식물과 성긴 식물을 모두 심자. 먹이가 사계절 내내 제공되도록 식물을 선택하자.

모이와 꼴로 쓸 수 있는 식물. 닭, 오리, 토끼와 같은 작은 동물이 어떻게 비료와 같은 유입물에 대한 의존을 줄이고 일상 활동을 하면서 쓸모 있는 일을 하는지를 앞에서 보여주었다. 씨앗, 견과, 꼬투리, 과일, 마초, 어린잎을 제공하는 식물을 키워서 동물 도우미에게 모이와 꿀을 마련해주어 그 순환을 더욱 알차게 완결시키면 어떨까.

사람을 위한 식물. 모든 정원은 인간을 위해 무언가를 제공해야 한다. 먹거리, 소득, 공예, 섬유, 약, 건자재, 묘목, 종자 보존, 아름다움을 위한 식물을 포함시켜서 정원의 식물군을 사람에게 알맞게 조정하자.

자원을 거두고 재활용하는 법

생태정원은 그물망과 같아서, 통과하는 모든 자원(미네랄, 유기물, 햇빛, 물, 생명체)을 걸러서 담는다. 중요한 점이 또 있다. 생태정원은 숙련된 재활용꾼으로, 물질과 에너지를 흙에서 식물, 식물에서 동물, 동물에서 흙으로 계속해서 옮긴다. 마지막 한 조각의 혜택까지 다 끌어낼 때까지 말이다. 모든 자원을 세심하게 관리하는 이 방식은 지속가능한 정원을 만드는 열쇠다. 그래서 우리는 정원으로 들어오는 자원을 가능한 한 많이 붙잡아서 재활용한다. 이렇게 하는 데는 수동적인 방법이 가장 좋다. 수동적인 방법을 쓰면 정원사는 시스템을 구축하는 것 이상의 일을 할 필요가 없다. 일단 구축된 시스템은 날마다 자원을 거두어 정원에서 순환시킨다. 이것은 정원을 풍요롭게 하는 간단한 방법이다. 자원을 모으고 재활용하는 방법과 관련 기술은 다음과 같다.

물 모으기. 스웨일과 수로를 파서 땅 위에 흐르는 빗물을 받고, 흙에 부식토를 더하고, 피복을 두텁게 하고, 식물을 빽빽하게 심고, 지붕에 떨어지는 빗물을 받아서 탱크와 연못에 모으는 것은 모두 물을 잡아 가두는 훌륭한 빙법이다. 이런 방법을 이용하면 정원을 계속 자라게 하는 데 필요한 물의 대부분을 충당할 수 있다. 우물처럼 에너지를 많이 투입해야 하고 재생 가능성이 떨어지는 수원에 의지해야 할 필요가 줄어드는 것이다.

영양분 거두기. 생활폐수 시스템은 하수구로 버려지는 미네랄과 유기물을 거두어들인다.

부식질이 풍부한 토양은 소중한 물질이 빗물에 침출되어 나가는 것을 막는다. 나무를 쳐서 나온 가지를 트럭이 싣고 가도록 보도 위에 놔두지 말고 가져와서 퇴비로 만들고 피복재로 쓰면 땅이 비옥하게 유지될 것이다. 그리고 이웃들은 때때로 자기네 마당에서 나온 쓰레기를 즐거이 나누어줄 것이다(어리석게도 말이다). 이웃은 유기물을 공짜로 얻을 수 있는 훌륭한 원천이다. 식물들도 비에서 양분을 끌어내고 먼지와 바람에 실려 온 부스러기를 거두어들인다.

층층으로 정원 가꾸기. 교목, 관목, 키 작은 식물을 뒤섞어놓은 다층의 정원은 엄청난 면적의 잎을 가지고 있어서 단층의 경관보다 훨씬 더 효율적으로 햇빛을 붙잡아 생명으로 바꾼다. 복층 구조는 증발로 인한 수분 손실을 늦추고, 안개를 거두어서 전체 강수량을 높이기도 한다. 게다가 입체적인 정원은 다양한 서식지를 갖추고 있어서, 더 많은 새와 익충을 그것들이 제공하는 보너스와 함께 끌어들인다.

구역 이용하기. 식물, 건물, 통로, 바람막이를 비롯한 요소들을 계절에 따른 태양의 변화와 바람의 방향, 풍경, 화재가 났을 때 불이 번지는 방향, 야생동물 통로 등 바깥에서 오는 에너지와 적절한 관계를 이루도록 배치하면, 이런 외부적인 힘에서 혜택을 얻고 소모적인 영향은 줄일 수 있다.

동물 더하기. 동물은 흔히 간과되는 정원의 요소다. 그러나 동물은 많은 역할을 한다. 동물은 과잉된 것을 모두 먹어서 쓸모 있는 일, 더 많은 동물, 생산물, 똥거름으로 바꾼다. 우리는 이 복합적인 선물 중에서 받고 싶은 것을 선택할 수 있다. 동물을 정원으로 끌어들이는 기술에는, 새가 와서 땅을 긁고 똥거름을 넣었으면 싶은 곳에 모이 그릇을 걸어두는 간단한 것도 있고, 알과 고기를 생산하는 가금을 닭 트랙터에서 키우면서 영양분이 풍부한 갖가지 모이 식물을 키우는 복잡한 것도 있다.

동물은 잉여와 사람이 이용할 수 없는 과일과 풀을 먹고 소화관으로 처리하여 분해자들이 쉽게 정원 생태계로 되돌릴 수 있게 준비를 해준다. 동물은 생산자인 식물과 분해자인 토양생물을 한데 묶어주는 소비자다.

상호 연결 관계 조성하기

상호 연결 관계가 풍부한 생태계에서는 사소한 실패가 일어나도 무시할 수 있다. 몇 가지 식물을 잃어버리거나 질병이 창궐해도, 작물을 규칙적으로 줄줄이 심어놓은 밭에서처럼 대단한 차질을 빚지는 않는다. 연결 관계와 예비된 잉여의 존재가 정원 생태계를 탄력 있는 그물로 바꾸기 때문이다. 실을 몇 오라기 잘라도 전체적인 그물은 유지된다. 그리고 살아 있는 그물이라면 생명의 이동과 번식, 쇄도로 인해 잘린 부분이 재빨리 복구된다. 생태정원을 관행적이고 취약한 형태의 정원과 구별하는 것은 어떤 다른 요인보다도 바로 이 망상조직이다. 그러므로 생태정원사는 깊고 복합적이고 강한 관계를 창출하는 것을 제일가는 목적으로 삼아야 한다. 이런 망상조직을 일구어내는 방법은 다음과 같다.

지구 시스템으로 디자인하기. 가장 먼저 만들어야 하는 연결 고리는 정원사와 경관의 요소들을 한데 묶어주는 고리다. 사람이 머물러서 보살필 이유가 없는 정원은 정원사와 잘 연결되어 있지 못하기 때문에 야생 상태의 빈터로 빠르게 되돌아간다. 지구 시스템이 만들어내는 연결 고리는 디자인의 요소가 얼마나 잦은 관심을 필요로 하는가에 따라 길이(디자인의 요소와 집 사이의 거리)가 결정된다. 가장 바쁜 관계가 가장 짧다. 시간을 절약하고, 까다로운 식물이나 자주 이용하는 식물이 무관심으로 인해 고통받지 않게 하기 위해서다. 지구 개념을 이용할 때 가장 좋은 점은 정원의 중심에 살게 된다는 것이다.

정원사의 동맹군을 위한 니치 제공하기. 벌레와 미생물, 척추동물을 비롯한 야생동물의 대다수는 정원에 이롭거나 전혀 해를 끼치지 않는다. 일반적으로 봐서, 더 다양한 종이 있을수록 어떤 한 종이 통제에서 벗어날 기회가 줄어든다. 앞에서 설명한 야생동물유인식물도 니치의 다양성을 늘리는 한 가지 방법이다. 니치를 개선하는 다른 방법으로는 새집과 모이 그릇 두기, 피복재를 깔아서 포식성 무당벌레가 숨을 곳을 마련하고 곤충을 사냥하는 새를 유인하기, 이로운 도마뱀과 새를 위한 암석정원 만들기, 벌레와 새를 위해 나뭇가지 쌓아두기, 연못을 만들어 물고기와 양서류에게는 집을 제공하고 다른 동물들에게는 물 마시는 장소를 마련해주는 방법이 있다.

보모 식물로 생존과 성장을 개선하기. 보모 식물, 발판 식물, 보호자 식물(표6-4)은 어리거나 연약한 종이 자리를 잡을 수 있도록 도와준다. 이런 식물은 또한 피보호 식물의 성장률을 그 식물이 혼자서 성취할 수 있는 것보다 훨씬 더 높여준다. 영양소를 축적하고, 바람과 강렬한 태양으로부터 다른 식물을 보호하고, 천연 피복재를 생산하고, 때로는 익충과 야생동물의 은신처가 되기도 하는 보모 식물과 그 밖의 식물들은 갓 이식한 어린 식물과 그것을 죽이거나 도울 수 있는 힘 사이의 중요한 관계를 중재한다. 도우미 식물은 정원이 생태계처럼 작용하도록 추진하는 가장 큰 요소 중 하나다. 이들을 자유롭게 이용하자.

길드를 통한 군집 조성. 길드 또는 자연의 식물군집을 모방한 군집은 사람을 위해 생산을 하면서 식물과 동물 들이 정원사의 일 중 많은 부분을 대신하도록 한다. 예를 들어, 홀로 서 있는 과일나무는 사람이 물과 비료를 주고 농약을 쳐주어야 하며, 갖가지 요소들의 변덕에 의해 수분율과 병해충에 대한 감수성이 오르락내리락 한다. 하지만 그런 일을 하는 식물과 동물을 나무와 연결시켜주는 길드를 디자인하면 정원사와 나무가 둘 다 행복해진다. 뿐만 아니라, 다층 구조를 이루고 있는 풍요로운 길드의 그물망은 자원을 더 많이 거두어들이고, 새로운 니치를 만들어내며, 생물다양성을 증대시킨다.

기능 중합. 모든 요소들이 복합적인 기능을 하도록 디자인하면(예를 들어 한 그루의 보모 식물은 어린 피보호 식물에게는 그늘과 질소를 제공하고, 벌새에게는 꿀을 제공하며, 야생동물에게는 열매를 선사하고, 피복재를 빨리 키워내기도 한다) 밀집된 관계의 그물망이 형성된다. 식물을 비롯한 정원의 요소들은 각각이 수행하는 역할을 통해 다른 것과 연결된다. 관계의 그물이 두터워지고 코가 많아질수록 정원을 유지하기가 쉬워진다. 왜냐하면 대부분의 일이 정원 안에서 저절로 처리되기 때문이다. 한 생물이 실패했을 때는 그곳에 있는 다른 생물이 느슨해진 부분을 바로잡는다. 또한 경관이 깊이 있게 짜이면 고유한 성격과 새로움을 가진 하나의 개체로 움직이기 시작한다. 덕분에 생태정원은 매혹적인 장소가 된다.

뭉텅이로 넓혀나가기. 시험해보지 않은 임의의 큰 패턴을 한 번에 경관에 적용하는 것은 재난으로 가는 지름길이다. 알맞지 않은 식물을 심은 것으로 드러나거나, 요소들의 연결이 끊어져 서로 잘 협력하지 못하게 되거나, 끊임없이 구출 작업을 해야 하는 결과를 빚을 수도 있다. 그 대신에 집에서 가까운 곳에서 작은 규모로 시작하자. 어떤 것이 잘되는가 알아보고, 한 곳에서 재배가 성공적으로 이루어지면 이 패턴을 반복한다(새로운 장소에서는 적절하게 변형시켜야 한다). 시간이 지남에 따라, 식물이 번성하고 있는 작고 비옥한 땅 조각들이 한데 모여서 탄력 있고 건강한 전체를 이룰 것이다. 생태디자이너들은 이런 접근 방식을 '뭉텅이로 넓혀나가기(grow by chunking)'라고 부른다.

폭발하는 생태정원

생태정원에서의 모든 순간은 기쁨으로 가득 차 있지만, 한 장소가 진화하는 과정에는 특별히 흥미진진한 단계가 있다. 그것은 식물이 느릿느릿하게 자라고 토질이 눈치 채기 어려운 속도로 개선되는 초기 단계를 지나, 정원이 갑자기 생명력으로 폭발해서 푸른 잎과 과일, 꽃, 야생동물로 끓어 넘칠 때다. 초기 단계는 몇 년 동안 지속될 수 있다. 그렇지만 그 초기 단계를 지나면, 보라! 마치 임계질량에 도달했다는 듯이 장소 전체가 갑자기 '펑' 하고 폭발한다. 이제 정원은 살아 넘치는 활동을 전개한다. 거의 사막과 같은 모습에서 무성한 정글로 한순간에 바뀌어 살아 있는 에너지로 터져 넘친다. 퍼머컬처와 생태농법을 몇 해 동안 실천한 사람들은 모두 이 놀라운 변신을 목격해왔다. 예를 하나 들어보자.

첫 장에서 나는 뉴멕시코에 있는 록산 스웬첼의 정원을 소개했다. 록산과 두 어린아이가 이사했을 때 그 장소는 자갈 사막이었다는 사실을 기억하자. "처음에는 심은 것들이 모두 죽어버렸어요." 록산이 말했다. "너무 혹독한 환경이었지요." 식물이 여름에는 열기에 익어버렸고 겨울에는 얼거나 말라버렸다. "우리는 오래된 큰 돌이나 통나무를 가져와 보호용으로 놓고, 그 뒤에 작은 나무들을 심었습니다." 그녀가 회상했다. "조금 도움이 되었지요. 하지만 여전히 우리는 여러 가지 것들을 반복해서 심어야만 했습니다." 그들은 똥거름과 피복재를 트럭으로 실어왔고, 돌벽을 쌓아서 추운 밤에 열기를 보존하도록 했다. 온화한 미기후를 육성해서 비옥함을 품고 있는 조그만 공간들을 만들려고 했던 것이다.

두 번째로 그곳에 갔을 때는 정원을 디자인하고 조성하는 것을 도왔던 퍼머컬처 디자이너인 조엘 글랜즈버그가 와서 주변을 구경시켜주었다. 그들이 식물을 살리기 위해 썼던 전략을 설명하면서 조엘은 나에게 말했다. "처음에 우리는 보호된 지점을 하나 찾았습니다. 이를테면 스웨일을 따라서 난 장소 같은 곳 말입니다. 우리는 거기에 피복을 하고 선구식물을 심었지요. 주로 토착종과 외래종의 질소고정식물이었습니다. 뉴멕시코아까시나무, 좁은잎보리장, 시베리아골담초 같은 것을 심었지요." 이 식물들의 그늘 아래에는 과일나무와 견과류 나무를 심었다. 이 나무들은 결국 질소를 고정하는 보모 식물들 위로 솟아올라 임관을 형성할 것이었다. "우리는 순조로운 지점을 하나 만들어낸 다음, 거기에 자원을 집중시켜서 그 핵으로부터 점점 넓혀나가는 방식으로 작업했습니다." 조엘이 말했다. "그러자 그런 핵들이 서로 연결되기 시작했지요. 록산은 재빨리 알아챘습니다. 작은 장소를 통제해서 일단 성과를 거두고 나면, 다른 곳으로 이동해서 그 패턴을 반복하면 된다는 것을요." 모든 것을 한꺼번에 하려고 하기보다 작은 성공을 반복하는 전략, 즉 '뭉텅이로 넓혀나가기'는 과거의 성공을 바탕으로 작업을 하기 때문에 실패의 가능성을 줄인다.

그 전략은 들어맞았다. 5년 정도가 지나자, 생명이 자리를 잡고 추진력을 얻기 시작했다. 흙이 비옥해지고 그늘이 짙어졌으며, 낙엽이 많아지고 뿌리도 깊게 내려갔기 때문에 정원의 부품들이 하나로 합쳐지기에 충분했다. 정원 생태계는 '펑' 하고 폭발했다. 거친 사막에서 몇 년 동안 고군분투하던 식물들이 갑자기 폭발하듯이 자라고 있었다. 식물이 한 철에 몇 미터씩이나 자랐다. 흙은 한 달 동안이나 지속되는 가뭄에도 촉촉하게 유지되었다. 반짝이는 과일이 두터운 잎 무리를 제치고 열렸다. 가장 쓸모 있는 도구는 이제 삽과 스프링클러가 아니라 커다란 바구니와 전정톱이었다. 새들이 새로운 숲을 노래로 가득 채웠다. 이제 막 닫히려고 하는 푸른 잎의 지붕이 시원한 그늘을 드리워서 뉴멕시코의 강렬한 태양으로부터 대피할 피난처를 만들어주었으며, 흙이 바삭바삭 구워져서 마른 가루가 되지 않도록 보호해주었다. 이제 완전히 다른 에너지가 그 장소를 채우며 뒤덮고 있었다. 신비주의자가 그 모습을 보았더라면 어떤 영(靈)이 그 땅에 깃들어서 생명을 불어넣었다고 말했을 것이다.

록산이 정원의 초창기를 묘사할 때, 나는 뒷문 가까이에 있는 벌통에서 꿀벌들이 날아올라 작은 연못을 둘러싸고 있는 두터운 꽃의 카펫으로 가는 모습을 지켜보았다. 록산은 울창한 좁은잎보리장에서 가지를 좀 더 베어냈다. "이제 우리에게 가장 큰 문제는 그늘이

꽃피는 나무 퍼머컬처 연구소는 겨우 몇 년 만에 태양에 지글지글 구워지던 불모의 사막에서 생명과 함께 노래하는 무성한 오아시스로 자라났다.

너무 짙고 습기가 너무 많다는 거예요." 그녀가 말했다. "이제 덤불 속으로 복숭아씨를 던질 수도 없어요. 그러면 내년에 거기서 복숭아나무가 자랄 테니까요." 그러나 몇 년 전만 해도 그 장소는 지금의 록산네 울타리 바깥과 똑같은 불모지였다. 울타리 바깥의 땅은 아직도 벌거벗은 자갈밭이었고, 공기는 물집이 생길 정도로 뜨거웠다. 그런데 울타리 안으로만 들어오면 온도가 5~6℃는 내려가 더 시원했다. 겨울에는 서리가 덜 내렸으며, 밤중의 최저기온도 덜 혹독했다. 정원의 디자인은 무자비한 고원 사막 기후를 변화시켜서 달콤하고 안락한 환경을 만들어냈다. 대단한 위업이었다.

나는 주변을 둘러싸고 있는 헐벗고 침식된 구릉을 바라보면서 록산의 정원과 같은 풍요로운 먹거리숲으로 뒤덮인 미국의 남서부를 상상해보았다. 핵이 되는 각각의 집들로부터 초록의 임관과 깊은 토양의 그물이 펼쳐지고, 결국에는 서로 연결되어 무성하고 풍요로운 자연의 카펫이 끝없이 펼쳐지는 것이다.

록산의 정원에서 내가 보고 있었던 현상, 그러니까 젊은 생태정원이 자급자족하는 생태계로 '펑' 하고 변모하는 현상은 잘 알려져 있다. 이 현상은 블록 형제, 페니 리빙스턴, 록산, 제롬 오센토스키에게 모두 일어났다. 내가 오리건 남부에 살았을 때에도 일어났다. 킬과 나는 그곳에 이사하자마자 1지구와 2지구를 개선하기 시작했다. 그리고 네 번째 여름이 되자 우리는 고군분투하던 나무들이 하늘로 뻗쳐 올라가는 모습을 볼 수 있었다. 우리가 심지도 않은 야생화들이 여기저기서 꽃을 피웠다. 집 밖의 땅은 딱딱한 점토질이었는데, 여름에는 포장도로 수준으로 구워져버려서 7월이 되면 단지 풀 몇 줄기만 갈색으로 탄 채 남아 있을 뿐이었다. 그러나 두껍게 피복을 하고 밀식을 한 결과, 흙은 검어지고 벌레로 가득 차게 되었다. 그리고 토양은 매년 더 깊어졌다. 이전에는 5월에 비가 그쳐버리고 나서 며칠만 지나도 관개 시스템을 가동시켜야 했는데, 이제는 건기가 시작된 지 6주가 지날 때까지 아무것에도 물을 주지 않아도 되었다. 뜨겁고 건조한 여름 내내 많은 식물들이 물을 주지 않아도 번성했다. 전에 햇볕에 타버렸던 땅에는 과일나무와 우거진 관목, 덤불 크기의 다년생 꽃들, 그 속에서 점점이 자라는 샐러드채소와 허브, 딸기가 그늘을 드리웠다.

우리 집 마당에서 돌보지 않고 비교적 야생 상태로 남아 있는 부분에는 이전에 서너 종류의 잡초가 지지러진 채 살아남느라 분투하고 있었는데, 곧 십여 종 이상의 야생화와 토착종 풀이 크고 빽빽하게 자라났다. 그런데 이것들은 내가 심은 것이 아니었다. 노력하지 않고도 나는 꿀벌과 이로운 육식성 벌을 15종이 넘게 찾아낼 수 있었고, 셀 수 없이 많은 딱정벌레와 네 가지 종류의 도마뱀도 발견했다. 이전에는 짧게 들르기만 했던 서양풍금조 같은 새들이 이곳에 자리를 틀었다. 그리고 마당은 해마다 더 좋아졌다.

포틀랜드의 집 마당에서도 그 과정은 반복되고 있다. 이 집의 흙은 오리건 남부의 흙만큼 노력을 많이 들이지 않아도 되었지만, 처음에 마당은 심각하게 다져져 있었고 잔디 말고는 아무것도 없었다. 3년이 지난 지금, 두껍게 쌓아올린 길드로 둘러싸인 과일나무들이 열매를 맺기 시작하고 있다. 더운 날이면 빽빽한 잎 무리가 집과 사람을 시원하게 해준다. 그리고 굴뚝새와 딱따구리, 어치, 참새, 박새, 그 밖의 많은 새들이 낮 동안 여기에서 시간을 많이 보낸다. 마당의 어디에서나 흙을 한 삽 뒤집어보면 벌레가 우글거리는 검은 땅이 드러난다. 이전에 텅 비어 있었던 마당이 어찌나 바이오매스로 부풀어오르는지, 나는 퇴비와 상층토를 주변 사람들에게 나누어주고 있다. 그렇게 하지 않으면 우리가 퇴비와 흙에 파묻힐 지경이다. 그리고 새로 심은 나무들은 킬이 좋아하는 해먹을 매달아도 될 만큼 크게 자랐다.

이 지점에서 두 가지 의문을 떠올려보자. 정원이 펑 폭발할 때는 대체 무슨 일이 일어나고 있는 걸까? 그리고 어떻게 하면 이 현상을 빨리 일어나게 할 수 있을까?

유기체로서의 정원

먼저, 무슨 일이 일어나고 있는 것일까? 한 가지 사실은, 생태정원은 선구 단계(다른 종들에게 제공하는 서식지가 제한되어 있으며, 키가 작고 빨리 자라는 식물로 가득 차 있다. 관행적인 정원과 비슷하다)를 지나서 보다 성숙하고, 다층 구조를 이루고 있으며, 바이오매스의 함량이 높고, 다양성이 풍부하며, 순환 고리가 닫힌 생태계로 진입하는 속도가 빠르다는 것이다.

이 책에서 설명한 많은 기술은 바로 이 '천이'라는 자연의 과정을 가속화시키고, 유기체들 사이의 관계를 튼튼하고 효율적으로, 그리고 다중으로 만들기 위해 계획된 것이다. 예를 들어 피복을 두텁게 하면 토양생명체가 얻을 수 있는 에너지와 먹이가 빠르게 증가한다. 수천 종의 토양생물이 피복재와 함께 들어오거나, 기류나 빗방울을 타고 흘러오거나, 그 자리에서 휴면하고 있다가 깨어난다. 살기 좋은 서식지를 만난 토양생물들은 갑자기 활기차진다. 참으로 중요한 생산자-소비자-분해자의 순환에서 분해자의 요소가 빠르게 늘어나는 것이다.

전에도 말했던 것처럼, 대부분의 정원에서는 분해자의 수가 적고 약해서 방출하고 순환되는 영양소의 양이 적

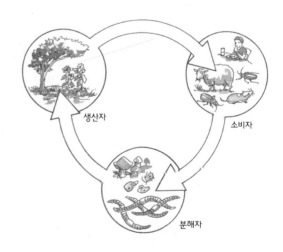

생산자-소비자-분해자의 순환. 순환의 세 요소는 모두 똑같이 중요하다. 대부분의 마당에서는 분해자(벌레, 박테리아, 곰팡이를 비롯한 토양생물)를 소홀히 하고 있다. 그래서 생산자(식물)는 자원에 굶주리게 되고, 따라서 소비자(동물)도 굶주리게 된다. 각각의 연결 고리가 번성하게 되면, 다른 것들도 더 튼튼해진다.

다. 이 빈곤은 생산자(식물)와 소비자(새, 곤충, 그리고 사람)의 활기와 수를 감소시킨다. 생산자와 소비자의 생장은 분해자가 제공하는 원료에 달려 있기 때문이다. 유기물을 많이 넣어서 분해자의 활동을 왕성하게 하면, 억제되었던 동식물의 생명이 풀려나게 된다. 활발하게 순환 작업을 하는 토양생물들은 엄청난 잉여의 영양소를 뿜어내기 때문에 여러 가지 형태의 먹이와 에너지가 굉장히 풍부하게 생겨난다. 그래서 더 많고 더 다양한 식물과 동물이 번성하게 된다. 피복을 두껍게 해도 부식토가 생겨난다. 부식토는 칼슘과 칼륨 등 식물 성장에 필수적인 미네랄과 물을 저장하는 용량이 큰 저수지가 된다.

정원 전체를 하나의 유기체로 생각해보자. 집 주변의 땅을 두껍게 피복하고 밀식 재배를 하면 왕성한 생명과 비옥함으로 이루어진 원이 만들어지며, 이것은 정원사에 의해 점차 확장된다. 밀접하게 얽혀 있는 흙과 식물, 동물의 생명은 이제 영양소, 물, 꽃가루, 화학 신호를 비롯한 '정보의 흐름'으로 차오른다. 집중적으로 재배하고 있는 이 영역을 집에서 먼 곳으로 점차 확장시켜나가면 두터운 상호 연결의 영역이 확장되고, 영양소와 에너지의 흐름이 서로 연결되고 굵어진다. 새로운 니치가 나타나고, 더 많은 종이 이 활발한 장소에서 번성할 수 있게 된다. 정원의 살아 있는 상호 연결성이 증대되어 많은 섬유로 이루어진 매듭처럼 된다. 이 생명의 매듭은 무척 튼튼해서 상처 입힐 수 없고, 침입할 수 없으며, 동요시킬 수도 없다.

이와 같은 회복력이 생긴 데는 여러 가지 원인이 있다. 모든 생물계의 종을 다양하게 보유하고 있으면 갖가지 종류의 먹이와 서식지가 제공된다. 이것은 정원에 거주하는 생물들이 먹이를 얻을 수 있는 장소를 각기 몇 군데씩 가지고 있다는 뜻이다. '달걀이 한 바구니에 다 들어 있는' 것처럼 먹이 공급원이 한 군데밖에 없는 대신에 말이다. 먹이 공급원이 한 군데밖에 없으면 실패하기가 쉽다. 서식지가 많이 있으면 살고 있는 생물 모두가 알맞은 미기후나 토양 유형, 가지 높이, 그 밖에 생존에 필요한 조건을 발견할 좋은 기회를 갖게 된다. 여러 가지 종이 있어서 생물다양성이 높아지면, 한 종이 멸종되어도 비슷한 역할을 하는 다른 많은 종들이 가까이 있어서 그 틈을 메우고 군집의 기능을 유지한다.

이런 정원은 손상을 입히기가 어렵다. 새로운 종이 야생지대나 묘상으로부터 나타날 수도 있지만 침입성을 띠는 경우는 드물다. 그 종이 비옥한 흙과 자라기에 알맞은 환경을 찾아낼 가능성은 높지만, 이미 너무나 많은 종이 잠재적인 경쟁자로 있기 때문에, 병충해를 끼칠 정도로 점유되지 않은 먹이와 공간을 많이 찾아내기는 어려울 것이다. 만약에 이 종이 너무 빨리 퍼질 경우에는 수천 종의 곤충과 토양 균류, 그 밖의 소비자들 중 하나가 이 종을 통제하게 된다. 개체수가 늘어난 종은 맛있게 먹을 수 있는 풍부한 음식의 원천이 되기 때문이다. 수달이 나타나서 블록 형제들의 늪에 살던 사향쥐떼를 물리친 것이 기억나는가? 이것은 단발적인 사건이 아니다. 블록 형제는 민달팽이와도 비슷한 문제를 겪었다. 이때는 오리들이 나타나 그 끈적끈적한 침입자들을 쩝쩝 먹어치워서 통제할 수 있는 숫자로 줄였다. 이런 일은 균형 잡힌 생태계라면 어디서나 일어날 수 있다.

또한 이런 종류의 정원은 빨리 채워진다. 정원 안으로 들어오는 모든 잠재적인 자원은 기다리고 있던 유기체에게 거의 다 붙잡히기 때문이다. 그것은 빠른 성장과 밀집된 상호 연결을 불러온다. 그 이유는 다음과 같다. 관행적인 농법에서는 땅이 넓은 면적으로 드러나 있고 다양성은 적다. 생물이 살지 않는 땅에서는 비료가 유출되고, 소중한 물은 증발하며, 햇빛이 빈 공간에 떨어진다. 생산자-소비자-분해자의 그물망에는 여러 고리들이 빠져 있어서 죽은 가지로부터 마른 이파리, 퇴비 속의 오래된 옥수수 속대에 이르는 많은 자원은 이용되지 않는다. 자원을 재생하고 이용할 수 있는 생물이 없기 때문이다.

그러나 다양성이 있는 정원에서는 허비되는 자원이 없다. 그것을 이용하는 무언가가 항상 있기 때문이다. 잠재적인 먹이나 서식지의 공급원이 되는 것이라면 무엇이든 현존하고 있는 엄청난 수의 종 가운데 하나에 의해 허겁지겁 이용당하게 되어, 계속해서 형성되는 정원의 조직 안으로 통합된다. 이것은 '부자가 더 부자되는' 현상이라고 할 수 있는데, 좀 더 정식으로는 수익률 증가의 법칙이라고 불린다. 부를 거두어들이는 기틀이 충분히 마련되면(이 경우에 부는 햇빛, 먹이, 수익을 올리는 종이고, 기틀은 비옥한 흙과 다층으로 모인 식물들이다), 정원은 계속해서 풍요로워지고 다양해진다. 계속해서 커지는 생명의 바퀴는 태양으로부터 끊임없이 흘러나오는 공짜 에너지와 영양소를 점점 더 살 거두고 이용할 수 있게 된다. 이것은 성장과 상호 연결이 더 많이 일어나도록 촉진한다.

정원의 디자인도 허비되는 것이 거의 없게 만든다. 생활폐수를 이용하면, 보통은 배수구로 흘러가버리는 영양소들이 흙에 붙잡혀서 깐간하게 저장되어 있다가 식물에게 먹혀 정원에서 재활용된다. 지구를 설정해서 디자인을 하면, 가장 많이 보살펴야 하는 장소가 가장 가까운 곳에 있게 된다. 그러면 맨땅이 조금 드러나 있어서 피복을 해야 하는 곳이나, 물을 달라고 외치는 시들시들한 지피식물, 상추에 구멍을 뚫고 있는 민달팽이를 알아차리기가 쉬워진다. 구역을 고려하면 햇빛과 같은 공짜 에너지를 효율적으로 이용하고, 바람이나 불과의 전투를 누그러뜨리고, 시간을 절약해서 좀 더 생산적인 일을 할 수 있게 된다. 그리고 곤충이나 야생동물을 유인하는 식물을 이용하면 정원의 범위가 식물계를 넘어 미생물과 곤충, 다른 동물들의 영역으로 확장된다. 흔히 간과되는 동맹군과 에너지를 정원으로 불러올 수 있게 되는 것이다. 정원을 부지런한 일꾼들로 채워놓으면 우리는 해먹에 누워 레모네이드를 홀짝일 수 있다.

'펑 폭발하는' 현상의 또 다른 원인은 자연의 식물군집을 모방했다는 것이다. 이것은 진화가 수십 억 년에 걸쳐 닦아놓은 토대의 혜택을 취하는 것이다. 한 식물군집을 이루는 종들은 몇 이언(eon)[43]에 걸쳐 함께 진화해왔기 때문에 서로에게 친숙한 동반자다. 그들은 서로 어떻게 지내야 할지를 알고 있다. 군집에는 상호 관계와 영양소, 화학 신호, 꽃가루의 흐름뿐 아니라 토양생물이라는 이로운 조역을 위한 니치가 이미 성립되어 있다. 이것이 바로 길드라는 접근 방식이 한 구획에 같은 종의 식물만 심는 것보다 훨씬 잘 성공하는 이유다. 길드의 구성원들은 마치 훌륭한 스포츠 팀처럼 그 동작을 너무나 여러 번 연습했기 때문에, 한데 가져다놓으면 즉시 매끄러운 앙상블을 연주하며 일을 하기 시작한다. 자연 군집을 연구한 생태학자인 스튜어트 핌(Stuart Pimm)은 작가인 케빈 켈리(Kevin Kelly)와의 인터뷰에서 이 과정을 설명했다. 핌의 이야기를 들어보자. "군집을 이루는 연주자들은 여러 번 연주를 해보았습니다. 그들은 순서를 알고 있어요. 진화는 기능하고 있는 군집만을 발전시키지 않습니다. 진화는 군집이 실제로 합쳐질 때까지 식물들이 모이는 과정을 조율합니다." 그렇기 때문에 현존하는 식물군집의 구성원들을 한데 가져다놓으면 톱니바퀴가 빠르고 성공적으로 맞물릴 가능성이 높아지고, 해충 같은 침입자가 들어올 수 있는 니치가 줄어든다.

이렇게 생명이 가득한 정원은 복잡한 먹이그물과 풍부하게 공급되는 영양소로 끓어 넘치고 있기 때문에, 서로에게 이득을 주는 성공적인 연결 고리가 형성되거나 두터워질 기회가 아주 많다. 그것이 정원의 시스템을 펑 폭발시킨다. 이제 어떻게 그 과정을 빠르게 해서 즐거운 폭발 단계에 얼른 도달할 수 있을지 알아보자.

---

43 지질학적 연대 구분의 최대 단위. 한 이언은 대략 10억 년 정도를 뜻한다.

어디서부터 시작해야 할까?

나는 생태정원을 디자인하는 과정을 설명하고 이용할 수 있는 많은 기술을 제시했다. 그렇지만 생태정원 가꾸기는 신선한 정보로 가득 찬 새로운 분야이기 때문에, 나는 당신이 다기능 식물을 가득 채워넣고 지구와 구역에 따라 멋지게 그려놓은 디자인 스케치를 들여다보면서 "네, 알겠어요. 그런데 도대체 뭐부터 해야 되는 거죠?" 하고 묻더라도 놀라지 않을 것이다. 현관 계단에서부터 시작한다는 것은 분명히 알겠다. 그런데 뭘 시작하라는 것인가? 정원을 생태계로 만들기 위해 해야 하는 가장 첫 번째 일은 무엇인가?

그레이스 거슈니(Grace Gershuny)가 쓴 훌륭한 책의 제목인 『흙에서 시작하라(Start with the Soil)』가 그 답이다. 흙은 생태 피라미드의 토대이기 때문에 논리적인 시작점이 된다. 그뿐 아니라 흙은 얼마 지나지 않아 다년생식물로 채워지게 되는데, 그때는 작업하기가 더 힘들어진다. 흙을 비옥한 롬으로 만들면 그에 잇따라서 여러 가지 일이 촉진되고 북돋워진다. 그러니 첫 번째 단계는 뒷문이나 앞문, 아니면 다른 가까운 곳에 비옥한 흙으로 작은 두둑을 만드는 것이다(이 두둑의 정확한 위치를 결정하는 방법은 몇 군데에서 설명했다).

생태적인 타협 없이는 아무것도 할 수 없다

우리가 환경적으로 최적화된 완벽한 세상에 살고 있다면, 기계로 경운하는 일도 없을 것이고 피복재도 모두 가까운 곳에서 올 것이다. 바로 우리의 소유지에서 나온다면 더욱 이상적이겠다. 그런 세상이라면, 인산광물과 녹사(綠砂)[44]처럼 고갈될 수 있는 광 생산물 대신에 재생 가능한 토양개량제도 찾을 수 있을 것이다. 그러나 우리는 완벽한 세상에 살고 있지 않다. 그렇기 때문에 나는 정원을 만들거나 이용할 때는 오로지 완벽하게 지속가능한 기술만 써야 한다고 교조적으로 말하고 싶진 않다. 손에 흙을 묻혀야 할 때가 오면, 이상은 실용성이라는 벽돌 벽에 부딪히게 된다. 나는 사람들이 환경적으로 부정한 행위를 저지르지 않을까 하는 두려움에 마비된 채 앉아 있는 것보다는 재생불가능한 자원을 좀 써서라도 미래에

44 천연 제올라이트

자족하게 될 정원을 만드는 모습을 보고 싶다.

우리는 마음이 편한 일을 하고 싶다. 순수주의자들은 질색을 하겠지만, 퍼머컬처 개념의 공동창시자인 데이비드 홈그렌은 말한다. 나무를 심을 땅을 마련하기 위해서 단 한 번 제초제를 사용하는 것을 반대하지 않는다고. 그 대안에 의해 초래되는 파괴와 에너지 소비를 생각해보면 반대할 이유가 별로 없다는 것이다. 나무들이 자리를 잡을 때까지 그 장소를 정돈하기 위해 여러 해 동안 기계를 들여와야 하지 않겠는가. 그리고 유기농업가인 더그 클레이튼은 이제 이미단(Imidan)이라는 살충제를 일 년에 한 번 과일나무에 친다. 그는 이 효과적인 농약이 이전에 사용했던 것보다 훨씬 해가 덜하다고 믿고 있다. 예전에 그는 유기농으로 인증받을 수 있지만 독성이 매우 강한 제충국과 로테논(rotenone)[45]을 거의 매주 뿌렸다.

이상주의자들은 싫어하겠지만, 경운기를 한 번 빌린다든가, 화석화된 캐나다 북부의 물이끼 층에서 나온 피트모스를 산다든가, 어떤 장소를 불도저로 민다든가 하는 일이 당신의 뒷마당 생태계를 일깨워서 움직이게 하는 데 필요하다면 그렇게 하라. 특히 남용된 땅을 복원하고 끊어진 순환을 치유하느라 열심히 노력하고 있는 조성 단계에는 마음을 관대하게 먹어야 한다.

당신을 위해 일해주는 기술을 쓰라. 나는 한해살이 식물로 채워진 관행적인 형태의 두둑과 반 야생의 숲 정원이 뒤섞여 있는 퍼머컬처 디자인 현장을 본 적이 있다. 높인 두둑은 수확할 때 편리할 뿐만 아니라 무슨 일이 벌어지고 있는지 보기도 쉽다. 숲 정원에서는 식물들이 다양성 속에서 행방불명이 될 때가 가끔 있다. 서로 다른 기술을 같이 사용하는 것은 괜찮다.

이런 종류의 선택을 할 때 지켜야 할 첫 번째 원칙은 장기적으로 생각하라는 것이다. 경관을 조성하기 위해 재생불가능한 자원을 이용하는 일은 정당화될 수 있다. 길게 봤을 때, 그 경관이 조성할 때 든 것보다 더 많은 자원을 보존하거나 제공하게 된다면 말이다. 자연스럽지 않은 기술을 이용해서라도 집에서 직접 먹거리를 생산하고 야생지대에 가해지는 압력을 줄이는 것이 지쳐서 나가떨어지는 것보다 낫다. 전체적으로 봐서, 불완전하게라도 뭔가를 하는 것이 완전히 아무것도 안 하는 것보다 낫다.

45 열대 아시아산의 콩과식물인 데리스 중에 함유된 살충 성분. 인축(人畜)에는 거의 무해하나, 어독성은 매우 강하다.

Ⅲ 생태정원 만들기

이 엄청나게 비옥한 영역을 1지구의 심장부로 생각하자. 이 장소에서 처음으로 식물을 밀집 재배하는데, 아마도 다량의 수확이 이루어질 것이다. 이 장소는 높은 다산성과 다양성의 최초의 핵이 된다. 이 핵은 조엘 글랜즈버그가 이야기한 것처럼 나중에는 다른 핵들과 서로 연결될 것이다.

정원을 작동시키기 위해서 우리는 이 신출내기 두둑의 토양을 빨리 조성하고 싶다. 퇴비를 얻을 수 있는 곳이 있다면, 작은 장소를 비옥하게 하는 가장 빠른 방법은 두둑에서 자라고 있는 원하지 않는 식물군을 제거하고 땅을 긁어서 3~5cm 두께로 퇴비를 넣는 것이다. 석회, 인산염, 칼륨 같은 개량제도 넣는다(토양 검사를 해보면 무엇이 필요한지 알 수 있을 것이다). 만약 퇴비를 구할 수 없다면 시트 피복을 하는 것이 내가 좋아하는 방법이다.

4장에서 말했던 것처럼, 나는 퇴비를 넣는 것은 단기적인 방법이라고 생각한다. 퇴비 넣기는 토양을 빠른 시일 내에 버젓하게 만들어서 작은 땅에서 빨리 생산이 시작되도록 하는 비상용 기술이다. 그러나 나는 진정 생명으로 넘치는 흙을 만들려고 할 때는 제자리에서 퇴비를 만드는 시트 피복을 더 좋아한다. 왜냐하면 시트 피복은 여러 세대의 토양생물(토양 속에서의 생태천이)을 북돋워주고, 영양분이 풍부한 분해생물의 배설물로 밭두둑을 가득 채워서 영양소가 퇴비더미 밑에서 낭비되지 않게 하고, 토양생물도 방해하지 않기 때문이다. 게다가 퇴비더미를 한 군데에 쌓아놓았다가 퇴비가 완성되면 손수레에 가득 실어 옮기는 것보다 노력도 덜 든다. 다만 시트 피복을 한 두둑은 일이 년이 지날 때까지는 생산성이 최대에 미치지 못한다는 단점이 있다. 하지만 시트 피복을 한 두둑에도 흙주머니를 만들거나 좋은 흙을 맨 위에 살짝 덮어서 바로 식물을 심을 수 있으며, 또 그렇게 해야 한다.

처음 만드는 이 두둑은 크기가 얼마나 되어야 할까? 그것은 퇴비나 피복재, 노동력을 얼마나 손에 넣을 수 있는가에 따라 다르다. 천하장사가 아닌 평범한 사람이 미는 전형적인 외바퀴 손수레에는 30~85ℓ의 퇴비를 실을 수 있나. 이것으로는 1~3㎡의 땅을 3~5cm 두께로 넣을 수 있다. 얼마 안 되는 면적이다. 밭두둑 하나를 다 덮으려면 손수레에 퇴비를 여러 번 실어 날라야 할 것이다. 그리고 내가 4장에서 설명했듯이, 피복재를 픽업트럭에 한 번 싣고 오면 4~5㎡ 정도의 면적을 덮을 수 있다. 넓은 면적을 얇게 덮느니 작은 면적을 제대로 덮는 것이 낫다는 사실을 기억하자.

처음으로 만든 이 소중한 밭두둑은 정확히 어디에 위치해야 할까? 미기후에 대해 조금 알고 있으면 결정을 내리기가 편하다. 조엘 글랜즈버그는 맨 처음에는 스웨일을 따라서 식물을 심었다고 이야기했다. 스웨일에는 물이 모여서 고여 있곤 했으며, 바람과 태양으로부터 보호받는 은신처가 될 수 있었다. 콜로라도 주의 고산지대에서, 제롬 오센토스키는 돌축대를 세웠다. 돌축대는 서리에 노출된 텃밭에서 열기를 비축했다. 그리고 서늘하고 안개가 잘 끼는 샌프란시스코 근방에서, 페니 리빙스턴은 몇 개의 작은 연못으로 둘러싸인 가운데 지점에 복숭아나무 한 그루를 심었다. 연못물에 저장된 열기와 반사된 빛은 복숭아나무의 성장을 빠르게 했다. 쾌적한 미기후를 찾아내거나 만들어서 이용하면 성공의 가능성이 높아지고 식물의 성장이 촉진된다. 시스템이 폭발하는 행복한 날이 더 빨리 도래하게 되는 것이다.

어떤 미기후를 선택할 것인가는 전체적인 환경과 기후에 달려 있다. 사막에서 쾌적한 것이 습진 북부 기후에서는 재난을 일으킬 수 있다. 사막에서는 촉촉하고 그늘지고 배수가 잘 안 되는 곳이 좋을 테지만, 북부 기후에서는 해가 잘 들고 상당히 건조한 지점이 훨씬 좋다. 일반적으로 봐서, 온도나 습도, 햇빛에 있어서 극심한 변동이 없는 지점을 찾으면 된다. 그 지역에 고유한 극단적 기후가 잔인할 정도로 높거나 낮은 온도든, 축축한 날씨이든 가뭄이든, 나뭇잎이 바삭바삭해지는 햇빛이든, 여러 달 지속되어 날 죽여라 싶은 흐린 하늘이든 간에, 그 극단에 반대되거나 그것을 누그러뜨리는 장소를 찾아보자. 거의 모든 지역에서 바람직한 조건은 바람이 없는 것이다. 그러니까 1지구의 중심을 집이나 흙으로 된 둑턱, 벽, 식물로 이루어진 방풍벽 같은 고요하고 아늑한 장소에 두자.

록산 스웬첼의 경우에서처럼 알맞은 미기후가 존재하지 않는다면, 미기후를 만들면 된다. 돌이나 통나무를 쌓든가 바람을 막아줄 벽을 쌓도록 하자. 바람을 막고 수분을 더해줄 스웨일을 파자. 물 빠짐을 개선하기 위해 밭두둑을 높게 쳐올리고, 건조한 기후라면 드물게 내리는 비를 붙잡아줄 우묵한 자리를 만들자. 빛이 들어올 수 있도록 나무를 전정하자. 좋은 미기후를 찾거나 만들어서 정원이 성공적으로 출발할 수 있는 가장자리를 마련하자.

디자인의 베테랑인 래리 산토요는 퍼머컬처를 배우는 학생들에게 특정한 충고를 해준 다음에 "그 반대도 사실이다"라며 경고할 때가 많다. 독자들을 혼란스럽게 할 생각은 없지만, 이게 무슨 말인지 설명해보겠다. '현관 계단에서부터 시작하라'는 생태 격언과는 모순되는 것 같지만, 호주의 퍼머컬처인 제프 로튼은 생태디자인에 있어서 또 다른 중요한 초기 단계는 소유지의 가장자리를 밝히고 관리하는 것이라고 말하고 있다. 가장자리는 결국 흐름과 에너지가 들어오는 곳이다. 이것들은 기회다. 이 기회를 놓치게 되면 오히려 문제가 될 수 있다.

예를 들어, 잡초와 해충은 어디에서 오는가? 그 장소의 바깥에서 온다. 우리는 장소의 가장자리에 방어막을 치고, 침입자를 저지할 포식자의 서식지를 마련할 필요가 있다. 얼어붙을 것 같은 북풍은 막지 않으면 식물의 생장을 방해할 수 있다. 이런 불쾌한 구역 에너지는 일찌감치 확인해서 울타리 같은 즉석 바람막이로 상대해야 하는데, 이런 설비는 마당의 가장자리에 배치될 가능성이 높다. 현명하게 대처하면, 가장자리를 가로지르는 흐름은 유용한 노동력이나 물질로 바뀔 수 있다. 산울타리, 둘레길, 차폐물을 만들고, 가장자리에 식물을 심고, 활동의 경계를 간단하게 구분 지어놓으면 파괴를 일으킬 수 있는 동력이 유용한 에너지로 바뀔 것이다. 가장자리를 밝혀놓으면 작업 패턴과 재배 구역, 물질의 흐름을 조정하고 조직할 수 있다. 우리는 정원으로 들어오는 햇빛, 물, 생활폐수 같은 자원을 거두길 원할 뿐 아니라, 이 장소에서 발생시키는 어떤 것도 우리가 원하지 않는 한 밖으로 나가지 않게 하고 싶다. 가장자리를 밝히는 것은 활동 반경을 각 구역의 에너지와 융합시킨다. 가장자리를 밝혀놓으면 노동력을 집중해야 하는 곳이 어디인지, 어떤 강도로 일을 해야 하는지를 잘 알 수 있게 되고, 따라서 우리의 노력이 밖으로 새어나가지 않는다.

다시 돌아보는 정원 만들기

생태정원의 부품들을 제대로 조립하는 것은 얼마나 어려울까? 그 일은 너무 힘들게 보일 수도 있다. 앞서 나는 야생 고추가 특별한 보모 식물과 매운 것을 먹을 수 있는 새들이 있어야만 번성한다는 이야기를 했다. 또 서과로선인장의 생존은 메스키트와 흰날개비둘기에게 달려 있다는 이야기도 했다. 자연의 조립 원칙이 그토록 까다롭고 복잡한데, 별 볼일 없는 한 정원사가 경관을 폭발시킬 수 있는 올바른 요소들을 모두 찾아 모을 수 있는 가능성은 도대체 얼마나 될까? 우리가 매끄럽게 기능하는 식물군집들을 창조하는 데 필요한 종과 조건을 가질 확률은 얼마나 될까?

그 확률은 매우 높은 것으로 판명된다. 자연은 아주 관대하고 탄력적이다. 인간이 끼친

피해에 맞서서 계속해서 견딜 수 있는 것도 그렇고, 생태학 연구 또한 그것을 증명하고 있다. 상당수의 생태학자들이 식물군집의 조합을 연구해왔는데, 그들이 발견한 유용한 사실은 생태정원사의 용기를 북돋워준다.

그중 두 과학자는 테네시대학교의 짐 드레이크(Jim Drake)와 듀크대학교의 스튜어트 핌이다. 드레이크와 핌은 생물들의 군집이 어떻게 형성되는지를 연구했다. 그들은 15~40종의 박테리아, 조류(藻類), 미생물(생산자, 소비자, 분해자의 혼합물)을 한 번에 하나씩 서로 다른 순서와 조합으로 영양액이 담긴 탱크에 집어넣었다. 그들은 이 무작위적인 혼합물이 안정적인 생태계로 귀착되는 경우가 아주 많다는 것을 알고 놀랐다. 미생물들은 적당하지 않은 서식지일지도 모르는 곳에서 죽는 대신에 서로 연결되어 먹이그물을 형성하고, 수를 늘렸으며, 잘 연결된 생태계 안에서 서로 먹고 먹혔다. 핌의 말에 따르면, 무작위로 모인 생물은 그런 뒤죽박죽에서 기대할 수 있는 것보다 훨씬 더 조직적인 망상구조를 이루었다.

드레이크와 핌은 또한 그들의 발견을 지지하는 컴퓨터 시뮬레이션도 실시했다. 그들은 컴퓨터에 125가지의 소프트웨어 '종'을 프로그래밍했다. 그들은 세 가지 전자 생명체로 이루어진 최초의 안정적인 군집을 기계 속에 만들어놓은 다음에, 새로운 종을 한 번에 하나씩 추가했다. 처음에는 침입한 종이 모임의 개체수를 오르내리게 하고, 때때로 다른 종을 쫓아내서 멸종시키기도 했지만, 결국 군집은 안정되게 자리를 잡았으며, 새로운 침입자도 비교적 스며들 수 없게 되었다. 이것은 단순히 마구잡이로 종을 더해도 침입에 방비되어 있고 구성원들이 상호작용하는 군집을 만들 수 있다는 것을 보여준다.

두 가지 실험 모두에서 잠시 생존했다가 죽어버린 종이 많이 있었다. 그런 종은 마지막 군집에 포함되지 못했다. 그러나 없어진 종들 또한 성공적이고 안정적인 앙상블의 중요한 요소라는 것이 드러났다. 이 종을 조합 과정에서 제외하면 군집은 다른 구성으로 끝난다. 또 다른 길을 택하게 되는 것이다. 이렇게 짧은 기간 머문 종들은 보모 식물과 같은 역할을 했다. 도중에 어떤 쓸모 있는 일을 수행했지만 마지막 결과물에는 속하지 못한 것이다.

이 실험은 많은 퍼머컬처 정원사들이 배운 것을 확증한다. 우리는 성공적인 길드의 조합이 어떤 것인지, 생태계가 어떻게 돌아가는지 정확히 알지 못한다. 그렇지만 우리가 여러 종류의 식물을 가지고 시작을 하면, 자연은 보통 들어맞는 무언가를 고른다. 식물을 다양하게 선택하지 않으면 더 많이 보살펴야 하며, 결코 '폭발'하지 않을 때도 많다.

블톡 형세늘이 25년째 가꾸고 있는 숲 정원을 관통하는 풀밭 통로. 워싱턴 주 오르카스 섬.

이 실험뿐 아니라 이 책에서 이야기한 생태정원사들의 경험은 뒷마당 생태계를 짜맞추는 일이 생각보다는 어렵지 않다는 것을 암시한다. 자연은 깊은 질서 속에 있다. 마치 살아 있는 존재들이 서로 모여서 유착된 군집을 형성하기를 스스로 원하는 것 같다. 조금만 기회가 주어져도 식물과 동물은 스스로 연결된 전체를 조직한다. 생태정원사들이여, 용기를 내자. 우리는 길드 디자인의 모든 세부 사항을 마스터할 필요가 없다. 또 정원을 '폭발'시키기 위해 토착 박테리아와 딱정벌레, 군집에 속한 식물종 모두를 일일이 집어넣을 필요도 없다. 자연은 때로 빠진 부품을 공급해줄 것이고, 올바른 관계를 끼워 맞추어줄 것이며, 중요한 순환을 연결시켜줄 것이다. 전일적인 정원은 스스로 생겨나기를 원하고 있다. 우리는 단지 적당한 부품을 모아서 쓸 만한 순서로 배열하기만 하면 된다. 그러면 자연이 제대로 된 것을 선택할 것이다.

생태정원을 만드는 데는 노력이 전혀 들지 않는다는 말이 아니다. 토양을 조성하고, 유용한 식물들이 성숙하도록 돌보고, 익충과 새, 그 밖의 야생동물이 나타나기를 기다리는 일에는 모두 노력과 시간이 든다. 그리고 우리의 관점을 각각의 부분만을 보는 정적인 시각이 아니라 자연의 상호 연결성에 입각한 방향으로 바꾸는 것이야말로 가장 큰 장애물이 아닌가 한다. 그렇지만 당신이 투자하는 초기의 노력은 후한 보상을 받을 것이다. 해먹에 누워서 과일나무를 고른 선견지명에 감동하고, 주위에 감도는 여러 향기에 취해 당신이 만든 경관이 어딘가에서 한 조각의 농지를 자유롭게 하고 있다는 생각에 편안함을 느낄 때면, 당신이 투자했던 노력은 기억에 떠오르지도 않을 것이다.

이 책은 한 사람이 식물 사이를 돌아다니며 연구와 관찰로 일생을 보낼 수도 있는 거대한 주제에 대한 입문서밖에 되지 않는다. 참고문헌에는 더 깊이 있는 정보를 제공하는 자료들이 소개되어 있다. 그러나 가장 좋은 배움의 방법은 단순히 자연세계를 잘 들여다보고 소매를 걷어붙인 뒤, 사람뿐 아니라 사람과 함께 사는 여러 존재를 부양할 정원을 직접 만들기 시작하는 것이다.

III 생태정원 만들기

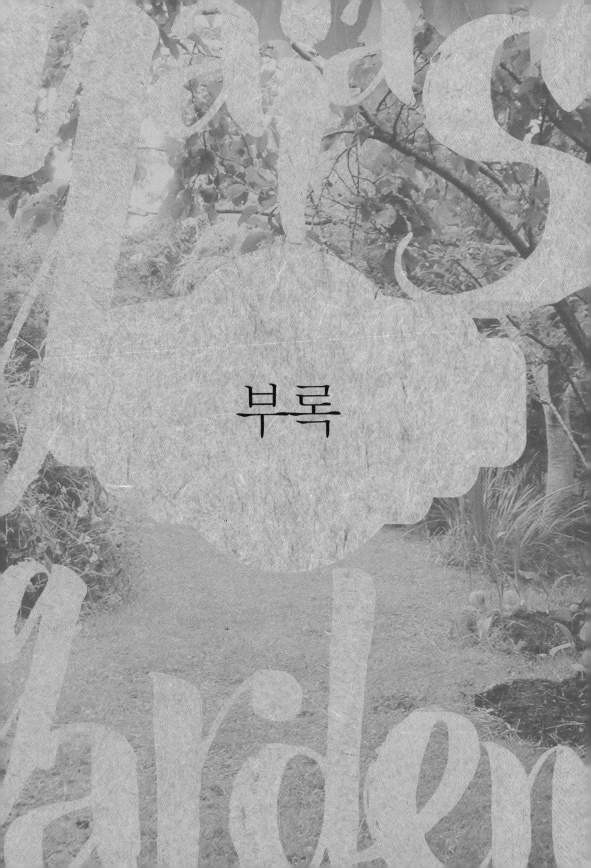

부록

유용한 식물 목록

유용한 식물종에는 수천 가지가 있으며, 아래의 표에 열거된 식물들은 구할 수 있는 식물의 몇 가지 예에 불과하다. 이 종들을 여기서 강조한 이유는 이들이 비교적 흔하고, 특별히 유용하며, 재배하기가 별로 어렵지 않기 때문이다. 이 정보는 '미래를 위한 식물 데이터베이스(the Plants for a Future Database, www.pfaf.org)', 틸스 협회에서 간행한 『미래는 풍요롭다(The Future Is Abundant)』(Tilth, 1982), 크리스토퍼 브리켈(Christopher Brickell)의 『미국원예협회 정원식물백과(The American Horticultural Encylopedia of Garden Plants)』(Macmillan, 1990)를 참고해서 작성했다.

식물 목록 표 보는 법

USDA 지대
이것은 미국 농무부(USDA)의 내한성 지대 시스템을 말한다. USDA 지대는 특정한 재배 지역의 연간 최저 기온 범위를 표시하고 있기 때문에 어떤 특정한 식물이 확실히 생존할 수 있는 장소를 가리키는 보편적인 지표를 제공한다. 이 지대 분류는 근사치일 뿐이기 때문에 특정한 미기후(자연적인 미기후와 정원사가 만들어낸 미기후 둘 다)는 고려되지 않았다. 또한, 이 책을 쓰고 있는 현재 미국 농무부에서는 새로운 지대 지도를 공개하지 않았다. 어쩌면 새 지도는 전 세계적인 기후 변화의 결과로 지대의 경계가 이동한 것을 반영하고 있을지도 모른다. 어쨌든 지대를 구분하는 최저 기온은 여전히 똑같다. 자세한 내용은 다음과 같다.

지대	연간 최저 기온 (℉)	℃ 변환
2	−50에서 −40	−45.5에서 −40
3	−40에서 −30	−40에서 −34.4
4	−30에서 −20	−34.4에서 −28.9
5	−20에서 −10	−28.9에서 −23.3
6	−10에서 0	−23.3에서 −17.8
7	0에서 10	−17.8에서 −12.2
8	10에서 20	−12.2에서 −6.7
9	20에서 30	−6.7에서 −1.1

유형
교목   하나의 곧은 줄기와 풍성한 수관을 지닌 다년생의 목질식물
관목   여러 개의 줄기가 기부로부터 돋아나오는 다년생의 목질식물
덩굴   반연식물(덩굴을 감고 올라가거나 붙어서 뻗어나가는 유연한 줄기를 가진 식물)
상록   상록식물(잎을 연중 유지함)
낙엽   낙엽식물(잎을 매년 떨어뜨림)
다년초   여러해살이풀(수년간 계속해서 자라는 비목질식물)
이년초   두해살이풀(두 번째 해에 씨앗을 맺고 죽는 비목질식물)
일년생   한해살이
다년생   여러해살이

빛
○ 완전한 양지를 선호함
● 그늘을 선호함
◑ 부분적인 그늘을 견딜 수 있음

먹을 수 있는 부분이나 용도

수피	수피
열매	열매
꽃	꽃
잎	잎
약	약(藥)
기름	씨앗이나 수액으로 기름을 짤 수 있음
뿌리	뿌리
수액	수액
향신료	향신료나 양념으로 쓰임
씨	씨앗
순	새싹
차	차(茶)

동물을 위한 용도

모이	새 모이
먹이	모이나 꿀, 또는 다른 동물 먹이
서식	서식지 제공
벌새	벌새를 유인함
익충	익충을 유인함

다른 용도

바이오매스	식물이 많은 양의 바이오매스를 생산함
바구니	줄기나 가지, 또는 뿌리를 바구니 공예에 씀
염료	식물의 전체 또는 일부를 염료를 마련하는 데 씀
섬유	잎이나 줄기, 꽃 부분, 뿌리를 종이나 노끈 등의 섬유 제품에 씀
향료	향기가 탁월해서 향수의 베이스로 쓸 수 있음
바가지	열매를 바가지로 씀
울타리	산울타리용
질소고정	실소를 고정하는 종
영양소	영양소를 축적하는 종
지지대	줄기나 가지를 막대기나 지지대로 쓸 수 있음
광택제	가구의 광택제로 씀
방충제	방충제로 씀
비누	비누
토질개량	토질개량제로 씀
방풍	바람막이
목재	목질 부위를 재목, 장작, 공예재료로 이용

대교목. 15m 이상

일반명	학명	USDA 내한성 지대	유형	빛	먹을 수 있는 부분이나 용도	동물을 위한 용도	다른 용도	비고
가죽나무(Tree of heaven)	Ailanthus altissima	7	낙엽교목	○		익충, 서식	방풍, 울타리, 토질개량	오염을 견딜 수 있다
너도밤나무(Beech)	Fagus spp.	5	낙엽교목	○◐	씨, 어린잎, 약	서식, 먹이	방풍, 울타리	
노란칠엽수(Yellow buckeye)	Aesculus flava	3	낙엽교목	○◐	씨, 수액	익충, 서식, 먹이	목재, 비누	
로키흰소나무(Limber pine)	Pinus flexilis	3	상록교목	○	씨	서식, 먹이	방풍, 울타리, 목재	
마드론(Madrone)	Arbutus menziesii	7	상록교목	○◐	열매	익충, 서식, 먹이	목재	
사탕단풍(Sugar maple)	Acer saccharum	3	낙엽교목	○◐	수액	익충, 서식, 먹이	목재	다른 많은 종으로도 메이플 시럽을 만들 수 있다
샤그바크(Shagbark hickory)	Carya ovata	4	낙엽교목	○	씨, 수액	서식, 모이, 먹이	목재, 토질개량	
셸바크(Shellbark hickory)	Carya laciniosa	6	낙엽교목	○◐	씨, 수액	익충, 서식, 모이, 먹이	목재	
스톤소나무(Stone pine)	Pinus pinea	4	상록교목	○	씨	서식, 먹이	방풍, 울타리, 목재	다른 많은 종이 씨를 먹을 수 있다
스페인밤나무(Sweet chestnut)	Castanea sativa	5	낙엽교목	○	씨, 약	익충, 서식, 모이, 먹이	방풍, 울타리, 목재	
신양벚나무(Sour cherry)	Prunus cerasus	3	낙엽교목	○◐	열매, 차	익충, 서식, 먹이	방풍, 울타리	
아까시나무(Black locust)	Robinia pseudoacacia	3	낙엽교목	○	꽃, 씨	익충, 서식, 모이, 먹이	방풍, 울타리, 목재	질소고정
약밤나무(Chinese chestnut)	Castanea mollissima	4	낙엽교목	○	씨, 약	익충, 서식, 모이, 먹이	방풍, 울타리, 목재, 토질개량	
주엽나무(Honey locust)	Gleditsia japonica	3	낙엽교목	○	꼬투리	익충, 서식, 모이, 먹이	토질개량	
참나무(Oak)	Quercus spp.	4	상록교목	○	씨	서식, 모이, 먹이	방풍, 울타리, 목재	백참나무는 도토리에 타닌이 적게 함유되어 있다
칠레소나무(Monkey puzzle)	Araucaria araucana	6	상록교목	○	씨	서식	방풍, 울타리, 목재	견과가 크다
페르시아 호두나무(English walnut)	Puglans regia	5	낙엽교목	○	씨	서식, 먹이	방풍, 울타리, 염료, 목재	타감 작용
폰데로사소나무(Ponderosa pine)	Pinus ponderosa	4	상록교목	○	씨	서식, 먹이	방풍, 울타리, 염료, 목재	
피그너트히코리(Pignut hickory)	Carya glabra	4	낙엽교목	○◐	씨, 수액	서식, 먹이	울타리, 목재	
피니언소나무(Piñon pine)	Pinus cembroides	4	상록교목	○	씨	서식, 먹이	방풍, 울타리, 목재	
흑호두나무(Black walnut)	Juglans nigra	4	낙엽교목	○	씨, 약	서식, 먹이	방풍, 목재	타감 작용

소교목 · 관목층. 1~15m

일반명	학명	USDA 내한성 지대	유형	빛	먹을 수 있는 부분이나 용도	동물을 위한 용도	다른 용도	비고
감나무(Persimmon)	Diospyros kaki	8	낙엽교목	○◐	열매	서식, 먹이	울타리	
개암나무(Hazelnut)	Corylus spp.	4	낙엽교목	○◐	씨, 기름	서식, 먹이	방풍, 울타리, 바구니	
검은서양산사나무(Black hawthorn)	Crataegus douglasii	5	낙엽교목	○	열매	익충, 서식, 모이, 먹이	방풍, 울타리	다른 많은 종이 열매를 먹을 수 있다

482

일반명	학명	USDA 내한성 지대	유형	빛	먹을 수 있는 부분이나 용도	동물을 위한 용도	다른 용도	비고
고광나무(Mock orange)	*Philadelphus coronarius*	5	낙엽관목	○		익충, 서식	방풍, 울타리	*P. delavayi*, *P. pubescens*, *P.purpurascens*와 *P. virginalis*도 유용하다
고욤나무(Date plum)	*Diospyros lotus*	5	낙엽교목	○◐	열매	서식, 먹이	울타리	
구기자나무(Boxthorn)	*Lycium barbarum*	6	상록관목		열매, 순, 약	서식	방풍, 울타리	
구즈베리(Gooseberry)	*Ribes uva-crispa*	5	낙엽관목	○◐	열매	익충, 서식, 모이, 먹이	울타리	
금사슬나무 (Golden-chain tree)	*Laburnum anagyroides*	5	낙엽교목	○◐			향료, 질소고정	꽃에는 독이 있다
남천(Heavenly bamboo)	*Nandina domestica*	6	낙엽관목	○◐	순	서식	방풍, 울타리, 지지대, 섬유	
노박덩굴(Bittersweet)	*Celastrus orbiculatus*	4	낙엽교목	○◐	어린잎, 약	서식, 먹이	방풍, 울타리	잎은 반드시 익혀서 먹어야 한다.
뉴질랜드삼(New Zealand flax)	*Phormium tenax*	8	상록관목	○			방풍, 울타리, 바구니, 섬유, 염료	
다릅나무(Amur Maackia)	*Maackia amurensis*	4	낙엽관목	○	어린잎	익충	울타리, 질소고정	
당광나무(Chinese privet)	*Ligustrum lucidum*	7	상록관목	○●	약		방풍, 울타리	
당키버들(Purple osier)	*Salix purpurea*	5	낙엽관목		약	서식	방풍, 울타리, 바구니	
대나무(Bamboo)	*Bambusa textilis*	7	상록관목	○	순	서식, 먹이	방풍, 울타리, 지지대, 섬유	
대나무(Bamboo)	*Pseudosasa japonica*	6	상록관목	○◐	순, 약	서식, 먹이	방풍, 울타리, 지지대, 섬유	
대추나무(Jujube)	*Ziziphus zizyphus*	6	낙엽교목	○	열매	서식	울타리	
딸기나무(Strawberry tree)	*Arbutus unedo*	7	상록교목	○	열매	익충, 서식, 먹이	방풍, 울타리	
땃두릅나무(Devil's club)	*Oplopanax horridus*	4	낙엽관목	●	순, 약	서식		
똘보리수(Goumi)	*Elaeagnus multiflora*	6	낙엽교목	○	열매	익충, 서식, 모이, 먹이	방풍, 울타리, 질소고정	대기오염을 견딜 수 있다
라바테라(Tree mallow)	*Lavatera arborea*	8	낙엽관목	○◐	잎	익충	섬유	
라벤더(Lavender)	*Lavandula* spp.	5	상록관목	○	약	익충	방풍, 울타리	
라일락(Lilac)	*Syringa vulgaris*	5	낙엽관목	○	약	익충, 서식	방풍, 울타리, 염료	
레드라즈베리(Red raspberry)	*Rubus idaeus*	3	낙엽관목	○◐	열매	익충, 서식, 모이, 먹이	울타리	
레모네이드베리 (Lemonade berry)	*Rhus integrifolia*	3	낙엽관목	○◐	열매, 꽃	익충, 서식, 먹이	울타리	
로렐체리(Laurel cherry)	*Prunus caroliniaca*	7	상록교목	○●	열매	익충, 서식, 먹이	방풍, 울타리	
로즈메리(Rosemary)	*Rosmarinus ōtticinalis*	7	상록관목	○	향신료	익충	울타리	
마가목(Mountain ash)	*Sorbus* spp.	5	낙엽교목	○	열매	먹이	방풍, 울타리	
매자나무(Barberry)	*Berberis vulgaris*	3	낙엽관목	○◐	열매, 차	서식, 먹이	방풍, 울타리, 섬유	
맨자니타(Manzanita)	*Arctostaphyllos manzanita*	7	상록관목	○◐	열매	익충, 서식, 모이, 먹이	방풍, 울타리, 염료	
멕시칸 오렌지 (Mexican orange)	*Choisya ternata*	7	낙엽교목	○			방풍, 울타리	
무궁화(Mallow)	*Hibiscus syriacus*	5	낙엽관목	○	잎, 꽃, 기름, 차	익충, 서식	방풍, 울타리, 섬유	
무늬회양목(Box)	*Buxus sempervirens*	5	상록관목	○◐	약		방풍, 울타리	

일반명	학명	USDA 내한성 지대	유형	빛	먹을 수 있는 부분이나 용도	동물을 위한 용도	다른 용도	비고
무화과(Fig)	*Ficus carica*	7	낙엽교목	○	열매	서식, 모이, 먹이	울타리	
물대(Giant reed)	*Arundo donax*	6	풀	○	뿌리, 약		바구니, 방풍, 울타리, 토질개량	
미국감나무 (American persimmon)	*Diospyros virginiana*	5	낙엽교목	○◐	열매	서식, 먹이	울타리	
미국니사나무(Tupelo)	*Nyssa sylvatica*	3	낙엽교목	○	열매	익충, 서식		알칼리성 토양
미국매화오리나무 (Summersweet)	*Clethra alnifolia*	4	낙엽관목	○◐	잎	서식, 먹이	울타리	산성토양
미국박태기나무(Redbud)	*Cercis canadensis*	5	낙엽교목	○	꽃	익충, 서식	울타리	
미국산수유(Cornelian cherry)	*Cornus mas*	5	낙엽교목	○	열매		방풍, 울타리, 염료	
미국서어나무 (American hornbeam)	*Carpinus caroliniana*	5	낙엽교목	○◐	씨	서식, 먹이	방풍, 울타리, 염료	
밥티시아(Blue false indigo)	*Baptisia australis*	5	낙엽관목	○		익충	질소고정	
병솔나무(Bottlebrush)	*Callistemon citrinus*	8	상록관목	○	차	익충	방풍, 울타리	*C. sieberi* & *C. viridiflorus*도 이용할 수 있다
보리수나무(Autumn olive)	*Elaeagnus umbellata*	3	낙엽교목	○	열매	익충, 서식, 모이, 먹이	방풍, 울타리, 질소고정	
복숭아/승도복숭아 (Peach/Nectarine)	*Prunus persica*	6	낙엽교목	○	열매	익충, 서식, 먹이	울타리	
부들레이아(Butterfly bush)	*Buddleia dvidii*	5	낙엽관목	○		익충	방풍, 울타리, 염료	
붉은까치밥나무(Red currant)	*Ribes rubrum*	5	낙엽관목	○●	열매	익충, 서식, 모이, 먹이	울타리	
블랙라즈베리 (Black raspberry)	*Rubus occidentalis*	4	낙엽관목	○●	열매, 차	익충, 서식, 모이, 먹이	울타리	
블랙손(Sloe)	*Prunus spinosa*	4	낙엽교목	○	열매, 약	익충, 서식, 먹이	방풍, 울타리, 염료	
블랙엘더베리 (Black elderberry)	*Sambucus nigra*	5	낙엽관목	○◐	열매, 꽃, 약	익충, 서식, 모이, 먹이	방풍, 울타리, 염료	잎에 독이 있다
블루엘더베리(Blue elderberry)	*Sambucus caerulea*	5	낙엽관목	○◐	열매, 꽃, 약	익충, 서식, 모이, 먹이	방풍, 울타리, 염료	잎에 독이 있다
뽕나무(White mulberry)	*Morus alba*	3	낙엽교목	○	열매, 어린잎	모이, 서식, 먹이	방풍, 울타리, 염료, 섬유	
사과나무(Apple)	*Malus sylvestris*	3	낙엽교목	○	열매	익충, 서식, 먹이	울타리	
사사프라스(Sassafras)	*Sassafras albidum*	5	낙엽교목	○◐	잎, 수피, 열매	서식	염료	
산당화(Japanese quince)	*Chaenomeles speciosa*	5	낙엽교목	○◐	뿌리, 약	익충, 서식, 먹이	방풍, 울타리	
산딸나무(Chinese dogwood)	*Cornus kousa*	5	낙엽교목	○◐	열매, 어린잎	서식, 먹이	울타리	
산자나무(Sea buckthorn)	*Hippophae rhamnoides*	3	낙엽관목	○	열매, 약	서식, 먹이	방풍, 울타리, 염료, 질소고정	
살구나무(Apricot)	*Prunus armeniaca*	4	낙엽교목	○	열매	익충, 서식, 먹이		
서양모과(Medlar)	*Mespilus germanica*	6	낙엽교목	○	열매	서식		
서양보리수(Buffaloberry)	*Shepherdia argentea*	2	낙엽관목	○	열매	익충, 서식, 모이, 먹이	방풍, 울타리, 염료, 질소고정	내건성
서양자두(Plum)	*Prunus domestica*	3	낙엽교목	○	열매	익충, 서식, 먹이	방풍, 울타리	
스파티움(Spanish broom)	*Spartium junceum*	8	낙엽관목	○	약	익충, 서식	방풍, 울타리, 섬유, 염료, 질소고정	

일반명	학명	USDA 내한성 지대	유형	빛	먹을 수 있는 부분이나 용도	동물을 위한 용도	다른 용도	비고
시베리아골담초 (Siberian pea shrub)	Caragana arborescens	3	상록관목	○	씨	익충, 모이, 먹이	방풍, 울타리, 염료, 토질개량, 질소고정	
식나무(Spotted laurel)	Aucuba japonica	7	상록관목	●○			방풍, 울타리	
실버베리(Silverberry)	Elaeagnus commutata	2	낙엽관목	○	열매	익충, 서식, 모이, 먹이	방풍, 울타리, 섬유, 질소고정	
아로니아(Chokeberry)	Aronia melanocarpa	3	낙엽관목	○◐	열매, 약	익충, 서식, 모이, 먹이	울타리, 염료	
아몬드(Almond)	Prunus dulsis	3	낙엽교목	○	씨	익충, 서식, 먹이	방풍, 울타리	
아자롤(Azarole)	Crataegus azarolus	5	낙엽교목	○	열매	익충, 서식, 모이, 먹이	방풍, 울타리	
앵도나무(Nanking cherry)	Prunus tomentosa	5	낙엽관목	○	열매	익충, 서식, 먹이	방풍, 울타리	
양까막까치밥나무 (Black currant)	Ribes nigrum	5	낙엽관목	○●	열매	익충, 서식, 모이, 먹이	울타리	
양벚나무(Mazzard cherry)	Prunus avium	5	낙엽교목	○	열매	익충, 서식, 먹이	울타리	
에빙게이보리장(Elaeagnus)	Elaeagnus × ebbingei	6	상록관목	○●	열매	익충, 서식, 모이, 먹이	방풍, 울타리, 질소고정	
에스칼로니아(Escallonia)	Escallonia spp.	9	상록관목	○		벌새, 익충	방풍, 울타리	
오리나무(Alder)	Alnus spp.	3	낙엽교목	○	약	익충, 서식	방풍, 울타리, 염료, 목재	
오세이지 오렌지 (Osage orange)	Maclura pomifera	5	낙엽교목	○		서식	방풍, 울타리, 염료	
오션스프레이(Oceanspray)	Holodiscus discolor	5	낙엽관목	○◐	열매	서식	울타리, 목재	
올리브(Olive)	Olea europaea	8	상록교목	○	열매, 기름	서식	염료, 토질개량	
왁스까치밥나무(Wax currant)	Ribes cereum	3	낙엽관목	○◐	열매	익충, 서식, 모이, 먹이	울타리, 염료	
위성류(Tamarisk)	Tamarix gallica	5	낙엽교목	○	약	서식	방풍, 울타리	T. africana와 T. parviflora, T. ramosissima도 이용할 수 있다
윈터스바크(Winter's bark)	Drimys winteri	8	상록관목	○◐	수피, 약	서식	울타리	
유카(Yucca)	Yucca spp.	4	상록관목	○	열매	익충, 서식	울타리	
은매화(Myrtle)	Mytus cmmunis	8	상록교목	○	약		방풍, 울타리	
은행나무(Maidenhair tree)	Ginkgo biloba	2	상록교목	○	씨, 약			
이나무(Iigeri tree)	Idesia polycarpa	5	낙엽교목	○	열매			
인동(Honeysuckle)	Lonicera caerula var. edulis	3	낙엽관목	○	꽃	익충, 모이	울타리	쉽게 번진다
인디언자두(Oso berry)	Oemleria cerasiformis	6	낙엽관목	○◐	열매	서식, 틱이	울타리	
인디언체리(Indian ohen'y)	Rhamnus caroliniana	6	낙엽교목	○◐	열매	익충, 서식, 모이, 먹이	울타리	
인시사벚나무(Fuji cherry)	Prunus incisa	5	낙엽교목	○	열매	익충, 서식, 먹이	방풍, 울타리	
인시티티아자두나무(Damson)	Prunus insititia	5	낙엽교목	○	열매, 약	익충, 서식, 먹이	방풍, 울타리	
잉글리시로렐(English laurel)	Prunus laurocerasus	6	상록교목	○●	열매	익충, 서식, 먹이	방풍, 울타리	
자귀나무(Silk tree or mimosa)	Albizia julibrissin	6	낙엽교목	○◐	잎	익충, 서식	울타리, 질소고정	
자엽자두나무(Cherry plum)	Prunus cerasifera	4	낙엽교목	○	열매	익충, 서식, 먹이	방풍, 울타리	

일반명	학명	USDA 내한성 지대	유형	빛	먹을 수 있는 부분이나 용도	동물을 위한 용도	다른 용도	비고
장미(Rose)	*Rosa* spp.	2	낙엽관목	○◑	열매	익충, 서식, 먹이	방풍, 울타리	교배종과 재배품종은 유용성이 떨어진다
좁은잎보리장(Russian olive)	*Elaeagnus angustifolia*	2	낙엽관목	○	열매	익충, 서식, 모이, 먹이	방풍, 울타리, 질소고정	
준베리(Juneberry)	*Amelanchier* spp.	4	낙엽관목	○	열매	익충, 서식, 모이, 먹이	방풍, 울타리	
중국 두릅(Angelica tree)	*Aralia chinensis*	7	낙엽관목	○◑	순			
카스카라(Cascara)	*Rhamnus purshiana*	6	낙엽교목	○	약	익충, 서식	울타리	
캐비지야자(Cabbage palm)	*Cordyline australis*	8	상록교목	○	순, 뿌리		방풍, 울타리, 섬유	
캘리포니아 월계수(Bay tree)	*Laurus nobilis*	8	상록교목	○			방풍, 울타리	
캘리포니아갈매나무(California coffeeberry)	*Rhamnus califonica*	7	낙엽교목	○◑	열매, 약	익충, 서식, 모이, 먹이	방풍, 울타리	
커리플랜트(Curry plant)	*Helichrysum italicum*	8	상록관목	○	향신료		방풍, 울타리	
켄터키커피나무(Kentucky coffee tree)	*Gymnocladus dioica*	4	낙엽교목	○	꼬투리	서식, 먹이	울타리, 비누, 질소고정	
코요테브러시(Coyote brush)	*Baccharis pilularis*	8	상록관목	○		익충, 서식	방풍, 울타리, 토질개량	
태즈메이니아 후추 (Mountain pepper)	*Drimys laceolata*	8	상록관목	○◑	열매(향신료), 약		방풍, 울타리	
탱자나무(Bitter orange)	*Poncirus tripoliata*	5	상록교목	○	열매, 약	서식	방풍, 울타리	
티피나옻나무 (Staghorn sumac)	*Rhus typhina*	3	낙엽관목	○	열매	서식	방풍, 울타리, 염료, 토질개량	*R. copallina*와 *R. glabra*도 이용할 수 있다
파인애플구아바 (Pineapple guava)	*Feijoa sellowiana*	8	상록교목	○	열매,	익충, 모이, 먹이	울타리	
팽나무(Hackberry)	*Celtis* spp.	4	상록교목	○	열매, 씨	서식, 모이, 먹이	방풍, 울타리	
포르투갈로렐 (Portuguese laurel)	*Prunus lusitanica*	6	상록교목	○●		서식, 모이, 먹이	방풍, 울타리	
포웡솔트부시(salt bush)	*Atriplex canescens*	7	상록관목	○	잎, 씨		방풍, 울타리	
포포나무(Pawpaw)	*Asimina trilobata*	6	낙엽교목	◑●	열매	서식, 모이, 먹이	염료, 섬유	
풀싸리(Bush clover)	*Lespedeza thunbergii*	5	낙엽관목	○	익충	질소고정		
풍년화(Witch Hazel)	*Hamamelis virginiana*	5	낙엽관목	◑	씨, 약	서식	울타리	
하이부시크랜베리(Cranberry)	*Viburnum trilobum*	2	상록관목	○◑	열매	익충, 서식, 먹이	울타리	산성토양
하이부시블루베리(Blueberry)	*Vaccinium corymbosum*	2	낙엽관목	○◑	열매	익충, 서식, 먹이	울타리	산성토양
헛개나무 (Japanese raisin tree)	*Hovenia dulcis*	6	낙엽교목	○	열매	서식	울타리	
황금까치밥나무 (Golden currant)	*Ribes aureum*	4	낙엽관목	○◑	열매, 꽃, 잎	익충, 서식, 먹이	울타리	
황매화 (Bachelor's button)	*Kerria japonica*	4	낙엽관목	○◑	어린잎			내건성
후커버드나무 (Hooker's willow)	*Salix hookeriana*		낙엽교목	○	약	서식	방풍, 울타리	많은 종이 유용하다
후크시아(Fuchsia)	*Fuchsia magellanica*	6	낙엽관목	◑●	약	벌새	방풍, 울타리	
흑뽕나무 (Black mulberry)	*Morus nigra*	3	낙엽교목	○	열매	모이, 서식, 먹이		*M. australis, M. mongolia, M. rubra, M. serrata*도 있음
흰물싸리(Cinquefoil)	*Potentilla fruticosa*	5	낙엽관목	○◑	차		방풍, 울타리, 토질개량	
히더(Scotch heather)	*Calluna vulgaris*	4	상록관목	○	차, 약	익충	울타리, 바구니, 염료	산성토양
히말라야검은딸기 (Himalayan blackberry)	*Rubus discolor*	5	낙엽덩굴	○◑	열매	익충, 서식, 모이, 먹이	울타리	
히솝(Hyssop)	*Hyssopus officinalis*	3	상록관목	○	차, 약	익충	방풍, 울타리	

일반명	학명	USDA 내한성 지대	유형	빛	먹을 수 있는 부분이나 용도	동물을 위한 용도	다른 용도	비고
갈대(Reed)	Phragmites australis	5	다년초	○ ◐	잎, 뿌리	서식	염료, 섬유, 바구니	습지식물
갈릭크레스(Garlic cress)	Peltaria alliacea	6	다년초	○ ◐	꽃, 잎			
감자(Potato)	Solanum tuberosum	8	다년초	○	뿌리		바이오매스	일년생으로 재배됨
갯배추(Sea kale)	Crambe martima	5	다년초	○ ◐	꽃, 잎			
고랭이(Bulrush)	Scirpus spp.	4	다년초	○ ◐	잎, 씨, 뿌리, 약	서식	섬유	
골든베리(Goldenberry)	Physalis peruviana	8	다년초	○	열매			
골파(Chives)	Allium schoenoprasum	5	다년초	○ ◐	꽃, 잎, 뿌리	익충	영양소	
굿킹헨리 (Good king Henry)	Chenopodium bonus-henricus	5	다년초	○ ◐	꽃, 잎, 약	익충	영양소, 염료	
그리스 오레가노 (Greek oregano)	Origanum vulgare hirum	5	다년초	○ ◐	잎, 향신료	익충		
글로브아티초크 (Globe artichoke)	Cynara scolymus	6	다년초	○ ◐	꽃, 잎	익충		
금관화 (Common milkweed)	Asclepias cornuti	3	다년초	○	꽃, 잎	익충	염료, 섬유	
나도황기(Sweet vetch)	Hedysarum boreale	3	다년초	○	뿌리	익충	질소고정	
나인스타다년생브로콜리 (Nine-star perennial broccoli)	Brassica oleracea botrytis aparagoides	6	다년초	○ ◐	꽃, 잎	익충		
네마름(Water chestnut)	Trapa natans	5	다년초	○	씨			수생식물
다년생 메밀 (Perennial buckwheat)	Fagopyrum dibotrys	5	다년초	○ ◐	잎, 씨	익충, 서식, 모이		
다년생 케일 (Kale, perennial)	Brassica oleracea ramosa	6	다년초	○ ◐	꽃, 잎	서식		
대황(Rhubarb)	Rheum rhabarbarum	3	다년초	○ ◐	줄기		염료	잎에 독이 있다
돌나물(Stonecrop)	Sedum spp.	5	다년초	○ ◐	잎, 약	익충		
딸기(Strawberry)	Fragaria spp.	3	다년초	○ ◐	열매, 잎	익충	영양소	
땅감자(Pig nut)	Bunium bulbocastanum	5	다년초	○ ◐	잎, 뿌리	익충		
땅자두 (Groundplum milkvetch)	Astragalus crassicarpus	4	다년초	○	꼬투리	익충	질소고정	
뚱딴지 (Jerusalem artichoke)	Helianthus tuberosus	4	다년초	○ ◐	뿌리	익충, 서식	울타리, 바이오매스	
라티폴리아 풀(Wapato)	Sagittaria latifolia	6	다년초	○ ◐	뿌리			S. sagittifolia도 이용할 수 있다
러시아세이지 (Russian sage)	Perovskia atriplicifolia	6	상록관목	○	잎	익충, 벌새	방풍, 울타리	
루핀(Lupine)	Lupinus spp.	5	다년초	○	씨, 약	익충	질소고정	
마늘(Garlic)	Allium sativum	5	다년초	○	꽃, 잎, 뿌리		영양소	
마카 (Maca 또는 Peruvian ginseng)	Lepidium meyenii	6	다년초	○ ◐	뿌리, 약	익충		
배말톱꽃(Columbine)	Aquilegia vulgaris	4	다년초	○	꽃, 차	익충		
멕시코매리골드 (Mexican tarragon)	Tagetes lucida	9	다년초	○	차		염료, 방충제	일년생으로 재배됨
모스카타 접시꽃 (Musk mallow)	Malva moschata	3	다년초	○ ◐	꽃, 잎, 씨	익충	섬유	
물냉이(Watercress)	Nasturtium officinale	6	다년초	● ○	잎, 씨	익충	영양소	수생식물
미국감초 (American licirice)	Glycyrrhiza lepidota	3	다년초	○ ◐	뿌리, 약		질소고정	침입성 식물인 G. lepidota 보다는 단맛이 덜하다
미국자리공(Pokeweed)	Phytolacca americana	4	다년초		잎, 약	서식	염료	잎에 독이 있으므로 익혀서 물로 잘 헹구어야 한다

일반명	학명	USDA 내한성 지대	유형	빛	먹을 수 있는 부분이나 용도	동물을 위한 용도	다른 용도	비고
민들레(Dandelion)	*Taraxacum officinale*	5	다년초	○ ◐	꽃, 잎, 뿌리	익충	영양소	
부들(Cattail)	*Typha angustifolia*	3	다년초	○ ◐	꽃, 잎, 순, 뿌리	서식, 먹이	섬유, 토질개량	습지식물
부들(Cattail)	*Typha latifolia*	3	다년초	○ ◐	꽃, 잎, 순, 뿌리	서식	섬유	습지식물
부추(Garlic chives)	*Allium tuberosum*	5	다년초	○ ◐	꽃, 잎, 뿌리		영양소	
분홍금관화 (Showy milkweed)	*Asclepias speciosa*	2	다년초	○	꽃, 잎	익충	염료, 섬유	
브레드루트(Breadroot)	*Psoralea esculenta*	7	다년초	○	뿌리		질소고정, 토질개량	*P. hypogaea*도 이용할 수 있다
사르사파릴라 (Sarsaparilla)	*Aralia nudicaulis*	4	다년초	○ ◐	열매, 잎	익충		
서양톱풀(Yarrow)	*Achillea millefolium*	2	다년초	○	잎, 차, 약	익충	영양소, 염료	
세르필룸백리향 (Creeping thyme)	*Thymus serpyllum*	5	상록관목	○	잎, 차, 약	익충	방충제	*T. vulgaris*도 이용할 수 있다
스위트시슬리 (Sweet cicely)	*Myrrhis odorata*	5	다년초	◐ ●	잎, 씨, 뿌리	익충	광택제	
스피어민트(Spearmint)	*Mentha spicata*	3	다년초	◐ ●	잎, 차	익충		
쐐기풀(Stinging nettle)	*Urtica dioica*	6	다년초	○ ◐	잎		영양소, 염료, 섬유, 바이오매스	
아니스히솝 (Anise hyssop)	*Agastache foeniculum*	8	다년초	○ ◐	잎, 차	익충		
아스파라거스(Asparagus)	*Asparagus officinalis*	4	다년초	○	줄기			
아스포델리네 (King's spear)	*Asphodeline lutea*	7	다년초	○ ◐	꽃, 잎, 뿌리			
아주가(Bugle)	*Ajuga reptans*	6	다년초	○ ◐	잎	익충		
아피오스(Groundnut)	*Apios americana*	3	다년초	○ ◐	씨, 뿌리		질소고정	
알팔파(Alfalfa)	*Medicago sativa*	5	다년초	○	잎, 씨	익충, 서식, 먹이	질소고정	
애기해바라기 (Maximilian sunflower)	*Helianthus maximilianii*	4	다년초	○	뿌리, 순	익충		
야콘(Yacon)	*Polymnia edulis*	8	다년초	○ ◐	뿌리			일년생으로 재배할 수 있다
얌파(Yampah)	*Perideridia gairdneri*	7	다년초	○ ◐	잎, 뿌리			
얼룩자운영 (Painted milkvetch)	*Astragalus pictus-filifolius*	5	다년초	○	뿌리	익충	질소고정	
연꽃(Indian water lotus)	*Nelumbo nucifera*	5	다년초	○	꽃, 잎, 뿌리			수생식물
오이풀(Salad burnet)	*Sanguisorba minor*	5	다년초	○ ◐	잎		토질개량	
오카/안데스괭이밥(Oca)	*Oxalis tuberosa*	7	다년초	○ ◐	꽃, 잎, 뿌리			일년생으로 재배할 수 있음
원추리(Daylily)	*Hemerocallis fulva*	4	다년초	○ ◐	꽃, 잎, 뿌리	벌새	섬유	
윈터세이보리 (Winter savory)	*Satureia montana*	6	상록관목	○	잎	익충		
유럽감초 (European licorice)	*Glycyrrhiza glabra*	7	다년초	○ ◐	뿌리, 약		질소고정	
이집트 파 (Egyptian onion)	*Allium cepa proliferum*	5	다년초	○	꽃, 잎, 뿌리		영양소, 염료, 방충제	
인삼(Ginseng)	*Panax ginseng*	6	다년초	◐ ●	뿌리, 약			
족도리풀(Wild ginger)	*Asarum caudatum*	2	다년초	○	향신료			
주름 케일(Kale, curly)	*Brassica oleracea sabellica*	6	다년초	○ ◐	꽃, 잎	서식		
지면패랭이꽃(Thrift)	*Phlox subulata*	4	다년초	○ ◐		익충	지피	
창포(Sweet flag)	*Acorus calamus*	3	다년초	○ ◐	잎, 뿌리		섬유	
초석잠 (Chinese artichoke)	*Stachys affinis*	5	다년초	○	잎, 뿌리			
치커리(Chicory)	*Cichorium intybus*	3	다년초	○	꽃, 잎, 뿌리	익충	영양소	

일반명	학명	USDA 내한성 지대	유형	빛	먹을 수 있는 부분이나 용도	동물을 위한 용도	다른 용도	비고
카르둔(Cardoon)	Cynara cardunculus	5	이년초	○	열매	익충		저절로 씨를 뿌린다
카마시아(Camas)	Camassia quamash	3	다년초	○◑	뿌리	익충		
캄파눌라 (Trailing bellflower)	Campanula poscharskyana	3	다년초	○◑	꽃, 잎	익충, 먹이		
캐모마일(Chamomile)	Chamaemelum nobile	4	다년초	○◑	차	익충	염료	
컴프리(Comfrey)	Symphytum officinale	5	다년초	○◑	잎, 약	익충, 모이	영양소, 바이오매스	
코클레아리폴리아초롱꽃 (Fairy thimble)	Campanula cochleariifolia	6	다년초	○◑	꽃, 잎	익충, 먹이		
콜라드(Collards)	Brassica oleracea viridis	6	다년초	○◑	꽃, 잎	서식		
클레이토니아 (Pink purslane)	Claytonia sibirica	3	다년초	◑●	잎	익충, 먹이		
타라곤(Tarragon)	Artemisia dracunculus	6	다년초	○●	잎(향신료)	익충		
터키유채(Turkish rocket)	Bunias orientalis	7	다년초	○◑	꽃, 잎	익충		
투베로사금관화 (Pleurisy root)	Asclepias tuberosa	3	다년초	○	꽃, 잎	익충	섬유	
투베로사수련 (Tuberous water lily)	Nymphaea tuberosa	5	다년초	○	뿌리, 씨			수생식물
파(Welsh onion)	Allium fistulosum	6	다년초	○	꽃, 잎, 뿌리		영양소, 방충제	
파드득나물(Mitsuba)	Cryptotaenia japonica	5	다년초	◑●	잎	익충		
페르시키폴리아초롱꽃 (Harebell)	Campanula persicifolia	3	다년초	○◑	꽃, 잎, 뿌리	익충, 먹이		
페퍼민트(Peppermint)	Mentha×piperita vulgaris	3	다년초	◑●	잎, 차	익충		
풀산딸나무(Bunchberry)	Cornus canadensis	2	다년초	◑●	열매	먹이		
프렌치소렐 (French sorrel)	Rumex scutatus	6	다년초	○◑	잎		염료	R. acetosa도 이용할 수 있다
한련(Nasturtium)	Tropaeolum minus	9	다년초	○	꽃, 잎, 씨		방충제	일년생으로 재배됨
향제비꽃(Sweet violet)	Viola odorata	5	다년초	○◑	꽃, 잎	익충		
회향(Fennel)	Foeniculum vulgare	5	다년초	○◑	잎, 씨, 뿌리	익충, 서식, 모이	영양소	
후커스발삼루트(Balsamroot)	Balsamorhiza hookeri	5	다년초	○	꽃, 씨, 뿌리	익충		
히스파니카쇠채 (Scorzonera)	Scorzonera hispanica	6	다년초	○◑	꽃, 잎, 뿌리			

유용한 덩굴식물

일반명	학명	USDA 내한성 지대	유형	빛	먹을 수 있는 부분이나 용도	동물을 위한 용도	다른 용도	비고
꽃시계덩굴(Maypop)	Passiflora incarnata	6	상록덩굴	○	열매, 꽃, 잎, 약	익충		P. edulis, P. mollisima도 이용할 수 있다
다년생완두(Perennial pea)	Lathyrus latifolius	6	낙엽덩굴	○◑	어린잎	익충	질소고정	
다래(Hardy kiwi)	Actinia arguta	4	낙엽덩굴	○	열매			
능나무(Wisteria)	Wisteria floribunda	6	낙엽덩굴	○		익충	바구니, 질소고정	
마(Mountain yam)	Dioscorea batatas	4	낙엽덩굴	○◑	뿌리			
마슈아(Mashua)	Tropaeolum tuberosum	8	낙엽덩굴	○	꽃, 잎, 뿌리			일년생으로 재배할 수 있다
멜론(Melon)	Cucumis melo	9	낙엽덩굴	○	열매, 꽃	익충		일년생으로 재배됨
붉은강낭콩 (Scarlet runner bean)	Phaseolus coccineus	9	낙엽덩굴	○	열매, 꽃	익충	질소고정	일년생으로 재배됨
사르사파릴라(Sarsaparilla)	Smilax aspera	8	상록덩굴	○◑	순, 뿌리, 약		방풍, 울타리, 염료	

일반명	학명	USDA 내한성 지대	유형	빛	먹을 수 있는 부분이나 용도	동물을 위한 용도	다른 용도	비고
시계꽃(Passionflower)	*Passiflora caerulea*	7	상록덩굴	○	열매, 꽃	익충		
오이(Cucumber)	*Cucumis sativus*	9	낙엽덩굴	○	열매, 꽃	익충		일년생으로 재배할 수 있다
완두(Pea)	*Pisum sativum*	일년생	일년생 덩굴	○	열매, 꽃	익충	질소고정	
으름(Akebia)	*Akebia quinata*	5	낙엽덩굴	○ ◑	열매		바구니	*A. trifoliata*도 이용할 수 있다
인동(Honeysuckle)	*Lonicera* spp.	4	낙엽덩굴	○ ◑	꽃, 차	익충, 서식	바구니	
재스민(Jasmine)	*Jasminum officinale*	6	낙엽덩굴	○ ◑	꽃	익충, 서식	향료	*J. beesianum, J. humile, J. nudiflorum*도 이용할 수 있다
클레마티스(Clematis)	*Clematis* spp.	5	낙엽덩굴	○ ◑		익충		
키위(Kiwi)	*Actinidia deliciosa*	7	낙엽덩굴	○	열매			
포도(Grape)	*Vitis vinifera*	6	낙엽덩굴	○	열매, 잎	서식, 먹거리	염료	
하수오(He Shou Wu)	*Polygonum multiflorum*	7	낙엽덩굴	○ ◑	열매, 잎, 약			
한련(Nasturtium)	*Tropaeolum minus*	9	일/다년생	○	꽃, 잎	익충, 서식		일년생으로 재배됨
호박(Squash)	*Cucurbita* spp.	9	낙엽덩굴	○	열매, 꽃	익충	바가지	일년생으로 재배됨
홉(Hops)	*Humulus lupulus*	5	낙엽덩굴	○	꽃, 잎, 약	익충, 서식	섬유, 염료	

용어 해설

가이아 (Gaia)	그리스의 지모신. geography(지리학)와 geology(지질학)에서 볼 수 있는 geo-(지구, 토지)라는 결합사의 어근이기도 하다. 또한 '가이아 가설(Gaia theory)'에서 제임스 러브록(James Lovelock)은 많은 지구의 작용이 스스로 통제된다는 개념을 가이아라 불렀다.
가장자리 효과 (edge effect)	두 개의 시스템이 만날 때 다양성이 증가하는 효과. 가장자리의 양쪽 면에 사는 생물들에게 좋은 환경을 창출할 뿐 아니라, 가장자리 자체에도 새로운 환경(강이 바다로 흘러들 때나 호수가 호숫가에 닿을 때처럼)이 생겨서 새로운 서식 생물을 부양하게 된다.
가축성 (假軸性, sympodial)	이차 가지에서 주된 새순을 형성하는 성질. 이 책에서는 '덤불을 짓는' 대나무 종류를 가리키는 용어로 쓰였다. 이 대나무 종류는 보통 침입성이 없다.
경작적성 (tilth)	미생물이 풍부한 흙의 느슨하고 무른 구조. 특정한 토양 박테리아에 의해 형성되는데, 이 박테리아가 분비하는 검, 왁스, 겔은 조그만 토양 입자를 한데 묶는다.
고정적 바이오매스 (standing biomass)	가지와 큰 뿌리와 같이 생태계 안에 영구적으로 존재하는 부분. 과일이나 낙엽수의 잎과 같은 계절성 바이오매스와 구별된다.
구역 (sectors)	바람, 태양, 불 등의 외부 에너지가 들어오는 영역. 디자인 요소의 배치를 통해 이 에너지들을 완화시키거나, 붙잡거나, 영향을 줄 수 있다.
기생성 곤충/포식 기생자 (parasitoids)	다른 곤충이나 곤충알 속에 알을 낳는 작은 벌이나 파리 종류
기회주의적 식물 (opportunistic plant)	새로운 환경에 도입되었을 때 본래 존재하던 식물들보다 더 효율적으로 자원을 이용하고 더 빨리 번식하는 식물. '침입성(invasive) 식물'이라는 용어만큼 감정적이지 않다.
길드 (guild)	서로 조화롭게 짜여진 식물과 동물의 모임. 서식지를 제공하면서 동시에 인간을 이롭게 하는 하나의 주된 종을 중심으로 자리 잡고 있을 때가 많다.
꽃가루매개자 (pollinators)	열매와 씨앗이 맺히도록 꽃가루를 운반하는 익충
낙수선 (drip line)	교목의 가장 바깥 부분의 잎 아래에 있는 가상의 경계선
니치 (niche)	한 생태계 안에서 특정한 생물이 수행하는 역할 또는 기능. 니치는 직종으로, 서식지는 그 일을 하는 직장으로 생각하라.
단축성 (單軸性, monopodial)	하나의 중심축에서 새순을 형성하는 성질. 이 책에서는 소위 '땅을 기는' 대나무 종류를 가리키는 용어로 사용되었다. 이 종류의 대나무는 침입성을 띨 가능성이 있다.
무기질화 (mineralization)	탄소를 함유한 유기 화합물이 무기질의 식물 먹이로 전환되는 과정
미기후 농법 (microclimate gardening)	다양한 미기후의 혜택을 받도록 식물을 배치하는 방법(서리에 약한 식물을 따뜻한 남향 벽 앞에 심는 예가 있다). 또는 식물을 심어서 알맞은 미기후를 만드는 방법(나무를 이용해서 뜨거운 햇빛으로부터 집을 가리는 예가 있다).

발판 식물 (scaffold plants)	어리고 취약한 식물들이 자리를 잡도록 물리적으로 도와주는 종
보모 식물 (nurse plant)	상대적으로 섬세한 식물들이 일생을 시작하기에 알맞은 조건이나 보금자리를 만들어주는 식물
보호자 식물 (chaperone plant)	다른 어린 식물이 스스로 살 수 있을 때까지 해를 입지 않도록 보호해주는 종
복합경작 (polycultures)	역동적이고 스스로 조직되는 식물군집. 여러 종의 식물로 구성되어 있다.
부식토 (humus)	영양소를 저장하고 있는 분자들의 모임. 상당히 안정적이고도 복잡한 형태를 하고 있다. 미생물과 다른 분해 작용에 의해 전환된 유기물로 만들어진다.
상생재배법 (companion planting)	두 가지 이상의 식물종을 함께 배치하여 최소한 어느 한쪽이 해충을 쫓아버리거나 꽃가루매개자를 불러오는 등의 역할을 함으로써 다른 한 쪽에게 이득을 주도록 하는 일
생물다양성 (biodiversity)	어떤 장소에 있는 생물들의 다양함. 생물다양성은 품종, 종, 속, 과를 거쳐 다섯 가지 생물계 모두를 포함하는 여러 단계에서 고려되며, 서식지나 생태계의 다양성이라는 측면에서도 고려된다.
생활폐수 (graywater)	싱크대, 샤워기, 욕조, 세탁기에서 나오는 가정하수
섞어짓기 (interplanting)	빛이나 공간, 영양소를 두고 경쟁하지 않고, 때로 해충을 방해하도록 식물종들을 결합시키는 방법
선구식물 (pioneer plants)	특정한 종류의 빨리 자라는 한해살이풀과 꽃. 생태계가 교란되면 가장 먼저 들어오는 식물군이다.
숲 정원 (forest garden)	먹거리와 서식지를 생산하며, 자연의 삼림지대처럼 작용하는 다층으로 이루어진 경관
스웨일 (swale)	땅의 등고선을 따라 고른 깊이로 판 얕은 도랑. 물이 흙 속으로 들어가도록 한다.
시트 피복 (sheet mulching)	제초제를 사용하거나 경운을 하지 않고 잡초를 근절하고 토양을 조성하기 위해 바로 그 자리에서 퇴비를 만드는 방법
식물군집 (plant communities)	저절로 함께 난 교목과 관목, 비목질식물들의 모임. 한데 연결되어 있는 것처럼 보인다.
완충식물 (buffer plant)	서로 다른 길드나 타감 작용을 하는 종들 사이에 자리 잡은 식물. 완충식물은 각 길드에 있는 나무들과 친화성이 있어야 하며, 연결된 길드 중 최소한 하나에 긍정적인 영향을 끼쳐야 한다.
인공적 요소 (hardscaping)	나무, 돌, 콘크리트, 그 밖에 벽, 헛간, 통로, 울타리 같은 건조된 요소를 일컫는 설계 용어
자기도취성 (narcissistic)	같은 과의 식물이 떨어뜨린 잎 위에서 번성하는 성질. 예로는 가짓과 식물이 있다.

잡초 (weed)	사람들이 비방하는 식물들을 일컫는 고도로 주관적인 범주. 때문에 미국 농무부에서도 잡초를 '인간의 활동을 방해하는 식물'이라고 간단하게 정의하고 있다.
지구 (zone)	각각의 디자인 요소들이 얼마나 자주 이용되는지, 또 얼마나 많은 관심을 필요로 하는지에 따라 배치하는 퍼머컬처 디자인 방법. 더 자주 이용하는 요소일수록 집에 더 가까운 곳에 위치하게 된다.
질소고정식물 (nitrogen fixers)	뿌리혹 속에 사는 공생미생물의 숙주가 되는 식물. 미생물은 공기 중의 질소 가스를 탄소와 결합시켜서 아미노산과 관련 분자들을 만들어냄으로써 질소를 '고정'한다. 콩과식물의 대부분이 여기에 속하며, 다른 특정한 종들도 있다.
천이 (succession)	한 생태계 안에서 생물들의 구성이 바뀌어가는 것. 흔히 선구종으로 시작해서 관목, 교목으로 진전한다.
타감 식물 (alleopaths)	독성 물질을 분비하여 경쟁 식물을 제압하는 식물
퇴비 (compost)	분해 작용의 마지막 결과물. 영양분과 부식질이 많다. 잉여의 유기물을 더미로 쌓아올리거나 상자에 담아 썩게 놔두는 방법으로 만든다.
포식성 곤충/포식충 (predator insect)	해충을 잡아먹는 익충
피복작물 (cover crop)	토양을 조성하고, 침식작용을 완화하고, 잡초를 제어하기 위해 특별히 심은 작물
1차 분해자 (primary decomposers)	유기물을 가장 먼저 소비하는 무척추동물, 박테리아, 조류, 균류, 방사선균류
2차 분해자 (secondary decomposers)	1차 분해자를 먹고 사는 긴털가루진드기와 톡토기, 특정한 딱정벌레 종류, 그 밖의 생물
3차 분해자 (tertiary decomposers)	2차 분해자와 1차 분해자의 일부를 먹고 사는 토양생물

참고문헌

Albrecht, William A. *The Albrecht Papers* (알브레히트 논문집). Acres USA, 1996. 비전 있는 토양학자가 쓴 별난 논문집.

Alexander, Christopher. *A Pattern Language*. Oxford, 1977. 인간 척도의 디자인을 다룬 고전. (한국어판: 『패턴 랭귀지: 도시 건축 시공』, 이용관 양시근 이수빈 옮김, 인사이트, 2013.)

Angier, Bradford. 0*One Acre & Security: How to Live off the Earth without Ruining It* (1에이커와 안전: 지구를 망치지 않으면서 지구에 얹혀살기). Willow Creek, 2000. 자급농과 작은 동물 돌보기에 관한 유용하고 폭넓은 자료.

Bell, Graham. *The Permaculture Garden* (퍼머컬처 가든). Thorson's, 1994. 영국 독자를 위한 퍼머컬처 원예기술 개론서.

Bennett, Bob. *Raising Rabbits the Modern Way* (현대식 토끼사육). Garden Way, 1980. 뒷마당에서 토끼를 키울 때 참고할 수 있는 좋은 개론서.

Brady, Nyle C. *The Nature and Properties of Soils* (토양의 성질과 특성). Prentice-Hall, 1996. 토양학 전공 교재인 이 책은 해당 분야의 모든 주제를 깊이 있게 다루고 있다.

Brickell, Christopher. *American Horticultural Society Encyclopedia of Garden Plants* (미국원예협회 정원식물백과). Macmillan, 1990. 가장 흔히 쓰이는 조경식물을 도해와 함께 소개한 안내서. 수천 장의 사진이 수록되어 있다.

Brookes, John. *The Book of Garden Design* (정원디자인). Macmillan, 1991. 유명한 관행 조경설계사가 쓴 개론서.

Buchanan, Rita. *Taylor's Master Guide to Landscaping* (테일러의 조경 마스터 가이드). Houghton Mifflin, 2000. 주택 소유자를 위한 훌륭하고 포괄적인 조경디자인 기술 개론서.

Buchmann, Stephen L., & Gary Paul Nabhan. *The Forgotten Pollinators* (잊혀진 꽃가루매개자). Island, 1996. 위험에 처해 있는 이로운 곤충들의 역할에 대한 훌륭한 이야기. 많은 정보를 알려준다.

Campbell, Stu, and Donna Moore. *The Mulch Book: A Complete Guide for Gardeners* (피복법: 정원사를 위한 완벽한 가이드). Storey Books, 1991. 피복법에 대한 훌륭한 개론서.

Capra, Fritjof. *The Web of Life*. Doubleday, 1996. 복잡성과 자기조직화를 다루는 신과학을 통해 살아 있는 시스템에 대한 우리의 이해가 어떻게 바뀔 수 있는지를 이야기하는 매혹적인 책. (한국어판: 『생명의 그물』, 김동광·김용정 옮김, 범양사, 1998.)

Cocannouer, Joseph. *Weeds: Guardians of the Soil*. Devin-Adair, 1950. 이 책은 토양의 비옥도를 가리키는 지표이자 유용한 작물로서의 잡초의 역할을 역사적인 설화를 곁들여 이야기한다. (한국어판: 『잡초의 재발견』, 구자옥 옮김, 우물이 있는 집, 2013.)

Coleman, Eliot. *Four-Season Harvest* (사계절 수확). Chelsea Green, 1999. 생육기간을 연중으로 늘리는 방법. 북부 기후에도 적용할 수 있다.

Conrad, Ross. *Natural Beekeeping: Organic Approaches to Modern Apiculture* (자연양봉: 현대양봉에 대한 유기농 방식의 접근). Chelsea Green, 2007. 자연스러운 방식으로 벌을 키우고 건강하게 관리하는 법을 소개한다.

Creasy, Rosalind. *Organic Gardener's Edible Plants* (생태정원사의 식용식물). Van Patten, 1993. 130종이 넘는 식용 관상식물을 소개하고 있다.

————. *The Complete Book of Edible Landscaping* (식용식물 조경 완전 가이드). Sierra Club, 1982. 채소를 앞마당으로 불러낸 식용식물 조경의 토대를 놓은 책.

Dennis, John V. *The Wildlife Gardener* (야생동물 정원사). Knopf, 1985. 야생동물 서식지를 위한 정원을 만드는 훌륭한 개론서.

Deppe, Carol. *Breed Your Own Vegetable Varieties: The Gardener's and Farmer's Guide* (스스로 하는 채소 육종: 텃밭지기와 농부를 위한 가이드). Chelsea Green, 2000. 실용적이고 깊이 있는 안내서. 텃밭지기에게는 이 분야에 관한 가장 좋은 책 중의 하나다.

Douglas, J. Sholto, and Robert Hart. *Forest Farming* (숲 농업). Rodale, 1985. 사람의 먹거리와 가축 사료로 나무를 재배해야 한다고 강력하게 주장하는 책. 많은 종을 소개하고 있다.

Druse, Ken. *The Natural Habitat Garden* (자연 서식지 정원). Potter, 1994. 토착식물을 이용해서 대초원, 목초지, 숲, 습지 정원을 만드는 방법을 소개한다.

Facciola, Stephen. *Cornucopia II: A Source Book of Edible Plants* (코르누코피아 II: 식용식물 원전). Kampong, 1998. 폭넓은 식용식물 목록. 설명이 딸려 있다.

Farrelly, David. *The Book of Bamboo* (대나무 책). Sierra Club, 1984. 대나무의 용도와 품종, 문화를 용의주도하고 완벽하게 탐색하는 책.

Fern, Ken. *Plants for a Future: Edible and Useful Plants for a Healthier World* (미래를 위한 식물: 더 건강한 세상을 위한 식용식물과 유용한 식물들). Permanent Publications, 1997. 다기능 식물을 폭넓게 다루고 있는 영국 책.

Florea, J. H. *ABC of Poultry Raising: A Complete Guide for the Beginner or Expert* (가금 사육의 기초: 초심자와 전문가 모두를 위한 완벽한 가이드). Dover, 1977. 소규모 가금 사육에 대한 정평 있는 책.

Flores, Heather C. *Food Not Lawns* (잔디밭 말고 먹거리). Chelsea Green, 2006. 도시에 초점을 맞춘 퍼머컬처 정원 가꾸기와 공동체 조직법.

Fukuoka, Masanobu. *The One Straw Revolution.* Rodale, 1978. 농업의 본보기로서 자연을 이야기하고 있다. (한국어판: 『짚 한 오라기의 혁명』, 최성현 옮김, 녹색평론사, 2011.)

Gaddie, Ronald, and Donald Douglas. *Earthworms for Ecology and Profit* (생태와 소득을 위한 지렁이). Bookworm, 1977. 지렁이 퇴비와 지렁이 텃밭을 다룬 가장 좋은 책 중의 하나.

Gershuny, Grace. *Start with the Soil* (흙에서 시작하라). Rodale, 1993. 훌륭한 토양을 만드는 방법과 그 이유를 소개하는 뛰어난 핸드북.

Gessert, Kate Rogers. *The Beautiful Food Garden Encyclopedia of Attractive Food Plants* (아름다운 먹거리 정원 백과). Van Nostrand Reinhold, 1983. 멋진 모습의 채소들로 조경을 하는 법.

Haggard, Ben. *Living Community* (살아 있는 군집). Center for the Study of Community, 1993. 피미길처럼 가꾼 최고의 장소가 어떻게 진화했는지에 대해, 한 디자이너의 대가가 쓴 책.

Hart, Robert. *Forest Gardening: Cultivating an Edible Landscape* (숲 정원 가꾸기: 식용식물 경관을 돌보는 법). Chelsea Green, 1996. 이 분야의 선구자 중 한 사람인 로버트 하트의 숲 정원디자인 이야기.

Hobhouse, Penelope. *Flower Gardens* (플라워 가든). Little, Brown and Co., 1991. 홉하우스는 색깔과 형태에 따라 식물을 조합하는 데에 전문가다. 이 책에는 훌륭한 도해가 수록되어 있다.

Holmes, Roger. *Home Landscaping* (series) (가정 조경 시리즈). Creative Homeowner Press, 1998. 미국을 지리학적 구역에 따라 나눈 시리즈. 지역에 알맞은 식물의 목록이 수록되어 있으며 조경의 기초를 다루고 있다.

Holmgren, David. *Hepburn Permaculture Gardens* (헵번 퍼머컬처 정원). Holmgren Design Services, 1995. 완전한 퍼머컬처 디자인의 사례를 연구한 몇 안 되는 책 중의 하나. 호주에 있는 데이비드의 집을 다루고 있다.

——. *Permaculture: Pathways and Principles Beyond Sustainability* (퍼머컬처: 지속가능성을 넘어서는 길과 원리). Holmgren Design Services, 2002. 퍼머컬처의 공동창시자인 데이비드 홈그렌은 이 책에서 지속가능성과 에너지 하락 문제에 퍼머컬처 원리를 적용하고 있다.

Howard, Sir Albert. *The Soil and Health*. Rodale, 1976. 좋은 흙과 건강한 사람들 사이의 관계를 다룬 책. 하워드 경은 유기농업의 선구자 중 한사람이다. (한국어판:『흙과 건강』, 한국생명농업회 옮김, 한국생명농업회, 2005.)

Hunt, Marjorie. *High-Yield Gardening* (고수확 정원 가꾸기). Rodale, 1986. 생육 기간 늘리기와 고밀도 재배 등 정원의 수확량을 늘리는 방법에 대한 뛰어난 안내서.

Jacke, David, and Eric Toensmeier. *Edible Forest Gardens* (먹거리숲 정원). Chelsea Green, 2005. 숲 정원 가꾸기의 새로운 바이블. 강력 추천.

Jeavons, John. *How to Grow More Vegetables (Than You Ever Thought Possible on Less Land Than You Can Imagine)* [(상상할 수 있는 것보다 더 작은 땅에서 생각할 수 있는 것보다) 더 많은 채소를 기르는 법]. Ten Speed, 1991. 생산력을 증대시키는 생물집약적(노동집약적이기도 하다) 기술을 소개한다. 작은 공간에서 매우 유용하다.

Jekyll, Gertrude. *Colour Schemes for the Flower Garden* (플라워 가든을 위한 색채 계획). Ayer, 1983. 지킬이 쓴 정원디자인의 고전 중 하나.

Kauffman, Stuart. *At Home in the Universe*. Oxford, 1995. 카우프만은 이 책에서 충분한 복잡성이 존재할 때 생명이 필연적으로 나타나게 됨을 보여준다. (한국어판:『혼돈의 가장자리』, 국형태 옮김, 사이언스북스, 2002.)

——. *The Origins of Order* (질서의 기원). Oxford, 1994.『혼돈의 가장자리』에서 보여준 사상을 학구적이고 밀도 있게 탐구한 저작.

Kelly, Kevin. *Out of Control* (통제 불능). Addison Wesley, 1994. 생물학에 대한 새로운 이해가 생태학과 경제학을 어떻게 변화시키고 있는가에 관한 책.

Kourik, Robert. *Designing and Maintaining Your Edible Landscape— Naturally* (자연스러운 식용식물 조경디자인과 유지관리). Metamorphic, 1986. 연구 내용이 훌륭하고 광범위하며, 참고 목록과 표가 많이 수록되어 있다.

Kress, Stephen M. *National Audubon Society Bird Garden* (국립 오듀번 협회 새 정원). DK, 1995. 새에게 먹이와 물, 비막이, 보금자리를 제공하는 정원을 디자인하는 법과 그에 알맞은 식물을 소개한다.

Lanza, Patricia. *Lasagna Gardening* (라자냐 가드닝). Rodale, 1998. 시트 피복을 다루고 있으며, 거기에 알맞은 재배 방법을 함께 제시하고 있다.

Lee, Andy, Pat Foreman, and Patricia L. Foreman. *Chicken Tractor: The Permaculture Guide to Happy Hens and Healthy Soil* (닭 트랙터: 행복한 암탉과 건강한 흙을 위한 퍼머컬처 가이드). Good Earth, 1998. 이동식 닭장을 이용하는 방법에 관한 책. 가금 사육 전반에 관한 정보가 풍부하게 수록되어 있다.

Lowenfels, Jeff, and Wayne Lewis. *Teaming with Microbes*. Timber, 2006. 이 책은 과학에 기초했지만 독자가 알기 쉽게 토양먹이그물을 설명한다. (한국어판:『땡큐 아메바』, 이현정 옮김, 시금치, 2010.)

Ludwig, Art. *Create an Oasis with Greywater: Your Complete Guide to Choosing, Building and Using Greywater Systems* (생활폐수로 오아시스를 만들자: 생활폐수 시스템을 선택하고 조성하고 이용하는 완벽한 가이드). Oasis Design, 2000. 생활폐수 시스템에 대한 최고의 실용 안내서.

Luttmann, Rick, and Gail Luttmann. *Chickens in Your Backyard: A Beginner's Guide* (뒷마당에서 닭 키우기: 초보자를 위한 가이드). Rodale, 1976. 주택 소유자를 위한 소규모 닭 사육 안내서.

Mandelbrot, Benoit. *The Fractal Geometry of Nature* (자연의 프랙탈 기하학). W. H. Freeman & Co, 1983. 프랙탈 개념을 개발한 사람이 자연의 패턴에 대해 통찰한 중요한 내용을 담고 있다.

Matson, Tim. *Earth Ponds* (흙 연못). Countryman, 1998. 흙댐 연못을 만드는 방법에 관한 책.

McHarg, Ian. *Design with Nature* (자연과 함께하는 디자인). Wiley, 1992. 도면 중첩 기법을 사용해 적절한 경관을 디자인하는 혁신적인 기술을 소개한다.

McKinley, Michael. *How to Attract Birds* (새를 유인하는 법). Ortho Books, 1999. 식물과 모이 그릇을 이용해서 특정한 새를 유인하는 방법을 소개한다.

Mollison, Bill, and Reny Slay. *An Introduction to Permaculture* (퍼머컬처 안내서). Tagari, 1991. 퍼머컬처의 기본 원칙을 간결하게 다루었다.

———. *Permaculture: A Designers' Manual* (퍼머컬처: 디자이너의 매뉴얼). Tagari, 1988. 퍼머컬처의 바이블. 이 두꺼운 책은 여러 번 재독하고 숙독할 가치가 있다.

Morrow, Rosemary. *Earth User's Guide to Permaculture* (지구 이용자를 위한 퍼머컬처 가이드). Simon & Schuster, 2000. 경험 있는 교사가 쓴 격식 없는 퍼머컬처 입문서.

Neill, William, and Pat Murphy. *By Nature's Design* (자연의 디자인을 따라서). Chronicle, 1993. 자연의 패턴을 찍은 멋진 사진들이 명료한 설명과 함께 수록되어 있다.

O'Neill, R. V. *A Hierarchical View of Ecosystems* (위계적인 관점에서 본 생태계). Princeton, 1986. 생태계가 기능하는 방식을 발전된 관점에서 살펴본다.

Odum, Eugene P. *Fundamentals of Ecology* (생태학의 기초). W. B. Saunders, 1971. 생태학의 기초를 깊이 있게 다룬 초창기 교과서.

Pacey, Arnold, and Adrian Cullis. *Rainwater Harvesting* (빗물 거두기). 빗물을 이용하는 여러 가지 방법을 소개하고 있다.

Pfeiffer, Ehrenfried. *Weeds and What They Tell* (잡초와 그들이 말해주는 것). Bio-Dynamic Farming & Garden Association, 1981. 토양의 유형과 비옥도를 알아보기 위해 잡초를 이용하는 법을 소개한다.

Reich, Lee. *Uncommon Fruits for Every Garden* (모든 정원을 위한 별난 과일들). Timber, 2004. 퍼머컬처 디자인에 이용되는 여러 가지 식물을 소개하는 포괄적인 안내서.

Reid, Grant W. *Landscape Graphics* (조경그래픽). Whitney Library of Design, 1987. 훌륭한 전문 조경 드로잉 개론서.

Romanowski, Nick. *Farming in Ponds and Dams* (연못과 댐에서 양식하기). Lothian, 1994. 호주 책으로, 양식과 연못 만들기를 다루고 있다

Seidenberg, Charlotte. *The Wildlife Garden* (야생동물 가든). University of Mississippi, 1995. 야생동물 서식지 가드닝 개론서. 정원디자인의 예들이 수록되어 있다.

Smith, J. Russell. *Tree Crops: A Permanent Agriculture* (작물로서의 나무: 영속적인 농업). Devin-Adair, 1987. 퍼머컬처 개념에 영감을 준 책 중의 하나. 어떻게 나무가 지속가능한 농업의 열쇠가 될 수 있는지 보여준다.

Stein, Sara. *Noah's Garden: Restoring the Ecology of Our Own Back Yards* (노아의 정원: 우리 집 뒷마당의 생태계를 복원하자). Houghton Mifflin, 1995. 훌륭하게 쓰여진 이 책은 자연이 우리의 뒷마당으로 돌아오게 하자고 설득력 있게 호소하고 있다. 박물학적인 지식이 가득하다.

Stevens, Peter S. *Patterns in Nature* (자연의 패턴). Little, Brown, 1974. 자연에서 흔히 발견되는 패턴의 종류에 관한 논평.

Stout, Ruth. *The Ruth Stout No-Work Garden Book* (루스 스타우트의 일할 필요가 없는 정원). Rodale, 1975. 두터운 피복을 통해 노동을 절감하고 토질을 개선하는 법을 알려준다.

Tekulsky, Mathew. *The Hummingbird Garden* (벌새 정원). Crown, 1986. 날아다니는 보석인 벌새를 유인하는 식물을 재배하는 법을 알려주는 책. 이 주제에 관한 가장 훌륭한 책들 중 하나다.

Thompson, D'arcy Wentworth. *On Growth and Form* (성장과 형태에 대해). Dover, 1992. 자연의 모양과 패턴이 어떻게 형성되는지에 관한 권위 있는 책. 이 분야의 고전이다.

Tilth. *The Future Is Abundant* (미래는 풍요롭다). Tilth, 1982. 지속가능한 원예에 관한 초창기의 책. 아직도 읽을 가치가 있다.

Toensmeier, Eric. *Perennial Vegetables* (다년생 채소). Chelsea Green, 2007. 다년생 채소 재배에 대한 최고의 책. 온대기후에 알맞다고 알려진 대부분의 종들을 다루고 있다.

Tufts, Craig, and Peter Loewer. *The National Wildlife Federation's Guide to Gardening for Wildlife* (국립야생동물협회 야생동물 가드닝 가이드). Rodale, 1995. 새와 곤충, 야행성 동물의 서식지를 정원에 마련하는 법을 알려준다.

United States Department of Agriculture. *Common Weeds of the United States* (미국의 일반적인 잡초). Dover, 1971. 224종의 잡초를 명료한 그림과 함께 소개하는 훌륭한 전문 안내서. 식물의 과로 분류되어 있기 때문에 이 책을 보려면 약간의 식물학 지식이 필요하다.

Van der Ryn, Sim, and Stuart Cowan. *Ecological Design* (생태디자인). Island, 1995. 생태디자인의 중요한 개념을 다루고 있다.

Verey, Rosemary. *The Art of Planting* (식재의 기술). Little, Brown, 1990. 색과 질감, 형태에 따라 식물을 배치하는 방법을 소개하는 비주얼한 책.

Whitefield, Patrick. The Earthcare Manual (지구돌보기 매뉴얼). Permanent Publications, 1997. 화이트필드는 포괄적이고 독특한 시각을 가지고 퍼머컬처를 영국 기후에 적용했다.

———. *How to Make a Forest Garden* (숲 정원 만들기). Permanent Publications, 1997. 숲 정원에 대한 설명과 아이디어가 들어 있다. 영국을 기준으로 쓰였지만 북아메리카에도 적용할 수 있다.

Yeomans, P. A., and K. A. Yeomans. *Water for Every Farm* (모든 농장을 위한 물). Keyline Designs, 1993. 흙 속에 물을 저장하는 방법에 대한 영감을 주는 책.

Yepsen, Roger, ed. *Encyclopedia of Natural Insect and Disease Control* (자연 병충해 방제 백과). Rodale, 1984. 자연 병충해 방제법이 수록된 책. 명료한 그림과 사진이 실려 있어서 곤충을 식별하는데 도움이 된다.

도움 되는 정보

잡지

《퍼머컬처 액티비스트》
Permaculture Activist
PO Box5516, Bloomington, IN 47407
www.percultureactiist.net/
연 23달러, 4회 발행.

《퍼머컬처 매거진(영국)》
Permaculture Magazine
www.permaculture.co.uk
미국에서 구독하려면《퍼머컬처 액티비스트(위)》로 연락하면 된다.
연 29달러, 4회 발행.

퍼머컬처 교육 & 상담 기관

바킹 프로그스 퍼머컬처 센터
Barking Frogs Permaculture Center
PO Box52, Sparr, FL
32192-0052
www.barkingfrogspermaculture.org

컬처스 에지(문화의 가장자리)
Culture's Edge
1025 Camp Elliot Rd.,
Black Mountain, NC 28711
828-669-3937
pcactiv@metalab.unc.edu

중부 로키산맥 퍼머컬처 연구소
Central Rocky Mountain Permaculture Institute
Po Box 631, Basalt, CO 81621
970-927-4158
www.crmpi.org/
jerome@crmpi.org

어스플로우 설계사무소
Earthflow Design Works
739A E. Foothill Blvd. #130
San Luis Obispo, CA 93405
310-383-5495
www.earthflow.com/

더 팜 생태마을 트레이닝 센터
The Farm Ecovillage Training Center
PO Box 90, Summertown, TN 38483-0090
615-954-3574
www.thefarm.org/etc/

핑거 레이크스 퍼머컬처 연구소
Finger Lakes Permaculture Institute
PO Box 54, Ithaca, NY 14851
(607) 227-0316
www.fingerlakespermaculture.org/

로스트 밸리 교육 센터
Lost Valley Educational Center
81868 Lost Valley Lane, Dexter, OR 97431
541-937-3351
www.lostvalley.org
permaculture@lostvalley.org

옥시덴탈 예술 생태 센터
Occidental Arts and Ecology Center
15290 Coleman Valley Rd., Occidental, CA 95465
707-874-1557
www.oaec.org/
oaec@oaec.org

패턴스 포 어번던스(풍요를 위한 패턴들)
Patterns for Abundance
5421 E. King's Rd, Bloomington, IN 47408
812-335-0383
permacultureactivist.net/design/Designconsult.html

재생 디자인 연구소 (북부 캘리포니아 퍼머컬처 연구소)
Regenerative Design Institute (Permaculture Institute of Northern California)
PO Box 923, Bolinas, CA 94924
415-868 9681

www.regerativedesign.org

퍼머컬처 연구소 USA
Permaculture Institute USA
PO Box 3702, Pojoaque, NM 87501
505-455-0270
pci@permaculture-inst.org

인터넷상의 식물 데이터베이스

민족식물학 데이터베이스
The Ethnobotany Database
www.ars-grin.gov/duke
국립 생식질 자원 연구소(National Germplasm Resources Laboratory, NGRL)에 있는 제임스 A. 듀크(James A. Duke)와 스티븐 M. 벡스트롬-스턴버그(Stephen M. Beckstrom-Sternberg)가 개발한 데이터베이스. 전 세계의 식물과 그 용도에 대한 80,000개의 기록이 있다.

GRIN 분류체계
GRIN Taxonomy
www.ars-grin.gov/npgs/tax/
미국 농무부의 생식질 자원 정보 네트워크(Germplasm Rosources Information Network)에서 제공하는 데이터베이스이다. 34,000종이 넘는 식물종을 간략하게 설명하고 있으며, 더 많은 정보를 찾아볼 수 있도록 링크를 제공한다. 유용한 식물에 주된 초점이 맞춰져 있다.

미래를 위한 식물
Plants for a Future
www.pfaf.org
7,000종이 넘는 유용한 식물이 그와 관련된 문화와 용도, 그 밖의 많은 정보와 함께 설명되어 있다. 이 웹사이트는 디자인이 잘되어 있으며, 검색하기가 편하다. 유용한 식물에 대해 알아보고 싶을 때 내가 가장 참고하기 좋아하는 데이터다.

미국 농무부 식물 데이터베이스
USDA PLANTS Database
http://plant.usda.gov/plants/index.html
미국에서 재배되는 많은 수의 식물 이름과 점검표, 자동화된 기계, 식별 정보, 종에 대한 개요, 그 밖의 식물 정보가 수록되어 있다.

gaia's garden